U0324996

A HISTORY OF WESTERN SCIENCE

SECOND EDITION

ANTHONY M. ALIOTO

西方科学史

（第2版）

〔美〕安东尼·M.阿里奥托 著

鲁旭东 张敦敏 刘钢 赵培杰 译

2019年·北京

ANTHONY M. ALIOTO

A HISTORY OF WESTERN SCIENCE, SECOND EDITION

Authorized translation from the English language edition, entitled HISTORY OF WESTERN SCIENCE, A, 2nd Edition by ALIOTO, ANTHONY, published by Pearson Education, Inc, Copyright © 1993 Anthony M. Alioto.

本授权中译本译自英文版《西方科学史》,第 2 版,作者安东尼·阿里奥托,由培生教育集团© 1993 Anthony M. Alioto 出版。

英文版 ISBN:9780133885132

CHINESE SIMPLIFIED language edition published by THE COMMERCIAL PRESS, LTD., Copyright © 2019.

简体中文译本由商务印书馆有限公司于 2019 年出版。

谨以此书献给卢恰诺和索菲娅

For Luciano and Sophia

目　　录 v

第三部分　科学革命

第四部分　生命本身

第五部分　第二次革命及以后

前　　言

故事每一次被讲述往往都会有变化和发展。也许，你曾给一个朋友讲过的故事，等到你朋友的朋友再讲给你听时，就会发生离奇的改变。或者，在若干年的时间段里，你给自己的孩子每次讲同一个故事时，都会做一些修改，以适应孩子的不断成熟的理解力。或者，你有一个自己最喜欢讲的笑话，每一次讲述时你都会发现使它更可笑的方法：在词语上做一些小改动，做一个新的手势，在这里或那里添加形容词，或添加一个动人的比喻。

随着时间的推移，有多少记忆在每次回忆的时候发生了改变？奇怪的是，在眼下生活中新的一刻，重要性、意义、痛苦或欢乐，甚至过去某些事件的轮廓都显得模糊了，或者换一个角度看，它们或许变得更鲜明了。这就像米开朗琪罗在西斯廷教堂（Sistine Chapel）天花板上创作的那幅绘画一样，几个世纪的灰尘使它暗淡无光，乃至于人们已经完全记不得它那原始的辉煌。但现在，经过修复以后，它那鲜艳、近乎是艳俗的色彩令人惊奇地被揭示了出来。但是，对那些喜欢让米开朗琪罗的作品柔和一些的人们来说，这种修复是一种不受欢迎的篡改，甚至是一种侵害。

这种情况与故事的重新讲述和著作的修改是一样的。

在这个经过修改的叙述（它是一本**新书**）中，我的目的与它过去的版本是一样的：要讲述我们西方人给科学标榜的那种冒险的

viii 历史,向读者传达这种冒险中的振奋与创新;要表明科学、甚至是最深奥的科学都不是在真空中发展起来的,也就是说,科学不能与历史文化分开,不能与相对主义分开,这也就隐含了我的目的之最后一个方面:要让那些对于“为什么情况都是这样?”这一问题略感好奇的人们理解它的全部内容。这就是我撰写科学史的初始原因的三个方面,它们仍然保留在这个修订本中。

自我动笔撰写这部科学史以来,这些特征就没有改变过。但是,其中有些特征的作用大大减弱了,而另一些特征现在则被动作、对话、乃至戏剧的主题所围绕。文化史是演员之一,人们特别重视科学被嵌入在其中的总体文化环境。被削弱的角色则是那些技术(主要是数学)性强的因素。但是,来自舞台的这个领域的真正重要的独白仍然被保留着。

在情节和动作方面也有一些改动,尤其是在整个故事的后来几个世纪里。由于在预设的进步中有“骄傲之塔”,十九世纪就被推到了舞台的中心位置,有一个新的合唱队主要由所谓的社会科学组成,在此版本中它首次露面,在先前的版本中没有。但它只保持着合唱队的角色,在主要演员之间来回游走,而牛顿、达尔文、麦克斯韦和爱因斯坦等人才是主要演员。在这里我希望,合唱队在更明亮的灯光下得到确定,因为它是经过扩展的文化环境中的一个重要方面。

二十世纪物理学的两次革命扮演的角色得到了扩展。而且文化环境也得到了扩展,但个人和心理的力量也起了作用,这种情况尤其表现在爱因斯坦和爱因斯坦与玻尔的辩论中。

因此,故事随着新的讲述而改变。但我的主要目标——让历史具有生命——则没有改变,然而,想一想米开朗琪罗的绘画作品。清理这些绘画好像可以使它们具有生气，但它们本来没有生命，在任何时候都不曾有过。它们是美好的、惊世骇俗的和深刻的；但也是不动的。它们保持着高傲的沉默，但我们很快就发现，全部的情感与生命只存在于我们之中，存在于我们对这些绘画作品的反应之中，我们是有生命的观察者。

柏拉图在《斐德罗篇》（*Phaedrus*）中告诫我们，在书面文字中也有同样的情况。书面文字似乎是有智慧的，似乎要说话，但它们要说的永远是相同的内容。尽管文字考古学已经有了各种精确的工具，但文字是死的。不管我们揭示出什么意义，它们都是化石。书面文字不能为自己辩护，不能论证，也不能随着实际情况有喜怒的情感。柏拉图说，文章是需要撰写它们的人来帮助的。

因此，在范围和观点上，已经有了重要的变化和修改，甚至还有一两个急转弯。在我看来，西方科学不再像埃及的金字塔那样，建筑在辽阔的吉萨高原上，把人的秩序带到了沙漠的无序中。科学也没有显示出，在理解自然现象方面，人的成就在无休止地扩
大。在我看来，西方科学更像一个复杂得不可思议的**游戏**，令人兴 ix
奋，但又变换无穷。它是我们在大自然的高原上玩的游戏。而大自然，有时候和我们一起玩耍，有时候只是一个旁观者，还有些时候保持着一种高傲超然的态度，甚至有点不怀好意。科学更像戏剧，就像一个生命庆典的戏剧，是礼仪和创造，是严肃的竞争，也是滑稽的舞蹈，是信仰也是奇迹，但也是失望、挫折、欺骗和失落。最重要的是，科学是一场游戏，其中，至少是在历史上，那些规则和竞争范围是可以改变的，而且已经改变了多次。

科学可以被比做一个希腊词——**竞赛**（agon，ἀγών），其意义为游戏或竞争；它包括了戏剧的形式特征，发生在节日的气氛中，

它把严肃性和非严肃性结合在一起，把自由活动和礼仪结合在一起。从根本上说，我认为科学是西方文化中一种特殊的节日游戏。

因此在最后，尽管我们兜售了很多比喻，但我仍然得出相同的结论：科学是人类的努力，这种努力包容了各种冲突的因素，也包括了任何一个人。心理状态、文化、政治，这些人类的悲喜剧，都属于这种竞赛。而这些因素与被人们朦胧地反思着的自然界同时存在。

这个故事是否可信，最后的判断要由听故事的人来做。为了获得这个判断的基础，听者必须走向科学家。这个任务总是留给您的。

安东尼·M.阿里奥托

导　论 1

人们常说，我们生活在科学的文明之中。科学这个词本身无处不在。任何事物，只要它重要，有意义，有用，而且确实是真实的（产生可靠的知识），那它就必然是科学的。今天的人民和各政府在作出重要决策之前，要向科学界的专家请教，这就像远古时代的人请教神谕或中世纪的人请教牧师。埃及的法老建筑伟大的金字塔是为了确保他们的英名永存，从而确保他们未来的存在。现代的法老们也慷慨地把巨额的金钱花费在科学上，以确保他们国家在未来的存在。中世纪神学掌控着教育，并且渗透到整个生活中，而且还在现世和彼岸世界之间架设起桥梁。现代科学对我们的教育也有塑造作用，并且渗透到我们的生活之中，但是向人们承诺的却是“现世”的成功。

科学和技术已成为同义词了。就像一条单方向行走的街道一样，科学和技术只知道一个单独方向：朝向未来。每天我们似乎都在加速，都获得变化和进步的加速度。当我们回首来时路的时候，对过去越来越不关心了，而且有一种傲慢的愉悦。

我们常常乐于发现各个民族解释自然事件有多么早。行星是
神，大地是宇宙的中心，体温过高是邪恶附体，这些观念使我们显
得很幼稚和天真。许多科学的理解是态度问题。在我们操控自然 2
的背后，就像在从前那些见解的背后一样，存在观察世界的某种方

式，它是特殊的视角，把自然界铸造成某种具体的形式。我们往往为自己具有这种所谓理性或科学的视角感到骄傲。

然而，只需略有想象力，我们就可以承认：情况完全可以是另外的样子。就像古代印度，我们可以选择内在转化之路，而不是对信息和物质的操控。我们可以聆听，印度教中克里希纳神在《博伽梵歌》中所唱的那美妙的歌声："不要让结果成为你行动的动机。"

但事实是，我们没有这样做。这个事实也许能让我们感到有些踌躇。这时我们要做的不应该是带着某种嘲笑或漠不关心的态度回首往事，而是应该引起我们的好奇：为什么？

在询问这个问题时，我们经过反思必须承认，我们的那座非凡的科学大厦只不过是为了在自然界生活而创建的许多工具中的一种。即使是现代科学技术所满足的所谓需求，也俱受到历史的限定，它产生于阶段性文化，并不能超越时空。即使是人们所向往的生活，也受到历史的限定。西方科学的历史所建构的故事只有一个，这个故事来自于一本书，书中有许多传说，它们不尽相同，有许多矛盾之处，但全部都是真实的。

简言之，在我们对过去作出判断（或有用其他手段处理宇宙的问题）时，绝对不能用我们的标准，也不能用我们对付宇宙万物的其他手段。为了理解和评价真正的科学是怎样诞生的，我们必须把我们自己设定为真正科学的任何东西都搁置一边，这真的是一个悖论。

这是因为不同的时代有不同的目标和价值，询问的问题也不相同。它们的答案，它们的科学设定了各种形式，这些形式都取决于那些目标和价值。科学的英文词是 science，它来自于一个拉丁词 scire，其意义是知晓或者理解，但知识本身只有在产生它的文化当中才能得到理解和评价。科学是人类独特的创造，它与文化的出现有关。现代科学尤为如此：我们目前对宇宙的理解是从我们随时间不断变化的宇宙观进化来的。有了这个过程，任何历史体系都不能被标榜为非科学的。因为观测语言本身可以随着理论而变化，又因为今天的事实不一定是明天的事实，因此任何对实在理解的努力都应该得到我们的欣赏，都应该得到我们的尊重，都应该享有**科学**这个名称。

科学是非常古老的，也许就像人类一样古老。它产生于解决难题的需要，最大的难题就是生存。为了生存，人们必须与自然和谐相处，这种适应被称为技术。但技术通常来自对经验的观察和学习，而不是实际的理解。例如，人类有能力从事冶金术，预告季节，治疗疾病，而这些都是在他们理解怎样或为什么他们有能力做这些事情之前。然而，科学和技术之间的相关性并不意味着二者
是同义反复。现代科学通常具有高度的抽象性。当人们从数学物 3
理的视角观察宇宙时，宇宙本身就变得很抽象了，就像从神话的角度观察时，宇宙充满了神秘和超自然的力量。但从本质上说，两个视角都是人类为了理解和解释自然事件所做的努力。

从参与的意义上讲，古代世界中的巫术习俗可以与当今的技术比较，二者的基础都是历史发展出来的各种见解。科学的历史就是这些发展的故事。被隐含的各种方法，只有在这些方法对人们所构思的秩序引入自然界的方式产生影响的时候，它们才有重要意义。这种预设和模型的进化和改变构成了不同时代中所标榜为科学的那些因素的实际结构。

原始人类家族可以上溯至1500万年前，有些原始人类之树的分支已经灭绝了，但有一支终于发展成了现代人。人类最重要的

进化时期是在100万年至10万年之前，即人类从直立人进化成智人之时。伴随这一漫长发展的是石器的变化。我们知道我们遥远的祖先是在东部非洲开始使用石器来完成一些具体的任务，这大约是在250万年前或更早。我们也知道早期的原始人学会的打造石器的方法是用一块石头敲打另一块石头，这或多或少地已经成为标准的说法了。终于，大约在10万年前，更专用的石器出现了。其中最重要的事件就是在旧石器时代（公元前100万年到8000年），人类发现了用打击的方法来取火。原始人变成了智人，即“有思想的人”。

许多动物都改善自己的环境，许多动物都有交流。然而，仅仅在技术与文化结合在一起的时候，仅仅是在形式思维模式反映出目的性思维过程的时候，科学才得以存在。石器的发展涉及的不仅是生存，还涉及科学的开端。

塑造人类智慧或者说塑造最初科学的不仅有工具制造（就像唐纳德·约翰松说的那样，碎石器具意外地在考古学上具有永久的意义）[①]，还有储存和交流信息的能力，以及早在两百万年前的能人时代就出现的那种做梦、想象以及在一个没有希望的情况下看到一个尚不存在的可能性之能力（天赋？）。

技术仅仅是这些成果之一，并不是驱动力。具有反讽意义的是，它很可能还是一种**欺骗**的能力，有了这种能力，就能够在看到某处不存在某物时，作出的行为却仿佛存在，例如强行把自然装入某些模式，然后进行操控，并把这些模式称为“真理”，以此实施自

① 参见：唐纳德·约翰松（Donald Johanson）和詹姆斯·施里夫（James Shreeve）的著作《露西的孩子：人类祖先被发现》（*Lucy's Child: The Discovery of Human Ancestor*, New York: Morrow, 1989），第265页。

我欺骗，这些都给人脑添加了燃料。

在那些朦胧时代，某地的人们开始用符号思维。他们关于自 4
然的思想纯属是他们用自己那种人类的心智所做的发明。他们开始用符号把握自己的日常经验，他们使用这样一种思维模式，这种思维模式反映了在自然界之中被想象出的模式。这就是一个明显的飞跃：因为早期原始人类在使用他们共有的符号进行交流时，还发现了共享经验的手段，一种整理乃至理解经验的手段。这确实是一个巨大的变化，科学从那时起就成为体现自然的这样或那样的不同手段，在思想和行动上都是如此。总之，人类始终具有科学性。

把自己的符号强加给了自然界，并且因此而转换了我们所感知的一切，这二者独特的结合就是智人的特点，由此我们就可以因此断言，科学基本上开端于人类的起源。

想象能力，用符号处理思想和经验的能力，具有巨大的解放力量。它冲破了经验的局限，打造出了一种超越时间的手段，可以把当时成功和失败的经验传递给后代。正如我们将要看到的那样，这也许又是一个悖论：为了获得成功，科学既需要成功的经验，也需要失败的经验，过去的失败是未来成功的钥匙。

这种发现的模式可以说是通过符号思维来体现和交流的，那么是什么使这种发现的模式产生和发展的呢？也许就是自然界本身。或者更确切地说是人类与自然界的对峙。简单的观察就揭示了事件的循环往复的规律。太阳从东方升起，在西方落下。月球运行的完整周期绝不会大于 30 天，也不会小于 29 天；季节的变化；人类自身降生，遵循的是一个有规律的成长过程，直到死亡。这个世界充满了循环往复。

但也有无规律的情况：日食月食、风暴、地震、突发事故、洪水等，人们用秩序的理念或符号很难解释和表现背离秩序的情况。尽管如此，现代理性科学还是设定了秩序，如果在研究问题时这个秩序不明显，它就仍然希望秩序很快地重现。尽管最初的寻求秩序的冲动是由自然界给出的，但自然界又时常挑战人们发现它规律所在的努力。这种情况在古代和今天都存在。维尔纳·海森伯是量子论的先驱之一，曾经回忆过在二十世纪自己早期的工作，也回忆过自己与尼尔斯·玻尔讨论至深夜的情景。海森伯与玻尔经常问自己，自然界是否就像他们在原子实验中看到的那样杂乱无章。① 所以，即使在现代，科学的符号合理性可以不是世界的合理性。这个巨大的挑战始终是要在思想上把握自然界的秩序，从而超越不可预见性。科学的历史就是人类怎样应对这个挑战的历史。过去面对这个挑战的努力对我们来说似乎还显粗糙，我们的挑战始终是在我们自己和我们的远亲之间建立历史性的联系，而且要减少那种粗糙程度。

---

① 维尔纳·海森伯(Werner Heisenberg)：《物理学与哲学》(*Physics and Philosophy*, New York: Harper & Row, 1958)，第42页。

第 一 部 分

发端：古代科学

第一章 人、诸神和宇宙

古代人是怎样理解世界的？人们最初又是通过什么范畴来体验自然的？

在询问这些问题时，我们必须认识到，人类的经验世界从来都不是相同的；不对经验进行有意义的解释，使之成为某种精神坐标体系，那么，这样的经验恐怕不可能有存在的意义。如果我们今天通过理性来理解现象，因而用理性方法来界定我们的科学，那是因为，这张概念网已经织就。我们把它抛入浩瀚无垠的宇宙之海，我们捕获的鱼就被称作客观经验。然而，这张网是在鱼被捕获之前制成的。经验是被思想创造出来的。

现代科学就是这样一张网。它的捕获物是对象和事件，它把它们从这个仅有的大海中加以概括，形成有关世界的规律，并满怀希望地把它们加工成支配未来行动的命题。

人类花费了4000多年才发展出了我们称之为客观科学的体系，而且，正如我们在以下诸章中将会看到的那样，甚至到了今天，尤其是在物理学领域，严格的客观性是否是可能的依然在受到质疑。从古代的历史中追溯现代科学的起源，这样的想法是很自然的，即便如此，我们必须避免对历史的误解。古代人没有我们的历史遗产，他们并不是通过理性的滤色镜观看世界的；相反，他们把每一个事件都看做一种既能引起情感反应、也能引起理智反应的

独特经验。由于每一种现象都被看做具有一种它独有的特征,因而对于生活经验,古代人是按照别人告诉他们的对它们的反应来
6 理解它们的。现代科学是非个人的和抽象的,而古代科学则是个人性的,是一种个体对自然的反应。因此,古代的远东民族并没有把他们的情感反应与他们对自然的描述区分开。

我们倾向于在自然的经验与关于它的科学概念之间作出区分。古代人并不这样做,他们也不把任何事件限制在某种抽象概念例如"它"上。[①] 他们为什么会这样?对于每一个人而言,有关一次日食的经验是个人性的,这种经验是富有意义的,没有受到任何抽象概念的限制。因此,自然与人类有关自然的经验并不是对立的,情感的反应像理智的反应一样是真实的。有了这种高度个人化的关于经验的观点,人们就会认为,自然具有与人类同样的特性:**它从始至终都是生机勃勃的**。对自然的观察就是作为一个生物参与自然。

这些人是怎样交流这样的个人经验的呢?他们又是怎样把某种抗拒抽象的事物(在这个个案中指整个自然界)用符号表示的呢?由于事件所具有的个人的独特性,每一个经验必然都是一个故事。在讲述这个故事时,个人会把自己的一切都纳入其中;这个故事既会谈及情感和想象,也会谈及理性。人们根据人类的生活来理解有序和无序,并且完全从这种观点出发去观察自然。虚构的符号和名称,既是对象固有的组成部分,也是情感的反应。

① H.弗兰克福和H.A.弗兰克福(H. and H.A. Frankfort)、J.威尔逊(J. Wilson)、T.雅各布森(T. Jacobsen)以及W.欧文(W. Irwin):《古代人的思想冒险》(*The Intellectual Adventure of Ancient Man*, Chicago: University of Chicago Press, 1946),第5页。

这些充满活力的神秘力量就是诸神。任何影响个人的事物都是一种神秘力量，因而也是神圣的。人们按照神话体验着自然界。希腊语中的 μύθος（mythos）意思是讲述，不是指讲述故事的内容或对象，而是指讲述本身。不存在没有内容的故事，也不存在没有故事的内容。在这个意义上，神话是整体性的。

在抽象与具体之间，或者，在理想与实质之间，可能没有分别。我们所认为的抽象的或属于理想范畴的事物被拟人化了：在古希腊，哪里有爱，哪里就有阿佛罗狄忒（Aphrodite），哪里有智慧，哪里就有雅典娜（Athena）；哪里有预言，哪里就有阿波罗（Apollo）。* 因为这些事物可能同时在许多地方存在，所以神也在许多地方存在。实质的或具体的事物——如天空、海洋和大地，同样也被拟人化而成为了精神的或理想的事物。在古代的美索不达米亚，天空就是安努（Anu）**，它不仅仅是“某种在上面的存在物”，而且是众神之神的手中所掌握的神力的神圣法则。

诸神并不是在有了对事实的神话体验之后被发明的：我们（如果我们是古埃及人的话）会发明鹰神何露斯（Horus），以说明天空和太阳，或者，（如果我们是希腊人的话）会发明宙斯（Zeus）以说明闪电。*** 更确切地说，诸神是随着对这些事物的体验，在某个史
前的原始宗教崇拜时代产生的，并且使得神话体验成为可能。神 7
首先在这个原始宗教时代发挥作用，而这种过程就成了说明所有

* 在希腊神话中，阿佛罗狄忒是爱神和美神，雅典娜是智慧与技艺女神，阿波罗是太阳神。——译者

** 在苏美尔宗教中，安努是苍天之神。——译者

*** 何露斯是古代埃及神话中的太阳神；宙斯是希腊神话中的最高天神，统治着神和人的整个世界。——译者

未来的类似事件的素材和原型。随着人类时代(世俗时代)川流不息的发展,事件循环出现,我们重复讲述这个宗教故事——因此,神就出现了。在任何经验中,**实在的**和**真实的**东西恰恰就是这种神圣的原型事件的重复出现。它先于经验;的确,原始宗教时代使得所有世俗时代成为了可能。

如果我们是埃及人,我们就会用奥希里斯(Osiris)神的复活来理解法老的复活。如果我们是巴比伦人,我们就会用马尔杜克(Marduk)神的胜利来理解国王的统治。* 事实上,无论我们做什么、制造什么或感受什么,神都在那里,都在发挥作用、在显灵。诸神并非仅仅是物质活动和人类活动的代表。诸神与万物是同一的。

这就是科学……有益的科学。自然可以立刻得到理解并且受到崇敬。普遍性与特殊性、享受与理解、恐惧与快乐、崇拜与控制都结合在一起。人在世界之中就像在家里一样。

在数学的精确性中,有一种满足了对秩序和确定性之渴望的审美愉悦。现代的数学家在用某种证据去描述自然中的某种事物时,可能仍然夹带着这种主观的情感。但人们这样做时,他们大概是从纯粹人类的参考框架去观察自然的。例如,数1即第一创造者,是所有数的起源。二元性是人类生活的普遍经验之一:人有两性,两只眼睛,两只耳朵,两只臂膀,两条腿;日有白昼和黑夜,天空中有太阳和月亮。数2不仅指抽象的数的概念:它也指原始经验。数3也来源于这样的经验:家庭的三位一体;苍天、大地和人类。

---

* 奥希里斯是埃及神话中的冥神;马尔杜克即苏美尔宗教中的大神恩利尔(Enlil),原为天地之神,后来变成了至高神。——译者

经验还为人类呈现四个方向；第五个方向是中心，第六和第七个方向分别是天空和陆地。

当然，古代人发现了数的实践用途——计数他们的财物，把他们的部落分类，等等，因而大概运用了算术运算和某种数基的概念。虽然如此，这些实践用途并没有排除数的神话意义；我们仍能看到诸如幸运数和背运数这样的主观概念的残余。

对于空间和时间也是如此。古代人关于空间方向的初始经验是个人性的，因而这些经验是通过神话来交流的。有些地域是友善的——如埃及的尼罗河流域，有些地域是不友善的——如沙漠。美索不达米亚的底格里斯河和幼发拉底河的洪水泛滥，对那里的人、农作物和动物来说是反复无常和毁灭性的。这样，带有神话色彩的科学就讲述了拟人化的秩序与混沌的魔鬼大洪水之间的斗争。巴比伦的创世诗史《埃努玛－埃利什》[*Enuma Elish*，又称《创世的七块泥板》(*The Seven Tablets of Creation*)——译者]把混沌拟人化为远古的女神提亚玛特(Tiamat)，而世界的秩序则是马尔杜克战胜她的胜利成果。每天黄昏，赋予生命的太阳会落到西方的地平线以下；因此，在埃及，人们就把西方与死亡联系在一起，而把东方与生命联系在一起。金字塔的建造，再现了关于原始的“山丘”从混沌中产生的神话创作，而金字塔或神庙建于其上的 8
地基是神圣的。像原始的创造活动一样，建筑本身也为世界创造了实体。

万物通过宗教时代的原始事件得以循环往复，这一点无疑也适用于天空。天体的活动被赋予了秩序和神话意义。春天来了，太阳开始它在天空中的攀升，农作物趋向成熟；到了秋天，它开始下行，农作物趋向死亡(太阳相对于地平线的周期性的上升和下降)。由此可见,天空中的神秘力量亦即天神,给了它生命又将其夺走。同样,也没有任何理由把气象事件与天文事件分开——一场暴风雨确实会像冬季的来临一样毁灭作物。因此,在暴风雨中,一个人也许会听到神的咆哮和怒号。①

人们自然而然地会反思这些事物的周期性,并且会观察他们自己的生物时间与自然现象的演替之间的相似性。这样,人们就根据神话来描绘时间的消逝,用周期性的典礼和仪式作为其象征。全部观点不仅是地心说的(以地球为中心的),而且是以人为中心的。

考虑到人类生存依赖于对诸如洪水、四季以及其他变化等诸如此类的气象活动的预见,这些活动的可预见性具有重要意义。这,尤其是在美索不达米亚,导致了最早的天文学和把数运用于对天体位置的计算。不过,对这类事件的预见的需求,仍然带有某种情感的和宗教的重要意义,这些是无法从其实践意义中分离出去的。空中的活动与地上的活动的和谐,呈现出了一种拒斥分裂的统一。行星都是神。对天空的观测因而是一种宗教职业,最早的天文学家都是神职人员。

在现代科学与社会的整合过程中,包括了把技术与关于实实在在的大自然的共同信念和假设联系在一起。对于通过神话来观看世界的古代人来说,分享大自然的节律的思想对他们提出了这样的要求,即完成把他们自己与群体联系在一起的想象和活动。在这里,神话进入了宗教仪式和典礼之中。出生创伤是一种人类

① 不仅对于古代人是这样。二十世纪的哲学家马丁·海德格尔在雅典的卫城附近散步时被闪电的闪光和雷鸣的隆隆声惊呆了。他首先想到的是:宙斯。

的基本经验；最早的关于创世的神话表征涉及了远古的斗争，例如马尔杜克与妖怪提亚玛特之间的战斗。在宗教仪式上，宇宙中的斗争是通过成长仪式、成年仪式和庆祝农作物之收获的典礼来再现的。他们对宇宙神话的认同，再次把生存的基本经验神圣化了。参与意识在仪式中被具体化了。

典礼本身也成了最重要的事件，因为通过重复神话的示意和
仪式，个人超越了时间本身，并且被送回到创世的最初时刻。仪式
和典礼像牛顿的万有引力定律和麦克斯韦(Maxwell)方程一样是
没有时间性的——就像它们在十七世纪的应用一样，它们也可以 9
应用于十九世纪。古代人是通过神话来理解自然的，在追求科学
教育的今天，我们像古代人一样分享神话中的宇宙的节律。宗教
仪式是活的神话。约瑟夫·坎贝尔这样说：

> [仪式]都是物理学公式；但不是用白纸黑字写出来的，例如 $E=mc^2$，而是用人的身体写出来的……神话是科学的原始序幕。①

到目前为止，我们讲得都比较笼统，使用的是非常抽象的概念——"古代人"，这些是被神话思想所拒绝的。事实上，在我们走进埃及和美索不达米亚以前，任何文化的证据都是不充分的。在新石器时代(大约公元前10000年—前3000年)期间的某个时期，农业已经有所发展。即使这样，在书写出现之前，古代科学的画面

① 约瑟夫·坎贝尔：《神的创造：原始神话》(*The Makes of God：Primitive Mythology*，New York：Penguin，1959)，第179页。

依然是朦朦胧胧的。

考虑一下英格兰南部索尔兹伯里(Salisbury)平原上的巨石阵(Stonehenge)。它的名称来源于古英语词 Stanhengues,Stanhenge 以及 Stanheng,意指悬着的石头。这个巨石阵是分布在西欧的诸多此类新时期时代的巨石群之一。由被称作风蚀石的石头组成的两个同心圆围绕一个马蹄形的中心石群竖立着,它们的顶上有一些石梁——巨石阵就是由此而得名。还有许多分别被称作祭坛石、屠杀石和踵石的孤立的石头。据信,这些石头都来自大约 130 英里以外的威尔士采石场;有些耸立的巨石大约重达 50 吨。我们现在所看到的实际上是巨石阵(三),它大约建于公元前 2100 年,是在一个更大也更古老的大约公元前 3100 年的遗址上建成的。

巨石阵是一项非凡的工程伟业。的确,它会迫使我们重新思考古代人的技术能力。天文学家杰拉尔德·霍金斯认为,它实际上是一个巨大的天文观测台和计算设备,它的石头使视线可以追踪太阳和月亮在不同季节升起或降落的轨迹。霍金斯甚至认为,那些古代的天文学家可能预见过月食,并且从周期变化的观点叙述它们的出现——从任何人的标准来看,这都是一项天才的成就。这个巨石阵究竟意味着什么?谁建造的它,为什么建造它?对于这些,我们只能猜测。

蒙默思的杰弗里(Geoffrey of Monmouth)* 在 1136 年写道,那些巨石是一座纪念古代勇士的纪念碑,是梅林(Merilin)** 神奇

---

* 蒙默思的杰弗里(? —1155 年),英格兰编年史家,代表作有《不列颠诸王史》(*Historia Regum Britanniae*)。——译者

** 梅林是英格兰传说中亚瑟王(King Arthur)的顾问,他是一个魔术师和预言家。——译者

地从爱尔兰运过来的。这是诸多说明中最早的一个。后来，有些学者认为，建造它的是罗马人；另一些人则认为，建造它的是希腊人；再后来，又有些人认为它的建造者是凯尔特族的德鲁伊特（Druid）*，他们是西欧的原住民，我们只能从希腊和罗马的著作中了解他们。Druid 来源于希腊词 δρύs（drys），意指橡树。显然，橡树是一种神圣的树，也许是太阳神或者 axis mundi（世界之轴）
的象征，天文学家在德鲁伊特教中（该教崇拜分别象征雄性和雌性 10
的太阳和月亮以及大地母亲和天空之神），扮演了某种重要的角色。

尽管有一些争议，一种更有意思的说明是，大地自身有某种未被确认的能量场，它是由被称作力线（leys）的东西形成的。巨石阵和其他此类巨石群坐落在这些力线的交叉处，在这里力的传播变得尤为有力。因此，它是某种交汇口，就像人体上的针灸穴位那样。古代人的生活更接近大自然，他们可以用某种方式感知到这种力。

如果没有别的命题了，那么这个力线的命题对神话思维的说明就是最精彩的：地球，而且的确，整个自然界，就是一个生命体，一个有记忆、有能量的生命体（储存信息的场），而且具有个性。我们打算根据物理学、数学或天文学（或者仅仅根据古老的巨石）来理解的那些作品，对于建造者本人来说，可能一直就是进入神圣之地的专用入口，那里是一个圣洁的领域，神打破并侵入了那里的世俗空间。

---

* 德鲁伊特是古代凯尔特中有学识的阶层，他们担任司祭、教师和法官。——译者

这类突发事件更为惊人的例子，无疑是对一颗陨星撞击地球的体验。伟大的天神会用他天庭的霹雳或者他巨大的［在克里特岛(Crete)上所发现的那种］双刃斧劈开大地，进入大地母神的身体，与她交合。因此，大地的裂缝和洞穴［例如希腊的德尔斐洞穴，它与 δελφ(delph)有关，这个词的意思是雌性生殖器］是神圣的，是天地之合。

这样的事件也许在新石器时代成为了冶金学的起源。熔化的金属在受孕的大地母神的身体中成长。后来，一个勇敢的人，当然是一个科学天才，可能冒险进入裂缝中，并且找到了一种提取或许利用这些天上的产物亦即矿石的方式。在古代，苏美尔的铁是用“AN.BAR”亦即“天火”、“天上的金属”来命名的。过了很久以后，大约公元前 1000 年在小亚细亚，据说一个具有非凡能力的伟大的铁匠和魔法师降临到大地的子宫中，他发怒了，并且取代天神成为了大地母亲的配偶。由此开始了金属的冶炼。由于这个铁匠和技术专家一半是人一半是神，因而人们害怕他、尊敬他，不过，他也因创造了神奇的工具而获得了荣耀。

冶金也是一种神话活动——是天地之间原始的性交合的重现。但这并不是对它的实践方面的否定。我们来考虑一下一幅法国冰川时代(大约公元前 60000 年—前 10000 年)的岩画。该岩画展现了一个巨大的猛犸的轮廓，猛犸身体中央有一个斑点，人们可以想象，这里就是心脏所在。难道猎手在告诉我们射杀动物的最佳途径就是戳穿其心脏？抑或这是众兽之神？他是否有其他动物的解剖学知识，或者关于他自己的解剖学知识？附近还发现了带环钻孔的颅骨——即钻有一个小洞的颅骨，至少我们认为，这个洞是为了减轻头部的压力而钻的。就像我们解释巨石阵时一样，在进入埃及和美索不达米亚以前，我们对这些遗物的解释只能是猜测。

人们把所发生的巨大变化记录下来了——它的最早的形式就
是美索不达米亚的泥板和埃及的莎草纸卷。尽管在这些记录中仍 11
然存在着一些空白，通过把证据联系在一起，一幅粗略的关于古代文明的画面开始在我们面前逐渐展开。

从地图上看，尼罗河流域像是一条任意画出的穿越沙漠的狭窄的绿色地带。这里的对比是鲜明的，因而毫不奇怪，希腊史学家希罗多德在谈及埃及时说它是尼罗河赐予的礼物。事实上，有一个称呼埃及的古代名词 Keme，意思是黑土地，亦即这条浩大的河流两岸肥沃的黑色地带。

从 6 月到 9 月，埃塞俄比亚高地丰沛的降雨会导致河水上涨并使洪水在埃及流域泛滥，从而会使肥沃的泥土在尼罗河三角洲沿路沉积，尼罗河也正是从这个三角洲处流入地中海。最早的技术包括，加高河堤，开凿灌溉渠，使用各种装置在枯水季节把水提升到洪积平原。三角洲地区成为了下埃及王国。由于灌溉方法在南部的传播，上埃及王国诞生了。

在美索不达米亚，一系列的人为文明做出了贡献。与美索不达米亚不同，我们发现，在埃及，从公元前 3100 年（即两个王国统一的那一年）到公元前 332 年（即埃及被马其顿的亚历山大征服的这一年），文化的发展相对平稳。埃及学家把这个漫长的时期称作法老时代，并且出于方便的考虑把它分为古王国时期、中王国时期和新王国时期，在古王国与中王国之间，以及中王国与新王国之间，有一些混乱的和外国人入侵的时期。的确，埃及的稳定只是相对的，已有的对埃及文化的稳定性的强调是不适当的。从很大程度上讲，在席卷美索不达米亚甚至希腊的剧变中，埃及之所以得以幸免，主要是由于它的东方和西方有高山作屏障，在北方则有大海作屏障。

考虑到埃及文明的源远流长，我们在谈及埃及科学本身时必须谨慎。尽管如此，但却可以说，埃及生活的基本经验从一开始就来源于尼罗河流域本身，因为人们可以一只脚站在生机盎然的绿色的地毯上，另一只脚站在荒漠灼热的沙子上。在生命与死亡之间——在洪积平原黑色肥沃的土地与沙漠红色的沙子之间，有一条清晰可辨的分界线。尼罗河的洪水泛滥在很大程度上是可预见的，而且作为生命的源泉，它类似于生与死的循环。大概从他们国家的这些基本特性中，埃及人获得了强烈的关于对称、平衡以及几何学的意识，也许，这种意识最出色的具体表现就是那些伟大的金字塔。

这些人是怎样解释世界的呢？大地是一个扁平的盘子，周围是起皱的边缘，中间流动着原始的水，它被拟人化为赋予尼罗河以生命的努恩(Nūn)。努恩也是环绕大地之水，类似于希腊语中的Okeanos，亦即巨大的环流。在这个盘子的中部是平坦的埃及平原，在大地之上是倒置的天空之盘，苍天女神努特(Nūt)在大地上弯着身子，用手指和脚趾接触地面。托起她的是空气之神舒(Shu)。

12 如果说埃及是尼罗河的礼物，那么也可以说它也是太阳创造的产物，因为太阳赋予了农作物和人以生命。在沙漠，太阳导致的是死亡，而与这里不同的是，尼罗河流域则获赐湿润的空气，在阳光的普照下生机勃勃，在它炎热的环境中繁荣富饶。太阳是创造者，从洪积平原的湿泥中带来生命。埃及人就是这样感知太阳的，并且把它命名为太阳神瑞－阿图姆（Rē-Atum），以后又把它等同于何露斯，即奥希里斯周期中的鹰神，后来又变成了生命之神。奥希里斯被他的兄弟塞特（Seth）谋杀了，但又被他的儿子何露斯复活了，并且成为了死者的法官。太阳神瑞－阿图姆是从原始黏土的混沌中诞生的，他从无序中导致了有序。瑞－阿图姆赋予了宇宙以生命本原，埃及人称之为 ka；这种生命本原在人的身上也存在——即人的活力。阿图姆还创造了舒和湿润女神泰芙努特（Tefnut）*，他们的结合诞生了大地之神盖布（Geb）和天空女神努特。令人惊讶的是，在创造神与创造人之间没有分界线，有一个文本提到，人是按照神自己身体的样子被创造出来的，他们被赋予了 ka——生命力。

储存在心脏之中的人的生命力，也是一种灵魂的肉体复制物，它有着自己的所有需求和欲望。法力强大的魔法师，可以把生命力从一个仍然活着的人的身体中分离出去。另一方面，个人的性格，亦即非物质的个性（观念）被称作 ba，在人死时，它会与生命力一起离开肉体。因此，人生的终点就是使生命力和个性转变为 akh，亦即个人在阴间的体验形式。

在古王国时期，只有法老期望来世体验，亦即未来与神一起的生活。但是后来，到了中王国和新王国时期，这种期望（与奥希里斯崇拜一起）扩展到所有人群。魔咒、木乃伊——一般而言的死亡崇拜，都是确保持续的来世体验所必需的。最重要的是保存名字。名字，亦即为你这个特殊的实体选定的词，是身份的本质部分——**你是……**。毁掉名字就没有未来生存的希望了。

---

* 原文为 Tefmut，疑为 Tefnut 之误。——译者

语词、名称,均为创造——“起初,有了 λόγος(logos,意思是言辞)”。而在另一个文本中,创造始于神心中的一个想法,一旦他说出这个思想,就立刻给混沌带来了秩序。看起来似乎思想先于行动,而活动是从认识中产生的。创造是连续的,因为在有思想和行动的地方,就会出现法则。在这里,我们开始看到神话诗学独有的特性。创造之神可能是太阳、鹰或者一种抽象的法则和命令;正义可能就是女神玛亚特(Maat)*,或者,maat 可能是从法老的嘴中发出的正义的命令。不过,世界各处都存在着一种创造法则,它使世界有了某种秩序和形态,在有机的、无机的或抽象的世界都可以发现这种法则,而且它并不局限于某个单一的范畴。神有多种,而自然只有一个,无论自然采取什么形态,人们都是通过人类生活的全部经验并且根据这些经验去看待自然的。宇宙起源和演化是一个充满生机的过程;诸神和他们所代表的法则是不可分离的,就像埃及人的生活体验是尼罗河和太阳的组成部分一样。

13 文字艺术是一项伟大的科学成就。文字就像石器时代的岩画一样,是一种表达方式。尽管我们只能猜测猎手试图表达的意思,但是,当把绘画概念化(为某个词),并且增加了一些必然要转化为语音信息的符号时,表达会变得更确定。大多数专家认为,文字起源于美索不达米亚,但在埃及,人们通常用一些象形图去意指特殊的事物或概念,因而在概念化方面,迈出第一步的是他们。这种文字形式叫象形文字,或神圣雕刻。大多数象形文字都包含两种符号,一种是图像符号,一种是语音符号。早在古王国时期,就有了24 个语音符号——的确,它们就是字母符号。不过,埃及人在使

---

* 玛亚特是古埃及宗教中代表正义和真理的女神。——译者

用这 24 个字母的同时仍然继续使用象形文字。

埃及人书写时所用的是莎草纸，这种纸是用尼罗河三角洲盛产的高高的莎草茎的木髓制成的。人们把木髓沿着纵向切成细长条，然后把这些木髓条纵横交错地叠放为两层或三层，再浸泡、压紧。在莎草纸上书写时要用墨水，大约公元前 1900 年，发展出了一种简化的象形文字，被称作僧侣书写体。最终，又发展出了第三种文字，这是僧侣体的一种速记形式，被称作古埃及通俗字体，主要用于有关日常生活的普通写作。

在埃及，用符号代表数字可能很早就开始了，因为在古王国时期，建造金字塔必须要有书记员记账、解决问题、制表。埃及最早的表示从 1 到 9 的数字的符号是简单的竖线：ǀ（1），ǀǀ（2），ǀǀǀ（3）……ǀǀǀǀǀǀǀǀǀ（9）。大的数字是用代表十、百、千的符号来表示的。为了日常的加法和减法，埃及人在表中列出了符号的适当组合，因为他们没有代表零的符号，他们也没有像美索不达米亚人那样发展出小数位概念。

现在，每当数学中有一个新的概念出现时，我们通常都会发明一个新的涉及它的符号。相反，在应对新的概念时，埃及人却会从旧的符号中发明一些新的用法。在我们看来，这似乎很不方便，埃及数学看起来不过就是复杂的算术。许多史学家认为，埃及人并没有在数的逻辑关系的基础上建立理论。从他们并未用数学描述自然这个意义上讲，这种看法大概是对的。但是，近年来的学术成果表明，他们的确对数学关系进行了推断，而且他们用文字描述的许多运算，都可以转化为现代的代数，所涉及的问题有线性方程、二阶方程、算术级数 n 项之和，如此等等，不一而足。由于我们受到用符号表达的对某个问题的逻辑证明的束缚，我们就无法明白，一两个特殊的实例怎么能既构成一种方法又构成一种证明。我们对证明的要求是一种起源于希腊几何学传统的后果。而对于埃及人来说,精确包含在方法之中。

14 金字塔的建造无疑意味着埃及人有某些基本的几何学知识。我们从他们的记录中得知,那些书吏既能计算三角形、梯形和矩形的面积,也能计算圆的面积。他们也已经知道了正四棱锥的体积($V = \frac{1}{3}ha^2$),而且毫无疑问知道截棱锥的体积:$V = h/3(a^2 + ab + b^2)$。他们可能已经知道了直角三角形的毕达哥拉斯定理($a^2 = b^2 + c^2$),但对这一点是有争议的。无论如何,在测量时他们常常使用结绳的方法,而且也许实际上已经知道了这种关系。由此我们必然会得出这样的结论,就他们的符号很有限而言,埃及人在数学方面达到了相当高的思辨水平。

埃及人的历法是一种简单的太阳历。对于预见(占卜)和计时来说,对天体的观测是很有用的。不过,尼罗河水的泛滥是有规律的,因此,他们最早的日历只不过是一种农历,这种历法把一年分成三个季节,每个季节有四个月,这三个季节分别是:洪泛季节、洪退季节和收获季节。还有一种实用的民用历,每年有 12 个月,每月 30 天,在年末还要有 5 天奉献给奥希里斯周期中的诸神。其实,太阳年的实际长度是 $365^1/_4$ 天,这意味着,民用历每 4 年就会向后退 1 天。尽管需要微小的修正,希腊天文学家发现,埃及人的民用历是极为有价值的。直至今天,它对我们来说仍是一种历法的基础形态。

在埃及,每天被分为 24 小时,它们的长度最初是不等的。这种划分与和太阳同时升起的天狼星亦即大犬星有关,它的偕日升周期与尼罗河水的泛滥是吻合的。在 10 天之中,天狼星是黎明的先兆，每天会有点误差，过了第10天之后，另一颗星就会担任先驱之职。由此导致了**旬星**体系，在这个体系中，每10天都会有某个特定的星来预示黎明，这样就把36颗**旬星**分配给了一年的清晨。到了夏季，在洪水泛滥期间，有12颗**旬星**（在希腊化时代，即黄道的10度，或者太阳在天球上的年度路径）会在夜间升起，并且决定一个夏夜的小时的长度。[1] 在冬季，可以看到更多的**旬星**，因而，小时的长度也有所不同。两种历法，即民用历法和天文历法同时 15
存在于埃及各地，而且被证明有着巨大的实用价值。

在古代世界，埃及因为其医学而享有盛名，我们在古王国从业的医生那里找到了一些证据。人们也许猜想，可以在神和魔鬼那里找到疾病的原因，这样，治病过程就包含了大量仪式性的净化、法术和祈祷活动。我们听说，大约公元前2900年，左塞（Zoser）王有一位叫伊姆荷太普的大臣，他是一名建筑师、占星家和巫师，更不用说还是位有名声的医生。他是有记载的第一位医生，后来受

---

[1] 在每一个夜晚，这些星在天空中从东方移动到西方，维持着某种相对于彼此来说的"固定的"位置。它们夜间的旅行看起来是圆周运动，因为一个观测者凝视北方就会发现一个固定的轴，它的高度依赖于观测者在地球上的位置。最接近这个轴的星辰似乎是围绕它而运转的——这些星就是拱极星。向南旅行，观测者就会发现，这个轴更接近地平线，而且会发现最接近它的星辰的升起和降落。更往南行，就会出现一些新的星辰，这些星在北方是根本看不见的。这样，整个星辰世界从地球上看就形成了一个巨大的旋转天球，它大致在24小时中完成一次旋转（在白天是看不到的）。在"天体图"上描绘出太阳在连续的夜晚中的位置图，就可以看出，相对于恒星，太阳每晚都会移动大约一度。太阳会像一颗星辰那样升起和降落，而同时，它也会沿着天球上的某个轨迹向东缓慢运动。这一路径被称作黄道，它是一个大的环形轨道。黄道与天球赤道在二分点处相交，它在两至点时分别处在距天球赤道的最北端和最南端。就这样，黄道被想象为恒星天球上的一个巨大圆环，向天球赤道倾斜23½度。有关的详细论述，请参见托马斯·S.库恩：《哥白尼革命：西方思想发展中的行星天文学》（*The Copernican Revolution: Planetary Astronomy in the Development of Western Thought*, New York: Random House, 1959），第1章。

到了蔑视。希腊人把他等同于阿斯克勒皮俄斯——他们的医术之神，像阿斯克勒皮俄斯一样，他通过梦的作用给他的患者治病。伊姆荷太普被称作“无可责备者”，这是任何时代都会受到医生欢迎的称号。

在埃及医学中，除了其神话因素之外，还有大量有益的实际经验和观察。例如，一篇论述外科的文章告诉医生如何治疗外伤、创伤、骨折和肿瘤；治疗方法主要是用敷药、全科护理和食疗。还有一些大范围使用的药物，其中许多都有效，而且大概通过反复观察得到了确认。通常，有了疾病的症状就**是**有病，当病因不明显时，医生就会向神求助。

在一个把木乃伊制作发展成一种精致的艺术的社会，解剖术仍然主要是猜测性的，这在一定程度上是因为尸体防腐者是工匠而不是医生。埃及生理学把人体看做一个导管体系，它像灌溉渠那样输送各种体液，这些体液被认为发源于心脏。把心脏看做中枢器官确实使他们意识到了脉搏律，不过，他们也认为主要的器官和脉管都有它们自己的生命，而且把每一个肢体与某一个神联系起来。

另一个大河文明是美索不达米亚。我们发现，在这里普遍缺乏埃及群体和文明的连续性特征。古代的美索不达米亚史，是一系列不同民族争斗的历史——他们为了占领底格里斯河和幼发拉底河沿岸穿过沙漠的肥沃流域而斗争。这里最早的文明是在南部被称作苏美尔的城邦联盟的文明，它代表了大约公元前3000年以前悠久的农业和水利传统。大约公元前2500年，闪米特人的国王阿卡德的萨尔贡征服了苏美尔，在乌尔王朝下苏美尔的独立又恢复了，后来这个地区败给了北部的巴比伦城。经历了闪米特人的另一个侵占时期之后，公元前722年，美索不达米亚的大部分被并入萨尔贡二世的亚述帝国。他的军队装备了铁制武器和攻城器械。在著名的迦勒底王朝时期，巴比伦重新获得了优势，后来这里被波斯人征服，并且最终被亚历山大的希腊人征服。

与尼罗河不一样的是，底格里斯河和幼发拉底河水位的上涨是不可预测的，而且有可能毁掉灌溉渠并淹没庄稼。在古代的美索不达米亚人看来，人类似乎既要听命于大自然的摆布，又是它的 16
恩惠的受益者。宇宙也许展现着一种内在的秩序，就像我们在天体有规律的运动中所看到的那样，不过，它也包含着令人畏惧的毁灭性的力量，如一片混沌的洪水和凶猛的沙漠风暴——在这一切面前，个人是微不足道的。当然，每一种自然灾害都有某种原因和某种意志在背后操纵它。因此，自然是一种意志共同体，而一个个杰出的个体——诸神，则是各种自然力的相互作用的象征。与埃及不同，在美索不达米亚，人们更认为自然充满了冲突和斗争，在此过程中，秩序在权威和力量的基础上建立起来，从而使自然力的无法无天的倾向趋向和谐。宇宙与国家是相似的。

要想对美索不达米亚的神话思想作出全面的描述几乎是不可能的。每一个苏美尔城市都有它自己的神和作为神的家园的塔庙(ziggurat)，随着诸帝国的行进，诸神的名望也会像国家的命运一样发生变化。最有威力的苏美尔神似乎是苍天之神安努，他象征着使世界摆脱混沌的力量。尼普尔的神恩利尔是安努之子和风暴之神。把他们联系在一起，他们也象征着国家的要素：权威和力量。埃利都(Eridu)的地方之神恩奇[Enki，亦即后来的伊亚(Ea)]是环绕大地的众水之神，技艺的管理者，以其精明和智慧而著称。

还有许多其他的神,每一个都象征着一种自然力。不过,作为一个整体,自然像一个众神的集体那样在活动,它像任何国家一样,有着共同的意志。苍天之神安努统治着这个集体,恩利尔则是人类之王的原型。

巴比伦人的创世诗史《埃努玛-埃利什》是美索不达米亚天体演化学的最佳代表,它创作于巴比伦第一王朝时期。这部诗史是用阿卡德语写的,其主角是巴比伦古老的太阳神马尔杜克,后来在亚述,他被亚述神(Assur)取代了。这部诗史被记录在七块泥板上,这些泥板是在尼尼微(Nineveh)的亚述图书馆(the Assyrian library)被发现的,该诗史可能代表了一种更古老的苏美尔传统,因此,一般而言,它代表了美索不达米亚的天体演化学。

宇宙最初的阶段是一片混沌、无序,以淡水、咸水和薄雾的混合体为其典型代表,所有这些都是神的化身。从淡水和咸水亦即阿普苏(Apsu)和提亚玛特*中,产生了构成(诸如在埃及的)原始山丘的泥土。天空和大地是两个巨大的盘子,它们是由沿着地平线内边缘沉积下来的泥土制成的,后来被风强行分开,变得就像是一个硕大的牡蛎那样。世界秩序的起源,是代表原始混沌的提亚玛特与代表力量和权威之法则的马尔杜克长期斗争的结果。

由原始夫妻阿普苏和提亚玛特赋予其生命的诸神,象征着趋向秩序和能动性的动力。阿普苏首先被诸神杀死,而他的身体亦即淡水被锁在了大地上。提亚玛特被激怒了,聚集起一支妖怪军,她向杀死她的夫君的诸神发起了攻击。我们完全可以想象,在这

---

* 原文为 Aspu,疑为阿普苏(Apsu)之误。阿普苏(意为淡水)和提亚玛特(意为咸水)均为巴比伦创世诗史《埃努玛-埃利什》中的原始神,诸神的父母。——译者

一场面中会出现一次突如其来的大洪水、沙尘暴或游牧民族的入
侵，因为毁灭性的力量会对整个人类、对理性与情感、理解与敬畏 17
造成打击。

诸老神使得年轻的神马尔杜克获得了权威，他杀死了提亚玛特，切碎了她的身体以塑造世界。他使混沌变得有序的创造活动，反映出了他的统治的力量和权威，因而也反映出了他所代表的国家的性质。《埃努玛－埃利什》呈现出，宇宙创始时的创造性活动使世俗国家在某种程度上被神圣化了。参与世俗国家的生活并遵守其法律会使人回想起马尔杜克的胜利。按照美索不达米亚人的观点，人类被创造出来是为诸神服务的；胜利的诸神用提亚玛特的大臣金古(Kingu)*的血创造了人来为他们服务。因此，秩序要通过人对国家的服从来维持，宇宙也是如此。

《圣经》(*Bible*)的《创世记》(*Genesis*)为我们呈现了类似的情况(《创世记》与《埃努玛－埃利什》之间的确切关系，会导致无穷尽的论证；在这里，指出这二者有关就足够了)。希伯来的神耶和华(Yahweh)在混沌之水的水面翱翔并发出了创世命令——耶和华向世界下达了某种神法的立法式的命令："要有……"。耶和华(以及马尔杜克)以这种方式在远离可见的自然的地方存在；人们没有把他们等同于任何单一的物理客体，也没有把他们限制在任何具体的事物之上。他们是或者将会变成抽象的(马尔杜克是君主权威的法则，耶和华是正义的法则，历史的主人)。在这里，也许是第一次突破了关于自然的神话观，亦即把神与其以物质的方式的显

* Kingu也被拼写为Qingu，字面意思是做粗活的人，他是阿普苏和提亚玛特之子。——译者

现分离开了。

相对于印度的《奥义书》(*Upanishads*)而言,约瑟夫·坎贝尔把这种分离称作一种"神话分化",因为在《奥义书》中所强调的不是神与物理本质的分离,而是这两者的同一:"我实际上就是这种创造物。"从这种最初和不完善的趋向于把理性(ὁ λόγος,ho logos,言辞)与老神话的统一体分离开的步骤中,我们或许也看到了"这与那"、"A与非A"。从某种意义上说,把物理本与其神性剥离就是扼杀了生气勃勃的生命本原;就像一具埃及木乃伊干燥了一样,给我们留下的是僵硬的持续形式——没有生命的逻辑的"它"。

尽管如此,由于美索不达米亚人在泥板上用由楔形符号构成的字体亦即所谓的楔形文字(cuneiform,来源于拉丁语中的cuneus,意指楔子)写作,我们仍有关于2000多年的文明的丰富记录。在世界各地的博物馆有40000至50000块这样的泥板,它们来自美索不达米亚人生活的所有地区。除了大量的对日常生活的记录外,我们在书吏中还可以发现一种伟大的语言学传统,它使得苏美尔语和阿卡德语变得雅致和标准化了。单就这一项工作,也必定花费了很大精力,因为苏美尔文是以大约350个音节符号为基础的,它从未发展到真正的字母阶段。此外,由于泥土很快就会变得很干燥,因而每一块泥板都必须做得比较小,而且必须在一段时间内完成写作。

有一类很重要的楔形文字泥板是预示文本。在既会遭到自然的伤害也会遭到人的伤害的社会中,占卜扮演着重要的角色。事
18 实上,美索不达米亚的天文学和医学的很大一部分,都发源于这样的欲望:对诸神——自然的意向进行占卜从而削弱它们的影响。例如,疾病被看做某个神不愉快的标志,诊断和预后的主要方法就

是预示的解释。治疗也许是巫术、祭品和宗教仪式的组合，用以抚慰疾病的起因——某个神、邪恶的精灵或魔鬼。比如在埃及，疾病是症状，而医师则是僧人。发药和实施外科手术是咒语的人工实施部分。我们在埃及外科纸草书中看到了经验的事物与神秘的事物所出现的分离，而在美索不达米亚没有类似的情况。还有许多的确有疗效并且不需要什么说明的疗法也在使用。不过，当人们寻求说明时，往往得到的是神话式的说明——如魔鬼、魔法、巫术、邪恶之眼、恶毒的语言等。智慧之王伊亚是医生的保护神。

尽管美索不达米亚人对解剖进行过推测，但他们并没有做过解剖。在美索不达米亚人看来，心脏是智慧的中心，耳朵和眼睛是注意力的中心，胃是诡计的中心，肝是机能的中心，子宫是怜悯的中心。当然，梦是富有意义的——这种观点在古代世界很常见，但在西格蒙德·弗洛伊德以前，它在西方科学中大体上已被忘记了。

从大约公元前1600年的古巴比伦时期的泥板中，我们发现，其中包含着比埃及发展水平更高的数学体系，尽管作出这种价值判断时应当谨慎这一点是很重要的。这些泥板基本上是一些“问题文本”和“泥板教科书”，在其中那些特定的问题被用来说明现代数学用概括的符号方法所陈述的主题。这个体系基本上是六十进制的——也就是说，是以60和60的幂为基础的，但它也包含着一些我们的十进制体系的特性。巴比伦人之所以可以轻松地使用这样的体系，乃是因为在表示数字时只需使用两个符号：一个是竖的楔形𒁹，意指1或60；另一个是符号𒌋，代表10。这些符号的不同组合可以表示一直到99的数字，随后，1就变成了60。此外，这个体系还使用类似我们自己的位值法，因而根据一个符号在所在的位置,便赋予了它不同的值。楔形符号𒁹在最后时,它就表示1;𒁹𒁹=2,𒌋𒌋𒁹𒁹=22,如此等等;在59以后,表示1的符号就代表60(有时候,这个符号会写得大一些)。因此,𒁹𒌋代表70(60+10=70);𒁹𒁹𒌋代表130(2×60+10=130);𒁹𒁹𒁹𒌋𒌋代表200(60×3+10×2=200)。数学史家一般会把这些符号转录为:1,10(代表70);1,20(代表80);……;2,10(代表130)等等。在表示零量时,这些文本便简单地留出一个空白。

十进制体系的运用使得分数用起来比在埃及容易得多,因为可以像处理整数那样处理分数。通常,问题文本的特殊本质或者计算出的数表,决定着所描述的是什么整数或分数。显而易见,这个体系既便于整数计算,也便于分数计算。

19 关于巴比伦人为什么使用六十进制体系,已经有了大量思考,在把小时和分划分为60个单位时以及在把圆周分为360度时,我们沿用了这种体系。然而,应当注意到,巴比伦人始终如一地只把这种体系用于纯数学和纯天文学文本。在其他的计算中,例如涉及重量、度量甚至一些几何学的问题,他们使用了与我们的英尺、英寸和码的划分类似的混合体系。

在一块泥板中我们发现了值得注意的$\sqrt{2}$的近似值:1;24,51,10或1.414213,而不是1.414214。实质上,这个结果也是由正方形决定的,用正方形的边可以描述毕达哥拉斯定理,该定理表明一直角三角形的直角边的平方之和等于斜边的平方。很有可能,巴比伦人比毕达哥拉斯早1000年就知道了这种关系,但他们从未对之加以概括。

使用他们简单的符号,巴比伦人制作了许多种数表(平方表,平方根表，立方表，倒数表，以及其他数表），他们的问题文本暗示，那些答案包含着一些未知的问题。在给出这些问题的答案时，他们没有使用概括性的符号，而是用文字来描述计算答案所需要的步骤。不过，这些数学家显然能够解答两个未知的问题，而且他们已经获得了其中一个问题的答案，在这个问题中未知量是一个平方数，这个问题则来源于这样的问题，即寻找一个数，这个数加上它的倒数等于某个给定的数。用我们的符号来表达即，他们寻找的是 x 和 $\bar{x}$（x 的倒数），可以使 $x\bar{x}=1, x+\bar{x}=b$。这两个方程又产生了一个二次方程：$x^2-bx+1=0$，他们的解法是，通过用许多具体的实例陈述的步骤，使方程左边成为一个完全平方，并且得出了这些表达式：$b/2+\sqrt{(b/2)^2-1}$ 以及 $b/2-\sqrt{(b/2)^2-1}$。有些词被用来表示未知的量，尽管他们只处理了一些具体的例子，有些人可能还是倾向于用它们说明普遍的方法，但这样可能会引起争论。

在把数学应用于天文观测数据方面，巴比伦天文学取得了非凡的进展。这一过程本身，既产生于美索不达米亚人使用月历的实践，也产生于为与太阳年所决定的季节相适应而作出调整的必要性。因为太阴月是从第一次可以在日落后不久看到新月时开始的，相继的可以看见新月的时间之间的周期从来不会多于 30 天或少于 29 天。那么问题就出现了，哪个特定的月是 29 天或 30 天？对此的回答基于诸多复杂的周期性现象，例如，白天的长度，太阳和月亮（从地球中心说的观点看）可变的速率，以及月球在黄纬方面的渐变。

看起来，似乎在亚述时期人们就进行过有规则的观测活动，到了公元前 300 年，已经对这些易变的现象做过充分的混合计算了。

由于由12个太阴月组成的一年大约比一个太阳年少11天，因而，相隔一段时间（经过混合计算）就要多加一个月，最终的结果是，要有一个19（太阳）年的置闰周期，它相当于235个太阴月。为了解
20 决这个问题，巴比伦人承认，那些复杂的现象是一系列独立变量的结果。通过在被称之为星历表的数表中把不同的变量像等差数列那样列出来，把月球运动与行星运动相结合，他们注意到，表中所列的项会均匀地递增到一个极大值，而后又会均匀地递减到一个极小值。有关这些计算的规则，写在关于处理方法的文本中，而有规律的数列所导致的线性函数，使得他们能够预见日月合朔、行星运动的变化，甚至能够算出日食的粗略近似值。要预报日食就需要更多的信息——太阳和月亮与地球的实际距离，以及这些星体的规模。尽管如此，巴比伦人可以粗略地估计出日食在什么时候可能会出现。

黄道带是大约公元前四世纪发明的。但无论如何应当注意，巴比伦人只是出于数学方面的原因才把天空划分为有360度的大圆，用一些在30度区域中的星群，可以很便利地划分出它们（12×30＝360）。黄道带其实就是一个古代的坐标体系，它被武断地用来测量所讨论的天体现象的进程。尽管后来，人们在提到迦勒底人时常常把他们当做占星民族，但是最初，黄道带与占星术毫不相干。相反，他们的黄道带是一种只用于计算的理想化的数学方法。

以上是对最古老的人类科学的简述。我们千万不要忘记，这种为了在自然中生活下去的手段，这种带有神话色彩的科学，在所有科学中保持着延续时间最长久的纪录。这是人类在这个行星上跨度最长的那段时期的原始的认识方式。它是否有效呢？当然，它的确有效……而且非常有效。在大约200万年以后，我们仍要

讨论它。

延伸阅读建议

Eliade, Mircea. *Cosmos and History: The Myth of the Eternal Return*(《宇宙与历史:永劫轮回的神话》), trans. Willard R. Trask. New York: Harper & Row, 1959.

——. *The Sacred and the Profane: The Nature of Religion*(《神圣与世俗:宗教的本质》), trans. Willard R. Trask. New York: Harcourt Brace Jovanovich, 1959.

——. *The Forge and the Crucible*(《锻造与熔炉》), 2d ed., Chicago: The University of Chicago Press, 1978.

Frankfort, H., and H. A., Wilson, John A., Jacobsen, Thorkild, and Irwin, William A. *The Intellectual Adventure of Ancient Man*(《古代人的思想冒险》). Chicago: The University of Chicago Press, 1946.

Gillings, Richard J. *Mathematics in the Times of the Pharaohs*(《法老时代的数学》). New York: Dover, 1982

Kline, Morris, *Mathematical Thought from Ancient to Modern Times*(《古今数学思想》). New York: Oxford University Press, 1972.

Kuhn, Thomas S. *The Copernican Revolution: Planetary Astronomy in the Development of Western Thought*(《哥白尼革命:西方思想发展中的行星天文学》). New York: Random House, 1959.

21 Neugebauer, O. *The Exact Sciences in Antiquity*(《古代的精密科学》), 2d ed. 21
New York: Dover, 1969.

Oppenheim, A. Leo. *Ancient Mesopotamia*(《古代的美索不达米亚》). Chicago: The University of Chicago Press, 1977.

Saggs, H. W. *Civilization before Greece and Rome*(《希腊和罗马以前的文明》). New Haven: Yale University Press, 1989.

Sarton, George. *A History of Science*(《科学史》), 2 vols. Cambridge, Mass.: Harvard University Press, 1952—1959.

第二章　点亮理性之光:古希腊

公元前六世纪,米利都(Miletus)的泰勒斯说,水是万物的起源。也许,这标志着理性科学的诞生。这里发生的事情似乎是非凡的,几乎可以说,它即使在世界思想史中不是绝无仅有的,在西方思想史上也是独一无二的,以致人们谈起它时都使用敬畏的口吻,称它是一个奇迹。在阴蒙蒙的神话世界中,一切都是朦胧的,突然之间闪现出一道光:泰勒斯让我们注意到了这样一种物理假设,他既没有讲述什么故事,也没提及什么主人公,如波塞冬(Poseidon)、宙斯或大龙,只谈到了水。理性之光忽然从爱奥尼亚(Ionia)沿岸闪现了。

至少在许多人甚至包括古希腊思想家看来是这样:亚里士多德称早期的哲学家为自然哲学家[*φυσικοί*(physikoi)]、物理学家或思想家,他们是从严格的证明方法出发的,这一点与从灵感出发的神话诗人正相反。在亚里士多德以前许多年就著书立说的伟大的史学家希罗多德和修昔底德,已经不再使用 *μύθος*(mythos)这个词来指单纯的叙述;相反,他们把它与实际产生的东西——可证实的真理、实在等等形成了对照。尽管古希腊的宗教仍然支配着希腊城邦的拜祭仪式,但奥林匹亚诸神本身已经成为了嘲笑、批评甚至怀疑的对象。人们在另一个领域寻找神圣,这个领域就是 *λὸγος*(logos)——理性领域。诗歌让位给了散文体著作,而诗人则让位给了哲学家。

也许，用一个简单的对比可以概括这个巨大的变化：过去人们会说“宙斯在降雨”——天空之神宙斯会降雨，现在人们则说：“天在下雨。”

有些事情确实发生了，但我们不必称之为奇迹——也许甚至 23
不必称之为理性的胜利。小亚细亚(Asia Minor)沿岸的爱奥尼亚的希腊人，并没有在某天清晨起床后说：“今天，我们要用某种理性的方式思考自然。明天，我们将概括我们的观察结果，并且提出一些理论。”但是，希腊人的确开始对具有神话诗性质的科学感到不满，不过最初并没有完全拒绝它。对于旧的传统觉得难以回答的一些问题，他们开始发问：自然的基本要素是什么？导致变化的原因是什么？为什么有些变化看起来显得有秩序，而其他变化则不是这样？这些问题以及与之相关的回答，可能最终改变了人们对待自然的态度。

是什么因素导致了希腊人态度的这种改变？归根结底，神话诗思想并没有以其自己的方式对自然作出解释；人们过去已能预见事件，处理数字问题，治疗疾病。事实上，希腊人自己实际上已经意识到了更古老的传统使他们获得的益处。泰勒斯、毕达哥拉斯以及其他人都曾拜访过埃及，给希腊人带回了埃及的数学和几何学知识。希腊天文学家使用了巴比伦人辛勤记录的观测结果。甚至泰勒斯的水是万物之起源的原理，也会使我们想到马尔杜克使世界从混沌之水变得有序的故事。不过，他们还提出了一些超出了更古老的传统领域的问题。

希腊早期的历史，像希腊人的求知欲一样，是不平静的历史。在数个世纪中，从早期的克里特岛(Crete)的克里特文明，到迈锡尼(Mycenae)宏伟的卫城的建立和希腊、意大利和小亚细亚大陆辉煌的城邦的建立,希腊人和他们的先驱都在地中海和爱琴海波光粼粼的蔚蓝海域中航行。埃及人确实已经开始了旅行和探险,但希腊人开始到海外定居——殖民,并且扩大了与其他民族和传统的接触。毫不奇怪,爱奥尼亚的通商城市对一种新的世界观起到了促进作用。在小亚细亚海岸这边,陆路贸易的路线到了希腊的海港就终止了,而这里正是海运贸易的起点。随着油、无花果、亚麻织品、羊毛、杉木等贸易的展开,思想也相伴而来,巴比伦人、腓尼基人、埃及人甚至希腊人自己的各种传统随之传播。怎样使它们相协调?

迈锡尼时代大约止于公元前900年,那时多里安人入侵者的狂潮从北方突袭进入希腊,他们带来了大概是由小亚细亚的赫梯人发明的铁器。这些北方的入侵者与原来的居民融合在一起,导致希腊人在历史上被划分为爱奥尼亚人、多里安人、伊奥利亚人和阿卡德人。在希腊大陆,爱奥尼亚人控制着阿提卡(Attica)半岛。慢慢地,他们向东扩展,与来自克里特岛的殖民者一起,沿着今天的土耳其海岸拓殖。他们在那里建立了一些重要的贸易城市,米利都就是其中之一。大概是在爱奥尼亚,希腊人首次采用了腓尼基人的字母,对之进行了改造,增加了一些短元音。腓尼基人也是经商的民族,他们从例如提尔(Tyre)等城市出发横渡地中海,希罗多德说,泰勒斯本人就是腓尼基人的后裔。真若如此,这就为爱奥尼亚文化的混合特性提供了进一步的证据。

24 史学家们也注意到了希腊生活中的社会和政治改革,这些改革起源于迈锡尼时代的崩溃。像远东的几乎是无所不能的神王一样,迈锡尼的诸国王也是通过宗教权威进行统治;政治就是宗教仪式，要靠神话使之稳定，社会生活是以王宫为中心的。社会本身是一个复杂的等级体系，其最高层是集所有君权和势力于一身的国王。政治谈话使用的就是礼仪词汇和一种以神话为基础的文化的正统惯用语，而人类的社会秩序则是神话世界的类似物。

从迈锡尼时代的灰烬中产生了一种新的社会政治实体：πὸλιs（polis），亦即城邦。政治学随着其在城邦中的发展，变成了市民大白天在市场中的讨论；君权失去了其神圣性，并且成为了人们辩论的话题。而政治辩论又变成了竞争，其目的是要用逻辑论证而不是神的权威说服他人。城邦的生存和活力取决于其社会总体——各种接受某种利益平衡、某种社会调和或社会均衡的相互竞争的群体。这个使一个整体中的多个部分协调一致的问题，把对人类秩序的疑问带入了理性讨论的领域。

有可能，除政治以外的其他领域、其他关于智慧和权威的主张，都要服从于这种理性的论证和竞争。从而有人指出，在社会群体亦即城邦中，这种对去神话色彩的几何式平衡的追求，拓展了这种论证和竞争的范围，把物质世界亦即整个宇宙都纳入在内。的确，对某种公理体系中的确定性的渴望，是希腊科学的一个特征，而且它常常导致一定程度的经验内容的匮乏，这种渴望可能是对相互竞争的论证产生的反应的结果，而那些论证只不过是似是而非的。因此，证据会被用来支持理论而不是检验它们，而总体看来，缺乏足够的自我批评，因为人们的目标就是要在竞争中取胜。如果在城邦中，政治的合理的世俗化变成了宇宙要素的合理化，从而成为理性科学的某种促进因素，那么，这种探究方式就可能会成为竞争者之间的一种教条主义的争论。的确，我们在早期的希腊哲学家那里看到了这种方式。

然而，在整个古希腊的哲学史中，诸神仍然制约着城邦的生活。诸城市的各种典礼仪式、秘密宗教仪式以及拜祭惯例等的支配地位，一直延续到基督时代。即使最伟大的哲学家之一的柏拉图也把对诸神的信仰当作对国家应尽的一种义务[《法篇》(*The Laws*)]。

而米利都不同于一般的希腊城邦。它是一个有4个港口的商业城市，是来自亚洲的陆路商队与海路贸易的会集地；这里是一个Κοσμὸπολις，即诸民族的国际城邦。因为每个群体都带来了它自己特有的叙事故事，它自己独一无二的诗歌和诸神，把它们翻译成其他民族的语言也许就成为了一个问题。为了寻找共同的基础，的确，人们自然而然会指向港口——指向作为所有人类的共同体验的大海，这个基础不是一块共同的陆地，而是一片共同的海水，这里就是万物的起源。

25 爱奥尼亚的希腊人有他们自己的古代神话传说，有些史学家也在这里寻找希腊理性主义的种子，因为迈锡尼时代的终结造就了诗人荷马，以及后来的诗人赫西俄德。事实上，也许最好把荷马本人就看做一个传说，据说他是一系列到处流浪的吟游诗人中最伟大的一位，他歌唱迈锡尼文明往日的辉煌，他的歌最终被记录在《伊利亚特》(*Iliad*)和《奥德赛》(*Odyssey*)中。

乍看起来，这两位诗人所描述的世界景色与埃及神话和美索不达米亚神话没有多少差别。对于荷马来说，天空是一个坚实的半球；像在巴比伦的牡蛎式宇宙中一样，它像上面的贝壳那样遮盖着一个圆形的扁平的大地。天上的空气是炽热的，地下是最深层的地狱(Tartarus)，即死者阴森黑暗的住所。环绕世界的边缘，流动着原始之河俄刻阿诺斯[Ωκεᾶνὸs(Okeanos)]*,这里即是万物的起源。对于赫西俄德来说也是如此,他在《神谱》(*Theogony*)中明确地说:"最初,混沌生成了,随后出现的是盖亚——宽广的大地……。"世界的产生与人类的出生过程是相似的;万物包括诸神就像后代一样出世了。自然最原始的作用力往往是巨大而凶猛的;诸神为了建立他们自己的统治必定要与它们进行较量。因此,也许是古代米诺斯的天神的宙斯,率领众神与凶猛的巨人克罗诺斯(Cronus)对垒,这与马尔杜克同提亚玛特的战斗非常相似。最终,诸神征服了自然的力量,并按照他们的法则对它进行了整顿,把世界分成了他们不同的管区。

不过,这里也有一些新的特点:按照赫西俄德的说法,甚至混沌都是"生成"的。与混沌对立的是宇宙[Kὸσμοs(cosmos),原来的意思是装饰,"完美地产生或制造"],而宇宙也是生成的。诸神也是"生成"的,而且与在世界之外进行统治的马尔杜克和耶和华不同,可以看到,诸神是在世界**之中**的,他们是从天与地的结合中产生的,或者,我们可以说,他们是爱神[Eρωs(eros)]的力量创造出来的。

因此,在赫西俄德那里,一切都是生成的甚至诸神也要服从于爱神的创造一切的力量。那么,有没有什么事物不是生成的呢?

一旦把自然界安排好,诸神就制定了自然的法则。但《伊利亚特》和《奥德赛》中,还有一种微妙的区别。我们发现,诸神和诸女神是以与人非常相似的方式活动的;特洛伊战争(Trojan War)起源于三个女神关于谁最美丽的争论。诸神降临人间,未被认出来;

* 在希腊神话中,俄刻阿诺斯即环绕大地的大洋流,据说它是万水之源,日月星辰(除大熊星座外)从这里升起,又回落到这里。——译者

他们开战了并且受了伤；他们展示出人类的所有特性。尽管自然的法则似乎是宙斯的意志制定的一种法令，这个神自己变成了一个人，离开了他所象征的天空——像其他诸神一样云游四方。他们生活在色萨利（Thessaly）的奥林匹斯山（Mount Olympus），与他们所控制的自然力分开了。这里隐含的意义可能是，自然本身，亦即希腊人称之为 φύσις（physis）的生机勃勃和自动变化的自然界，是某种与诸神相分离的实在，这里就像一个公共的舞台，在此之上，人和诸神扮演着各自的角色。

26 宙斯是诸神和人类之父；他一点头，就会使奥林匹斯山摇动。宙斯也是力量和智慧的统一体，是风暴之神、规划者和云的聚集者，有时候，许多事情都要根据《伊利亚特》中的韵律原则而定。我们也许甚至可以说，对于这个神来说，不存在基础物质或更高的统一，只有各种力量的聚集。这种对物质的所谓的附加定义也适用于人类。在《伊利亚特》中，人类是各种物质部分和精神部分的集合体。不存在主动行动的真正的自我，有的只是诸神、或魔鬼、或梦、或其他事件形成的一个庞大的经验复合体——就是在这里“傀儡”被带了进来。不相容的、甚至矛盾的属性可能同时存在于某一事物或某一人身上——不存在具有压倒优势的整体，神话就是这样违背了逻辑。[①]

---

① 也许意识也发展了。在其极具争议的著作《意识在两分心智的解体中的起源》（*The Origin of Consciousness in the Breakdown of the Bicameral Mind*，Boston：Houghton Mifflin，1976）中，朱利安·杰恩斯（Julian Jaynes）写道：“《伊利亚特》中的人并不像我们那样具有主体意识；他并不知道他对世界的意识，也没有内在的心灵空间可供反省。”（第 75 页）也可参见：肯·威尔伯（Ken Wilber）：《从伊甸园向上发展：一种超个人的人类进化观》（*Up form Eden：A Transpersonal View of Human Evolution*，Boston：Shambhala，1986）。

但在《伊利亚特》第22卷中，阿基里斯（Achilles）和赫克托耳（Hector）* 打了起来，宇宙之父宙斯手持金尺站在他们中间，赫克托耳的命运落入了冥界之神哈得斯（Hades）的冥府。赫克托耳注定要死去，尽管“万物之父”同情这个特洛伊人。在这里出现了后来的诗人所说的 μŏιρα（Moira），即命运，它不是一个人、一个神或一种力量，而是一种事实——**一种法则**。

Mŏιρα 这个词原来意指分份，即在世界中划分出不同的界限，其中对个人来说最重要的是死亡。即使宙斯有能力使金尺子偏斜，他也不会这样做，因为贤明的统治者不会侵犯自然的边界。最终，自然会被看做是受某种遥远的力量支配的，它比诸神更原始、更古老。在后来基于神话的希腊悲剧中，尤其在索福克勒斯的悲剧中，显而易见，甚至诸神也要服从于这样一种力量，因为宙斯认识到，诸神难以摆脱 μŏιρα（Moira），即命运或天命。有可能，诸神和人会与命运展开搏斗，但最终都难以逃脱大劫，因为命运限制了个体的力量，无论这个体是诸神还是人。由于命运是一种先定的天命，因而它也是一种自然的道德法则。没有人能摆脱命运，无论是希腊人、特洛伊人还是诸神。它隐藏在一切事物的背后，是一种制约自然界［φύσιs（physis）］的运动和生长的永恒原则。

在欧里庇得斯的《特洛伊妇女》（*The Trojan Women*）中，赫卡柏在特洛伊城燃烧时以悲痛和哀伤的口吻大声抱怨：“老天哪！为什么要招来那些神？”无论如何，从赫卡柏的观点看，诸神似乎对于改变特洛伊的命运是无能为力的。因而，μŭιρα 又暗示着必然性，

---

* 在希腊神话中阿基里斯是密尔弥冬人的国王佩琉斯（Peleus）和海洋女神忒提斯（Thetis）之子，跑得最快的人；赫克托耳是特洛伊国王普里阿摩斯（Priamus）和王后赫卡柏（Hecuba）的长子。——译者

是一种导致变化并制约它的模式。

在诸神之外是否存在某种自然秩序？是否能用逻辑论证来证明它？一旦诸神变成了不同的人，并且与人没有多少区别，除了自
27 然力之外他们还给自然留下了什么？人们怎样才能梳理和理解这些神话的寓意？一旦诸神变得不同于自然，所谓的法则和秩序又是什么呢？自然是由什么构成的？这些问题引起了一种态度的转变，即拒绝把神话[μύθοs(mythos)]当做另一种协调经验的方法。泰勒斯和爱奥尼亚的理性(λύγοs)科学的基础已经准备就绪。不过应当注意，彻底的理性主义的人是一种抽象概念，在科学史上是根本不存在的。早期希腊哲学家中发生的变化是对理智的强调，这种强调并没有排除巫术，也没有排除在希腊社会中具有权威地位的拜祭仪式和秘密宗教仪式。

不过，从泰勒斯开始出现了一种新的传统，它是以一种关于自然的理论的和普遍的科学为基础的。可惜的是，我们对这一重要步骤的了解只能依据[苏格拉底(Socrates)和柏拉图以前的]前苏格拉底哲学家的著作残篇，这些残篇保留在从柏拉图到亚里士多德及其学派、直至六世纪的其他古代作者的引证之中。在亚里士多德的著作中，通常，这些残篇是根据后来的希腊哲学来解释的，或者是以批判的方式来介绍的。不管怎样，单凭它们被保留下来这个事实，就足以显示它们对后来的希腊科学的重要性。

就我们所知，泰勒斯是一个博学多才的人，他既是工程师、旅行家、天文学家、数学家，又是实业家。他有时也许会有一点出神——柏拉图说，他曾在观察星辰时坠入了井中。希罗多德称，他曾预见了公元前585年5月28日的日食，其他人则述说，他预见了二至点——太阳夏季在地平线上的最高点和冬季在地平线上的

最低点。这些预见理应被看做相当了不起的天文学知识,不过泰勒斯也许不具备这类知识。他假设地球是一个圆盘,或是一个矮小的柱面,它像一块软木那样在原始的水面上漂浮。不过,他可能熟悉巴比伦人的星历表,使用它们,他就可以近似地知道什么时候可能出现日食。他可能也熟悉圭表,即把标杆立在圭盘上根据太阳在中午所投下的影子来测量太阳的高度。据说,他根据太阳和月球的直径与其轨道的比例,估算出了它们的大小,但这令人难以置信,因为在他的体系中,它们并不通过地球的下方运行。

泰勒斯曾游历埃及,根据金字塔的影子对它们进行过测量,并把几何学带回到希腊。有人说,他介绍过一些几何学的概括命题:一个圆被它的直径平分;等边三角形的角是相等的;如果两条直线相交,对顶角相等;一个半圆的内切角是直角;如果一个三角形的底边和与这个底边相对应的角是已知的,那么就可以确定这个三角形。与欧几里得不同的是,他没有给出证明。尽管如此,他似乎的确对三角形(不是某种特殊的三角形)的性质以及角的关系(而不是某种测量结果)进行过概括和思考。他的几何学是抽象的,是数学思维中的新的一步。

对于泰勒斯而言,在世界中神无处不在——天然磁石(磁铁)有灵魂,因为它能使铁移动。机械运动和能量,仍然被等同于有生 28
命的活动。早期的 φύσις(physis)这一概念是指生长、变化和生命。运动是某种生命本原的一种功能。不过,经过变化,基质亦即水依然保持原貌。这里以一种不成熟的形式陈述了所有希腊科学经常讨论的基本问题之一:变化和永恒问题。

无论如何,在物理世界还是可以发现神。泰勒斯的神不再是奥林匹亚诸神,同时,他的水也不是简单的元素。有生命的物质与无生命的物质尚未被区分开。

米利都的普拉克夏德(Praxiades)之子阿那克西曼德是与泰勒斯同时代的人,而且或许是他的学生。我们与阿那克西曼德一起,忽然走进了纯物理学思考的领域,并且与世界的基本物质具有不可感知性这一思想相遇了。阿那克西曼德说,世界的本原是απειρων(apeiron),即无定形或无限,从这种本原中,产生了最重要的运动:生成和消亡。此外,宇宙中的所有天体和所有元素通过永恒的运动都与无定形相分离,而且将被重新吸收,整个过程重新开始。这样,创造和毁灭就会通过一种永恒之舞的循环不断出现,在这一过程中,对立的自然物相隔一段时间就会产生,并且最终相互协调化为无限之物。

阿那克西曼德给这种创造和毁灭的宇宙之舞加上了一种伦理限制[这当然类似于印度的神湿婆(Shiva):亦即创造和毁灭的宇宙舞者],因为毁灭必然会发生,根据时间的判决,万物都要为它们的不公正而获得"惩罚或报应"。

对于每一种生长,必然都会有消亡。这就是法则。但是现在,我们看到的不是宙斯,而是一种概括的抽象概念,不过它保留着原始的荷马史诗中的神的属性:永恒和力量。在一个有各式各样的变化的世界,所有确定的事物都不过是暂时的,在这里,除了无限以外还有什么能够永恒?赋予完整性和限定性以永恒的法则,就是使之趋于变化,因此也就有了更新。但是,变化的根源是什么,它又具有什么性质?那么,根源本身是否可能也是趋于变化的呢?阿那克西曼德把这些问题抽象化了。

阿那克西曼德也坚持认为,没有什么支撑着地球,它是悬浮在宇宙中心的。它像一个桶鼓,它的高度是其宽度的三分之一。太阳、月球和恒星坐落在燃烧的天球的不同层级之间，天球把大气包在其中，大气像一条毯子覆盖着大地，并把这些天体裹在其中，诸天体通过一个管状的通道显示它们自己。当这个通道被阻塞时，就会出现日食或月食。天体沿着轨道并在天球的作用下像车轮结实的轮辐那样围绕地球运行。就这样，他用这种以地球为中心而旋转的车轮上的轮辐，说明了天体的运动。

阿那克西曼德主张，最初的生物是在潮湿的环境中创造出来的，它们像种子那样被包裹在多刺的茎皮中，随着它们的不断成熟，它们从潮湿的环境中涌现出来，开始了不同的生活。人在来到
陆地上以前，原本是一个在鱼形造物的身体中形成的胚胎。无定 29
形具有原始存在的各种属性，这个原始存在就是主宰着既会生成也会消亡的世界之神。它既是想象的又是合理的。弗里德里希·尼采称它为一个“形而上学堡垒”，从这里阿那克西曼德注视着外面变化的世界。在这样一个世界中，人必定也要经历变化。

我们最后要谈及的米利都人是阿那克西米尼——阿那克西曼德的弟子。对于他来说自然的本原是空气，物质是从空气的浓缩和稀释过程中产生的。

空气对于阿那克西米尼来说就像水对泰勒斯一样：这是一个普遍存在的经验事实，在其中力量和永恒无处不在——“诸神无处不在”。空气对于生命而言是必不可少的。它塑造了生命世界，并且使之结合为一体。它就像人类生命中的气息，荷马称之为 ψυχή (psyche)，即灵魂。当一个人去世时，他的 ψυχή，他的生命的气息(动词 ψυχή 意指呼吸)便离了开他。对于阿那克西米尼来说，空气就是宇宙的灵魂，空气使它结合为一体并且控制着它，就像后来的思想家所主张的灵魂居于人体中那样。

变化的原因,生命本身的原因,现在就可以通过观察来证明。空气浓缩和稀释的过程就是这样的一个原因;被浓缩或压缩的物质是冷的、重的和不易弯曲的,而稀释的物质是热的、轻的和易弯曲的。天体是从大地上蒸发、升空最终燃烧的物质中产生的。据猜想,它们是被浓缩的空气,世界被裹在一个水晶球中,而星辰像指甲那样被镶嵌在这个水晶球里。

我们必须特别注意这个封闭的水晶球。在哥白尼以前,这种围绕着宇宙的是一个坚硬的水晶球的观点,一直是所有天文学的基本假设。甚至很有可能,阿那克西米尼是第一个明确地把行星与恒星区别开的人,因为在他的体系中,行星自由地飘浮在空气中,而恒星则固定在天球之上。

米利都人给希腊科学提出了一个基本问题,即运动和物质的问题,或者对他们来说可算是相同的问题,亦即对稳定性与变化的说明问题。一直到柏拉图时代,希腊思辨所经历的都是与自然界[φύσιs(physis)]渐行渐远的过程,亦即使自然的生命元气与其物质基础相分离的过程。按理说,我们接下来应当考虑毕达哥拉斯,他把万物定义为数——数是自然的本原,从而抛开了内容,而偏向形式。但这样一来,自然就会把我们引向柏拉图,因此我们必须等到下一章再来讨论。现在,我们还是跟着上述基本问题走,看看它会把我们引向哪里吧。一条路以巴门尼德为终点,它完全从逻辑上否定了变化;另一条路的尽头是原子论,这是一种对死气沉沉而并非生机盎然的自然界的纯机械论式的描述。

不过,赫拉克利特大胆地从这个问题中得出了令人吃惊的结论,他来自爱奥尼亚的米利都以北的城市以弗所(Ephesus),他被古代的作者称之为“出谜者”。如果所有经验的稳定性都是错觉那会是什么样？如果生命的本原本身也是变动不居的，总是处于紧张状态的对立物的斗争是永恒的，那又会是什么样？

就我们的了解而言，赫拉克利特是一个离群索居的人，他桀骜不驯，愤世嫉俗——甚至也许是一个神秘主义者。他以推测的口 30
气说："博学并不能使人有智慧"，从而暗示着，通过各种属性和各个组成部分的积累来定义某物的荷马式的方法，已经不再有什么价值了；因为我们现在必须在一定的逻辑抽象的程度上探求整体、探求本质。这个本质就是 λóγos(logos)，即神圣的理性，它渗透在万物之中，这个新的神是所有人共有的。"诸神无处不在"。因而我们听说，有一次，当赫拉克利特烤火取暖时，看到两个来访者对进不进他的屋子犹豫不决——赫拉克利特招呼他们说："请进吧，诸神也在这里。"

然而，人们并没有明白他们出现在眼前的到底是什么：变化就是一切；不存在对立物的和谐，有的只是它们的冲突。战争是一种主导性的创造力量，以火作为其象征。理智的本原 λóγos(logos)的物质方面就是火。存在并无永久不变的基础，有的只是永恒的流变，永恒的火，"既会合乎理性(λóγos)地燃烧，也会合乎理性地熄灭。"

"去观察世界"，这也许是赫拉克利特对米利都人或毕达哥拉斯的追随者说过的话。"没有什么是一成不变的，对于万物来说不存在数学的和谐，只有永恒的斗争。你不能两次踏进同一条河流。实在就是流变，就是纯粹的运动，任何既有的本性都会自相冲突，分成两个对立面，并且会寻求重新统一——这就是永恒的变化。"

"霹雳驾驭着万物。"这样，宙斯又回来了，只不过现在穿着深红色的抽象思维的长袍，他就是理性的本原，这一无与伦比的本原是宇宙的法则(νόμος,nomos)。我们不需要其他的附加的东西了,除了有节奏的创造和毁灭的燃烧之舞外,不需要什么风暴了。

米利都人自始至终都在反思自然,寻找使世界不再飘忽不定的永恒原则。最重要的是他们把 λόγος——理性作为这个问题的回答,而且这个理性并不与他们所观察的现象相冲突。因为他们的观察依赖于他们的感觉;引导、修正和证明理论的实验思想还是很久以后的事。赫拉克利特现在已经明白,单凭运用感觉还不能导致米利都人所寻求的本原的发现。无论在哪里,经验都不能呈现一种稳定的存在形式,也许除非这种存在物是在天上。毕达哥拉斯大概谈到过三角形的性质,并且提出了一种不变的数学定理来描述一个三角形,但在自然界中(正如通过感官所感知的那样),无论哪里都不存在这样的三角形。

跨过亚得里亚海(the Adriatic),希腊人迁入了意大利南部,并且像在爱奥尼亚一样建起了城邦。其中的一个城邦是埃利亚(Elea),它后来成为了一个著名的希腊哲学中心。科洛丰(Colophon)的色诺芬尼迁入了埃利亚,在那里度过了他漫长的一生(他活到 92 岁)的最后岁月,大约于公元前 525 年去世。色诺芬尼是一个评论家,学识渊博的怀疑论者,他想知道,**无论哪一种**知识是否是可能的。他所怀疑的主要是宗教问题,但是,对于作为一个整体的早期的希腊科学,他的怀疑具有更宽泛的意义。据信他曾说
31 过:“请注意荷马的诸神,他们的举止像人,有着人类的所有弱点和缺点。如果牛或狮子也有神,并且有手可以画这些神,那么狮子会把他们画得像狮子,而牛则会把他们画得像牛!”在回应他自己的批评时,色诺芬尼假定有一个单一的和不可见的神,并且更进一步,认为所有确定的知识只是那个神才有。人可以认识自然,甚至

可以接近它的真相，但他对他的知识永远也不可能有把握，因为他不确定的感觉总会使他的知识变得模糊。

色诺芬尼提出了他自己的关于自然的思想。宇宙是一个球体，它是有生命、有意识的，它就是它自己变化的原因。万物皆来自于土和水，洪水会周期性地出现，在其泛滥期间，一切都会被泥浆覆盖。他把化石看做地球在很久以前的一段时期被泥浆覆盖的证据。不过，最令我们惊讶的是他的认识论。因为在那里，我们第一次看到了对事物似乎是什么与事物实际是什么的区分。色诺芬尼说，有人可能会主张，若不是有蜂蜜的话，无花果本来是甜的东西。蜂蜜只不过相对于人的经验来说**似乎是**甜的。事物**似乎是**这样或那样，但是真实的情况却有所不同。变化似乎就是一切；空气似乎是最基本的质料。我们怎么知道呢？

从色诺芬尼开始，对神的敬畏有了一种新的意识，即对神的崇高的意识，以及对人类理性与普遍规律之间的鸿沟的意识。荷马的诸神是不道德的和神人同形的，他们已经离开了自然的舞台。那么，留下来又是什么呢？是 λόγος（logos），亦即理性思维。我们再也找不到能够在思想与自然之间令人胆怯的深渊上架起桥梁的诸神了。引导人们走向真理而非表面的相关性的思想规律是什么？这就是下一位埃利亚派思想家巴门尼德提出的问题，而他的回答对于西方科学的进程而言，具有极为重大的意义。

巴门尼德大约出生于公元前 515 年，柏拉图称他曾游历雅典，并且会见了苏格拉底，那时他大约 65 岁。学者们往往怀疑这一点，但不管怎样，他的思想肯定对柏拉图本人的哲学生涯有影响。巴门尼德认为，“似乎是怎样”与“真相是怎样”永远是相脱节的，尽管如此，真理还是可以获得的，通向真理之路就是运用理性。自然的真理是逻辑真理，它的基础是矛盾律，即某物要么存在要么不存在。这是具有决定性意义的论述，它断言真理必定符合逻辑，而且它使得巴门尼德处在了与赫拉克利特对立的位置。最终，巴门尼德的逻辑告诉他，变化是不可能的。

对于赫拉克利特来说，一切存在实际上都是变化的，对立的双方处在持续的斗争中。那么存在的对立面是什么呢？是非存在。在这里，巴门尼德运用了他的矛盾铁律。非存在是存在的对立面这种说法，依然假设某种事物（非存在）存在着。说一切都处在运动和变化之中，就是说作为运动和变化的结果，存在从某种不存在的事物中或者从它的对立面中产生了。存在来源于某种不存在的事物，并且通过变异，成为了某种不同的事物。但是你甚至不能说什么是不存在的，因为矛盾律迫使你假设非存在是某种存在。运
32 动、虚空和无限也都是如此。考虑真空就等于考虑某种事物，亦即一种思想的对象，而这与虚空是矛盾的。考虑无限就是在思想中用一个界限把它标出来；多数实际上是整体，事物只不过看起来是对立的。

在巴门尼德那里，逻辑仿佛忽然变得疯狂起来了。面对着一个不断变化、并且在其中知识似乎是不可能的世界，巴门尼德完全否定了他的感觉证据，从而也就排除了它们令人厌恶的相对性。现实是无运动的、有限的、无变化的和永恒的——例如矛盾律或一个数学方程。真理是理性的纯粹应用，仅此而已。

巴门尼德对世界的描述是与他的逻辑相一致的。宇宙是球形的，因为球是连续的并且是有限的。环绕着地球的是：由清一色或混合的元素以及天体组成的花环或花带。这种认为球体具有完美性和完整性的思想，可能对天文学具有持久的重要意义。圆周是

既无起点又无终点的,它的确存在着,就像巴门尼德的存在一样。天体的圆周运动所表现的是稳定而非变化,因而,天上的运动必定是圆周运动。

我们所面对的巴门尼德是一个宗教诗人,他在理性中发现了一种神秘的转变经验。巴门尼德发现,有一种精神领域像神秘的宗教崇拜仪式一样,隐含着通往真理的秘密之路。这条道路就是纯粹逻辑的枯燥的方法[在希腊语中,όδόs 或 odos 意指道路,在 μέθοδos 或 methodos(方法)中保留了这个词]。思考尽管仍然是受神启示的,但它在传统和公共经验方面是完全自主的。经验只是"似乎是……",它并非通向真理之路,而是错觉,是一条死胡同。因此,在生成和消亡中,所有的运动和所有的变化都被排除了。

巴门尼德给他的弟子芝诺(大约于公元前 495 年出生)留下的任务就是为他的逻辑进行辩护,而这一点芝诺做得非常好,他用所设计的悖论来说明运动以及空间和时间的无限可分在逻辑上是荒谬的。这第一个悖论就是亚里士多德所说的二分法悖论。我们来考虑一下从点 1 至点 2 的运动;如果空间是无限可分的,运动物必然先到达全程的½点处,而要到达½点处就必须先到达¼点处,要到达¼点处就必须先到达⅛点处,如此等等(参见图 2-1)。结论是,如果一个有限的长度包含无限数量的点,那么,即使在有限的时间中通过某个有限的长度在逻辑上也是不可能的。

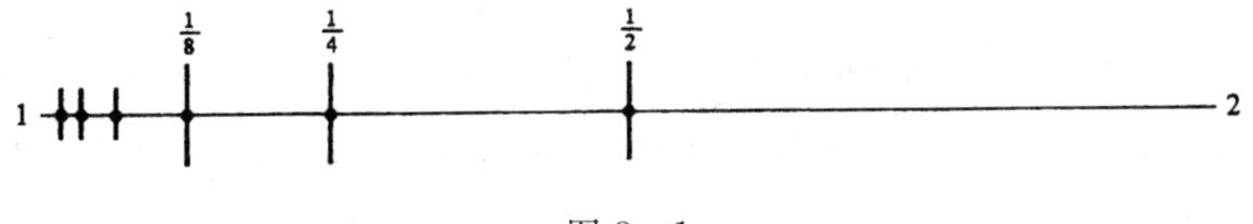

图 2-1

对于时间也存在着同样的悖论。比如说一支飞矢要用两秒抵

达它的靶子；它就必须用一秒的时间走完一半的路程；但这样的
33 话，它又必须用半秒走完一半路程的一半，并且用四分之一秒走完那一半的一半，如此等等（$1 + \frac{1}{2} + \frac{1}{4} + \cdots\cdots = 2$）。这支飞矢无论多么接近靶子，它永远也无法抵达那里，因为我们不得不假设前面还有许多步骤——而且这些步骤是无穷的。也可以思考一下飞矢本身。在每一个瞬间，飞矢都占据某一空间，因而它是静止的，在下一个瞬间它又占据一个新的空间，在这里它也是静止的。因此，如果时间在数学上可分为诸多瞬间，而且在每一个瞬间飞矢都是静止的，那么飞矢永远都不会运动！

接下来我们来考虑敏捷的阿基里斯与一只乌龟的竞赛，在这场竞赛中，乌龟先一步出发。在每一个瞬间，阿基里斯和乌龟必定都要占据某一空间，如果长度和时间是无限可分的，那么乌龟所通过的瞬间的数量与阿基里斯是相等的。因此，在每一个瞬间阿基里斯到达一个点时，乌龟也到达一个点，而且因为无限本身是相等的，所以（我们认为）在他们二者所经过的点的数量必然是相等的。但阿基里斯要追上乌龟必须通过**更多的**点，唉，他在逻辑上就不可能做到。这样，我们不得不得出与我们被伤害了的常识相矛盾的结论：在竞赛中，阿基里斯永远也无法战胜乌龟。（这个悖论很容易用微积分来解决。不过，就阿基里斯悖论而论，芝诺的诡计隐藏在时间的引进中：我们考虑的仅仅是阿基里斯在尚未赶上乌龟的那段时间里的时间长度。尽管在这部分中，可以划分出的时间间隔是无限的，但它们的总和是有限的，这意味着，“永远也无法”或“永远落后于”是相对于无限多的项而言的，但却被与时间意义上的“永远”混淆起来了。况且，它还假设某个线段上的点的数量与这个线段的长度是相关的。）

巴门尼德和芝诺给早期的希腊哲学家提出了一个重要的问题:如何使物理世界亦即感觉的表象世界从他们严酷的逻辑束缚中摆脱出来。这个问题的关键是,在维持古老的米利都学派(可以通过理性来认识)的自然之根基的条件下,说明运动和变化。到此时为止,希腊科学已经尝试过用某一单一的原理既说明运动也说明物质。把运动和物质这二者分开,将是遇到挑战的那些人的任务。

在这些人中有一个是西西里岛(Sicily)的恩培多克勒,他于公元前434年去世。恩培多克勒否认巴门尼德和芝诺的单一性,而主张世界是由四种不同的元素构成的,它们是:火、气、水和土。乍看上去,这似乎并没有比米利都学派的唯物主义走多远,而且它还面临认识问题,因而面临变化问题。无论如何,恩培多克勒放弃了绝对的**单一**物质的信条。他还说,万物是由基本元素混合而成的,而负责混合的并不是元素自身,而是一些他称之为爱和斗争的外在之力,它们意指制约着整个宇宙的生气勃勃的力量,而这些力量 34
与我们可能想象的吸引和对立是截然不同的。在这个纯物理世界中,我们又发现了神。每一物都因其四种元素混合的特性而有所不同,并且通过聚合与解体的自然过程而保存下来。甚至知觉和认识也可以还原为这种相互作用。

四种基本元素的思想,是由恩培多克勒首次提出的。最重要的是,他现在已把变化的原因与这些根本要素区分开了。恩培多克勒运用这四种元素,进而说明了天体现象,把神圣的水晶天球分为两个半球,一个半球充满了火和光,另一个是空气与黑暗的混合体,只有一点微火。另外,他还解释说,太阳把反射在天球上的光集中了起来,月球则借助了太阳的光(这一点他也许是从与他同时代的阿那克萨戈拉那里知道的）。他知道了有关日食的正确解释，他说，月亮把它的阴影撒在地上从而挡住了阳光。非同寻常的是，他甚至猜到了光从一点到另一点要花时间——即光是有速度的。

向原子论迈出决定性一步的是阿那克萨戈拉，他把爱奥尼亚科学带回到雅典，而且据猜测他是伯里克利（Pericles）* 的朋友。阿那克萨戈拉认为，每一事物中都包含着每一事物中的一部分；不同的物质实际上是无数种子的混合体，这些种子是无限的和无法察觉的。我们所觉察到的东西实际上是由我们觉察不到的东西即种子构成的。没有什么东西生成或消亡；一切不过是已有的东西（种子）的混合或与它们的分离。在对芝诺的回答中，阿那克萨戈拉对把物分成无穷小的量与纯粹的无进行了区分。万物是可分的，但事实上，分开后它们仍然包含着该物一定的量，即使我们无法看见。它们未必会变成没有广延的点。

按照阿那克萨戈拉的观点，世界起初是一个由万物共同构成的旋涡，它从旋转开始，通过其运动的力使其各组成部分分离开；换句话说，他构想了一种离心力。那么，导致运动的原因什么呢？阿那克萨戈拉采取了几乎是不可避免的步骤，把心灵（即希腊语中的 νοῦs 或 νόos）与物质分离开了。心灵第一次变成了一个近乎无形体的幽灵，自那以后，原子论的问题就成了如何用纯物质的世界来说明心灵的问题了。对于阿那克萨戈拉而言，心灵就是运动的 deus ex machna（解围之神）。

---

* 伯里克利（约公元前 495 年—前 429 年），古雅典黄金时代最著名的政治家和军事家。——译者

公元前五世纪下半叶，由于米利都的留基伯和阿布德拉（Abdera）的德谟克利特，希腊的原子论成熟了。他们明确地使用了**原子**[ατομos（atomos），意为不可分割的]这个术语。世界是由无法察觉的无数的原子构成的，它们在某个空间中运动，而它们的运动只不过是一种永无休止的冲撞，在此过程中，有些原子由于碰撞而相互附着，从而产生了复合物。当空间缺乏原子时，它们就会涌入，形成循环往复的涡流或旋涡，在其中，重的原子趋向中心，而轻的原子被排挤到外面。宇宙就是从这种旋涡中产生的。

运动的原因是什么？按照这些原子论者的观点，没有原因。
运动对于物质来说是自然而然的，而且是永远存在的。这种运 35
动——原子在空间中的运动纯粹是机械式的，这样，他们就把泛灵论的最后踪迹从希腊的自然界[φύσιs（physis）]中清除了。在无限的时间中，世界变化不定，永不相同，世界的无限性来自于不可见的原子永无止境的碰撞、附着和复原。没有必要去说明运动因此也没有必要说明变化。运动对于物质来说是自然的——这是一种必然性。

那么，在这个几乎是无生命的机械的世界中，心灵又是什么呢？德谟克利特也许是第一个把**小宇宙**（microcosm）这个术语用于人的希腊学者。人和宇宙是用同样的质料构成的，并且遵循着相同的规律。心灵是光滑的、精细的原子的集合体，感觉是由于原子撞击身体而产生的。例如，苦味由光滑的圆形原子引起的，咸味是重的、凹凸不平的原子引起的。感觉的初级能力实际上只是辨别大小、形状、排列等，这些导致了次级能力如辨别味道、气味甚至颜色等。感觉和思想都来自于同样的事物——原子的物理属性。人只不过是宇宙的一个缩影。

这样原子论者们得出了像巴门尼德一样极端、但与他正相反的观点。巴门尼德完全否认变化，并且把他的实在理解为完全是精神的，而原子论者们用看不见的运动中的原子说明一切，包括人类的思维能力。对于他们双方而言，实在的真正本质存在于现象以外，不过，巴门尼德一开始就拒绝把现象当做可被感官感知的，而原子论者们则把作为一个整体的物质当做他们的出发点，并且诉诸了纯粹**假设的**原子以便对实在作出说明。他们通过理论而不是拒绝他们的感官证据来解释现象。但在这一过程中他们困惑了，因为在一个不考虑活力或任何有机的活动能力的纯粹原子论中，如何把有机体的活动与思维本身的现象相整合依然是一个谜。他们的观点是彻底的唯物论的观点，从来没有在希腊人中流行起来；它远离了充满生命力的半神话的自然的概念。

与此同时，希腊人构筑了他们的文明，并且继续举办埃莱夫西斯(Eleusis)秘密宗教仪式、狄奥尼修(Dionysius)狂欢节，这些均为神秘世界观的仪式和神秘活动。不过，也有某种令人鼓舞的事情；在大母神脚下一个新的孩子出世了——这就是神话学。这个婴儿似乎提着一盏由陌生的新问题点燃的灯。这盏灯的火光闪烁不定，而且只有很少的人注意到了它。当我们回顾历史时，我们会觉得就像它是一座灯塔。

延伸阅读建议

Burkert, Walter. *Greek Religion*(《希腊宗教》), trans. John Raffan. Cambridge, Mass.: Harvard University Press, 1985.

Cohen, M. R., and Drabkin, I. E., eds., *A Source Book in Greek Science*(《希腊科学的原始著作》). Cambridge, Eng.: Cambridge University Press, 1958.

Cornford, Francis M. *From Religion to Philosophy: A Study in the Origins of Western Speculation*(《从宗教到哲学:西方思辨起源之研究》). New York: Longmans, Green, 1912. 36

Guthrie, W. K. C. *A History of Greek Philosophy*(《希腊哲学史》), 6 vols. Cambridge, Eng.: Cambridge University Press, 1961—1981.

Kirk, G. S., and Raven, J. E. *The Pre-Socratic Philosophers: A Critical History with Selection of Texts*(《前苏格拉底哲学家:关于文选的考证史》). Cambridge, Eng.: Cambridge University Press, 1957.

Lloyd, G. E. R. *Early Greek Science: Thales to Aristotle*(《早期希腊科学:从泰勒斯到亚里士多德》). New York: Norton, 1970.

Sambursky, S. *The Physical World of the Greek*(《希腊人的物理世界》). London: Routledge and Kegan Paul, 1956.

37

第三章　万物的元素:数与理念

与希腊城邦的公共宗教仪式同时存在的是所谓的秘密宗教仪式。在《国家篇》(*The Republic*)中,柏拉图对游走四方的祭司作了这样的描述:“求乞的祭司和卜者奔走于富家之门……帮助他们祛病赎罪,谈论俄耳甫斯(Orpheus)[*]的书籍。”我们听说过在雅典城外举行的埃莱夫西斯秘密宗教仪式,它大概是为了赞美谷物和丰收女神得墨忒耳(Demeter)而举办的。俄耳甫斯去世后,被酒神疯狂的女祭司撕得粉碎。我们听说过宙斯之子狄俄尼索斯(Dionysus)的故事,妒忌成性的赫拉(Hera)派可怕的提坦诸神(Titans)[**]去杀害这个孩子,他们不仅杀死了他,而且肢解了他的尸体,还把狄俄尼索斯烤熟后吃掉,于是,宙斯因提坦诸神的罪孽而把他们烧死了。人类则从烟灰和灰烬中诞生出来,他们反抗诸神,但依然具有某种神的本质特点。狄俄尼索斯又死而复生,继续他的生活,这是不可思议的,也许,那些被授以神秘知识的人也是如此。

---

* 希腊神话中太阳神兼音乐之神阿波罗与文艺女神之一的卡利俄佩(Calliope)之子,音乐和诗歌的发明者。据说他的演奏能使草木点头、石头移动、猛兽驯服。——译者

** 在希腊神话中赫拉是宙斯的妻子,提坦诸神是天神乌拉诺斯(Uranus)和大地女神盖亚(Gaea)的12个子女的总称。——译者

以某种生死循环的宇宙哲学为基础,秘密宗教仪式提供了某种启蒙和净化。东方的影响可能起着某种作用:如奥希里斯崇拜、印度及其轮回说(一个人死时,其灵魂会进入另一个人躯体)和karma(因果报应)说,也许甚至还有波斯先知琐罗亚斯德的学说,他传授了一种对邪恶用火进行来世惩罚的方法。

在这些秘密宗教仪式中,最令人感兴趣并且最重要的是毕达哥拉斯派的宗教仪式,他们把宗教与数学结合在了一起。由于这个学派处于秘密状态以及毕达哥拉斯半传说的一生,把这个学派所提出的学说与那些可以有把握地归因于这个学派的创立者的学说区分开,是极为困难的。亚里士多德本人即使谈及毕达哥拉斯
也很少单独谈到他,而且在提到他的学说时往往是说毕达哥拉斯 38
学派的学说或所谓的毕达哥拉斯学派的学说。尽管这样,这个学派的许多重要的思想在希腊人中是众所周知的,而且被认为重要得足以成为批判或赞扬的主题。毕达哥拉斯的数学哲学以及赫拉克利特的思想,无疑都对埃利亚学派产生了影响,而且有可能,在芝诺悖论所要实现的目标中,也包含了毕达哥拉斯从数和几何学中推论物理世界的成就。

毕达哥拉斯本人大约于公元前572年—前569年的某个时间出生在萨摩斯岛(Samos)。据说,他曾旅行到埃及,甚至去过印度。他最终迁入意大利南部的克罗通(Croton)城,在这里,他因其秘传的学说而闻名,并且把一群信徒聚集在了一起。然而,毕达哥拉斯社团的神秘主义和诡秘性似乎引起了克罗通人的怀疑,毕达哥拉斯被迫逃到邻近的梅塔蓬图姆(Metapontum)市。他大约80岁时在那里去世——有人说他是被谋杀的,但那个社团依然兴旺,并且使他的学说保持了活力。

数学被注入到了毕达哥拉斯的神秘主义宗教哲学之中。事实上很有可能,正是这种对原始和谐的神秘的和半东方的洞察,以及对感觉的假象世界所掩盖的实在的洞察,使西方开始了对数学的迷恋——数学是可能开启自然的神秘之门的神奇钥匙。

根据传说,毕达哥拉斯最初用κόσμos(cosmos)指整个宇宙:整个世界,宇宙是一种有序的完美的存在物,是一个和谐的整体,充满活力和理智。宇宙是对立物的平衡的统一体:雄性与雌性、善良与邪恶、有限与无限,等等。有限作用于无限产生了神秘的太一,亦即统一,这就是数的起源、宇宙的协调者——宙斯。圆和球被心理学家C.G.荣格称之为曼陀罗的原型,它们也表现了这种和谐和统一:既完整又完美,既旋转又不动,圆和球都既没有起点也没有终点。毕达哥拉斯本人可能是第一个主张大地像整个宇宙一样是一个球体的人。

毕达哥拉斯学派崇拜的这种循环的和谐也被他们用于人类。通过他们,ψῦχή(psyche)这个词经历了一种重要的转变。据说,毕达哥拉斯宣扬灵魂转生,而且他自己能回忆起以前的化身。荷马给诸神起的古老的绰号——长生不老者(αθάνατοs, Athanatos)在这里被应用于人类灵魂。人身上的某种事物,他的自我或ψωχη,必然保持着它自己的独立于肉体的同一性,肉体在人死亡时就要回归大地。

由于有这种思想,对净化和轮回的强调就被结合到一种准数学哲学中[事实上,毕达哥拉斯也许是第一个把自己称作φίλοσοφία(philosophia)即爱智慧者的人]。在后来的毕达哥拉斯派成员中,灵魂的轮回似乎展现出了一种意味深长的上升和下降
39 的循环:灵魂从神圣的恒星降临大地,经过了尘世的审判后又回到

它们那里。在大气中,灵魂无处不在;阳光中舞动的尘埃微粒就是灵魂。而且,我们或许还可以补充一句,这些“原子灵魂”(也许,这就是原子论的起源)中的每一个都像一个数,它们都是宇宙海滩上的小卵石,聚集起来就形成了神圣的世界。

这是对宇宙的精神和谐的纯神秘主义信念,它也许暗示着在数的领域中的某些与毕达哥拉斯学派令人感兴趣的关系。

应当记住,在把几何学原理传播到希腊方面,泰勒斯功不可没。他的定理也构成了通过实际诠释就可以认识到的证明。从某种意义上说,这种诠释可以从理论中推论出来;没有必要像在埃及那样,对每一个原理都用一个特殊的问题来说明。换句话说,从泰勒斯开始,数学就变成演绎的因而成为抽象的了。毕达哥拉斯学派扩展了这种抽象方法,并且转而把数学概念用于整个自然界。他们似乎是最早强调数和几何学之思想要以不同的自然现象为基础的人。在与一种伦理学的超验推论相伴的柏拉图后期哲学中,他们的成果得到了修正,并且被奉为神圣,从而成为了这样一种重要的认识,即数是抽象概念、精神概念,这些概念被物质实体所暗示,但却独立于它们。不过,对于早期的毕达哥拉斯学派来说,物理世界实际上是由数构成的。

想象一下,有一天毕达哥拉斯在意大利温暖的阳光下坐在沙滩上,对着一些鹅卵石沉思。他没有表示数的符号,因而他就用鹅卵石表示所有的数。一块鹅卵石代表数一,亦即一片混乱的沙子上的一个单位点。他又加了一块鹅卵石,并且注意到,这两块鹅卵石形成了一条线。然后他又加了第三块鹅卵石,并且看到了一个封闭了的平面。最后,他突发奇想,又加上了第四块鹅卵石,并且发现他构造了一个多面体。这里有些问题需要考虑一下。四块鹅卵石，四个单位点，已经产生了自然的不同维度。

请记住，鹅卵石也可以代表数。也许，它们在沙滩上的排列或者说它们的形状，与它们实际所代表的数的性质有某种关系。可以把数字 3、6、10 等等排列成三角形状：

而数字 4、9、16 等等可以用沙子构成正方形：

(4)　(9)　(16)。

40 如果宇宙中的一切都是和谐的，那么在三角形数与正方形数*之间，因此一般而言在整个数之间，必然存在某种关系。考虑一下正方形数，例如 9，毕达哥拉斯用沙子画了一条对角线：

并且发现了三角形数 3 和 6。返回来，他发现，正方形数 4 是 1 与 3 之和，同样 16 = 6 + 10，也是三角形数之和。事实上，两个三角形数之和总是等于一个正方形数。

---

* 又称平方数。——译者

接下来，毕达哥拉斯看了一眼正方形数，他发觉为了从一个正方形数过渡到另一个正方形数，他必须增加一个磬折形（gnomon），而这个词在他那个时代意指木工矩尺。例如，已知一个正方形数 4：$\begin{matrix}\bullet & \bullet \\ \bullet & \bullet\end{matrix}$，要获得另一个正方形数，他必须加上一个磬折形 5：

$$\begin{matrix}\bullet & \bullet & \bullet \\ \bullet & \bullet & \bullet \\ \bullet & \bullet & \bullet\end{matrix},$$

这个数也是由正方形数加 1 构成的。用我们的符号来表示，毕达哥拉斯学派发现，对于正方形数 n^2 有 $n^2+2n+1=(n+1)^2$。因此，$2^2+(2\times2)+1=3^2$ 或者正方形数 9，正方形数 $16=3^2+(2\times3)+1=4^2$，接下来的正方形数是 25，或 $4^2+(2\times4)+1$。进一步说，如果我们从 1 开始加上一个磬折形 3，然后加上磬折形 5，再加上磬折形 7，我们都会得到一个正方形。由此可见，把奇数序列加在一起，结果总是这类正方形图形，而把偶数序列加在一起则总会产生一个矩形；例如，2＋4＋6＝12，这就是矩形的长与高的比：

$$(2)\ \bullet\ \bullet \qquad (2+4)\ \begin{matrix}\bullet & \bullet & \bullet \\ \bullet & \bullet & \bullet\end{matrix} \qquad (2+4+6)\ \begin{matrix}\bullet & \bullet & \bullet & \bullet \\ \bullet & \bullet & \bullet & \bullet \\ \bullet & \bullet & \bullet & \bullet\end{matrix}\ 。$$

毕达哥拉斯学派很快就赋予了这种排列以特殊意义，因为每一次增加后，奇数仍然保持着同样的图形，而偶数则会发生变化。因此，他们用偶数来定义无限定的或无限，而用奇数来定义有限，因为偶数总可以二等分，而增加奇数就会给这种二等分增加一个余数,从而限制了这种向二等分的回归。

毕达哥拉斯学派所概括出的数与图形之间的这些迷人的关系使他们感到,他们在他们的神秘主义学说中所崇拜的那种和谐,与数的和谐组合有着某种关联。如果数产生了几何学关系,为什么不假设对于宇宙学来说也是如此呢?他们的确进行了这样的假
41 设,他们设想数实际上就是自然的本质,自然界中的每一个客体都是由像原子那样的物质的单位点构成的。除了富有活力以外,自然无处不是理性的。

毕达哥拉斯学派到处寻找这种数学和谐的迹象。也许,毕达哥拉斯本人发现,主要的音程都可以用简单的整数比来表示——事实上,可以用最前面的4个整数来表示。如果两条同样紧绷的琴弦有着固定的比例,那么,当它们被拨动时,就会产生和声。因此,2∶1被称作八度音程,3∶2即众所周知的第五音程,4∶3即第四音程。这样声学就诞生了。

4这个数似乎具有特别的意义。最前面的4个整数相加会得到数10,这是一个完美的三角形数。这样,对于毕达哥拉斯派成员来说,10变成了一个神圣的数和图形,或者用他们的话说是一个四元数[τετρατύs(tetraktys)]。这个三角形数的每个边都有4个成员:

$$10=1+2+3+4。$$

事实上,10 看起来是一个理想数,毕达哥拉斯学派认为,10 就是数的本质的体现。因此,对于自然的设计而言,神圣四元体必定是基础性的。

如果 10 是一个神圣的数,那么,可以合乎逻辑地设想,它和它的和谐对于天空的设计也应当是基础性的。毕达哥拉斯假设行星有其自己的运行,它们与恒星每天从东向西的转动相反。不过,行星也分享了恒星每天沿着天球赤道的转动,而它们自己特有的运动则沿着黄道平面(亦即太阳在星座间穿行的平面)进行。这里的和谐体现在哪里?另外,因为太阳、月球以及诸行星都有它们各自的源于这些复合运转的运动,这样就会得出与上述矛盾的推论,即从某一瞬间到另一瞬间,速度和距离的比例不会保持一致。

面对这些异议以及其他异议(例如,地球的本质太粗俗不适宜安排在宇宙中心),后期的毕达哥拉斯学派提出了一种令人惊异的新理论。他们不再把地球当做宇宙的中心,取而代之的是“中心之火”,也被称作宇宙的心脏或宙斯的烽火台。希腊位于地球总不朝向中心之火的那一侧,但毕达哥拉斯派的有些成员认为,在印度也许能看到中心之火。当有人居住的世界(至少希腊)转到能看到太阳的地方时,那时就是白天,而当它转到另一侧看不到中心之火时,那时就是夜晚。再后来,毕达哥拉斯学派认定地球每天有自转,而抛弃了中心之火,或者把它安排在了地球的中心,称它是火 42
山爆发的起因。那么,按照这些毕达哥拉斯派理论中的任何一种,地球都是运动的。

我们切不可忘记神圣的数 10。中心之火可能已经使得天空变得更有条理了,但这个体系中除了恒星外,即使算上中心之火,也只有 9 个天体——地球、月球、太阳和 5 颗行星。毕达哥拉斯学派又加上了第10个天体，它被称作 αντίχθων(antichthon)或反地，并且把它置于地球与中心之火之间。它是不可见的，因为它总是与地球同步运行的。无论如何，现在已经有了神圣的10。

以数和几何学为基础寻求自然的统一，使毕达哥拉斯学派达到了非常高的水平。他们阐明了一种面积应用理论，这使得他们可以对表面积的比率进行比较。希俄斯(Chios)的希波克拉底(不要把他与医生希波克拉底混为一谈)甚至提出了定理排列的思想，这样，后提出来的定理就可以在以前提出的定理的基础之上得到证明。智者派的数学家安提丰(Antiphon)和布里森(Bryson)受到了毕达哥拉斯派的比较图形思想的影响，他们通过逐渐增加内接多边形和外切多边形的边数，对求圆的面积的问题进行了探讨。这种"穷竭法"后来被柏拉图的学生欧多克索使用，并且最终被阿基米德使用。

尽管毕达哥拉斯学派有这些杰出的成就，但数学的灾难还是给他们造成了打击。他们经历了一场危机，该危机动摇了他们的数论的全部基础，而且事实上动摇了希腊数学的全部基础。问题来自于一个本来无害的发现。他们发现，他们的某些正方形数的和也是一个平方数，例如，$9+16=25$，或者，$3^2+4^2=5^2$。他们很快就发现了这种关系，并把它称作毕达哥拉斯三元数组，它表现了直角三角形的一个普遍的事实：三角形的直角边的平方之和等于斜边的平方。毕达哥拉斯把一头牛作为祭品以纪念这一发现。然而，他们的巨大成就却导致了他们的衰败。

有一天，一个倒霉的毕达哥拉斯派的成员决定考察这种关系最简单的形式，即每个直角边都等于一个单位长度的直角三角形。那时，毕达哥拉斯数论像我们现在这样把分数表示为两个整数的比。然而他们发现,当把直角边化为以 1 为单位时,他们驰名的定理给出的三角形斜边的单位长度是$\overline{2}$。但是,$\overline{2}$ **并不**等于一个可用整数的比来表示的分数(相关的证明在欧几里得的著作中可以找到);它可以这样无限下去:1.4142135……。骤然间,一个无理项出现了,它并不能例证数的和谐。的确,毕达哥拉斯派成员把它归为无理类,并且称这种关系是不可公度的。根据传说,当作出这个发现时,毕达哥拉斯派成员正在海上,他们把那个指出这一事实的人扔到船下,并且发誓保守秘密。

因为不可公度性问题,希腊人从未发展出一种严格的数的概念。最重要的是,毕达哥拉斯派成员在数与几何学之间建立一致性的努力被抛弃了,有关这二者的研究变成了不同的领域。新的着重点是形与质,而不再是数的纯粹的定量使用。在这二者被重新结合起来之前,要有代数的发展,以及笛卡儿用线表示的方 43
程组。

芝诺悖论也涉及了连续性、有限和无限等观念,它们对于微积分学来说都是基础性的概念,这一悖论也需要一种希腊人从未发展出的数论。运动和可变性问题仍然停留在定性说明甚至形而上学的水平上。

这并不是说,希腊人停止了关于数的思考。早期毕达哥拉斯学派的错误在于这样一种愿望,即把数的关系看做实际存在于他们对物质世界的感知中。他们未能对纯粹理性的抽象的概念与可感知的变化的世界作出区分。在转向数学时,毕达哥拉斯学派实际上试图通过诉诸无变化的形式以及从思想的直观原则中推论出的关系去解决问题。问题在于,怎样根据这些合理的形式说明感觉世界。一种回答是柏拉图的理念论。

柏拉图于公元前428年出生在雅典的一个名门望族，这个雅典家族是阿提卡古王的后裔。柏拉图时代的雅典，像希腊的所有城邦一样，有一个时期存在着巨大的混乱，在这类时期，人们倾向于对他们的文明最基本的信念提出质疑。

在公元前五世纪初叶，希腊城邦重整旗鼓，团结一心，两次使强大的波斯帝国蒙受耻辱。希腊人恪守他们反对强大而古老的近东帝国的原则，并且取得了胜利。后来为伯里克利的智慧和帕台农神庙（Parthenon）而自豪的雅典，是这场胜利的领导者之一。这是希腊历史的一个辉煌时期，充满了自信和自豪感。但也正是希腊人在他们各自独立的城邦中具有的实力，在波斯敌人被打败之后，导致了他们之间的冲突。一场旷日持久的、令人大失所望的冲突——伯罗奔尼撒战争，在两个城邦联盟之间爆发了，一个以雅典为首，另一个由斯巴达领导。当雅典于公元前404年成为斯巴达的手下败将时，希腊人对他们的文明的某种自信也随之丧失了。

正是在伯罗奔尼撒战争时期，民主在雅典得到了最全面的发展。这种成熟当然是与雅典的伯里克利的地位密切相关的；正如史学家修昔底德通过伯里克利所说明的那样，雅典民主政治值得注意的是人的品质。

哎，品质常常是由一个人给其听众所留下的印象决定的。民主和民主政治的成功主要依赖于说服，这当然意味着能言善辩。因此，如果一个人寻求一种教育，它最终能使人与众不同并取得社会成就，那么最好的办法是设法精通修辞竞赛，而不是无私的对智慧的爱或对真理的追求。

早在公元前450年，阿布德拉的一位名叫普罗泰戈拉的人在雅典介绍他自己时说他是一个σοφιστής（sophistes），即智者。其

他人也来效仿——所有这些人都会索要一笔教育费用（这对于希 44
腊人来说令人无法容忍）。他们声称会传授智慧，但他们的智慧是一种依赖高级辩论和修辞学的智慧，并不一定依赖于真理。他们宣扬说，对每一个陈述都可以进行反驳，“对于每一个 λόγος（logos）都有一个 λόγος 与之对立”——这对于其兴趣只在于说服他人的政治家来说，可能是一个很好的教条，但却使哲学家对于如何把真理与谬误区分开感到困惑不解。如果所有政治法则都是由人制定的，因而可以被一致同意的突发奇想改变，那么，自然的法则又是什么样呢？这种相对主义对自然法则也成立吗？而且，什么是真理呢？最重要的，什么是美德和善的本质呢？

智者派使相对主义成为了一种普遍原则：所有的意见都是同样真实的，因为除了人以外，对于何为真实就没有其他的裁决者。对我来说是真实的东西——对于我是热的东西，甜的或酸的味道，单数或复数，对你来说可能就不是真实的。因此，科学的或道德的真理只不过是以某一个人的经验或群体一致的经验为基础的意见。普罗泰戈拉推测说，人是万物的尺度，因此，真理是一个偏好问题。这样，学问就被归之为娴熟的论辩和用于实际对策的道德教训。

我们来想象一下，年轻的柏拉图正在穿过雅典的市场，听到了各种讨论。忽然，有一个其貌不扬、赤脚的名叫苏格拉底的石匠跟他搭上了话。

苏格拉底也许说：“哎呀，这些智者和哲学家别再说大话，别再进行这么动听的辩论了！他们编造的描述世界本质的推测太不可思议了。所有这些导致了更美好的生活吗？导致了合乎道德的行为吗？我有时怀疑，他们是否知道美德实际是什么。”

柏拉图和其他年轻人聚集在苏格拉底周围，他们说："那么，告诉我们你认为这些理论中哪种是有益的。哪种理论会为我们提供我们所需要的知识？"

苏格拉底的眼睛亮了起来，他回答说："嗯，也许我们应当从询问知识本身是什么、美德是什么开始。什么是善的本质？"

"告诉我们吧，苏格拉底！"他们齐声说。

"我？"苏格拉底说，"可我是一个无知的石匠，只知道自己是无知的。我不知道。我只对他们声称他们所知道的那些事情提出质疑。"

"你发现什么了？"

"我发现，当我逼着他们回答我的问题时，他们陷入了迷惘，只能给我举一些例如关于美德的**例子**。他们无法告诉我美德**是**什么。要阐明关于某种事物的理论，但却又无法清楚地说明该事物是什么，我觉得这太莫名其妙了。"

有一个雅典的年轻人插话了："智者们主张，按照每一个人的真理的尺度，一切都是真实的，因此，所有理论都是同样真实和虚假的。"

苏格拉底看起来有些困惑。"那么我要说他们必须承认他们
45 自己的陈述可能也是假的！他们怎么能认为所有意见都是同等的但却把他们自己的意见排除在外呢？当他们的原则本身对于持有它的人或群体来说是相对的时，我们怎么能相信它呢？"①

苏格拉底可能就此止步了，他自己不会为科学问题而烦恼，因

① 改写自柏拉图：《泰阿泰德篇》(*Theaetus*)。见于《柏拉图的认识论》(*Plato's Theory of Knowledge*)，弗朗西斯·M.康福德(Francis M. Cornford)译(New York: Liberal Arts Library, 1957)。

为他更感兴趣的是什么构成了正直和公正的生活。尽管他似乎使科学隶属于伦理学,但他认为,无论人们讨论什么,他们首先必须作出清晰的和符合逻辑的定义和分类。为此,雅典政府以毒害青年人为由宣判他有罪。不过,苏格拉底坚定的信念激励了柏拉图,他在数篇虚构的表现他的谈话的对话中,让苏格拉底做了他的代言人。从苏格拉底对普遍定义的探索中,可以找到柏拉图主义的起源——形相论。其中的关键词是**美德**。对于柏拉图来说,美德就是知识,而知识——如果它确有所指的话,必然是指关于实在的知识。

因此柏拉图对于科学史的贡献来源于一种伦理学的基础,在此基础中,知识不仅是技能[τέχνη(techne)]的根据,而且也是对如何合乎道德地行事[善行,ᾶρετη(arete)]的认识。人们怎么才能把真正的知识与意见和具体实例的变体区分开呢?问题还是把巴门尼德的无变化的存在与赫拉克利特的感觉的流变协调一致。

怎样认识同等原则?例如,我看到一块木头或一块石头,并且说它们的数量是相等,或者它们的大小是相等的。但它们是否真是同等的?靠近一点,我看到它们并不是同等的。同样量的木头(或石头)在某一时间看来是相等,在另一时间看来是不等的。因而,对于柏拉图来说,完全相等的**理念**与它在物质世界中的实例并不相同:前者是抽象的和完全相等的,而后者仅仅是部分的和不完善的假象。确实,理念和它们的实例都存在。但是,有关任何事物的真正知识(由此而论,科学),都依赖于对与感觉对象**相分离**的理念的认识,而这种认识是因地而异或因人而异的。

科学(以及一般而言的知识)是对普遍的理念或形相的把握,

理念或形相是无变化的，通过其在物理实在的不同表现得以永恒。这些形相的世界是真正的实在，是超感觉的和神圣的，变化的物质世界中所包含的只是不完善的形相。一个完全受物理世界限制的人，只能通过感觉得出意见——有时是假象。而知识是具有普遍性的理念，是通过纯粹的理性获得的。

那些不能运用其推理能力把普遍的形相与具体实例区分开的
46 人，就像被关在一个洞穴中的囚徒，他们被镣铐禁锢着，背对着火，他们注视着洞穴内壁，但只看到了他们背后的实物的影子。对于这些囚徒而言，火光投射在洞壁上的影子或影像[εíδωλα(eidola)]是实在的。但是，如果有人把他的镣铐打破，而他转过了身子，他就会清楚地看到，那些影子只不过是反射的结果。如果他要走出这个洞穴，他就会发觉太阳而且会明白，是它导致了四季并且控制着可见的世界上的一切。这个关于洞穴的明喻大概是柏拉图著作中最著名的段落，在《国家篇》的对话中可以找到。知识的获得类似于攀出洞穴，而最终看到的太阳则类似于善的形相。

在《国家篇》中柏拉图建议，对哲学家-统治者的教育要与被分为 5 个学科的数学结合在一起，这 5 个学科是：算术、平面几何学、立体几何学、天文学以及和声学。数学是迈向形相世界的一步，它会训练人的头脑进行抽象思维，以便引导哲学家走向关于实在的最终洞识。例如，天体运动只不过是永恒的几何学真理的假象，因此，我们应该研究的是纯几何学，而不是天体现象本身——这些现象的层次比这种理想的实在低。

柏拉图的哲学从这一观点发展出了理念的等级体系，与数学原理即使不是同一也是类似的演绎关系，把这些理念明确地彼此联系在一起。在柏拉图后来的对话中，形相世界是与数值关系联系在一起的,在这些关系中,整数是由数字1产生的,直线是从整数的不断变化中产生的,面是由直线产生的,多面体是由面产生的,在所有这一切的基础上,世界的和谐建立起来了。简而言之,柏拉图采用了毕达哥拉斯派的数学哲学,使它不再沉浸于物理世界。

根据传说,在柏拉图学园的门口钉着一个标牌,上面写着:"不懂几何学者请勿入内。"无论是否真有其事,有一点毫无疑问,即他后期的对话变得越来越偏向数学,而他的宇宙论则日益趋向毕达哥拉斯学派。

从《美诺篇》(*Meno*)的对话中,我们可以看到这一过程的展开。美诺问苏格拉底,美德是否可以传授,正如人们所预料的那样,这个问题导致了智者派关于知识本身的二难推理。当然,苏格拉底在寻求定义,而他所需要的实例直接来自几何学。《美诺篇》也论及了灵魂不朽的观念,以及灵魂对形相世界的前世认识。这里的问题是构造一个正方形,其面积要等于给定的正方形的两倍,考虑到苏格拉底的问题,美诺的奴隶为自己**找到**的答案不是把已知的正方形的边长加倍,而是以其对角线为边构造一个正方形。如此看来,几何学真理是不受时间影响的、神圣的和永恒的,而且这个问题也涉及了关于正方形的普遍的数学概念,灵魂已经在某个先验领域瞥见了这种概念。

顺便说一句,这里的回答是对毕达哥拉斯的无理数问题的部分回答。尽管柏拉图本人不是一个数学家,而且从未提出过与无
理数相结合的数论,但他的形相提供了一种摆脱困境的方法。$\sqrt{2}$ 47
无法用经验来例证并不意味着,我们无法推论出它。在柏拉图看来,可以把它看做我们的无形的理智在我们出生前所遇到的那些

神圣理念中的一个。我们可以对之加以分析，看看我们是否能从中推演出任何矛盾，以及我们的前提是否能证明我们可能从其他原则中推论出的结论是正确的。我们从纯粹理念着手得出的结论是确定的和可靠的。从柏拉图时代以降，数学就是完全演绎的了，它不再是 τέχνη(techne)亦即一种简单的技能，其自身已经成为了一门科学。

这种数学可以为我们提供一个关于物理实在的原型，但它依然是远离物质世界的，这就是柏拉图对科学的贡献的核心。无论如何，柏拉图并不把他对数学的贡献看做人类心灵的任意创造。

《蒂迈欧篇》(*Timaeus*)是柏拉图的毕达哥拉斯主义数学哲学的顶峰。在早期的对话中，柏拉图只是简略地谈到了宇宙论：宇宙是一个球体，天外的空间被永恒的理念占用，地球居于天国的中心。这一图景是模糊的，而且是以神话的方式呈现的。然而，在《蒂迈欧篇》中，作者的目的是要确定人在宇宙中的位置，并且对这个位置作出适当的说明。

《蒂迈欧篇》试图为我们提供关于宇宙和谐的合理说明。由于那种(合理的)说明必须以形相为基础，因此，鉴于可见的世界具有不变的实在的性质，它必定是某种东西的**相似物**。由此可见，柏拉图关于可见的世界的说明只能是一种反映神圣智慧的可能的描述。这意味着不可能有**精确的**自然科学。而柏拉图的目的不过是要说明，正如物质现象接近无变化的数学规律那样，影像[εἰκών(eikon)]是趋向形相的。因此，可见的世界就像艺术家或工匠[柏拉图称他为造物主(Demiurge)]用现成材料制成的一件艺术品，他使混乱的物质中充满了理性和秩序。与其说这个造物主是创世之神，莫如说他是一个技师，因为他受到了他用于创造的那些材料的限制。对他的工作的任何理性的说明必然也是有限的——即一种可能的描述。

世界是有限的并且是从四种元素的和谐中创造出来的,这四种元素即火、土、水和气。这些元素的和谐等比的复写,因为柏拉图谈到了受某个平方数和立方数的连比制约的平面和多面体。尽管数学可以产生具有确定的有效性的严格推论,我们可能仍然期望这种复写亦即可见的世界仅仅暂时地与理想的世界相符合。因此,宇宙的产生是**理性和必然性**混合的结果,**必然性**[或者运用柏拉图的另一个术语**容器**(the Receptacle)]是不具理性的不确定的限制因素。在物质世界中,四个元素总是在变化,它们在容器中的表象是暂时的,因为形相的性质把**容器**塑造成了不同的形状。

柏拉图的四元素观中充满了几何学要素,而且是以与他同时代的泰阿泰德(Theatetus)的五种正多面体为基础的。等腰直角
(有一个 90 度的角和两个 45 度的角的)三角形和半等边(三个角 48
分别为 90 度、60 度和 30 度的)三角形,在构造这些正多面体中的四种时,是两个不可还原的成分。

最简单的正多面体是由 8 个半等边三角形组成的 4 个三角形构成的角锥。火是有 5 个面(4 个三角形的面和一个正方形的底)和最锐利的棱边的多面体。由等腰直角三角形构成的立方体,是最稳定的,因而相当于土。有 8 个面亦即由 16 个半等边三角形构成的八面体相当于气,有 20 个面或由 40 个半等边三角形构成的二十面体相当于水。

通过这些单位三角形的组合,就会发生元素的转化。例如,水可以拆散为两个气原子加一个火原子,用三角形来表示,40(水)=2×16(气)+8(火)。因为土的三角形与其他元素的三角形有所不

同,所以立方体只能与立方体相混合。5个正多面体的最后一个是正十二面体,它的面是正五边形,无法组合成基础三角形。它相当于宇宙,因为它的形状接近于球形。

三角形可以有不同的大小,因此就有了元素的不同等级,这些等级可以用来说明它们的各种表现。例如,水可以是冰或液体,但仍有着同样的元素形态。酒(显然)是不同等级的水与少量火的混合。柏拉图选择三角形的一个优点是,它们可以产生在尺度方面非常接近的这些等级。这种选择的另一个优点是,它可以用一个基本上是几何学的体系代替毕达哥拉斯的数论,从而使无理数转换。通过强调毕达哥拉斯数学和谐的几何学性质以及先验的形相的世界,这种和谐得到了保护。

《蒂迈欧篇》的天文学体系,也可能是一种对所观察的天体运动无法作出精确说明的描述。柏拉图把天空的运动分为两种。一种是**同一循环**,用以说明天空的周日运转。另一种是**差异循环**,分为6个区域和7种不等的循环,用以说明从作为中心的地球所看到的这些行星的运动——月球、太阳、金星、水星、火星、木星和土星。行星的循环轨道有着不同的直径,因而是不相等的,它们一个套一个,并与这样的序列相对应:1,2,3,4,8,9,27。这也许并不是以任何对可观测距离或它们的比率的认真评估为基础的,而只是柏拉图的理想天文学的一部分。

所有行星都参与**同一**循环,按照柏拉图的观点,这也是**世界灵魂**和恒星的运动。太阳、金星和水星有与**差异**循环一致的特有运动;月球还有一种附加的运动,从而使它运转得更快。这些运动大概意味着与太阳年或同样的角速度相对应。我们被告知,金星和水星也具有某种与预期相反的倾向,它们彼此追赶,彼此又被赶

上,这似乎与前面的命题相矛盾。有可能,这种相反的运动可用来 49
说明这个事实:当从地球上观看时,这些内行星的轨道在地球轨道的内侧,似乎是从太阳的一端运动到另一端,因而可能在清晨先于太阳升起,或者在傍晚后于太阳降落。

火星、木星和土星这三颗外行星都参与**差异**运动,但又通过减速和相反的趋向抵消着这种运动。在这里,柏拉图可能又是在论及这些行星不同的轨道速度(它们比太阳年的周期缓慢),也是在论及**逆行**现象。当我们从地球上观看时,行星似乎有时会停止它们的脚步向后退。这种逆行的原因在于,地球的轨道运动实际上赶上并超过了外行星的轨道运动,以恒星背景来观看时,这就使得行星看上去像是停止了并向相反的方向运动。

灵魂的理性原则不仅影响着整个宇宙而且影响着人,人的灵魂是不朽的,他有能力理解这种原则对自然的作用,这就是对他的灵魂之不朽的证明。这种理性原则是富有活力的和永恒的,但我们无法看到它的完全显现。因此,为了使它变得明显,造物主决定使这种永恒的形相有一个移动的影像,他使这个影像在可见的轨道上运行。柏拉图称之为永恒**时间**的移动影像,并且认为它的循环依一定的数字而定。时间,并且因此变化,是与这个世界一同出现的,它们都被认为是整个天球的运动。

一些古代的作者例如普卢塔克称,柏拉图在其晚年后悔把地球摆在中心位置,转而追随毕达哥拉斯学派的设想,认为中心之火是宇宙中心更有价值的天体。现代史学家认为,这可能是柏拉图的学园弟子们的变化,因为在他的著作中没有这方面的证据。然而,很多人坚持主张,他讲授过一种秘密的未成文的学说,该学说可能更具毕达哥拉斯色彩。

尽管在柏拉图学园的教学中包括一些预备性的学科如数学，但这个学园更是一个哲学家和寻求知识者的共同体，没有单一的正统学说或教条。然而，柏拉图的学生似乎大致分为了两派：一派偏爱形相，一般被称之为“诸神派”，另一派想使科学回归可见的世界，一般被称之为“巨人派”。柏拉图并没有像巴门尼德那样完全拒绝感觉世界，但是在对自然现象的研究中，他希望心灵得到提升，趋向永恒的形相。在很多情况下，最终的结果就是忽视物质世界。

欧多克索出生在小亚细亚的尼多斯(Cnidus)，大约于公元前368年在他23岁时来到了学园。他大概并非是学园真正的学生，普卢塔克说，欧多克索及其弟子门奈赫莫斯(Menaechmus)试图用机械学的辅助方法而不仅仅是理性去解决立体几何学问题(例如倍立方的作图问题)，从而激怒了柏拉图。阿基米德把对德谟克
50 利特最初发现的两个命题的证明归功于欧多克索，这两个命题分别是：圆锥的体积等于与它同底等高的圆柱体的体积的三分之一，以及棱锥的体积等于与它同底等高的棱柱体的体积的三分之一。

然而，作为一个数学家，欧多克索最著名的是数量理论和穷竭法理论。数量理论是设计用来处理无理数问题的，主要与实际的几何作图问题有关。欧多克索不从数的角度来考虑几何图形，而是从量的角度来考虑直线、面积、角和体积，这里没有具体的数值，而是依据等量或倍率来使用它们。运用这种方法，基于关于等比的某种定义，就可以把有理数和无理数都当做比例来处理。因此，欧多克索完成了使算术与几何学的分离。今天，我们提到 x^2 时常常说“x 的平方”，说到 x^3 时常常说“x 的立方”，就反映了这种对几何学的强调。

他的第二个贡献我们已经触及了。穷竭法理论(他并没有使用这个术语)在他的证明中提供了辅助作用。有可能希俄斯的希波克拉底以前已经阐述过这种方法,欧几里得的《几何原本》(*Elements*)的第5卷又重现了这种方法。虽然如此,人们一般还是把它归功于欧多克索。

在计算曲面的面积和曲面围起的体积时,欧多克索指出,通过对某个给定量的连续分割我们可以穷尽曲面的连续区域,从而,给出了一个与所需要的面积尽可能接近的答案。用这种方法,人们可以说明,不同圆的面积比等于它们的直径的平方比,不同球的体积比等于它们的半径的立方比。不过应当注意,希腊数学家从来没有像现代微积分讨论无限时那样,考虑把这一过程无限地进行下去。他们从未像一个无限数值序列的极限所界定的那样,使立体的面积获得真正的穷尽,因而总会留下某些量。

因而,对于欧多克索把他的巨大的数学天才用于天体运动,没有什么可值得惊讶的。像约翰尼斯·开普勒以前的每一个人一样,欧多克索假设,行星沿着圆形的轨道运行——从几何学上讲,理应这样假设,因此他不得不用某种圆周运动的组合来说明它们不规则的偏移。他设想了一系列天球,一个套一个,它们都以地球作为它们共同的中心。为了说明诸如变化的速度、逆行以及纬度偏差等问题,欧多克索假设了一种圆周运动的组合,这意味着要给每一个天体配备一定数量的天球。进一步讲,携带行星的天球的两极不是固定的,而是在一个更大的天球中运动的,这个更大的天球与携带行星的天球是同心的,它以自己的速度围绕两个不同的极点运动。

欧多克索发现,他用三层天球就可以充分描述太阳或月球的

运动。为了说明5颗行星的静止点和逆行，他给每颗行星配备了4层天球，而给恒星只配备了一个天球。这样，在他的体系中，天
51 球的总数共计27个。

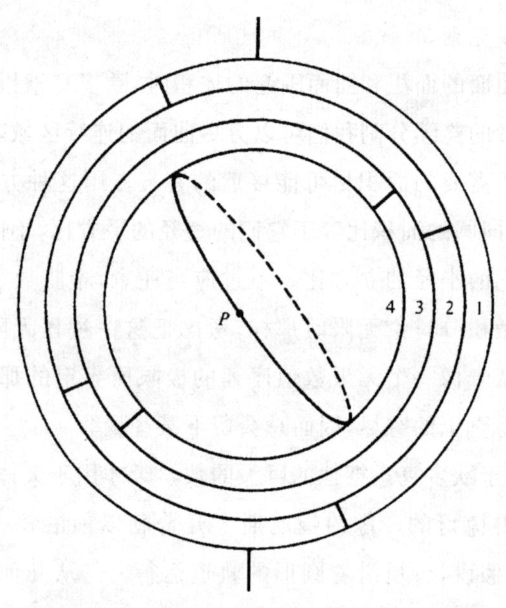

图3-1 欧多克索的4层同心天球[引自G.E.R.劳埃德(Lloyd):《早期希腊科学:从泰勒斯到亚里士多德》(New York:Norton,1970)。]第4层天球携带着沿天球赤道运行的行星(*P*);第4层天球的轴由围绕自己的轴旋转的第3层天球支撑着,第3层天球的轴由第2层天球支撑着,如此等等。

在给每颗行星配备的4层天球中，最外层的会导致行星每天围绕地球的运动，第2层导致在黄道带中的运动——行星的恒星周期或周年运动，对于外行星来说，这种运动相对于太阳年是变化的。第3层天球的两极在黄道带的两个相对的端点上，第2层天

球携带着它运转，它旋转一圈的时间与行星的会合周期相等——亦即前后相继的两次与太阳相冲或会合之间所需要的时间。第4层天球的轴与第3层天球的内表面相接，对每一个行星而言，该轴都保持着一个不同的恒定的倾角。行星本身被限定在第4层天球的赤道上，这个天球的旋转与第3层天球同时进行，但方向相反。最后两层天球的作用就是使行星有一个弯曲的轨道，就像我们熟悉的数字8。

图3-1是现代对这个模型的重构，关于这幅图并无古代典据。我们无法肯定，欧多克索是否为所有行星提供了确定的参量，或者这个模型是否完全是定量的。[①]

在论及太阳、月球、木星、土星时，而且在一定程度上论及水星时，这个体系对于说明主要现象已经足够了。但在论及金星时，它 52
就遇到了问题，而且完全不能解释火星的情况，因为根本它无法使行星的逆行与会合周期一致起来。另外，这个体系没有把全部行星轨道的偏心率考虑进去，也没有考虑到地球本身的旋转而导致的岁差（后来喜帕恰斯发现了岁差）。

追随欧多克索的基齐库斯（Cyzicus）的卡利普斯，试图通过给火星增加第5个天球并且给金星和水星增加另外一个天球，来纠正这些缺陷。卡利普斯在太阳理论中也引进了两个新的天球以便说明太阳不均衡的黄经运动，他还给月球增加了两个天球。每做一次增加，都旨在使说明尽可能地与所观测的行星的运动相接近，然而最终，这个复杂和具有独创性的体系还是失败了。

---

① 参见G.E.R.劳埃德：《巫术、理性与经验：希腊科学的起源与发展研究》（*Magic*, *Reason*, *and Experience*：*Studies in the Origin and Development of Greek Science*. New York：Cambridge University Press，1979），第175—176页。

在天空中是否实际存在着具体的天球，抑或最终它们仅仅是数学上的理想构造物？这又是另一个问题，而且是欧多克索并未回答的问题。我们也不能肯定他自己的观测所达到的程度，或者他在多大程度上受惠于近东的天文学资源。如果我们可以说欧多克索代表了一种比柏拉图更具经验特点的思想转向，那么这种趋向经验主义的倾向在希腊医学的发展中变得更为明显。

正如在近东一样，医学在希腊人中也起源于某种宗教神话体系，最值得注意的是阿斯克勒皮俄斯崇拜。在荷马时代，阿斯克勒皮俄斯还不是一个神；《伊利亚特》在提到他时说他是一个“无过失的医生”。据猜想，阿斯克勒皮俄斯是阿波罗之子，并且由人首马身怪客戎(Chiron)向他传授了医术。赫西俄德给我们讲了这样一个故事：阿斯克勒皮俄斯在他的实践中变得如此自信，以致他甚至使死者复活了——为此，宙斯把他杀死了。这个故事值得我们注意，因为它说明，在希腊医学中，很早就存在着医生干预自然规律的危险。

到了公元前500年左右，阿斯克勒皮俄斯已经被神化了，在希腊世界分布着许多以他为崇拜对象的寺庙。最重要的是埃皮道鲁斯(Epidaurus)神庙，在这里患者可以睡在寺庙里，以便在睡梦中接受神的到访。随后，一个司祭会对梦作出解释，并且会提出治疗建议。阿斯克勒皮俄斯成为了医生的守护神。象征他的标志是蛇和狗，前者被雕刻在蛇杖上，直至今天，这种蛇杖都是医学专业的标志。

在这些神庙周围，一些具有纯世俗的和理性特征的学派发展起来了，他们从观察和希腊哲学的理论以及体育场中的经验发展出了医疗实践。早期希腊哲学家的理性理论，尤其是毕达哥拉斯派的和谐理想，对这些学派产生了深刻的影响。

对作为一种数的和谐的自然，也可以从均衡的观点来理解，在这种均衡状态中，所有元素都保持着完美的平衡。人作为宇宙中的小宇宙，也把他的健康归因于这种元素的平衡；疾病因此是对这 53
种平衡的扰乱。所以，医生的职责就是**辅助**自然恢复这种均衡，最基本的治疗就是调节饮食（diet）。在希腊语中“diet”并非仅仅意味着食物，它还意指一个人全部的生活方式，包括睡眠、休息和锻炼。

在医生的 κάθαρσις（catharsis）或净化概念中，也可以感受到毕达哥拉斯学派的影响。毕达哥拉斯派的成员们进行了各种形式的旨在净化灵魂的禁欲主义实践，也许甚至包括练瑜伽，以便达到更高层次的意识状态。Κάθαρσις 这个词是指这样的仪式性的净化活动，通过这些活动不仅要获得神秘体验，而且要清除灵魂的道德污垢和道德疾病。这个术语后来被希波克拉底派的医生扩展到涵盖自然的或人为所致的身体的排泄物。既然毕达哥拉斯派拥有关于万物的统一与和谐的观点，那么，这个术语也可能同时含有这两方面的含义。

自然哲学家对医学的影响的程度和重要性，是一个复杂的话题。我们有可能看到，在（后面讨论的）希波克拉底名下的著作中，反映出了前苏格拉底哲学家对于自然原因的强调。无论如何，这类沉思和格言体系已被一种注重观察、疾病概述和特定治疗的经验主义传统抵消了。在这里，得到强调的是对疾病过程之观察的实践价值，而不是对其病因的沉思。有一个人的名字与这种经验探讨方法联系在一起，这就是医学之父希波克拉底。

科斯（Cos）的希波克拉底（公元前 460 年—前 379 年）出生于

一个阿斯克勒皮俄斯传人的家庭。据推测,他曾广游希腊,学习哲学、政治学、悲剧甚至雕刻。公元前三世纪在亚历山大收集到的大约50至70部著作被归于他的名下。所收集到的这些著作代表了一个长期的传统,而不是某一个人或群体的著述。然而,对观察的强调,对自然主义说明的强调更甚于对超自然说明的强调,对把从经验中获得的知识当做治疗指南的强调,证明**希波克拉底医学**这个一般性的描述语是有根据的。

希波克拉底大概具有某种关于骨骼结构的知识——有一部著作专门讨论了骨折以及如何接骨,但是,他关于内脏器官的知识是模糊的。由于受到关于四元素(气、火、土、水)的普遍信念的影响,希波克拉底生理学最值得注意的是四体液理论(参见图3-2)。四体液是身体的分泌物,它们与四元素和四季有关:血液(心脏)被等同于气(春季);黄胆汁(肝脏)被等同于火(夏季);黑胆汁(脾脏)被等同于土(秋季);黏液(大脑)被等同于水(冬季)。健康意味着

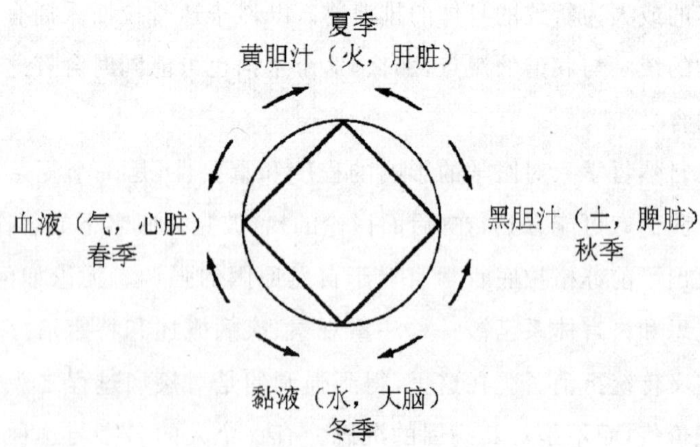

图3-2　四体液理论。四体液和四元素与四性质相关联。对于不平衡,可以用与相反的性质有关的药物来矫正。

四种体液处于均衡状态。当体液的平衡被打乱时疾病就会出现，治疗就是使用一些方法恢复平衡。与四体液相关的还有四性质：热、干、冷和湿。发烧就是发热，出热汗也许会把一次发烧完全带走，或者，也可以用排血来治疗热病。在这里，我们可以看到放血法或水蛭吸血法的起源，它们被用来矫正血热的不平衡。

对于希波克拉底来说，"危象期"这种思想有着重要的意义，而且医生应当有能力对疾病作出预后，并且事先预见到疾病的危险。54
《预后》（*The Book of Prognostics*）指出，如果医生能够预先指出哪类病例是无法治愈的，他就会受到尊敬。要做到这一点，就要对患者患病的全过程进行观察，了解死亡的明显体征。《论气候水土》（*On airs, waters, places*）这部著作第一次强调了疾病的气候条件，以及哪些疾病是某些地区特有的。《论流行病》（*Epidemics*）是一个病例集，对一些特定的病例进行了坦率的和冷静的描述，其中有一半的病例是以死亡结束的。医生被告知，如果他无法做任何事使病情好转，那么他至少不要做使病情恶化的事——这仍是现代医学的一个基本信条。

著名的《希波克拉底誓言》（*Oath of Hippocrates*），大概是实习生们在他们被医生行会接受成为其成员之前要宣誓服从的誓言。该誓言强调了医生的职业态度和伦理义务。最后，所有这些著作中最流行的是《格言集》（*Aphorisms*）。其中有一条格言说："生命是短暂的，医术是长久的；危象稍纵即逝；体验是危险的，诊断是不易的。"[①]

---

① 希波克拉底：《格言集》，"西方世界名著丛书"（*Great Books of the Western World*, Chicago: Encyclopedia Britannica, 1952），第 10 卷，格言 1，第 131 页。

许多人认为,《论圣病》(*Sacred disease*)确实是希波克拉底写的,该著作无疑阐明了他关于自然原因的信念。他说,圣病(癫痫)之所以被称作圣病只不过是因为,人们无法理解它的本质。但它并不比其他病症神圣,它是由大脑黏液阻塞了空气而引起的。

很有可能,即使对于自然主义色彩最浓厚的经验哲学家而言,也不可能希望这样的说明适用全部现实。当一个人突然进入无法
55 自控的状态,他所表现出的古怪的行为,他的眼睛流露出的神秘的目光——这些都使他看上去像个神[εν-θεός(en-theos)]。

现在,这种现象被称作神附(enthusiasm)。

延伸阅读建议

Ackerknecht, Erwin H. *A Short History of Medicine*(《医学简史》). Baltimore: Johns Hopkins University Press, 1982.

Cornford, Francis M. *Plato's Cosmology: The "Timaeus" of Plato Translated with a Running Commentary*(《柏拉图的宇宙论:附有随文评注的柏拉图的〈蒂迈欧篇〉》译本). New York: Liberal Arts Press, 1957.

Findlay, J. N. *Plato and Platonism*(《柏拉图与柏拉图主义》). New York: New York Times Books, 1978.

Lloyd, G. E. R. *Magic, Reason, and Experience: Studies in the Origin and Development of Greek Science*(《巫术、理性与经验:希腊科学的起源与发展研究》). New York: Cambridge University Press, 1979.

Sigerist, Henry E. *A History of Medicine: Early Greek, Hindu, and Persian Medicine*(《医学史:古代希腊、印度和波斯的医学》), vol. 2. New York: Oxford University Press, 1961.

第四章　第一位科学家：亚里士多德 56

梵蒂冈最古老的房间——签字大厅（the Stanza della Segnatura）的墙壁，被拉斐尔（Raphael）的壁画装饰着，它们表现了四种才能所象征的理智的活动：神学、哲学、法学和诗学。为教皇尤利乌斯二世（Julius Ⅱ）绘于1508年至1511年之间的那幅壁画，就是著名的象征哲学的《雅典学派》（*The School of Athens*）。画中有一人是柏拉图，他一手持着他的《蒂迈欧篇》，另一手直指上方；另一个人是亚里士多德，他的一只手伸向前方，手掌朝下，仿佛在指着大地。亚里士多德似乎在说，科学始于地上的事物，而不是始于先验的富有诗意的形相。

至此，我们尚无法对宗教与科学作出明确的区分，甚至无法对科学尝试的不同分支作出明确的区分。的确，在很大程度上，可能永远也无法画出这些清晰的界限。无论如何，从实际研究、原则和方法的确立方面来看，到目前为止一切似乎都被混杂在一起了。在一部像《蒂迈欧篇》这样的专论中，我们从天文学跳到神学，从物理学跳到对实在的浪漫的比喻，从纯数学运算跳到元素的结构。

亚里士多德似乎在告诉柏拉图，但是，科学始于感觉。它的出发点是那些地上的和具体的事物，它们与人的感知近在咫尺。我们从这些事物开始向上，通过类比，走向你的天空。

亚里士多德是构造出关于常识的理论说明体系的第一个希腊

57 人。他在诸多领域中的权威后来成为了中世纪的教条(尽管并非无可指责),这证明了他的综合能力。的确,倘若有一种非常严密的世界观,它在自然中发现了人们长期寻找的秩序和目的的终极目标,它肯定以合乎理性和始终一致的方式与对自然的自发体验相符合。自然**是**有目的的。人们不会再把它的基本原理移动到某个与日常经验无关的领域,而会在自然界之内通过运用抽象推理和经验观察去发现它们、把握它们。就此而言,亚里士多德与柏拉图是比肩而立的,因为他们二人都想象在自然中有某种目的在起作用,而且他们二人都相信,人类理性就是为发现它而准备的。不过,对于亚里士多德来说,世界的意义不是与其本质相分离的,而是包含在它之中的。他对那种目的之作用的说明很可能不是讲故事。

亚里士多德是第一个在历史背景下关注他自己和他的科学的人。他的著作从他的前辈的观点入手,并结合了他自己对他们的思想的批评。像在苏格拉底身上一样,在亚里士多德身上也有一种高于一切的要澄清问题的愿望。亚里士多德确实做了实验,尽管大体上他的实验仅限于思想领域。虽然如此,亚里士多德的说明是自明的;我们实际上自己可以理解它们。我们不再需要想象那些不可能体验的事物;我们也不会再采取无法预测后果的行动。我们与亚里士多德一起熬心费力地向前行,有时候我们缓慢得像是在爬行。

亚里士多德心中的科学是定性科学。他对月球天球以上的天空的永恒区域与位于中心的地球作出了清晰的区分,地球的所有变化都是有限的,都有始有终。亚里士多德的全部宇宙是有限的,它向外延伸到恒星天球,但从自然位置的概念看,它又与恒星天球有质的区别。空间是充满物质的,在这个充满物质的空间中所有元素都被安排在了某个自然位置上,在没有阻碍的情况下,它们都会自动地趋向这个位置。地球是固定不动的,有限的空间充满了物质,在这空间中,所有基本元素都具有不同的形成存在的某种自然等级的潜力,这种观念就是亚里士多德科学的基础。无论是月下区还是天体区的每一个区域,以及无论是以太(构成天体的元素)、火、气、水还是土的每一种元素,都天生具有它独有的性质。与在神话创作中几乎一样的是,这些空间区域会产生一些影响,这些影响可定性地确定,而且与观察者无关。也许,这种相似仅仅是巧合,但是,亚里士多德的总体观点,在与感觉经验非常一致的同时,也符合理性的要求,它比早期希腊人的某些观点更接近神话诗学思想的充满生命力的世界。那些把具有诗人色彩的柏拉图与具有科学色彩的亚里士多德进行过于强烈的对比的人们,不应忘记这种关系。

亚里士多德大约于公元前 384 年出生在斯塔吉拉(Stagira)市,该市靠近色雷斯(Thrace)的圣山(Mount Athos)。他的父亲尼各马可(Nichomachus)是一个隶属于阿斯克勒皮俄斯传人行会的医生,也许是马其顿王国国王阿敏塔斯二世(Amyntas Ⅱ)的御医。与马其顿的这种关系还会再次出现,因为亚里士多德注定要成为年轻的亚历山大的私人教师。有可能,他对生物学的兴趣是 58
从他辅助他的父亲并且学习解剖时开始的,因为医生这个职业通常都是从父亲到儿子这样世代相传的。就我们从希波克拉底名下的著作所看到的而言,医学在希腊人中代表了一种真正的经验科学。当疾病侵袭时,也就是一种特定的疾病在折磨着一个特定的人,而治疗也是从个人开始的。只有在经过重复观察之后,才能对某一疾病作出具有普遍性的综述，这些综述也可以适用于其他显示这类症候的人。

在其父亲去世以后，亚里士多德在17岁时被他的监护人送往雅典进入柏拉图的学园学习。亚里士多德在雅典生活了大约20年，直至柏拉图于公元前347年去世，柏拉图的继任者是其外甥斯彪西波，据说，他把形相更进一步与物理世界相分离。亚里士多德离开了雅典，并且游历了亚洲，他大概在这个地区进行了大量生物学研究，尤其对在莱斯沃斯岛（Lesbos）周围及其环礁湖中发现的海洋动物进行了研究。他的许多观察和记录结果后来都并入了他关于生物学的鸿篇巨制之中了，这些著作标志着生物学作为一门真正的科学学科的开端。公元前343年，他在马其顿王国的宫廷成为了亚历山大大帝的私人教师，在亚历山大成为国王后，他又返回了雅典。

在他返回雅典后，他建立了自己的学校，该校位于城墙以东，邻近通往马拉松（Marathon）的大道，这或许意味着他要与柏拉图主义和学园断绝往来。他的学校坐落于其中的那片小树林是献给狼神阿波罗－吕克里乌斯（Apollon-Lycerius）的，因此学校被命名为吕克昂学园（Lyceum）。那片小树林也曾是苏格拉底非常喜爱并经常去的地方。亚里士多德在吕克昂学园开设了两类课程，上午给他的正规学生授课，晚上给一般的公众讲学。他的大部分幸存下来的著作都属于前一类——讲稿和专论，旨在用于私人研习而不是为了刊行。公元前323年亚历山大大帝在巴比伦去世，雅典反对马其顿征服的活动迫使亚里士多德再次离开雅典，因为他像苏格拉底一样受到了不敬神的指控，他不会给雅典两次冒犯哲学的机会。他去了哈尔基斯（Chalcis），并且于公元前322年在那里去世，享年 63 岁。有可能，他从来就不同意他以前的学生建立人类的全球帝国的观点，因为他坚持认为，希腊民族比蒙昧民族具有无可置疑的优越性。但他可能还是从亚历山大的对外征服中获益了，因为他的侄子与马其顿人一起出征，并且可能给他送回了来自亚洲的标本。后来，吕克昂学园收藏了这些收集物，并建立了一个图书馆；吕克昂学园是研究和学习的地方，与学园相比，更可以说它是我们现代大学的祖先。

很难说，亚里士多德究竟是从什么时候开始对柏拉图的形相说抱有怀疑态度的。毋庸置疑，亚里士多德的基本性格以及他的经验主义的倾向，与柏拉图是大相径庭的，甚至在他年轻时到学园求学时就是如此。尽管如此，他在这里度过了 20 年的光阴，有可能，这个年轻人发现，与他以前的著名的导师直接对立是极为困难的，何况，柏拉图当时还健在。他可能曾与柏拉图站在一起反对欧 59
多克索和“巨人派”，尽管最终，他却成为了“巨人派”中最伟大的人物。另一方面，在后柏拉图学派中也有这样一种传说，即柏拉图本人对亚里士多德的造反表示了抱怨。

亚里士多德与柏拉图一致认为，感觉本身并不能给我们提供不变的知识，自然最显著的特征就是变化和运动。尽管自然并不会协助我们探索普遍原理，但这个事实并不意味着我们要避开变化，对它不作说明，或者把它当做现实的某种超感觉形式予以拒绝。亚里士多德的出发点与柏拉图恰恰相反。他不会否认他的感觉证据；相反，他从他面前的事物着手，并且试图对之作出说明。当我被火燎时，烧到我的并不是形相，而是实实在在的火。由此可见，我的感觉确实是可靠的——它们告诉我火是热的并且会燃烧。可是，它们并没有告诉我**为什么**火是热的；这就是认识的目的。

那么，不运动的静态的和永恒的形相如何能说明物理世界中的运动与变化、生长与衰落呢？例如，如果形相是永恒的，那么，对于某种尚未出现的事物，也必然存在着其形相。无论肉体的苏格拉底是否存在，苏格拉底的形相都会存在，对于其他尚未出现的事物，也同样如此。从另一方面来说，没有什么事物会在没有初始推动的情况下出现。如果形相是存在和生成的原因，它们怎么会在复制它们的物理客体并不存在的情况下而存在呢？什么在运动和生长呢？是形相吗？可它们是不运动的呀，但我们还是看到了它们将要出现的物质复制品。有人也许会说，独角兽并不存在，但同时，我们的心中有一个它的形相。如果独角兽的形相和苏格拉底的形相存在，为什么苏格拉底存在，而独角兽不存在？

我们来考虑一下否定。一匹马不是一个人。因此，马享有"非人"的形相。而这二者都是动物。就人而言，存在着相同事物的某些典型式样。动物、两足甚至人本身都是作为动物的人所具有的形相；而四足和马本身都是马所具有的形相。因此，形相不仅仅是作为否定而存在的，它们还是作为它们自己的典型式样而存在的。既然种的形相是从属那里复制出来的，同一个形相怎样为这二者提供一种典型式样和一种复制品，而这二者又属于不同的种？是否存在"第三类人"，他既是作为种的人的形相、也是作为属的动物的形相还是作为某个特定的人例如苏格拉底的形相而存在的？

进一步讲，按照亚里士多德的观点，后期柏拉图主义把形相等同于数导致了明显的荒谬。数学所处理的全称命题可能是可感知的，但也可能不是可感知的。一个数或数的比例可以代表任何事物——人、马、独角兽或仅仅是纯粹抽象的量。当数学家论及数时，他并不关心它们可能代表的物理客体，而只关心作为纯粹的思

想对象的数。即使数学的对象是可感知的事物,数学家也不会把 60
它们当做可感知的事物,而会把它们从这些事物中抽象出来。线、平面、立体等观念是从现实的客体中抽象出来的,以便用于抽象的量的领域。那么,我们姑且可以说,原来可感知的物体消失了,或者被毁灭了。由于实际已经消亡或变化了的某物的形相,普遍的数学定理依然存在。这个问题导致亚里士多德得出这样的结论:数学只能用来处理基本的运动,亦即最简单和无始无终式的运动——圆的旋转。因此,数学可以用来描述天体的循环运动,而不能描述地球上的物理学可变的直线运动。

这些以及其他缺陷,使得亚里士多德要拒绝永恒形相的超感觉世界。然而,像柏拉图一样,他也认为真正的知识只能是某种无变化的定义的知识,亦即某物的形式或本质是什么的知识。亚里士多德并不拒绝苏格拉底智慧的根本信条;而他发现,柏拉图的解答在日常的普通常识的认识世界中是站不住脚的。怎样使这二者相协调?

亚里士多德实际上面对着某种问题的复合体,它有一个附加的必要条件,即必须对变化本身作出说明——亦即人们必须能够确定变化的**原因**。第一步就是要承认,某种事物的本质永远也不会与具体的事物相分离。科学家必须从知觉——对某种实在的和具体的事物的知觉开始。从对许多特定的事物的感觉开始,科学家运用逻辑分析,就能够抽象出存在于这些事物自身的共同性质,但这种分离只存在于感知者的心中。我们从未体验过没有质料的形相。形相和质料从逻辑上是可区分的,但从事实上是不可区分的,至少在月下世界中是不可区分的。

认识本质就是认识什么对定义来说是必不可少的。例如,身为音乐家**并非是**所有人的必要条件，而两条腿的动物却是人普遍具有的属性。因为在生物学中，个体是种的具体体现——所有人都是有两腿的，而种又包含在属中——人是温血的需要呼吸的动物。因此，重点在于分类，形式是抽象的范畴，它们被用来辅助科学家界定个体的事物。同时，形式又是非常现实的，它们是物质实体所固有的。

对于变化和运动来说也是如此。观察自然，亚里士多德从出生和成长的过程中找到了他的问题的答案。一颗橡子并不是树，但通过生长，它会实现业已存在的一种**潜能**。运动、生长始终都是趋向某种事物亦即趋向某个目的或 τέλος(telos)的活动。橡子的质料尚未被限定，但它具有变成一棵**现实**之树的内在潜能，而这一点又可以通过树的本质来认识。亚里士多德把纯粹的形式等同于**现实性**，可是，月下世界的自然界总是向我们呈现质料与形式的某种组合，质料总是具有成为其他某物的潜能。这样来说，变化就是从潜能走向现实，未限定的质料具有成形(亦即，成为某种既定的
61 形式)的潜能，而成形的质料具有呈现相反形式的潜能。当一个人是健康的时候，实际上就是这种特定的形式存在于某个人身上。同时，一个人也有潜在生病的可能，这是与健康相反的潜能。这两者不可能同时作为**现实性**亦即一个人在某个特定的时间的实际状态而存在。但无论如何，健康有可能会离去，被疾病取代。在亚里士多德的许多著作中，他都把质料等同于潜能，而把形式等同于现实性。

然而，对于亚里士多德而言，本质是一种现实存在的事物，并非仅仅是一种逻辑抽象。它是作为一种非物质实体而存在的，但在月下区，它是以自然的特定的表现形式而存在的。形式的现实

性依然是先于质料的潜在性的，因此，质料的潜在的可变化性并不是发展；它是趋向某个目标——形式或本质的变化。这种关于实体、质料和形式的学说的顶峰就是目的论，这种目的论遍及整个亚里士多德体系。

现在，亚里士多德已经确定了自然的实在性和认识的目的，他的下一个任务就是描述制约思想的方法。对于所有科学来说，逻辑亦即亚里士多德所谓的分析论是必要的先决条件，它是科学的工具[《工具论》(*Organon*)]。个体的实体是科学的出发点，因而，亚里士多德列出了范围尽可能广泛的属性，它们是每一种事物的基本类。在《范畴篇》(*Categories*)中，他列出了那些区分事物的非复合的术语。例如，苏格拉底是白人，白是一种颜色，颜色是一种性质，性质是某种事物的价值，是把某物界定为如此这般的属性。同样，量、关系、位置、基准、行动等等是终极类，无论最终实际分成的类是什么。例如，位移是位置的变化；二是量；粗糙和光滑是关系。

《解释篇》(*On Interpretation*)讨论了命题和制约它们的规则。亚里士多德说，词是心灵经验的符号，命题必须以某种非矛盾的方式使用这些符号。一切物要么存在，要么不存在，一个物要么是此，要么是彼，但并非总有可能确定地说，这些选项中的哪一个必然会出现。同一个事物既可能存在，又可能**潜在地**不存在，但不是在现实中不存在。因此，现实性对于潜在性来说是第一位的。

《工具论》中最重要的专论是《前分析篇》(*Prior Analytics*)和《后分析篇》(*Posterior Analytics*)，它们规定了三段论的规则以及这些规则怎样在科学推理中运用。三段论[συλλογισμός(syllogismos)]这个词出现在柏拉图的著作中，意指计算、解决或理解。对亚里士多德来说，它是从前提中得出结论的方法，或者是演绎推理。在科学中，知识和证明都涉及必然性，亦即事物之间永恒和普遍的联系。三段论就是通过它的各项之间的联系的必然性，来证明普遍性。偶然或意外发生的事情不能被必然地证明说明，因而也不能成为科学的对象。

在《前分析篇》中，三段论的关键就是必然性。如果 *A* 属于所有 *B*，*B* 属于 *C*，那么**必然**可以断言 *A* 属于全部 *C*。用三段论来
62 说，大项通过中项而属于第三项，中项肯定不是不确定的（*B* 可能属于或可能不属于 *C*），因为科学所关注的是唯有能被普遍证明的事物。亚里士多德继而说明了三段论的各种形式，但在这里，我们没有必要跟着他叙述。他对形式逻辑最重要的贡献就是使用了以直观符号来表示的变量。在把全部命题作为单元而不是单独的项引进之前，逻辑的基础科学还没有超过亚里士多德所达到的水平。

《后分析篇》把逻辑的应用引进科学。科学最终必须依赖于人们选择的用来证明自然真理的前提。然而，没有最基本的不可论证的真理，我们要么面临无穷回归，要么面临错误的循环。矛盾律、排中律以及诸如“等量减等量差相等”这样的断言，都不可能得到证明。它们是科学的出发点，即关于自然与理性是一致的信念。

这是一个非常重要的特性。逻辑规范思维——它告诉我们，如果我们要合乎逻辑地思考，我们应当怎样做。逻辑本身中并没有什么保证其解释模式的实在性的东西，尤其是当我们使这些模式与易变的自然相对应时。因此，我们从这样一种信念开始，即我们相信，我们谈论自然的方式是对某种现实事物的反映。我们无法证明这一点，无论有多少证据似乎支持这一点。

证据可以增强信念但不能证明任何事情。如果说自然中曾充

满了神,并且人们相信是这样,那么神就存在。既然自然是合乎逻辑的(后来它将变成合乎数学的,而且几乎要消失),那么对一个合乎逻辑的自然的体验就起源这种信念。简而言之,“逻辑的**应该**……”与“自然的**是**……”之间的区别消失了,熔化在这种信念之火中。

我们从经验中可以认识事物的那些共同特性,证实它们是从它们的具体实例中**归纳**出来的共相。尽管我们能够提供许多人的实例,计算许多人,因此证实人是两足动物这一具有普遍性的前提,我们永远也无法从**所有**特定的人的例子中得出这个前提。我们必须假设我们的大前提是由所有特定的实例构成的。要把某一个物种所有的过去的和现在的个体都加以考察是根本不可能的。最终,理性科学的整个体系要建立在这样一种信念的基础之上,即自然界中存在着一种恒定性,它与逻辑分析的运用是相符的。亚里士多德认识到了这一点,他的体系并不像后来的哲学家所理解的那样是教条主义的。

亚里士多德的生物学家的色彩太浓了,他不会为了完全抽象的原则而放弃自然的复杂性和活力。要说明运动和变化,就必须从呈现给知觉的这些现象着手。亚里士多德从正在发生和正在消逝的变化入手开始他的物理学研究,这些变化是必须说明的世间现象的基本事实。按照亚里士多德自己的逻辑原则,他以那些离知觉最近的事物亦即地球上的变化作为其出发点。

第一个决定性的步骤就是把数学从地球上的物理学中排除出 63
去。在亚里士多德看来,柏拉图从三角形来构造物理世界的做法是站不住脚的。万物是从物质基质、从纯粹的潜能而不是柏拉图的容器中产生的,从这个容器产生的是数学形式。简单的物质既无具体的形态也没有限定。但感觉在各处都向我们展现了不同的质，我们一般可以通过它们的对立面来认识它们。四个基本元素（火、气、水、土）中的变化，就是质（湿、干、热和冷）的变化。这些质是与基质联系在一起的，因为只有身体的体验才能使我们感受到它们。热总是指热的**某物**，但同时，它又具有成为冷的**某物**的潜能。

每一个元素自身都具有占据它的自然位置的倾向，因为亚里士多德的宇宙是一个高度分层的、有序的和有限的体系，建立在位置的本质差异的基础上。而这种差异依然来自于可感知的经验。火具有一种向上的自然运动；它是轻的，而且它的自然位置在气与构成天体的元素以太之间。土是重的；它具有自然的向下寻找宇宙中心的运动。水和气居于这二者之间，水在土之上而在气之下，气存在于火与水之间。元素都会寻找它们在宇宙中的自然位置；如果听任它们的话，它们会直接奔向它们的位置，这些位置也就是自然运动的目的地。它们也会寻求它们的自然状态，对于在月下区的四种元素来说，这种状态就是**静止**。简言之，地球上的运动的目的[τέλος（telos）]就是静止和自然位置；位移（或位置的变化）是非自然的，当它弄乱那种自然位置时必然有某种原因。

早在其专论《物理学》（*Physics*）中，亚里士多德就把变化的原因分为四类：基质或质料因；事物的本质，或形式因；运动的根源，或动力因；以及运动的目的或变化发生的理由，亦即目的因。某个青铜像的质料因是青铜；它的形式因是该铜像被塑造来表现的图案或人物；它的动力因是雕塑家；最重要的，它的目的因是制作雕像的目的。这样，无论是以自然的方式还是以人为的方式，原因包含了某物出现的所有必要因素，而且，尽管因果作用的不同形态可以被思想加以区分,但在变化中它们是共同出现的。

德谟克利特认为,一个有序的世界应当是从原子偶然的碰撞中产生的,这可能意味着,盲目的作用是造成明显秩序的原因。而按照亚里士多德的观点,偶然性是一种偶因,这个名称用来指事物之间所具有的无本质关系或无逻辑关系的联系。我可能去市场,并且偶然遇到了某个欠我钱的人,而目的因,亦即我去市场的目的,与我偶然收回了一笔欠款没有关系。另一方面,自发性则是指某物背离自然的目的而在自然中出现。例如,畸形动植物的诞生可能是自然发生的而且没有什么目的,或者,它们实际上会妨碍个体获得物种的形式,亦即生长的目的因。亚里士多德确实认识到 64
自然有达不到目的的情况,这主要是由于物质方面的限制条件所致。那些偶然的或自发的事件被归类于较低的层次。正如我们从他的逻辑学那里所看到的,偶然性不能成为科学知识的对象。因此,既不能指责他坚持严格的决定论,也不能指责他完全忠实于赫拉克利特的流变思想。

我们可以转向在地球上所观察的运动或变化的类型。对于亚里士多德来说,运动可以分为三类:质变,或者改变;量变,或者增加或减少;位置的变化,或者位移。一物可能会因其自身的本性或与它联系在一起的某物而运动。正如我们业已看到的,最完美的运动是旋转。这种运动对于天体、对于构成天体现象的第五元素(以太)的现实性而言是自然的。在亚里士多德看来,这种运动属于天文学,因此,物理学必须论及地上的运动,因为四元素自然寻求它们的静止位置,所以,当位置被弄乱时,地上的运动就是某种动力因的结果。

因此,地球上的所有运动,当它对物体来说是非自然的时,必须有某种动力因,即通过接触而成为该物运动的推动者。对质变或者改变而言,也是如此。元素的转化——在某一复合物中元素的改变,会导致变化。比如,一个以土为主的物体受到热的影响时,它就会变成以火为主的混合物,它就会有向上的运动。在其论述天象学的专论中,亚里士多德描述了各种现象,例如降雨、云出、下冰雹、降雪(所有这些都具有湿的性质)以及流星、北极光、银河(所有这些都具有干的性质),说它们是地上的散发物,它们受到某种影响而发生了转化,并且迁移到了宇宙中较高的位置上了。当水被太阳烤热时,就会变成薄雾并且向上升腾;当它在大气层中时,它就会寻找其自然位置,因而会降落,变成雨。

在研究运动时,重量和介质等概念扮演着重要的角色。亚里士多德对外加力所致的物体运动的研究,对后来的科学家有着深远的重要意义,但很早就受到了批评,尤其是在十六世纪受到了拜占庭人约翰·斐洛波努斯的批评。不过,这些理论相对于亚里士多德《物理学》的关注重点而言,实际上并非是最重要的,它的重点是否认真空和无限的存在。我们必须先转向这些论点,以便把握他的外加力理论的意义。

首先,亚里士多德说,一个无限的物体是无法通过定义来认识的,因为要认识无限的物体,就要给它画出一定的界限,并且使它成为具有某种特定形式的可感知物——而它是不可能有这样的形式的。其次,亚里士多德的宇宙是有限的,建立在位置的本质差异的基础上,而有限之物不可能包含无限之物,因为在这里无限之物没有其自然的位置或自然的运动。再者,在有限的宇宙中,任何无限的元素都会使其他元素受到压倒一切的影响,妨碍它们的自然运动。对于亚里士多德而言,无限仅仅在用于数或扩大的量的时

候才是可能的。有一个更大的量的可能性总是存在的，但无限本 65
身永远不可能实际地存在，只能潜在地存在于抽象的数学领域。因此，无限被从物理学中排除了，因为没有任何可感知的量有可能超出宇宙的界限——宇宙是有限的。同理，从潜在的可能性上可以把一个量分成无限份，但在实际中却不行，因为在现实中的划分总会有个终点——这就将是一个界限。潜在的无限永远也不可能成为现实这一观念，也是亚里士多德对芝诺的前两个悖论作出的回答。

反对真空的论证对于运动物理学来说可能是最重要的。亚里士多德说，位置就是被一个物体占有并且因此是不能共享的地方。但位置既不是形式也不是质料，它允许不同的物体进入。在这里，拥有常识观点的亚里士多德走来了。位置会对物体产生某种影响，因为从其本性来说，元素会寻找它们的自然位置。这意味着，位置具有某种本质差异——向上或向下，这种差异会导致物体内在的性质——重的或轻的。另外，可以通过运动来理解位置。重的物体的位置并且因而直线运动，属于月下世界；天空是连续的旋转运动和以太的场所。但在真空中不可能有自然的位置，就像一个无限扩大的物体没有自然的形式一样。因此，空的空间实际上是不可能存在的，因为空的空间没有使运动成为可能的位置，从而使任何自然运动都失去了可能性。因此，宇宙是充实的，位置是由占据它的质料的种类从质上决定的。

谈到运动学所讨论的运动，亚里士多德认为，一个物体的运动是以两种因素为基础的：物体的重量和它在其中运动的介质的密度。在同一种介质中，两个物体的运动速度是与它们的重量成比例的。由于介质对运动有阻碍作用，因此，例如，一个降落的物体的速度将会与该物体在其中运动的介质的密度成反比。对于非自然运动,物体运动的速度是与动力亦即外部施加的力和介质的阻力成比例的。当外力加大到足以克服了阻力时,运动就会出现。

几乎是作为题外话,亚里士多德评论说,要解释抛射物的运动,就必须说明一旦去掉原动力时连续的推动所起的作用。例如,当一个被投掷的石头离开一个人的手时,人们会设想,它将立即寻找它的自然位置,并且直接下落。但是,因为经验表明,并不会出现这种情况,所以亚里士多德说,空气被抛射物推开了,而且借助某种循环的推挤力,空气填满了留在后面的空间。空气的这种循环推挤作用推动抛射物以比它的自然位移(即寻找它的自然位置的运动)更快的速度运动。这种理论的一个变体说,空气获得了运动的力量,因而完全可以运送抛射物。

如果真空存在,这些运动中无论是自然的运动还是非自然的运动,都是不可能的。如果没有阻力,落体会即刻落下,因为介质的密度应当为零。虽然亚里士多德没有使用现代的公式,但看一看用我们的符号如何表示他想表达的意思,也许是有一定助益的。
66 说一个物体比另一个物体运动得快,可以借用这个比率:$V = S/T$,在这里 V 是速度或速率,T 是运动的时间,S 是所经过的距离。$V = S/T$ 也是与 F/R 成比例的,在非自然运动的情况下,F 表示外力,R 表示物体的重量,在自然运动(例如,落体)的情况下,F 表示重力,R 表示介质的密度。真空中的自然运动会使密度降为零,这样,现代符号表示的 V 将趋向无穷大。出于与上述同样的物理学理由,在真空中,非自然运动也是不可能的:一旦物体与推动者脱离了接触,就不能再继续这种运动,而物体就会坠落。因此,因为瞬时运动是不可思议的,而非自然运动将是不可能的,所以,真空(或虚空)不存在。

从这种具体的感官知觉,亚里士多德就能够把宇宙包含在一个封闭的、有限的并且合乎理性的体系之中。在《论天》[*De Caelo*(*On the Heavens*)]中,正如我们在后面将要看到的那样,他的直接来源于他的物理学的宇宙学,完全是与科学革命时期的宇宙学相对立的。因为哥白尼体系使运动的地球成为了必要的,而伽利略和牛顿要说明这种运动的地球,他们必须阐明一种新的运动理论。这意味着拒绝自然位置的定性理论,这继而又最终彻底推翻了对真空和无限空间的逻辑异议,以及地上的变化与天国的完美之间的本质区别。

天国必然具有一种元素,它会使天上的现象成为独一无二的,并且可以说明亚里士多德认为是原始的经验事实的情况:天球无始无终的圆周运动。这种第五元素是以太,它们充满了月球与恒星之间的空间,以圆周运动为其固有的本质——正如地上的元素本身有向上和向下的运动的本性那样。因此,欧多克索和卡利普斯同心天球不再仅仅是旨在描述现象的抽象的几何学结构,而是完全现实的,构成了一个巨大的力学体系。在这里,亚里士多德发现了其他人没有发现的一个问题。如果宇宙是充实的,是一个充满物质的空间,那么在同心体系中,当两个天球接触时,一个天球的运动如何才能防止干扰另一个的运动呢?

为了抵消这种天体的摩擦力,但又维持天球的持续不变的圆周运动,亚里士多德发现有必要增加**更多的**天球,并称它们为"消解"天球。这个体系变得非常不方便,因为亚里士多德不得不插入消解天球,以便在其他天球的运动妨碍下层天球的运动时抵消它们的作用。由于我们现在正在讨论的是一个实在的物理学体系,而不是一个简单的几何学描述，必须用这些消解天球把每个行星最内侧的天球与下层行星最外侧的天球分开；只有月球（它下面没有任何天球）不需要增加新的天球。亚里士多德给卡利普斯的33个天球的体系总共增加了22个新的天球，这样就使得天空中天球
67 的总数达到了55个。最终的这些带动月球的天球的运动，会被传递到月下区的四种元素，把它们推向各处，从而也就可以说明它们的组合和不断的变化（参见图4－1）。不过，宇宙作为一个整体是永恒的，因为对时间最基本的度量是天体的运动亦即圆周运动，而所有其他运动都是有始有终的，对它们是用时间来度量的。因此，既无开端也无终结的时间本身是与天体完美的圆周运动联系在一起的。宇宙因而既是无限的又是永恒的。

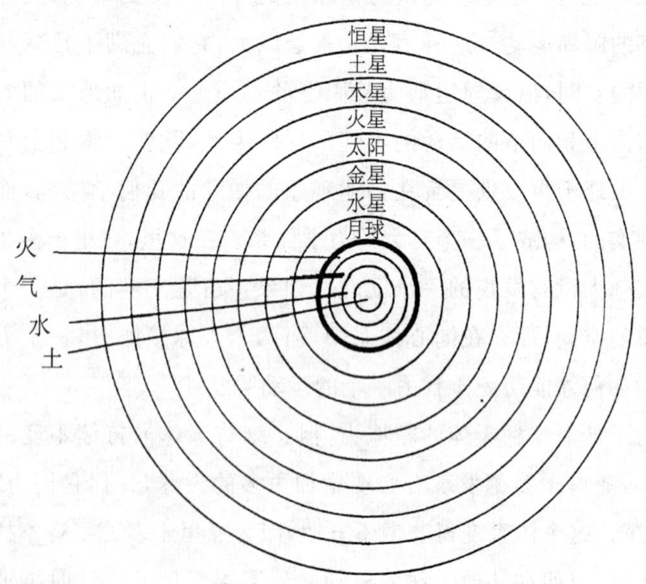

图4－1 （简化了的）亚里士多德的宇宙。

亚里士多德也为地球是球形的提出了论据：重元素趋向宇宙中心，并且获得了球面平衡；月食所显示的弯曲的(凸起的)表面实际上是地球的影子；某些在埃及和塞浦路斯的地平线以上可以看到的星辰，在更北边看不到，而在这些北纬地区出现的一些星辰，总是在地平线以上。因此，不仅地球是球形的，而且它还不是一个非常大的球体。亚里士多德估计的它的周长为 400000 斯塔德(1 斯塔德大约等于 607 英尺)，令人惊讶的是，这个估值几乎是埃拉托色尼(Eratosthenes)更准确的估值 252000 斯塔德的两倍。亚里士多德补充说，把从赫拉克勒斯界柱[Pillars of Hercules，亦即直布罗陀(Gibraltar)]到印度的海面想象为连续的海面，是令人难以置信的。

简单的观察告诉我们的是，地球并不运动。不仅运动的地球会禁止自然运动——所有重物都要趋向宇宙中心和静止，而且，人们所要证明的只有一点，从日常经验来看，地球是静止不动的。如果我垂直地把一块石头抛向空中，这块石头会先向上运动随后直线降落。这条运动路线与地球表面所成的角度总是相同的——即直角，这一现象表明，物体是朝着中心方向降落的。不仅运动的地 68
球与这种趋向中心的自然降落相矛盾，而且，如果地球是运动的，被抛起的石头的落地点总是与它的抛出点不同的，它会由于地球的运动而落在抛出点的后面。即使地球携带空气转动，空气也无法强有力地推动石头，使之与地球同步。同样，如果地球运动，云也会被甩在后面，星辰就不会在同一个地方升起和降落。现在，24 小时的旋转还会遇到这最后一个反对理由：亚里士多德称，如果存在这样的运动，它会非常之快，以致地球上的**一切**都被甩在后面。

在《论天》中，亚里士多德说，在天(球)以外，既无空间也无时间，只有纯粹的自足的永恒，那里充满了活力和被称作永恒[αιών(aion)]的不可变化性。一切都依赖于这种永恒，亦即生命之源。这就是神。

在《形而上学》(*Metaphysics*)的第12卷中，有一种更严肃的关于神被显现的讨论。天体的运动是永恒的和不可毁坏的，既没有开始也没有结束。但是，永恒的运动的促动因素本身不可能是运动的，否则，因果链便会 *ad infinitum*(无限地)延续下去，这在有限的宇宙中是不可能的。因此亚里士多德假设了一个不动的推动者或第一推动者(primun movens)，它本身是不动的，但会把运动传给宇宙中的一切。由于是永恒的并且具有纯粹的现实性，第一推动者是自足的、完美的和纯粹的形式，并且是理想的善。因为它是纯粹的形式，不受质料的影响，所以，它是纯粹的思想——亦即神。

神作为纯粹的形式，并不是通过与物质宇宙的物理接触去推动万物。相反，神是作为目的因——万物努力以尽可能纯粹的形式实现的爱和愿望的目标，来推动万物的。因为神是纯粹的思想，存在于天球的最高端(在这里，运动会变得最为完美)，神的思想的唯一对象就是神——最完美的形式。纯粹的现实性不允许任何潜在的东西，对于神而言，任何潜能都是在神以外的。不过，神是所有潜能的实现者，因而是不动的，因为任何变化必定是趋向某种事物的变化，最完美者唯一潜在的变化就是变得更糟。由此看来，由于是彻底的永恒，神除了沉思神之外不会再做别的什么。除了作为愿望的目标外，目的因亦即神被完全从世界中移走了，事实上，人们对它一无所知。

这样一来，“对思考的思考”就成了最完美和最神圣的活动，因为它是唯一与它的目标完全一致的活动(行为)。万物都在厄洛斯(Eros)亦即爱和渴望的能量的驱使下,寻求这种存在形式。正如在神话思想中那样,厄洛斯会进入宇宙——它是驱使万物的爱的能量。

值得注意的是,作为纯粹的业已实现的形式,亚里士多德的神处在自然等级体系的最高层。这种可以称作完美等级的思想把亚里士多德的生物学、生理学甚至心理学研究与他整个的宇宙学联系在一起。自神的纯粹现实性以降,自然中的一切本身都有某种 69
程度的欠缺(潜能),这意味着,每个物种天生就在一定程度上缺乏完美的现实性。在月球的轨道以下,我们发现,自然处在持续不断的生长和衰败的状态,在这种状态下,所有的物种虽然具有它们自己的形式和现实性,但仍然比不变的领域低劣。由于形式不是先验的,而是通过质料具体化的,对每个物种,都可以根据它们努力争取的形式来分类。所有生物,作为形式与质料(现实性与潜在性)的结合,都可以大致安排在一个生物阶梯上,或者,用后来的说法,安排在 scala naturae(自然阶梯)上。

在自然的明显变化和变动下面,可以找到这种生物等级体系亦即后来所谓的生命巨链的证据,它揭示了整个宇宙的结构,从神以降,直至非生命世界。尽管有这样的分类方法,对生物的分类还是很难确定的,绝大多数生物学家直至十八世纪末叶都毫不怀疑地接受物种不变和生命巨链的思想。亚里士多德本人并未断言,自然中存在着**有意识的**目的,不过,他还是谈到了变化出现的目的因,亦即论述了目的论,按照这种理论,自然会实现其目的。因此,从整体上看,偶然性被排除在自然的影响之外,在一个要实现其目的的物种中,突变简直就是失败。

亚里士多德从植物入手，看到了一个逐渐上升到动物的阶梯。在海洋中，某些生命形式既有植物的特性，也有动物的特性——尤其是海绵和植形动物。他对动物的分类是以有或没有鲜红的血为基础的，而且分类大体上相当于我们的无脊椎动物和脊椎动物。他也知道哺乳动物的胎盘，以及哺乳动物的这种普遍习性，即它们都是用胎盘在子宫中培育胚胎的胎生（卵胎生）的动物。有些动物不属于哺乳动物，尽管它们没有胎盘，但也是胎生的，在此情况下卵是在母体中发育的。亚里士多德还对狗鲨（表皮光滑的鲨鱼）作了描述，这种鱼外形上看是胎生的，有一根脐带把它的胚胎与胎盘相连，而胎盘与哺乳动物的子宫的结构非常相似。在 1842 年以前，动物学家都不相信这种奇怪的现象，而在这一年，约翰内斯·米勒又对它作了描述。亚里士多德还认识到了章鱼的化茎腕，并且准确地描述说，它比其他鱼都敏感，而且还有两个很巨大的吸盘。

亚里士多德的一个最出色的观察结论是，鲸鱼和海豚都不是鱼。它们有毛发和肺，它们像陆地上的动物一样呼吸，而且它们用乳房给它们的宝贝哺乳。他也知道绵羊、牛、鹿和山羊有复胃，而且，他肯定对这一器官进行过解剖。他坚持自然发生说——对于某些昆虫，他坚持认为，它们来自于导致腐烂的土或植物之中，甚至，它们就来自于动物本身。另一方面，他承认，在胚胎中心脏是
70 第一个形成的器官。还是通过纯粹的观察使他确信，手与爪、指甲与蹄以及羽毛与鳞和鳞甲都有相似的结构；不过他进而又说，人类的臂膀与鸟的翅膀和鱼的胸鳍也是相似的器官。

在亚里士多德的生理学中，为器官寻找目的因占据了主导地位。因此，呼吸被解释为是为了给动物的心脏尤其是心脏的周围

降温,因为在较高等的动物中,心脏是比较热的。鱼用通过腮吸来的水给心脏降温,而哺乳动物的肺则被描述为以下这样:它们要把空气通过导管输送到肺动脉和肺静脉。他对与心脏有关的血液循环或血液的涌动一无所知,不过,他却对腔静脉及其分支以及来自主动脉的血管作出了详细的说明。不管怎么说,他未能区分动脉与静脉,只是指出血是从心脏流出的,并且在组织中消失了。正如我们马上就会看到的那样,对于他来说,心脏有其他用途。

在繁殖方面,亚里士多德告诉我们,雄性动物的精子只是构成了生育的形式因和动力因,为质料或质料因做出贡献的是雌性动物。消化作用被比做煮沸或烹饪食物——调和,它给身体滋补营养。

人是动物中最高等的,因为他有推理能力和理性的灵魂。我们在这里涉及了亚里士多德的心理学。亚里士多德在广泛的意义上使用了**灵魂**这个术语,其含义涵盖了营养和繁殖、感觉、想象、欲望或意愿,当然,还有理性。灵魂的这些不同方面的差异也导致了对生物的进一步的分类。植物和动物都具有**营养灵魂**(Nutritive Soul,营养和繁殖),动物具有**感知灵魂**(Sensitive Soul,感觉和欲望),而人除了以上这些外还有**理性灵魂**(Rational Soul)。因此,每登上一个"灵魂之阶",都把以前的阶段包含在内了。另外,灵魂和肉体构成了一个完整的复合体,在其中,肉体提供质料,灵魂提供形式。由于灵魂以这样的方式成为肉体的现实性,显而易见,它不能独立地存在。

按照亚里士多德的观点,感觉就是感官对某个可感知形式的接受,在这个过程中与之相伴的质料被排除了。感官还有一定的感知极限范围(例如,对颜色的感知范围在白色与黑色之间),如果超出了这个范围，就会对器官造成伤害。通过血管与其他器官相连的感觉中枢器官和生命之源就是心脏。因为某些有感觉的动物似乎没有大脑（亚里士多德没有认识到中枢神经系统的重要性），所以，他选择心脏作为感觉器官。大脑是身体中最冷的器官——而人们发现，眼、耳和舌都接近它，因此，它们将不会受心脏的热量控制。为了消除心脏的影响，心脏就要依靠大脑作为中介器官，以调节它的过度的热量。

亚里士多德使用了 φαντᾶσία（phantasia）这个词来表示想象，
71 把它主要看做使过去的感觉得以保留、从记忆中显现和恢复的能力。对于人来说，想象可以既是感觉的过程也是深思的过程；也就是说，人有随意回忆和比较过去的感觉形式的能力。这样，在个体对象的感觉形式（对它们的接受依赖于某个器官）与本质或通过理性所把握的概念形式之间，就存在着某种差异。个体实例以一种基本的形式镶嵌在普遍的形式之中，而这只有通过某种抽象的跳跃才能得到充分的认识。实现这种跳跃能力的不是别的，正是理性灵魂。在理性中既有消极的理性，亦即理解概念形式的潜能，也有积极的理性，亦即使理解成为可能的理性之光。

我们在这里该讨论亚里士多德心理学最难懂、最有争议的部分了：关于不朽的问题。像阿那克萨戈拉一样，亚里士多德认为，νοῦς（nous）亦即心智，是最终导致普遍秩序的原因，而且是某种完全与质料分离的东西，它没有与他物相混杂，并且是永恒的。在纯粹的思想中，νοῦς、某物现存的本质以及有关那种本质的思想是一致的，都不承认变化的潜能。把握这些本质的理性亦即积极理性——像神一样，是永恒的和不可改变的。由于是纯粹的现实性，它不可能承认潜能。因此，如果积极理性是永恒的灵魂的组成部分,它就不可能保留从这个生命或任何个人那里获得的印象。亚里士多德最终描绘的永恒的前景,亦即非个人的积极理性的存在,像他的神一样,是相当令人沮丧和没有新意的。

对于亚里士多德的影响,无论是对西方科学的影响还对整个西方思想的影响,我们不可能有过分的评价。简要的概述不可能对他的思想的范围和影响力作出公正的评价,因为除了我们在这一章中讨论的那些主题外,他还研究了政治学、艺术和伦理学。的确,在2000年中,他的思想既非是不可改变的,也无法避免受到许多人的批评、修正和直率的拒绝。但是,他的观念——存在着一个有限的宇宙,一个封闭的有本质差异的世界,一个位于中心的不动的地球,一个永恒的和圆周运动的天国,在哥白尼之前,一直都影响着西方科学。

我们如何说明这种持久性和影响力?我们业已指出,亚里士多德为日常经验提供了逻辑的和常识的说明。在进行这样的说明时,他既没有否认也没有忽视现象,他亦没有假设一个用来说明它们的先验的实在领域。不过最终,通过一系列理性的和自洽的向上攀登的台阶,他来到了神的宝座。像柏拉图一样,在他们可能用自己的观察证实的可在世界上起作用的理性命题中,他凭借强有力的论证对是否存在可靠的知识提出了怀疑。也许,拉斐尔把亚里士多德画成举起一只手也是很恰当的。他没有拒绝现象,而是超越它们,通过一个永恒的科学规律的体系来解释可感知的世界。因此,我们对他的自然哲学统治西方物理学思想如此长的时间不应感到惊讶;相反,我们倒是应该对为什么它被完全拒绝了感到惊奇。

72 延伸阅读建议

Clagett, Marshall. *Greek Science in Antiquity*(《古希腊科学》). New York: Collier, 1963.

Cole, F. J. *A History of Comparative Anatomy: From Aristotle to Eighteenth Century*(《比较解剖学史——从亚里士多德到十八世纪》). New York: Dover, 1975.

Lloyd, G. E. R. *Aristotle: The Growth and Structure of His Thought*(《亚里士多德:他的思想的发展和结构》). Cambridge, Eng.: Cambridge University Press, 1968.

Lovejoy, Arthur O. *The Great Chain of Being*(《生命巨链》). Mass.: Harvard University Press, 1936.

Solmsen, Frederich*. *Aristotle's System of the Physical World*(《亚里士多德的物理世界体系》). Ithaca, N. Y.: Cornell University Press, 1960.

* 原文误为 Solmsen, Frederick。——译者

第五章　缪斯的殿堂：亚里士多德之后的科学 73

在我们的专门化时代，一个像亚里士多德甚至像柏拉图这样的普遍主义者会使我们敬畏，同时，也会令我们感到不安。我们不信任如此巨大的思想体系，也许会怀疑：一个人在诸如物理学、生物学、伦理学以及政治理论等多个领域中是否能保持高度的知识的统一性。亚里士多德以后的时代——希腊科学的希腊化时代或亚历山大时代，总的来说，是一个从包罗万象的哲学和科学体系后退的时代。它的探讨范围缩小了，它对问题的探讨变得更为专门化也更为保守了。当然，这是一种相对的说法——即相对于我们不久将会看到的伊壁鸠鲁体系和斯多亚学派而言的。不过，从整体上看，亚里士多德以后的科学的目的，变成了不同的个人在单独的领域中从事研究的目的，而他们通常所研究的是一些专门的问题。

专门化总是作为一把双刃剑而出现的。可以把亚里士多德之后的希腊科学看做某些领域的伟大成就的代表，尤其是那些被我们称作精密科学的领域。也可以把它看做开始停滞的时期，在此期间，以前的思想家们的假设在人们心中得到了巩固。从其表面上看，仍然存在着理性科学的连续发展，而且还有一些透彻的和严密的研究，它们有时会使以前的自然哲学家看起来像是在黑暗中摸索。无论如何，人们很少提出新的问题，基本的传统被完好地保持了下来。

说亚历山大大帝重新创造了世界几乎一点也不会过分。我们
74 听说，他认为他自己是被神特别选定来完成这项不朽任务的人。亚历山大出生于粗鲁的、半野蛮的马其顿王国，他步其父腓力普(Philip)之后尘，年仅20就当上了国王，成为了希腊的主人，随后横穿亚洲，迫使强大的波斯帝国就犯。他的征服地包括埃及、美索不达米亚、巴勒斯坦、叙利亚——简而言之，整个近东，它们都在通往印度河畔的印度王国的路上。他的这个巨大的东西方联盟的首都要设在巴比伦……哎，这里就是他于公元前323年的长眠之地。

亚历山大不仅仅是一个征服者。他的帝国的不同民族都将是同一个国际城邦的公民。这就是他的天才所在：希腊语中的城邦[πόλις(polis)]这个词被扩展了，现在包含了整个世界。这个新的国际城邦并非仅仅是诸民族的混合体；它还意味着人类的自然融合。

希腊的诸城邦被物产丰富和多元的东方世界吞没了。过去具有岛民特征的自给自足的城邦，都有自己的历法、货币、政府甚至希腊方言，而今在亚历山大的统治下，每一个城邦都变成仅仅是一个广袤得多的国土中的一粒灰尘。希腊语被普遍化为κοινή(koiné)，或通用希腊语，它将是亚历山大新的希腊帝国的语言。从印度到尼罗河畔，从希腊到巴比伦，人们可以用一种通用语言交流信息和思想。在通用希腊语的溶液中，历史悠久的古典希腊思想与东方元素混合在一起，并且被溶解于其中了。

然而，亚历山大本人在世时并没有看到这种融合的结果。当他去世时，他的普世国家也土崩瓦解，并且被他的将军们瓜分了：

塞琉古统治了小亚细亚，安条克（Antiochus）统治了马其顿，托勒密统治了埃及。尽管这个普世国家已经不复存在了，但这种普世文化却继续存在。

从思想上看，那些努力有着深远的意义。在希腊方面，城邦衰落为自给自足的小世界，这可能也使原来计划囊括整个世界的哲学体系的范围和勇气减小了。诸如柏拉图和亚里士多德的体系，或者更早的前苏格拉底的体系，现在发觉自己在一个更为复杂的有着无穷变化的世界中随波逐流。在城邦中，有人也许会勇敢地说："喝光海水"，这也不会有什么风险；但是在新的希腊化世界，海水的深度必然看起来是不可测量的。因此，思想从这种包罗万象的体系后退到更专门的范围更狭小的问题上了。

东方的神话体系同样也面对着希腊理性的利剑。不过，亚历山大本人采用了东方的统治方式，他在众多国民的眼中成为了一个神。那么，在这个普世国家什么是行为恰当的指南呢？希腊人要使神秘的东方变成什么样呢？理性怎样与它的国王的神化共存呢？这些以及其他问题使得人们把注意力转向了更注重实用的哲学，一些思想学派，如犬儒主义、怀疑论、斯多亚哲学以及伊壁鸠鲁学说等，都旨在讨论伦理学疑问、行为问题以及个人在巨大的世界国家中的意义等。

由于个人似乎变得更渺小了，因而，个人的创造力和意志力似 75
乎也变小了。迦勒底占星术半神秘的星相决定论（astral determinism）缩小了人的意志自由及其范围。星辰，亦即诸神，现在似乎变得很遥远，爱莫能助了。对中介物的需求出现了，这些中介即充满星辰与人之间浩瀚的空间的各种力量——魔鬼、英雄或者其他拟人化的作用。巫术、占星术以及各种秘密宗教仪式都行将出现。这个过程将会持续进行,而且的确,它在整个罗马时期又加速了。

因此,在这个新的国际城邦中,科学关注的焦点被限制在更容易处理的问题以及使过去的成果更加系统化方面。的确,在社会动荡时期,也常常会出现彻底的改革。但从总体上讲,亚历山大时代的科学陷入到对传统的细节进行补充,对它加以修正或扩展,而不是向新的具有创造性的方向拓展。那些冲破传统的思想家,例如,提出了日心说的阿利斯塔克,要么被忽视了,要么受到了人们依据这种传统势力的批判。确实,并不缺乏多种多样具有创造性的沉思——在任何时代几乎都是这样,许多有价值的科学理论的种子也被播下了。但希腊文化的土壤是用来培育不同植物的。

亚历山大对科学研究的推动,集中在亚历山大博物馆和图书馆。亚历山大博物馆就是缪斯神殿,缪斯即神话中宙斯和女神谟涅摩叙涅(Memory)的 9 个女儿。该博物馆由托勒密－索泰尔创建,他的儿子托勒密二世(菲拉德尔福)大约于公元前 280 年对其进行了扩建。这个博物馆是用于科学研究的一组建筑群,在其中,研究者们就像在中世纪学院中的同事那样一起工作。亚历山大图书馆是这个研究中心的一部分,藏有大约 50 万卷书——当然,这在古代世界已经是最多的藏书了。托勒密诸王试图把科学家吸引到亚历山大城,以便给他们自己的名声增添更多的光彩,这个城市本身已变成了一个国际大都市,它是第一个这样的都市,处在东西方交汇处。在亚历山大市规划得很好的大街上,你可能会接触到许多民族的人,包括希腊人、非洲人、犹太人、叙利亚人、巴比伦人以及波斯人。

因此毫不奇怪,这个埃及城市将取代具有岛民特征的希腊城邦,并且担当希腊化世界的思想领袖——的确,它也是罗马世界的思想领袖。无论如何,在亚里士多德以后的一段时期,雅典自身仍然保持了它在哲学、逻辑学以及物理学方面的卓越地位,而亚历山大市则成为了数学、生物学以及天文学的研究中心。

在亚里士多德于公元前 322 年去世后,莱斯沃斯的塞奥弗拉
斯特成为了吕克昂学园的园长,并且在随后的 36 年中一直担任这
个职务。据说,他写过的专论超过 200 部,绝大部分都是对他的伟
大导师的著作的注疏。不过,他的这些评论并非没有对这位大师
的批评,塞奥弗拉斯特对亚里士多德基本信条之一的目的因提出
了异议。他说,自然中的许多事物并不是为了某个目的而出现
的——例如,潮汐或雄性动物的乳房,而且对原因的分类比亚里士
多德所认为的要困难得多。塞奥弗拉斯特对自然发生说也有保 76
留,他怀疑,也许是空气或河流(正如阿那克萨戈拉所说的那样)播
撒了种子,这就可以说明似乎是自然生长的现象。

公元前 286 年,斯特拉托接替塞奥弗拉斯特担任吕克昂学园的园长。像他的前任一样,斯特拉托也对亚里士多德的理论尤其是物理学方面的理论表示了怀疑。斯特拉托认为,没有必要假设火和空气有向上运动的倾向;它们的向上运动可以解释为是向下运动的重的物体导致的位移。斯特拉托也认为有加速度,他说,当物体接近它们的自然位置时,它们的运动会越来越快。亚历山大的希罗所做的把空气吹成球的实验,旨在证明在空气分子之间确实存在真空,这一实验可能来源于斯特拉托对于空气的可压缩性的观察。如果斯特拉托真的认为存在真空,那么,这是一个值得注意的与亚里士多德的根本原则的背离,但没有迹象表明,他认为在真空中的运动是可能的。

真空问题也在另一个哲学学派——伊壁鸠鲁学派中出现了。对于伊壁鸠鲁和其追随者以及斯多亚学派来说，物理学和自然科学都从属伦理学。他们的目的就是，确保幸福生活免遭无必要的恐惧和想象的忧虑的困扰。科学成了这样一种程序：它要为驱走迷信有害的影响而给实在描绘出一幅清晰和易于理解的图景。因此有人认为，任何否认基本的可感知的经验的科学都是无用的，因为它与幻想不相上下。而感觉是可靠的。

按照伊壁鸠鲁的观点，宇宙是由原子和真空构成的。据说，他把两块木板一起折断，并且迅速地把它们分开，以证明空气冲入了裂缝，因此，在这里必然存在着真空。化合物总是原子和真空的混合体，因为总存在着毁灭的可能性——亦即使化合物分离的可能性。物质本身是由不可见的原子构成的，原子中完全没有真空，并具有三种属性：大小、形状和重量。通过在空间中延展的可感知的世界，我们知道，物体是由可区别的部分组成的；借助思想我们认识到，一个平面上的最小的可感知的点是更小的粒子的集合体，而且借助思想可以实现这种划分。因此，根据类比，原子也是由不同部分组成的——但由于对原子来说几乎连最小的延展都是不可能的，因此，这些可分的部分**仅仅**存在于思想中。然而，原子在大小和形状方面会因组成部分的排列而有所不同。原子可能会共同获得一些新的属性（特质），但这些特质并不属于独立的原子。由于所有的思考都是从感觉开始的，而这些特质是从化合物本身中产生的，它们会像触动感官的幻象那样涌现出来。

伊壁鸠鲁用他的在真空中运动的思想与德谟克利特和卢克莱修决裂了。所有原子，无论轻重，都会以同样的速率下降，而且“想降多快就能降多快”，因为真空对它们的降落没有任何阻力，这样

就使得它们的重量差异与它们的速度没有什么关系了。原子在真
空的运动是向下降落，因为向下在无限的空间中是没有意义的，而 77
在涉及我们自己时，这个方向就必须要考虑。

如果所有原子在真空中的降落一律都是“想降多快就能降多快”，那么，伊壁鸠鲁如何说明化合物的存在呢？他说，原子有时会略微冲出它们垂直的路径；也就是说，它们间或会突然转向。原子的这种转向导致了与其他原子的碰撞，并且也改变了那些原子的运动方向。当原子与其他原子彼此相遇时，它们会被一根纽带捆绑在一起。整个物理世界就是这样形成的。化合物世界中的运动是这种转向导致的第二个结果，因为向上和向侧面的运动是由于原子受到重击彼此回弹和改变路径的结果。这样，化合物就是不断运动——好像在震动的原子的聚合体。当物体静止时，原子内部的震动就会相互抵消，达到某种平衡状态。当物体运动时，它们的运动方向和运动速度是原子运动的总的结果，而原子的运动则是外部打乱这种平衡的重击所导致的。不过，无论如何，一个化合物不仅仅是简单的原子运动的聚合体。在其化合的形式中，它获得了一些新的特性，从而既容许原子的结合，也容许它们的集体运动。

转向是伊壁鸠鲁物理学理论中最受批评的学说之一。转向实际上是一种不确定的机械运动，构成心灵的精致原子的转向显示了意志或自由意志。对于伊壁鸠鲁而言，这种转向说是对决定论的有意识的突破。这意味着他要把他的伦理学从其物理学推论中解救出来。尽管世界充满了机械的结构，但它的基础却存在于原子的转向和随之而产生的物质的构造中，运动以及心灵是非决定论的和不确定的。伊壁鸠鲁已经把心灵和自由意志从老原子论垂

死的控制中解救出来了。这种转向说也确实把自由重新引入决定论的希腊文化世界中了。

与这个原子论对手相对立的，是斯多亚学派(Stoics)，这个学派的名称来自于芝诺在雅典教学时所用的门廊或柱廊(stoa)。斯多亚学派的连续性理论是由芝诺和克律西波提出的。在他们看来，生物界和动物界是自然科学真正的典范。尽管斯多亚学派认为，有序的宇宙像一个岛那样漂浮在无限的虚空中，但像亚里士多德一样，他们否认宇宙之中存在着真空。他们最重要的概念是元气[πνεῦμα(pneuma)]。宇宙中渗透着一种无孔不入的基质，它是把宇宙的所有部分凝聚在一起的动力。这种基质叫元气，在斯多亚派的物理学中被等同于火和气。没有元气的那些主动特性，其他元素就会分离，因为它们是被动的而且不具有凝聚力。因此，结构是遍及宇宙的某种动力特性的结果，而并非柏拉图和亚里士多德的基本是静态的几何学连续体。

78 斯多亚学派的这种元气令人感兴趣的是它所具有的动力属性：它的运动是永不终止的。元气的张力、它的渗透过程和凝聚过程，导致了身体的、器官的甚至精神的存在状态。想象一下海中的一个海浪吧。海水这种简单的物质是连续的；海浪的张力波动导致了水的形状、运动和连贯性。不过，海浪是无法与海水分开的。

在晚期斯多亚学派中，普遍的元气的思想导致了宇宙和谐一致的观念。宇宙是一个完整的、充满活力的、统一的整体结构，在其中，甚至天体也是靠凝聚力结合在一起的。因此，它是一个封闭的结构，在该结构中每一个天体都有自己的重心，从而导致了多个这样的中心。

如果在这个宇宙中既不能增加什么也不能减少什么，那么，就应当把无前因的事件绝对排除,因为这种事件的本质将是 ex nihilo(从无中)的创造。这种思想也暗示着一种普遍适用的决定论,按照这种理论,人类是受反复无常的命运支配的。斯多亚学派确实试图在一定的范围内软化这种决定论,以便人在一定范围内有自由意志顺从或不顺从某种冲击。在一个严格决定论的宇宙中,事先知道原因也就能够预见未来。斯多亚哲学为占卜和占星术提供了知识上的合法性,因为这些都是以宇宙的根本和谐一致为基础的。

斯多亚学派根据物质的形状想象,几何图形是在元气的作用下形成的。一条绷直的弦(线)是极端的例子,它是一条弯曲的弦的张力达到极限时的情况。换句话说,斯多亚学派认为,挺直是张力的一种**功能**,而弯曲则是这种功能的一种**变化**。而且,因为所有的物质变化和物质结构都是动力(元气)传递的结果,所以,一个物体特有的表面或边界,必然会被一系列边界或规模取代,后者像内接形和外接形那样会聚在一起,形成动态的实体。

现在,我们回到亚历山大城,回到持续最长久的数学和天文学的成就上。对亚历山大的欧几里得的影响怎么估计也不会过高。欧几里得的《几何原本》(*Elements*)大约创作于公元前 300 年,从此之后,它一直是最重要的数学专论之一。在十九世纪以前,甚至没有必要在他的几何学上加上"欧几里得"这个名称;《几何原本》代表的**正是**物理世界的几何学。对于德国哲学家伊曼纽尔·康德来说,欧几里得的证明是无懈可击的先验真理。数学家们普遍认为,欧几里得几何学是数学中构造最严谨的分支。

《几何原本》的特别之处并不在于这一著作的原创性——其中的许多定律和证明并非是欧几里得本人发明的。相反,这 13 卷著作是以具有高度系统化和演绎性的方式构成的。除了第5卷《比例论》(*Theory of Proportion*)和第7卷《数论》(*Number Theory*)以外,后面的著作都以前面的为前提——这些都直接建立在一个
79 公理、公设和定义的体系之上。这样,全部专论就是大规模的几何学演绎逻辑的演练,可以说,它是亚里士多德形式逻辑的数学副本。

《几何原本》原来可能是一部教科书;的确,大部分几何基础教科书仍然遵循它的模式。尽管我们没有它的原本,但这一著作的传统形式是13卷专论。欧几里得的逻辑基础并不是现代数学所遵循的假言形式逻辑;相反,欧几里得与亚里士多德更相似,认为几何学是一种现实世界的理想化结果。欧几里得的几何学像亚里士多德的科学一样,是常识性的直觉知识严谨的、合乎逻辑的扩展,而这种直觉知识则来源于感性的空间经验。他的证明配有清晰的图示,使人能**理解**正在推出的必然的演绎结果,并且只用一个圆规和没有刻度的直尺画出几何图形。

尽管其他人可能发现必须对他的公设予以补充——甚至某些人诸如伯特兰·罗素认为,给他的著作贴上逻辑学杰作的标签未免言过其实,但它仍然是一项令人不可思议的纯思想的创造。以数量相对较少的定义、公设和普通概念为线,欧几里得在逻辑织机上织出了一幅世界图景。毋庸置疑,在未来数个世纪中欧几里得在数学家心中仍然会保持这种地位。

该书第1卷从23个定义开始,按照这些定义,点是没有部分的(换句话说是不连续的),线是只有长度而没有宽度的,一线的两端是点,面的边缘是线。在这些定义之后的是其他的关于角、圆和一般的图形的定义,最后是关于平行线不会相交的断言。然后完

全是关于几何学的 5 个公设,最终是 5 个大致相当于亚里士多德的某些逻辑学公理的普遍公理。事实上,很容易把亚里士多德逻辑学公理化,因为这些公理不仅是几何学的基本原则,而且是一般科学的基本原则。它们是无法被证明或证实的;相反,它们是清晰的直观命题,每个人都看得懂。第三公理似乎直接取自亚里士多德的《工具论》:等量减等量差相等。

在那些公设中,第五公设从历史的观点看是最令人感兴趣的,后来的数学家感觉,该公理是整个专论中比较弱的部分。它通常被称作平行公设。它的介绍方式暗示着,欧几里得可能对它有些疑虑。该公设说,同平面内一条直线和另外两条直线相交,若在某一侧的两个内角的和**小于**二直角的和,则这二直线经无限延长后在这一侧相交。实质上,欧几里得是在间接地说,过已知一点只有一条直线与在同平面内的已知直线平行。因此,为什么要大惊小怪呢?这似乎是自明的。不过回想一下吧,欧几里得几何学竟敢断言存在着一些严密的真理,它们是关于**物理**空间的事实,并且是可见的和可被经验证实的。平行公设断言,两条平行线**永远不会** 80
相交;它超出了我们有限的空间经验的范围,而且说它们延伸到无穷远也不会相交。谁能对发生在无穷远的空间中的情况作出精确的陈述?这个公设并**不是**自明的,数个世纪尝试的证明均以失败而告终。

《几何原本》13 卷包含了 465 个命题,并且采用了各种证明方法。有些含有归谬论证,亦即先假设论题的矛盾将被证明,然后说明,它将导致如何不可能的或荒谬的结果。不过,大部分命题都是依赖假设的公理,并且使用了诸如量或面积的比较和穷竭原则等方法。

该著作的第 2 卷专门讨论了几何代数，不过在那里，量是用线段来表示的，而两个数的积实际上是用矩形来表示的，这些矩形的边也是用线段来表示的。因此，三个数的积就是某个体积。运用这种方法，欧几里得就能避免毕达哥拉斯的无理数灾难。当然，欧几里得并没有使用代数方程来呈现他的证明；它们都是纯几何的。

《几何原本》的第 3 卷讨论了圆、弦、切线和内接角等的性质，第 4 卷论及了内接形和外接形。第 5 卷即《比例论》，是以欧多克索的研究为基础的。它被称作欧几里得几何学最伟大的成就，因为在这一卷，比例理论在没有运用无理数的情况下被扩展到不可公度的比率。在其以前的著作中，欧几里得已经使用了欧多克索的量的观念来讨论长度和面积。不过，在第 5 卷中，他又开始使用了，因为，他现在必须处理量的比率以及比例问题，而这些比可能是可公度的也可能是不可公度的。为此，他必须引进一种普遍性的量的概念。但对于量，欧几里得并没有给出清晰的定义。我们看到的只是从这个命题开始的讨论："当一个量与更大的量比较小于更大的量时，它就是那个量的一部分。"在这里，欧几里得没有使用数。

定义 5 大概是这卷书中最重要的。该定义说，如果有四个量 a、b、c、d，我们用任意一个整数乘以 a 和 c，用另一个整数乘以 b 和 d，第一倍量与第二倍量之间依次有大于、等于或小于的关系，第三倍量与第四倍量之间有相应的关系，则第一倍量比第二倍量与第三倍量比第四倍量叫做同比（$a/b = c/d$）。在这里，欧几里得还是没有用代数。追随他的数学家们相信，精确的量只适用于几何学，因此，几何学是被最牢固地确立的数学分支。的确，第 6 卷运用比例论对涉及类似图形的证明进行了阐述，这加强了这种印象。

第 7 卷至第 9 卷讨论了数论、数的属性和比例。正如我们所
预料的那样,数是整数,而比例是用文字而不是用符号表示的。第
9 卷的第 20 个命题很有意思,因为它使用了归谬法。该命题指 81
出,素数是无限的。一个素数是比 1 大且只能被 1 和它自身整除
(度量)的数,例如,2,3,5,7……29,31,37……都是素数。一个合
数必定是除了 1 和该数自身外还有一个除数的数。早在欧几里得
以前很久,人们就知道当数越来越大时,素数会变得越来越少,因
此数学家们想知道,素数最后是不是没有了。欧几里得对素数的
无限性的证明被宣称是最杰出的而且意义深远的证明的例子。

我们取任一有限的素数集,比如($a,b,c,\cdots\cdots d$),然后我们把它们相乘($a\times b\times c\times\cdots\cdots d$)并且在所得的积上加 1。这样,这个积加 1 必然要么是素数,要么是合数。如果它是素数,那么它不可能在原来的素数集($a,b,c,\cdots\cdots d$)中,而我们的定理也就被证明了。但如果这个数是合数,那么,它必定有一个素数除数。在这里,欧几里得断定,这个新的素数除数不可能是原来的素数。为什么?

我们来假设相反的结果:假设这个素数是原来的素数集的某一个。那么,它必定既可以整除积($a\times b\times c\times\cdots\cdots d$),也可以整除积($a\times b\times c\times\cdots\cdots d$)$+1$。但我们也知道,如果两个数可以被一个数整除,且其中一个数比另一个数大——例如,b 和 c 可以被 a 整除,且 $b>c$,那么,$b-c$ 也可以被整除 a。积($a\times b\times c\times\cdots\cdots d$)$-$($a\times b\times c\times\cdots\cdots d$)$+1=1$。但这个新的素数不可能是 1;它必须至少等于 2,但没有这样的数可以使 1 被它整除。这一点对于任何其他的原有的素数集($a,b,c,\cdots\cdots d$)都成立。

因此,如果这个新的数是素数,它就不可能是原来的素数集中

的一个（它们的积+1），如果它是合数，那么它有一个素数除数，该素数除数也不可能是原来的素数集中的一个。

第11卷和第13卷讨论了立体几何和穷竭法，并用后者证明，例如，两个圆的面积比等于它们的直径的平方比。面积可被其内接正多边形穷尽，而且该书认为，因为这个理论对多边形来说是正确的，所以，可以证明它对圆也适用。

应该强调的是，无论进行多少说明也难以对《几何原本》作出公正的评价。从该书中既可以了解数学证明概念的基础，也可以了解定理的逻辑排列。这一专论是综合思想的一部伟大杰作，也许可以把它称作亚里士多德逻辑学在几何学中的体现。它可用来作为后继的数学思维的典范，并且被认为是对普通的空间经验最严格的理性阐释。

佩尔格（Perga）的阿波罗尼奥斯大约出生于公元前262年，师从欧几里得在亚历山大的继承者。他以几何大师和天文学家而闻名，他最著名的著作是《圆锥曲线》（*Conic Sections*）。像《几何原本》一样，它也是一部条理清晰的逻辑性很强的杰作；而且，它还含有一些高度原创性的内容。事实上，对于后来的数学家来说，《圆锥曲线》的8卷和487个命题差不多把这个主题都讨论遍了。

恰如该著作的标题所暗示的那样，阿波罗尼奥斯是第一个对
82 体锥曲线进行彻底的（和全面的）研究的人。他所引进的用于描述这些曲线的术语，基本上就是现在这个学科所用的术语：椭圆、抛物线和双曲线。阿波罗尼奥斯在命题中证明了根据给定的数据如切线、焦点性质和截锥体等对曲线的构造。

一般公认，叙拉古（Syracuse）的阿基米德是古代最伟大的数学家之一。他于公元前287年出生在西西里岛的希腊城邦叙拉

古。年轻时,他去了亚历山大,在那里接受了数学教育。他的大部分工作都是在叙拉古完成的,但是他与亚历山大以及其他地方的数学家保持着书信往来,并把他的许多专论寄给了他们。

阿基米德追求欧几里得式的谨慎证明,不过,他又显示出了一种强大的想象力,它曾使他获益匪浅。他常常能从力学的实例跳跃到理想化的几何学证明,把前者作为发明的方法和直观的向导。他的研究涵盖包括力学的不同学科,在力学中,他把数学推理与力学推理结合在一起,以便寻找平面和立体的重心。他提出了一些关于杠杆的定理,并且实际上创立了流体静力学,该学科涉及流体的压力和平衡。提水装置(阿基米德螺旋)的发明以及诸如滑轮组、齿轮和蜗杆等机械装置都被归功于他。他年轻时曾造过一个天象仪,根据推测,它是被水力推动运行的,该天象仪展示了行星的运动。他构想了一种表示大数的系统,并且使用这一体系计算出了宇宙中沙粒的数量。然而,普卢塔克却说他的发明是低级的娱乐,是在做几何学游戏。

以《方法》(*The Method*)为题的著作是他最令人感兴趣的著作之一。在该著作中,他论证了可以用力学观念证明数学命题,并且强调,在进行演绎证明以前,对问题有预备性知识是非常重要的。他举例说明,欧多克索利用了德谟克利特关于锥体和柱体未被证明的断言。他似乎想说,通过把“诸神派”的方法与“巨人派”的方法结合在一起,纯粹的精神洞察将有助于严密。不过,阿基米德弱化了这种直观方法,他告诫说,这只是一种发现的方法;证明必须遵从欧几里得的演绎模式。

《方法》是直到1906年才在君士坦丁堡一家图书馆被发现的。在他的证明中,有一项是对以下定理的证明:抛物线形面积是与它具有相同的底边和顶点(该顶点在抛物线上,且从该点到底边的垂线系抛物线上的垂线中最长者)的三角形的面积的4/3。为了方便他的证明,阿基米德运用了来自有关杠杆理论和重心理论的基础物理学论据,以及这种富有成效的观念:面是由线段构成的。面可以被看做是由无限条线段组成的这一阿基米德假设的事实,导致有些人断言,他是积分的先驱。他还完成了这样一些发现,诸如
83 截锥体和柱楔的体积,半圆形的重心,抛物线形的重心,球缺的重心以及抛物面的重心。不过,他既没有说在每一个图形中构成元素的数量是无限的,也没有把定积分定义为某个无穷序列的极点。他只是假设这种方法是一种预备性研究,运用穷竭法的严格证明将会对它加以补充。这里,希腊人又是强调形式而不强调变化(斯多亚学派的思考除外),因此,无穷小的概念从未被牢固地确立下来。

在阿基米德的《抛物线图形求积法》(*Quadrature of a Parabola*)中,可以找到他使用穷竭法和力学论证这两种方法的另一个例子。他运用穷竭法,把一个三角形内接于一抛物线段中;然后,在两个更小的剩余部分中也各内接了一个三角形。持续这个过程,他就获得了一系列边数越来越多的多边形,并且证明第 n 个多边形的面积将从这个系列 $A(1+\frac{1}{4}+\frac{1}{16}+\cdots\cdots\frac{1}{4}^{n-1})$ 得出,在这里,A 是与抛物线同底且同顶的内接三角形的面积。阿基米德得出了这种情况下 n 项的和,并把剩余部分加在这个系列上:$A(1+\frac{1}{4}+\frac{1}{16}+\cdots\cdots\frac{1}{4}^{n-1}+\frac{1}{3}\times\frac{1}{4}^{n-1})=\frac{4}{3}A$。这样,当项数变得越来越大时,$\frac{1}{3}\times\frac{1}{4}^{n-1}$ 就会趋近于零,或者在 $\frac{4}{3}A$ 处“穷尽”。

在希腊数学中,在真正的有限穷尽与严格的趋向某个理想的极限的路程之间总是存在着一个空白,这就是无穷小的核心。阿

基米德也在一条曲线中内接多边形，不过，他依然或多或少地持有欧几里得的观点，并且把他的证明建立在归谬法的基础上。虽然阿基米德是积分的先驱，但不能说他已经用其完全抽象的术语进行思考了。

微积分学被称作研究自然的最有力的数学工具，它是由牛顿和莱布尼兹构想出来用以解决物理学问题的。阿基米德的确用了一些力学方法来补充几何学证明，但这些仅仅是一些发明的方法。他对螺旋线的研究假设，一个匀速的点沿着一条线运动；有些人描述说，他对螺旋线的切线定义就是微分的定义。然而，在希腊几何学中，没有一个曲线的概念与一种函数相对应，也没有关于瞬时速度的概念，而瞬时速度正是微积分旨在解决的问题。阿基米德与微积分的发明不过是咫尺之遥，如果完成了该发明，就会打破希腊的数学传统，因为任何设想一种实际的无限性或瞬时速度的尝试都会直接导致芝诺悖论。

关于他的数学天才最著名的（也许是不足凭信的）故事是他发现了一个赝品。叙拉古国王下令制造一个金皇冠，但当皇冠被交付时，他怀疑其中含有价值略低的金属银，他把皇冠送到阿基米德那里，要求阿基米德确定皇冠是个赝品，但不能毁坏它。阿基米德在洗澡时思索这个问题，忽然之间，他发现了解决办法。他兴奋异常，以致跳出浴盆，赤裸着身子跑到叙拉古的街上大喊：Eureka! 84
（我发现了！）

阿基米德在他的浴盆里已经注意到，从浴盆溢出的水量，大约等于取而代之的他的身体的体积。从而，他发现了流体静力学原理，亦即一浸入水中的物体所排出的水的体积，等于该物体所占空间的体积。其引申的推论是，重量相等的物体不一定体积相等，由此他发现，一磅的银比一磅的金的体积大。这个故事说，这样，阿基米德铸造了与皇冠重量相等的一金一银两个金属块，并且测量了它们所排除的水量。然后，把皇冠浸入水中，结果发现，它所排出的水量少于银排出的量而多于金排出的量。利用他的测量，他就能计算出皇冠中金和银的比例，而且如传说所言，这样就把那个恶棍揭露出来了。

在阿基米德的专论《论浮体》(*On Floating Bodies*)中有一个命题说，当一物体比液体重时，把它放入液体中，它就会沉底，而且，在液体中测量该物体的重量时，它的重量比其实际重量轻，轻的那部分的重量等于它所排出的水的重量(命题7)。阿基米德在这里暗示了比重概念，该概念从数学上定义即:重量是与某一给定的体积相关的量。因此，他的研究可以称作**静力学**的或几何学的研究，与亚里士多德对运动中的重量的动力学思考正相对。

赛伊尼(Syene)的埃拉托色尼(公元前275年—前194年)曾任亚历山大博物馆的图书馆馆长，他也使用了几何推理方法，用以确定地球的规模。按照传说所言，埃拉托色尼是一个诗人、史学家、数学家、天文学家、几何学家，而且还可能是阿基米德的朋友。他知道亚历山大城在赛伊尼城的正北大约500英里(按驼队每日的行程计算)，而且在夏至时太阳在赛伊尼城的正上方。在同一时间的亚历山大，也像赛伊尼一样接近同一子午线，但在子午线正北，太阳的角度大约是$7^1/_2$度。由于太阳距我们如此之远，以致可以把太阳照到亚历山大和赛伊尼的光线看做是平行的。因而，如果把从赛伊尼的光线延长到地球的赤道，则这条线与从亚历山大延长来的一条垂线之间的角度大约是$7^1/_2$度，或者是大约360°的$^1/_{48}$。由此可以得出，我们已经知道大约为500英里(埃拉托色尼所用的单位是斯塔德)的这两座城市之间的弧是 360 度的地球整个周长的$^{1}/_{48}$。用 48 乘 500,我们就得出地球的周长为 24000 英里;一般所说的埃拉托色尼的估计是 252000 至 250000 斯塔德,尽管斯塔德的长度似乎是随着时间而变化的,而我们对他的斯塔德的长度并不完全清楚,但这种方法很有用,而且的确给出了相对准确的估值(参见图 5－1)。

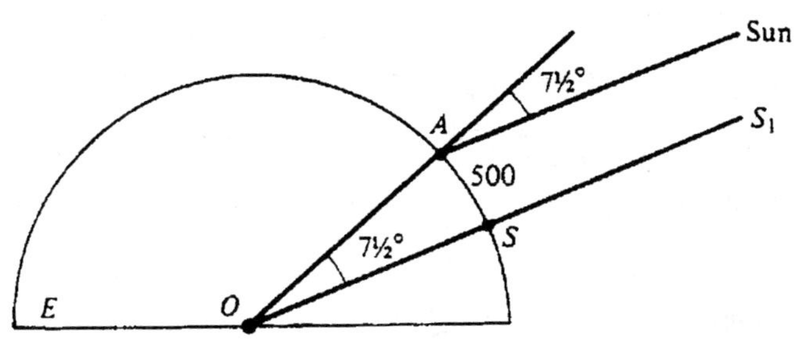

图 5－1

后来的地理学家使用了更差的或者完全是错误的方法,把他的估值减小了,这个减小的估值被编写到一些流行著作之中。哥伦布大概从这些流行的和不同的说明中获得了相当多的地理学知 85
识;尽管不是学术界人士,但他也能读拉丁语著作。因此,如果他确实使用了较小的估值数,那么,在他的那些地图上,东方可能比其实际情况更接近欧洲;这种情况与一些由可靠的权威撰写的报告结合在一起了;这些报告也曾被亚里士多德、塞涅卡、普林尼等等在这样的说明中引用过,它们称,西方的海洋与东方和欧洲二者相连,但也许并不像其他人设想的那样,覆盖地球的¾的表面。无论情况如何,哥伦布还是在地球的诸海中进行了航行,那时人们依然认为,无论测量得准确或不准确,地球是被一些物质天球围在里面,处于中心位置。但是远在哥伦布时代以前很久,就有一位被称之为"古代的哥白尼"的古希腊天文学家,提出了与地心说宇宙不同的观点。

在亚里士多德以后,描述天文学的一个关键术语是"拯救现象"。对于欧多克索是否实际上把他的天球构想为真正的物理天球,存在着某种疑问。亚里士多德当然是这样构想的,因为他给天球理论附加的那些部分就是旨在说明它在力学方面的作用。但是,这个理论本身还有一些严重的缺陷;的确,它根本无法充分说明行星不规则的运行和逆行。这种体系还有一个问题似乎比其他体系更为突出:欧多克索及其追随者都把行星安排在以地球为中心的同心球上,这意味着,地球与行星之间的距离是不可能变化的。然而,当行星逆行时,它们显得更明亮,因此更接近地球。即使人们可以接受宇宙是球形的和以地球为中心的这个前提,这个体系的细节却无法说明这些矛盾。

不过,亚里士多德的物理学是与他的宇宙学联系在一起的,而如果要拒绝这种宇宙学的这个基本前提——天上的运动是圆周运动并且地球是不动的,那事实上就意味着,要放弃他的物理学,而他的物理学与常识是非常一致的。天文学中的任何变化,都必然导致物理学中的某种变化,而这是天文学家不情愿做的;毕竟,他们关心的是描绘天空的景象而不是地上的运动。"拯救现象"意味着,有些假设是否在物理学上为真无关紧要——重要的是,它对所观测的行星运动是否作出了更好的说明。

为了修正这个体系,有两个人提出了两种根本性的替代方案,

一个人是与亚里士多德同时代的人,另一个人属于他去世以后的 86
那一代。这两种方案本来都可能推动希腊宇宙学基本框架中的一项重要的变化,但也正因为如此,它们都被拒绝了。第一个方案是本都(Pontus)的赫拉克利德提出的,他大约生于公元前 388 年,而且大概在雅典既接受了柏拉图的指导、也接受了亚里士多德的指导。赫拉克利德在两个重要的方面不同于与他同时代的人。第一,他显然认为,地球围着自己的轴从西向东旋转,大约一天完成一次绕转。第二,他说,水星和金星并非围绕地球而是围绕太阳运转,尽管这一断言的证据只是后来注疏者才有。

赫拉克利德根据已有的证据暗示,可以把地球的旋转作为说明其他行星的视运动的另一种方法,不过,他没有作出任何几何学描述,看起来,这种思想仅仅是一种暗示。有些古代的注疏者们说,他暗示了另一种运动,也许是某种非匀速旋转,以便说明太阳不规则的速度。因为,四季的长度是不同的——太阳从春分到秋分所花费的时间,比从秋分到春分所花费的时间多,所以,卡利普斯在欧多克索给出的那些天球上又增加了一个天球,以说明太阳的情况。赫拉克利德可能仅仅暗示,用其他方法说明这一点也许是**可能的**。假设的水星和金星以太阳为中心的理论可以说明这一事实:它们是两颗晨星和暮星,总是以某种与太阳相关的方式运行。它也可能说明了这两颗星与地球的距离的变化。

第二个替代方案是萨摩斯岛的阿利斯塔克提出的,他大约生活在公元前 310 年—前 230 年。人们普遍承认,阿利斯塔克实际上提出了一种日心假说。他现存的唯一著作《论日月的大小和距离》(*On the Sizes and Distances of the Sun and Moon*)并未含有对这种理论的暗示。这一专论是彻底的欧几里得几何学风格的,对大小的比例和距离的比例的计算结果介于上限和下限之间。阿利斯塔克知道,月光是反射光,当正好半个月球被照亮时,从太阳到月球的直线与从月球到地球的直线所形成的角是一个直角。这位地球上的观测者可以在地球上测量第二个角*,阿利斯塔克估计这个角是87度(它的实际值是89°52′),并且构造出一个三角形。由于那时三角学尚未发明,他只能运用欧几里得几何学根据这些测量估计那些距离。因此他说,太阳到地球的距离比月球到地球距离的18倍多,比20倍小(实际是346倍)。

对于他的日心假说,我们是通过其他作者的叙述了解到的。例如,阿基米德在《数沙者》(*The Sand-Reckoner*)中提到,阿利斯塔克已经提出了这样的理论:地球围绕太阳运行,太阳是宇宙的中心。有可能,阿利斯塔克熟悉(很简略地提到的)佩尔格的阿波罗尼奥斯所运用的可动的偏心轮体系,并且对这个事实留下了深刻的印象,即只要他假设地球围绕太阳运行,而其他一切都不变,他
87 也可以对现象作出完全相同的描述。因为我们在他本人的著作中没有看到这个假说,我们只能猜测这仅仅是一种暗示。在阿利斯塔克时代,希腊天文学趋向于更详细的数学描述,而不是宇宙力学。对日心说的主要异议似乎显示,大多数天文学家对改变基础性的亚里士多德物理学式的宇宙结构不再感兴趣。我们甚至在托勒密那里看到了对阿利斯塔克的批评,批评依据的是亚里士多德的反对理由:地球是重元素的自然中心而且是不可能运动的;在空中运动的物体可能受地球旋转的影响;恒星视差没有明显的变化。运动的地球完全背离了业已确立的科学的原则,而且,我们或许还

* 指从月球到地球的直线与从地球到太阳的直线形成的角。——译者

要补充说,也背离了宗教——斯多亚学派的克里安提斯认为,阿利斯塔克应该因不虔敬而受到谴责,因为他使宇宙的中心(地球)有了运动。伽利略并不是第一个因此而受到谴责的人。

甚至在阿利斯塔克以前,亚历山大学派的天文学重心已经转移到了定量模型,这种模型使用了复杂的几何结构来描述天体现象。这种趋向在托勒密的《天文学大成》*(*Almagest*)中达到了顶峰,该书写于公元150年。托勒密承认他受益于其亚历山大的前辈,因而最好还是把《天文学大成》看做这种长期传统的综合。这部著作的数学基础无疑是亚历山大天文学的杰出成就之一,亦即现在众所周知的三角学。它的方法可以追溯到罗得岛(Rhodes)的喜帕恰斯,他活动于公元前150年,大约在托勒密300年之前。

亚历山大城的天文学家幸运地拥有巴比伦的星辰记录,这些记录远远早于希腊人的观测结果。使用这些记录,喜帕恰斯能够说明分点岁差,这种岁差是由地球围绕地轴旋转时的摆动(赤道隆起导致的不平衡)以及沿着缓慢旋转的圆周相对于恒星背景的移动引起的。由于这个圆周的旋转非常慢,大约72年旋转1度,因此,喜帕恰斯只能通过把他自己的观测结果与巴比伦人的观测结果加以比较才能发现它。简括地说,把巴比伦人的记录与欧几里得的几何学方法结合在一起,就导致了一种严格的数学推理,它取代了以前的天文学家那些模糊的理论。我们再简略地考虑一下三角学的基本观念,这种观念就是喜帕恰斯和托勒密在他们的体系中用来计算角距的方法,尽管在形式上有些不同。

在一个直角三角形中,因为其中的一个角是90度,所以,另外

---

* 又译《至大论》。——译者

两个角之和必然等于90度。知道其中的一个角,也就知道了另一个角。在两个直角三角形中,如果其中一三角形的一个锐角等于另一三角形的锐角,那么,无论它们各自的大小如何,它们都是相似三角形。欧几里得几何学说,如果两个三角形是相似的,一个三角形中任意一对边的比都等于另一三角形中相应的那对边的比。
88 因此,知道非90度的角,也可以得出这些比的值。简言之,可以对三角形的任何角计算出这些比,并且得出一张数表,该表在托勒密那里被称作“弦表”。

除了这种便利的方法之外,为了取代同心球,喜帕恰斯和后来的托勒密采取的主要的新方法(该方法可能是阿波罗尼奥斯提出来的)就是利用**本轮**作出解释,本轮是围着一个点匀速绕转的小圆周,而该点位于一个更大的环绕地球的圆周即所谓的均轮上。这二者都被安排在黄道上,行星每日的运动(它的周日自转)就是这样引起的。均轮的旋转带着行星进行年度旅行,当然,每个行星的年度旅程是不同的。本轮既可说行星的明逆行,也可以说明行星走近或远离地球的位置变化(参见图5-2)。

本轮/均轮的组合运动导致了一种环状运动。如果所构想的本轮相对于均轮较大的话,环的规模就会增大。一个快速旋转的本轮在围绕黄道进行一次旅行的过程中,会画出许多环。一个循环次数是均轮的两倍的小本轮,将产生一个椭圆形的轨道,我们可以把一个更小的本轮放在一个本轮上,以说明行星其他的不规则现象。简而言之,通过这种结构适当的变化,就可以使这个体系适用于行星运动的巨量变化——但并非适用于所有变化。

我们对克劳迪亚斯·托勒密的生平所知甚少:他自己在亚历山大进行了观测,其时间跨度是公元127年—151年。他作为天文学家的名声主要是因为其《天文学大成》(*Almagest*),该书原来的标题是《数学论著》(*The Mathematical Composition*)。阿拉伯译者提到它时用的名称是“集大成者”,即把希腊语词 μέγιστη (megiste,最大)加上了冠词 *al* 作为前缀,因此,该书在欧洲以 *Almagest* 而闻名。托勒密也是一位地理学家,除这部著作外,他还写过有关和声学以及光学的著作。

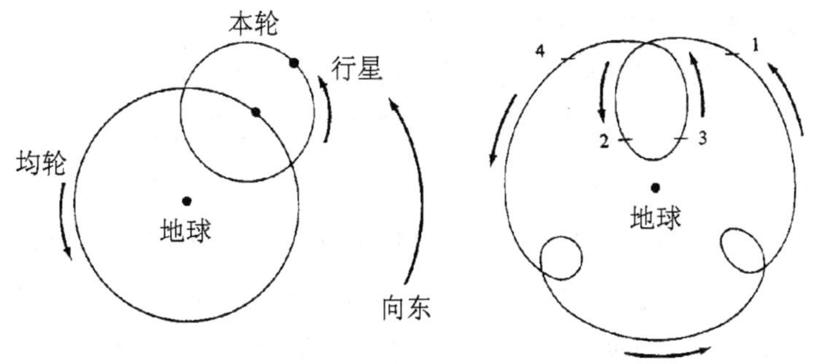

图 5-2　本轮-均轮及其环形运动[承蒙出版商惠允,复制于托马斯·库恩的《哥白尼革命》(Cambridge,Mass.:Harvard University Press,1957 by the President and Fellows of Harvard College)]。

正如它原来的标题所表明的那样,《天文学大成》是一部关于数学处理方法和星表的文集,附有对相关的几何定理的严格证明。89
在该书的第1卷,可以看到三角函数或者弦表,这些是用六十进制体系描述的,这一点例证了巴比伦的影响。该书的序言从对亚里士多德的科学分类的阐述开始,坚持把月下物理学与完美的天体运动区分开。因此,天文学被归于数学类的学科,托勒密说,它可用来铺就通往神学之路,因为诸层天预示着神性。随后,他讨论了源于亚里士多德的一般的宇宙学假设——封闭的和球状的宇宙、静止不动的地球以及圆周运动的优越性。在第9卷中，托勒密以他对行星的论述开始，他明晰地陈述说，他的目的是要说明表面上看起来不规则的现象是如何由规则的圆周运动引起的，而圆周运动是神圣之物的本质所固有的。这样，通过说明怎样用先验的数学原理说明那些现象，这种证明就**拯救**了它们。

《天文学大成》分为13卷，该书以某种方式把整个希腊天文学传统汇聚为一个庞大的复杂体系。在这一点上它与欧几里得相似，尽管托勒密对本轮/均轮理论的修改基本上是以他自己的发明为基础的。要想对这部专论作出彻底而又公正的概述是不太可能的。

托勒密发觉，他可以用两种方法说明太阳（从二分点到二分点）的可变的速度：要么把太阳安排在一个较小的本轮上，该本轮仅仅向西旋转，或者只有均轮的向东旋转，要么使用一个单一的均轮，它是地球的**偏心轮**——也就是说，它是这样一个均轮，其几何中心不是地球，而是远离地球的另一个点。托勒密选择了偏心轮解释模型来说明太阳，因为它更简洁，只有一种而不是两种运动。按照这种方法，在趋向夏至时，中心点在远离地球的某个位置上，这样就使得从地球上观察时，春分到秋分的时间比秋分到春分的时间多了6天（参见图5－3）。

那么在这里，托勒密体系又加上了第三个补充附加部分，亦即使用了偏心轮，它与本轮结合在一起用以说明行星的运动。这个体系变得更复杂了，因为托勒密发现，在某些情况下，必须把偏心轮的中心安排在一个较小的均轮上，或者在一个更小的偏心轮上。这就导致了**变动的偏心轮**结构。托勒密发觉，喜帕恰斯增加本轮对月球所作的说明,与在朔望(与太阳相合或相冲)时对月球的观测结果一致,但却不能说明接近方照时所观测到的经线。在这些事例中本轮的视直径似乎被加大了,使得月球离地球更近了。托勒密因而把月球的偏心轮安排在一个更小的围绕地球运转的均轮上(参见图 5-4)。

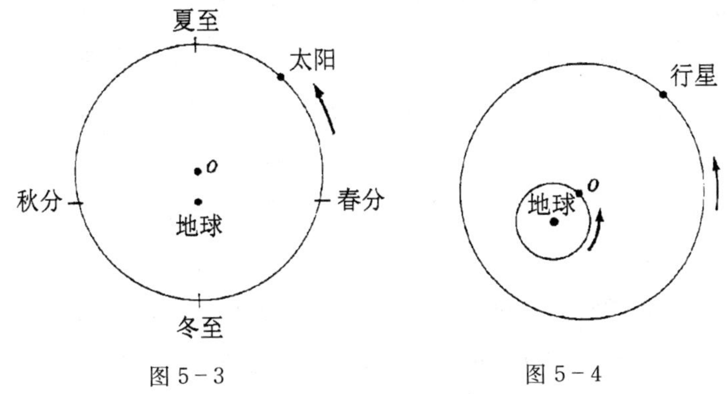

图 5-3　　　图 5-4

[图 5-3 和图 5-4 承蒙出版商惠允,复制于托马斯·库恩的《哥白尼革命》(*Copernican Revolution*, Cambridge, Mass.: Harvard University Press, 1957 by the President and Fellows of Harvard College)]

虽然如此,托勒密还是发觉有问题。尽管他用本轮、偏心轮和可运动的偏心轮能够对太阳、月球以及行星作出较为有效的说明,但他发现,天体是在以某种所观测到的非匀速的角速度运动。这 90
个问题导致了对这个(已经很复杂的)体系的另一项数学补充,即所谓的偏心匀速点(equant)。简单地说,偏心匀速点是一个既远离地球又远离偏心轮之中心的点,设计它的目的,就是要通过测量相对于一个点即偏心匀速点而不是相对于地球的那些角速度来维持行星的匀速旋转。那么,并非相对于几何中心而是相对于偏心匀速点，行星旋转的速率是匀速的。正是这种设计引起了哥白尼对托勒密体系的重大质疑。

本轮、均轮、偏心轮、运动的偏心轮以及偏心匀速点这一整套几何结构，以不同的组合方式被应用于每一个天体，以便对现象作出非常恰当的说明。无论如何，对这个体系的两个重要的批评非常醒目，尽管有人论证说它们实际上过分强调技术细节了。第一种批评认为，整个偏心匀速点观念破坏了行星具有**规则的**圆周运动这一原则。第二种批评认为，托勒密所确定的决定月球运动的圆的数量意味着，月球与地球的表观距离差不多以 34 比 65 或大约 1 比 2 的比例变化，这也意味着，月球的视直径有时是我们实际看到的两倍。

如果简单性是托勒密的一个标准，那么可以，或许应该，指责他前后不一致。但托勒密本人曾论证说，简单性这个概念来源于月下区的经验，它可能不适合于天体。在他看来，天体的运动具有简单性是一个公理，尽管他设计用来解释它们的他的那些构造物是复杂的。

尽管如此，这样说无疑是与亚里士多德假说保持一致的，即数学构造物是纯粹抽象之物——虚构之物，它虽然美丽，但依然是幻
91 想。无论这些严格的虚构包含什么真理，它们只能是那些与其他得到完备证明的科学原理相一致的真理，这些原理中的一条即天体是完美的。但是，把这些当做现实是不合理性的。也许，只有神秘主义者才想这样做。

延伸阅读建议

Bailey, Cyril. *The Greek Atomists and Epicurus*（《希腊原子论者与伊壁鸠

鲁》).Oxford:Clarendon Press,1928.

Ball,W.W.Rouse. *A Short Account of the History of Mathematics*(《数学史简论》).New York:Dover,1960.

Dreyer,J.L.E. *A History of Astronomy from Thales to Kepler*(《从泰勒斯到开普勒的天文学史》).New York:Dover,1953.

Heath,Sir Thomas. *Aristarchus of Samos: The Ancient Copernicus*(《萨摩斯岛的阿利斯塔克:古代的哥白尼》).New York:Dover,1981.

——. *A History of Greek Mathematics*(《希腊数学史》),2 vols. New York:Dover,1981.

Lloyd,G.E.R. *Greek Science after Aristotle*(《亚里士多德之后的希腊科学》).London:Chatts and Windus,1973.

Sambursky,S. *The Physics of the Stoics*(《斯多亚学派的物理学》).London:Routledge and Kegan Paul,1959.

92

第六章　从希腊文化到拉丁文化：罗马时代的科学

就其所有成就而言，希腊科学是一种脆弱的事物——而且毫不奇怪：它是一种仅有有限数量的几乎不可能对普通人有影响的成就。在亚历山大，统治者们为了荣誉而非为了他们的科学求知欲，给亚历山大博物馆及其学者社团提供了国家资助。雅典人甚至可能对哲学没有好感，或者仅仅是对它容忍而已。当人们的兴趣像在罗马社会有影响的上流阶层中那样被唤起时，对科学的研习是通过摘要和手册的形式来进行的，这常常导致了大量曲解。

恰如德国史学家海因里希·冯·特赖奇克所评论的那样，罗马科学基本上是用拉丁语写作的希腊科学。见证了希腊化科学的最高成就的时期，也正是希腊哲学开始向罗马传播的时代。人们普遍承认，希腊理性科学在与（稍候将会论及的）托勒密和盖伦一起达到其顶峰后，就开始了先是缓慢的而后是急速的衰落，在大约公元 500 年—1000 年随着西罗马帝国的崩溃它几乎完全消失了。在它向罗马传播时，可能就种下了它衰退的种子。

正像人们常常看到的那样，罗马人是注重实效的民族，他们重视的知识主要是应用类的知识。尽管他们在工程技术、法律、政治组织和军事组织方面超过了希腊人，但罗马人自己所创造的原创性的科学成就微乎其微。罗马最初进入世界的大舞台时，非常像

一个希腊城邦；它是一个贵族共和国，由部落和家庭组成。它所强
调的是法律的权威、实用知识以及爱国美德。罗马从公元前三世 93
纪征服南意大利开始，然后是征服西西里和与迦太基（Carthage）城邦的战争，最终在公元前二世纪战胜马其顿帝国，从而确定了罗马在希腊化世界的霸权，罗马自身也改变了。罗马现在成了一个新的国际都市、希腊和东方文化的继承者。

随着罗马征服地中海世界，旧的城邦的国家基础在帝国可怕的重压下倒塌了。内战使共和国分崩离析。最后，仿佛是松了一口气，罗马向隐藏在共和国形式背后的专制政府——诸恺撒（Caesars）屈服了，这个时期从奥古斯都（Augustus）开始，他的统治从公元前 31 年一直延续到公元 14 年。

人们又一次发现他们处在一个巨大的帝国、一个国际都市之中，仿佛是无数个体中一个无足轻重的人，在一片物产丰富的海洋中漂泊——孤独，无权无势，无知，似乎要受万能的命运之神的支配。罗马人在希腊人中发现了许多需要赞美的事物，不仅仅是他们的科学，还有他们的艺术和文学。希腊语成为了这个帝国知识分子的语言，就像拉丁语在后来的中世纪成为学术语言那样。富有的罗马人显示出了对希腊学问的热情，但这种偏好与其说是一种对知识的认真追求，莫如说是一种时尚。因此，对有关希腊知识的手册和汇编的需求涌现了，这些书籍意在满足好奇者的好奇心，而不是为了对喜欢严肃思考的人进行教育。希腊科学变成了一种消遣。因为受重视的是有实际应用价值的知识，人们把着重点放在了希腊的道德哲学和伦理学上了。在这样一种环境下，通俗科学几乎不关心一致性、严密性以及对思想的透彻理解。与此同时，罗马世界混杂着东方的神秘宗教，它们不同的宇宙论与希腊的理

性主义混合在一起了。

作为向这种状态的过渡，有必要考察一下希腊化的生物学以及令人难忘的人物盖伦，他的一只脚踏在亚历山大世界，另一只脚踏在罗马世界。我们对亚历山大生物学和医学的了解，主要来源于盖伦和罗马百科全书式的人物塞尔苏斯，后者大约生活在公元30年。从希波克拉底的著作到塞尔苏斯，希腊医学文献大致有300年的空白，而且只有通过塞尔苏斯和其他作者著作中的引证，我们才能把这个时期到盖伦时代的变化拼凑起来。

希罗费罗和埃拉西斯特拉图斯是亚历山大时代早期两个最重要的生物学家，他们的活动时期大概是在公元前三世纪上半叶。塞尔苏斯称希波克拉底的追随者是重理医派，不过这种描述并不暗示着缺乏想象的模仿。重理医派似乎认为，没有一个真正的医生会对所要治疗的内脏一无所知。因此在亚历山大城，解剖得到了重视并且被首次合法化了。似乎更令我们震惊的是这样一个显著的事实：解剖也在活的人体上进行，而国家则把罪犯提供给医生
94 用于此目的。因此，公元二世纪的基督教神学家德尔图良称希罗费罗是一个为了知识而憎恶人类的“屠夫”。

希罗费罗为解剖学作出了重要贡献，他对眼睛、大脑、人体的主要血管、心脏以及生殖器官进行了描述。他对十二指肠（小肠的第一部分，显然是由他命名的）和肝脏予以了说明。他还认识到，大脑是神经系统的中枢，但却又声称视神经是没有真正价值的。他把眼膜与网的比拟使希腊词 reti——“网状的”产生了一个现在仍然广为人知的词 retina（视网膜）。也许，通过解剖（或活体解剖）他就能区分感觉神经与运动神经、腱与韧带、主要的诸心腔以及各种血管，尤其是他所说的动静脉（亦即我们现在所说的肺静

脉)。

希罗费罗认识到了脉搏率对诊断的重要意义，并且把反常的脉搏率与诸如**蚁状的**或**瞪羚状的**等生动的词联系在一起。在这里，我们只能对古埃及医学的可能影响感到惊叹，古埃及医学已在此数千年以前就知道这种联系了。希罗费罗还发现了卵巢，他把它的结构和功能与雄性的睾丸进行了比较。

与他同时代的埃拉西斯特拉图斯运用机械论的思想来说明器官的活动过程。埃拉西斯特拉图斯拒绝了亚里士多德的调和论，而认为食物是被肌肉的活动推入胃中的，在这里它被捣碎变成**乳糜**，然后被榨成汁液通过肠壁进入血管。他还使用了真空概念(又是与亚里士多德相反)，以便说明在消化过程中组织是如何被排空和填满的。

埃拉西斯特拉图斯清楚地意识到动脉与静脉之间的差异，但他却认为，只有静脉能输送血液，而动脉输送的是空气。这里问题出现了：如果他做过解剖，他怎样说明他切开动脉时必然会看到的血液的涌出(假设古代的生理学与现代是一样的)？去求助于真空吧。埃拉西斯特拉图斯说，当动脉被切开时空气泄漏了，血液就会冲进以便填满“令人厌恶的”真空。虽然如此，他却是第一个发现心脏的4个主要瓣膜的活动方式的人：每个瓣膜都像单向阀那样活动，而且他知道心脏像肌肉那样发挥作用。不过，他把心脏的活动混同于呼吸，他说，空气在每一次舒张(心脏舒张)时都会通过肺静脉被吸入左心室，在每一次收缩(心脏收缩)时都会被排出从而进入动脉。

盖伦是生物学和医学而且可能是作为一个整体的创造性的希腊科学最后一位伟大的希腊代表人物，他于公元129年出生在小亚细亚的佩加马(Pergamum)。据说,盖伦写的著作比任何希腊人都多。尽管他的大部分著作已经佚失了,但仍有相当可观的著
95 作被归于他的名下,总数大概有 20 卷,每卷大约 1000 页。盖伦的父亲尼科(Nicon)是一位建筑师,他为自己的儿子讲授了数学、逻辑、语法和哲学。根据传说,尼科被一个梦说服教他的儿子学医,那时盖伦大约 16 岁。

盖伦在罗马世界旅行,游历了士麦那(Smyrna)、科林斯(Corinth)和亚历山大。他返回了佩加马,在这里,他被任命为角斗士的外科医生。他也曾在罗马旅居了 3 年,但对罗马医生的妒忌和猜忌感到厌恶。他强烈地抱怨再没有真正寻求真理的人了,而只有那些受金钱、政治权力和名望所驱使的人。不过,他也当过马可·奥勒留(Marcus Aurelius)的御医,而且大概是在德国当过卢西乌斯·韦鲁斯(Lucius Verus)的御医*。

盖伦是一个敏锐的观察者和实验家,他不会不经求证就相信什么,而且他只描述他自己研究过的事物。他的确认为,医生应当懂哲学,而且他坚持四元素说和四质说。尽管他对自己经验的依赖极为严重,但他认为,在医学就像在几何学中一样,存在着一些普遍原理,在此之上,理性和逻辑也许可以建立起一个稳固的科学大厦。由此看来,他不是一个绝对的经验主义者,因为他认识到了把科学推理与观察和实验结合在一起的必要性。他的实验方法主要是解剖,尽管他没有解剖过人体,但他解剖了大量动物,包括猴子(北非猕猴)、狗、马、猪,甚至大象、狮子、熊、两栖动物、鱼等。他

* 马可·奥勒留(121 年—180 年)罗马皇帝(161 年—180 年在位);卢西乌斯·韦鲁斯(130 年—169 年),也是罗马皇帝,与马可·奥勒留同朝执政(161 年—169 年),但实际上没有同等权力。——译者

的研究如此广泛，以致在中世纪，experimentum（实验）这个词与几乎成了医学的同义词。

按照盖伦的观点，人体中有三种重要的器官。第一，肝脏，它是静脉的发源地，所产生的**自然灵气**（natural spirits）存在于所有生物机体和生长媒介中。第二，心脏，它是**生命灵气**（vital spirits）的居所，负责身体的运动和肌肉的活动。最后，大脑，它是**动物灵气**（animal spirits）的中心和神经系统的器官，神经既起源于脊髓也起源于大脑。显而易见，盖伦知道大脑的一侧控制着相反一侧的身体。他不能确定，动物灵气是一种流体还是我们可能说的刺激因素，因此他对运动神经与感觉神经的区分，依据的是组织的差异，而不是它们所传输的刺激的性质。

他常常批评埃拉西斯特拉图斯，因而与埃拉西斯特拉图斯相反，他认为，营养作用所包含的不仅仅是机械过程。食物被转化为乳糜，但随后它要经历混合或消化（pepsis）。在肝脏中，食物最终被转变为血液，并且接收了自然灵气。血液流入身体，并在身体中作为营养品而被吸收。在心脏，血液与被肺带来的空气结合在一起变成生命灵气——一种新的与血液不同的流体。在大脑中，它发生了第三次变化，变为了动物灵气。

盖伦最重要的发现也即对埃拉西斯特拉图斯的另一项批评是，在活的动物中，左心室和动脉输送的是血液而不是空气。

这样，盖伦认识到，心脏像泵那样活动，他也知道，心脏中充满 96
了血。那么，血液是如何从心脏的一侧流向另一侧的呢？如果了解瓣膜，盖伦就应当知道，三尖瓣允许血液进入右心室，但阻止它倒退到右心房和腔静脉。他也认识到了冠状血管，因而他知道，右心室的血液是不会被心脏自身用完的。Pneuma，亦即空气中的元气，通过呼吸活动进入身体。从肺脏到肺静脉，空气又进入左心室并且与静脉血混合在一起产生生命灵气。心脏收缩会把生命灵气推入大动脉，并把血推回到肺中。心脏固有的热量负责这一精制的过程，而从那“烹调”中产生的有害的蒸汽通过肺静脉又回到了肺中，将被呼出去。血液如潮涨潮落，静脉与心脏一起收缩，心脏舒张是一种积极的扩张活动：所需的所有血液均在左心脏。为什么呢？

该谈谈隔膜了。隔膜是心脏两侧之间的一种结实的膜状隔壁。盖伦通过仔细的观察揭示，隔膜是有凹痕的，借助这点信息，他就可以进而对疑惑作出解释了。隔膜怎么会有凹痕，而这些小洞又没有用呢？盖伦认为，从哲学上讲，大自然绝不会做任何偶然的事；盖伦把自己的箴言用于他的生理学。有凹痕的隔膜必定实际上是**有孔的**隔膜，血液通过这些微小的孔从心脏的右侧进入左侧。这样的**假设**即血液穿过隔膜流动是合理的，因为这可以说明左心脏的血液量。盖伦也许很容易从与毛细管的类比中推断隔膜中的这些微孔。无论如何，他的推论成为了一种教条——这将是大部分希腊科学在罗马和中世纪的欧洲的命运。

虽然盖伦相信，纯净的空气对健康是至关重要的，但他也认为，瘟疫是不纯的空气导致的，这是一种暗示，也许可以用来作为对可传染的疾病的进一步研究的起点。另一方面，他的体液理论导致他把放血和喝冷的东西描述为对付发烧的主要疗法。尽管从总体上讲，他对巫术疗法表示怀疑，而且有时候还说其他医生是巫师或骗子，但他也考虑过驱邪符的价值，想知道它们是否会出于某种未知的和不可思议的憎恶而对疾病有抵御作用。这样，我们发现，他暗示，佩带鹰的舌头将能治疗咳嗽，他还认为天体会影响健康，并且坚持危象期的学说。

的确，在科学发现中思辨常常是一种颇有价值的工具，我们不能因思辨而责怪盖伦。即使最奇异怪诞的思辨也可能导致惊人的结果。正如我们即将看到的那样，对于科学而言，错误像**我们所谓的成功**一样重要（而未来我们的成功也可能是错误）。然而，**无论是**导致错误**还是**导致成功，教条都是令人压抑的。当这种思辨的 97
有益和无益的方面被神化并且变成了封闭的教条时，希腊科学的衰落出现了。

对科学思想的综合说明并不一定必然是低劣的或令人误解的，当这类说明是严格地进行的并且具有知识的完整性时，它们可在向一般公众传播知识方面发挥重要的作用。从某种意义上说，欧几里得的《几何原本》可以称作有创意的教科书的一个典型事例，而诸如希罗、帕普斯、普罗克洛斯和辛普里丘等作者，对于研究希腊科学来说都是很有价值的介绍者。甚至最有天赋的科学家也可能会为他们的研究提供很有价值的通俗说明，这些说明会提高大众理解的水平。然而，在这些对科学的严肃介绍与仅仅想卖弄博学——亦即尽可能多地讨论每一个领域以显示有学问之间，其区别是不易分辨的。

波西多纽是土生土长的叙利亚人，对于后来的教科书作者而言，他几乎成了像亚里士多德一样重要的资料来源，而他本人在指南著述传统方面就是一个希腊大师。他大约于公元前135年出生于叙利亚，可能游历过埃及、雅典和西班牙，他最终定居在罗得岛。他身负外交使命（代表罗得岛）去了罗马，并且在罗马人中成为了非常知名的人物，西塞罗甚至庞培（Pompey）都听过他的演讲。

波西多纽是斯多亚学派的一个成员，他把罗马的世界帝国看做实现了神的旨意和神圣的斯多亚共和国的理想。他坚持一种自然神秘主义,这种学说认为,万物具有同样的本质:每一种天上和地上的元素都注入了神圣的 λόγος(逻各斯),或**生成理性**。人类本身具有与神而且的确与整个可见的宇宙相同的元素,因而与万物是一致的。人们沉思可见的自然尤其是诸星辰,并且在这种沉思中逐渐认识到这种神圣的一致性。因此,自然科学的目的就是揭示隐藏在世界背后的神圣的逻各斯——在自然和自我之中发现神性。

波西多纽写过关于亚里士多德的著作,并且撰写过一部数学著作,但他最有影响的著作是一部对《蒂迈欧篇》的评论。在逗留西班牙期间,他仔细地记录了海潮,他注意到,海潮在日月相合的新月时以及在日月相冲的满月时处于鼎盛。他的前辈塞琉古也曾阐述过潮汐的月球作用理论,但塞琉古是古代接受阿利斯塔克日心说的少数人之一。而波西多纽在采纳有关潮汐现象的月球作用说的同时,并没有追随塞琉古支持阿利斯塔克的观点。尽管如此,月球作用理论还是向波西多纽展示了天空和大地上的现象的根本一致性,这非常符合斯多亚学派的物理学。

罗马最值得注意的成就之一是儒略·恺撒(Julius Caesar)所发起的历法改革,这一改革利用了希腊化天文学的专业知识。所
98 谓的儒略历采纳了一个太阳年有 365 天的观点,并且每 4 年增加一个有 366 天的闰年。闰年还是比天文年(seasonal year)略长一点,天文年从一个春分到下一个春分需要 365 天 5 小时 48 分 48 秒。因此,每 400 年中儒略历会多出 3 天,且每一又三分之一世纪春分都会提早一天。虽然如此,这种历法一直持续到 1582 年,这一年教皇格列高利十三世下令进行修订,从那一年中减去了大约

10天,把春分改回到3月21日。这项改革使得诸世纪中除了可被400整除的那些世纪年以外,没有闰年,其他年都变成了平年——2000年将是一个闰年。在这里,实用科学发挥了最高水平,但是,能够理解理论科学的奥妙观念的罗马作者愈来愈少了。

罗马作者常常寻求道德和伦理方面的训诫,认为它们甚至是精密科学的目标。在拉丁编辑者中也形成了这样一种风气:他们引用希腊教科书作者使用的同样的原始资料,对它们没有充分了解就把它们当做希腊教科书作者本人的著作而表示感谢。

马尔库斯·泰伦提乌斯·瓦罗是最早的一批伟大的拉丁百科全书作者之一,在许多领域都可以读到他的著作,而且他因为其学识而享有盛名。瓦罗大约生活于公元前116年—前27年,据推测,他写了620部著作,这足以使任何人获得荣誉。最为重要的大概是瓦罗对学术的态度,因为他似乎认为,专家就是能够掌握最多典籍的人。最后,甚至瓦罗的百科全书对罗马知识分子来说也太理论化了,它被整理成摘要和改编本,而这些则取代了原作。

与瓦罗同时代的伟大学者西塞罗以其高雅的修养和思想成就而闻名,但很难说他是一个科学家。不过,他的确翻译过《蒂迈欧篇》,并且模仿了《国家篇》,用他自己的"西庇阿(Scipio)之梦"替换了柏拉图的厄尔(Er)的梦幻。西塞罗毫不怀疑,任何个人或许都有能力获得完整系列的人类知识,而这似乎已经成为了编写手册的拉丁作者的理想。例如,他充满信心地说,虽然数学很难,但有如此之多的人在这方面获得了完美的知识,以致我们必定会得出这样的结论:任何人只要投入,就会在科学方面取得成功。

诗人卢克莱修是最优雅的拉丁作者之一,他把伊壁鸠鲁的原子论引入了罗马。卢克莱修生活在公元前一世纪，他声称他是第一个用拉丁语详细解释这些学说的人。他忠实地再现了原子论（我们在以前的篇章中已对这种理论进行了概括），不过，详细复述他的著作《物性论》（*On Nature*）恐怕是没有必要的。在其著作的第5卷中，卢克莱修论及了天文学，并且坚持了伊壁鸠鲁对感觉的强调。他说，任何理论只要不与感知相矛盾就可能是充分的。如果有不止一种理论，卢克莱修很乐意把同样正确的不同理论介绍给我们。

基于对他的感觉的信任，卢克莱修说，太阳和月亮也许就是我
99 们所看到的那样大。月亮**可能是**它自己的光的光源；**有可能**，承载月亮的气流比承载太阳的气流弱，因而，星群经过它时就会更快，从而可以说明为什么它看上去有更快的速度。他甚至表明，太阳在每次升起时都可能是一个新的天体。可能存在着许多世界，它们与我们居住的世界类似。月相可能是由于另一个和它一起诞生的不可见的天体导致的……如此等等。

卢克莱修的确表明，现有的宇宙有一天也许会被另一个或许与之相似或许与之相异的宇宙取代。他说，许多种生物都已经消失并且无法再繁育后代了，那些幸存下来的生物也会由于某种因素——残暴、嗜好、狡黠等等而难逃同样的命运。换句话说，卢克莱修为我们提供了这样一种生存理论，它类似于一种原始的自然选择说。而他的惯用的做法依然是以原子的偶然组合进行论证：在这种组合中不适当的有机体必定会灭绝。作为新的原子组合取代老的组合的结果，万物最后都会消失，在无限的时间中，所有组合必定会实现。

也许，老普林尼是罗马最伟大的百科全书编纂者，他生活于公

元23年至79年。按照他自己的说法,他讨论过大约20000个主题,从大约100个作者那里收集到2000份原始资料,他著述的总数大致在473部左右。他的百科全书著作《博物志》(*Natural History*)被完整地保存了下来。这部皇皇巨著共37卷,既有真实的知识也有怪诞的知识,后者大概可以说明它在古代世界流行的原因。老普林尼认为,自然是为了道德启迪而存在的,他还相信,没有任何书糟糕到不含有某种价值的地步。

老普林尼本人并不是一个科学家,但他依然因他的那些原始资料而受到相当的尊敬。他的确使用过experimentum(实验)这个词,有时是指日常经验,有时是指试验。对他来说,自然是一系列浩如烟海的分离的事实,有待收集和编目;换句话说,自然就像一部词典。他在观察维苏威火山的一次喷发时,可能是离那些危险的火山烟尘太近了,结果不幸去世,享年56岁。

老普林尼赞同斯多亚哲学,把太阳称作宇宙的灵魂和心脏,尽管宇宙本身是神——它是无垠的、永恒的和神圣的。我们发现,他并没有对行星运动作出数学断言。相反,他却结合物理学理论对占星术进行了讨论。在他看来,行星的位置和逆行是照在行星上的光束引起的;金星喷射出生殖露,它们会促进植物的授粉甚至动物的受精。他的地理学是地名的乏味的罗列,根本无法与公元前一世纪古代最伟大的地理学家斯特拉波的著作相提并论。斯特拉波对古代罗马世界的地理学考察包括物理学的、考古学的和关于人的资料。而老普林尼竟然对多瑙河的一个分支注入亚得里亚海这样的常识观念漠然置之。

老普林尼撰写了许多关于医学和动物学的著作,这些著作往往是怀疑与轻信的混合物。虽然他反对言过其实的有关巫术疗法

100 和巫术的力量的主张，但他确实坚信，动物和植物在治疗方面有某些特殊的价值。例如，我们从他那里听说，在火葬的柴堆上烤制的山羊肉可以治疗癫痫，食用仍然跳动的鼹鼠的心脏能获得占卜的能力，还有，把青蛙的嘴切开可以治疗人的咳嗽。对老普林尼而言，同情和厌恶似乎是医学的基础。他也倾向把动物人化，甚至到了把某些疗法的发现归功于它们的地步。例如，他说，尖尖的芦苇扎破河马的腿时，它就发现放血是一种疗法。《博物志》对几乎一切都进行了思考，包括神的力量和局限——神不能做某些事，例如自杀。

在普林尼之后，这种指南传统进一步衰落，退化到把较早的希腊和罗马的教科书编成文摘或改写本的地步，而那些教科书本身往往就是对更早的著作公然的抄袭。这类教科书的作者之一马尔蒂亚努斯·卡佩拉生活在五世纪，他以富有寓意的《墨丘利与学术的结合》(*Marriage of Philology and Mercury*)为题，写过一本通俗的著作。这部著作明确了著名的七艺，它们将成为中世纪教育的基础。卡佩拉所说的四学(quadrivium，首先使用这个词的是波伊提乌)或数学四学科包括几何学、算术、天文学和音乐。而三艺(trivium)则由语法、雄辩术和修辞学构成。当涉及这些内容时，卡佩拉显示出了巨大的混乱。例如，在描述欧几里得几何学时，他说："点即其部分为无者。"

很难正确地评价，希腊理性主义有多少渗透到希腊化社会和罗马社会的不同层次。毫无疑问，古老的异教在大众中依然存在。然而，这些宗教已经失去了它们大部分的活力；它们退化成呆板的仪式和冷漠的教规，以至最终，无法满足宗教需要。至于秘教在罗马帝国的发展，有许多理由——政治的、社会的甚至经济的理由都有。从奥古斯都到戴克里先(Diocletian)*，罗马政府已经演变成了一个中央集权政府，与近东的东方专制政府非常相似。许多人发现，政治事业与他们密切相关，因而试图通过学习科学或宗教来寻找安慰。怪异的宗教，像希腊科学一样，成为了一种时尚。

大约在公元前二世纪从小亚细亚进入罗马的大母神(Magna Mater)崇拜，是最早传入这里的东方宗教之一。从埃及传来的伊希斯(Isis)崇拜，演变成了希腊影响和埃及影响的复合宗教，它强调道德纯洁和身体的纯洁性。从叙利亚传来的“无敌的太阳”崇拜，与迦勒底的占星术结合在了一起，并告宣扬灵魂将在死后返回天国，与神圣的星辰共同生活。从波斯，通过亚历山大，传来了密特拉(Mithra)崇拜，密特拉乃是古代的光神，他在波斯先知琐罗亚斯德的宗教中变成了真理和正义之神。按照这种宗教，世界是善与恶、光明与黑暗永久战斗的战场。对所有可耻的本能都必须予以抵制，因为整个世界会被拖入这两个相互斗争的阵营中的这个或那个之中。

从整体上看，秘教提供了两种古老的异教所缺乏的要素：其一 101
是神秘的净化方法，它们旨在把信众带入一种欣喜若狂的神秘状态；其二是永生的思想和作为对虔诚的奖励与神合为一体的思想。这些信仰与希腊理性主义的结合导致了各种混血的思想体系如占星术和炼金术，而且(尽管是间接地)有助于增强毕达哥拉斯主义和柏拉图主义的神秘主义倾向。

正如我们业已看到的那样，占星术可以追溯到久远的美索不达米亚时代，当然，希腊人对占星术也非常了解。占星术与天文学的关系已经相当密切，因为占星家必须能够描绘行星的运动和位

* 戴克里先(250 年—约 316 年)，罗马皇帝，284 年—305 年在位。

置，而根据假设，它们的影响能使人预见到地上的事件和个人的特性。亚里士多德通常坚持月上区对月下区有影响，尽管他确实承认会出现偶然的事物。斯多亚的宇宙和谐一致的原理把人看做一个小宇宙，他会受到宇宙的决定性影响。

要利用巴比伦的原始资料，甚至像托勒密这样严肃的天文学家都不可能不对迦勒底占星术发生兴趣。有些人，例如波西多纽，变得对占星术深信不疑，不过，正是托勒密在其著名的论述占星术的著作《四书》(*Tetrabiblos*)中对占星术给予了科学上的支持。虽然托勒密对过分的主张依然持批评态度，但他相信，可以用严肃的天文学的数学结果证实诸星辰的力量。由于托勒密，占星术变成了科学式的学问。

人们常常把七大行星与一定的特性联系在一起：木星使人变得漠然，水星有益于商业，金星——毋庸置疑，促进了爱。四季、月、日和年则被拟人化为制约着宇宙中的每一种变化的力量。占星术决定论被灌输到宇宙循环亦即 432000 年为大年的思想之中，这种思想导致了通过时间的每一次循环而完全再生的观念——例如尼采的永恒轮回的思想。

这些神秘崇拜的传入也激发了人们对毕达哥拉斯主义和柏拉图主义新的兴趣。新毕达哥拉斯主义者倾向于把毕达哥拉斯本人看做受神灵启示的先知，而毕达哥拉斯的数学反过来成为了一种数字神学亦即数字命理学。宗教著作和赞美诗被创作出来，即使荷马和柏拉图也难逃被这一运动吞没的命运。公元一世纪撰写过《算术入门》(*Introduction to Arithmetic*)的尼各马可本人是一个毕达哥拉斯主义者，除了这本指南以外，他大概还写过一部论述数字的神秘属性的著作。

在柏拉图的思想中，也总会呈现出宗教因素。尽管像《蒂迈欧篇》这样的专论应该看做是一种有关宇宙论和天文学的综合性指南，但是随着时间的进程，柏拉图哲学中专注来世的方面成为了人们研究的主要对象。普罗提诺是最重要的新柏拉图主义者，更不用说他本身还是一个真正的哲学家，他生活于公元 205 年至 270 年。普罗提诺对柏拉图思想的形而上学学说作了最全面和最合乎逻辑的介绍，其论述是以生命的精神等级为基础的。他把柏拉图 102
的太一或善完全解释成先验的实在“一”，它是完美的和自足的。天地万物，无论是精神的还是物质的，都是太一自省的副产品。按照等级来说，接下来的是神圣的纯思（νοῦς，*nous*），它是太一的产物，它的沉思对象是形相的整体。作为万物的原型，形相本身是活生生的心智，它把思想与纯思联结在了一起。精神是真正的实在，因此，作为纯思的发散物的灵魂（ψυχή，*psyche*）就是宇宙的生命，它会抵达最低层次的生命。即使无生命的东西也被赋予了灵魂，但它的灵魂是不活跃的，处于非存在的边缘。

普罗提诺本人对巫术持批评态度，他承认它有某些作用，但坚持认为，理性的灵魂是不受它影响的。他倾向于用自然原因说明现象，例如，他认为疾病不是由于魔鬼而是由于自然原因引起的，天体的运动不会导致什么事件，而只会预示事态的未来过程。普罗提诺进而区分了星辰对无生命的存在物、生物和理性生物的不同制约，给人类意志留下了很大的余地。

对于作为古代晚期精神作用之产物的炼金术的成长，也有必要简要介绍一下。简单地说，炼金术就是把贱金属转变为金或银。早期的化学，尤其在埃及，在希腊时代是一种发达的技艺，它有着悠久的冶金、珠宝制作、玻璃制造、染色以及其他诸如此类的实践活动的传统。在这里，不可能进行详细的讨论，不过可以说，早期的化学配方和说明，一般都是传授制造合金、仿造金和银的知识，这些只是经验描述，对把后来的炼金术弄得一团糟的玄妙的理论或晦涩的语言，没有提供任何说明。不过，这些技术使得炼金术士可以进行他的试验和工艺活动。

希腊词 χημεία(chemeia)首次出现是在公元四世纪，大概是指金属加工术。无论如何，在不同的影响下，例如在柏拉图《蒂迈欧篇》中关于物质的构想、尤其是亚里士多德关于元素进行着持续的转化的思想的影响下，这个词不久便被人们认为是指那些在人的控制下能够实现的转化。

这种假设后面的哲学来源于古代晚期的世界，我们完全可以想象新石器时代的铁匠亦即技师-术士的古老和可怕的形象，在最终变成炼金术的实践的背后的正是这些人。也有可能，熟悉这类事物的人也被传授了一定的希腊理性，而他们在古代晚期的磨难中减少了，在整个中世纪被排挤出去了，并且最终转变为在文艺复兴时期会成为魔法师的人。

通常，人们倾向于把转化术的发现归功于古代的权威，包括半
103 神话的人物和诸神。有一部不仅讨论炼金术而且也讨论其他科学主题的著作被归于最伟大的赫耳墨斯(Hermes Trismegistus)神或者他在埃及神话中对应的神透特(Thoth)的名下，透特是艺术和科学的保护神。然而，原作《秘义集成》(*Corpus Hernetica*)与对后来所称的巫术和炼金术没有多少关系。早期的那些著作基本上是哲学的、神秘主义的和宗教的讨论，它们声称这些是最伟大的赫耳墨斯的教义。其中既有柏拉图、毕达哥拉斯、斯多亚学派、埃及人的成分，也有东方神秘主义和诺斯替教(Gnosticism)的成分。

对《秘义集成》原作的年代确定基本上是猜测——在公元后最初的三个世纪之间。

原教义的宗旨是"了解存在的万物"，理解它们的本质存在，从而获得关于神的知识（καὶ γνῶναι τὸν θεόν，*Kai gnonai ton theon*）。纯思（νοῦs）是万物的起源，人类都分享着这种神圣的纯思。但是，人类必须透过显见物质的面纱才能看清**他们自己之中**和自然之中的现实。

万物是一个巨大的符号体系，必须通过某个心智在与神圣的纯思有共同感受时的沉思才能译解。数学、物理学和天文学都是符号——太阳、月球、星辰的秩序、数量单位，它们都是神的显现。然而，赫耳墨斯对他的弟子塔特（Tat）说，你绝不要用肉身之眼而要用心灵之目注视它们。因为造物主无处不在（神学家即使再伟大也不能被称作造物主）。而这种特殊的知识就是灵知（γνῶσιs），一种在万物中寻找纯思之实在的神秘的柏拉图主义——这实际上是一种自然神学。

这种知识会使个体发生转换。赫耳墨斯说，对于相近，只能通过相近的人或物才能认识，同样，要接近上帝，你就必须变得与上帝相近。简而言之，《秘义集成》所教授的那类知识会致使学生神化，在这一过程中：

> 你也会永恒，而且你也能够用思想把握万物，通晓一些技能和一切学问……。[①]

---

① 赫耳墨斯：《与赫耳墨斯关于心智的对话・文献十一》（"A Discourse of Mind to Hermes，Libellus XI"），见于《秘义集成》，沃尔特・斯科特（Walter Scott）译，第1卷（Boston：Shambhala，1985），第221页。

这样一位大师如何能把铅变成金，或者，这种技术如何会呈现(象征)炼金术士的神化？这些都不难理解。这两种情况可能是同时出现的。因而，在早期的炼金术士那里，我们开始看到神秘的观念与可靠的技术专家的组合。例如，三世纪生活在亚历山大的潘诺普列斯(Panopolis)的索西穆斯，把冶金师的实用配方与转化的神秘符号体系结合在了一起。

这样，古代世界将随着希腊科学的部分衰退和它的许多原始资料的遗失而告终。不过，太阳会仍在一种新的文明上空升起，这种文明即这样的文化环境，在其中人类的抱负将被吸引到思想活
104 动的宗教和先验领域。问题再次发生了变化，希腊的遗产实际上并没有随着这一变化而丢失，而是发生了变化。现在，我们必须转向这种转化，亦即基督教的中世纪。

延伸阅读建议

Stahl, William H. *Roman Science: Origins, Developments and Influence to the Later Middle Ages*(《罗马科学的起源、发展及其对中世纪晚期的影响》). Madison: University of Wisconsin Press, 1962.

Starr, Chester G. *Civilization and the Caesars: The Intellectual Revolution in the Roman Empire*(《文明与诸恺撒：罗马帝国的认知革命》). New York: Norton, 1965.

Stillman, John M. *The Story of Alchemy and Early Chemistry*(《炼金术与早期化学史话》). New York: Dover, 1960.

Thorndike, Lynn. *A History of Magic and Experimental Science during the First Thirteen Centuries of Our Era*(《我们这个纪元最初十三个世纪的巫术与实验科学史》), vol. I. New York: Macmillan, 1929.

第 二 部 分

理性与信仰：中世纪

第七章　雅典与耶路撒冷： 105
异教科学与基督教

基督教早期的一位神父迦太基的德尔图良曾经问道："雅典与耶路撒冷究竟有什么关系?"这些词语似乎是愤慨的和充满怒气的，我们感觉德尔图良表露了内心最深处的情感。我们不妨想象一下他坐在他的书桌前写这些话时的情景。一方面他有拥有《圣经》(*Scripture*)，书中都是上帝所揭示的绝对真理。他所需要的就是信仰，而对信仰的奖励是巨大的。另一方面我们假设一下，德尔图良的图书室中也有希腊科学的藏书。但这二者是难以取得一致意见的。那么，他遵循哪一方？他会接受可能将导致对他的信仰产生怀疑的希腊科学吗？他会进行艰辛的调和努力，试图使《圣经》与科学协调一致吗？抑或他会回想起泰勒斯眺望星空时坠入井中的例子，并且得出结论：哲学家沉湎于对自然事物的好奇而不是对那些事物的造物主的思考，也许同样是徒劳无益的，他们也会坠入黑暗和错失救赎的井中。[①] 归根结底，理性与启示之间、希腊 106

① 把这种态度与佛陀的态度加以比较是很有意思的。有一次，一个弟子问佛陀关于自然的本质的问题——它是有限的还是无限的、是永恒的还是暂时的，等等。佛陀在回答时让这位弟子假设有一个人因中毒箭而受伤，并且被他的朋友和亲人带到外科医生那里。假设这个伤者随后说："在我不知道谁把箭射向我、他的种姓、身高、肤色、他出生于哪个城市、他的弓和弓弦的类型、箭羽的种类，等等之前，我不允许把这支箭拔出来。"毫无疑问，这个伤者在知道任何这些问题的答案以前肯定已经一命呜呼了。

传统与希伯来人之间，或者简单地说雅典与耶路撒冷之间有什么关系？

中世纪的欧洲是两种传统的继承者。一方面，信仰基督教就要接受《圣经》，而《圣经》基本上是给人类以启示的万能的造物主的言论，它在本质上超越了人类理性的真理。另一方面，虽然希腊理性主义最初未能完整地传给西方，但很难把它忽视。然而，这两种传统常常是冲突的。理性有时会受到《圣经》的责备。科学常常对启示表示怀疑。大多数人大概都渴望这样一种生活方式，一种缓解紧张的方法。不过，也有人会合情合理地问，怎么可能有紧张呢？

在公元前587年耶路撒冷落入巴比伦人之手后，通过希伯来的先知们，以色列古老的部落神耶和华变成了宇宙一神论的上帝——所有可见和不可见的造物的上帝。在这位希伯来的神获得普遍认可大约200年之后，当亚历山大征服了犹太人的波斯解放者时，犹太人自己也进入到希腊化世界。但是，如果这位希伯来的神创造了万物，那么他必然也创造了理性（λόγοs，*logos*），因而……那么，理性怎么可能出自一种不合理的来源呢？如果耶和华创造了理性，而理性就像如此之多的哲学家所说的那样是神圣的——或者至少具有一种神的属性，而且，如果圣约翰（St. John）确实把理性等同于神耶和华（'Eν ἀρχη ἦν ὁ λόγοs... *En archē ēn ho Logos*...），那么，在神自身**之中**怎么可能存在某种紧张呢？

进而言之，恰恰在希腊哲学几乎不再讨论神人同形同性论时，犹太人进入了希腊化世界；显示了终极的最高存在的耶和华也来到了这里，在古代的希伯来《圣经》中，他像宙斯那样发挥着作用（他也会生气，为大洪水感到遗憾，等等）。

因此,从一开始就存在着把启示与理性相协调的问题。从某些方面讲,它仅仅是使东方的神秘崇拜合理化这一普遍的希腊化趋势的一个侧面。不管怎样,这类特殊的东方崇拜将会在随后的2000年中,在古罗马晚期而且的确在欧洲占据支配地位。人们很容易忘记,在文艺复兴以前,西欧的天主教会并非仅仅是思想和宗教机构。它也是艺术、史学甚至人类生活的娱乐机构。每一个人(除了异教徒和犹太人以外)都在教堂中出生、受教育、结婚并且埋葬在它的怀抱中。生活的最终目标是救赎;其他的一切包括科学或多或少都是辅助性的。简而言之,基督教最重要的影响是相关的目标。除此之外,还有教会纯洁的物质财富和政治权力。所有这些因素都影响着人们从事科学的方式。的确,有一些人是为了科学本身而学习科学的,但是,他们所继承的许多已确定的价值观都来自神学。

尽管在整个中世纪,存在着某种充满活力、富有批判精神、有时是创造性的科学讨论,但这种讨论只出现在基于基督教原则的教室中。在所有假设中,最伟大的是对先验世界的实在性的假设。没有哪个基督徒可能怀疑超自然物的真实性;相反,自然界就是偶 107
然的,而这个世界的科学是不确定的。柏拉图再次出现了——甚至神话创作传统也回来了。

历史上的耶稣极有可能是一位置身于巴勒斯坦犹太教环境中的改革者。尽管耶稣可能于公元30年左右被罗马人处死了,但他的兄弟雅各(James)继续推进了这一运动。无论犹太人对耶稣可能有什么样的见解,耶路撒冷教会(雅各)在犹太人反抗罗马的战争(66年—70年)中毁灭了,这一战争导致了耶路撒冷遭受洗劫和神殿的被毁。

无论如何，希腊化的犹太人——讲希腊语的犹太人，在巴勒斯坦边界以外维持了耶稣的运动。这是一场使犹太教转变为基督教的运动。χριστός（Christos）这个词本身，是对希伯来语 Messiah（弥赛亚）的希腊语翻译，意思是“受膏者”。犹太教的宗教经典——它的福音书，在耶路撒冷陷落以后的公元 70 年用 κοινή（通用希腊语）写成，早期教会相信，它们所记录的是耶稣的活动。

不过，基督教是在保罗（Paul）的推动下变成一门普世宗教的，而且，它有可能被列入了在希腊化的罗马世界传播的神秘崇拜之中。在许多方面，基督教的成功并不仅仅是由于它的历史特性——希伯来的预言书和耶稣本人，而且也是由于它使用希腊语作为传播媒介。像所有语言一样，希腊语也支撑着一个包含概念、范畴以及微妙含义的整体世界。根据传说，保罗访问了雅典，并且在希腊哲学环境中与斯多亚派和伊壁鸠鲁派哲学家展开了辩论。他向哲学家们看不见的上帝呼吁，引证希腊诗歌，以便以某种预想的方式给哲学家们留下深刻的印象。从其作为世界宗教而诞生的那一时刻起，基督教中就注入了希腊理性。

在希腊哲学中，除了神人同形同性论问题以外，还有许多很早从古代希伯来宇宙学移植来的东西。在亚历山大，希腊化的犹太人已经提出了这个问题，在这些犹太人中，最重要的是一个名为斐洛的人。在公元一世纪初，斐洛讨论了摩西的宇宙论和希腊科学，试图寻找某种共同的基础。斐洛也许是认识到这一点的第一人：希腊哲学并非是一个有害的竞争对手，相反，也许可以把它当做解释古老传统的富有建设性的助手。

因为神话诗学所呈现的是用符号描述的宇宙结构，而那些符号可能有多重含义，所以，我们不必总是把符号本身当做原原本本的事实。唯有理性也许有助于发现符号的原始**含义**。虽然有时候我们必须承认摩西的记述是没有夸张的事实，但当神话变为比喻时，我们也必须要用我们的理性去解释神话符号。这样，就有了一种当我们面临两难选择时最受欢迎的方法：在《圣经》的文字记述与理性相冲突的情况下，我们可以假设，其真实的含义是比喻性的。斐洛很自然地发现，他在柏拉图那里已经有了一个盟友。我们不必为此感到惊讶。斐洛的目的不是为了自然本身而去发现其 108
实在性；他的目标是把科学作为获得神圣真理的一种方法，这与柏拉图把数学实践看作训练头脑进行抽象思维的方法颇为相似。事实上，斐洛甚至说，柏拉图是说古雅典希腊城邦语的摩西。

尽管斐洛已经指出了路，比喻之路可能还是变幻莫测的。异教在引诱不谨慎者。诺斯替教徒主张，以色列的上帝并不是世界的上帝，而只不过是一个与柏拉图的"造物主"相当的较小的神。耶和华神有时候的举止像被宠坏的孩子，那时他实际上已经忘记了，他自己是超越所有理性思维范畴的太一的来源。耶稣正是从这种太一、从这种"圆满"（πλήρωμα，pleroma）中走来的，他与最伟大的赫耳墨斯非常相似，也讲授被称作 γνωσις（灵知）的关于转化的神秘知识。他们声称，只有那些获得了灵知或神圣的知识，从而认识到上帝的本源的人，才是真正的基督徒。有些诺斯替教徒重新追随柏拉图认为，每一个人的本质部分就是精神，从而拒绝承认耶稣的肉身复活。另一些诺斯替教徒甚至说，他的肉体的存在是一种假象。诺斯替教也可能导致巫术。诺斯替教的教师大能者西门（Simon Magus，Magus 字面的意思是"巫师"）作为圣彼得（St. Peter）的大敌出现在这样的情节中：西门声称，他自己是基督，而耶稣是一个术士。因此，异教的批判者例如塞尔苏斯动辄就会把摩西看作一个巫师,并把希伯来人(因而也把基督徒)看作热衷于巫术和迷信的。

哲学的主要威胁在这里出现了:所有这一切都很容易导致异教。诺斯替教徒无疑就是这一点的证明。有了他们自己的福音书,诺斯替教徒就声称,官方的教会及其会吏、牧师和主教的等级体系以及神人耶稣的神学,所教授的是愚蠢的学说。诺斯替教徒把肉身复活、神人同形同性论以及许多其他学说当做幼稚的迷信而予以拒绝。

早期的基督教教父确实必须非常小心翼翼。于215年去世的亚历山大的克雷芒认为,希腊科学并没有非常有效地揭示真理,而只是保护圣言免遭诡辩和异教的攻击。克雷芒并没有完全拒绝《圣经》的比喻,但对没有信仰的推理提出了警告。信仰是超出了证明的限度的:不管怎么说,没有信仰而去推理会陷入谬误。因此,他接受了希腊的行星天球,并且把世界的结构看作与帐幕等同的。他说,诺亚方舟代表了恒星的第八层天球,这里是和平与正义的寓所,是纯思或上帝的世界。

亚历山大的奥利金对科学有更广泛的知识,他的许多论证直接针对基督教的异教批评者如塞尔苏斯,这些论证都在哲学讨论的纯理性传统中得到了系统阐述。基督教宇宙论与希腊科学尤其是亚里士多德科学的一个显著差异在于创世说,以及亚里士多德
109 假设了一个永恒的世界和一种初始物质。奥利金对永恒的精神世界与易腐蚀的物质世界进行了区分。上帝创造了初始本体,即一种精神的和永恒的本体。上帝创造了由元素构成的物质世界,这个世界是不完善的和易变化的。整个物质世界都在为最完美和最完满的存在而奋斗。在《圣经》中,这种奋斗是以世界的最终消亡

作为象征的。因此，世界将会终结——然而我们仍会说它是永恒的。

《创世记》(*Genesis*)中的另一个物理问题会使许多基督教思想家为之苦恼。在创世的第二天，上帝对诸水进行了分隔，分隔水的是所谓的空气(这让我们想起了《创世的七块泥板》)。这种分隔把诸水分为上下。上帝称上面的空气为"天"。在第三天，他把天之下的水与陆地分开了。我们是否会理解在天之上的水？古埃及人认为，银河是天上的尼罗河，然而，这种神话的描述与关于自然位置的理性理论是矛盾的。因而，奥利金把这个段落解释为纯粹的比喻。下界的水象征着邪恶和魔鬼的地狱，与之相反，天上的水实际上意味着天使的权威。创世故事其实就是在告诫我们要把我们的精神(天上之水)与腐败分开。

然而，奥利金也明确地证明过度的理性可能会导致异教。但他过于极端了，竟然把《创世记》中的堕落解释为一种关于宇宙的比喻，而教会倾向于接受这一点(天使的堕落)，可他又插进了一种有关所有灵魂的先在的柏拉图学说，并且进而声言，最终，万物——甚至撒旦和地狱都会被净化，并且回归到神的圆满性之中。肉身的复活似乎违背了所有哲学直觉。

现在来看这个问题——死者的复活，或耶稣肉身的复活，对这个问题，德尔图良本人给予了一个有趣的回答。其回答也是一句他最著名的引语(或误引)："因为荒谬所以我相信"[他的原话是：因为不可能所以是真实的(Certum est quia impossibile est)]。这绝不是对理性的攻击，德尔图良的回答实际上来源于亚里士多德。在《修辞学》(*Rhetoric*)中亚里士多德表明，如果任何人相信一种难以置信的事物，那么，它就不可能是因其可信甚至似乎可能而被相信，然而，它必定是真实的，因为人们不可能相信一个难以置信的事物。因而，德尔图良实际上是在证明，复活的不可信性就是它出现的一个合理的证据，因为如果一件事没有发生过，就没有人会相信它。

康斯坦丁皇帝改信了基督教并于325年召开了尼西亚会议(the Council of Nicaea)，这有助于确立官方的基督教教义，在此之后，基督教作者在论及异教科学时似乎更自信了。《创世记》的注释者变得广受欢迎。的确，这些作者的科学水平是相当低的，而在许多方面，诸多哲学学派没有能力就物理学原理达成一致，这说明，相对于《圣经》启示的统一性而言，理性处于劣势。

如果上帝是无形的神灵，那么，他怎么会创造出有形的物质
110 呢？尼斯(Nyssa)的格列高利主教，以及他的兄弟恺撒里亚(Casesarea)的巴西勒把初始物质等同于肉体的质料。格列高利说，所有物质都是通过诸如颜色、大小等等一定的性质呈现给我们的。这些性质本身是没有什么价值的，但聚集在一起就可以把物质呈现出来。这样的一些性质不就是一些思想概念吗？因此，起初，上帝创造了概念——想象一种无形的存在并不是很难的，通过概念的组合，就出现了有形的存在。

人们还进行了这样的尝试，即对天上的水作出更现实的说明。圣巴西勒认为，最后一层天球的水晶天空与岩石类似，因而能够支撑诸水处在它们的自然位置上。圣格列高利补充说，最后一层天球向外凸起的表面充满了山谷和山脉，它们可以存贮天上的水。米兰的圣安布罗斯甚至找到了一种使天上之水在宇宙体系中发挥不可或缺的作用的方式。圣安布罗斯说，天上之水可以用来冷却宇宙之轴，宇宙永久持续的运动使该轴变热了。

这类特设性的解答突出了一种迫切需要,即要对理性在基督教信仰中所扮演的角色作出更严格的系统阐述。北非希波(Hippo)的主教圣奥古斯丁完成了这一任务。与他以前的基督徒不同,圣奥古斯丁利用希腊哲学尤其是柏拉图和普罗提诺的哲学来补充和丰富他的信仰。他在中世纪的影响仅次于《圣经》的影响。他生活在西罗马帝国衰败的时代,他最伟大的著作《上帝之城》(*The City of God*)是为回答异教对基督教的批评而创作的。在410年,罗马被一个叫西哥特人的日耳曼部落洗劫了,异教徒普遍谴责说,这场灾难是基督教放弃旧的神的结果。奥古斯丁从正在崩溃的帝国中看到了物质世界的偶然性这一基本事实。像柏拉图一样,他强调精神存在的绝对实在性,它与物质世界不断变化的不确定性形成了对照。运用这种学说,他不仅能回答异教徒说,罗马必然会衰败,就像世界万物一样,而且还创立了第一种真正基督教的认识论。

对于圣奥古斯丁来说,知识的本质是永恒的真理,最终要归结于上帝。作为上帝的映像的人类灵魂可以认识它自己,因此,它自己的自我认识是对神之光的一种反射。所有真理,无论是科学的还是宗教的,都来自于上帝。因此,所有认识的目标就是要回到它的源头。当我们在对这个目标没有清晰的认识的情况下进行推理时——当我们没有信仰而去推理时,错误就会不知不觉地出现。简要地说,确定的知识是对信仰的奖励。除非你相信,否则你将不会理解。

因此,圣奥古斯丁只是因科学能够提供一些原则,从而可以达到所有认识的最终目标亦即上帝,才对科学感兴趣。认识是有自然等级的,就像世界存在着自然等级一样。那些只知称量元素的

重量、计算星辰和测量天空的人，比那些掌握了有关造物主的知识的人层次低，因为后一种是关于造物主按照一定的规模、重量和数
111 量安排万物的知识。不过，科学家的理性理论现在还是比无知者的胡言乱语更受欢迎。只要我们牢记认识的最种目标，科学也许实际上会证明，它对反对错误的信念和异教的斗争是有帮助的。

因此，圣奥古斯丁准备运用理性的论证反驳斯多亚派的决定论和占星术。他在《上帝之城》中说，星辰的位置是一种预示未来事件但不会导致它们的陈述。我们要拒绝因果论的占星术，不仅因为它与人类的自由意志和上帝的审判相矛盾，而且因为它有悖于理性和经验。占星术士如何能说明属于同一星座并且在相同的时间出生的双胞胎在生活中的明显差异？天空的影响可能导致物质世界的变化——例如，季节和潮汐，但这些影响不会导致人犯罪、作出错误的抉择或者获得成功。只有上帝对这些事物具有完美的先见之明，而且，尽管他知道我们会犯罪，但他的知识并不是起因。因此，信仰会避免独立理性的失误。请记住，占星术实际上是一种应用天文学。

在可能的情况下，圣奥古斯丁竭尽全力用理性捍卫信仰。他为天上的水收集了大量论据。如果人能够用重的（比水重的）材料制造可以漂移的小船，上帝当然也能以同样的方式发挥作用。医生承认，黏液在身体中的自然位置是头部；因此，根据小宇宙/大宇宙的类比，天上之水存在于宇宙的最高之处。天上的水可能实际上是蒸汽，它们会导致降雨。土星是最古老的行星，尽管因为它的轨道更大，我们应当预料它比太阳更热。它怎么冷却下来？我们有必要猜测吗？有证据表明，奥古斯丁也知道普林尼，并表达了他对普林尼关于罕见种族的表述的怀疑。即使这些事物不存在，它

们也必定是上帝的神圣计划的一部分，而且必定会因某种未知的神圣理由而存在。对于对跖点的存在（人类生活在地球的另一边），奥古斯丁无法找到合理的说明，而他甚至想知道，在大洪水后怎么会在岛上发现动物——也许它们是游过去的，或者是被装在船上运过去的，又或者是天使按照上帝的旨意把它们带过去的。

奥古斯丁承认，所有自然法术或巫术都是意料之中的事，它们都是恶魔引起的。例如，占卜来源于魔鬼；而这些魔鬼实际上并不具有预见未来的知识（只有上帝才有这种知识）；它们把预见建立在它们敏锐的感知能力、它们快速运动的能力以及它们储备的丰富经验的基础之上（简言之，魔鬼使用某种类似现代科学的方法预告未来）。

毫无疑问，在像圣奥古斯丁这类的基督教哲学家中，也并不缺少对自然界的好奇心。从另一方面讲，他们为了自己的目的，几乎不可能不热爱并研习大自然和有关它的知识。毋宁说，所有关于物质的沉思都是通往更高目标——“造物主……安排万物”的知识的一种方法。更紧迫的问题涉及三位一体学说：怎样既合理地描述基督的神性和耶稣十足的人性，而又不会危及一神论、上帝的万 112
能和十字架上的救赎受难？这不是一个容易解答的问题……这是这个时代的科学，不过，它是一种超越可见的自然的精神科学。

圣奥古斯丁的主要任务是与从这类问题中产生的异端邪说作斗争。在实施这一任务的过程中，他创建了一种神学——在许多方面实际上创建了拉丁教会本身，以及它关于教阶体制、原罪、预定说等等的学说，这种神学在权威方面仅次于《圣经》。这是西罗马帝国的科学，而这个帝国受到了创造欧洲奇迹的日耳曼部落的蹂躏。

在东罗马帝国有一种保护科学文本的更大愿望。日耳曼人入侵罗马帝国西部造成的破坏，导致了这个帝国分裂成了讲希腊语和讲拉丁语的两个部分。讲希腊语的东部保留了它的大量的古代科学遗产以及罗马帝国本身的结构——这就是包括希腊在内的东罗马帝国或拜占庭帝国。529 年东罗马帝国皇帝查士丁尼(Justinian)以宣传异教为名关闭了雅典的柏拉图学园，学园的许多成员逃到波斯。有一个新柏拉图主义者约翰·斐洛波努斯从波斯回到了君士坦丁堡，并且归依了基督教。不过，约翰·斐洛波努斯的改宗似乎并没有限制他的思想自由。

斐洛波努斯可能只是通过阿拉伯人对西罗马帝国产生了间接的影响，不过，他的思想反映了科学知识的更高层次，并且实际上预示了十四世纪欧洲的学者们对亚里士多德的批判。

在其关于宇宙论的著作中，斐洛波努斯指出，《创世记》中的摩西的目的并不是要对自然现象作出严格的物理学说明。反之，斐洛波努斯认为，《圣经》的目的是指引人们认识上帝，这与科学的目标是不同的。不管怎么说，约翰·斐洛波努斯的确对创世故事的科学含义进行了沉思。他说，诸天是在第一天创造的，它们与天空不同。天空是在第二天形成的并且在第四天被嵌满了众星，它是指天文学家可见的诸天。第一天的原始天球尚无众星，而且是位于在天空以外的。但是，上帝不会创造任何多余的东西，因而这个原始的苍穹不是别的正是第九层天球，这可以说明喜帕恰斯所发现的岁差。这种无星天球的观点，在西罗马帝国将以最高天的形式重新出现，最高天是充满了光明的理智的寓所，众天使就居住在这里。至于它是否运动，则是一个有争议的问题。

约翰·斐洛波努斯对天上的水作了理性的说明。如果上层的诸天是水晶的和不可见的,我们如何说明这种透明性?如果我们假设,上层的诸天是由空气和水构成的,那么,我们也可以假设,这些要素从流体转变成了固体。而摩西为了说明这种透明的固体,给它起了“天空”这个名字,这个名字实际上描述了它从流体转变成固体的状态。事实上,没有天上的诸水就不可能有水晶球。

尽管如此,斐洛波努斯并非仅仅是一个护教论者;他也对亚里 113
士多德的某些科学原理提出了质疑。如果想象运动无法在真空中进行,或者不可能存在真空,那就为上帝设下了相当严厉的限制。约翰·斐洛波努斯的批评是纯物理学的和纯理性的。亚里士多德本人断言,重量是导致向下运动的动力因。我们想象一下,有两个不同重量的物体在同一种介质中降落。较重的那个物体因为其有更强的向下运动的倾向,因而能更快地穿过该介质,这种倾向是每个物体与生俱来就具有的一种特性。现在我们再想象,同样的这两个物体处在真空之中。什么会变?当然不是向下运动的倾向,因为这种倾向是物体**固有的**。即使没有阻力,所论及的物体仍具有这种倾向。因此,在真空的自由降落期间,一个物体就会按照这种倾向的一定比例下降,因此也需要一定的时间——称作原始时间。因而,在真空的自由降落**将不是**瞬间的。归根结底,一个物体不可能在同一瞬间位居两端,即使在真空中也不可能。

约翰·斐洛波努斯似乎推断,在真空中,物体在原始时间中的降落与它们的重量成反比。然而,按照一个命题,这很难与上述相符合,斐洛波努斯说,如果你让两个重物从同一高度降落,你**将会看**到它们降落的时间比并不取决于它们的重量比。这听起来几乎与伽利略在比萨的传奇实验是一致的,而我们对斐洛波努斯在想什么只能推测。也许,他认为阻力抵消了重量方面的差异,或者,他像阿基米德那样，是在谈论特别的重量——同一个物体的不同重量。尽管如此，显而易见，他想象过真空中的运动，并且从经验中进行过抽象。

斐洛波努斯对亚里士多德的抛体运动理论提出了某些强烈的怀疑。认为说抛体后面的空气会向前冲并且推动它，这是令人难以置信的，因为如果这样，我们实际上是在要求超负荷的空气完成三件不同的工作：它被向前推进，它向后运动，它再次向前推进。空气怎样才能避免在空间散开，以至空间像真空一样？同样荒谬的是亚里士多德的第二种说明——运动把动力传给空气，这使运动得以持续。斐洛波努斯对这一点也表现出了不满。如果说弓弦把力传给空气，那么弦还有什么必要与箭接触？

约翰·斐洛波努斯断言，抛体运动实际上是由于某种无形的动力施加在对象上引起的（就像铁块被加热那样），这可以说明：在动力在被物体的重量和介质中的阻力消耗完（就像铁块被冷却那样）之前物体的持续运动。他的新柏拉图主义者朋友辛普里丘说，在抛体运动过程中，外在的作用力克服了物体的自然倾向。随着这种力的消耗，物体的运动会减慢。最终，当它自身的动力大于外力时，它就开始降落。但由于还存在某种残留的外力，因此，向下的运动开始变慢，而在外力完全被耗尽时，它会逐渐加速。

114 斐洛波努斯和辛普里丘展现出了一种甚至在神学背景下继续和改进科学讨论的能力。宗教在有关目的和价值观的领域发挥了作用，而不是影响科学内在的发展。这种作用有时可能导致丰富的思想。

但在西罗马帝国，随着蛮族在西欧各地定居，希腊语知识和许多希腊科学知识丧失了。被东哥特国王狄奥多里克（Theodoric）

处死的波伊提乌,是最后一些对希腊知识有全面了解的拉丁人之一。他所翻译的亚里士多德的那些逻辑学专论——即使许多部分已经遗失,但在十一世纪至十二世纪以前,它们一直是留给西方的唯一逻辑学的原始资料。对于柏拉图,人们主要是通过罗马注疏者和翻译的残篇了解的。有一些基督教宇宙论颇为流行,而这些体系对世界的描绘显然是与古代近东的宇宙论相似的。

百科全书传统在基督教作者中依然存在。最流行的百科全书是塞维利亚(Seville)的伊西多尔主教撰写于七世纪初的《语源》(*Etymologies*)。伊西多尔著作的主要来源大概是普林尼,不过,当他可能罕见地对有争议的问题表明立场时,对于取代《圣经》的权威他会非常谨慎。他只不过重复了哲学家们所说的东西,既不赞同也不反对。像他的许多前辈一样,伊西多尔认为科学的功能就是把心智从有形的世界提升到上帝那里。他的知识观念似乎就是,追溯语词的来源,寻找它们的起源。语词仿佛比它们所表达的事物具有一种先验的和更为现实的存在。对于伊西多尔就像对所有基督徒一样,先验的世界是比物质世界更重要的;因此,有形的存在是充满了比喻的意义的。

伊西多尔对数学的兴趣集中在《圣经》中的数字的象征意义上。例如,"6"是一个完美的数字,因为它等于它的因子(1+2+3)之和,但最重要的是它涉及创世的6天。在天文学方面,他接受了以地球为中心的球形的宇宙和球形的地球的观念,但当他把世界分成不同的地带时,他完全忘记了投影的必要性,他的地带是在画在平面上的诸圆中并排而列的。这样,地狱就像动物的心脏那样,被排在了地球的中心。

伊西多尔的动物学主要来源于一本题为《博物学》(*Physio-*

logues)的流行著作，该著作大概于公元一世纪写于亚历山大城。《博物学》倾向于对动物作寓言式解释，并且成为了一本“自然奇迹”之书。伊西多尔也遵循此道，尽管有时候，他是一个批评者。但他的著作中依然有一些寓言式的说明。例如，当雄海狸看到猎人时，它们会阉割自己，因为它们知道它们的睾丸有医疗作用，这样它们就可以死里逃生。伊西多尔说，狮崽出生时是睡着的，而且
115 会一直睡 3 天，直到它们的父亲的咆哮把它们唤醒为止。而《博物学》则断言，它们出生时无生命迹象，3 天后才苏醒，当然，这象征着耶稣的复活。由此可见，伊西多尔在这里进行了修改。他也写过关于生理学和解剖学的著作——像普林尼一样，他对每一个学科都有著述。他的著述中还有许多传说中的物种：半人半兽的森林之神、独眼巨人、狗头人以及住在埃塞俄比亚的单腿的西奥波德人(Sciopode)。伊西多尔说，对跖人(Antipodes)生活在利比亚。

另一个百科全书作者比德由于博学而享有盛名。比德于 673 年出生在英格兰北部，于 735 年去世。他因其《教会史》(*Ecclesiastical History*)而闻名，不过，他也写过一些有关科学的专论，它们展现出作者对普林尼和其他拉丁作者的广泛了解。比德显然对数学天文学有透彻的了解，因为他能够计算出从 532 年至 1063 年的复活节的日期。他的著名的被史学界利用的编年表，可以用来确定自道成肉身以来的事件的西历年代。

在八世纪末和九世纪初，在法国有一种试图改进西欧的文化和知识水平的尝试。于 800 年受教皇加冕成为皇帝的法兰克族的查理曼，致力于收集各种手稿并保护诸如波伊提乌、伊西多尔和比德等人的著作。诺森伯里亚(Northumbria)的阿尔昆担负起了这项教育计划，然而他一直坚持传统，主要是百科全书学者的传统，

严重限制了思想或科学的任何新的发展。知识的停滞到达了其最黑暗的时期。

这个时代唯一真正有创造性的思想家是约翰·司各特,他的著作主要论述的是神学。司各特是一个孤立的人、一个形而上学家,他认为理性范畴不能应用于上帝。上帝不仅仅是最高存在,也不仅仅是诸性质,因为他还包括所有对立的事物。上帝既是超存在又是非存在,既是有又是无,只有“否定神学”能够适当地论及他。1225 年,司各特的著作受到了谴责。尽管有可能他大约于 877 年在法国去世,但根据传说,他去了英格兰,并在那里被愤怒的学生们挥舞他们的笔刺死。理性确实有它的限度。

延伸阅读建议

Fox,Robin Lane. *Pagans and Christians*(《异教徒与基督徒》). New York: Knopf,1987.

Gilson,Etienne. *Reason and Revelation in the Middle Ages*(《中世纪的理性与启示》). New York:Scribner's,1938.

Grant,Edward,ed. *A Source Book in Medieval Science*(《中世纪科学的原始资料》). Cambridge,Mass.:Harvard University Press,1974.

Jaeger,Werner. *Early Christianity and Greek Paideia*(《早期基督教与希腊教育理想》). New York:Oxford University Press,1969.

Laistner,M. L. W. *Thought and Letters in Western Europe A. D.* 500 *to* 900 116
(《西欧 500 年至 900 年的思想与书信》). London:Methuen,1957.

Pelikan,Jaroslav. *The Emergence of the Catholic Tradition* 100—600: *Vol* 1. *The Christian Tradition: A History of the Development of Doctrine*(《100 年—600 年天主教传统的出现:第一卷·基督教传统:学说发展史》). Chicago:University of Chicago Press,1971.

117

第八章　宇宙花园：伊斯兰科学与十二世纪文艺复兴

精诚兄弟会(the Brethren of Purity)是十世纪伊斯兰教的一个教派，它的书信体著作之一讲述了一个题为《人与动物的争论》("Dispute Between Man and the Animals")的有趣的小故事。动物问："是什么给了人统治地球的权力？"动物向每一种人具有优越性的主张提出了挑战。与动物的形体美、力量甚至狡诈相比，人在大多数情况下都是落后的典型。无论科学还是大自然的物理法则都没有赋予人类以统治权。但是，动物最终被迫承认了一个因素：在人类中有一些智者和先知，他们获得了神的知识，他们认识到了所有存在最深刻的目的。从这方面讲，人是神在地球上的摄政王，而且是神的宝座前的所有地上造物的代表。这也许是人类骄傲的根源，但这种骄傲也要承担可怕的责任。

只有当动物认识到唯有人类才能获得了关于精神实在的知识时，它们才承认人类对地球的统治，这一点是意味深长的。这样，我们对伊斯兰科学的性质有了一种深刻的领悟。从关于物质的物理学到关于宇宙论沉思的形而上学，知识有一种自然的等级，而所有知识都终结于神。所有现象都是真主创造的产物，是神的显现，自然就是一个将被信众研究的巨大的统一体，它是神性的可见的迹象。自然像寒冷荒凉的沙漠中的一片绿洲；从微小的草叶到最华美的花卉,都预示着园丁富有爱心的培育。整个自然就是这样一个花园,神的宇宙花园。对它的研究是一项神圣的活动。

《古兰经》(*Koran*)本身反映了自然统一体和神的绝对唯一性等根本概念。Koran 的本意是**朗诵**;《古兰经》既不是历史,也不是神话,而是 6 000 多行韵文的汇编,其中的基本主题是真主(神)的万能和要求(伊斯兰教徒)遵从神的旨意的命令。《古兰经》记录了苛刻的行动守则,既简洁又直接。像基督徒一样,穆斯林也承认先验世界的现实性,但与《圣经》不同,《古兰经》并不以一种宇宙论体系自居。在讲述故事时,甚至讲述那些来自于犹太教与基督教传统的故事时,它们意味着强调真主的力量以及拒绝服从的可怕代价。因此,整体而言,可见的世界的科学是不会受启示妨碍的。事实上,真主命令信徒研究自然,因为自然是他的隐喻。理性当然会与宗教有冲突。但是有关研究自然的命令以及自然的单一性反映了神的唯一性这一基础概念,激发了穆斯林对科学的强烈兴趣。最早的穆斯林是阿拉伯人。不过,到了八世纪,已经建起了一个巨大的伊斯兰帝国,其范围从西班牙到印度的边界,而且包括了许多非阿拉伯民族。大马士革的伍麦叶王朝(the Omayyad dynasty)统治这块浩大的版图直至 750 年,但是,伍麦叶王朝的衰落及其被阿拔斯王朝(the Abbasids)的取代,导致了这个帝国的政治分裂。穆斯林的版图是通过语言结为一体的,因为阿拉伯语也正是《古兰经》所用的语言。不过,他们跨越不同的文化,最终向西方传播的科学是一个巨大的希腊思想、波斯思想、印度思想甚至中国思想的混合体。因此,他们不仅保留并且向西方提供了大量西方已经忘却的希腊遗产,而且他们还吸收并用非希腊资源丰富了那个传统。 118

在西班牙,伍麦叶王朝依然有影响,而且在科尔多瓦(Cordova)促成了一个一流的科学学术中心。在东部,阿拔斯王朝在巴格达(Baghdad)建立了新的首都,并且在那里聚集了大批科学家以便为这个王朝增加荣耀,其做法与托勒密诸王在亚历山大的做法颇为相似。从附近的均德沙布尔(Jundishapur)学校——一所著名的波斯医学校和希腊文化保护地,阿拔斯王朝把一些医生和学者带往巴格达。聂斯脱利派的基督徒仍然使用希腊语,他们被阿拔斯王朝雇来把希腊语的科学著作翻译成阿拉伯语(亚里士多德的著作在东方最早的翻译,是大约于450年翻译成叙利亚语的译本)。在这里与西方截然不同,当遇到一个希腊短语时,学者们只是用一个词来代替:*grecum*——"对我犹如天书"。

对于希腊科学,阿拉伯人并非像古罗马人往往会做的那样,不加批判就予以接受。恰恰是其他传统的存在,为人们提供了不同的有时是对立的观点。尽管阿拉伯科学的原始要素是希腊的,阿拉伯注疏者们却可以无拘束地批评他们的希腊老师。真主力劝信徒要研究自然,但所指的并非必然是亚里士多德对自然的说明。如果亚里士多德给我们提供了一种似乎很有效的方法,那就更好
119 了。的确,阿拉伯人从未完全打破希腊传统;他们的科学基本上保留了希腊风格。不过,他们并没有把自己的手脚束缚在这种传统上。

从八世纪末到十世纪初,对希腊科学的翻译和吸收在快速进行。毕达哥拉斯、柏拉图和新柏拉图主义者的学说令精诚兄弟会和贾比尔·伊本·哈扬(在西方被称作格贝尔)尤为感兴趣。贾比尔生活于720年至815年,他成为了最早的伊斯兰哲学家-科学家之一。贾比尔的文集是一部庞大的炼金术、宇宙学、数字命理学以及占星术著作的集成,它们都是精诚兄弟会的书信集的组成

部分。

贾比尔从数值比的角度来理解亚里士多德所谓的物质的性质。尽管这种观念从根本上讲是神秘主义的(数字命理学)，贾比尔却在他的炼金术中强调了平衡和量的度量等概念。他还引入了大概源于中国的炼金药的概念，这与希腊炼金术是不相干的。炼金药可能是植物、动物或矿物(它的矿物形态即著名的点金石)，它是转化的媒介。从某种意义上说，炼金药就是神秘提炼的一种类似现代化学的催化剂的东西。因为对中国人而言，炼金药是用来对金属进行加工处理的，亦即根据不完美的金属的性质使这些金属达到适当的比例，把它们转化为金。对于贾比尔来说，炼金药也象征着这样一种人类的内在变化，即使精神内核摆脱外在形式的冰冷外壳。因此，炼金药在小宇宙中创造了它在大宇宙中可以达到的完美状态。同样，四性质导致了两种基本物质：水银和硫黄，它们与阴阳法则相对应。我们再次感到了中国的影响，在中国，基本的存在法则被称作阴阳——即消极与积极、地与天、女人与男人等等。中国的《易经》[*I Ching*，《周易》(*Book of Changes*)]把变化的原则并入到一种基于阴阳结合的重要的数学体系之中。使所有对立的结合在一起的统一性被称作**道**。

按照精诚兄弟会的观点，关于数的科学是普遍统一性和毕达哥拉斯意义上的实体的核心。它是最重要的炼金药和最高等级的炼金术。因此，他们强调把数学当做一种揭示自然的最高实在和结构的工具来研习。像贾比尔一样，兄弟会的成员们从变化着的亚里士多德所说的性质的下面，看到了一种根本性的数学和谐，它反映了真主及其创造的统一性和唯一性。他们的数学基本上是毕达哥拉斯的神秘主义的数字命理学，这一点并不能削弱他们赋予它在研究自然中的重要性；另一方面，由于他们对自然的数学思考具有巫术的和神秘主义的特性，这又使得它不仅仅是一种有用的工具。

阿拉伯人对数学的偏好导致了数学领域本身的一些重要进步。印度的符号体系，用不同的符号表示从1到9的每一个数字的准则，也渗入到阿拉伯的教科书之中。十进制的位置记数法在
120 印度人中已经成为了一种标准，而且零被当做一个数（希腊人只是用那里没有数来表示零）。印度人还引入了负数，甚至发展了用无理数计算的方法。印度的算术基本上是独立于他们的几何学的，因此，他们完全忽视了在他们的计算中使用无理数的逻辑问题。印度人毫不在乎，而且也不受令希腊人烦恼的哲学差异的妨碍，他们轻率地把用于处理有理数的措施，应用在无理数上了。阿拉伯人接受了印度的数和处理无理数的方法，但他们拒绝了负数。

不过，阿拉伯人最著名的大概是他们的代数。公元九世纪的数学家花拉子密写了许多重要的数学和天文学著作，其中包括一部专论《还原和简化的科学》（*Al-jabr ẃ al muquâbala*，亦即《代数学》）。在这个语境中，*al-jabr* 这个词的意思是"还原"——实质上指通过消去法恢复方程的平衡。例如，$2x^2+5=x^2+30$ 可以通过 $2x^2=x^2+25$ 得以简化，并且可以进一步简化为 $x^2=25$，由此可以得出 $x=\sqrt{25}=5$。这个例子也可以表明 *ẃ al muquábala* 或"简化"的含义。阿拉伯代数学家并没有使用这样的符号体系；相反，他们是用语词陈述他们的问题的。花拉子密称未知的量为"根"，就像植物的根那样，我们的术语就来源于此。

有意思的是，花拉子密证明他用几何论证解答二次方程是合理的，这大概暗示着希腊的影响（欧几里得、阿基米德和阿波罗尼

奥斯等人的著作都被翻译成了阿拉伯语，而且是非常知名的）。奥马尔·海亚姆大概在诗歌方面更为著名，他在用几何学方法解三次方程方面迈出了重要的一步——他利用了双曲线、椭圆、抛物线以及它们的交叉。从长远来看，这两种方法的结合以及希腊对几何学的演绎证明的强调可能严重地限制了阿拉伯数学的发展，但在十二世纪，他们的代数传播到了西方。（来源于印度的）阿拉伯数字以及阿拉伯代数在西方数学中的重要地位是显而易见的。

阿拉伯人很快掌握了托勒密天文学，并改进了观测和计算结果。他们没有使用弦表，而是计算出三角函数表，以此当做算术恒等式。他们构造了正弦表和余弦表，并增加了现在所谓的正切和余切等比率，在九世纪末，天文学家阿布-韦法引入了两种新的恒等式，即正割和余割，从而使四种基本的三角函数部分变得完善了。到了十一世纪，比鲁尼把球面三角学用于确定地理经度，从而创建了测地学（这使我们想起了伊西多尔）。阿拉伯人建造了观象台，并且发明了被称作“星盘”的仪器。星盘是一种类似于计算尺的天体计算器，阿拉伯人用它就可以更精确地确定天体的高度、时间、甚至山的海拔高度和井的深度。

在研究托勒密体系时，阿拉伯人问道：“这些数学意义上的天 121
球在物理学上是真实存在的吗？”九世纪的萨比特·伊本·库拉（Thabit ibn Qurra）* 回答说：“当然啦。”天文学家海赛姆（拉丁名为海桑）生活在 965 年至 1039 年，他的回答却是：“怎么会呢？我们怎么能使它们与亚里士多德的天文体系相一致呢？”人们可能会

---

* 萨比特·伊本·库拉（约 836 年—901 年），阿拉伯数学家、医学家和哲学家。——译者

发现,行星位于一个巨大的凸圆与一个较小的凹圆之间,这二者都以地球为中心。在它们之间,我们可以分辨出一些结实的天体,它们与地球是非同心的,可以把它们看作在其凹形区中携带一个球形本轮。海桑还加上了第9层没有星光的天球,指派它在周日旋转时携带所有其他天球运行。他说,这个恒星天球是造成岁差的原因,每100年(现代的数据是72年)移动1度。

《古兰经》说,万物都会消亡以保持真主的尊严。比鲁尼研究了地球本身物质表面的这类变化,亦即那些保留在岩层中的记录。他确定阿拉伯草原(the Arabian Steppe)原来是一片海洋,恒河平原(the Ganges Plain)是一个沉积层。在人类被创造**以前**,地球上已经发生了一些巨大的变化,他认为,化石也许是对物种灭绝非常充分的说明。生命巨链这个观念是一种宗教理论,该理论中嵌入了自然作为神的等级体系的思想。不过,穆斯林们并不认为这条巨链是时间上有先后的链条,亦即在该链条上有些种类的动物在不同的宇宙时间中超前于其他动物,而链条本身是超越时间的。因此,化石的存在既没有为比鲁尼证明任何问题,也没有威胁到他的宗教。

伊本·西那(在西方被称作阿维森纳)无疑是最伟大的阿拉伯科学家和哲学家之一。他出生于980年,据称,他在16岁时就精通了他那个时代的**所有**科学。的确,当他于1037年去世时,他的著作涉及的范围如此之广,以至我们完全可以相信,他年轻时非常嗜学。他常常把宇宙比作太阳的光线;个别的存在物都是从存在之源——神那里放出的光线中的点,这些光线就像太阳光那样普照世界。因此,在他的科学的某些领域中,他心甘情愿追随亚里士多德或盖伦,就像他在医学中所做的那样,不过,他的全部宇宙学则吸收了新柏拉图主义的思想。他实际上把这二者整合为一体，以便与伊斯兰教保持一致。

伊本·西那并不是亚里士多德的盲从者。在讨论抛体运动时，他接受了斐洛波努斯所说的原因。抛体从推动者那里获得了一种倾向或 *mail*，它会在运动中对引力和变化产生抵制作用。强烈的 *mail* 或“推进力”会因物体的重量而有所不同，当没有遇到阻力时，倾向及其所导致的运动会无限期地延续下去，就像在真空中那样。重力只不过是一种自然的推进力。这样，他的命题假设了运动在真空中会无限持续，这当然背离了斐洛波努斯的学说。不过，倾向概念并没有越出动力学的亚里士多德定性传统。尤其是，“倾向”这个词实际上意味着“愿望”，伊本·西那也考虑过存在着把运动与对神的爱联系起来的心理倾向。事实上，心理倾向几乎等同于亚里士多德的目的因——对神的爱，神推动诸天球，他是 122
宇宙的第一推动者。

在十二世纪期间，另一位穆斯林哲学家伊本·巴哲(拉丁文名为阿文帕塞)也考虑过斐洛波努斯的观点。他像斐洛波努斯一样，认为阻碍激烈运动的介质是一个可以在运动中**略去不计**的因素。这些学说最终会通过穆斯林评论者阿威罗伊(我们在下一章中会听到更多关于阿威罗伊的介绍)传播到西方，并且直至伽利略，它们一直是争论的话题。的确，伽利略的力学有悠久的历史，在某些方面，它可以追溯到斐洛波努斯和阿拉伯人。

通过伊本·西那这个中介，盖伦和希波克拉底的医学传统也传到了西方，但这种传播还是带有特定的穆斯林风格。虽然伊本·西那对这二者医学的基本原理进行了系统阐述，但他的出发点仍然是这样一个前提:人是精神的、心理的和物理的实体，他的健康依赖于所有这些方面的和谐。因而,伊本·西那坚持四体液说和构成体液说之基础的四性质说。无论如何,健康并非是一个简单的身体功能的问题——体液平衡的问题,它也是一个关于个人气质的问题,对每个人来说它都是由诸性质的混合唯一决定的,并且是受不同的环境包括气候、食物、睡眠、修行甚至心中的情感状态或精神状态影响的。尽管医生必须懂得解剖学(西那的解剖学必定是盖伦的解剖学,因为伊斯兰教不赞成人体解剖),但了解每个人的特有的气质更为重要。注意到这一点是很有意思的,即由于穆斯林医生对自然的唯一性的宗教强调,他们可能会在医疗过程中会采取这种高度重视个人的治疗观。对于穆斯林来说,外科手术是一种极端的疗法,因此他们使用时非常谨慎;对个人会采用好言相劝和辅助的方法恢复健康。精神的和身体的状态是同样重要的,从这种意义上说,我们又回到了小宇宙的统一性所反映的自然的统一性。

也许可以充分证明,对亚里士多德科学的信奉与阿拉伯人的地理学立场以及可以获得古代的原始资料有很大关系。的确,他们对物理世界的科学感兴趣,但是,他们研究自然的动机与希腊人是大相径庭的。他们的执著并不是为了宇宙花园本身去理解它,而是要在它的活动中找到神圣的园丁的证据。因此,虽然他们改进和扩展了他们所继承的希腊传统,但阿拉伯人缺乏任何真正彻底地改变它的动机。他们的目的不是要构造一个更好的自然科学,而是要证明他们所拥有的科学如何能导致所有知识的最终目标。对于他们像对基督徒一样,先验的世界实际上决定了他们此世科学的目标。或许,这就是理性与启示的二难推理的关键所在:
123 试图运用理性以便例证这样一些信仰的真理,它们是以花园和园丁是一体的这一假设为基础的。从这种意义上讲,也许可以把阿拉伯人称作最早的经院哲学家。

在这里,可能还有某种更深刻的问题。皮埃尔·迪昂注意到,基督徒断定,有一条支配着宇宙的神律通过神学实现了天地两界的统一,而它们的分离一直是亚里士多德的基本前提。自然法则的统一,已经隐含在神的创世行动之中了。没有宣布审判,在伊斯兰教中就不可能把这种思想看得很清楚吗?自然,无论是天空还大地,都是真主的唯一性的一种隐喻。一个分化的宇宙的运行似乎是由不同自然法则支配的——这只不过是初始的近似评估,因为在这场大潮的背后还存在着一个最高实在,那不是别的正是真主的意志。地球并非由于其本质而是重的——自然现象所遵从的那些规律,实质上并不是在自然现象自身中发现的。现代科学不一定问自然**是否**是一,昂利·庞加莱写道,但是它**怎么**会是一呢?[①] 阿拉伯人回答说,凭借真主的意志。

对我们来说,最重要的问题是阿拉伯科学向西方的传播。相对于阿拉伯的自然科学而言,西方的自然科学的确是贫乏的。不过到了十二世纪,这种景象彻底改变了。史学家们已经将这一变迁称作十二世纪文艺复兴(the Twelfth Century Renaissance)。

考虑一下欧洲在十二世纪以前的学术水平。波依提乌大部分"古老的逻辑学"已经失传;人们只能在修道院中找到正规的教育。西班牙像西西里一样,处在穆斯林的管辖之下,阿拉伯人在这里的统治从902年延续到1091年。的确,基督教世界与阿拉伯学术相

---

① 昂利·庞加莱:《科学与假设》(*Science and Hypothesis*, New York: Dover, 1952),第145页。

距很近,但在十二世纪以前,它们几乎没有什么接触。我们看到了欧里亚克的热尔贝(Gerbert of Aurillac)亦即教皇西尔维斯特二世孤独的身影,他曾经去巴塞罗那学习阿拉伯数学和天文学。当他返回兰斯(Rheims)时已是十世纪末,他在这里新学到的知识令他同时代的人眼花缭乱。很有可能,他也使他们感到了威胁,因为有谣言说,他利用从西班牙术士那里学到的巫术赢得了教皇的职位。

在世纪交替时,我们遇到了一场(从波依提乌那里传下来的)针对宇宙的实在性问题的大争论。坎特伯雷(Canterbury)的安塞姆出现了,他借用逻辑思想证明启示真理的无矛盾性甚至上帝的存在。安塞姆说,上帝的存在来源于上帝这个观念:上帝是可以想象的最高概念,如果这个概念本身不包含存在,它就不是最高的(包含存在的概念则是最高的)。因此,上帝概念必定包含他的存在。

到了十一世纪末,十字军东征开始了,尽管东征者们并非学者
124 而是战士,但他们的确带回了丰富的关于东方文明的叙述。托莱多(Toledo)于1085年落入基督徒之手;而在此20年以前,西西里落入了诺曼人之手。拉丁文化与阿拉伯文化和拜占庭文化的接触逐渐增多。

在耶路撒冷的所谓法兰克王国(Frankish Kingdom,1099年—1185年)以及阿卡战役(Acre,1189年—1291年)中,西方骑士与穆斯林贵族之间有了密切的接触。“异教徒”和“无信仰者”的地位得到了提高并且受到了尊敬;甚至十字军中的某些修会例如圣殿骑士团,适应了东方文化。后来,在1307年—1314年期间,法兰西的腓力四世(Philip IV)镇压了这个修会,对圣殿骑士团的

指控之一是宣扬从东方的秘密教派学来的巫术。的确,最著名的占星术教科书之一《贤哲的目标》(*Picatrix*)就是从阿拉伯语翻译成西班牙语的。

与东正教会的接触也恢复了。在第四次十字军东征期间,君士坦丁堡于1204年被攻占。而东征者的贪婪行为最终使拉丁化的西方与希腊化的东方之间的隔阂加大了。在拜占庭文人眼中,西方被诸多堕落的和野蛮的异教迷惑了。罗马变成了巴比伦——"所有的邪恶之母"。

随着十二世纪开始,对哲学的利用也增加了。这个时代最重要的教科书之一是伦巴第人彼得的《教父名言集》(*Sentences*)。彼得说,理性帮助我们信仰,因为甚至在我们成为信徒之前,上帝的形象就在我们心中了。到了十二世纪,沙特尔学校(the School of Chartres)已经成为了柏拉图主义的一个中心。伊斯兰思想使这所教堂学校获益匪浅,尤其在神秘数学方面。沙特尔的神学学者是某种几何学学者,因为在几何学中,可以借助比例、重量、数字的普遍语言把握和理解上帝、宇宙和人类的大统一。例如,可以用几何图形来说明三位一体;欧几里得的公理概念被引入神学;在西方,自然(大自然)的概念第一次成为了一种宇宙力量,成为了上帝可见的映像。

十二世纪也见证了南意大利的萨莱诺(Salerno)医学院的发展达到了鼎盛。早在1077年,非洲人康斯坦丁来到了萨莱诺,并且翻译了阿拉伯的医学教科书。除了盖伦和希波克拉底以外,康斯坦丁可能还引进了亚里士多德的一些生物学著作,因为他认为,医学实践是与哲学相关的。因此,萨莱诺可能已经成为了最早的纯文科学校之一,而且到了十二世纪,医学课程也包含了3年的逻辑学教育。它是十二世纪大学的先驱。

我们发现,在萨莱诺最早使用的解剖学教科书是关于解剖(大多数是猪的解剖)的示范说明。我们在这样的教科书中被告知,**解剖学**这个术语的意思是“正确的分割”。病理学和生理学的讨论是混在一起的,并附有关于某些器官的哲学甚至宇宙学意义的论述。这些教科书的作者毫不犹豫地否定或修正其他解剖学家,尽管这些解剖学家由于其权威在古代仍然受到巨大的尊敬。

125 不管怎么说,医学给中世纪的人提出了独特的问题。理论医学主要是从古代的原始资料中进行研究,它仅仅是真正的医学的一部分。还有实践医学,但它与其说是一门科学,莫如说是一种手艺,这里的问题是相当棘手的。人体是按照上帝的形象制造出来的,对它的任何一种操纵就是对所有自然奇迹中最神秘和最神圣者的干预。因此,解剖人就相当于解剖上帝——这无疑是一种最不虔敬的和最渎圣的行为。的确,实用解剖学是“不敬神的”,是那些“不敬神的医生”一种的职业。

萨莱诺的教师们意识到盖伦和亚里士多德在某些观点上是不一致的。例如,盖伦说,大脑是感觉和运动的中心,而亚里士多德说心脏是中心。有一位萨莱诺的作者指出,心脏的状态是随着德性的变化而变化的,德性是动物的内在特性,运动功能和感觉功能是依赖于内在特性的外在特性。因此,心脏是它们的根源。不过,这位作者并不同意盖伦所谓的肝脏是消化的中心的观点。另一本教科书说,就像太阳是世界的中心那样,心脏是身体的中心。

一条有关心脏的大小的信息是非常有用的。相对于身体而言心脏较大的动物,通常都比较羞怯和胆小,因为它们的心脏不如限制在狭小的空间和剧烈沸腾的更小心脏热。有这种较热的心脏的动物胆子比较大。但是,那些胆子最大的是那些心脏和头都大的动物,这样说才不会使我们误解。因为我们都知道,最大的勇气属于那些伟大的心灵。

对于在十二世纪期间爆发出来的对阿拉伯学术的兴趣,也许可以把萨莱诺作为一个说明的理由。准确的解剖学教科书大大提高了医生的实际工作水平,而这样的教科书在阿拉伯人那里可以找到。对于其他知识领域而言,情况也是如此。在一个把占星术看作应用天文学的时代,几乎每一个统治者都有一个宫廷占星师,而且都对准确的观测感兴趣。教会也对天文学有兴趣,并且对可以确定宗教节日之日期的准确的星历表的编制有兴趣。在十二世纪,出于多方面的原因,西欧已经为接受阿拉伯科学做好了准备——而且的确接受了它。

托莱多成为了主要的翻译中心。它的大教主雷蒙实际上建立了一所翻译学校,在托莱多,所有翻译者中最伟大的是克雷莫纳(Cremona)的杰拉德,他翻译了 72 部以上的阿拉伯著作。西班牙很快变成了天文学中心,在十三世纪,以托莱多作为子午线计算出的星历表成为了整个欧洲的标准。在编制这些星历表的过程中,阿拉伯人的仪器和方法发挥了重要作用。杰拉德复兴了计算表,即古罗马计算表,但使用罗马数字使得它对天文学显得过于笨拙了。因而,巴斯(Bath)的阿德拉德于 1126 年出版了阿拉伯的三角函数表,切斯特(Chester)的罗伯特于 1145 年翻译了《代数学》(*Algebra*)。后来,这个时代最伟大的数学家之一比萨的莱奥纳尔多于 1202 年开始撰写他自己的代数学专论。在这个世纪的进程中,阿拉伯人的数字、计算方法甚至仪器(例如星盘)都涌入了 126
西方。

在西西里和南意大利，新生的诺曼王国鼓励人们进行翻译。在这里，一些希腊知识仍在持续传播，少数手稿也被从君士坦丁堡也带来了。诺曼王国的诸统治者自己也对新科学感兴趣，而在十三世纪，卓越的腓特烈二世也积极寻求知识。腓特烈关于猎鹰训练术的著作对亚里士多德进行了强烈抨击，他严厉批评这位希腊哲学家轻信道听途说有余，依据人的观测不足。腓特烈的动物园是那个时代的一个奇迹，他在其中收集了一些外国的动物。他的确是一个非凡的人，不满足于依靠教科书学习，而要亲自对事物进行了解。有传说记载，他把一个人关在葡萄酒桶中，以便证明灵魂会与肉体一起死去。他摘除了两个活人的肠子，以便考察休息和运动对消化的影响。

有些译者在从资料中发现了一种激励人们进行探讨的促进因素。在阿拉伯数学和天文学向西方传播的过程中，巴斯的阿德拉德起到了桥梁的作用，他试图在一本题为《自然问题》(*Natural Question*)的著作中说明这种新的科学。这部著作是由 76 个问题构成的集子，范围从博物学到物理学，它是古老的中世纪的学问与新科学的组合。在某些方面，它使人想起了罗马的百科全书作者，阿德拉德并不在意把权威著作与他自己的思考混合在一起。

正如人们可能预料的那样，《自然问题》含有对《蒂迈欧篇》的参考，但是，阿德拉德也引证了亚里士多德的《物理学》，他也许是第一个这样做的西方作者。像亚里士多德一样，他也否认真空的存在，他说，可感知的世界充满了各种元素。随后，他描述了用一个盛满水的容器做的实验，容器的底部钻了一个孔，上面的敞口被封起来了。经过一段时间间隔后，由于液体能够渗透，水就出来了，空气就可以进入到上面的部分，阿德拉德说，空气取代了被排出的水的位置，因为元素重新调整了它们的自然位置。对阿德拉德来说，这一实验证明，自然厌恶真空。他还说，一个物体沿着在地上挖的竖井向下降时会停在中央，其理由是和谐原理——土会避开火，土上方的周围空间到处都是火，因而土（落体）会寻找一个在各个方向上与周围的火等距离的点。因此说，地球是宇宙的中心和底部。

十二世纪也见证了大学的兴起，这些大学取代修道院和教堂学校而成为了学术中心。因此，认知革命也伴随着机构革命。**大学**（university）这个词原来意指协会或行会，亦即一种类似于手工业行会的教师协会。巴黎大学和牛津大学大概起源于十二世纪。博洛尼亚（Bologna）因其法律学校而闻名，蒙彼利埃（Montpellier）则因其法律和医学学校而驰名。在十三世纪初叶，我们在意大利发现了帕多瓦（Padua）大学和那不勒斯（Naples）大学，在西班牙发现了萨拉曼卡（Salamanca）大学；在英格兰，我们看到了剑桥大学的创建。无论是谁，如果不皈依某个大师的学派，都不能获准 127
教书，而且慢慢地，不同的学院——神学、法学、医学以及人文科学学院都并入到独特的团体中了。现代的大学是中世纪的直系后代。

西欧的十二世纪就是这样。新的亚里士多德逻辑学取代了波依提乌。学者们开始研讨亚里士多德的科学专论以及阿拉伯人对它们的评注，这有助于使伟大的亚里士多德体系更加圆满。托勒密、欧几里得、阿基米德、盖伦以及阿拉伯科学家的学说缓慢地进入了新型大学的文学院的课程之中。新的资料可能令人迷惑，这不仅仅是由于它们固有的特性（想想托勒密体系大概会显示出的那些麻烦吧），更是由于这样一个事实，即它们基本上是从希腊原始资料的译本翻译过来的。经历了如此漫长的时期,经过了众多的人之手,在某些情况下,科学本身的专业内容已经在很大程度上被改变了。而在欧洲,没有多少人一开始就具有专门的知识,可以达到某种托勒密或阿基米德的严密程度。不过,新的科学还是有了很大的改善,并且超过了旧的科学。

还是应考虑一下这样一种混乱导致的更深层的问题。毫无疑问,中世纪的科学家是一大群不同的人——他们在诸多领域中论证、批判、坚持对立的观点,花费了很大精力为它们辩护。但至少严格地说,他们都是基督徒,都是普世教会的教徒。然而,亚里士多德体系合理的常识对他们颇具吸引力,而且他们现在已经掌握的直接证据证明,该体系所包含的诸多命题显然是与他们的信仰相矛盾的。十二世纪的犹太哲学家摩西·迈蒙尼德曾试图把希伯来传统与亚里士多德的科学进行综合,他把自己的著作命名为《迷途指津》(*The Guide for the Perplexed*)。那个时候的确处在一种令人迷惑的状态。

延伸阅读建议

Corner, George W. *Anatomical Texts of the Earlier Middle Ages: A Study in the Transmission of Culture*(《中世纪早期的解剖学教科书:文化传播研究》). Washington, D.C.: Carnegie Institute, 1927.

Haskins, Charles Homer, *Studies in the History of Medieval Science*(《中世纪科学史研究》). New York: Frederick Ungar, 1924.

——. *The Renaissance of the* 12th *Century*(《十二世纪文艺复兴》). Cleveland: World Publishing Company, 1957.

Nasr, Seyyed Hassein. *An Introduction to Islamic Cosmological Doctrines*(《伊斯兰宇宙学说导论》). Boulder, Colo.: Shambhala, 1978.

——. *Islamic Science*(《伊斯兰科学》). Kent, Eng.: World of Islam Festival

Publishing Co.,1976.

Peters,F. E. *Aristotle and the Arabs*: *The Aristotelian Tradition in Islam*(《亚里士多德与阿拉伯人:伊斯兰的亚里士多德传统》).New York:New York University Press,1968.

第九章　哲学家的错误

“但是，这些希腊人很难彼此意见一致，甚至难以与自己的意见一致！”很容易想象某种类似这种陈述的意见，这是十三世纪的一种微弱的回声，经过不同时代向我们传来。这是我们虚构的学者在抱怨托勒密和亚里士多德。亚里士多德的天球是同心的物理天球，他的天空是机械的天空——一台值得思考的机器（以太是其中的一种元素）。托勒密谈论本轮、偏心轮以及其等价物（无论它们是什么），这些在亚里士多德的任何著作中都找不到。不过，托勒密利用了亚里士多德的物理学论据来证明，地球处在宇宙的中心而且是静止不动的。而随后，他给人留下了这样的印象：他的复杂的数学构造物仅仅意在“拯救现象”。阿拉伯人出场了——噢！

我们的这位幽灵学者也是一位基督徒，甚至可能是一个神学家。这是什么？亚里士多德严格地证明世界是永恒的；他的灵魂的不朽性实际上是不存在的，他的第一推动者仅仅是一个影子。如何能确保这一点，即可以认识到自然法则是合理的和完全有规则的——这样不就排除奇迹了吗？除了实体以外不可能存在偶然的东西或性质。倘若如此，圣餐中的面饼和葡萄酒怎么能**实际**变成基督的肉身和血，而同时又维持其自然物的表面现象？这样，阿威罗伊出场了——噢！

健康，有时可能是一种负担，甚至连认知健康也是一种负担。

新的科学有诸多来源，它当然在许多方面是不一致的；甚至亚里士多德也可能是不明确的，而且似乎在其叙述的细节上是矛盾的。而伟大的注疏者阿威罗伊也于事无补。

阿威罗伊(伊本·路西德)于1126年出生在科尔多瓦的一个 129
著名的法律世家。他最初对希腊医学感兴趣，但不久之后，亚里士多德的哲学便成了他最酷爱的对象。这是一种什么样的酷爱呀！当亚里士多德说，仿佛理性自身在宣布判决时，阿威罗伊在亚里士多德那里看到，有一个人登上了人类心灵可能到达的最高峰。在阿威罗伊看来，主要的工作就是要对这个体系的纯正性作出澄清和说明，尽管在某些方面亚里士多德本人也是不明确的。对于所有针对这个完美体系的批评都必须予以答复。

因而，阿威罗伊毫不置疑地接受了永恒宇宙的观点，按照这种观点，宇宙中的物质、运动和时间既没有时间上的起点也没有终点。托勒密体系也许是一种便利的“拯救现象”的方法，而真正的天文学必须以物理学原理亦即亚里士多德的天球为基础。个人的不朽是不可能的；真空中的运动是荒谬的——阿威罗伊对他所相信的亚里士多德可能论证过的每一点都进行了论证。

尽管阿威罗伊本人是一个穆斯林，但他并没有尽力使亚里士多德与他的正统观念相调和，他的理性也没有屈服于他的信仰。的确，他似乎使二者保持分离，冒险去接近在中世纪被称作双重真理的学说：两种不相容的断言同时被当做正确的。

有可能，阿威罗伊并不相信双重真理说，因为他在一部(在十九世纪以前)未流传到西方的专论中假设了三种类型的人：第一，大众，他们承认《圣经》的权威和字面含义；第二，神学家，他们满足于可能的论据；第三，科学家，他们要求绝对的理性证明。他警告第三类人要对他们的证明守口如瓶，以免破坏第二类人的信仰。启示的目的是传授正确的实践和关于神的知识。而另一方面，精英有义务保持缄默，杜绝寓言式解释，这类解释只会使没有修养的和没有受过教育的人迷惑不解。

不过，在新型的大学中尤其是在人文学院中，发展出了一种根深蒂固的进行严密研究和自由的思辨式思维的习惯。最初，人文学院旨在为神学研究做准备；文科硕士既是教师也是学生，因为只有那些神学博士才能担任正教授。这样，年轻的硕士们表现出了学无止境和不断向神学家挑战的倾向。许多硕士们根本不想成为神学家——他们更喜欢保持巨大的思想活力和思辨哲学的自由。

阿威罗伊本人使得亚里士多德与信仰的对立更加尖锐了，而他自己对这样一个极为合理和完善的体系的热情对它融入大学尤其是人文学院之中起了促进作用。亚里士多德成为了最重要的哲学家，而阿威罗伊成为了注疏者。有些人，例如布拉班特(Brabant)的西格尔，绝对是如醉如痴，他们认为那些与信仰对立的引人反感的原理不可能不被理性证明，事实上它们必然是真理。
130 其实，西格尔认为，世界是一种非创造的永恒性，个体不具有不朽性(就像亚里士多德所认为的那样，唯有心智是不朽的)，一切都会在循环中重复出现，这是一种关于运动、物质和时间的永恒的机械论。因此，启示的真理不属于理性的范畴，只属于信仰的范畴。而其他一切，亦即物理世界的科学，则属于理性。对许多人来说，这实际上是双重真理说，西格尔和与他观点相近的人被贴上了阿威罗伊主义者的标签，阿威罗伊主义者意指那些只是口头上承认信仰的人。

所有这一切对神学家都是不适用的。毕竟，神学家自己也使用亚里士多德的逻辑学概念去阐明信条，他们所遵循的即使不是基督教本身继承的希腊遗产，也是比较古老的传统。演绎逻辑可以必然地证明真理。因此，如果通过演绎从信仰中推导出来的真理是必然的，那么，相反的自然科学真理必定只能是或然的。但这样一来，将会失去所有的科学意义，因为科学变得仅仅是一种人类心灵的玩物了。

在十三世纪期间，神学家与文科硕士之间的紧张加剧了。神学家波拿文都拉提出了一种形而上学体系，该体系认为所有形式的知识都是神学的"侍女"，他对诸如世界具有永恒性和人不可能具有不朽性等学说进行了抨击。罗马的吉莱斯出版了一本题为《哲学家的错误》(*Errors of the Philosophers*)的著作，该书对亚里士多德、阿威罗伊、阿维森纳甚至摩西·迈蒙尼德了提出批评。最终的结果是，1277 年，艾蒂安·唐皮耶主教在巴黎出版了著名的对 219 个命题的谴责[我们将在本书第十一章讨论《谴责》(*Condemnation*)的一些特定要点]。①

不过，我们不应该忽略这个事实，即亚里士多德学说除了是一个高度完整和令人满意的体系之外，它与基督教还**可以相兼容**。这就是经院哲学的任务：努力把亚里士多德学说中的非基督教元素清除掉，承认所讨论的物理学的自主性，同时又把它整合到一种更大的形而上学整体之中。神学家们，诸如大阿尔伯特和托马斯·

① 早在这个世纪之初，亦即在 1210 年，褊狭的桑斯会议(Synod of Sens)颁布教令禁止在巴黎阅读亚里士多德关于自然哲学的著作。1231 年教皇格列高利九世(Gregory IX)修改了禁令，并且下令要清除专论中的错误，1245 年教皇英诺森四世(Innocent IV)把禁令推广到图卢兹大学(the University of Toulouse)。到了吉莱斯及其《哲学家的错误》的时代，亦即 1270 年至 1274 年之间，似乎所有可以得到的亚里士多德的著作都纳入了巴黎大学(the University of Paris)的课程之中了。

阿奎那，感觉他们自己可以无拘无束地批评某些特别的观点(这点与阿威罗伊不同，他把希腊哲学家已表达的一切观点都接受了下来)，不过，他们全面的调和又使得他们自己和其他人明显不太情愿地拒绝全部知识体系。1277 年的《谴责》直接影响了十四世纪对亚里士多德科学的学术讨论，严重地损坏了它的某些基本原则。然而，这种现象只是在实施了使亚里士多德基督教化的尝试后才出现的，这一计划的确对中世纪的科学进程产生了影响。

131 科隆(Cologne)的阿尔伯特以大阿尔伯特(Albertus Magnus)更为著名，他是一个有着广泛的兴趣和敏锐的观察力的人。他可能在帕多瓦接受过医学教育，这大概对他的著述产生了影响，不过，他也加入了多明我会(the Dominican Order)，并且在巴黎取得了神学方面的学位。大阿尔伯特希望在亚里士多德科学自身的限度内确立其正确性，他去掉了与他的信仰相冲突的部分，并且把他自己的观察结果嫁接在亚里士多德留有空白的或者犯了错误的地方。例如，他的著作《矿物论》(*Book of Minerals*)是第一个真正确立矿物学的系统尝试。诚如大阿尔伯特本人所言，他撰写该书是因为亚里士多德和阿维森纳都缺乏这方面的论述。该书的科学前提是亚里士多德的，并且忠实地坚持自然位置说、自然运动说、四元素说和四因说。不过，它的主题是独一无二的，其中有许多只能称作阿尔伯特自己的观察结果的内容。他常常用这样的陈述结束他的讨论："这是一个经验问题"，或者某一个观点可以被任何"希望实验"的人证明。

大阿尔伯特显然认为，炼金术转化并不是一个自然科学问题，因为它不依赖科学的验证。相反，它是一个对玄秘的和超自然的事物的体验问题。在一部单独讨论炼金术的专论中，大阿尔伯特描述了他是如何研究炼金术士的著作，以及如何发现他们知识的贫乏。不过，他似乎承认转化的可能性，而且他既具有某些基本的化合物的实用知识，也对实践经验表示欣赏。他可能已经理解了孵化原理，因为他知道粪坑可以被用来作为天然孵化器（但他不知道这个原因：嗜热细菌会产生50至70华氏度的温度）。大阿尔伯特甚至对某些想要成为炼金术士的人提出了实践建议：炼金术士应当坚韧，不与政治家交往，开始工作时要有充足的资金。

大阿尔伯特的著作《矿物论》表明，他明显接受了阿维森纳的这种说明：水银和硫黄是产生所有类的金属的本原——这是自格贝尔时代以降阿拉伯炼金术所共有的信念。因此，转化就像是医术；它会终结金属的腐化，而炼金术士就像是医生，他在帮助自然恢复健康。使炼金术得以完成的不是工艺而是自然——大阿尔伯特甚至把炼金药比做面包中的酵母。因此，尽管大阿尔伯特曾经说过炼金术是一种秘术，但他还是对其过程提供了**自然说明**；从本质上讲，他的“巫术”是以自然因素作为基础的。像亚里士多德一样，大阿尔伯特似乎告诉我们，自然是按照必然的法则运行的。作为一个基督徒，他必须承认奇迹；而另一方面，上帝（以及炼金术士）似乎也通过自然因素而完成一些巫术活动。虽然我们可能不理解神意，但我们依然可以自由地研究这种意志对自然现象的影响。因此，看起来超乎自然科学领域的是玄秘之事的**本质**，而不是它在自然中导致现象的手段。

大阿尔伯特的科学著作涵盖了众多领域的主题：地理学、生物 132
学、植物学、天文学、光学和数学。中世纪常常被贴上的“超自然的”标签意味着，中世纪的人对自然没有多少兴趣，但这个标签似乎不适用于大阿尔伯特。事实上，这个标签对于一般的中世纪人可能也不适用。史学家林恩·桑代克说,请看那些大教堂:雕刻动物、植物和飞禽图像的艺术家们比学者们更了解大自然(当然,他们也雕刻神兽)。他们心怀崇敬和诚实之心把他们对自然界的观察结果刻在了石头上。他们是“用使用凿刀的达尔文”。不过,上帝仍然会在自然中出现,因为一切都是这个先验者的符号和密码。

由于大阿尔伯特并未创建一个体系,他的名声被他杰出的学生托马斯·阿奎那隐没了。实质上,阿奎那是一位出类拔萃的经院哲学家,是第一个真正使亚里士多德体系净化并创造了一个巨大的专门的基督教形而上学体系的人,在他的体系中自然科学和启示被赋予了各自独立的领域,虽然从根本上说它们来源于同一原则。对于阿奎那而言,绝不可能存在两种独立的或对立的真理;所有知识并且因此所有真理都来自于同一来源。

为了其最基本的解释原则:《圣经》真理是不可战胜的,阿奎那回到了圣奥古斯丁;如果有两种(或更多的)说明某个《圣经》文本的不同方法,那么,没有哪一种方法会被人们牢牢地持有,以至任何人都敢坚称该文本有**确定的**意义。如果它们有明显的冲突,尤其与在科学上**被证明了的**(当然,这里的关键词是被证明了的)命题有冲突,那么证明必定获胜,这时也就需要寓言了。文本的字面含义总受到偏爱,但是,绝对的和确定的理性真理与绝对的和确定的《圣经》真理之间绝不可能有冲突。这一点是阿奎那必须证明的。

按照阿奎那的观点,每一种有限的存在都是由事实和潜能构成的,而某物之为该物的本质仅仅存在于这个现有的存在(being)所特有的现实性中。Being 这个词来源于动词 to be,即存在之**行动**。物理存在作为一种生成的(潜在的)行动必然是依某种原因而定的，因为没有原因的偶然事物是一种矛盾。但是，在每一种有限的存在物中，本质是随着存在而出现并且依赖于存在的。因此，全部物质的宇宙取决于一种存在行动，而这种行动要以一个完全现实的最高存在者为前提，在他那里，本质和存在是同一的——这就是上帝。在上帝那里，所有潜在性都是以现实的方式存在的，因而，他是完完全全的先验者。最高存在之行动把这些潜在性输入世界，成为了一个无处不在的造物主。一切必然都是这位造物主的反映，因为所有受造物都会分享最高的存在，尽管程度有所不同。人类关于存在的知识来源于感觉和亚里士多德的理性主义科学。但上帝作为纯粹的最高存在既是运动的源头也是存在的源头；简而言之，上帝是现实性的辐射中心。因此，如果自然是理性 133
的，上帝必然是理性的，归根结蒂，所有知识必定来源于他。

构成所有科学基础的，无论其呈现出什么形式，乃是最高存在的终极原则——存在本身。诸科学研究的是特殊的存在物——可以说，是最高存在的一部分，因此，无论在方法还是内容方面都不应把它们与另一种科学即形而上学相混淆，后者是研究存在本身的。因而，形而上学完全不依赖亚里士多德科学的内容，因为没有哪一种科学方法论能够独自阐明最高存在的所有复杂性。阿奎那写了许多关于亚里士多德物理学的注疏，当亚里士多德与基督教有冲突时，他就会修改这位哲学家的观点，不过，他也为亚里士多德的立场进行了辩护。也许确实，阿奎那证实形而上学和科学是各自独立的领域，它们所回答的是根本不同的问题，不过，它们在他对最高存在的分析中是完全兼容的。无论如何，我们切不可忘记，他是在基本上接受**亚里士多德的**科学原则的情况下才实现这种综合的。从历史上讲，这两个领域至少是互相依赖的。

因而毫不奇怪,阿奎那在把亚里士多德逻辑学用于一种深奥的形而上学时可能明白,这些原理也会在物理世界发挥作用。因此,他的宇宙的外在形式是亚里士多德式的,而对于纯粹的最高存在之行动而言,它的内在意义就是他自己对理性与启示的调和。

在《神学大全》(*Summa Theologica*)中,阿奎那采用了迈蒙尼德的观点:托勒密构造的体系是一些说明解释的假说,不过,那些现象也许可以用其他方式来解释。某些现代的托马斯主义者把这看作可能的经验理论与必然的哲学证明之间的区别。不过,这种断言可能也意味着拯救亚里士多德的物质天球。值得注意的是,阿奎那区分了三重天:最高天,水晶天(《创世记》中所说的天空),以及恒星天,它是由七大行星和众恒星构成的。

在十三世纪,最著名的天文学教科书是约翰·萨克罗博斯科的《论天球》(*Tractatus de Sphaera*),他只把原动天作为最外层的从东向西转动的天球。萨克罗博斯科也使用偏心轮、本轮以及其等价物来说明除太阳以外的每一颗行星。凡尔登(Verdun)的贝尔纳接受了这些构造物,但却坚持认为它们说明的是携带行星运动的**物质天球**的变化而不是诸行星本身。像阿拉伯人一样,他假设本轮位于偏心球最厚的部分。阿奎那可能也曾寻求通过把亚里士多德的天球运用于托勒密对现象之假设的几何学诠释,从而使托勒密与亚里士多德相调和。阿奎那也曾考虑过本都的赫拉克利德的理论和萨摩斯岛的阿利斯塔克的理论,只不过用亚里士多德的论据拒绝了它们。

当然,阿奎那不可能追随亚里士多德和阿维森纳去假设,整个
134 世界既没有开始也没有结束。然而,他的确从他们的论证中看到了一些令人信服之处,因此决定不让这个问题在科学领域中讨论。

按照阿奎那的观点，亚里士多德的论证并没有得出具有严格的必然性结论，而那些与他对立的论证也并非是必然的。无限性和永恒性完全超出了物理学的领域，因为我们在物理世界中体验不到这二者。

这样，真空中的运动的问题就出现了。中世纪最有影响的专论之一是阿威罗伊对《物理学》的《注疏》(*Commentary*)，尤其是对该书第4卷的《注疏》71。在那里，阿威罗伊论述了亚里士多德的运动问题，并且从速率的角度把它与介质的疏密联系在一起。关于这种比率的性质存在着一些混淆。如果我们知道介质的密度，那么这种比率是成反比的($V/V'=R'/R$)，或者说，介质的稀疏与这个比率成正比($V/V'=R/R'$)。但是，如果没有介质我们就会遇到不可想象的运动——瞬时运动。

不过，《注疏》中最重要的部分，是阿威罗伊对阿文帕塞关于介质完全可以在自然运动中略去不计这一理论的说明。阿威罗伊叙述说，阿文帕塞提出了一个论据，由于天体的圆周运动发生在天空，而那里没有阻力，因此，如果我们承认亚里士多德比率，那么星辰就应该是瞬时运动的——而它们显然不是这样。

阿威罗伊诉诸自然运动中的推动者与被推动者之间的关系来反对这种观点。在天体和动物中，运动的动力因是形式(天球中非物质的理智)，它与被推动的物质是迥然不同的。在天空中，阻力来源于这种关系。另一方面，无生命的(简单的)物体的形式**实际上**与那种物体并无不同，形式**并不**以天空中的那种方式作用于它的物质实体。而想象真空中的运动，大概就是要把非生物体的形式当做与那种物体不同的独立实在。事实上，阿文帕塞是一个柏拉图主义者，他承认存在着一种内在的单独推动物体的力。被推动的条件就是某种外在于物体的作用通过接触推动它，这一过程是通过克服外在的阻力而实现的。因为一个物体的重力是该物体之内固有的，所以，该物体本身并不阻碍它自身的重力，但需要某种有阻力的介质，就像常识经验所表明的那样。对于阿威罗伊而言，用理想的或想象的力说明物理运动，并且说明在不可能的状况下（真空中）的物理运动，是与所有科学原则相背离的。

令人惊讶的是，当阿奎那谈起这一注疏时，他支持了阿文帕塞的理论。他支持阿文帕塞的论据之一完全是物理学方面的。像一个充满物质的空间一样，真空也是可被延展的和有维度的；因此，从一个特定的点向另一个点的运动需要连续穿过真空的某些部分，而这要花费一定时间。阿奎那在以下方面依然追随亚里士多德，即坚持认为介质对于剧烈的（不断变化的）运动是必不可少的——这样运动才能得以持续。不过，他采取了一个重要的措施，
135 亦即把“处于运动”的状态定义为与某一空间参照系相关的移动物体的状况。

阿奎那终归还是一个形而上学家，他并没有把他的推断贯彻始终。他断言，询问为什么一个重的物体向下运动只不过就是询问为什么该物体是重的。趋于自然运动的倾向（即阿奎那所说的**惯性**）存在于物体自身之中，它是一种被动的运动的本原或潜能，是“创造者”（造物主?）赋予的，正是它决定着物体的轻重。事实上，阿奎那似乎认为，阿威罗伊把独立的理智置于天球之中，以此作为它们运动的唯一动力因。虽然阿奎那也许可以接受把理智或天神引入天球之中，但他不可能把上帝的基本创造力归因于它们。形式是使自然物得以运动的**媒介**，通过赐予存在，上帝把形式与质料结合在一起。再重申一下，说真空不可能存在就是对上帝的能

力施加了某些非常严重的限制。因此，难道我们不能说阿奎那的科学论证（亦即那些在我们看来可能最富有成果的理论）背后的动机来自于他的形而上学吗？这样看来，他的科学的内容在一定程度上是与他的形而上学纠缠在一起的。这二者甚至并不像他本人所认为的那样是独立的。

在接近其生命的尽头时（他于1274年去世），托马斯·阿奎那获得了一种只能称作神秘体验的经验。他说，他所写的所有著作与所启示的东西相比只不过是一堆“稻草”。有一本有趣的题为《曙光乍现》（*Aurora Consurgens*）的炼金术专论，有些史学家把它归于阿奎那的名下。如果这部专论真是阿奎那写的，则它的神秘主义的符号体系暗示，它可能以某种方式与这种体验相关联。元素和炼金过程都是用一种把宗教形式与化学操作结合在一起的模糊和神秘的语言描述的。事实上，《曙光乍现》的作者似乎把炼金术术语当做表述神的真理的工具，这些真理与物理转化的最终目的是无关的。上帝似乎象征着未堕落的精神、被禁锢在正在腐蚀的物质中的神圣的理念或形式，而转化过程则意味着炼金术士的灵魂、他的知识形式正在上升到某种神秘的**灵知**的层次。金的实际转化似乎仅仅是真正的精神转变的物理对应活动。这之所以可能，只不过是因为，无拘束的灵魂可以在物理世界制造神秘效应。

心理学家C.G.荣格认为，炼金术的真正目的，就是要使炼金术士无意识的心智与有意识的心智合为一体。这种愿望是通过炼金术矛盾的语言表述的。人类心智有两个方面，即神秘的和无理性的无意识的心智，以及合乎理性、合乎科学的有意识的心智，它们之间的矛盾是通过获得一种心理平衡来解决的，荣格称这种平衡为**自我**。炼金术士为这种自我的实现而奋斗，这被等同于灵魂

136 从物质世界的黑暗中重生。这是“对自我认识的一种治疗并且是有灵魂的肉体从现实的堕落中获得的拯救”。①

即使托马斯·阿奎那没有写《曙光乍现》,我们就不可以这样说他吗?也许在整个中世纪,确实有这种矛盾——理性与信仰的矛盾。通过把它们当做各自独立的领域,阿奎那最终借助他的最高存在的概念设法使这二者统一起来。这样,他的科学的内容,他的亚里士多德(无论与这位希腊哲学家本人多么不同),会成为他建造其形而上学教堂的石头。改变那种石头就会使那座教堂本身变化。或许我们可以换个说法:改变这座教堂需要新的石头。

延伸阅读建议

Copleston, F. C. *Aquinas*(《阿奎那》). New York: Penguin Book, 1955.

Goheen, John. *The Problem of Matter and Form in the De Ente et Essentia of Thomas Aquinas*(《托马斯·阿奎那的〈论存在和本质〉中的质料与形式问题》). Cambridge, Mass.: Harvard University Press, 1940.

Grant, Edward. *Studies in Medieval Science and Natural Philosophy*(《中世纪科学和自然哲学研究》). London: Variorum Reprints, 1981.

Thorndike, Lynn. *A History of Magic and Experimental Science*(《巫术与实验科学史》), vols. 2 - 4. New York: Macmillan and Columbia University Press, 1929 - 1934.

——. *The Sphere of Sacrobosco and Its Commentators*(《萨克罗博斯科的〈论天球〉及其注疏者》). Chicago: University of Chicago Press, 1949.

Heer, Friedrich. *The Medieval World Europe* 1100—1350(《中世纪的欧洲:1100 年—1350 年》), trans. Janet Sondheimer. New York: New American Library, 1962.

① C.G.荣格:《神秘结合》(*Mysterium Conjunctions*),见于《荣格文集》(*Collected Works*)第 14 卷(New York: Bollingen, 1963),第 90 页。

第十章 门与钥匙：经验主义、数学和实验

在今天，那些渴望获得某一门科学教育的人必然会发现，他们自己将成为通常所谓的“实验科学”的一员。对接受现代高等教育的学生来说，这是一种很熟悉的现象（一谈到制订实验时间表时，就会让人们感到很痛苦）。你先去听一个讲座，在该讲座中介绍了科学的基本理论和词汇；然后，你去实验室“从事”科学活动。你会学习测量、实验和观察。最初，这个课程的这两个方面似乎是非常不协调的。在显微镜下，那些陌生的形式与教科书中或黑板上清楚地描绘的图有着令人不安的不一致。如果你坚持下去，有一种样本将会出现。当实验取得了讲座所说的将会取得的成功时，谁能不突然忘乎所以、兴高采烈？尽管它常常也会失败——而我们永远也不会忘记。

在某种程度上，人们是在教科书之外学习亚里士多德科学的，基本的活动都集中在对文本的解释上：争论和讨论。最终的目的是要发现事物**为什么**会发生、它们的原因，并且找出从公认的或归纳的原理能作出什么样的推论。在中世纪的科学中还有另一种传统，它与我们现代课程中的实验部分有粗略的相似。该传统强调观察、测量甚至实验。确实，它把研究文本当做第二位的，它的实践者辛勤地亲历亲为。无论怎么说，它强调我们会等同于实验的

过程。

这种方法被大阿尔伯特称之为“毕达哥拉斯式”探讨。毫无疑
138 问,除了毕达哥拉斯之外还有许多先辈,我们可以干脆就把它称作实用的定量测量传统。

诸如西班牙和阿拉伯世界各地的那些天文台都是天文实验室,在其中,更重要的是确保星历表的精确性,而不是思考天球的实在性。占星术也是一种应用科学。炼金术传统尽管在中世纪是支离破碎的,但却促使了炼金术士实验室的兴起,在这里,实验是在文本的基础上进行的。在静力学方面有阿基米德几何学传统,当然,度量衡的重要性也随着中世纪末期商业利益的增加而提高了。在光学方面,对光线的数学探讨和视觉理论与亚里士多德传统和盖伦的医学传统结合在了一起。

在一个以农业为主的社会中,例如中世纪的欧洲,欧几里得几何学最重要的应用自然就是土地测量。中世纪的数学家确实知道要重视欧几里得的证明,《几何原本》的众多版本在欧洲各地流传。但是,学习欧几里得几何学的目的往往都被局限在它的应用的可能性上。除了土地测量以外,欧几里得还为天文学和光学的理解提供了颇有价值的帮助。通过欧几里得,甚至可以更好地理解亚里士多德和柏拉图的几何学论述。《几何原本》与《后分析篇》都被认为是对真正的科学方法论的最佳说明。几何学在自然现象上的实际应用,代表了一种居间科学,它介于纯数学的严格证明与自然哲学的逻辑演绎的因果律之间。

这种居间科学的确引起了某些研究纯数学的人的注意。比萨的莱奥纳尔多·斐波纳契于1220年撰写了一本题为《几何学的应用》(*The Application of Geometry*)的著作。这部专论主要取材

于一本阿拉伯教科书,而该教科书则来源于普罗克洛斯对《几何原本》的注疏;专论以想象的方式描述了欧几里得把图形分为相似图形和不相似图形的方法。莱奥纳尔多这一著作的流行无疑是由于土地测量问题所致,该书主要关注的是不同地块的划分。

莱奥纳尔多的父亲是一个商人,他雇自己的儿子经商,这就需要莱奥纳尔多外出旅行。有可能,正是在其商业生涯中莱奥纳尔多接触了阿拉伯命数法和代数。而且还有可能,大部分意大利商人都熟悉阿拉伯数学,因为大体上,他们更重要的商业交往是来自东方。莱奥纳尔多的《珠算原理》(*Liber abbaci*)使阿拉伯计数法得以普及(算术就是以阿拉伯数字符号为基础的),这在学校内部并没有引起多少注意。我们听说,罗杰·培根劝告神学家们去学习这个体系,以便使他们自己更好地理解计算术。

莱奥纳尔多在这个领域并不孤独。内莫尔(Nemore)的约尔达努斯和约翰·萨克罗博斯科都撰写了关于阿拉伯体系的著作,尽管这些著作大概不像莱奥纳尔多的著作那么有影响。约尔达努
斯讨论了线性方程和二次方程。他还利用了来源于使用字母的简 139
便速记法的符号体系,去描述线段或表示不同的比率。然而,当在其实际应用以外研究这些成果时,它们通常都是与亚里士多德式自然科学中的问题联系在一起的。

现在所谓的"静力学"在中世纪被称作重力学。它的实际应用似乎还是在商业领域。不过,有这样一种理论传统,它既来源于题为《力学问题》(*Mechanical Problems*)的伪亚里士多德的著作(可能是斯特拉托所作),也来源于通过阿拉伯人而获得的阿基米德的方法。中世纪专家最重要的贡献就是把这两种传统结合起来。

亚里士多德的动力学传统把静止和运动描述为根本对立的状

态，这与现代静力学不同，后者把静止看作运动的一种特例。不过，在《力学问题》中我们会发现虚位移原理：提起一重物 W 通过垂直距离 H 的力，将提起一重物 KW 通过垂直距离 H/K。约尔达努斯采用几何学图解，把这一原理应用于阿基米德的杠杆定律。他证明，某一重物对任何或直或弯的杠杆臂的有效**作用力**，既依赖于重物也依赖于该重物与穿过杠杆支点（支撑点）的垂线的水平距离。

约尔达努斯在十三世纪初叶还探讨了位置重力问题。按照亚里士多德的观点，一个物体具有某个自然重量，而且在没有受到阻碍时会落向地心。这就是众所周知的“自然重力”。约尔达努斯证明，位置重力是沿着斜面发挥作用的自然重力的一部分。约尔达努斯说，当把一个重物放在一个倾斜度保持不变的平面上时，它的位置重力与它的自由的自然重力的比，等于任一给定的沿着该平面之可能轨道的垂直分量的比。用现代的符号来表示就是，约尔达努斯认为 $F = W \text{ sine } a$，在这里，F 是沿着平面作用的力，W 是可变的重量，a 是倾角。换句话说，当斜平面的倾角变小时，一个重物可能**由于位置关系**而更重一些，沿着平面作用的重力是与这种倾斜度成反比的。

正如我们可能看到的那样，的确存在着数学在自然现象上的某种应用。但这种应用导致了一些更令人困惑的逻辑问题。

回想一下欧几里得从公设和公理进行演绎推理的方法。有一条公理说，彼此能重合的物体是全等的。因此，通过使一个三角形与另一个三角形重合，并且说明那些给定的角必定相等，欧几里得证明，这两个三角形是全等的。在理论上，使用**完美**三角形似乎是不证自明的。但是，我们是否可以说：在物理世界中经过运动的作用一般的三角形仍会毫无改变？事实上，我们很可能会说，这些数学定义并没有告诉我们物理世界的实际存在的情形。那么，那些 140
数学原理是从哪里得来的呢？如果像亚里士多德所说的那样，共相是事物中所固有的，我们怎么居然能说共相无论如何不同于事物的殊相？某种共相例如某个三角形的统一性，存在于所有三角形之中；即便我们能说明这是属于每个三角形的共相，我们依然还会有多样性中的统一性的问题。在共相或形式定义与实际被观察或测量的事物之间——在讲座与实验之间，仍然存在着某种逻辑的断裂。

这是方法论问题。亚里士多德从来没有完全澄清从归纳到普遍定义的直观跳跃。在十三世纪，对这个问题阐述得最清晰的是一个英国人罗伯特·格罗斯泰斯特。格罗斯泰斯特生于1168年，在林肯和牛津接受教育。他赴巴黎学习了神学，1253年去世时是林肯主教。他的科学生涯始于晚年，他早期的真理概念似乎受到了他的神学的束缚，正如我们会料想的那样——他认为一个现存事物的真相只能用第一真理亦即上帝的存在来说明。

无论如何，格罗斯泰斯特晚年对亚里士多德的研究向他证明，科学知识——对共相的定义或发现，可以不依赖那种神的说明而被理解。只有在堕落之前，人类心灵才能同时既理解本质又理解殊相。在堕落的物质世界，认识必须从感觉开始，科学知识只能通过论证来获得，而论证的手段就是三段论。

格罗斯泰斯特断言，所有论证必须通过三段论的中项，而它事实上就是对所讨论的事物的界定。因而，论证的方法如果不考虑定义的方法可能是不完备的。我们从欧几里得那里举一个例子。直角三角形是由三条直线构成的含有一个直角的图形。我们怎样才能得出这样的定义呢？好吧，我们在各种几何图形中搜索这些性质，格罗斯泰斯特把这个过程称之为解答。然后，我们在自己的心中从理论上重组这些性质，我们就会得出一个定义。凭借这个定义，我们是否断定了物质世界中存在一个**真实的**具有这些性质的直角三角形？格罗斯泰斯特认为，这个全称前提必定像形式和原因一样存在于真实的物体之中。但共相既不是一个三角形也不是诸多三角形；相反，它似乎是一种**外在于**堕落的世界的逻辑上的实体。

让人糊涂了？实际上我们没有权利使用数学实例，因为按照亚里士多德的观点，数学实例并不能说明四因。不过，数学实例确实例证了纯理论与理论要说明的事实之间的差距。格罗斯泰斯特只不过是说，在定义过程中所提及的全称前提本身已经包含在其结论中了，尽管这种包含是不明确的。前提以及所指称的结论只
141 是被事实所**暗示**的。简而言之，通过归纳所获得那些前提——我们的三角形的性质，当它们被普遍化为一种关于所有直角三角形的全称命题时，仅仅是一些**假说**。既然它们是假说，就可以对它们提出怀疑。在格罗斯泰斯特看来，一个假说只不过是对我们所期待的情况的正式假设。为了把我们的假说转变为一种揭示它实际的存在状态的科学证明，我们必须走出去并且**做实验**。我们必须离开讲堂走进实验室。

实验对于格罗斯泰斯特的意义似乎也正是对于我们的意义：它是一个设计用来证实或否证一个假说的受控程序。实质上，它是一种对我们通过归纳而获得的定义的检验。其实，我们可能推论出一些并不包含在原有的归纳中的实际结论。通过实验和观察，我们可以把真实的原因与可能的原因区分开，从而在事实的世

界中为我们的论证奠定基础。

按照格罗斯泰斯特的观点，数学是通过形而上学进入物理世界的。他认为，宇宙的实际结构是由光（*lux*）的某种自扩散导致的。这种光不仅是空间扩展的起源，它还是所有自然效应的原始原因。格罗斯泰斯特显然认为，这些原因必须用线、角和图形来表述。光的亮度会随着它与光源的距离而变化，在通过一种稀薄或稠密的介质时，光会向着垂直的方向折射。光是沿着直线传播的，最强的光线就是保持这种直线进程的光线。因此，因折射而弯曲的光线在较稠密的介质中比在较稀薄的介质中弱。颜色、热以及其他自然效应都依赖于介质的纯度、光的强度以及光线的数量。

数学光学可以充分地说明和增强形而上学的光（lux）的学说，但是，数学天文学却是另一个问题。光的概念产生于球形宇宙，趋向宇宙中心的部分是稠密的和不透明的，趋向边缘的部分是稀薄和透明的。因此，最强和最完美的天上之光在上层天空会变成一种不可见的和无形的实体，在下层天球中传播就会有颜色和其他属性。由于光学研究这种形而上学原理，因而它证明最确定的知识应该通过数学和物理学获得，这类似于格罗斯泰斯特早期关于神的说明的概念。然而天文学有所不同。它的数学有这样的倾向，即把因光的传播而显现的简单的物质天球扭曲。基于物理学原理，格罗斯泰斯特不得不接受亚里士多德的天球；而作为一个纯天文学家，他又必须与托勒密保持一致。

那么，**即使**托勒密天文学的数学假说已经被观察证明了，也可以含蓄地对它们在物理学上是否真实提出怀疑。这样，实验科学和数学研究的全部计划就要向形而上学屈服。自然知识的最终目标成了匆匆看一眼造物主。格罗斯泰斯特的形而上学直接影响了他的科学的内容,事实上对自然的结构作出了限定。而且他的形而实学与他的科学使用的是相同的术语。

142 虽然如此,格罗斯泰斯特的理论对后来的牛津哲学家产生了深远的影响。在这些哲学家中,最重要的就是十三世纪的罗杰·培根。

在许多史学家看来,培根是一个站在学术群体以外的孤独的人物。他甚至被判有罪并且遭到了监禁。虽然他吸收了格罗斯泰斯特的光学形而上学亦即对光学的妄想,以及实验科学的思想,可是,他比这位林肯主教走得更远,他强调了他所思考的经院哲学的一个基本缺陷:纯粹的思想与生活经验的分离。

培根属于创建于十三世纪早期的圣方济各会(the Order of St. Francis)的小兄弟会(the Friars Minor)。阿西西(Assisi)的圣方济各于1226年去世,短短两年之后就被封为圣徒。按照他自己的说法,他与"神贫夫人"(Lady Poverty)结为伴侣;他被世界所排斥,贫穷而谦逊,他像耶稣及其十二门徒一样是一个浪迹天涯的圣人。这就是修会的准则:按照神圣贫穷的要求生活,把精神的事物提高到世俗的财富和地位之上。

尽管已经认可了方济各会,等级森严和相当富有的教会却认为,圣方济各的启示中隐藏着对它自己的威胁。因此,教会试图控制和管理这个新的修会。它强调关于神贫的誓约——亦即要在教皇牢牢掌控的诸修会的传统框架下实现的神贫愿(the vow of poverty)。

某些圣方济各会的修道士认为,这种做法背离了圣方济各的最初原则。这些"属灵的人"把罗马天主教会看得过于世俗,这是对耶稣所教导的东西的玷污并且是与之完全对立的。不过那些属灵的人相信，一个新的时代正在来临。

按照修道士菲奥里（Fiori）的约阿希姆（1132 年—1202 年）的观点，罗马天主教会所表征的圣子时代[《旧约全书》（*Old Testament*）的信条已经表征过第一个时代即圣父时代]正在被圣灵时代取代。在这个即将来临的圣灵时代，世界会变成一个巨大的修道院，在其中所有的地位和权威都要经过论证；世俗的价值观将绝迹，并被平等、爱和纯粹的精神追求所取代。

约阿希姆的历史哲学对教会是怀有敌意的，而且非常适合于圣方济各关于属灵的人的解释。这种对立和最终的彻底冲突为罗杰·培根及其预言提供了适当的环境。在某种意义上说，培根是英国的约阿希姆，他的所有著作都可能被看做一个属灵的人对权威（无论是教会权威还是学术权威）的自负与无知的不满。

翻开他的《大著作》（*Opus Majus*）就会看到他对那些学术权威的自大和错误的想法的严厉抨击。他说，这些学者实际上是通过炫耀知识来隐瞒他们的无知。培根不仅认为这对科学来说是毁灭性的，而且走向另一个极端，称**所有**人类的罪恶都来源于此。为
了阐明其观点，培根说，他从胸无点墨者那里学到的知识，比从他 143
所有的"著名"教师那里学到的知识更有用。

培根把数学称作科学的"门与钥匙"。他讨论了点火镜的原理，借助图示说明了使光线的力量倍增的双折射。他对放大率的讨论似乎预示着，要制造望远镜必须要有某种关于光学原理的知识；他甚至宣称恺撒从高卢海岸侦察不列颠时用的就是这种装置。他对各种机器都进行了沉思，甚至暗示了火器的可能性。在推测未来时他毫不犹豫地预见说，未来的时代在知识方面会超过他自己的时代，事实上，会让人们对他那个时代的无知感到吃惊。

我们在阅读时会发现，反基督者的身影在悄然靠近他的著作，他好像经常把蒙古人比作反基督者的罗马军团，尽管其他属灵的人把这个身影与教皇联系在一起。他常常说，反基督者将利用诸如点火镜这样的发明。对于培根来说，除了光学以外，数学最重要的应用似乎就是占星术。他承认，占星术士并没有能力准确地预测特殊的事件；诸层天有使理性的灵魂行动的倾向，但不会强迫。所有无生命之物都是“毫无矛盾地”由诸层天导致的。数学不仅能使我们确立编年表、历法和其他实用的东西，而且还给了我们占星术，占星术对于医生、商人而且事实上对于每一个人在生活中的所有活动都是必不可少的。邪恶的数学家能够招来魔鬼，甚至蒙古人也是根据占星术行事的，这就是为什么这些矮小体弱的人（按照培根的观点）能够征服如此广大的世界的原因。

他对光和光线之倍增的偏执导致他断言，潮汐的涨落事实上是由月亮光线的增加引起的，这个断言来源于这一论据：月亮是它自己的光的光源。培根还仿效海桑，对坚实的天体轨道进行了描述，从而使亚里士多德与托勒密协调一致。还是按照他的假设：行星有各自的天球，并且它们有一定厚度从而会导致凸面和凹面，这样就使得最外层天球的凸面和最内层天球的凹面与地球是同心的，而其他天球则是偏心的。在这种居间的或偏心的天球的面与面之间有一凹状区可容纳一个圆形本轮，它或者像一个实心球，又或者像一个有两个面的车轮。通常认为，上帝是推动这些天球的动力因和目的因，但它们不稳定的运动似乎又暗示着它们有自己的意志。因此，培根说，像肉体中的灵魂一样，天使是天空中运动的动因。

培根当然强调了实验科学的重要性。实验和观察可以用来矫

正错误的权威。这样，培根拒绝考虑倒霉的自我去势的海狸，但却
识别出了麝香腺。实验还有其他一些似乎更为重要的用途。炼金
术士之所以鲜有成功并不是由于错误的原理，而是由于这类“实 144
验”太困难并且涉及了复杂的工作。更进一步，培根似乎要把那些
显而易见的炼金术的失败归咎于这样的事实：几乎没有人对实验
科学感兴趣。这一点对巫术也适用——实验能够把幻觉与真实的
事物分开。我们可以肯定，无所不在的反基督者将利用实验科学。

他可能会因巫术的夸大其词而指责它，但往往又承认它的一些原则，如“同类产生同类”和“在天成相，在地成形”等。他把这些原则与数学和实验联系在一起，以为他为它们提供了一个更牢固的科学基础。从某种意义上说，他的实验室科学就是最伟大的赫耳墨斯的科学。的确，laboratorium 这个词就是“实验室”（laboratory）一词的来源，它出自赫耳墨斯名下的著作，由 labor（劳动）和 oratorium（祈祷者）构成，后一部分即指类似于那些信奉圣方济各的真正教义的属灵的人。

培根的光学著作发源于一种悠久的传统，它的论述包括光的本质和传播，视知觉的本质等等。虽然柏拉图假设，可见光线是从眼睛出发投射到某个发光体上的，但亚里士多德却认为，光是从现有的某个发光体中产生的透明介质的一种状态。因为眼睛主要是由水构成的（水也是透明的），所以，它们从介质中**接收**光和颜色，实际上它们变成了同质链条的一部分。盖伦也把介质当做视觉的工具，但他仍然坚持斯多亚派的这一观点：视觉元气从大脑释放出，通过视神经抵达眼球，从这里，它又流出进入周围的介质之中，并且与光源结合在一起。

正如人们可能预料的那样，欧几里得和托勒密对光学进行了

一种数学探讨。在其《光学》(*Optica*)中，欧几里得(像柏拉图一样)假设，视线从眼睛出发沿直线传播，并且进而认为，它们会聚集起来形成一个视锥。因此，可以把视觉的本质还原为以透视方式对视线的角距离的几何学讨论，以及对视锥之内的物体的位置的几何学讨论。另一方面，在欧几里得假设光线不连续的地方，托勒密却认为可见的光线形成了一条连续不断的线。沿着这个视锥的中轴线时视觉能力是最强的，而视线离开这中轴线时，视觉能力就会变弱。

在阿拉伯人中，金迪采用了视锥，并且认为，从眼球表面的每一个点上都会投射出许多这样的视锥。阿维森纳向数学家们提出了一些相当棘手的物理学问题，从而为可以宽泛地称之为亚里士多德的"干涉"说的理论进行了辩护。光线如何能从眼球出发到达星球？像眼球那样小的物体怎么能产生一个大得足以容纳整个视野的视锥？不过，恰恰是海桑对光线进行了几何学分析并且把它应用在了干涉理论之上。光锥是从可见的物体上产生的。

还有一个问题。如果我们把金迪的光锥或光棱锥颠倒过来，那么，我们就有了一个向各个方向发射这些锥体的物体，并且有许多点(棱锥的顶点)落在眼球上。我们如何说明如此众多的点组成
145 的一个连贯的图像？海桑假设，只有垂直的光线可以穿过角膜而没有任何折射，这些光线的组合构成了一个棱锥体，它以被视物为底，以眼睛的中心为其顶点。那么，所有那些非垂直的光线又是什么情况呢？海桑暗示，当这些光线穿过眼睛的玻璃体液时被折射，因而它们看起来**仿佛**是垂直的。这样，它们"增强了"垂直的图像。

这里有许多疑难问题，其中很棘手的问题就是，在眼睛中发生折射的入射光线**怎么**能被看做从同一点发出的垂直的光线呢？另

外,海桑还认为,光线在眼中是被晶状体液(晶状体)折射的。但是按照盖伦的观点,晶状体液是视力的中心。这样的话,视觉有没有可能在晶状体表面发生?如果可能,那么所感知到入射光线就不是垂直的,而且该理论就是错的。在开普勒发明关于眼膜图像和透镜聚焦力的理论以前,还没有人能对付这些困难。

培根采用了海桑的理论,并且把它附加到格罗斯泰斯特的光学形而上学和光线倍增思想以及亚里士多德的介质转化说之上。事实上,培根几乎同意他们每个人的观点。海桑的数学干涉理论对视觉作了说明,而且还说明,眼睛也是沿着这些假设的视线活动的,这些视线会增强介质的作用并且使得被视物能够刺激视觉。一旦无形的视线使被视物感光,通过某种海桑所说的方式对眼睛的影响,视觉就会产生。这样,视觉现象就像亚里士多德的物理天球和托勒密的数学构造物那样得到了解释。

那些追随培根的人,如著名的约翰·佩卡姆和维泰洛,或多或少继续了把各种光学传统加以综合的工作。佩卡姆与培根有分歧之处在于,他说视觉能力降低而不是提高了介质的作用,他感到培根的概念过于动物化了。维泰洛否认现实中有实体的视线存在,他像海桑一样主张从被视物到眼睛的视线是想象的(假设的)。另一方面,维泰洛非常愿意根据形而上学甚至根据新柏拉图主义来讨论光,把它描述为"所有可感知的形式中的第一种"。所有这些人,从格罗斯泰斯特到维泰洛,都讨论了另一些光学现象:虹、反射、镜中映像的形成问题,等等。从这种意义上讲,光学是物理学的一部分,在光学中,数学扮演着主要角色。

实验方法和数学说明最重要的应用之一就是弗赖贝格(Freiberg)的狄奥多里克对虹的说明。格罗斯泰斯特曾经认为,虹的形成是由于太阳光线在穿过越来越浓密的薄雾层时发生折射所导致的。而单个的水珠也起着重要的作用这种认识,则被归功于大阿尔伯特。狄奥多里克把这两种理论都采纳了;不过,他从数学上证明,虹及其颜色可以通过假设光在每一个水珠中既有折射也有反射来说明。借助光学几何学,他还能说明在霓中颜色排列颠倒的现象。

146 最重要的是,狄奥多里克明确地指出,他使用了模型——用半透明的水晶球(石)来代表每一个水珠,并且用星盘进行了测量。人们业已注意到,这一过程是中世纪最重要的科学成就之一。从本质上讲,狄奥多里克对模拟雨珠的检验阐明了实验室的方法论。更进一步也许可以说,狄奥多里克实际想象,那些模型是对虹的现实情况的真实描述。他的假说是从数学上构造的并且在实验中得到了证实,这意味着它是对事物实际如何的真实描述。

不过,虹还不是宇宙,水珠也不是行星。光学仍然只是一个专门学科;的确,在更大的亚里士多德的科学分类体系中,它是一个从属于数学的领域。在任何这样一个专门学科中的创新,未必会对更大的思想环境产生影响。几乎没有多少这样的创新会被认为对于根本改变这种环境有着紧迫的必要性;它们所提出的问题和所提供的回答还是要用它的语言表述。出于科学自身以外的一个原因,提出新问题、重新考虑专门术语并且认真思考思想科学等等行动的动机被认为是荒谬的。麻烦正在讲堂以外制造。

延伸阅读建议

Crombie, Alistair. *Robert Grosseteste and the Origins of Experimental Science 1100—1700*(《格罗伯特·格罗斯泰斯特与1100年—1700年实验科学的

起源》).Oxford:Clarendon Press,1953.

——. *Medieval and Early Modern Science*(《中世纪科学和近代早期科学》),2 vols. New York:Doubleday,1959.

Lindberg,David C. *Theories of Vision from Al-Kindi to Kepler*(《从金迪到开普勒的视觉理论》).Chicago:University of Chicago Press,1976.

——.ed. *Science in the Middle Ages*(《中世纪的科学》).Chicago:University of Chicago Press,1978.

Marrone,Steven P. *William of Auvergne and Robert Grosseteste:New Ideas of Truth in the Early Thirteenth Century*(《奥弗涅的威廉与罗伯特·格罗斯泰斯特:十三世纪早期新的真理观》).Princeton,N.J.:Princeton University Press,1983.

147 # 第十一章　中世纪的怀疑论者

1277年教皇约翰二十一世命令巴黎主教艾蒂安·唐皮耶对巴黎大学进行调查。教皇显然很关心文科的教师们所讲授的某些学说。经过了3个星期的时间唐皮耶主教相信，对于教皇的关切，他已经找出了相当多的原因。在他看来，哲学家们正在讲授一些令人生厌的错误，对于这些，他们仅仅将之称作未确定的。难道他们实质上不是在暗示这些错误有可能或者大概是符合实际的？难道他们事实上不是在坚持双重真理说并且会通过他们危险的讨论使无知者陷入错误的泥潭(阿威罗伊的阴影)之中吗？就这位主教所关心的而言，他们的确在这样做！于是，他出版了一本题为《谴责》的著作，其中包含219个命题以及把任何持有这些错误观点的人开除教籍的惩罚。对哲学家们的这些错误的宽容终止了。

许多受到谴责的命题与亚里士多德科学有直接关系。事实上，许多命题都是这个体系的核心，在宇宙学和物理学领域尤其如此。按照这位主教的说法，有些令人厌恶的错误观点竟然认为上帝不可能创造多个世界；上帝不可能导致新的事物；上帝不可能通过推动天体作直线运动制造真空；元素是永恒不灭的(世界也是这样)；除非可把自明的事物作为依据对某种事物作出断言，否则不应该相信任何事物。如果实际坚持这些命题——关于这点已有争论，它们必定会对上帝的无限力量施加某些限制。的确，其中的某

些命题攻击了圣餐最重要的奇迹:上帝不可能使一种没有主体的 148
偶然属性存在,也不可能同时使诸多因素存在。这后一个问题,来源于从转化说中产生的复杂的哲学问题:圣餐上粗糙的满足物欲的面饼和葡萄酒实际上变成了基督真实的肉体和血。

很久以前,圣奥古斯丁在反驳多纳图派(Donatist)的异教时曾指出,只有通过有形的教会及其诸圣礼才能获得恩宠;这些圣礼中最盛大的就是圣餐,通过它们纯客观的实现,这些圣礼发挥了其事效。它们的功效并不依赖于司铎的道德本质(多纳图派的论证则不同)。但无论如何,借助这种力量,司铎实际上把圣餐的要素转变成了基督真实的肉体和血——恩宠的医药,这是一种甚至连上帝最高级的天使都否认的奇迹和力量。由于这种奇迹,在祝圣的面饼和葡萄酒中必然会发生根本性的变化……不过,至少对于感官来说,并没有这样明显的变化。因此,教会的最基本的教义之一与可感知的观察是相悖的。

体变说在1215年的拉特兰会议(the Lateran Council)上得到正式认可,它有着漫长而复杂的历史,不仅可以追溯到十三世纪和十四世纪,而且在十三世纪和十四世纪以前很久就有了。然而,这里的问题是很简单的:如何消除感官证据的明显矛盾?

圣托马斯在亚里士多德的形式质料说中找到了答案:质料是肉体的扩展,形式是它的特性(活动和属性),这二者的产物就是肉体的本体。圣托马斯说,祝圣要素的"颜色、气味和味道"是"没有主体的偶然现象",它们是从真实实体中分离出来的可感知的现象,而这里所说的真实实体,当然就是指基督的肉体和血。这样,这些没有主体的偶然现象持续着——我们感觉到这些纯偶然的现象,它们既不是靠要素本身也不是靠周围的大气得以维持的。圣饼的实际扩展和形式、它的实体,就是基督的肉体和血。但是,如果没有主体,偶然属性就不能存在,那么从哲学上讲教会最伟大的力量就都处于危险之中——回到圣奥古斯丁与多纳图派的争论,最终,教会的全部价值都会受到质疑。为什么神学家会有如此敌意的反应?如果我们要寻找更明白的理由,我们就要考虑以下的问题:神学家的讨论是以寓言为基础的;而世界上唯一一些有智慧的人是哲学家。

所有这一切意味着什么?我们仍然面对着这个奇怪的事实,即直到十六世纪和十七世纪以前,亚里士多德关于物质宇宙的基本体系近乎是完好无损的。《谴责》本身仅仅是地域性的,而且事实上在1325年就被宣布作废了,这可能是由于越来越多的神学家接受了托马斯的综合所致。不过,仍有另一些人会以一些条文作为出发点来攻击这种综合,把它抛入怀疑的巨大旋涡之中。

随后,中世纪科学史家的先驱皮埃尔·迪昂提出了意见。迪
149 昂认为,他在1277年的《谴责》中发现了现代科学的起源。《谴责》迫使科学家和哲学家们用新的方式去思考,愿意去考虑亚里士多德科学曾经认为是荒谬的事物的可能性。我们也许会问:为什么对这些基本原则的这种重新考察使这个体系在未来的两个世纪中依然完好无损,这难道不奇怪吗?更奇怪的是,《谴责》依然有权威,我们理所当然会料想,这种不宽容会阻碍严肃的理性科学并且给它带来麻烦。另外,对超自然的神亦即上帝的能力的强调,实际上是以降低关于**自然**的因果作用的科学确定性为代价的。因此,伟大的科学革命史学家亚历山大·柯瓦雷认为,《谴责》的影响被夸大了——它剪除了该体系的枝条,而留下了完好无损的根部。

就《谴责》的确给标准的科学注射了一剂有益健康的怀疑之药

而言，它是有影响的。我们也必须把《谴责》与属灵的圣方济各会修道士的结果并列来看，后者则给教会的等级体系本身注射了一剂有益健康的怀疑之药。实质上《谴责》判定，哲学是不适于讨论信仰的，因此哲学家和神学家应该说明为什么在理性上有这样的可能性。更极端的属灵的人认为，庸俗的和堕落的教会已不再是唯一的通往救赎的狭窄大门，而他们的哲学家决心也要证明这一点。其结果是出现了一场对认识、对理性本身以及对所有必然的真理和学说的富有深远意义的批判。

与这场批判联系得最紧密的名字是奥卡姆的威廉，他是一位圣方济各会修士，大约于1280年—1290年出生，于1349年因瘟疫而去世。他的哲学一般被称作唯名论或极端经验论，这使得某些人把他等同于怀疑论者，并且把他看作为摧毁经院哲学大厦做出了贡献的人之一。这一点仍然可以争论，不过，他的确对超越可感知认识的人类知识是否可能提出了怀疑。从某种意义上说，他其实并没有毁掉经院哲学的事业；毋宁说，通过他的唯实认识论，奥卡姆对它进行了限制。

奥卡姆的威廉并没有直接在约翰·邓斯·司各特指导下学习过，因为司各特1308年就去世了，尽管如此，在这位长者那里，还是可以发现他的思想的种子。邓斯·司各特是一位形而上学家，但他认为，谈论上帝或者证明上帝的存在本身即为最高存在等等，超越了人类的理性，人类的理性是不可能超出理解万物的自然秩序的范围的。他的原则很简单：没有任何创造物或偶然之物必然会由于其内在的原因而被上帝认可，或者以任何方式决定上帝的活动。从这种意义上讲，上帝的意志（他选择使之永恒的东西）与他实施其决策的方法是截然不同的。上帝的方法——也可以说他的那些可见的工具，其自身并无内在价值；没有任何偶然的事物有内在的善、仁慈、美或爱——只有通过上帝的选择和意愿才能创造出对救赎具有任何价值的事物。

即使司各特的意图并不是要贬低受造之物，但这样一种神学由于强调上帝的绝对自由，因而的确暗示着在永恒与有限的自然
150 之间、在超自然与自然之间、在去圣化的自然与去符号化的自然之间，存在着一个纵然不是不可逾越、但也是巨大的鸿沟。像格罗斯泰斯特一样，邓斯·司各特也认为，自然科学是从具有个体效应的直接理解开始的，但是，虽然我们可以借助理性思忖偶然的世界，可是除了借助信仰外，我们无法跳跃难以想象的鸿沟而理解上帝的无限。

奥卡姆接受了这种个人直接理解的观念，并且把它应用于一种极端的思维经济原则中。科学是一系列**关于**万物的命题。它使用表示事物群体的概念(共相)，并在逻辑上把它们与特定的对象联系起来。这被称之为“抽象认识”，与个体的直接经验亦即所谓的“直观认识”相对。抽象的共相不过是从个人经验中获得的一个“记号”。然而，我们无法想象无需通过个体的经验就可以获得任何抽象。简言之，只可以说世间**万物**是肯定**存在**的；抽象的概念是**关于**万物的偶然的和可能的陈述，它们并不具有同样的本体论上的实在性。

奥卡姆并不怀疑科学有能力发现原因和联系。相反，他拒绝假设：科学结论是与客体无关的先验的**必然**命题。因此，真空不存在、世界的永恒性、没有超距作用等等“自明的”学说，只不过是假设，而并非是严格必然的。超越经验的东西是无法被直观的认识证实的，因此，说关于信仰的东西具有逻辑必然性并非是荒谬的，

因为人类的经验有局限，所以信仰的东西必定总是在人类经验以外的。信仰和形而上学并不比已证明的事物更容易被驳倒。

在奥卡姆那里，我们再次感到了属灵的圣方济各会修士对所有过于庸俗的教会表示的不满。在这里，奥卡姆并不是想寻找一个更好的亚里士多德，而是要寻找一种能证明有形的教会有局限的哲学方法。他并没有导致现代科学的诞生，不过，他也并不满足于剪除亚里士多德的枝条。他实际上在谈论关于上帝的心理学。

从上帝自己规定的法则(de potentia ordinata)中可以看到他的力量，他的力量是通过这些法则在万物的自然秩序中得以实现的。不过，还有许多上帝还可以做的事情并不是根据他的无限力量(de potentia absoluta)选择去做的，他之所以做是因为那样没有矛盾。因此，上帝有可能选择把自己化身为一块石头或一头驴；奥卡姆的想象可以无拘无束地考虑诸多荒谬的甚至是亵渎的事物，这些事物可以说都上帝的无限力量的控制范围之内。由此看来，关于教会及其恩宠的医药(迈向宗教改革的一个步骤)没有什么是**必然的**，而言外之意就是，关于亚里士多德科学也没有什么是必然的。

奥卡姆愿意承认自然界中的条件证据和假说的必然性——我可以毫不怀疑地说那种热情会让我激动。不过，他把自然知识与超自然的知识进行了区分，因为关于形而上学的任何全称命题只不过是一些无法证实的记号。因而可以说，它们仅仅是一些逻辑
游戏。当然，他并不否认上帝干预的可能性和神秘体验的超自然 151
启示的可能性。他也没有像奥特库尔(Autrecourt)的尼古拉那样极端，尼古拉像休谟一样甚至会对科学的经验因果命题提出质疑，把这些也看做是虚构之物。奥卡姆认为，我们**确实**有权对自然效

应的自然原因作出推断。但我们无权把它们扩展到不可观察的事物上。最后,最好用经济原则来阐述我们对自然的分析:“把较多的假设用在较少的假设可以解决的问题上毫无价值”——这就是著名的奥卡姆“剃刀”。

这样一种哲学可能会易于对科学的结论提出怀疑,而那些结论实质上都是从经验中抽象出来的。例如,奥特库尔的尼古拉觉得,用不可见的原子的推撞也许可以更恰当地描述运动和变化,不过,他并没有主张这种理论具有必然性。其他一些人,例如让·比里当*和萨克森的阿尔贝特论证说,从经验归纳而来的普遍原理是合理的并且的确具有一定的确定性。无论如何,这里强调的是与存在的现实相对照的思想的逻辑一致性。因此,一旦亚里士多德的那些原则被认为是不可能的,这些思想家们就可以自由地考虑它们的替代物,而把绝对实在的问题撇在一边。

在十四世纪的学者中,“根据想象”(secundum imaginationem)提出疑问是很流行的做法。对各种假设的可能性可以非常严格地去构想,而不必考虑这样的理论是否真正反映了自然或说明了自然。我们应当记住,亚里士多德曾探索世界的真正活动,而思考想象的可能性并证明它们的逻辑一致性**并不是**亚里士多德的目的。对亚里士多德思想的细节可以批评,并且可以使它们变得更精确,但是,若把他的体系完全推翻,或者去寻找按照自然现实的情况说明它的替代方式,唯名论尚无足够的动机。

在十四世纪,尤其在讨论变化和制约着运动的规律方面,奥卡姆有着深远的影响。我们以运动问题为例。按照奥卡姆的观点,

* Jean Buridan,又译让·布里丹。——译者

任何真正的科学陈述，必须还原为一个关于单独的经验事物的陈述。为了说明运动，我们必须有**某种**运动的东西，就像为了谈论性质，例如白色，我们眼前必须有**某种**白色的东西那样。一个物体在一定的时间内经过一定的距离就是运动，就像一个物体获得了一定程度的“白色”或热的性质就是白的或热的那样。科学本身并不关心白色或运动的形而上学本质，而关心白的东西或运动的物体。事实上，物理学所探讨的是某个物体变化的**强度**——亦即，物体**怎样**运动，或者它**怎样**变得更白。由于强调个体，对某种性质的获得或失去本质上是数学性的——获得就是加，失去就是减。简括地说，唯名论导致了定量研究，即用数学方法探讨质变和运动。

邓斯·司各特也许是讨论性质（例如热）怎样发生强烈变化这
一问题的第一人。表示这类变化的传统术语是形式的**紧张**和**松** 152
弛。从其他的对圣餐变体论的考虑也可能产生了这个问题。圣餐上明显的葡萄酒和圣饼怎样获得了基督的血和肉体的神圣性质？我们已经知道了其原因——通过奇迹，而且知道了结果。沃尔特·布雷利认为，肉体获得了一系列形式，即一种可以是任何东西的形式，它允许热、颜色、密度、速度等等变化。问题是：在什么时刻肉体中出现了某种形式的紧张或松弛？物质是怎样变化的？

在十四世纪的牛津，有一群[来自牛津大学的墨顿学院（Merton College）的]被集体称作墨顿学派（the Mortonians）的人对这些问题进行了讨论。在假设运动（一个物体的定量状态例如形式的紧张）与被推动的条件（一个力作用于一个物体）之间区别时，奥卡姆第一次对静力学和动力学作出了真正明确的区分。墨顿学派很快熟悉了这种区分以及形式变化与速度变化变化之间的类比。在墨顿学派的成员中，1328 年托马斯·布拉德沃丁最早把定量分析用于运动。布拉德沃丁接受了亚里士多德关于动力与阻力的比率的观点，不过，他提出了一种定量说明，并且转而论证匀速运动是**如何**发生的。

布拉德沃丁把某些数学推理运用于他所理解的阿文帕塞定律。亚里士多德已经在《物理学》中证明，如果某一推动者推动一个可移动的物体在一定的时间内通过一定的距离，那么，在相同的时间内，推动者用一半的力量会推动重量相当于该物体一半的物体通过相同的距离。我们假设动力值为4，被推动的物体的重量值为2，那么，按照阿文帕塞的理论我们将会得出 $4-2=2$。但是，假如我们使动力和被推动的物体的重量都减半，我们将得出 $2-1=1$，这意味着一定量的动力克服一定量的阻力(运动物体)所做的功，大于该动力诸部分克服相应的阻力诸部分所做之功的总和，因为在全部动力和全部重量的情况下余数为2，在动力和重量均减半的情况下余数为1，而这时它们本应是相等的。

然而，考虑一下亚里士多德的比率公式，$V=F/R$，在这里，F 是动力 R 是阻力。布拉德沃丁认为，这种关系在数学上与这一假设是矛盾的：当动力和阻力相等或者当阻力比动力大时，不会有运动。假设我们的动力大于阻力，且它们的比为2:1；那么，会有一个相当于原来动力一半的动力，其值为1，如果阻力不变仍为1，按照公式，它们的比也为1，即这时有运动，而事实上，这时我们的速度应当为 $V=0$。甚至当阻力增加到大于 F 时仍会有运动，这意味着，任何动力都可能具有无限的能力。

因此，布拉德沃丁认为，亚里士多德的函数必须是**指数的**，用我们的符号来表示就是，如果我们已知某一运动由 $V=F/R$ 决
153 定，并且我们希望使这个速度 V 增加到原来的2(或 n)倍，这个比

率必须自乘。假如我们使动力倍增,这样,$2F' = F$,而阻力保持不变:$R = R'$。新的运动速度应当为 $2V = V'$,从数学上,这将通过 $F'/R' = (F/R)^{2/1}$ 来实现。指数 2/1 实际上代表的是速度比 V'/V,因此布拉德沃丁的函数可以写作 $F'/R' = (F/R)^{V'/V}$。

布拉德沃丁也考虑了在真空中的运动,他的研究还是具有唯名论的寓意并使用了数学推理。他认为,在自然界的任何地方都找不到绝对纯粹的单元素物体;可观察的物体总是化合物。因此,我们也许完全可以考虑在化合物**之中**这些元素(土、水、气、火)之间的关系是什么,以及这种关系如何与运动相适应。我们不是简单地把运动看作由某一种元素占据优势而决定的,相反,我们可以根据某个化合物中元素的比来思考。这样,当在某一化合物中重元素与轻元素的比例如说是4∶1时,应当比这个比是3∶1时使物体下降得更快,而轻元素可以看作实际上是**阻碍**下降的。那么在真空中,这种内在的阻力会阻止瞬时速度,使运动成为可能。

在布拉德沃丁看来,一个物体的质量、它的由各部分的比例决定的内在的阻力并不一定依赖于它的总重量。同样的内在阻力比可能存在于两个具有相似成分但大小或总重量不同的物体中。因此他得出结论说,两个具有相同的内在元素比的物体——每单位体积中具有相同的重量的物体,在真空中将以同样的速度运动。后来伽利略把这一定律扩展到无论具有什么成分的所有物体之中。不过,请注意那些相似之处。

布拉德沃丁在牛津大学的后继者们——约翰·邓布尔顿、黑茨伯里(Heytesbury)的威廉以及理查德·斯温斯海德,也像对待质量那样,把速度当做量值来处理。他们把在**任意相等的**时间间隔内通过相等的距离称作匀速运动,把匀速与非匀速区分开,因为我们可能有两种通过相同距离的运动，一个是匀速的，另一个是变速的(用他们的话来说是**非均匀的**)。例如，我们在时间的某一点有一温热的物体，在另一点上有一更热的物体。热的形式是不变的——物体从未变冷，两个冷的物体也不会成为一个热的物体。然而，在物体的既定范围**之内**，我们有一连续的量的变化。这个变化是什么样的？它是规则的吗？或者，它是非匀速的——有时快，有时又慢？在任一已知的瞬间它的值是多少？对于在已知诸点之间随时间变化而变化的运动也存在这样的问题。类似于谈论可变的质那样，运动也要求我们谈论内在的瞬间。但无论如何，为什么要问这些问题呢？

任何关于运动中的瞬间的讨论都会引起芝诺之矢令人困惑的问题——甚至在思想中关于瞬间的纯粹假设都会使运动停止。虽然令人惊讶，但我们**的确**常常经历运动的瞬间。如果我正在一片
154 树林中跑步，由于某种原因(这个原因是不重要的)撞在了一棵树上，我在撞树的那一**瞬间**的速度**的确**导致了某种不同，芝诺悖论或许不会。

默顿学派在他们的数学中没有使用符号体系；他们是逻辑学家。不过，黑茨伯里的威廉在 1335 年谈到过时间的瞬间和无限小的某一距离的位置，一个物体会在某个时间间隔内以某一速度在该瞬间通过这个位置。因此，如果我们使距离“无限小”，那么任何时间**长度**，无它论多么小，都足以使物体通过这个距离。这样，我们可以说瞬间是一个在越来越小的间隔内逼近而实际上永远无法达到的“极限”——因此，运动不是不变的。黑茨伯里的威廉“按照想象”处理这类问题，因此，他是否认为它们适用于物理世界是值得怀疑的(他的一个例子是，柏拉图和苏格拉底把一个极限增加到

他们已不再存在的地方)。由此可见,他并没有为实际计算这些值而发展出某些技术,不过,他确实论及了一些在牛顿和莱布尼兹确立了微积分计算术**之后**将出现的逻辑问题。

默顿学派所提出的最重要的概念涉及匀加速,涉及他们著名的平均速度定理。匀速运动或均匀性被定义为在同等的时间中通过同等的空间。不规则运动有可能以无限的方式变化。不过,我们可以考虑不规则运动的**速度**。一个运动完全有可能以匀速变化,亦即会获得或失去**相等**幅度的速度。这是一种匀速的非均匀运动,或者匀加速或匀减速运动。默顿学派认为,匀速的非均匀运动,例如匀加速运动,可能与匀速运动有关。一个匀加速的即从零或某个有限的值匀速地获得速度的物体,在某个既定的时间中所通过的距离,将完全等于在相等的时间内以速度等于初速和末速之间的平均值时通过的距离。也就是说,物体在匀加速状态下所通过的距离,将等于它在相等的时间内以平均速度或时间半程时的速度所通过的距离。

他们得出的结论之一是,一个从静止开始匀加速的物体在一段时间的后半段所通过的距离将是它在前半段所通过的距离的三倍。事实上,平均速度定理是伽利略的匀加速自由落体定律的一种文字陈述。假设运动从静止开始,其终极速度为 V,在时间 t 内的平均速度为$\frac{1}{2}V$,所通过的距离 S 为$S=\frac{1}{2}Vt$。此外,终极速度是通过加速度(a)与时间(t)相乘获得的,亦即 $V=at$。因此,通过代换,我们得到公式 $S=\frac{1}{2}at^2$。然而,没有迹象表明,经院哲学家们实际上把这个定理运用于自由落体。他们的运动是在一个封闭系统中发生的,就像质变在一个物体中发生那样(伽利略体系是非封闭的)。他们以不同的方式按照动力学处理自由落体,在其中,速度与距离相关(就像我们即将看到的比里当的冲力那样)。

现代符号的引入赋予了默顿派的理论实际上不具有的简略表
155 达法的清晰性。他们的描述有时是难以理解的,而且往往是冗长的,纯粹是想象的辩证运用,在文艺复兴时期的人文主义者看来,这是一种毫无结果的诡辩。在《谴责》的气氛下,他们却在天真地证明如何可能在逻辑上没有矛盾地构想那些不可能的情况。对他们而言,他们对数学推理的运用并不必然意味着,数学是自然的建筑材料;相反,它是想象的原料。从某种意义上讲,他们过于强调逻辑,以致不能假设,这种材料可能是一种现实的和有效的联结可感知世界的链条。

不过我们也许可以说,在巴黎的确产生了两种新的思想,它们在一定程度上改变了亚里士多德科学的语言。一种是让·比里当阐述的冲力(*impetus*)理论;另一种是尼古拉·奥雷姆的速度和强度图解。

大约在 1320 年,马尔基亚(Marchia)的方济各提出了推进力(virtus impressa)理论以说明抛射体的运动。很难确定,十四世纪的学者对阿维森纳的推进力(*mail*)有多少了解;无论如何,马尔基亚的方济各所说的推进力是指推动者在抛射体中所留下的剩余力量,就像火在一个物体中所留下的热那样。从这种力在物体中只存在一定时间的意义上说,它是自损耗的。

让·比里当与布拉德沃丁是同时代的人,他说,推动者给予了一个物体一定的能量,使之能够持续运动,他把这种能量称之为冲力。推动者越强大,冲力也就越大。空气和重力都是阻力,因为它们会减少物体的冲力,而这又会使运动减慢。不过,比里当在这里作出了一个高度暗示性的断言：如果冲力没有受到某个外力的影响或阻碍，它会在无限的时间中持续。简而言之，比里当的推力不是自损耗的；相反，它是一种施加在抛射体上的永久运动状态。因此，没有必要假设天球中有理智，因为我们可以假定，上帝在创世时就赋予了天球一种永久的冲力从而使它们处于运动之中。因为天空中没有阻力，这种冲力就不会减损，所以天球会永远运行。冲力既适用于旋转运动如天球的运动或制陶轮的运动，也适用于直线运动。

像默顿许学派一样，比里当也倾向于用定量的方式看待他的冲力。一个密度大和重力大的物体如铁能比密度低的物体如木头获得更大的冲力（比里当实例）。同样体积的铁每单位的物质，能比同样体积的木头获得更大的冲力，这可以说明为什么我们能够把一块铁比一块同样大小的木头扔得更远。另一方面，一片密度非常低的羽毛，其冲力很快就会被空气的阻力克服。冲力也可以用赋予抛射体的初速度来测量。因此，对冲力的测量是由物质量和速度量决定的，这使得它类似于牛顿物理学中的动量。差异在于，冲力是运动的原因，从某种意义上讲，它是亚里士多德的外在动力的内化。

看起来，好像大多数学者都把重力等同于物体的重量。如果 156
重量是自由降落的原因，那么，我们还必须说明在这种状态下所感觉到的加速度。因为重量是常量，所以，比里当设想，加速度是在物体降落时其重量所产生的冲力（瞬时冲力）累积的增量。然而，被比里当看做一种力的重量是在速度增加之前导致冲力增加的，这与加速度并无直接的关系。另外，他似乎把重力（重量）所赋予的冲力与距离同等看待，而不是像许多其他经院哲学家那样与时间同等看待。

冲力在没有阻力的情况下会无限持续并且伴随着匀速运动这一观念，也许是对惯性的暗示。因为按照惯性概念，静止和匀速直线运动属于相同的状态，比里当也许已经发现，把他的冲力与静止同等看待是荒谬的。冲力像中世纪的热度或颜色的强度一样是定性的。无论在哪里，它都不接近一个以力为基础的数学定义。事实上，冲力的提出是为了"拯救"动力学——因为像他的经院哲学家伙伴一样，比里当说他的说明是"按照想象"的。

在十四世纪，对各种质的增强和减弱最令人感兴趣也最富有想象的探讨，是奥雷姆的《论质的构形》(*On the Configuration of Qualities*)，这部著作大概写于1350年。奥雷姆说，格罗斯泰斯特和维泰洛用几何学去"想象"光的强度，尽管他们知道光本身并非真的是一种几何量。因此，为什么不可以把几何学也用于其他事物呢？不仅速度和强度，而且诸如美、快乐、精神、声音、甚至天体的影响等事物都可以用几何学图形和比例来表示。例如，磁铁对铁的吸引力或吸引性，也许应归于每一种几何构型之间的协调。如果词语的表面力量尤其是咒语的表面力量使我们迷惑，那么，这类力量也许应归于它们的结构而不是它们的含义。这就是动物受词语影响的原因，尽管它们不可能知道那些词的含义。

各种质的增强和减弱自然暗示着连续性，因为诸质是连续地彼此结合在一起的。不过，在我们关于瞬时速度的问题中，直觉表明，在连续中存在着某种不连续。我们怎么能想象这种奇怪的悖论呢？奥雷姆说，画一条水平线，并把它称作总延伸线、持续线或基线。现在，在这条线上画一条垂线。可以说这条垂线代表了增强或速度——基线所经历的质变。整个面积代表质的量值，垂线可以看作代表着基线上任何一点的质的增强。

我们来看一下这个体系如何用来表示均匀增强量和非均匀增强量或者匀速和非匀速。这条水平线代表了某个主项或时间，垂线代表增强量(参见图 11－1a)。这样，某个匀速或某种均匀增强量就会形成一个矩形：当所有垂线都相等时，增强是均匀的(参见 157
图 11－1b)。可以把这个矩形的面积看作整个变化的量。对于一种均匀的不规则增强或者匀加速，这个图形会变成一个三角形，因为垂线是均匀变化的，并且加速从零开始。也可以用一条斜线代表同一个物体中同时存在的两种相反的性质，甚至用一些曲线代表非均匀的不规则变化。

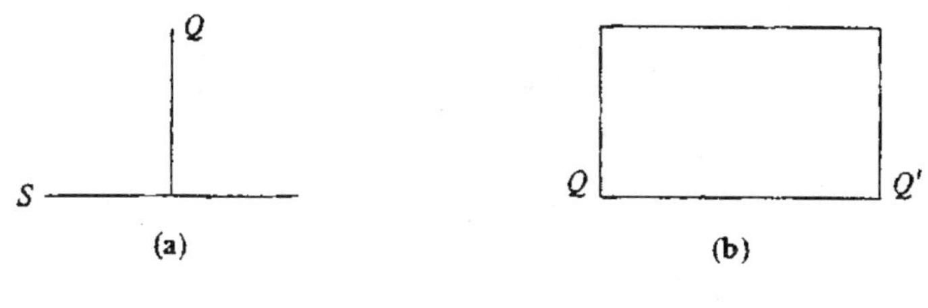

图 11－1

奥雷姆使用了他自己的图解体系为默顿的平均速度定理提供几何学证明。为此，他必须证明，一个高度代表全部速度的矩形，其面积等于这样一个三角形，该三角形代表一个物体从静止开始的匀加速。这样可以证明，一个匀加速物体通过的距离，等于一个物体在相同的时间间隔中，以相当于在匀加速运动半程时刻之速度匀速通过的距离(参见图 11－2)。三角形 *ABC* 的面积等于矩形 *ABFG* 的面积，因为按照《几何原本》(第 1 卷)，三角形 *EFC* 和

EGB 是全等的。为什么？在每一个三角形上增加面积 *ABEF* 就会得到一个矩形 *ABFG* 和三角形 *ABC*。因为面积可以度量总速度，对距离也同样适用，垂线代表的是在总的运动过程中某一点的
158 速度，距离是相等的，而且 $ED = 1/2AC$，这就是证明。我们在后面将看到，伽利略有几乎完全相同的描述。奥雷姆不仅证明了这一点，他还证明，在从静止开始的匀加速运动情况下，在同样连续的时间过程中所通过的距离分别是奇数1、3、5、7……。我们在后面再次将看到，伽利略也谈过同样的问题。

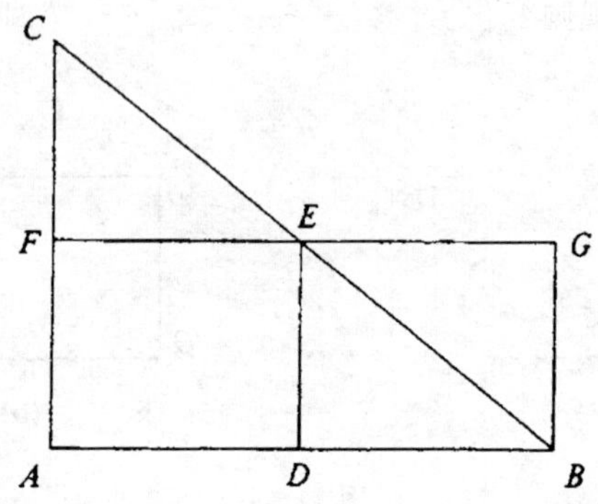

图11－2 面积 *ABEF* + 三角形 *EGB* = 矩形 *ABFG*。面积 *ABEF* + 三角形 *EFC* = 三角形 *ABC*。*EGB* = *EFC*，而且等量加等量和相等，因此，三角形的面积 *ABC* = 矩形 *ABFG* 的面积。

不过，奥雷姆没有坐标的函数概念，没有适用于他的图解的代数方程，没有负数值——事实上，根本没有数值。他的几何学也不是解析几何学，而是正规的欧几里得几何学。不过，他尽其最大可能扩展了他的方法。他考虑了某种质的强度会在某个有限的量中趋向于无限增加——这就是现代数学所谓的收敛级数。的确，他

思考过他的那些构形怎样才能说明自然现象，但与伽利略不同，他从未声称它们事实上可以说明。

以上说法也适用于经院哲学家关于宇宙论的思考。《谴责》中的某些论述自然而然地导致他们把以前被认为是荒谬的可能性接受下来。通过想象上帝的无限力量可以创造出众多世界。这在理性上怎么可能呢？我们完全可以像埃德加·赖斯·伯勒斯（Edgar Rice Burroughs）和朱尔斯·维恩（Jules Verne）那样，想象有诸多的一个包含着另一个的世界。奥雷姆得出结论说，这样的世界是可能的，尽管理性和经验还没有做好证实它们的准备。不过，更重要的是比里当、奥雷姆和萨克森的阿尔贝特对空间中同时存在的不同世界的讨论。这样的观念显然是与亚里士多德的自然位置和自然运动相矛盾的。然而奥雷姆说，"上"和"下"只是以**我们的**经验为参照的；它们是相对于我们的地球而言的。想象存在着具有自己的相对运动的其他世界，并不存在内在的矛盾。简言之，奥雷姆提出了这样一种观念，即存在着分散的重力中心，每一个都会导致一个封闭的力学系统。

比里当也强调了相对于地球自转的运动的相对性。例如，假设有两艘船，一艘运动，另一艘静止，一个观察者站在运动的船上完全可以想象他的那艘船是静止的。因此，纯粹的天文学观测，不可能确定天体或地球的转动问题。另一方面，一个很小的旋转的地球能比一个巨大的旋转的天球更好地满足经济原则。比里当还梳理了地理学以便说明地球是以某种方式运动的。地球不是一个均质的物体；它会遭遇侵蚀和地震，从而改变其密度和重量。因此，它的重心总是不断地寻找宇宙的几何学中心，这导致了一种直线移动。简括地说，地球持续的重量的重新分布，会导致它的重心的移动。尽管如此，坚信其冲力理论的比里当发现，由于空气的运动，地球的自转在说明飞矢时导致了麻烦。奥雷姆在回答这一缺陷时说，如果空气和所有月下物质与地球共同旋转，我们未必会体验到旋转的气流或一般而言的水平运动。

经院哲学家甚至考虑了斯多亚学派所说的在最后一个天球之外存在无限空间的可能性。在这方面，他们在赫耳墨斯名下的专
159 论《阿斯克勒皮俄斯》(*Asclepius*)中有一个盟友，该著作谈到了一个没有生理躯体但充满灵魂的空间。比里当看到了上帝亦即最高灵魂的可能性，在这个没有维度的空间中上帝是无所不在的。上帝被设想为存在于世界各地，并且在许多地方同时存在。这种无所不在性是上帝创造的，因此，他不可能被它局限，因为上帝具有无穷的力量，这种力量是无限制和无约束的。因此，布拉德沃丁总结说，上帝是一个无限的天球，他的中心在任何地方，哪里也看不到他的周界。

十四世纪充满了许多自命不凡的思辨观点。还是来想一想经院哲学家们不可告人的动机吧。虽然他们努力要证明可能充满矛盾的两个**合乎理性的**结论的可能性，而事实上，他们是在证明理性最终是无能为力的。在证明了地球的自转在理性上是可能的之后，奥雷姆却又基于信仰的理由而拒绝了这个结论。可能的说明和理性的假设，并不像信仰那样包含同样的本体论的实在性。关于物理世界，我们所确定的东西可以用苏格拉底的一段解释来表述："除了知道我的无知外我一无所知。"奥雷姆所说的就是这种情况。

也许，如果我们寻求对十四世纪的真实描述，我们一定要注意它的诗歌，而不仅仅是它的科学。但丁的诗史《神曲》(*The Divine*

Comedy)带着读者下了9层地狱,然后又回到地上,来到炼狱,最终通过诸天球来到天堂上帝的宝座旁。这是一个亚里士多德的宇宙,其中的诸区域是定性地决定的,但它也是这样一个宇宙,在其中基本上是象征性的灵意制约着实实在在的物理结构。它反映出基督教的存在梦想,在这个梦想中,人类占据着生命巨链的中间位置。对于中世纪的人来说,通过《神曲》,人类的想象确实完成了对实在的真实描述。

中世纪宇宙论的宗教意义是什么呢?为什么它那么强有力?我们不妨根据想象,假设一段现代史学家与撒旦的对话:

史学家:我正在思考但丁的宇宙论。他是一位诗人,而且肯定并没有打算写一部科学专论。

不,他所描绘的是道德实在;他的物理结构实际上是对伦理实在的一种隐喻。但这正是我的问题所在。你非常了解,自负是中世纪的一个巨大标志。

撒　旦:的确是这样!由于我的自负,以及因此而违抗神的旨意,我从天堂摔了下来。

史学家:是呀——正如我所说的那样;如果宇宙的结构最初就是一种道德设计,物理个体都是辅助它的,那么为什么要把地球放在宇宙的中心呢?把自己看作中心,而这里本应是神的所在——这样难道不是目中无人吗?

撒　旦:你这是在伤害我的自尊!你忘了吧,是我的朋友但丁把**我**放在那个中心上的。

史学家:那么我要说,这种安排在道德方面变得越来越站不住
脚了。也许,科学的理由才是最初的激发因素,而但丁必 160

须尽其可能讨论这些。

撒　旦:你忘了新柏拉图主义。地狱是距太一因而也是距实在最远的,但丁把我放在了地狱的正中心。因此,那些栖息在地球上的人生活在实在与非存在之间。因而,他们的地球是一个堕落和死亡之地,是一个完全让人自卑的居住地。从物质上讲,它也许有一个万物的中心,但从精神上讲,它远离与空间无关的道德中心——上帝。

史学家:这样看来,坚持亚里士多德的宇宙不是更便利吗?如果那样的话,把地球移出中心就没有什么宗教意义了。

撒　旦:那对我来说可是一种解救!但我又担心那样的步骤会使道德美景更加遥远。

史学家:你就是想方设法把事情混淆起来,这是你的天性吗?

撒　旦:噢,不!没有什么比询问道德意义更让我感兴趣了,而中世纪的宇宙是非常值得注意的。第一,它是令人兴奋的,因为在存在与非存在之间的中央地球上,你们的祖先也曾身处我自己与天堂君主之间的大战之中。每一个个体的灵魂都如此重要,以至于整个天堂和地狱的力量都为之而竞争。地球是一个堕落但仍有可能拯救的地方,充满了这种戏剧性事件。每一个人都在观看,从社会到他们根据物理学所描绘的宇宙,他们看到了这场战斗的迹象,而且他们自己也身临其中。

史学家:而且他们为他们在宇宙中的位置和重要性而自傲。我们还是回来谈谈我原来的问题吧。

撒　旦:把这种自傲留给我吧!我们姑且说中世纪的宇宙使所有生命都充满了意义。人们抬头凝视天空,并且知道

7颗行星的7个天球都是有生命的，每一个都唱着它自己的歌，每一个都有它自己的元素或特性。在水晶球以外、上帝的宝座下，是天使的合唱队。因此，当人的灵魂降生到地上时，它经过了7个天球并且在每一个天球上都采集了一种元素，人实际上就是由这些天球的元素构成的——他就是小宇宙。而社会也是一个与宇宙相一致的等级体系，反映了宇宙的组织结构。符合社会规范是一种有序的行为，因为个体这样做时是与整个世界相一致的。为什么？甚至地球的形状本身也在述说这个巨大的富有戏剧性的情况；当我被抛出天堂时，我像一个巨大的彗星穿过那些天球而坠落；我撞入地球冲向地心，造成了一个巨大的圆锥形深沟，那就是地狱。被推向另一边的是炼狱山，它从覆盖整个南半球的浩瀚的海面上升起，它的山顶是天堂，从那里，4条河向4个方向流淌。所有这一切都是具有高度道德戏剧性和重要意义的。所有这一切都在你们的世界中消失了，我的朋友，我想知道你们所找到的可以取代这一切的东西是什么。

史学家：无论如何，现代科学让我们看到了一个真正令人敬畏 161
的宇宙，远比你的微不足道的中世纪的宇宙更令人敬畏、更富有戏剧性。

撒　旦：的确是这样。但是，你发现你们的神话中心和有限的天球了吗？你可能不再期望以物理世界作为指导你生活的模式和规范了。你被抛向你自己，抛向内在的世界，在那里，所有规范都是变动不居的，每一个人都必须通过不同的路径走向失去的乐园，并在令人恐惧的孤独中寻找

> 实现生命的意义的道路。我想知道：你的宝贵的理性是否愿意承受这可怕的负担？

十四世纪的人们不必花很多时间在世界中寻找理性的局限性的迹象。想一想医生们面对黑死病(淋巴结鼠疫)时的无计可施吧，这一瘟疫在十四世纪中叶左右使欧洲遭到了沉重的打击。他们可能在被感染的空气、行星有害的会合或犹太人那里发现了瘟疫的病因；有一位编年史作者甚至把瘟疫归咎于女性时尚的一种变化。清醒的推理与疯狂的怀疑混在了一起。

医生们并没有放弃。他们尝试着一切办法：焚烧香木、限定饮食、放血、在皮肤上切缝以及许多其他疗法。但是最终，人们还是死了——死亡的数目令人震惊，而医生们无可奈何。人类的科学多么的虚弱，而且似乎最终要面对成堆的尸体和无处不在的死神。的确，把理性与想象结合起来运用可能会导致奇迹的发生，但是正如哈姆雷特(Hamlet)所说的那样："在这天地间有许多事情是人类哲学所不能解释的。"

延伸阅读建议

Clagett, Marshall. *Nicole Oresme and the Medieval Geometry of Qualities and Motions*(《尼古拉·奥雷姆与中世纪关于质和运动的几何学》). Madison: University of Wisconsin Press, 1968.

——. *The Science of Mechanics in the Middle Ages*(《中世纪的力学》). Madison: University of Wisconsin Press, 1959.

Crosby, H. Lamar, Jr. *Thomas of Bradwardine*(《布拉德沃丁的托马斯》). Madison: University of Wisconsin Press, 1955.

Duhem, Pierre. *Le Système du Monde: Histoire des Doctrines Cosmologiques de Platon à Copernic*(《宇宙体系：从柏拉图到哥白尼的宇宙论学说史》),

10 vols. Paris: Hermann, 1913 - 1915.

Grant, Edward. *Physical Science in the Middle Ages*(《中世纪的物理学》). Cambridge, Eng.: Cambridge University Press, 1977.

Moody, Ernest A. *Studies in Medieval Philosophy, Science, and Logic*(《中世纪哲学、科学和逻辑研究》). Berkeley: University of California Press, 1975.

Ozment, Steven. *The Age of Reform* 1250—1550(《1250 年—1550 年的改革时代》). New Haven: Yale University Press, 1982.

Wilson, Curtis. *William Heytesbury: Medieval Logic and the Rise of Mathematical Physics*(《威廉·黑茨伯里:中世纪的逻辑学与数学物理学的兴起》). Madison: University of Wisconsin Press, 1960.

间奏曲:小鸡与科学方法

有一个关于小鸡的故事。伦敦大学的约翰·威尔逊教授在非洲组织一场抗击蚊疫的战斗。他拍了一部短片以证明预防幼虫泛滥有各种方法。他把大约5分钟长的这部电影放映给一些村民看,然后他问那些非洲人他们看到了什么。他们回答说:“一只小鸡”。

威尔逊和他的同事感到迷惑不解:这部电影不是关于小鸡的。不过,他们把电影又放了一遍,这一次,在画面的角落,他们看到了一只小鸡漫无目的地闲逛,画面仅仅有一秒钟。

对于这些非洲人来说,这是画面上唯一有意义的事情——他们唯一看到的“事实”。在他们的经验范围以外,其他一切都是没有意义的而且实质上是不存在的,有意义的只有那只小鸡。威尔逊说,他们也不习惯从整体上来观看画面,把不同的画面组合成一个视觉统一体。因此,他们不可能“谈论它”。①

我们就是那些非洲人,因为所有事实甚至所谓的科学事实都像是这样。它们依赖于主观评价。它们并不是原原本本、彻底和毫无掩饰地呈现给我们的;相反,它们是在充满预先期望的工场尤

① 参见米尔恰·埃利亚代:《日记(二)1957年—1969年》(*Journal II* 1957—1969),小弗雷德·H.约翰逊(Jr. Fred H. Johnson)译(Chicago: University of Chicago Press, 1989),第213—214页。

其是在语言的工场中,用习惯和文化的工具挑选和塑造的。按照 163
某些现代科学哲学家的观点,现代科学以及其所谓的科学方法就是这样。

老的科学哲学习惯于假设:现代科学基本上是经验性的——它要进行检验、观察、实验,从而使事实可以决定理论。这种方法就是导致科学革命的方法。大自然完全迫使人们因无可置疑的经验事实而拒绝老的中世纪的理性主义(一种伪装的形而上学)。从此之后,科学几乎成为了一种归纳主义者的事业。是呀,理论改变了,问题出现了。自十六世纪和十七世纪以降,从总体上讲,科学已经相当连贯了——积累了事实并借助更好的理论攀登上了真理的高山。

在这个光明的景象背后发挥作用的假设就是,现代科学已经形成了制造真理的垄断企业,现代科学(常常用技术成就来衡量)的成果就是它的方法的证明——这就好像说:"我们可以识别出一只鸡,因此,这部电影是关于鸡的电影。"

有些哲学家开始怀疑现代科学的这一精美的画面。令人惊讶的是,他们诉诸的是科学史。他们问道,这些伟大的开创者们实际在做什么?伟大的科学家们多半不是像归纳主义者那样行事:他们幻想、想象、推测、构想理论——他们甚至作弊。通常,他们只不过是拼凑事实以便使之与受宠的理论相一致。

也许,正是恩斯特·马赫开辟了这条思想路线。马赫是一个十九世纪的科学家,他认为,许多他自己假设为客观的事物是由我们会称之为主观的或直觉的因素构成的。在他的力学史著作中,马赫试图证明科学家们往往是从假说开始,然后运用经验。例如,阿基米德和斯蒂文从**理想**杠杆开始;伽利略的斜面是一种**理想**平面。只是到了后来，物理学的杠杆或平面才成为合理的。马赫认为，自然是由各种感觉构成的；它们是自然的元素。一个事实就是感觉的一个“思想符号”。自然以简单的方式**存在**；思想符号（事实）仅仅是对相对固定的或重复出现的感觉的经济解释。

有些哲学家尤其是一群被称作维也纳学派的哲学家们断定，可证实的事实必定总能够最终还原为感觉印象。他们的目标是要设计出一种理想的观察语言，该语言不超出感觉材料的范围，并且与严格的逻辑规则相一致。这就是真正科学的证实理论的方法。有了这样的摆脱形而上学的语言，归纳主义就变得富有活力和令人满意了。

卡尔·波普尔说，不对，归纳主义无论采取什么姿态都不可能真正证实科学理论。那么什么是可能的？波普尔把游戏改了。证实并非是真正的科学方法；使科学与伪科学相区别的是否证。科学家们检验理论，为的是看看它们是否可能被证明是错误的。一旦一个科学家发明了一个假说，它的说服力甚至合理性都依赖于
164 它怎样才能经受得住批判的火焰。科学家们常常尝试用各种特设性辅助命题来维护理论。他们花费了 1000 年左右的时间试图用各种富有创造性的思想拯救托勒密。最终他们失败了。的确，科学创造可能是偶然的甚至是非理智的，而理论最初可能是完全远离原始的感觉资料的（没有任何人**体验到**地球在运动）。不过，还有一种“科学发现的逻辑”，波普尔断言，那就是否证。否证论认为，最重要的是，理论**必须是**可检验的。一个理论并非仅仅需要诉诸证实，它们必定要阻止一些随后可能会受到检验的事情的发生。一个像占星术那样可以把任何检验搪塞过去的理论，是模糊的理论。例如，就与太阳的距离而言，第三接近它的是运动的地球，哥

白尼理论论述了运动的地球,该理论似乎会导致传统的地心说的占星术的毁灭。但事实并非如此——它只不过使问题变得更复杂了(必须在计算行星和黄道的运动时把地球的运动也考虑进去)。此外,推翻天体领域与月下领域之间的亚里士多德城墙,并没有使占星术(以及巫术的诸多其他分支)失去十分重要的思想后盾。占星术幸免于难。一个好的理论包含着他自己被摧毁的可能性。

波普尔的否证说坚持认为,实验的支配权是科学进步的引擎。1962年,托马斯·库恩的《科学革命的结构》(*The Structure of Scientific Revolutions*)出版了。库恩写道,任何已被确立的科学基本上都是保守的和非历史的。教科书倾向于把一批公认的理论**和**观察或实验结果介绍成**仿佛**大自然自始至终就是以这种方式运行的。从某种意义上说,一个研究者共同体对某一理论的接受,已经**注定**他们可能希望在他们的实验中看到什么结果。科学家们所看到的东西依赖于他们期待的是什么,他们所期待(考虑)的东西依赖于他们以前的经验(他们所受的教育)告诉他们将看到的是什么。如果你像亚里士多德那样去观察世界,那么,事实将是亚里士多德式的,而你的问题、方法以及整个科学也都是如此。改变你的科学就是改变实在。

科学像一个从一个角色转向另一个角色不断变换面具的演员。舞台始终是相同的,但对白和装束是不同的。库恩把这些角色称作"范式"。一个科学范式就是一出包罗万象的戏剧,其中不仅包含了理论,而且包含了实践、规律、工具、方法,当然还有事实。一个范式的事实可能是另一个范式的假定。当问题出现时,共同体成员会制造出各种补丁(共同体成员中没有人试图推翻范式)。如果这样不成功,他们就会把问题当做形而上学(或者某种类似的非科学的东西)予以扫除。只有另一个范式才能推翻已确立的范式。两个范式之间的这种战斗被称作科学革命。

合理性本身可能是范式决定的。因而,在两个竞争者之间不存在真正合理的判断。通常,某种危机已经大到不可忽视时,革命就开始了。无论如何,当灰尘被清扫之后,旧的范式就会被新建立的共同体忘掉,或者被他们看做是错误的。而由于教科书都是革
165 命的幸存者写的,革命已经看不见了……为什么?事实始终是这样!幸存者不再使用旧的语言。

库恩后来修改了他的命题:他认为,一般而言,科学在内容和成就两方面基本上是进步的。不过,如果合理性本身是范式决定的,那么难以理解:无论是谁怎么会作出这样的判断。我们应当要求有一个普遍的合理性的标准,这个标准的尺度中完全排除了所有假设。此外,把科学史上的任何一个时期说成是"常态的"(即罕见的革命爆发之间的那些平静的时期),即使不是不可能的,也是很比较难的。

人们甚至可以比库恩走得还远。人们有可能指出,如果现代科学与它的合理性规则非常紧密地联系在一起,那么它可能就不会以它现在的形式出现。保罗·K.费耶阿本德在1975年出版的题为《反对方法》(*Against Method*)的著作中就是这样做的。费耶阿本德也研究科学史,对于那些寻求绝对标准的人来说,他的结论是相当令人震惊的。在任何已知的历史时期,理性常常被说成是无效的;方法论也常常被说成是无效的或者根本就不存在的。理性主义者最为自豪的那些科学的胜利(如本书余下部分所介绍的那样),可能只发生在这样的时期:某个人拒绝了公认的方法论和事实,并且以某种基本上是机会主义的、非理性的有时还要毫无顾

忌的方式行事。证明和证据往往会成为障碍。

甚至对科学相对于其他理解自然的方式具有优越性，费耶阿本德也提出了质疑。科学的优越性只有从其内部而且是根据其规则来看时才存在。要想做到真正的客观（这是一个在所有理性主义者的说教中都可以看到的词），我们必须把我们的科学与某种**相反的**传统平等地来衡量，根据那种传统**自己的**主张理解它。（技术不会是这样；毕竟，神秘主义者远在太空旅行之前就已经访问了诸星辰。）对于任何传统，称它是不合理的或非科学的而不假思索地予以拒绝，事实上是一种教条主义，它会使我们自己的科学成为不可能。我们根本不可能脚踩两只船。

尼采在某处曾警告说，我们应当注意我们自己驱逐的魔鬼：我们可能需要它们。费耶阿本德说，这也适用于科学。科学需要一些完全不相称的、表面上看对立的思想和构想，以便说明它自己的无形的偏见。它需要过失，而且是大的过失。它需要错误。看似矛盾地讲，对科学来说最令人不满的东西可能就是所谓的科学方法——任何科学方法。费耶阿本德写道，我们需要一个梦想世界，以便揭示我们认为我们居住于其中的现实世界的特征……而这个世界可能是另一个梦想世界。我们必须有目的地创造神话（他称之为理论的反归纳和增生），以便使我们称作科学真理的神话更加显著。而且——也许最重要的是，费耶阿本德警告说，如果我们希望在一个真正的自由社会中生活，我们就必须抵消科学巨大的社会权威和教育权威。教育不可能既是教条式的，同时又期待培养出具有创造力和想象力人，亦即那种创造了西方科学的人。

因此，对所有神话必须给予均等机会。人们理解世界有无数方法，必须让所有这些方法都有自己的发言权，有机会申明它们对 166

实在的主张。谁知道未来的结果和方法可能是什么?

我们关于历史的确有一种模糊的和不完整的描述。那么,接下来的问题就是,这些神话中的一个——亦即我们所说的现代科学是如何诞生的。

延伸阅读建议

Feyerabend, Paul. *Against Method*(《反对方法》). London: Verso, 1978. Revised edition, 1988.

——. *Science in a Free Society*. (《自由社会中的科学》). London: Verso, 1978.

Hesse, Mary B. *Revolutions and Reconstructions in the Philosophy of Science*(《科学哲学中的革命与重建》). Bloomington: Indiana University Press, 1980.

Kuhn, Thomas S. *The Structure of Scientific Revolutions*(《科学革命的结构》), 2d ed. Chicago: University of Chicago Press, 1977.

——. *The Essential Tension*(《必要的张力》). Chicago: University of Chicago Press, 1977.

Mach, Ernst. *The Science of Mechanics*(《力学》), trans. Thomas J. McCormack, 3d ed., Lasalle, Ill.: Open Court, 1974.

Munévar, Gonzalo. *Radical Knowledge: A Philosophical Inquiry into the Nature and Limits of Science*(《激进的认识:对自然与科学的限度的哲学探索》). Indianapolis: Hackett, 1981.

Popper, Sir Karl R. *The Logic of Scientific Discovery*(《科学发现的逻辑》). London: Hutchinson, 1959.

第 三 部 分

科学革命

第十二章　文艺复兴："人们能够做他想做的一切事情……"

莱翁·巴蒂斯塔·阿尔贝蒂是一个具有代表性的"文艺复兴式人物"。他1404年出生在热那亚，1472年辞世。他是一位职业艺术家，也是一位体育家，同时还是一位自学成才、自己谱曲的音乐家。他还曾研究数学、物理学、建筑学甚至教会法。阿尔贝蒂将其掌握的科学知识运用于绘画和建筑这样一些在中世纪一直被视为简单工艺的学科之中。而且，他为自己的独立性感到非常自豪，鄙视学校及其沉闷的学究气。在他看来，自然本身已经老态龙钟、倦怠不堪，因为几乎没有什么伟大的智者能够不依赖教师或榜样而丰富和拓展知识，发现全新的艺术和科学。如果能够做到这些，我们将是多么的荣耀！这是完全可能的，因为"人们可以为所欲为"。

雅各布·布尔克哈特站在十九世纪的角度，把阿尔贝蒂和文艺复兴时期意大利其他伟大人物称为"全面手"(all-sided men)——*l'uomo universale*。这些"全面手"摆脱了中世纪意识的绝对束缚，高扬个性，坚持区别于行会或学校的独特性。他们冲破经院哲学的藩篱，对古代进行再发现。布尔克哈特认为，这些全面手坚持其主观的独立性，而这又使得他们能够更客观地观察自然。他们重新发现的古代，除了亚里士多德的著作外，还包括毕达哥拉斯、柏拉图、伊壁鸠鲁、斯多亚学派、西塞罗等的著作。布尔克哈特说,他们是“现代欧洲的第一批子孙”。

围绕着布尔克哈特关于文艺复兴的现代主义观念,发生了一
168 场非常激烈的争论。一些历史学家甚至走到否认存在“文艺复兴”这样一个抽象概念的地步。在科学史领域,这个问题甚至更为复杂。皮埃尔·迪昂(Pierre Duhem)认为,现代科学诞生于十四世纪的经院学派之中,而且经过长期斗争才最终获得胜利。由于痴迷于古代,所谓文艺复兴其实是一种反动——是枯燥乏味的,没有什么科学的内涵。它的主题毕竟不是科学,而是人文研究(*studia humanitatis*),是修辞、历史、诗歌和道德哲学这样一些学科。甚至布尔克哈特也不得不承认,这些主题以及将其纳入教育规划的人文主义者,可能使对纯科学的追求大打折扣。

但是,我们应当稍作反思。除了经院学派富有想象力的智力活动,人与自然的交互作用是以一个更大的规模而展开的。在任何时代,现实的生活问题必然要求进行呼吁理解这种交互作用的活动。手工艺人、工程师甚至艺术家都直接与自然打交道。商人们将数学用于记账,计算票据、信贷和债务。例如,负数的概念在计算商业交易方面是有帮助的。商人不为关于某个负的东西的概念中所固有的逻辑矛盾担心。如果有用,那用它好了!总之,与在现实生活中直接与自然打交道的目标相比,理性地理解和把握自然毕竟是第二位的目标。

古希腊人一直将技艺(technical crafts)与哲学区分开来。在他们看来,对自然的任何具体操作都会称为一种艺术,并最终成为哲学。在古希腊人中间,**没有什么物质文明(*material progress*)的概念**。在中世纪的思想家们那里,情况大致也是如此。如果说科

学在中世纪文化中占有一席之地——这也是我们研究它的目的所在，那么也就应当肯定学校的风格所发挥的作用。总体而论，他们的科学确实比较成功地回答了他们提出的问题。

但是，在学校之外，世界是处在变化之中的。国家君主制正在形成，这些君主政体声称为了人民的忠诚，在某种意义上也是为了他们的心灵和灵魂，而向普世教会提出挑战。在意大利出现了许多由靠自己的力量取得成功的王子统治的城邦，这些王子的合法性建立在其个人名望的基础上，而不是来自对中世纪忠诚的半宗教的敬畏。新的财富之路正被打开，商业正在与作为富裕的一个重要源泉的封建土地所有制展开竞争。伴随着这个新生商业阶级前进的脚步，遵循马可波罗等旅行者故事的指引，欧洲世界得到极大扩展。欧洲之外的世界越来越引起人们的兴趣和好奇，它吸引着那些渴望亲眼目睹这个外面的世界的奇妙之处而非通过普林尼或伊西多尔提供的二手资料去了解这个世界的冒险家们。文艺复兴时期是航海家的时代。

君士坦丁堡于 1453 年被土耳其人攻陷，甚至在此之前，它与外界的联系就不断增多。拜占庭学者来到意大利并开始学习希腊
语。到十五世纪，人们可以阅读古人著作包括柏拉图所有对话录 169
的原文。古希腊科学的标准文本也有原文可供阅读。因此，托勒密的天动学说和亚里士多德都可以根据历史记载进行研究，而且，人们也不再把他们显而易见的错误和矛盾之处归咎于翻译上的缺陷。另一项具有重要意义的进展，即印刷机在德国的诞生，对知识更为广泛的传播产生了很大的推动作用。

战争艺术也经历了巨大的变化。英国人和法国人之间的百年战争（The Hundred Year' War）开始主要是一场封建阶级之间的

冲突。1453 年，法国人最终将英国人驱赶了出去。这时，军队已经变得职业化了，加农炮开始取代石弩。新的军械要求改善采矿和冶炼的方法以及防御的方式，以便抵挡得住炮火的攻击。新出现的问题向工程师和数学家们以及众多领域的技工提出了挑战。这样一些改进反过来又增强了新兴民族国家的绝对实力。战争给国家带来的财政负担，以及技术的不断改进，使得这些国家越来越依赖于国际上的大银行和信贷市场。市场和国家之间的相互渗透开始了。由于暴力具有了这样一种新的合理化形式，中世纪自给自足的、地域性的经济模式逐渐退出历史舞台。[①]

无疑，新财富的最初来源是贸易。意大利城邦早就确立了其在地中海的垄断地位。在地中海，依靠传统方法的航行是相当容易的。但是，葡萄牙等迫切希望打破意大利对东方贸易垄断的大西洋国家，却不得不面对在公海航行产生的巨额费用问题。解决这一问题，要求有更好的设备和更精确的数学方法。基于天文观察的纬度比例尺必须与根据预计直线距离和磁方位角而绘就的海图相一致，而经度的判定则要求掌握数学投影法——所谓数学投影，在几何学上表示一个平面上的球形地面。

天文学在航海特别是在公海航行中的应用，要求图表更为精确化。像萨克罗博斯科的《球体》(*Sphere*)这样的书，对航海家来说是没有什么用处的。旧时对《天文学大成》(*Almagest*，亦称《至大论》)的翻译存在许多错讹之处，而这对大海上的航行来说可能是致命的。比《天文学大成》早两个多世纪的《托莱多星表》(Tole-

① 参见威廉·H. 麦克尼尔(William H. McNeill):《权力的追逐》(*The Pursuit of Power*, Chicago: University of Chicago Press, 1982)，第 3 和第 4 章。

do Tables)同样也存在严重的不精确的地方。因此，在维也纳大学，乔治・佩尔巴赫和他的学生约翰・缪勒(人们通常称呼他雷乔蒙塔努斯)开始努力纠正这些错误。他们甚至到罗马去仔细查对希腊文的《天文学大成》。1461 年佩尔巴赫去世后，雷乔蒙塔努斯完成了他们共同开始的工作。

当然，谁都知道哥伦布在 1492 年"发现"了新大陆。但是，他 170
的名望是建立在一个数学错误的基础之上的，而新的航海家们一直在努力避免这一错误。哥伦布采用了十世纪阿拉伯天文学家阿尔・法甘尼不正确的计算结果[罗杰・培根最先记载，哥伦布在皮埃尔・德埃利 1410 年编就的《世界形象》(*Imago mundi*)中发现的]。德埃利认为，当法定英里数为 60 时，赤道上经纬度的长度是法定英里的 $56\frac{2}{3}$。因此，哥伦布相信，从加那利群岛到东方的距离只不过 2500 英里。往西航行到达印度群岛的想法同亚里士多德一样古老，但问题是太遥远了。不过，靠着自己的信念，也由于数学计算上的错误，哥伦布作出了这样一个尝试。而且，他很可能还未充分意识到他的伟大发现就死去了——他认为他已经踏上了印度的土地，甚至可能到了伊甸园。

当哥伦布到达"印度"时，他大概希望能够亲眼目睹普林尼等人曾经描述过的独角兽。绕行非洲到达印度的葡萄牙的航海家们也怀抱这样的期待。对跖点(Antipodes)在哪里？西奥波德人(独腿族，Sciopodes)又在哪里呢？热带地区毕竟还是可以居住的。大家可以观察一下，托勒密和亚里士多德同样是容易犯错误的。他们甚至不知道有美洲这样一个大陆存在(有两个这样的大陆都没有被提及)。经验证明他们错了甚至无知。而且，如果他们在这些事情上被误解，那么……

在这些航行当中，没有哪一次曾试图证明亚里士多德的错误。一直持续多年的错误是在追求其他方面的目标时被无意发现和揭露的。在商业贸易中，它们是讲得通的。但是，十六世纪的人文学者、卓越的数学家杰罗拉莫·卡尔达诺曾经认为，所谓负数是虚构的——是不可能存在的数字。另一方面，经常与斜面和重心打交道的来自布鲁日的军事工程师西蒙·斯蒂文接受了阿基米德的穷竭法(method of exhaustion)。但是，尽管希腊人总是留下些什么——一个有限区域中的无穷数字是不合逻辑的——斯蒂文还是说，实际上没有什么不同，持续的分化都小于任何已知量，所以事实上没有什么留下来。斯蒂文和卡尔达诺都使用了无理数。零作为一个数字而被接受。斯蒂文或许将小数用于分数的运算，以节省计量上的劳动力。大约在1594年，约翰·纳皮尔提出了对数的概念，从而使三角函数的计算容易和简便得多(对数指的是这样一个一个指数，如果一个数 a(通常被称作底)的这个指数的幂必然是一个已知的数 N，那么这个指数就是以 a 为底 N 的对数)。简而言之，人们将运用旧时的科学传统可能认为是不合理的方法对待自然。

在某种意义上说，哥伦布“发现”美洲是一个错误。他整个的探险是建立在错误的数学前提之上的，而且他的最终目标是东印度群岛。所以，也可以说，哥伦布是一个失败者。但是，哥伦布航行和其他探险家旅行所取得的成果则是巨大的。关于这个新大陆，社会上逐渐形成了这样一种观念：那是一个知识的美洲(America of Knowledge)，是一个像物质的大陆一样等待发现的
171 全新的、超乎想象的、神秘的、知识的陆地。但是，在大学校园里，

在亚里士多德和盖伦的作品中,人们是不可能发现这些大陆的。就像哥伦布一样,我们充满智慧的新的探险家不得不离开十分熟悉的海岸,驶入未知的世界。古代壁垒仿佛在一夜之间分崩离析,广袤神奇的新大陆实际上为人们提供了巨大的扩展想象力的空间。

如果不是哥伦布们如此冒险和执著并因此走上歧途,如果不是他们的行为如此傲慢无理,如果不是他们违反了已被证明和接受的科学原理,所有这一切都将是不可能的。

而且,也正是从此开始,人文主义者在科学史中所处的地位越来越重要,尽管这不是出于布尔克哈特所设想的原因。事实上,人文主义者的重要性和意义很可能与布尔克哈特的认识到恰好相反。他们不是现代人的先驱,而是代表着一种建立在幻想之上的不可思议的神秘的世界观,即把这些品质投射到物理性质中去。因此,文艺复兴时期的典型人物不是布尔克哈特所说的人文主义者,而是占星家,是研究神秘的新柏拉图主义、赫耳墨斯神智学即整个神秘哲学的能手。

在整个中世纪,有时我们能够察觉神秘主义的源流,就如同人们发现许多直流的山林小溪。溪流的发源地是变化的,而且有时确实难以追寻到它的踪迹。卒于1315年的雷蒙德·吕里曾经谈到过一种数学的普遍的艺术,即可以运用符号和几何图表阐释宇宙的创造力和基督教的真理。占星术、炼金术和整个的赫耳墨斯神智学,都是这个传统的有机组成部分。然而,总体上说,它是零散的、多样化的和非连贯的。它的片段散乱无序,而且也不完整。文艺复兴时期的人文主义者使这一源流从其古代发源中得以复活,而且现存的关于这一源流古老创始人的著作是他们最早撰写的。

神秘主义在文艺复兴时期的复活也许存在某些心理的原因。十四世纪是一个频繁发生各种空前灾难的时期。可怕的瘟疫、百年战争的蹂躏、教会遭遇“巴比伦囚虏”导致人们在精神和灵魂的幻灭。在普通人看来，世界似乎正在走上崩溃。艺术家们开始描写死亡人物，而且令人毛骨悚然的生动场景中的尸体被渲染得愈加腐烂。十五世纪，开始流行魔鬼附体的说法。1484年，驱鬼得到教皇的正式支持。苦修者漫游乡间山野，异教运动不断壮大。甚至在十五世纪的一些哲学家中间，我们也能够察觉柏拉图主义和数学神秘主义的再度流行。

库萨的枢机主教尼古拉斯就是这些哲学家当中的一个。亚历山大·柯瓦雷把尼古拉斯称作“垂死的中世纪最后一个伟大的哲
172 学家”。① 像柏拉图一样，尼古拉斯认为世界是处在不断变化之中的，是多样化的。但是，在上帝那里，所有的对立面，所有的矛盾和差异都将归于一个统一体（Unity）。尼古拉斯问，我们怎样理解有限之物与这个无限的统一体之间的关系呢？为了回答他提出的问题，尼古拉斯这位形而上学家和神学家转而求助数学。

我们以几何学中完全相反的两种形式即直线和曲线为例。现在，我们试着想象一下有一个无限大的圆圈。与我们有限的理性相反，这样一个圆圈的周长不断地延展，直到它变成**直线**——切线。在这个无限大的圆圈中，两个对立面是重合的。对于运动来说，这同样适用。一个以无限大的速度运动的物体与一个处在绝对静止状态的物体是同时存在的。但是，我们的理性完全不能理

① 亚历山大·柯瓦雷：《从封闭世界到无限宇宙》（*From the Closed World to the Infinite Universe*，Baltimore：Johns Hopkins University Press，1957），第6页。

解这样绝对的情况;它们是荒谬可笑的。这样一些谬论使我们明白了尼古拉斯所说的“博学的无知”这一信条的含义。这是因为,数学的概念,无论是理性的还是非理性的,都是理想化的东西,而且世界只不过是柏拉图主义哲学关于绝对者的虚幻影像。

尼古拉斯从其博学的无知这一信条引申出某些值得注意的宇宙学的结论。宇宙不可能有什么**绝对的**中心,上帝仅仅是超形而上学的想象中的中心。而且,这个超越理性而存在的中心也是周界。这也适用于一个**绝对**有限的宇宙:不存在什么**绝对**最终的封闭天球,也不可能存在什么**绝对**静止的物理状态。由这些断语必然得出如下结论:物质的地球是运动的,而且在任何绝对意义上说,都不可能是宇宙的中心。对观察者来说,对宇宙的任何合理解释都完全是相对的,而且人类宇宙学也确实不能对世界作出完全客观的描述。

如果赞同库萨的尼古拉斯的说法,那么亚里士多德宇宙的定性结构就不再具有任何意义。人类理性根本不可能完全肯定地断言地球是基础或者天堂是完美的。因此,没有什么理由认为地球上的居民无论如何都要比其他世界的居民低下。如果后者(天使?)更完美,那是因为他们享有的存在的知识和精神实质更多。但是,人类只需要完善他们自己的本性,而不必祈求拥有另外一种本性。

我们应注意到枢机主教思想的胆识所在。宇宙是无定限的(只有上帝才能被恰当地称之为是无限的),而且其他世界也许是有人居住的。宇宙到处都有它的中心,而且无论任何地方都没有它的周界——地球是处在运动中的。亚里士多德将天和地分开,贬损后者,认为地球为“卑劣和低下的”。这个形而上学的信条使枢机主教感到愤怒。他义正词严地说,地球是和其他星球一样高贵的,而且它也不是像亚里士多德所说的那样容易腐蚀的,因为在月球之上和四元素之下,不存在任何其他的以太。

这里,我们再次看到了对亚里士多德-托勒密宇宙论的一次严厉抨击。这一抨击不是出于什么经验的原因或由于某个方面的
173 弄虚作假,也不是由于什么技术问题,而是出于神秘主义和形而上学的异议。文艺复兴时期的人文主义注重人的高贵和尊严,实际上源于基本的宗教信条。尼古拉斯也许不是中世纪最后的哲学家:他可能是文艺复兴时期神秘宇宙论的第一个思想家。

这里似乎还暗含着其他某些方面的意思。谁能说人类一定是堕落的或地球就一定比其他星球少什么?我们的心灵也许是不能如我们所愿不断改进的?也许我们不能通过激发进步的观念去回答撒旦的诘难?这是中世纪一个奇怪的想法。

但是,不应将这一进步观念与此后类似的观念相混淆。文艺复兴时期的占星家是从神秘主义再生的角度看待进步问题的。他们所说的进步,指的是人类重新恢复他们堕落时已经丧失的对自然的支配。在自然中活动的占星家同时也在改变着他自己。我们在罗马帝国末期赫耳墨斯名下的原始文献中可以看到早期的神秘力学。人文主义者不仅复兴了柏拉图和新柏拉图主义,而且使最伟大的赫耳墨斯的神秘宇宙论得以重生。1462 年,科西莫·德·梅迪契在佛罗伦萨附近为人文主义者马尔西利奥·菲奇诺提供一处别墅,让他从希腊文翻译柏拉图的著作。但是,在科西莫收藏的手稿中,却有一组被认为是赫耳墨斯所写的论文。这些就是菲奇诺在所谓的佛罗伦萨柏拉图学院最早的译作。

历史学家弗朗西斯·耶茨在赫耳墨斯名下的文献中看到了现

代科学兴起的前奏。出人意料的是,这个前奏却具有从其神秘宇宙论起源的**巫术**的性质。文艺复兴时期,赫耳墨斯被认为是一个真正的埃及祭司。他大约生活在摩西时代,其教义是毕达哥拉斯、柏拉图、普罗提诺学说的重要思想来源。赫耳墨斯的著作通常是兼收并蓄和前后矛盾的,但似乎仍然有一个中心主题:整个宇宙充满一种宇宙精神,一种宇宙之魂(*spiritus mundi*),它由上帝通过天球转接,规制、协调和维持着我们所处的这个世界。在物质和精神之间确实不存在什么差别,但是却存在关于真正现实即遍及一切的宇宙之魂的投影。因此,我们听到赫耳墨斯就力的本质对他的学生塔特(Tat)说道:每一种力都是无形的、永久的,是在甚至包括原木、石头等在内的所有物体中发挥作用并因此将一切事物联结在一起的。宇宙充满着这样一些无形的力量,它们是一个有机的统一体(Unity),其中每一个部分与其他部分之间都保持着一种和谐的联系,就像人体的各个部分共同构成一个健全的机体一样。因此,色彩、数字、字母和其他符号都是理解这个统一体以及这些力量的性质和用途的密码。

在赫耳墨斯的宇宙中,人本身扮演着几乎是上帝般的角色。我们还听到赫耳墨斯说,人由于其心智而与诸神近似,而且由于其虔诚和奉献而使他具有了一个神的属性,好像他本身就是一个神……思维敏捷使得他能够洞察各种元素,能够穿过最黑暗的夜 174
晚用心灵凝视愚钝的地球。因为“人就是一切,人无处不在”……因此“人就是一个奇迹,就是阿斯克勒皮俄斯……”

人是物质世界的组成部分,但人也被赋予了非凡的创造力。抛却了对肉体的关注,男人和女人都能够对自然施展这一创造力,而数学则是关键所在。洞穿一切的神灵正是运用尺度和符号这样做的。熟练掌握关于这个数学和谐的知识，不仅能像柏拉图所说的那样使心灵变得崇高，而且能够使人们掌握和控制自然。事实上，操作和创造的能力以及应对和控制自然力量的能力，是占星家们的最高目标。我们将不再仅仅沉思这个世界。

我们在阿斯克勒皮俄斯那里发现，埃及的占星家乞灵于上天的力量，而且在物质的影像中复制这些力量。因此，由于人的操作，惰性物质被注入了一个活生生的灵魂，被注入了一种**力量**，它使得雕像得以**活动**起来。在后来增补的文献大全《皮卡特立克斯》(*Picatrix*)中，占星家们把护身符用作一种控制外部事件的工具和手段。菲奇诺本人的哲学反映了这样一些思想。他认为，在符号和事物之间存在一种真实的联系。运用适当的公式操作语词和思想，也就是操作真实和本质的自然。数学公式是破解自然和谐之谜的伟大钥匙。这些钥匙不是惯用的和虚构的，而是完全真实的。自然是通过比例表现自己的，人则依靠精通关于这些比例的公式而控制事物。巫师是一种精神机械师。

的确，占星家们的目标与现代技术的目标没有什么不同：进行远距离通讯联系，迅速运输自己和物体，进行太空航行，访问其他星球，实现各种各样的治疗，等等。就像现代技术一样，巫术也越来越专业化。我们有自然巫术(Natural Magic)，它利用的是元素世界的神秘财产；我们还有天体魔法，它包含占星术。此外，我们还有仪式魔法，它寻求精神存在的帮助。当然，还有炼金术，而且在广义的范围内甚至还要细分。

此外，这个宇宙有机体和宏观世界的结构都反映了其精神的充实。菲奇诺写道，世界的灵魂集中在太阳之中，由此向宇宙的所有部分延展，正如在宏观世界中那样。人的灵魂存在于内心，而且通过精神辐射到全身。菲奇诺继续说道，所有事物都具有诸星赋予它的神秘的性质，而且由于具有这样一些性质——通过对这些性质的操控——我们的精神对天体产生影响。

皮科·德拉·米兰多拉在《奥秘教义》(Cabala 或 Kabbalah，
一部犹太神秘主义的著作)中发现了相同的原则。希伯来语的字
母与数字是相互对应的，它提供了一种运用魔力的方法。十六世
纪的术士亨利·科尼利厄斯·阿格里帕曾经写道，数学科学的应
用使术士们能够掌控行星天使的活动。也是在十六世纪，法比奥· 175
保利尼曾经谈到过"神奇的机器"。再后来，1628 年，托马斯·康
帕内拉劝服教皇乌尔班八世住进一个密封的房子，房子里有 7 根
蜡烛，以便化解日食或月食时可能发生的潜在危险。这些蜡烛象
征着天体，而且康帕内拉把它们置于有力的合点上，这样教皇就能
够吸收它们有益的影响——就如同一次魔法灵光浴。

术士们的这种宇宙论一直被人们称为文艺复兴时期的自然主义。的确，它强调经验论和人对自然的控制，强调毕达哥拉斯学派以太阳为中心的宇宙。但是，它与文艺复兴的古老的现代主义的解释却有着相当大的不同。

自然充满着精神的力量，自始至终富有生气，是一个比现代性删减过的自然更大的范畴。而且，菲奇诺或德拉·米兰多拉的哲学与学校里所顺从的沉思或理性的"按照想象"的飞行又存在这多么大的差异。在标准神学——当代的常规科学——中，进步、改良的观念是超俗的、救赎的，甚至是天启的。文艺复兴时期，从人那里获得神秘重生的术士们，在这样一种风气之中，也只能代表最荒谬、最无理的哲学(而且我们也将看到最杰出的哲学之一，即乔达诺·布鲁诺的哲学。布鲁诺 1600 年在罗马被以火刑处死)。

我们或许可以说,在文艺复兴时期有两次科学革命,它们有着相似的目标、相似的观念,两者互为来源,从彼此那里获取各自的养料。第一次是术士们的革命,虽然最终失败了,却为第二次革命即力学的革命奠定了基础。但是,那时两次革命之间的界线很可能是不明显的。

当然,文艺复兴时期科学家最典型的象征是列奥纳多·达·芬奇。不过,他的笔记本中所蕴含的思想对于科学发展的进程并没有产生多大的影响。他强调技术工程,重视实验的运用,而且将数学与经验主义相统一,这是使他成为人们视野中的杰出人物的重要原因。我们在中世纪就没有看到这种事情吗?差异何在?列奥纳多所说的科学,并非只是"拯救现象",而是去详尽地掌握自然的设计,完全地抓住它。他所说的科学活动,并不是盘算或者批评古人,而是出去寻找自己。在他看来,书籍很可能是知识的一个来源,但它们却不是唯一的来源乃至最好的来源。他认为,人类具有创造自然中并不现实存在而只是可能性的事物的能力。没有得到实验或经验支持的想象不过是虚梦的一个来源。列奥纳多不只是欢迎变革——变革正是他的热情所在。

列奥纳多是一位艺术家。对于他来说,绘画并不是像中世纪那样简单的手工,而是一门科学,因为它是建立在人类崇高的感觉和视觉之上的。艺术家观察自然,用心把握自然,在画布上再现自然。再创造需要一定的技巧,因为绘画必定是对现实的精确复制。
176 因此,艺术家必须知晓透视原理。列奥纳多在这一领域的前辈不是别人,正是阿尔贝蒂。阿尔贝蒂在他的眼睛和背景之间放置了一块透明的屏幕,想象光线从背景之上投射到屏幕的若干点上。如果屏幕是画家的画布,那么这些点就构成画布的一个截面,而且从这个截面延伸到眼睛的光线就恰好创生出最初的背景。由于这个截面也取决于观察者眼睛的位置及背景的位置,所以我们可以有同一背景的许多截面。那么,不能透视画布的画家必须借助于透视的数学定律才能实现逼真的绘画。

列奥纳多采用了透视的技巧,但他关于绘画是一门科学的思想却更进一步。艺术家必须观察自然,一层层地揭开它,直到其奥秘完全展示出来。列奥纳多认为,只有潜心研究自然的结构,才能发现这些奥秘。因此,他专心致志地学习解剖学、力学、生物学、植物学等一切可以学习的东西。他富有洞察力的眼睛能够看透皮肤、生物组织以及器官和骨骼。他反复进行仔细分析和观察,不仅仅是为了探寻形体,而且是为了弄清活生生的人体中的运动之源。他说,这些运动是建立在力学——重心和杠杆原理——之上的。因此,机械科学是最有用的科学,而且像透视一样,它是以数学规律为基础的。自然像艺术一样,是按照这样一些规律运转的。科学家像艺术家一样,是依靠经验和数学对待自然的。

列奥纳多所坚持的人类创造新事物的信念引导他将学到的这些原理运用于艺术之中。他的笔记本中充满各种各样的发明——像螺旋直升机这样的会飞的机器、战争机器、建筑以及大量的工具和器械。力学对他来说不是一个学科,而是一种使用方法。他研究了飞鸟力学,看到了飞行和游泳之间的相似之处,而且通过这个类比认真思考了人类实现飞天梦想的可能性。他的解剖学研究寻求机械学的解释。正如盖伦所认为的那样,心脏的热度是与生俱来的,但它却是快速流动的血液摩擦心室内壁和血液循环引起的。他甚至设计制作了心脏的玻璃模型。他关于动力的议论有时听起来似乎正接近一种惯性理论。他也研究天文学,认为海洋让地球闪闪发光，因而对处在另外一个世界上的观察者来说，它看起来就像是一颗星星。他甚至说，太阳是静止不动的。

尽管如此，列奥纳多也没创造出什么新的科学理论，他在数学上的实际水平也不是很高。就像阿尔贝蒂及其他许多人文主义者一样，他主要是自学成才的。毫无疑问，他的创造力来自他的独立性。虽然我们特别想把他作为一个先驱者而向他欢呼，但我们必须同时认识到，他对所处时代的科学并没有多大的影响。尽管他有独创性，但他仍然坚持某些陈旧的思维方式。运动就是背离自然的静止状态。呼吸可以使血液降温。他将力量定义为一种灵魂的本质，听起来似乎具有浓厚的炼金术士的言论色彩。另一方面，
177 他反对巫术和无形精神的观念，因为一种精神所占据的空间实际上是一个真空，而且他认为，在自然界中真空是不可能存在的。

但是，就像他生活所处的时代一样，列奥纳多是一个过渡时期的象征和标志。艺术家、工程师、巫师开始用新的眼光观察自然。在这方面，他们比得过那些也用新的眼光看待他们的亚里士多德的学者。但是，由于受到唯名论对先验假设批判的影响，这些学者暗示，一门真正的自然科学必须是以经验为根据的。另一方面，《谴责》(*Condemnation*)倾向于从经验中根除他们的想象——上帝可以成就万事。

也许这就是差别所在。艺术家-工程师、人文主义者、巫师直接与人的力量的世界联系在一起；菲奇诺和列奥纳多这些人是为国王和共和政体效力的。未来的科学可能仍将发现上帝所扮演的角色，但是上帝在科学中的位置将慢慢地被从文本的主体降至脚注。这个过程也许从文艺复兴时期就开始了——“人们能够做他想做的一切事情”。

延伸阅读建议

Couliano, Joan P. *Eros and Magic in the Renaissance*(《文艺复兴时期的爱欲与巫术》), trans. Margaret Cook. Chicago: University of Chicago Press, 1987.

Kensman, Robert S., ed. *The Darker Vision of the Renaissance: Beyond the Fields of Reason*(《文艺复兴的暗淡:对理性领域的超越》). Berkeley: University of California Press, 1974.

Kristeller, PaulOskar. *The Philosophy of Marsilio Ficino*(《马尔西利奥·菲奇诺的哲学》). Gloucester, Mass.: Peter Smith, 1964.

——. *Renaissance Thought and its Sources*(《文艺复兴时期的思想及其来源》). New York: Columbia University Press, 1979.

Koyré, Alexandre. *From the Closed World to the Infinite Universe*(《从封闭世界到无限宇宙》). Baltimore: Johns Hopkins University Press, 1957.

Walker, D. P. *Spiritual and Demonic Magic from Ficino to Campanella*(《从菲奇诺到康帕内拉的精神魔法和恶魔邪术》). Notre Dame, Ind.: University of Notre Dame Press, 1958

Wightman, W. P. D. *Science and the Renaissance*(《科学与文艺复兴》), 2 vols. London: Oliver and Boyd, 1962.

——. *Science in Renaissance Society*(《文艺复兴时期社会的科学》). London: Hutchinson University Library and Co., 1972.

Yates, Francis. *Giordano Bruno and the Hermetic Tradition*(《布鲁诺与赫耳墨斯传统》). Chicago: University of Chicago Press, 1964.

第十三章　地球在旋转！

让我们想象一下，我们能够与一个十六世纪的人进行面对面地交谈，并且假设我们的幽灵是一位居住在德国某个城市的有教养的中产阶级成员。幽灵纠正道："你们说的是一个生活于神圣罗马帝国中的市民"。为阻止幽灵无休止地说下去，干脆直接提出我们的主要问题："在你看来，是什么使你所处的那个世纪成为一个革命的世纪？"幽灵很可能展开一场关于马丁·路德宗教改革的热烈讨论。对于马丁·路德所进行的宗教改革，天主教徒感到愤怒，而新教徒则满腔热情。无论是在哪种情况下，我们都会认识到，我们与之对话的幽灵关于革命的概念与我们关于革命的概念是完全是两回事。幽灵对于我们的无知和学识的缺乏感到诧异，因此可能会惊呼："要与过去彻底的决裂？""不，不！革命就是向某个早先的方位或基准的回归，就像天体的 revolution 意味着天体回到它们最初的位置——即回到已被亵渎的原始的纯净。"

"而且，如果你认真回想一下你的拉丁语的话，那么你会知道，你在英文中使用的'revolution'(革命)一词源自拉丁文的'*re-volvere*'，意为'回转'、'展开'、'重复'、'重新考虑'。而且，如果你对专门的天文学有所了解，那么你就会知道，真正的、实质性的 *revolutio* 指的是巨大天体的旋转。"

"因此，当奥古斯丁隐修会会士马丁·路德将他的《九十五条论纲》张贴在威登堡城教堂的大门上——至少传说是这样——时，他的意图是回到真正的《圣经》(*Scripture*)的教会。所以，他写道：'我自愿遵从《圣经》的支配，而且也必须服从《圣经》，而不是臣服于不可靠的教义和人生……'"

"另外一场革命怎么样？那个断言地球在转动的天文学家 179
如何？"

"噢，你说的是尼古拉·哥白尼那个家伙，那个弗劳恩贝格的神甫。就在1543年去世之前，他出版了一部著作——标题是 *De Revolutionibus Orbium Caelestium*(《天体运行论》)。如果有兴趣，你可以读一读他的一些话。哥白尼曾明确说，他不辞劳苦地研究了所有哲学家关于天体运动的著作——但是，由于那个年代缺乏一种令人信服的原理，他的研究受到阻碍和制约——而且，在毕达哥拉斯的高徒斐洛劳斯那里发现了地球围绕一团中心火作倾斜圆周运动的思想。"

"不过，它的其他部分我从未读过。对我来说，它太专业了。他在序言中告诫我们，数学是属于数学家的。我由此想到，他说的是类似柏拉图学园大门上写着的那样的东西：'不懂几何学者请勿入内'"。

"但是，哥白尼让地球转动了起来！因此，这一定是一次重大的改变。"

我们暂时停止上述会话，来看看那部革命性的(这是我们用的术语)著作。在致教皇保罗三世的献辞中，哥白尼承认，说地球是运动的，在多数人看来也许是荒谬可笑的，而且"几乎"是与常识对立的。然而，最好还是遵从毕达哥拉斯学派的劝告，并且保守住这些秘密。数学家们一直无法就天体本身的运行机制达成共识，他们甚至都不确定太阳和月球的运动。因此,依靠日历的准确性进行种植和收获的贫苦农民发现,这个日历竟然都不能预告像春天开始(立春)这样简单的事情(到哥白尼那个时候,春分——北半球春季的开始——在旧的日历上大约短10天)。而且,他们已经用遍了各种各样的假设——偏心圆(eccentrics),本轮(epicycles),偏心匀速点(equants)——但他们仍然得不到什么确定性的结果。

它真的是一个有关确定性的问题吗?托勒密的天文学比较精确地描述了行星的运动,而且哥白尼"在极大程度上"承认这一点。可是,在他随后的言论中,我们开始看到另外一种也许是更重要的反对意见。在建构一个具有可行性的体系的过程中,天文学家们不得不违反"运动规律性的第一原理",而且他们也没能将宇宙的**和谐**整合在一起。他们所绘制的行星体系图,是彼此之间完全矛盾的构图的大杂烩。如果把这个体系比作一幅肖像,那么我们似乎将看到,这个艺术家从一个人物那里取了四肢,从另外一个人物那里取了躯体,脑袋则来自第三个人物,然后把它们拼在一起。结果不是一幅栩栩如生的肖像画,而是一个人为拼造出的怪物,是不可能让人赏心悦目的。但是,世界是上帝的创造物,如此一来,它必须具有适合神圣艺术家的一定的形式美。

让我们思考一下托勒密天文体系中的偏心匀速点(equant)。为了达到匀速度,托勒密选取了远离均轮中心的一个点(point),
180 但他为这个均轮选取了中心点。每个点都衡量着一种特定的现象,但是,两者合在一起则是完全不相容的。因此,才存在内行星即金星和水星的奇怪行为。它们的本轮的中心总是处在朝向太阳的一条直线上,而且这些点穿过黄道十二宫图或围绕黄道运行一周,都需要一年的时间。当它们在其本轮之上移动时,它们的会合周期,即它们与太阳形成最大角距之间的时间,将会发生变化。水星是 116 天,金星是 584 天。至于火星、木星、土星这些外行星,在黄道上到处都可发现其本轮的中心,而且这些行星在它们的本轮中的自转周期,也就是它们的会合周期。既然如此,那么从内行星的行为看,它们的公转周期又怎么会与太阳有关呢?而且,可以根据穿过本轮的不同时间对外行星进行排列。内行星却不是这样,它们的排列是很随意的。

当然,许多天文学家都注意到了这样一些难题。回溯到十三世纪,卡斯提尔和利昂的阿方索十世(Alfonso X of Castile and León)说,上帝在创造宇宙之前本应该请教他。阿方索应该是介绍了某种简单得多的东西。但是,这些异常现象正是难题所在,实际算不上什么天文学的危机。

另一方面,哥白尼显然意识到人们无论在哲学上还是在技术上对整个体系都很不满意。由于"世界机器"中缺少对称,一些纯技术的问题多次被复杂化。1473 年出生于波兰维斯杜拉河畔的哥白尼于 1491 年进入克拉科夫大学学习,1496 年赴意大利研习教会法。他还研究了医学和天文学,学习了希腊语言学——当时帕多瓦的医学院已经创立了这门学科。在这里,他可能开始了解人文主义者对古希腊传统的复兴,而且间接接触到了佛罗伦萨的柏拉图学派,毕达哥拉斯学派,也许还有《秘义集成》。其间,他在舅舅(一位主教)的保举下,谋得了弗劳恩贝格大教堂神甫的职位,且在这个职位上一直待到去世。虽然不是靠天文学谋生,但他确实一直在从事着这方面的研究,而且当教皇利奥十世邀请一批天文学家参加 1514 年的拉特兰会议进行立法改革时,还请求哥白尼提供帮助。对哥白尼来说,这个请求来的"太早了点"。这时他已经50岁，是他开始撰写《天体运行论》大约10年之后。在《天体运行论》一书中，哥白尼希望确立世界机器的数学和谐和真理。

对和谐的这般强调和重视应该使我们想起古代的毕达哥拉斯学派。确实是这样，在其早期的一个手稿中，哥白尼曾经提及毕达哥拉斯学派，提到阿利斯塔克。在毕达哥拉斯学派的信徒中，不是有一些人认为地球是围绕一团中心火运动的吗？哥白尼的学生乔治·约阿希姆·雷蒂库斯说，哥白尼为自身利益考虑，讨厌新奇的事物；他实际上已经回到了一种更古老的宇宙论学说。我们也完全可以用路德最初看待教会的同样的方式看待托勒密：托勒密的
181 复杂体系严重扰乱了古代哲学家的纯朴的和谐。所以，就像早期的路德一样，哥白尼不想推翻托勒密。相反，他希望通过追溯托勒密体系的古代源泉而精炼和完善这一体系。哥白尼是一个十六世纪意义上的革命者。

《天体运行论》无论在技术风格还是组织风格上都效仿了《天文学大成》——前者的许多假设也存在与后者的相似之处。天体的运动是循环往复、始终如一的；宇宙是一个封闭的球体。由于稍后将会考虑的技术原因，我们姑且设定地球是绕其轴心自转并环绕太阳运行的。那么，地球会飞离吗？与此相比较，我们可再思考一下，恒星的整个外层球体将会以多么快的速度转动。依靠简单的经验是无法确定的。这就好比是坐船漂浮在一个风平浪静的大海上，如果我们看见另外一条船，我们能确信是哪条船在移动吗？是我们这条船，还是我们看到的那另一条船？物体是受到地球引力的作用才落下的；引力是其他行星上也可能存在的自然倾向；地球是一个球体，旋转是一个球体的自然运动；稳定性更适合于更高贵的躯体；最后，太阳作为热和光的源泉，应当处在宇宙的中

心——这里，哥白尼把赫耳墨斯变成了他的证人。总之，我们以前就听到过这些论点。

仍然存在不少有待解决的问题，一些问题纯粹是观测方面的。地球的旋转导致了其他星体的旋转，但是一个绕轨运行的地球可能使陆地上的观察者注意到每一颗恒星相对于恒星球体极点的轻微位移。在 1838 年之前，这一被称为恒星视差的现象还是完全不明显的，是一直未被人们发现的（参见图 13－2）。于是，哥白尼不得不扩展恒星的范围，这样，相对于封闭的恒星球体而言，整个地

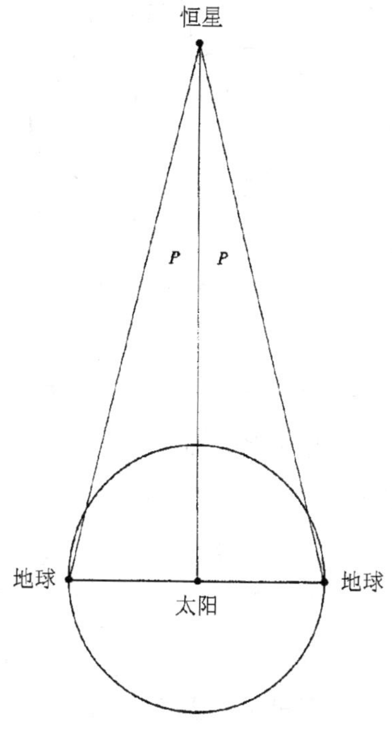

图 13－1　恒星视差“*P*”

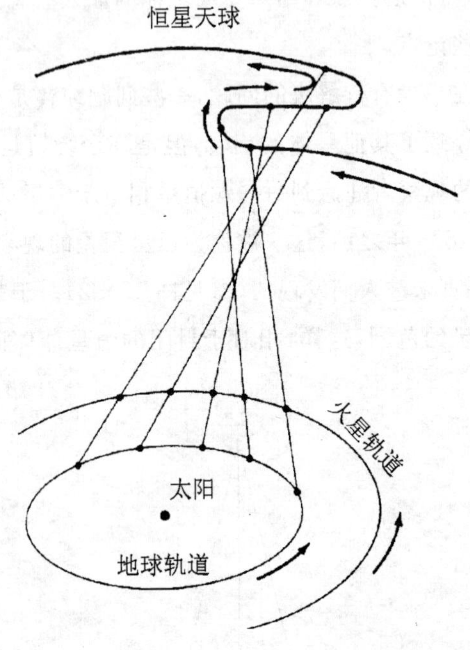

图 13－2　简化的外行星逆行图

球轨道就变成像是一个几何点。付出了多大的代价啊！宇宙的大小变得难以想象；它不是无限的，但人类的想象力是一定能够延伸到它的。这是合理的吗？这个理论被证明是没有根据的吗？

现在让我们看看，如果把地球和太阳的位置调换一下，可能对我们有什么益处。哥白尼可能最终会给出一个关于逆行（retrogression）的解释（而不仅仅是一个陈述）。逆行是一种视错觉。我们拿火星为例，以比其更快的速度运动的地球通过它的轨道，且以恒星为背景，那这颗行星**看上去**就像是停了下来甚至是逆行（参见图 13－2）。内行星经过以比其更慢的速度运动的地球，也会出现这样的情况。因此，我们不再需要本轮。实际上，在托勒密体系中，内行星的均轮确实就相当于地球的轨道，而且它的本轮也真正就是它自身围绕太阳旋转的轨道。这就说明了在托勒密体系中，内行星的本轮的中心为什么总是与太阳处在一条线上。我们也可以看到，一年365天正是地球绕轨道运行一周的时间。因此，行星的会合周期实际上是地球轨道和它们自己轨道的组合体。运用这个信息，我们可以推算出金星和水星绕轨道运行一周的时间分别是225天和88天。人们也可以很容易地看到，它们距离太阳的位 182
置现在是能够确定下来的。从地球的轨道也能够推算出外行星的运行周期。而且，如果我们把地球轨道的长度作为一个天文学的单位，我们就能够推算出所有行星与太阳之间**相对的**距离。

哥白尼确实向我们展示了一种深厚的和谐，而且只有当地球围绕太阳运转时，这一和谐才是可能的。毕达哥拉斯学派肯定会感到自豪，柏拉图也是如此。对以数学结构为典型例证的和谐的探寻证明，人们感官所察觉到的现象表面上的不统一实际上是一种错觉。现在，宇宙中只有6个运动中的天体。就像雷蒂库斯说的，6是毕达哥拉斯学派的一个神圣的数字。

复杂性怎样呢？令人奇怪的是，《天体运行论》在这方面似乎对《天文学大成》没有多大的改进。为了解释太阳运行速度的变化以及旧的体系中季节的差异，哥白尼在保持一切都完全按圆形轨道运行的同时，不得不把地球的轨道变成了椭圆型。因此，地球轨道的中心根本不是太阳，而是移离太阳的一个几何点。实际上，地 183
球的偏心点使得地球不可能再围绕着一个本身围绕太阳旋转的点旋转。而且，由于其他行星有着与地球轨道相协调的它们自己的轨道，所以，事实上，哥白尼体系完全不是日心系（heliocentric

system)，而是太阳静止体系(heliostatic system)，但太阳不再是宇宙的中央。地球不仅仅是另外一颗行星。它在自然的秩序中仍然处在一个独特的位置。

虽然哥白尼摒弃了导致逆行的本轮，但他仍然不得不面对这样一个事实：行星是绕着它们各自的轨道以不同的速度运转的，而且人们在观测时，它们有的比较明亮些，有的比较暗些，向南或向北偏离黄道。月球也提出了问题。最后，哥白尼被迫像托勒密那样，重新启用本轮和偏心圆，虽然他是能够放弃偏心匀速点的。对于哥白尼来说，放弃偏心匀速点确实是一个胜利，但他的体系同样是很复杂的。

哥白尼毕竟从未解决地球运动的物理问题——他只是一个数学家而非物理学家，而且他似乎仍在固守亚里士多德关于学科划
184 分的思想。他也没有把注意力放在有关神学问题上。实际上，他散发着一种神秘的毕达哥拉斯主义甚至赫耳墨斯神智学的味道。也许可以真诚地提出这样一个问题：我们是否指望一个天文学家能够依靠哥白尼时代的科学去理解和洞察宇宙的现实？马丁·路德是另一个革命者，当他风闻哥白尼体系时，很可能表达了外行们普遍的看法。据称，路德曾说道："那个傻瓜将推翻整个天文学！"

十六世纪的天文学家们对这个新的假设的反应是比较复杂的。学术界最早读到的关于这个体系的消息，并非直接来自哥白尼本人的亲笔。相反，它来自一本 1540 年出版的题为《第一报道》(*Narratio Prima*)的小册子。小册子的作者是奥地利人乔治·约阿希姆，人们称他为雷蒂库斯。他充满激情，但情绪又多少有些不稳定。1539 年，雷蒂库斯找到哥白尼，听到这个年长者的理论，而且他劝说这个不情愿的神甫让世界分享他的新思想。*Narratio*

Prima 与其说是第一报道,还不如说是对哥白尼新体系的热情洋溢的辩护。按照雷蒂库斯的说法,这个新体系为天文学"拨开了一片迷雾"。

雷蒂库斯要比哥白尼更强调该体系的统一与和谐,强调它对行星的精确排序。之所以能对行星进行精确的排序,原因在于,行星的轨道长度是与大致以太阳为中心的运转周期相互关联的(而且,可以肯定,与地球轨道的中心也是相互关联的)。除取消了偏心匀速点外,这个和谐也使这个体系应该受到赞赏。而且,雷蒂库斯甚至更进一步,对柏拉图主义和毕达哥拉斯主义作了比较。他的论文是以一段关于心灵和谐的文字结尾的。

虽然天文学家们很可能(而且确实)为放弃偏心匀速点而喝彩,而且认为哥白尼的学说是用于计算历法等的一个新的、得到改善的方案,但总的来说,他们没有效仿雷蒂库斯过分热心地接受其概念基础。雷蒂库斯把编辑《天体运行论》的任务交给了新教改革家安德烈亚斯·奥西安德尔,后者为该书增加了一个未署名的导论。奥西安德尔写道,毫无疑问,有学问的人对一个运动的地球感到生气,对这一命题在科学的其他领域(例如,地球物理学)中可能引起的混乱表示反感。但是,天文学家的职责就是提出假设,使人们能够依据这些假设,运用几何学的原理正确地计算天体的运动。这样一些假设不必是真实的,甚至也不必是可信的,只要它们与观测相一致那就足够了。简而言之,天文学不去证明确定性——体系的真实性——而是提供依靠想象而制定出的便于计算的方法。尽管哥白尼也使用了**假设**一词——这可能使人们想到"拯救现象"——但他很可能认为,他的体系是对宇宙的真实描述。而且,由于主张真实性,哥白尼确实成了我们所说意义上的一个革命者。

这样一个主张实际上是一种革命的神秘主义。另一方面,奥西安德尔告诫说,如果认为这些思想是正确的,那也许会使一个人比他刚开始进入时更傻地放弃天文学的研究。

奥西安德尔的观点——哥白尼体系简直就是一个新的计算工
185 具——似乎是1543年哥白尼去世和《天体运行论》出版后数十年间信奉新教和天主教的绝大多数学者所持论题的变种。在一些天主教大学里,人们阅读这本专著,而且通常认为它不过是另一个推测和不费力的虚构而已。毕竟,这本书是题献给教皇保罗三世的,而且哥白尼也是在包括一位红衣主教在内的一些高级教会官员的力劝之下出版的。

菲利普·梅兰希顿是路德的信徒,观点与路德有些相同。在威滕伯格大学,梅兰希顿发起了一场声势浩大的教育改革运动。此后,一批学者聚集在了他的周围,形成了一个非正式的小圈子。因此,梅兰希顿及其追随者虽然反对任何关于地球是运动的观念,但却赞同这一学说中那些有助于计算的部分。地球的运动可以理解为是可能的,但却是不能接受的,因为它与《圣经》是相违背的。另一方面,这一学说中还可能有某些有价值的观测数据和计算方法,也使该学说值得人们研究。因此,这一学说作为一种计算工具已经被与其天文学的含义剥离开来,对于后者人们通常保持沉默。雷蒂库斯完全被忽视了。

威滕伯格的领头人物之一伊拉斯谟·赖因霍尔德实际上运用哥白尼的行星原理编制了一套新的天文表。赖因霍尔德的《普鲁士星表》(*Prutenic Tables*)(该书以他的庇护人普鲁士公爵阿尔布雷西特的名字命名的)完成于1551年,优于所有其他同类著作。1582年教皇格列高利十三世所进行的历法改革就是以《普鲁士星表》为基础的。不过，赖因霍尔德尽管赞同放弃偏心匀速点，但他却忽视了宇宙论的创新，纵然他在自己的计算中所运用的原理正是建立在这些创新基础之上的。因此，初出茅庐者的革命延续了下来，阿利斯塔克的旧学说则摇摇欲坠。只是后来人们才注意到和承认，运动的地球是改善了的计算工具背后的一个根本前提。

当然，欧洲的注意力集中在宗教改革运动上。从 1517 年马丁·路德反对在萨克森出售赎罪券（以圣徒要积德行善为依据，可由教皇颁发赎罪券，以使灵魂免受炼狱之苦）开始，神学领域的冲突逐渐扩大到政治领域，最终演变为公开的论战。对教会无力推进自身改革而感到失望的路德求助于德意志的诸侯们，而教皇利奥十世则要求神圣罗马帝国和哈布斯堡（Hapsburg）的西班牙国王查理五世把路德交付审判。这加快了神圣罗马帝国的分裂，并引发了一直持续到 1555 年的冲突。

使两个阵营产生分歧的主要是如下问题：基督教的本质是什么？千年的神学教条、教皇宣示、评议会决定（councilar decision）就等于是《圣经》吗？《圣经》本身又怎样呢？如何解释它呢？

源自路德“唯独圣经”（*sola scriptura*）原则的新教教徒的回答 186
认为，《圣经》且只有《圣经》才是决定性的因素。基督教徒怀着对上帝的信赖研究《圣经》，将得到圣灵的教导和启发，因此也就不需要任何牧师去解释世界。这通向一种圣经直译主义（biblical literalism），即认为《圣经》中所有的名字和事件指的都是真实的历史资料，整部《圣经》构成以基督的生活和工作为中心的累积叙事网络。现在，这一观点可能给哥白尼带来麻烦，因为有很多明确的（和隐含的）陈述暗示，地球是稳定的，太阳是运动的［《圣经》中的《诗篇》（Psalm），第 93 章第 1 节，第 104 章第 19 节，《传道书》（*Ec-*

clesiastes)第 1 章第 4 节,第 1 章第 5 节,《约书亚记》(*Joshua*)第 10 章第 12—13 节,《约伯记》(*Job*)第 9 章第 6 节,等等]。

另一方面,调适原则也许可以使圣经直译主义变得更温和一些。这一原则坚持认为,《圣经》中的普通的宣讲是为了适应听众本身文化理解的文化。而且,路德特别是日内瓦的宗教改革家约翰·加尔文更加强调与人类理性脆弱和腐败的力量相比上帝所拥有的无穷力量。加尔文把对《圣经》的隐喻解释称为"撒旦的诡计",认为《圣经》是"一切智慧的取之不尽、用之不竭的源泉。"加尔文说,人类理性受到许多诡计的致命削弱和打击,以致屈从错误的支配——人类的智慧被罪孽所遮蔽。当然,这样强调理性的不确定性是与哥白尼关于宇宙现实的神秘主义观念相冲突的。

但是,宗教改革家自己主要谈论的是神学和对上帝奥秘的学术思辨。比如,加尔文也强调知识的实践价值和实用价值。再比如,《圣经》研究是为了宣讲圣言。路德和加尔文都在某种程度上坚持一种千禧年主义的世界观。正如加尔文所见,到处都是"可耻的混乱",而且"上帝也像是睡着了",人类正走向世界的末日。那是一个"不幸的年代"。

正如我们将要看到的,《圣经》直译主义可能给自然科学带来麻烦,但它也可以用于将《圣经》研究与自然哲学的解释或人们所说的世俗的知识彻底区分开来。对有用知识的强调将进一步扩大这个分歧。最后,我们可以想象两本有关启示的书,分别有各自的语言和研究方法。如果去掉《圣经》中的思辨理性,那么可以把神圣者本身的证据视为慢慢地从可见的自然中抽取出来的。自然不再是一个符号和记号系统,而是被去除了神学的意义,人们可以自由地对其进行有用的、世俗的探究。这样一种剥离的最终结果将会是自然哲学的世俗化。当然，自然仍表现出是上帝之手，但拯救和宽恕所必需的仅仅限于《圣经》，而不是历史上的、看得见的教堂，因为教堂是与自然世界和人类理性联结在一起的。

麻烦突然出现在一个完全不同的地方。的确，哥白尼极大地扩展了天球，但它仍然是一个有限的球体，而且天球仍然携带着行星。乔达诺·布鲁诺曾一度是多明我会的修道士，后来又成了一 187
名隐逸派哲学家。他以一颗复仇之心猛烈攻击这个天体。布鲁诺认为，宇宙是无限的，世界没有什么中心，也没有什么边界；只有一个单一的空间，我们可以称它为“虚空”（the Void），在虚空之中，无限的行星围绕着无限的恒星旋转。上帝是无限的和无所不在的，天地万物不过是他那无穷力量的一个展现。因此，布鲁诺问道，我们怎么可能把这种无穷的力量限制在一个有限的世界之内？相反，正如隐逸派信徒所认为的那样，宇宙是活生生的，处在持续不断的运动和变化之中，而且通过造物主的无限存在而结合在一起。地球当然是运动的，宇宙当然是无限的——在布鲁诺看来，对上帝无穷力量的任何限制都是荒谬可笑的。

布鲁诺没想对“按照想象”这一命题进行哲学的阐释，也不打算建构一个有助于计算行星运动的假设或前提，他也没想保持毕达哥拉斯式的沉默。他的学说是关于现实的直接断语。人们拒绝接受亚里士多德的分层宇宙，因为它呈现出的是一个基本同质的几何连续体——一个抽象的、无穷无尽的几何学空间。他的统一原则是上帝，而不是但丁所说的洋葱宇宙（onion universe）的基督教的上帝。这个上帝也可以说是魔法师的上帝——宇宙之魂（the spiritus mundi）。布鲁诺看上去更像是异端的泛神论者，而不是新天文学的倡导者。因而，他在罗马受到宗教法庭审判并在 1600

年被处以火刑也就不足为奇了。他从事的是一场宗教革命，而且他不会因为他的天文学而被烧死。

但是，甚至像丹麦的第谷·布拉赫这样的最好的天文学家也难以接受哥白尼的学说。哥白尼主要是作为一次纸笔练习去推导他的体系的。他进行了一些观测，但实际上不很系统，他的天文学也不是建立在这些观测的基础之上的。第谷对观测达到近乎痴迷的程度。1576 年，丹麦国王将汶岛（island of Hveen）赐予第谷，第谷收集了当时最先进的仪器进行天文观测。在阿拉伯人之后，还没有谁像他那样根据自己的观测，一丝不苟、夜复一夜地研究天空。他是一个真正的经验论者。因此，他拒绝接受哥白尼的体系。

第谷出于平常的物理学的原因，反对地球是运动的说法。但是，他整理出一些非常有趣的天文学问题。在望远镜问世之前，人们以为恒星就像行星一样是一个个的磁盘，而不单单是一些发光点。阿拉伯人曾努力测量这些磁盘，第谷也是这样做的。如果恒星的视差由于其距离遥远而难以觉察，但我们能够测量它们的直径达到比如说 120 英寸，那么可以想象它们的体积到底有多大。哎呀，有的将堵塞地球的轨道！无疑，那是不能想象的。无论是对哥白尼还是托勒密来说，还存在其他问题。根据近距离观察，火星的运动暴露出许多困难。在托勒密体系中，它的本轮必定大小不同，或者说地球的轨道一定是变化的。月球和其他行星也提出了类似的问题。

所以，第谷既不同意托勒密的学说也不赞同哥白尼的理论。实际上，他是把二者结合在了一起。第谷把地球当做太阳和月球轨道的中心，让恒星重新旋转起来。他认为五大行星的轨道就在
188 太阳周围，金星和水星围绕太阳旋转，外行星围绕太阳和地球旋

转。因此，所有行星都在某种程度上与太阳运动有关，而且不需要什么本轮。但是，第谷发现，火星和太阳的轨道是相交的。怎么可能有这种事？实心天球不会破碎吗？

不会的，因为本不存在什么固体天球。与布鲁诺一样，但却出于完全不同的原因，第谷拒绝接受实心球体。1577 年的一个晚上，在外出钓鱼时，他看见了一个彗星。于是，他马上回到他的观测台上，试图计算这颗彗星的轨道。他非常惊讶：这颗彗星是在金星的轨道之外运行的。彗星是一种真正的天体，而不是地球散发出去的某种蒸气。而且，它是在一个不规则的轨道——第谷想，也许是椭圆形——上**穿越**天球的。什么东西可以穿越固体的天球？这很容易：因为根本就没有这样的东西。

早在几年前，即 1572 年 11 月，第谷就很吃惊地观测到仙后座中的一颗新星。由于它没有显示出任何视差，所以一定是一颗**新的**恒星。后来，1574 年 3 月，它消失了。难道它是上帝留在太空的圣迹？中世纪的许多科学家可能就是这样认为的。但是，我们现在处于文艺复兴时期，而且至少这一时期有部分时间(不是占星家)是更倾向于自然的而非超自然的因果关系。所以，另外一个古代的信仰被粉碎了：恒星这样的天体也是可以变化的。布鲁诺从一种神秘主义的形而上学的角度提出天体可变性的设想，而第谷则是根据经验的观察得出这一结论的。

1601 年 10 月，第谷在布拉格与世长辞。冷漠、古怪的神圣罗马帝国皇帝鲁道夫二世是第谷新的庇护人。在去世前一年，第谷同一位杰出的助手一道工作，他就是约翰尼斯·开普勒。事实上，正是这个开普勒发动了哥白尼革命，而且我们在开普勒这里比在哥白尼那里更清楚地看到了十六世纪的关于革命的思想。他的著作展示出他的思想的内在机理。我们知道他的隐秘动机、他失败的开端、他的困惑、他的错误以及他的成功。我们在未知的国度中走了一条曲折的道路，只是在旅行结束时才发现了一幅公路地图。

文艺复兴时期的新柏拉图主义对开普勒的影响很深。诸天球的荣耀向他展现出一种根本的统一和简单，同时证明了造物主的心智。他确信，诸天球是按照几何学的原型定律运转的，它们是存在于上帝心智之中且能够被人类理性所把握的形式。运用数学计算行星的运动使他能够分享神圣的思想。但是，开普勒也具有一种强烈的**物理学**直觉，也许他是第一个这样做的数学天文学家。形而上学观念在对自然的思考中闪过。是什么使行星在运行？是什么力量在保持着天体的统一？开普勒在更大程度上是一个毕达哥拉斯主义者而非哥白尼那样的人物。数学把自然的织料缝合在一起，而精神理念所展现的图式则由神圣的上帝编织成布。

189 在图宾根大学学习时，开普勒从库萨的尼古拉斯的著作中深受启发，而且也同哥白尼进行了联系。他转而相信哥白尼的天文学。开普勒这样做有着数学上的原因，也是由于哥白尼的天文学能够描述那些和谐的关系，而且引起他对数学统一性的审美意义的兴趣。因而，在开普勒那里，太阳享有崇高的地位——我们在毕达哥拉斯和赫耳墨斯那里都可以见到这一学说。

后来，开普勒成了格拉茨的新教神学院的一名教师。人们传统上认为，当有一次正在讲课时，他突然被一个关于宇宙统一的崇高灵感所触动，而且这个灵感一直伴随了他一生。他一直在行星之间、它们的轨道和运行周期之间寻找某种数值关系。他偶然发现，也许可以在几何学特别是五种正多面体中找到答案。从数学上说，宇宙中的天体是与立方体相联系的，所以开普勒将立方体置于土星和木星之间。接着，是木星和火星之间的四面体，还有十二面体、二十面体和八面体，一切都在行星之间连续地占据着空间。但是，计算这些图形的厚度却出现了问题，而且开普勒需要进行更精确的观测。他坚信，他的先验推理必须与精确观测的数值资料相一致。除此之外，就没有什么会揭示上帝的心智了。

事实上，开普勒本人承认，他的主要动机之一是对三位一体作出数学－物理学的阐释。在哥白尼体系中，存在一种神秘地证明了三位一体的"灿烂的和谐"。有三样东西处于静止状态：太阳，对应天主圣父；恒星，对应基督圣子；中间空间，对应圣灵。我们从可见的世界移动到无形的世界，然后再回到可见的世界，在具象世界完美的几何结构（它们正是上帝的观念在可见宇宙中的真实体现）中找寻上帝的计划和天地万物的目的。

他的物理学的直觉也在这里发挥了作用。无疑有一种单一的动力在支配着行星的运动。类似于光学中光的法则，这种力量由太阳辐射，其强度随着距离的大小而有所变化。它在一个平面上传播，而且因此与距离成正比，也因此将行星的运行周期和它们与太阳之间的距离联系起来。开普勒把它称为 anima motrix，一种"运动精灵"。因为它由太阳传播，使行星按其轨道运行，因此这些轨道的平面在那里**必定太阳相交**。由于物理学的原因，哥白尼所说的偏心圆是不会这样的。基于物理学和神秘主义的理由，太阳必定是宇宙的中心。但是，如何计算行星对于太阳的偏心率呢？开普勒需要进行更多的观测，而第谷已经先行作了这样一些观测。

当开普勒 1600 年抵达布拉格的时候，第谷让他从事火星问题的研究。火星接近地球为人们对它进行更精确的观测提供了有利条件，但它也显示出行星轨道完整的偏心率。第谷在弥留之际，曾

恳求开普勒继承他的体系并超越哥白尼体系。但是,火星问题的
190 研究却使开普勒把两个体系都放弃了。开普勒用将近 10 年的时间潜心研究火星,最后无果而终。他想尽了一切办法,包括已被抛弃的偏心匀速点。最终,他在观测与计算之间获得了只有 8 分误差的精确度。如果托勒密和哥白尼知道这个结果,他们也一定感到满意。不是开普勒!神圣心智的原型样式一定是精确的。上帝也赋予了我们第谷的天才——他的观测——我们必须充分利用这个礼物。

现在,开普勒悟出了若干事情。认为一种来自太阳的物质的力量竟会推动一个非物质的几何点,无疑是荒谬可笑的。以这样一些点为中心的本轮,没有任何**物理学的意义**。偏心匀速点也是如此。第谷也明确指出,太阳的轨道是膨胀和收缩的,但哥白尼却想当然地认为地球的轨道是均匀的、圆形的。为什么地球的轨道会和其他的轨道不同呢?它也一定是不均匀的,除非指的是一个偏心匀速点。偏心匀速点也不会这样。从物理学上说,本轮是不可能存在的。宇宙的和谐似乎是完全难以捉摸的。开普勒不会相信它。正像后来在爱因斯坦那里一样,他也许有这样一个思想:上帝是难以琢磨的,但他不怀恶意。

让我们设想一下地球的轨道,就仿佛是我们从火星上观察它。它的速率也是经由其轨道而变化的,我们从对太阳的观察中可以知道这一点。速率是怎样随着行星包括地球与运动精灵太阳之间距离的大小而改变的呢?开普勒陷入了一个数学思考的迷宫。一个激进的新的模式开始慢慢显现出来。伟大的阿基米德难道没有把一个圆分成无穷多的三角形,从而发现圆周率吗?让我们把轨道分成依靠阳光结合在一起的一个个区域。也许我们能够发现一

颗行星穿过这个区域的端点所勾勒出的弧需要的时间。开普勒在这里发现了一个模式。在对这些区域的比较中，人们将发现速率的变化和距离之间的关系——在相同的时间扫过相同的面积。但是，为了掌握这一定律，他被迫放弃最古老的天文学传统，即统一的、圆形的运动。

火星又一次成了问题。根据新的定律计算为其设定的圆形轨道所得出的结果与观测得出的结论不一致，而且开普勒的天体动力学也禁止使用本轮。这个“运动精灵”似乎源自他的太阳新柏拉图主义，始终是开普勒思想中的一个关键元素。摆脱僵局只有一条路：**火星的运行轨道必须不是圆形的**。起初，他试图将火星的运行轨道设定为椭圆形。误差幅度被降了下来，但仍然不能完全与观测结果相符合。开普勒本人曾经写道，最后“我好似从睡梦中醒来”。每个行星都在一个椭圆形轨道上绕太阳运转，而太阳则位于这个轨道的一个焦点上（图 13－3）。而且，由于这个觉醒，第二条定律也就清清楚楚了：太阳和行星的连线在相等的时间内扫过相等的面积。因此，速率的变化正是原因所在。第二定律证明，在一个椭圆轨道中，行星越是接近太阳的焦点，其运行的速度就越快，越是接近空的焦点，其运行的速度就越慢（图 13－4）。

191

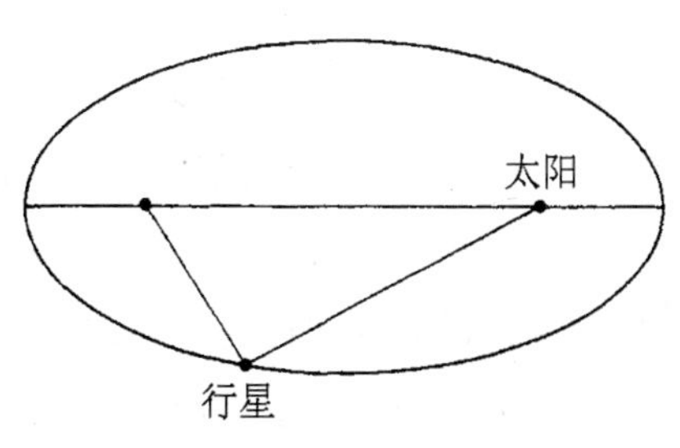

图 13－3

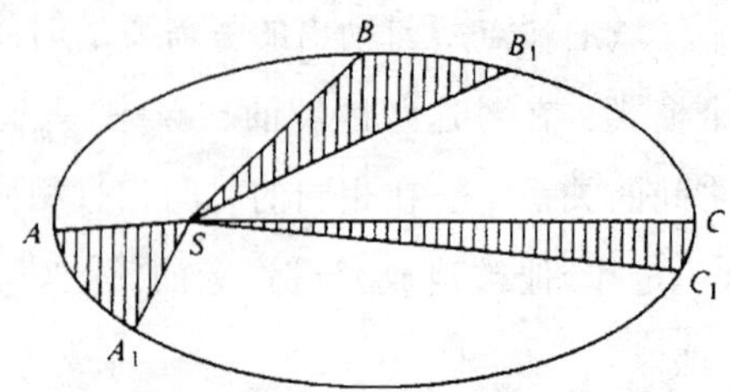

图 13-4 面积 SAA_1、SBB_1 和 SCC_1 是相等的，行星通过这些弧所用的时间也是相等的。

终于，宇宙的和谐竟是如此简单地——的确，一种甚至连哥白尼都已经丢掉的数学的简单——向开普勒展现了出来。开普勒曾不得不在天体完美的圆周运动（这是全部天文学的一个基本的假设和前提）和一种毕达哥拉斯主义的数学和谐（源于从根本上说是宗教的和神秘主义的感情）之间作出选择，但他最终选择了后者。1609 年，介绍他的伟大发现的《新天文学》(*Astronomia Nova*)一书正式出版。

在开普勒看来，源于他的太阳力概念的距离反比律基本上等同于他的第二面积定律（尽管实际上不是这样的）。它提出了一种**作用于**行星的力，离开太阳越远，这种力就越小。这一思想暗示存在着一种基本上是**惰性的**行星。开普勒在 1621 年写道，如果人们愿意，也许可以用**精灵之力**这个词来代替**力**。而且，伴随着名称上这个小小的改变，我们开始走进一个崭新的世界，因为太阳的原动力终于变成了一个力学的概念。在它的背后，赫耳墨斯由有生命的力量或精神掌控的宇宙退隐到记忆的云海；在它的前面，由运动的物质构成的一个新的力学的宇宙正出现在地平线的上方。

开普勒首先设定太阳是旋转的，它创生出一个携带行星的旋涡或涡流。然后，他发现了威廉·吉伯的《论磁石》(*De Magnete*，1600年以英文出版)。吉伯认为，磁引力是一种无形的力量或效能，旋转是它的固有属性之一。吉伯的磁力，就像开普勒的“运动精灵”一样，接近于文艺复兴时期的自然主义所说的超自然力量。 192
另一方面，吉伯把地球看做是一块巨大的磁石，将地球的昼夜旋转归因于其固有的磁性。地球之所以旋转，是由于它“磁性的灵魂”。

如果地球是一块磁石而且是一个行星，那我们为什么不能说其他行星也是磁石，而且太阳也是一块磁石呢？开普勒就是这样认为的。太阳在其表面有一个磁极，在其中心则有另一个磁极。行星的磁极位于其轴线的两端。当行星围绕太阳运行时，它们就显露出“友好的”或“不友好的”的两极。因此，由于磁性不同，它们或者被吸引或者被排斥。这也说明，行星的表现是切合开普勒定律的。

应当注意，人们没有任何理由假定这种天体的磁性与地球上物体的落下之间存在什么关系。重力(地心引力)和保持行星沿其轨道运行的那种力量在性质上是不同的。尽管开普勒消除了将几何学的天体圆周运动与通常所说的曲线运动分隔开来的屏障——就像第谷去除了天体的完美——但二者之间仍然存在着一个坚硬的机械论的壁垒。

然而，开普勒是一个真正的毕达哥拉斯学派的信徒，而且直到发现一个将行星连接在一起的纯数字定律，他才完成了对和谐的探寻。根据毕达哥拉斯学派的看法，人们在音乐的音程中将会发现数字的和谐。开普勒认为，基于某种纯数字关系，在行星之间也一定存在这样一种音乐的和谐。在寻找这种“天体音乐”的过程中，开普勒断定，音程一定在某种程度上依赖于行星的平均转数和它与太阳的平均距离之间的关系。他在1619年出版的《世界的和谐》(*The Harmony of the World*)一书就包含这样一个乐谱(当然,音乐是理智的,而不是感觉的)。在寻找这种音乐和谐的过程中,开普勒发现了他的第三定律。

第三定律与以前的任何天文学定律完全不同。在深入思考行星的平均运行周期和平均距离时,开普勒发现它们之间存在一种必定深刻的运动关系。以地球的轨道时间为例,把一年作为一个标准,而且把它的平均距离作为一个天文学的单位,然后我们再来看看火星。相比之下,火星的轨道周期是1.88年(T),它的平均距离是1.524(R)。将T自乘1次,我们的得数为$T2=3.54$;将R自乘2次,我们的得数为$R3=3.54$。真是太神了!这对其他所有行星也同样适用。对每一个行星来说,轨道周期或运行时间的平方都是与它们和太阳的平均距离的立方成比例的。$T2/R3$给出了一个所有行星的常数,一个单位元素。

毕达哥拉斯学派的愿景终于实现了。上帝是原型建筑师,其巨大的世间城堡体现了神圣心智完美的数学的质朴。在表面的混沌和纷乱下面,存在着一种能够被人类心灵——它以与造物主一样的方式思考——理解把握的神圣秩序和规则性。

193 此时,来自十六世纪的精灵般的访问者一直站在我们的肩膀上凝视,看着这场革命的发展和壮大。摇头,叹息……精神渐渐消失在薄雾中。

我们听到幽灵低语道:“什么信仰!”“请想一想,脆弱的人类心智实际上能够想象得到在现象背后发挥作用的上帝的思想!”

沉默。

亚瑟·凯斯特勒把那些伟大的发现者说成是“梦游者”。也许是这样。无疑,他们一直在走,他们迈出的每一步都受信仰和观察的引导。如果真的睡着了,他们也肯定不会睡得很死。他们的睡眠是活跃的、流动的,是不安静的,充满奇妙的、栩栩如生的梦幻。

但是,如果要寻找我们关于革命一词意义上的革命,也许可以在这里发现答案:"梦游者"违背所有清醒而严肃的科学原理,大胆地宣布他们的梦是**真实的**。它是不合理的——但神秘主义通常如此。

延伸阅读建议

Butterfield, Herbert. *The Origins of Modern Science* 1300 - 1800(《现代科学的起源:1300 年—1800 年》), rev. ed. New York: Free Press, 1957.

Casper, Max. *Kepler*(《开普勒》), trans. Doris Hellman. London: Abelard-Schuman, 1959.

Cohen, I. Bernard. *Revolution in Science*(《科学中的革命》). Cambridge, Mass.: Harvard University Press, 1985.

Gincerich, Owen, ed. *The Nature of Scientific Discovery: A Symposium Commemorating the* 500*th Anniversary of the Birth of Nicolaus Copernicus*(《科学发现的本质:纪念哥白尼诞辰周年论文集》). Washington, D. C.: Smithsonian Institution Press, 1975.

Hall, A. R. *The Scientific Revolution* 1500 - 1800: *The Formation of the Modern Scientific Attitude*(《科学革命:1500 年—1800 年——现代科学态度的形成》), 2d ed. Boston: Beacon Press, 1962.

Koestler, Arthur. *The Sleepwalkers: A History of Man's Changing Vision of the Universe*(《梦游者:人类关于宇宙影像的发展史》). New York: Macmillan, 1959.

Koyré, Alexandre. *The Astronomical Revolution; Copernicus-Kepler-Borelli*(《天文学革命:哥白尼—开普勒—博雷利》), trans. R. E. W. Maddison. Ithaca, N. Y.: Cornell University Press, 1973.

Lindberg, David C., and Numbers, Ronald L., eds. *God and Nature: Histori-*

cal Essays on the Encounter between Christianity and Science(《上帝与自然:基督教与科学遭遇史论》). Berkeley: University of California Press, 1986.

Westman, Robert S., ed. *The Copernican Achievement*(《哥白尼的成就》). Berkeley: University of California Press, 1975.

第十四章　从巫术到机械论 194

那天是1527年6月24日，是圣约翰日。哥白尼仍然默默地在重建托勒密的工作。在巴塞尔大学里，篝火在燃烧，这是为了庆祝圣约翰日。突然，霍恩海姆（帕拉切尔苏斯）走了过来。他在受到惊吓的教授面前，把阿维森纳的《医典》（*Canon of Medicine*）投掷到熊熊的烈火中。“你的盖伦，你的阿维森纳，还有他们的全体追随者，他们的知识比我的鞋带还少！”他喊叫的同时，火苗也在吞食着这些古代典籍。“把所有的古代作家全部加在一起，也没有我的胡须多！”在400百年后的十九世纪，无政府主义者巴枯宁主张，摧毁也是一种创造。帕拉切尔苏斯比任何人都了解这种观点。

这就是帕拉切尔苏斯，一位神秘主义哲学家，同时也是一位炼金术士和外科医生。他发出呐喊：必须用实验和观察来取代这些古代典籍的权威。而他所做的不止是呐喊。他漫游欧洲，脚踏实地地做了各种实验，治愈了患者，还做了观察，并且在他的炼金炉前不停地工作，还攻击权威。他自己则是一种实验和神秘主义的奇妙混合，他认为宇宙中充满了非物质的精神力量。他是巫师和科学家结合的完美体现。

宗教改革已经10年了。马丁·路德已经被教皇逐出教会，神圣罗马帝国皇帝查理五世的武装力量当时正在准备打击来自日耳曼北方各省的叛乱。但天主教内部各派势力却出现了分裂：查理

五世和最具天主教色彩的法兰西国王弗兰茨一世发动了旷日持久
195 的战争，战争的起因是继位问题。1527 年 5 月，皇家部队在罗马发动兵变，抢劫了罗马城，扣押了教皇（教皇在两个天主教的君主之间受到挤压）。1529 年，突厥人横扫了多瑙河流域，来到了维也纳——哈布斯堡王朝首都的城门。在十六世纪三十年代，查理五世应付了这些挑战后，最终还是腾出了精力来面对日耳曼人的威胁，但这次他仍然被迫与法兰西人、突厥人和教皇打交道。与此同时，在英格兰，国王亨利八世与教皇决裂，争端的起因是国王要废除他与查理五世的姨母阿拉贡的凯瑟琳的婚姻。当时的教皇是罗马帝国皇帝的囚徒，他力图阻止但又不激怒亨利，身为天主教徒的亨利八世曾亲自撰文抨击马丁·路德，得到罗马教廷“信仰捍卫者”（Defender of the Faith）的封号。

当时的欧洲处于政治动乱时期。在这种危机当中也存在机遇。当时也许就存在这样的机遇。政治的巨变也带来了宗教复兴的希望，似乎预示着一个精神和人类光荣新时代的来临。对于文艺复兴的自然主义来说，实现他们誓言的时机似乎已经成熟，自然主义是那种既带有神秘主义又带有巫术性质的科学。巫术、炼金术、占星术，这些都是定性科学，属于未加限制的人类想象，它们似乎已经准备好要占领新的领域，这个领域开放的同时，亚里士多德的墙壁倒塌了。

然而，胚胎机械论科学（embryonic mechanistic science）经过长期的奋斗赢得了这个领域。巫术变成了机械论。情况很可能是这样的：机械论科学的创造者们想象出了科学的精神、科学的目的和科学的方法，这与十八世纪最终出现的情况完全不同。还有一种可能是，“机械论世界观”是对文艺复兴的一种偏离，是一种突变，它逃脱了激烈的冲突而生存下来纯粹是出于幸运。

因此就有了帕拉切尔苏斯烧毁医学书籍。他主张，医学不是从书本中学到的，理论不能治愈患者。医生必须经过实验来指导。不仅是伽利略，而且还有帕拉切尔苏斯，他们都主张，科学的方法是实验。但帕拉切尔苏斯是一位占星术士。他写道，人拥有一种自然之光，它是一种内心的启示，是对纯粹实在的一种领悟。这个自然之光应该是所有医学实践的指导，因为它属于由土、水、气、火四大要素构成的自然世界，几乎就是人类天生拥有的；因此，在自然之光的影响下，个人对自然界的经验必然是科学的方法。经验因此也就位于权威之上。那么，这里强调的是实验。炼金术的实验应该取代学者们的研究。但这种炼金术与中世纪的炼金术不同。他的目标不是不是改变金属，因为炼金术不仅是一种方法。它更是开启生命和自然界之门的钥匙。人体内所有的变化都应该被理解为是化学变化，而疾病也是用化学物质治疗的。人体是集植物、矿物、动物甚至天体力于一身的微观自然界。人体是一座化工厂，它全都属于自然界。

然而，这个化学机器的运行却依赖于非物质的精神。物质性的躯体具有外向型的化学功能，这种功能取决于生命的精神。各 196
种有组织的躯体的形式都可以归因为非物质的本质，它被帕拉切尔苏斯称为**活力**。这种不可见的功效是不能用逻辑把握的；它们必须通过直觉和实验才能被揭示。医学是一种持续不断的追求，是一种艰难而又单调冗长的实验室工作。

帕拉切尔苏斯的那些化学学说形成了一个精神原理和力量所构成的迷宫，它们有时不符合逻辑范畴。我们感兴趣的是他对古希腊名医盖伦的医学的排斥。诸体液被抛弃了，一起抛弃的还有希腊哲学中四大要素土、水、气、火。物质有了新的基本要素，它们是汞（易挥发而且具有流动性）、盐（惰性）和硫黄（易燃）。这些要素不是真正的化学物质；它们是精神实体，它们的质在每一个个别的躯体中都是不同的。对于每个个体来说，它们的统一取决于一个有组织作用的力，这就是**活力**。而且每个器官也都拥有自己的特性，也就是拥有自己的活力。这样，就使得帕拉切尔苏斯把疾病视为特殊的物种，就像自然的事物一样，外在于身体。疾病不是诸体液的不平衡，而是一种攻击，而它的本质就是具有化学性。因此，治疗措施也必须是特殊的，这些治疗措施只有通过化学实验才能被发现。

这种化学医药，这种"化学疗法"，是一种奇特和实际的模糊集合。对实验的强调增加了关于化学性质和疗法的经验性知识。帕拉切尔苏斯本人创造了我们称之为乙醚的麻醉剂。但最重要的是，他是四大要素和性质的最早的攻击者之一。帕拉切尔苏斯是神秘主义者、实验者、江湖医生，甚至醉酒者，他声明独立于权威，并且强调对人类来说，知识才是有益的目标。

类似的研究是吉伯撰文论述磁铁。他通过实验和观察，推翻了许多神话故事。静电和磁被认定为不同的现象，而磁铁于吉伯就像化学于帕拉切尔苏斯，有一种非物质的力量就像自然界中的初始能量一般。磁现象就是地球的灵魂，是它使地球转动，就像物质的生命元素一样。毫无疑问，正是这个思想吸引了开普勒。

对于帕拉切尔苏斯和吉伯二人来说，自然界处处充满活力，隐逸派和新柏拉图派的神秘主义影响指导着它们的实验和观察。

文艺复兴的哲学家们实际寻求的是取代过时的亚里士多德和托勒密的学说，这种学说认为，宇宙是静态的，是分层的，并且存在着具有活力的四大要素，这些要素使得自然界充满生命力，并且把精神注入自然界，这些活跃的力量把宇宙凝聚成一个具有同质性的宇宙。

但是在这个项目中，存在着一个危险。在新教和天主教之间持续不断的斗争导致了双方之间的一种僵硬态度，并且挖掘了一个深深的教义上的鸿沟，我们将在下一章中的伽利略的实例中看到这种情况。文艺复兴时期自然主义的自然神学陷入两者之间的无人地带。

新教教义中有“唯独圣经”的原则，因此新教教义就随时准备 197
给其他各种说教贴上“在撒旦协助下的巫术实践”的标签，这些说教包括圣餐变体论*、圣徒的奇迹，甚至包括弥撒本身。在新教的宣传中，天主教弥撒变成了巫术行为，显然是迷信或者是为魔鬼招魂。有人声称，天主教的崇拜方式是偶像崇拜。一位英格兰新教徒甚至把教皇称为“世界的巫婆”。在这种气氛中，泛神论和神秘论的宇宙观的待遇很差。但一个机械论的宇宙完全没有这种偶像崇拜和巫术的性质，包括所有的神秘论，因此它的产生仿佛是出于默认。新教神学摒弃偶像崇拜的可见世界，只留下了《圣经》的经文，因此，只有同质的物质世界出现了，就像一个岛屿从那个神秘之海浮现出来，而新教教义把这个神秘之海当做虚假和恶魔加以排斥。

天主教会的反应是对圣托马斯的有力辩护，尽管辩护来自相反的方向，但也不赞成术士的那种被注入精神的物理学，布鲁诺在

* 神学圣事论学说之一，认为尽管圣餐面包和葡萄酒的外表没有变化，但已经变成了耶稣的身体和血。——译者

1600年被烧死在木桩上是因为他的泛神论思想;他是一名术士,不是机械论的科学家。我们将要看到,甚至连伽利略和笛卡儿这些最不像术士的人也必须小心对待。

只有机械论才能逃脱来势汹汹的宗教改革而存活。对于这一切来说,也许就是因为这一切,文艺复兴的自然主义才是一条大河,它所汇入的那股洪流被我们贴上了科学革命的标签。这是因为各个学派中过分的逻辑主义,不仅仅远离自然,而且也把宗教降低为毫无结果的争论和纯粹的修辞。对于那些追求深刻宗教感受的人来说,也包括寻求自然界实在的哥白尼学派,亚里士多德和那些过分逻辑主义的各个学派似乎有巨大的腐蚀作用,似乎是伪君子。这两种令人反感的品质有时会集中在一个人身上。

布鲁塞尔的海耳蒙特就是这样的人,他出生于1579年。他对诸学派的诡辩术和神学教条很反感,他发现帕拉切尔苏斯的炼金术中有一种方法是从正面穿透理性和虚假空洞的学术。他说,自然之门只有用"火的艺术"——化学才能打开。通过与物质的自然界打交道,思想就能穿透事物的本质,这是上帝的命令。

范·海耳蒙特是帕拉切尔苏斯的改革者。他废弃了四大要素和三元素。存在的基本元素只有两种,水和空气。由于空气没有经历化学变化,因此所有事物的物质性母体均为水。但范·海耳蒙特与泰勒斯很不相同,因为他用实验来证明水的原初性。他称量了一块土地上土壤的重量,然后栽种了一棵经过称量的柳树。在随后的5年间,他所做的仅仅是给柳树浇水。5年后,柳树的重量从5磅增至169磅。结论是,柳树有164的重量直接来自于水!范·海耳蒙特认为,化石也显示矿物质从水中来。因此,如果水是一个共同的母体,那什么能把事物区分开呢?

水是物质的普遍母体，但物质所具有的活力是被种子赋予的，它创造了所有的物体，也创造了生命。那么，这种被赋予活力的水是什么样的呢？我们怎样分辨它？它不可能是平淡的、衰老的和无生命的水，也不可能是水蒸气或空气。它必然符合上帝的精神，它必然是有生命的，易于变化的水，具有活泼的精液的特征。范·海耳蒙特说，发现它的方法是把精神的种子从它的物质性居所中释放出来，对于每种物质来说，它都是不同的。它是物质和精神统一的关键点。它是气体。 198

因此，气体的身份与水蒸气和空气不同，它来自神秘的学说。更有甚者，范·海耳蒙特认为，气体大体上等同于二氧化碳、一氧化二氮（笑气）和一氧化碳。当身体被炼金的火焰点燃时，这种被注入活力的、易变的蒸汽就被释放了。然而，气体不仅是通过燃烧产生的，而且它也来自发酵和腐败，就像来自腐烂过程或者葡萄变成葡萄酒的发酵过程的气味那样。例如，消化就是一种发酵，这个过程发生在肠胃中。促使消化的元素不是热（鱼类是冷血动物，它怎么消化？），而是一种强酸，强酸引起了发酵和把食物分成有益和有害的部分。显然，范·海耳蒙特形象地把呼吸解释成肺部的气体交换。

范·海耳蒙特就像帕拉切尔苏斯一样，给疾病做了定位，把疾病视为一种外部的事物。他说，发烧本身不是疾病，而是疾病的征兆。他有一个声名狼藉的疗法，就是给武器敷药膏：有人受伤时，包扎伤口，但药膏却敷在了武器上。这是一种陈旧的教条，其基础是同情心的概念。对于·海耳蒙特来说，给武器敷药会有效果的，因为有一种磁性的吸引：药物的微粒与武器上的血液混合，就被吸引到伤口上。精神就混入血液中了。这也类似于那种陈旧的名称说教，这种说教认为，某种植物对某种器官有治疗作用是因为名称相似：地钱植物（Liverwort）对肝脏（liver）有治疗作用；泽兰属植物（feverwort）对发烧（fever）有治疗作用。

文艺复兴的炼金术士们和自然论者们显示他们具有两面性。一个是实践的和实验的方面，这体现在他们在实验室里追求有用的知识。另一个是宗教的神秘的方面，体现在他们的化学疗法，它是关于宇宙的一门深奥的哲学，从而满足宗教的需要，这两个方面是分离的。罗伯特·弗卢德相信，给武器敷药的疗法显示出一种微观世界和宏观世界的基本同情心。弗卢德认为，化学疗法不仅是一种医学的新方法；对于他来说，这种疗法也是通往上帝的关键。研究化学就是研究展示在自然界中的"上帝的手指"。

对教育也包括对社会本身的全面改革的愿望占据了许多人的心，这些人被宗教战争的毁灭性吓呆了。炼金术医学甚至隐逸派在实践上的好处都被并入改革和精神启蒙的计划中。

在30年战争的前夕，即1614年和1615年，来自日耳曼各邦的两个奇怪的宣言谈到新的启蒙运动的曙光和那个坟墓的发现，坟墓主人是智者克里斯丁·罗森克鲁兹（Christian Rosenkreuz）。
199 这些宣言（很可能是精心布置的骗局）号召对世界进行普世和全面的改革，其基础是神秘主义技艺和各门科学之新型完美方法的统一，科学则是摘取"自然之书"的内容。简言之，玫瑰十字兄弟会的会员门被认为是一种神秘秩序的先觉者或术士，他们致力于免费为人治病，致力于对世界实行精神改革。至此，我们再次看到了宗教和医学的结合，看到了被注入生命力的宇宙和具有神性的人，或者说是被神化的隐逸派炼金术士。这个目标是要在物质和精神上改变世界。

这种流行的乌托邦文献把科学研究和宗教改革和神秘主义结合起来,实验、人类福祉、把握自然界、精神性,这些辞藻反复从炼金术士和巫师那里听到。在这种气氛中,我们必须求助于弗朗西斯·培根,他一直被赞誉为科学进步的预言家。

培根不是科学家:他开创了一种态度。他是英格兰一位积极的政府官员,在下院拥有议席达36年之久。就像他的生活经历一样,在他的科学观念中,没有位置给冥思苦索而产生的知识。他坚持的观点是,科学的目的是让人类把握自然界,扩大人的力量。要把握自然界首先必须服从它,知晓和使用它的法则。寻找这些法则的手段就是直接操作、观察和实验。揭示实在的手段是归纳、对具体事物的考察,因为在自然界中,真正存在是事物是具体的物体,它们是按照既定的法则履行个体的行为。

培根的纲领是要求教育改革。1620年,他发表的《新工具》(*The New Organon*)一书,论述的就是属于新知识的"新工具"。培根指出,对权威的敬畏,对相同事物没完的重复,阻碍着人类的进步。因为其中的意义很可能欺骗了我们,但逻辑,这种文字游戏,创造了想象的奇迹,并且取代了实在。培根谴责了四种幻象,认为它们阻碍了科学和知识的进步:(1)"种族幻象",来自人的天性;(2)"洞穴幻象",来自个人天生素质和教育;(3)"市场幻象",来自社会关系;(4)"剧场幻象",来自因继承而得来的体制。

文艺复兴也有其阴暗面,也就是一种对于"本性的堕落"持有的一种悲观失望情绪。有些人相信,世界越来越衰老,古代文明是肯定不会被超越了,人本身的天性也堕落了。培根就像巫师一样寻求着突破这些阴暗面。如果感觉具有欺骗性,如果教育失败了,如果古代文明奴役着我们,我们就必须寻求新的出路。唯独实验才能让我们知晓事物的真正原因，只有通过良好规划和认真执行的实验，我们才能逐渐从特殊进入一般。科学在这个意义上就是普世的自然实验史。最重要的是，如果科学是有利于社会的，是有利于推进人类进步的，那么它必然也就是一种全体的个体人的集
200 体努力，它们通过合作进行实验来获得和分享知识。这样，培根就与诸如玫瑰十字兄弟会那样的精英神秘社团告别了。

培根心目中的英雄不是术士，而是工匠，工匠们通过从物质世界事实中会集来的知识，做出了自己的建树。培根心目中的科学界就像指导，这种指导作用后来被皇家学会所体现。此外，他还明确地区分了科学和宗教。自然哲学论及可见的自然界，也就是物质的事实。而作为宗教的反对者，科学又是反对迷信的“最可靠的机器”。培根在此并不孤立。在法兰西，马丁·梅森直言不讳地反对物理科学与超自然思想的混合。后来又有机械论哲学对“神秘主义的影响”和巫师精神的鄙视。尽管如此，有多种巫术还是找到了它们进入机械论哲学的途径(例如活性要素说和被动物质说)，而且从机械论的角度，把物质世界的各种现象降低至运动中的物质，从而向唯物主义敞开了危险的大门，在托马斯·霍布斯的体系中就是如此。当然，培根的改革纲领**听起来**具有世俗性，而且许多机械论哲学家也确实反对巫术的解释，但是巫师的影响仍然可以感觉到，甚至是在牛顿那里。二者携手反抗古典权威，当然也反抗对古典的崇拜。

这些发展也必定伴随着知识的新美洲，这是在文艺复兴的眼前开始的。探索的时代揭示了全世界动植物的巨大多样性。亚里士多德的分类模式对此是有益的，而不是一种妨碍，因为亚里士多德是一个伟大的植物学家。如果天文学和物理学的革命在思考旧

式经验上是一个根本性的变革，那么在文艺复兴时期，在有机生命的自然史中的变革则是对生命多样性的承认。许多百科全书式的自然史学者列举了生物的令人难以置信的复杂性。康拉德·格斯纳是一位瑞士的古希腊教授，他编纂了一部巨大的动物百科全书，其分类法是以亚里士多德原则为基础的。还有一些人改变了这种分类模式，但并不一定就更好。例如，隆德莱在十六世纪研究海洋动物时，就把鲸和海豹归为鱼类；另一位学者，皮埃尔·贝隆把海狸和水獭也归为鱼类了。直到十八世纪，才有了一个比较理想的分类模式，其中涉及的问题是，怎样确定物种。

更令人惊奇的事情在等待着博物学家，当时包括伽利略在内的博物学家们使用另一种新型光学仪器——显微镜观察。十七世纪罗伯特·胡克的《显微术》(*Micrographia*)一书就像新发现的美洲大陆一样，描述了昆虫、植物的微观结构以及先前不曾见过的其他奇观。胡克在观察软木塞时，发现了非常规则的小孔，就像微缩的蜂窝。他把它们称为细胞，因此他把它们解释为渠道或者管道，它们把自然的汁液输送给植物，就像动物的血管输送血液一样。另一位研究者扬·斯瓦姆默丹表明了昆虫拥有器官，繁殖也与其他生物类似；至少昆虫的产生不是自发的。安东尼·列文虎克用 201
倍数更高的显微镜发现了更小的世界，一个“微型鳗鱼”的世界，一滴水里有成千上万个生物。他把它们称为“微生物”，这些微生物似乎也有肢体和器官。列文虎克认为，这种微观世界是自然界微缩版，这甚至给乔纳森·斯威夫特的《格列佛游记》(*Gulliver's Travels*)提供了素材。

列文虎克也曾经有些尴尬地报告，他看到了精子在精液中游泳的情况。列文虎克认为，如果这些精子如同他所说的微生物，那么它们很可能含有完整的微型胚胎，是胚胎的雏形。由于对于生命体的尺寸来说，似乎没有更低的限制，所以没有理由怀疑，胚胎的各个器官很可能已经在精子的状态下就预先形成了，或者卵子中预先形成了。与这种预先形成的说法相反的是后成说，持后成说的人中包括威廉·哈维，后成说认为，胚胎是从同质物质中发育出来的，各个器官是一个接一个地形成的。因此，如果没有外部因素(超自然的?)，后成说怎么能解释这种惊人的复杂性和明显的生命体生理现象呢?

生理学和解剖学通常属于医学院校的领域，那些医学家们是在盖伦的巨大影响下工作的。例如，我们来看看在帕多瓦的学校里的解剖课。教授坐在高高的椅子上，现场有盖伦文集;外科医生相当于工匠，进行实际操作，在操作的过程中，内科医生，也就是一位学者，朗读盖伦文集，如果实际情况与文集之间出现差距，则被认为是不是盖伦和观察之间差距，而是文本之间的差距。因为处在中世纪的盖伦学说实际上是原本的盖伦理论和拜占庭以及阿拉伯文献的混合。然而，文艺复兴时期对希腊古典文献的复兴又获得了许多盖伦的重要著作，而且是这位大师本人的语言，首次印刷的盖伦著作的希腊文版是于1525年在威尼斯面世的。许多医学家的最初反映是寻求这些新文本，以知晓盖伦“真实的意思”。当盖伦的叙述与观察的情况有差距时，许多人为盖伦辩护，甚至有些人还声称，自从盖伦的时代以来，人体发生了变化。

在中世纪，解剖图，也就是盖伦解剖学的图示很缺乏。甚至到了十六世纪，盖伦的主要著作经过编辑翻译和印刷，仍然未能配有图示。解剖学仍然像文献学，或者就是对亚里士多德的“真正含义”的讨论，而医学专业学生教育的基础是阅读盖伦的著作。在没有冷冻设备的情况下，解剖必须快速进行，被执行死刑的罪犯的尸体是主要来源。逐渐地，情况从盖伦的影响中解放出来了，这个过程始于安德烈亚斯·维萨里。

维萨里是帕多瓦的一位教授，他以自己的方式从事解剖。1543 年，他根据自己的解剖工作出版了一部新的解剖学，这种情况非常相似于哥白尼在同年对托勒密的修正。维萨里在他本人撰写的著作《论人体构造》(*Fabrica*)中，对盖伦做了纠正。但盖伦生理学的主要原则仍然对他有指导作用：食物是经过烹饪的，呼吸对 202
血液有冷却作用，等等。虽然他表现出了对心血管系统有详尽的研究，但那基本上还是属于盖伦式的研究，他长期努力研究的是隔膜上的微孔(从来没有发现)。尽管如此，他还是肯定地认为，肺部的血管把空气带给肺，并把水蒸气带走。但在其他许多事情上，他自己的观察改变了那个长期为人们所接受的解剖学。

在此之前的 1538 年，维萨里曾经做过一些解剖学的示意图，为的是使盖伦的解剖学思想形象化。现在，在《论人体构造》一书中，他决心给出一个精确的示意图，来表现他自己处理过的一些结构。结果是一大张打印的对折纸上含有纠正盖伦的符号，显示出盖伦是怎样用动物解剖来代替人的解剖，全部内容都有图示。维萨里完成了自己的主要工作后，就被任命为查理五世皇帝的宫廷医生，用自己剩余的生命时光实践医学。他动摇了盖伦权威的基础，假如盖伦这位古希腊医生生活在十六世纪，他自己也会这样做的。

维萨里的那些追随者们受到他的新技术和详尽研究的鼓舞，继续进行这种批判：肺部的血管确实把血液从肺部传输至左面的心脏，但是被认为返回肺部的蒸气这种说法是没有意义的，因为肺部血管的阀门阻止这种交换。安德里亚·切萨皮诺已经把这个过程称为“循环”,但他仍然认为隔膜上有微孔存在。然后到了1599年,一位年轻的英格兰人来到了帕多瓦学习医学。他的名字叫威廉·哈维。

可怜的哈维,他怎么会拒绝“革命”的标签的呢?他尊敬盖伦,尤其尊敬亚里士多德。他除了在帕多瓦学习医学外,还在恺撒·科雷莫尼尼的指导下,研究亚里士多德的自然哲学,这位指导者推崇亚里士多德,反对伽利略。但正是威廉·哈维,他提出了完整的血液循环理论,而他这样做,是凭借了机械论的思维方式。

哈维在帕多瓦的医学教授是法布里齐乌斯,这位教授首次描述了所有血管中的阀门,他相信,这些阀门的作用是防止血液落入位置较低的身体末端(盖伦说这种防止作用是通过身体某些部分的“吸引”作用实现的)。哈维也听说过在肺部和心脏之间的“循环较少”。他回到英格兰后,又做了一次观察,从而得到了重要的线索。心脏的舒张长期被认为是一种主动的运动,像是把血液吸引入心脏。哈维观察了一个垂死的心脏的缓慢跳动,认为收缩是肌肉的缩紧,从而把血液压入动脉,而舒张仅仅是一种休息的阶段。脉搏的跳动因此必然是由收缩引起的,因为在血液射入时,动脉扩张。显然,血液并不像盖伦认为的那样是一种落潮式的流动,而且是被挤压流遍身体的,就像水受到泵的挤压而在管道中流动一样。那么,这些血管中的阀门的作用到底是什么呢?

这看起来简单得可笑,尤其是当我们阅读哈维的《论心脏和血液的运动》(*De motu cordis et sanguinis*)一书时,该书出版于
203 1628年。一切似乎都指向总体的血液循环。当我们把静脉视为机械的水利系统的组成部分时,情况立刻就清楚了,是那些阀门引

导血液流回心脏的。后来,哈维本人告诉罗伯特·玻意耳,这是进入他的理论的关键之一。切断一条活的蟒蛇的静脉和动脉,哈维发现,静脉是空的,血液从动脉涌出。他计算了一分钟体内的血流量,结果是10磅左右。当然,这样的血流量不能产生于肝脏中的被转换的乳糜。它必须返回。心脏驱使颜色鲜红的动脉血进入身体,静脉血进入肺部。因此,这种循环是系统是一种大型的机械系统,由管道构成,它连接一个泵,也就是心脏。多明确啊！但实际情况是否就是这样明确?

那么,在肺部血液是怎样从静脉流向动脉的呢?哈维当时没有显微镜。对毛细血管的这项发现是由马尔切洛·马尔皮基完成的,那已经是在哈维逝世4年后了。这个系统是连接动脉和静脉的枢纽。而对于肺部的这种"看不见"的连接管道,哈维当时只能是猜测。这无异于盖伦所说的那种隔膜上的微孔。

哈维的生物学思想很难被称为纯粹的机械论。空气必然包含某种生命必需的东西,某种非物质的元气或灵魂,使血液具有了活力。哈维在研究动物过程中,观察到了血流的脉动,这是生命的最初活动;因此,它类似于宏观世界中的生成与衰败之间的循环,它携带着生命的精神通遍全身。心脏在循环中是最重要的,这类似于太阳的地位,太阳就是世界的心脏。血液循环就是生命的永续循环,生生死死永不停歇。

我们现在进入了十七世纪,这是机械论哲学的世纪。至少是在一个机械论系统中,巫师们和哈维的活力论从物质世界中被淘汰了。这个系统就是笛卡儿的机械论哲学。它也许还不成熟,因为笛卡儿对自然界的表述去除了活力(超自然)的要素,被迫退守到各种想象的机械论,从而填充这个空白。尽管如此,笛卡儿的影响仍然是巨大的，尤其在法兰西。

可怜的物质性的自然界。在笛卡儿的手中，它变得多么荒凉，多么死气沉沉。笛卡儿出生在一个古老的贵族家庭，幼年时多病，被允许在床上度过他的上午时光。他就那么躺着，思索着。数学使他感到愉悦，因为数学有确定性和清晰性。他感到古典文献在这方面是没有希望的。只要有哲学能够建立他在数学中发现的那种确定性，几个基本定理就建立起一个表达的世界。其中正在酝酿的思维方式会把笛卡儿引向他的机械论哲学。

重要的是，要认识到笛卡儿本人也是一个具有开创性的数学家。他和皮埃尔·费马是解析几何的奠基人，从而实现了代数和几何的对接。让我们先来看一看这个前瞻的发明。

204 就像科学中其他许多伟大的思想一样，解析几何的概念惊人地简单。把空间想象成一种网状结构，为了方便起见，在网状结构上建立两个轴，两个轴的夹角为直角，实际上，笛卡儿就是从图形开始的。而我们实际上也就创建了一个同质空间的图形。两个轴给出了两个维度，三维则是立体的，我们可以拥有更多的维度，n 个维度，只要我们给出 n 个轴。任意与这些轴有联系的点，比如两个轴，x 轴和 y 轴，都受到坐标值 x 和 y 规定。因此，我们可以在这个图上漫游，我们发现，每一个图形上的每一个点都受到坐标值 x 和 y 的规定。如果是立体系统，则有 x、y、z。这些点或者说是这些坐标值显然可以用一个**方程**表达它们之间的关系。**任何**方程，不管其复杂程度如何，都可以用几何的方法来解释，或者**任何**一个几何图形都可以用代数的方法来研究。简言之，我们对几何图形的直觉可以扩展成数字，或者说可以扩展成代数中的各种关系。因此，我们的抽象就达到了一个新的水平，因为我们在用方程运算时,不一定需要图形表达。在处理几何图形时,或者说在处理物质空间时,可以用纯粹抽象的方式,按照逻辑规则,通过符号的运算来进行,抽象程度越来越高,直至……。

数学家笛卡儿问道:“物质的本质是什么?”为什么,它是**延展**,空间上的延展,就像我们的坐标系。哪里有空间,哪里就有延展,哪里也就有物质。没有物质的空间是不能想象的;真空不可能存在。物质填充着宇宙,不确定地延伸着(只有上帝是无限的),而且物质处在运动中:冲撞、反弹,粘连在一起。运动本身并不是物质固有的特质,而是物质所处的状态。上帝给予无生命和惰性的物质这种状态。由于空间是被充满的,即充实的,因此运动、感知和变化通常必须通过**接触**才得以存在。

我们将要看到,伽利略在讨论物质凝聚力的时候提出了原子论,他推测,粒子之间有无穷小的真空存在。他也注意到了那个众所周知的事实:虹吸管吸水的高度不超过 34 英尺,这显示出水柱支持自重的最大延伸高度。封闭虹吸管的一端,把开放的一端插入一个盛水的容器出现的情况是,管内的水仍然不流出来。埃万杰利斯塔·托里拆利用水银取代了水,从而制作出第一个气压表。水银柱保持不动的水平低于水,这是因为其重量(密度)大,人们的设想是,两个实验都显示出大气的重量。如果大气的压力小会发生什么情况呢?比如在高山上。帕斯卡在法国中部做了这个实验,正如预料的那样,水银柱下降了。后来,奥托·冯·居里克发明了气泵,罗伯特·玻意耳把气压表接在气泵的进气口,然后抽气。水银柱也下降了,这表明,不仅存在大气的重量,而且还存在该重量保持的气压。空气就像弹性的流体,每一个颗粒就像一个
小弹簧,受到大气压力的压缩,玻意耳就是这么想的。这些自笛卡 205

儿以来所做的实验使人想到了原子论,也想到了真空的存在。

但这不是笛卡儿的世界。虽然笛卡儿把他的延展性大体分成三类,普通的物质、以太和光,但他并不允许在它们之间有真空存在。从理论上看,至少物质是无限可分的,就像坐标上的一条线。原子之间的空虚可能需要某种超距作用,这种神秘的功效是笛卡儿所不允许的。

上帝一开始把运动的性质给了宇宙。笛卡儿认为,这种性质持续不断,这个概念类似于我们的动量守恒(mv)概念。一个运动中的粒子保持的状态就是惰性,而惰性的首要形式就是匀速直线运动。物体相互之间发生作用的方式只有冲击,而宇宙又是完全充实的。这种物质的不断冲击在填充的状态下就建立起了一个不确定的旋涡状态,构成该状态的是粒子连续不断的转动。因此笛卡儿把宇宙描述成一个不确定的旋涡集合。例如,地球的旋涡就给出了离心力的压力,在某个点的上,相邻旋涡的压力对这种向外的压力有平衡作用,这种情况在宇宙中以不确定的方式处处存在。万有引力是地球旋涡的压力,这种旋涡使得较大的粒子在更细微的第二要素的压力下被迫下降。关于万有引力,没有什么神秘可言。磁现象也是如此。这种先前神秘的力量源于螺旋状的微粒,这些微粒填充着磁铁和铁的间隙,并把二者吸引在一起。由于磁铁有两极,螺旋也就有两种,右旋和左旋。

笛卡儿寻求从头重建哲学原理,把西方思想重建在一个坚实的基础上,既清晰又明确,就像数学原理一样。他写道,我有充足的理由怀疑一切,但有一事我不能怀疑,就是这样一个事实:我在怀疑。因此,笛卡儿的结论是,我是一个有生命的存在物,其本质就存在于思想之中。但我之外的这个世界具有延展性,即机械性,这是上帝给惰性物质的一种运动的固定属性。甚至动物都是具有自主性的机器,但没有灵魂。生命本身仅仅是一个机械运动过程,整个生物界就是一部机器。在脑中存在所谓的活力精神,也就是先前说的生机论原理,它们仅仅是一些精细的微粒,与血液分离后流经神经系统。只有人类有灵魂,这是一种非物质的精神状态,它能掌握几何和推理规则。

就像培根从巫师手中接过实验一样,笛卡儿净化了神秘主义的、精神的甚至是上帝的理论科学。主导他的科学和哲学的是数学的思维方式,但不一定是数学技术。不可言说的、视觉的、而且也是自发的精神活动被驱赶出他的系统。上帝仅有的活动就是第一推动力;这样,上帝在科学和机械性的宇宙中的作用就变得苍白
了,而且瞬间即逝,就像在亚里士多德那里一样。一个不能穿透的 206
墙壁被笛卡儿树立在精神和物质之间,从此心理学和哲学都只能在高悬的笛卡儿二元论之剑的下面工作。在这样的宇宙里,精神只能是一个异类,也许生命本身也属于这种情况。

如果所有的物体都受到那个不可或缺的属性——延展性的规定,那么,空间和物质就没有真正的差别。因此,这个世界死的、不确定的连续体,其中,每一个单独物体的运动都相关于其他所有物体,这些物体也处于运动中(那么,物体怎样才能说成是运动的呢?)此外,所有的力都必须从物质中排除;运动中的物质完全缺乏亚里士多德所说的终极因之类的东西,诸如目的、倾向和隐藏着(神秘性)的性质,还有一般所说的活力。事实上,人们几乎不可能看到精神是怎样干预这样的封闭系统的。这就引申出了上帝与自然界是完全分开的,上帝是超越自然界的,通过物质世界的途径无法达到。上帝是全能的,任何事情都要取决于上帝的意志。如果

上帝愿意，祂就会使我们“清晰和独立”的思想无效（如笛卡儿标榜的数学真理以及哲学真理），这些思想也无非就是理性的基础。所有永恒真理都取决于上帝的意志。

就像奥卡姆一样，笛卡儿强调的是上帝（精神）和物质世界（具有偶然性的物质）是完全不一样的。这就宣布了文艺复兴之自然主义的终结，就像新教改革和天主教特伦特会议（The Catholic Council of Trent）终结了中世纪。神性的标记与符号，隐藏的属性和力量——自然界就像一个巨大的密码系统——被放逐了。神性以符号的方式展现在可见的创造世界里，展现在人的精神里，也展现在旧式的微观世界－宏观世界里，这些符号都被纯粹量化的同质的数学世界所取代。

然而，巫师的时代并未结束。机械论哲学所缺乏的内容，他们的观念可以提供，尽管最终他们没有能力认识自己的后代。但是，作为一种特定世界观的代表，巫师神汉们逐渐地从科学世界中撤退了，撤退至唯心论的黑暗水域中。一种新型的世俗神学崛起了，它消除了旧的宇宙等级秩序。尽管如此，这种新型的世俗神学以不可见的方式把物理科学和神学混合在一起，只是到了此时，它才是一种受到了理性的自然之光引导的神学。上帝正是笛卡儿哲学的基础，即使上帝已经从物质中被排除了也是如此。这个结果可以被称为辩证：上帝撤退到了完全超验的状态，而上帝的创造，也就是物质的自然界，陷于沉默了。自然界再也不与那些寻求它秘密的先觉派科学家耳语，告诉他们精神的秘密。这种事情现在属于主观性，属于想象，是有别于**实在**的。而实在被给予至上的地位，高于、当然也是相反于那些想象的天赋，这些天赋通常是反直觉的，它们创造了现代科学。

1614年，也就是玫瑰十字兄弟会宣言发表的那一年，伊萨克·卡索邦指出，隐逸派的著述实际上是属于后基督教的作品，不 207
是古埃及司祭所撰写。诸神和各种精神即将把自然界留给培根学派和机械论者。整个自然界即将陷入觉醒的冷清和沉默。尽管那个最终和悲剧性的觉醒即将来临，而且很难是一种革命，但是，新的科学见解的创造者们期待和寻求的是巫师时代的终结。那么，至此我们要从巫师神汉那里接过我们能做的事情，让他们在属于他们的时代里，等待着下一次科学革命。

延伸阅读建议

Bonelli, M. L. R. AND Shea, William R., eds. *Reason, Experiment and Mysticism in the Scientific Revolution*（《科学革命中的理性、实验与神秘论》）. New York: Science History Publications. 1975.

Debus, Allen G. *The English Paracelsians*（《英格兰的帕拉切尔苏斯学派》）. New York: Franklin Watts, 1966.

——. *The Chemical Philosophy: Paracelsians Science and Medicine in the Sixteenth and Seventeenth Centuries*（《化学哲学：十六和十七世纪帕拉切尔苏斯派的科学和医学》），2 vols. New York: Science History Publications, 1977.

Dijksterhuis, E. J. *The Mechanization of the World Picture*（《世界图景的机械化》），Oxford: Oxford University Press, 1961.

Funkenstein, Amos. *Theology and the Scientific Imagination: From the Middle Ages to the Seventeenth Century*（《神学和科学想象：从中世纪到十七世纪》），Princeton: Princeton University Press, 1986.

Hall, A. R. *From Galileo to Newton*（《从伽利略到牛顿》）. New York: Dover, 1981.

Pagel, Walter. *William Harvey's Biological Ideas: Selected Aspects and Historical Background*（《威廉·哈维的生物学思想：有选择的方面和历史背景》）. Basel: Karger, 1967.

——. *Joan Baptista Van Helmcnt: Reformer of Science*(《海耳蒙特:科学的改革者》). Cambridge, Eng.: Cambridge University Press, 1982.

Rossi, Paolo. *Francis Bacon: From Magic to Science*(《弗朗西斯·培根:从巫术到科学》), Trans. Sacha Rabenovitch. London: Routledge and Kegan Paul, 1968.

T Thomas, Keith. *Religion and the Decline of Magic*(《宗教与巫术的衰落》). New York: Scribner's 1971.

第十五章　大自然的语言：伽利略 208

地球**真的**运动么？抑或哥白尼体系像十四世纪经院哲学家“按照想象”创造出的幻象那样，只不过是另一种假说？我们必须说明，局部运动怎么会像我们在运动的地球上所体验的那样是可能的？我们还必须讨论亚里士多德物理学。在这里，我们还是以经院哲学家为例，如果我们遇到他们旨在阐述真实的世界或者干脆创造一些全新的“理论上的世界”的错综复杂的评论时，还是不要大惊小怪。无论如何，连接自然的亚里士多德大桥已经饱经风霜，批评的风浪已经侵蚀了它曾经是坚固的基础。桥上的铺板已经腐烂，桥索已经磨损。它也许已经无法修复了。

亚里士多德大桥是一种语言，一种符号体系和使用这些符号的规则的体系，它会把我们从人类心灵的孤岛送往自然的大陆。经院哲学家们虽然批评这座桥，但仍然使用它。这座桥在他们脚下已经弯曲，现在，过了 200 年之后，它已再也无力承受哥白尼学说的重荷了。到了该造一座新桥亦即创建一种新的语言的时候了。这就是伽利略·伽利莱的任务。

伽利略本人已经成为了一种标志。几乎没有人否认他对西方科学进程的深远影响。正是伽利略最终把物理学语言从因果性和定性改变为定量、测量和描述。正是伽利略主张，设计用来回答一些特殊的疑问的实验是对假说的决定性检验。他公开并且响亮地 209

为哥白尼体系进行了辩护,成为了它的最伟大的倡导者。不过,围绕着伽利略也总有大量争论。

他的实验是否确实具有他似乎暗示的那样巨大的重要意义?或者,它们是一些宣传工具,是理想的"思想实验",当它们在物理世界完成时几乎不可能是决定性的?他用新的望远镜进行的观测结果是否又被夸大成了为哥白尼体系辩护不可或缺的一部分?他是不是一个柏拉图式的数学观念论者,试图使自然与某种先入为主的形而上学的模子相吻合?他是否是我们的基础教科书中所说的躬行实践的科学家,同意自己接受观察和实验的指导,只在相关的数据收集到之后才去探讨数学关系?

伽利略的柏拉图主义最重要的支持者是亚历山大·柯瓦雷。亚里士多德试图把常识知觉的证据合理化,以便说明我们在地球上所体验的这些事物的运动与变化。然而,伽利略是从这样一种信仰、一种信念开始的:即物质必定具有数学特点的,运动所遵循的数学规律实际上是我们通过完全独立的观察看不到的。对于他就像对柏拉图一样,物质只不过是永恒的几何学形相的**近似物**。柯瓦雷说,伽利略的运动的物体并非是物理客体;它们是在数学的欧几里得空间中运动的理想物体。在真空中的自由降落、非常平滑的斜面、物体在地上的合成运动——所有这些,我们只能抽象地去想象。科学是关于世界的一系列理想命题,这些使用数学语言的命题所具有的本体论上的正确性使常识黯然失色。伽利略把柏拉图击败亚里士多德而获得的胜利描述为:"柏拉图的复仇!"

其他人对柯瓦雷断言提出了质疑。伽利略像亚里士多德一样认为,科学必定会为我们提供有关现实的感觉世界的知识。自然本身是理性的,而不是《蒂迈欧篇》中(我们只能构造其可能的故事)的混乱的容器。数学只不过是一个更好的研究这种理性结构的工具。我们既不必为数学**为什么**如此有效而苦恼,也不必为我们的理想描述的形而上学含义而苦恼。这不是科学的职责。斯蒂尔曼·德雷克说,对于伽利略而言,数学是一种工具,但这种工具不一定是成品的一部分。[1] 伽利略对数学的运用不一定意味着形而上学的柏拉图主义。无论他证明什么都必须有经验支持,这些经验是可控的经验——实验。而且,伽利略比其他人更明白实验结果可能只是近似的——一定不要把抽象概念与物质自然界相混淆。

无论人们决定怎么看这个问题,有一点是肯定的:伽利略既改变了物理学的语言也改变了物理学的任务。由于伽利略,形而上
学问题被降到了次要的地位,而纯感觉经验也受到了限制,甚至为 210
了形式描述机械论而被放弃了。在柏拉图和亚里士多德**二者**中依然存在的生物学泛灵论,最终被从**物理**科学中清除了出去。具有讽刺意味的是,这也许是一种形而上学式的决定,或者像哲学家埃德蒙·胡塞尔所说的那样,这是把“理想化的思想的斗篷”覆盖在易变的人类经验的生活世界上。然而,伽利略的物理学把世界分成了不同层次——初始的主观知觉的层次和最终被我们贴上“客观性”标签的可测量之量的领域。客观性是否是另一种伪装的主观性仍然还有疑问。有可能,所有关于伽利略的柏拉图主义的争论都来自于这个未解之谜。

伽利略·伽利莱于1564年出生在比萨附近。伽利略的父亲

[1] 斯蒂尔曼·德雷克:《伽利略的科学生涯》(*Galileo at Work: His Scientific Biography*, Chicago University of Chicago Press, 1978),第365页。

温琴齐奥(Vincenzio)是一个布匹商和天才的音乐家;因此,他有相当多的数学知识。1581年,伽利略被送入比萨大学(the University of Pisa)学习医学。医学系的课程,当然是以亚里士多德和盖伦的著作为基础的。想象一下年轻的伽利略,已经显示出了某种对数学的偏好的他,去听那些关于亚里士多德自然科学的乏味的讲座。他边听边记笔记,试图跟上经院哲学家转弯抹角的讨论。对科学与现实经验相一致的要求,并非像我们业已看到的那样是这类研究的主要思考因素;讨论所涉及的是教科书中所提到的那些逻辑关系。

在他的课余时间,他开始研究欧几里得,随后又研究阿基米德。多么清晰呀,数学在许多方面堪称一种艺术;它的综合和精确性迫使研究者不仅要断定它的结论具有必然性,而且还会感到一种就像视觉艺术令人激动时那样的审美愉悦。伽利略也热爱艺术;他常常读诗,并且在他的暮年从音乐中寻找乐趣。他的快乐来自于形式而非内容。当佛罗伦萨学院(the Florentine Academy)邀请他去作讲座,讲关于《神曲》中但丁的地狱的布局时,他利用阿基米德的圆锥截面和德国艺术家阿尔布雷西特·丢勒(Albrecht Dürer)的比例法,从几何学上对它的结构进行了探讨。即使在诗歌中,形式和节律也比内容对他更有吸引力。

作为一个学生,伽利略因与其教授们的矛盾而获得了喜欢怀疑的名声。亚里士多德说,物体在相同介质中降落的速度与它们的重量成正比——一物体的重量是另一物体的两倍,它降落的速度也是该物体的两倍。然而,伽利略提出异议说,有一次我看到下冰雹,有些冰雹比其他冰雹大一倍,它们一起降落而且几乎是同时到达地面。亚里士多德物理学的确看起来与经验相矛盾。看看阿基米德，他曾把他的数学应用于物理学，他是一位古代的数学家，并用自己的证明去揭示物理世界的事物。几何学在发挥作用……？

伽利略放弃了他的医学学业，担任了私人教师讲授数学。1589 年，他成为了比萨大学的数学教授。他在该校任职到 1592 年，这一年他离开了该校，去帕多瓦(Padua)大学任教。在这些年间，他研究运动问题；后来他写道，不了解运动就不了解自然。他拒绝了亚里士多德的运动定律，但在这方面还没有新的定律。问题在于要找到某个更有效的替代物。到了伽利略时代，西班牙人 211
多米尼克·德·索托(Domenico de Soto)运用平均速率定理来说明所观察到的落体的加速度。也许，伽利略是间接了解到这一情况的。还有可能，十四世纪的经院哲学家正在变成在他看来枯燥的亚里士多德主义的诡辩者，无论他们的理论怎么样，他们书生气十足，缺乏想象力。有了的阿基米德思想的装备，他决定着手进入这个领域，并且完全重新开始。

他关于这个主题的第一部专论《论运动》(*De Motu*, *On Motion*)是他迈出的略显蹒跚的第一步。重的物体与轻的物体是否像亚里士多德所坚持的那样有质的区别？阿基米德不是证明了吗，有些在空气中重的物体在水中会变轻？我们来考虑一块木头，它在空气中会降落，而将之放入水下然后放开它，它会浮起。因此一个物体的重量——它是重还是轻，必定与它所在的介质有关。所有物体实际上都是重的，它们只有在密度比它自身物质的密度低的介质中才会显得是轻的。如果我们除去介质，那么，所有物体都将有一定的比重，正是这种比重决定着它们在自由降落时的速度。在真空中，两个同样物质的物体，无论它们的总重量是多少，它们都会按同样的速率降落，而且都不会瞬间落下。

我们业已看到，这样的论证可以追溯到斐洛波努斯。为了说明加速度和抛射体的剧烈运动，伽利略甚至采用了一种冲力物理学，但与比里当不同。抛出一个重物，或者用一个支撑物托着它，都需要**外加**一个力，当这个物体降落时，该外力会被慢慢地逐渐耗尽。这个外加力实际上是与自然运动向下的力（重力）作用相反的，因此，所观察到的落体的加速犹如一种升华——自然运动对外加力的克服。这样，匀加速就是自由落体的一种**偶然的**特性。而且，像冲力学派的那些人一样，伽利略也坚持认为，速度是与所通过的距离成比例的。

无论伽利略是否知道以前人们对亚里士多德的批评，到目前为止，他仅仅是重复了这些批评。与以前的批评者的重要差异在于，他做实验。首先，按照他的传记作者维维亚尼所讲述的一个生动的故事，他在比萨斜塔（the Leaning Tower of Pisa）使具有同样成分但重量不同的物体下落。如果这个故事是真的，它只能起到证明亚里士多德的比例说是错误的作用——证明较重的物体比较轻的物体更早落地的观点是错误的。正如我们已经看到的那样，许多其他人以前已经质疑过亚里士多德的公式。接下来，伽利略让小球沿着斜面滚下，斜面是一种限制垂直降落的情况，就像约尔达努斯所指出的那样，它是一种限制物体重力的情况。意味深长的是，伽利略试图计算不同密度的物体在平面上所通过的距离的速度的比率。他失败了。这既是批判亚里士多德的问题，但更是一个探明自由落体的正确定律的问题。冲力物理学似乎也是无效的。

这些实验有多重要？或者相反，虽然冲力物理学给伽利略提供了线索,使他意识到匀加速也许是自由降落的一种自然结果,但他是否像例如柯瓦雷所主张的那样,无法使这种物理学数学化?大概,两个方面因素都有一点。毫无疑问,他正在抽象地思考他的 212
平面:他所考虑的平面是非物质的,小球是非常圆润的,摩擦力和空气阻力被忽视了。冲力物理学依然是对自由降落的半定性的因果描述。伽利略的问题是如何使他的实验与新的数学抽象水平相符合——与阿基米德物体在欧几里得空间中的运动相符合。在他去了帕多瓦以后,伽利略永远放弃了冲力物理学。

必须把运动看做一种正在被描述的状态;我们不再对什么导致运动感兴趣。这样一来,就不能再把匀加速看做是偶然的。它也是一种必定受数学制约的自然事实。现在的目标是,只仔细地分析运动,而不考虑重量、介质、摩擦力以及其他单纯的知觉事实,寻找制约着抽象实体的关系的规律。这一探讨使得确立有关哥白尼之运动的地球上的运动的规律,变得更容易了。我们暂时离开主题,稍微讨论一下伽利略的哥白尼主义。局部运动和运动的地球这两者是密切相关的。

听说了一个荷兰的透镜研磨者的小型望远镜之后,伽利略于1609年用透镜进行了实验,并且制造出了他自己的粗糙的望远镜。在过去的数年中,他曾是一位谨慎的哥白尼主义者。现在,当他用自己的望远镜凝视天空时,他变得自信了,而这一年正是开普勒出版他的《新天文学》(*Astronomia Nova*)的那一年。虽然开普勒的著作是一部被禁止的巨著,但伽利略在1610年出版的《星际使者》(*Sidereus Nuncius*),却是一部对受过教育的外行人颇有吸引力的小册子。他的观测报告更像是一部编年史,而不太像是天文学专论,但它所具有的革命含义,并不亚于开普勒错综复杂的研究成果。

伽利略断言,月球与地球并无不同——它也遍布着山峰、环形山和峡谷。他甚至测量了一座月球山峰的高度,发现它大约高 4 英里。这暗示着:亚里士多德对天上王国和月下王国的区分显然是空洞的。银河被证明是诸多星辰的巨大的集合体,虽然在望远镜中,行星的规模被用放大了,但那些恒星本身却没有可感觉到的增加。它们是一些发光的点,因而没有视差似乎也不再有什么奇怪了。最令伽利略惊讶的是,他发现了 4 颗沿着围绕木星的轨道运行的小行星。大行星像地球那样有自己的卫星,**四个**“月亮”与木星同步运行——这个事实大概会减轻我们对哥白尼体系中月球围绕着运动的地球环行的疑虑。后来在其《太阳黑子通信集》(*Letters on Sunspots*)中,伽利略发现,金星像地球的月球一样有着完全循环的相位——这是用托勒密体系难以说明的现象,但如果金星的轨道是在地球轨道以内而且是环绕太阳的,那么这种现象就很清楚了。当然,太阳黑子是反驳天空的不易腐蚀的另一个论据。

这些都是观测结果,而反对者可能总会(像我们可能做的那样)质疑伽利略的望远镜的可靠性。有些亚里士多德主学派的人
213 声称,这个仪器本身会产生幻象;其他人则断定,月球其实是被十分圆润的不可见的天球罩着。太阳黑子也许实际上是接近太阳的微小行星。另外,所有这些观测结果都不能决定性地证明哥白尼理论;第谷体系也很容易提供这样的观测结果。因此,像枢机主教贝拉明这样的人接受伽利略的观测结果而否认它们对哥白尼体系有任何决定性的证明,是完全合理的和科学的。严格地说,在人们通过**哥白尼的望远镜**观察这些之前,它们什么也证明不了。怎样

让人们了解这样的天空呢？伽利略知道：要靠宣传。

伽利略必须使人们相信，对于说明他们在天空所看到的景象和他们在运动的地球上所体验到的运动而言，哥白尼体系是唯一可行的体系。亚里士多德学派以及他们的"理论上的世界"是有害的。他可以嘲弄说，他们没有走出他们的书本直接研究自然，却在字里行间追究我们**如何**去观察的问题。我们对世界将会有全新的经验。旧的事实必定会唤起新的理论，为此，伽利略必须改变物理学的语言。因此，他在《试金者》（*The Assayer*）中说：

> 在这一宏大的著作中有哲学的论述，这一巨著就是宇宙，它一直在那里供我们凝视。但是，在学会理解创作这一著作的语言和阅读其文字之前，人们是无法把它读懂的。它是用数学的语言撰写的，它的符号是三角形、圆形以及其他几何图形，没有它们人们连它的一个词也读不懂；没有这些，人们就会在黑暗的迷宫中徘徊。[①]

我们如何说明我们的感官明显地展示的事物：物体垂直地降落到地面——如果地球是运动，这几乎是不可能的"事实"？我们必须首先采用新的语言。

亚里士多德也曾常常考虑运动的自然环境。他对天空和地面的、自然的和被动的运动区分，是以我们的经验环境为基础的。伽利略在他的《关于托勒密和哥白尼两大世界体系的对话》（*Dia-*

① 伽利略：《试金者》(1623)，转引自斯蒂尔曼·德雷克：《伽利略的发现与见解》(*Discoveries and Opinions of Galileo*，New York：Doubleday，1957)

logues Concerning the Two Chief World Systems—Ptolemaic and Copernican)说，是呀，但事实上我们自己也是自然环境的一部分。想象一下你站在一条船上，我们假设你的眼睛紧盯着帆或桅杆的顶部。船在相当快的速度航行。你是不是不断调整你的目光就一定能肯定自己与移动的帆并驾齐驱？并非如此。单凭眼睛你无法判定船和船上的一切(包括你自己)在运动。如果有一个小球从桅顶落下会出现什么情况？对话中的人物辛普里丘(Simplicio)代表亚里士多德的观点，他提供了标准答案：小球会落到比桅杆稍微靠后一点的甲板上。伽利略回答说，可以肯定，没有哪个亚里士多
214 德学派的人完成过这样的实验。小球总会落到桅杆的底部，我们甚至不用实验就可以证明这一点。

我们假设这艘船在匀速(没有加速)的方式在一片平静的海面上航行，我们暂时不考虑风、浪以及其他**不重要的**因素。站在船上的人是否能肯定地说出该船实际上是运动还是静止的？无论我们在船上做什么实验——使物体落下或任何其他实验，我们都不能预见匀速运动。唯有我们运动**速率**的变化是可以被感知到的。由此可见，依据观察者参与的参照系，有一种运动形式是不可见的。

因此，物体的降落其实是由两种运动**合成**的——一种是我们可以看到的，另一种是我们看不到的。我们只看到了它的垂直运动，我们没有看到它的水平运动，因为我们与它共同参与了这种运动。而且，因为旋转的地球是所有观察者共有的参照系，所以我们都只有垂直降落的经验也就不奇怪了。如果我们假设地球围绕它的中心匀速地旋转，我们就可以**从几何学上**证明，落体像地球上的任何点一样在同样的时间内通过了同样长的弧。因此，我们只能看到我们没有参与的运动。若要找出我们的原始感觉背后的事

实,我们必须从通常的经验中进行推断和抽象。

请注意伽利略聪明的程序。从一开始他就假设了一个运动的地球。为了使我们相信,我们的知觉无法对它的匀速运动作出**反驳**的判断,他杜撰出了一种理想情况——“虚构的海上虚构的船”。他需要实验证据,尽管他已经知道了实验结果。他把整个问题用数学证明罩了起来。这样,任何维持匀速运动或静止状态的参照系都是相对于那个参照系中的观察者而言的;也就是说,一个处于这种体系中的人是无法从物理学上检测到它的匀速运动或静止状态的。这暗示着,唯有幸运的人,比如说在空间的某个固定的点的人,才能断定这两种状态。常识让位给数学抽象了。但这不是柏拉图式的可能的真实;自然经验中所固有的物理学原理一旦被抽象化,就是完全真实和客观的。

愤怒的亚里士多德派也许对小球怎么能与桅杆保持同步,或者当它从一个塔上降落时怎样维持与地球一同旋转,感到大惑不解。从其早年论运动的著作开始,伽利略就已经知道答案了,现在,他在哥白尼的宇宙中把这一原理阐明了。这就是**惯性**原理。伽利略在《对话》中说,没有人真正知道是什么力导致物体降落或地球运动。这无关紧要。我们来**想象**在一块非常完美的平面上有一个小球,平面没有任何阻力。如果没有外力作用于这个小球上,它就会永远保持静止状态。现在推它一下。请记住:平面没有任何阻力,也没有凹凸不平的地方——我们再补充一句,空间或这个平面是无边无际的。这个小球不会永远保持它的匀速运动状态吗?

我们还可以构想另一个“思想实验”。事实上,伽利略在撰写他关于太阳黑子的著作时,心中已经想象了一种情况。一艘船在

宁静的海上，如果给它提供动力使之运动，它将沿着地球不断地循
215 环运动，而且，如果所有**外部的**力都被消除，它会永远运动下去。而在这种没有外力的情况下，静止的船会保持静止状态。由于这些都是纯粹抽象的状态，对任何人来说，无论在静止的船上抑或在运动的船上都是完全相同的。因此，从桅杆上降落的小球会保持这种状态，而且无论船是在静止还是在运动，它都会落在相同的地方。我们再次被说服了。

地球的惯性运动是圆周运动，而且由于重力会使一个物体趋向它的中心（它绕之而运行的点），这样的物体实际保持的状态或惯性状态也是圆周运动。因此，伽利略的惯性原理与笛卡儿的惯性原理或牛顿的惯性原理不同，必须把它称作“圆周惯性”原理。在没有任何外力作用的情况下，一个运动或静止的物体会保持它原有的状态。不过，伽利略的宇宙仍然是有限的；至少他没有对它的无限性作出肯定的断言。因此，可能没有无限长的直线。伽利略也没有认真考虑开普勒的椭圆运动的可能性。因此看起来，圆周运动依然是一种他并没有突破传统的传统。他也没有思考过把行星限制在它们的轨道中的力。他为什么要考虑？他的任务是说明：局部运动以及它在我们明显的关于运动的地球的经验中如何是可能的。另一方面，空间失去了它所有质的方面的区别；它变成了一块黑板，在它上面我们可以勾画欧几里得图形。一旦空间被抽象化，无限的空间还远吗？

那位可怜的亚里士多德派的自然哲学家的确基本上被伽利略驾驭了。甚至伽利略自己的代言人萨尔维亚蒂（Salviati）都对“纯粹的理性的力量”如何战胜了常识感到惊讶。伽利略不再与亚里士多德学派一起依赖普通的科学基础。更令人不满的是，他使德

谟克利特和原子论者的幽灵复活了。我们在《试金者》中读到，只有大小、重量等等这些量——亦即可度量的量，才是物体的真正的科学属性。味道、气味、颜色等等是想象的产物！简而言之，伽利略希望减少和限制我们的科学经验。如果我们考虑变化的所有经验，我们就不得不承认，亚里士多德和经院哲学家说明了更多的东西——还记得奥雷姆吗？这就是数学的精确性的代价。

伽利略非常令人信服地论证了他的实例，尽管他从未宣称他拥有关于哥白尼理论的**不可反驳的**证据；毋宁说，把占优势的证据汇聚在一起似乎显示地球在运动，而亚里士多德的自然哲学是错误的。伽利略本人是一个善良的天主教徒，而且肯定，他的科学与他的宗教之间的任何冲突必然都取决于解释。但哲学家们多年来因他的攻击而痛苦，他们并不反对利用神学和教会可观的力量，以便找出他的盔甲中的弱点。

伽利略并非是无辜的，因为他曾热心于神学。他写道，自然是“不可动摇的和不可改变的”，人永远不会超越自然规律的界限，而且无论人是否理解它的秘密它都是中立的。如果你愿意的话，可以把这与《圣经》(*Scripture*)比较一下，《圣经》常常从形而上学上进行论述(就像伽利略本人对自然所做的那样)，它被修改了以便适合普通人的理解。因此，《圣经》是**不受**像自然哲学一样严格的 216
规则**约束**的，上帝在自然中会像在《圣经》中那样被绝妙地显现出来。

当然，这是许多神学家本人所持有的适应原理的一种变异。而伽利略也对被“真正证明的”自然真理与其他仅仅是陈述的东西进行了区分。前者不可能与《圣经》相冲突——神学家将负责说明如何会这样和为什么会这样。如果后一种范畴与《圣经》相冲突，那么,科学家就有义务去证明这些陈述的确是错误的命题。

伽利略于1611年在他的《星际使者》出版之后访问了罗马,并且总的来说取得了巨大的成功;伽利略获得了罗马学院(the Roman College)的犹太天文学家的支持,甚至获得了布鲁诺的审判者之一枢机主教贝拉明的支持,这显示出他对伽利略的尊敬。不过,被犹太人称作"异教徒的铁锤"的贝拉明本人是小心谨慎的。他警告说,地球的运动尚未被证明(确实如此),如果这样的证明即将出现,那么就要殚精竭虑去说明《圣经》。但是,用这种理论去计算天体的位置并不等于对物理实在的证明。这个问题在一定程度上既是对宗教改革运动的挑战,也是对使天主教徒与新教徒分裂的热门的《圣经》解释问题的挑战。天主教对《圣经》的任何解释——例如,与哥白尼学说相适应的解释,都可能成为新教徒在与天主教展开宣传战时的弹药。天主教会刚刚在一系列被统称为特伦特会议(the Council of Trent)的会议上完成了它的反宗教改革运动(the Counter-Reformation)。除了结束诸多的谩骂外,特伦特会议重申了天主教的基本教义,其中包括圣餐变体说。《试金者》和其原子论观念——以及上面提及的关于第一属性的学说,即使不会把空洞的偶然性思想完全说成是荒谬的,也可能拒绝它。彼得罗·雷东迪甚至曾论证说,正是伽利略的原子论而不是他的哥白尼学说使他遭受了异端裁判所的处罚[《异端者伽利略》(*Galileo Heretic*)]。

至少在《试金者》中,伽利略的原子论不应被看做在当时是极为危险的以至要受到异端的指控,不过,宗教改革运动(在思想和权力两方面)的斗争——在意味着托马斯主义因而也意味着亚里士多德学说的特伦特会议之后,肯定会使得**任何**对《圣经》**以及**神学的重新解释变得更为困难和危险了。哥白尼学说无疑足以引起麻烦。

哥白尼学说**作为一种假说**，并没有受到谴责。枢机主教贝拉明说，只要把地球的运动当作假说而不是当做真切的现实来对待，一切都平安无事。伽利略的敌手——亚里士多德学派第一次感受到的与教会权威的冲突，发生在1616年，结果是，贝拉明禁止关于哥白尼体系为真的主张。当伽利略遇上异端裁判所和枢机主教时，实际上发生了什么情况？对此一直有争论。当然，把哥白尼学说与《圣经》相协调的尝试是被禁止的，不过，这并不意味伽利略不能自由讨论一个假说，但对双方的论点都要权衡。如果不允许他 217
讲授这个体系，那么就会要求他甚至不能对它进行描述。伽利略带着贝拉明给他的宣誓书离开了罗马，宣誓书说他决不再坚持或捍卫哥白尼学说，这可能意味着，单纯的对双方的讨论是完全合法的。

1623年，伽利略的朋友和敬慕者佛罗伦萨人马费奥·巴尔贝里尼（Maffeo Barberini）成为了教皇乌尔班八世。巴尔贝里尼认为他自己是一个诗人，是受过文学和科学教育的人。对伽利略的许多朋友和追随者来说，巴尔贝里尼教皇的职位，似乎预示着罗马一个新的开放和思想自由时期的到来。的确，教皇本人看起来愿意在这条阳关道上行进（他也曾在黑暗的占星术和巫术的路上走过）。但是，教皇乌尔班八世的继位也使他陷入了一场复杂的和危险的政治危机。

1618年，当巴拉丁选帝侯和新教徒腓特烈五世（Frederick V）继承了属于哈布斯堡（Hapsburg）皇帝的反叛的波希米亚王国的王位时，新一轮的宗教战在神圣罗马帝国（the Holy Roman

Empire Holy Roman Empire)爆发了。这样,在日耳曼诸国的新教徒与天主教徒之间开始了一场被称作30年战争(1618年—1648年)的斗争。当西班牙的哈布斯堡家族支持他们的奥地利亲戚时,信奉天主教的法兰西从这个联盟的东部边界看到了一种潜在的威胁,因而去援助新教的事业。路易十三的法国对外政策设计师本人其实是一个枢机主教,亦即黎塞留枢机主教(Cardinal Richelieu)。尽管如此,这位法国的枢机主教发现必须帮助新教徒……。

……而教皇——在西班牙和罗马的法国派之间,陷入了两难境地。

此外,在1632年春季和夏季,瑞典的新教国王古斯塔夫斯·阿道弗斯,闯入了信奉天主教的巴伐利亚的心脏地区,并且站在阿尔卑斯山上,准备突袭意大利(但他在11月被杀身亡,这一威胁从未变为现实)。多所耶稣派学院受到瑞典人的洗劫,耶稣派神父被驱逐了。在罗马,瑞典危机迫使乌尔班八世与西班牙派站在一边。

因此,罗马对思想自由的承诺被戛然刹住,帝国的大火使它立即终止了。教皇当然承受不起似乎是为异端者提供庇护的后果,也不能撤销对打击新教的突击部队——耶稣会士的全力支持并且向后退。现在,正像贝拉明早在1614年警告的那样,时机尚未成熟,还不能尝试对《圣经》进行彻底的重新解释以便与哥白尼学说相适应。

因而,据推测,1632年出版的《对话》与贝拉明的警告保持了一致,它的讨论是中立的和假设性的。伽利略甚至获得了异端裁判所出版该书的许可。但是,唉,他的争辩的力量和政治处境可能害了他,因为他的科学敌人肯定能想方设法证明,他实际上在论证

(或者试图在论证)这个体系的真实性。更糟糕的是,伽利略的对手成功地散布了这样一个谣言:他的《对话》中的人物辛普里丘事实上对教皇乌尔班八世丑化的讽刺。而一份1616年的旧文件被找了出来并且被呈现给教皇,这份文件大概是伪造的,它是一份未 218
署名的公证人备忘录,叙述了他与异端裁判所的单独会面。其中含有“也不以任何方式讲授”等词语,这样,在1632年8月,伽利略被传唤到罗马接受审判。1633年,他在那里被异端裁判所宣判有罪;他不得不发誓放弃并且诅咒他的理论,他的著作被禁止出版,并且被判终身软禁。悲剧在于,伽利略实际上想使教会避免对错误的科学信念的支持。

在十七世纪,并没有出现(像贝拉明所想的那种)对哥白尼假说的证明。伽利略是在打一场宣传战,但他的论据在十七世纪的环境中远非是决定性的。这些论据集中在一起当然可以作出强有力的论证,但只有从新的数学的自然的背景下来看才是如此。它们并未构成一个欧几里得式的论证:证毕。姑且不论宗教改革运动的危机,事实上从当时的标准来看,哥白尼理论(按照亚里士多德对把数学应用于尘世运动的反驳)是不合理的,而且在它声称具有**现实性**方面是荒谬的(天文学不是一门关于现实的科学)。我们不得不得出这样的结论:教会**没有**支持错误的科学信念。而伽利略却是这样!伽利略的思考和观点是不合理的,这无疑是科学史上的一个重大事件。

定罪使他的注意力又转回到运动物理学,他的著作《关于两门新科学的对话和证明》(*Discourses and Demonstrations Concerning Two New Sciences*)在荷兰出版了。这是他关于运动研究的巅峰之作,该书最终确立了一种新的和成功的关于自由落体、抛射体飞行和他一直寻求的数学证明的定律。几何学原来限定在天空，最终被带回到地上了。

运动是物体所处的一种存在状态，在自由降落中，加速运动就是这种状态的例证。从同一垂直高度降落的诸物体所获得的加速度是同样的。一物体从静止状态从某一高度通过垂直位移而降落，另一物体从同一高度沿着一斜面滑落，后者虽然通过的路程更长一些，但它所获得的速度与前者是相同的。对自由降落之速度的度量，不是依据所通过的距离而是依据所用的时间——用我们的符号来表示即：$v = at$。我们来看看伽利略是如何达到得出这些惊人的结论的。

伽利略在《两门新科学》中说，考虑一下两个具有不同比重例如铅和黑檀的物体，它们在一种密度非常高的介质中降落。它们的速度的差异是可觉察的。这种差异是否取决于它们的比重的比率？如果介质变稀薄了，我们可能会预料这个比率是不变的。但情况并非如此。在稀薄的介质中，这种差异几乎是无法觉察的，在更稀薄的介质中这种差异变得更小了，因而我们可以预料，在真空中所有物体都将**以同样的**速率降落。因而在真空中，无论诸物体的重量或构成成分如何，如果同时从静止开始下落，它们将会一同
219 落地。从这种理想状态中我们发现，匀加速——一物体通过相同的时间间隔时获得相同的速度的增量，是自由降落永恒的动力学原则。

我们可能已经听到了亚里士多德学派的反对之声：“让我们回到现实的世界！如果我们让降落持续一段时间，难道我们不应预料较重的物体比较轻的物体降落得更快？而这样的情况，鉴于介质是相同的，难道不应归因于它们的比重吗？”

伽利略再次指出，实际发生的情况与亚里士多德学派的常识是冲突的。介质阻碍运动，而且这种阻力是与物体的速度成正比的。由于物体不断加速并且获得越来越大的速度，介质的阻力也会变得更大，从使加速减少。落体以这种方式导致了介质的阻力，这就是物体体验到的一种“减轻重量”的力。较轻物体的加速度会减少得更快一些，而所觉察到的速度的差异，**只不过是**由于介质对这种**速率**不断增加的阻碍造成的。事实上，假设有足够长的时间，阻滞变得如此之大，以至会制衡所获得的速度，而自由降落会变得一致——物体会达到它的终极速度。

请注意，伽利略的重力或重量仍然是物体的唯一属性。因此，重力不是某种作用于物体的东西。按照伽利略的观点，重物向地心降落的趋向依然是它们的自然运动。证明了自由降落——加速运动的动力学原理，并且排除了我们的经验的“偶然”条件，我们现在就可以从数学上研究这种运动——这是一种对**所有**物体都适用的抽象描述。我们再次简略地谈一下我们的斜面。

斜面是一种限制物体自由降落的情况。伽利略想证明速度与时间是成正比的，因为匀加速运动表明，在连续的时间间隔内获得的速度的增量是相同的。对于（从同一高度的）倾斜的任何平面，他发现所通过的距离与时间的平方成正比。这种关系暗示着速度只与时间成正比。此外，我们必须想象一个滚动的小球，它与自由降落的小球的表现是相同的，因为所设计的实验就是要证明它相对于自由降落的这种关系。有什么关系呢？我们已经知会使人误解的无助的常识经验可能是什么。

实验揭示了平均速率定理的重要意义，伽利略以一种与奥雷姆类似的方法从几何学上证明了该定理。按照该定理，一个从静止到匀加速状态的物体通过任何空间所需要的时间，等于该物体以这样一种匀速通过相同空间所需要的距离：其匀速的值等于匀加速的最高速度值与匀加速刚开始时的速度值的平均值。我们在本书第11章中已经明白，我们如何能够推导出 $S={}^{1}/_{2}\ at^{2}$ 这个公式。因为一个从静止开始运动的落体所经过的诸距离彼此的比，等于相应的通过这些距离所需要的时间的平方的比（这就是伽利
220 略下一个关于匀加速的定理），所以马上可以推出，从静止开始取任意段相等的时间间隔，使它们构成一个从1开始的数字序列，则这些时间段的平方分别为1,4,9,16,25,……，而它们彼此的差则为奇数1,3,5,7,……。因此，在每一段相等的时间间隔中所通过的距离彼此的比，等于这个奇数序列1,3,5,7,……。而且实验"总是"与这些比一致。同一物体从斜面上下落（滚下）时要比它从同一垂直高度降落时花更多的时间。物体在相同的垂直位移中获得同样的加速度，而斜面，无论它的倾斜程度（因而它的长度）如何，只不过是这种规则的一个限定的例子。因此，在平面上运动所需要的时间更长，这就构成了平面的限制性因素。这样，同一物体沿着平面或者直接垂直下落时的终极速度是相等的，它们的比保持不变（参见图5-1）。

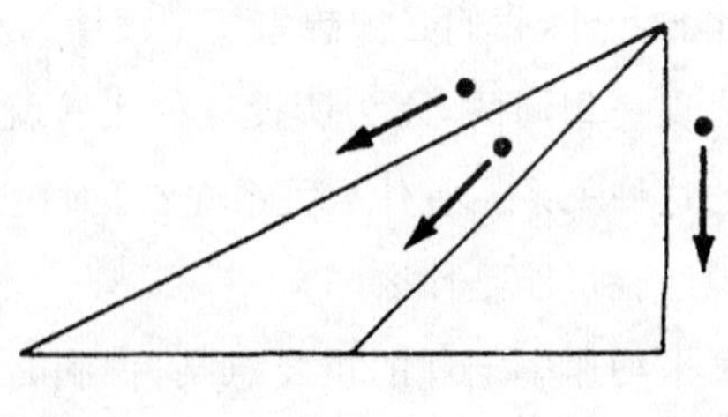

图15-1

亚里士多德主义者辛普里丘让步了。尽管他可能希望在证明中出现，他还是被说服了并且承认了它们的正确性。是什么使他信服的呢？最有可能的是，伽利略完成了实验并且发现其结果大体上与他探寻的这些比率相一致。这些比率肯定也是理想化的。而在《关于两门新科学的对话和证明》，伽利略让辛普里丘说："如果我再次开始我的研究，我会遵循柏拉图的建议从数学入手。"[①]

还会看到其他一些奇迹。考虑一下钟摆。如果摆线具有相同的长度，任何物质制造的摆锤无论摆动到什么程度，它们走过这些弧所用的时间将是相同的。如果摆线长度变了，那么摆动周期也会按照摆线长度的平方根而变化，摆线彼此的长度的比等于时间的平方比。因此，伽利略在他观察教堂的灯的摇摆时所提到的摆这个非常普通的例子，也是对时间平方律的例证。亚里士多德学派会怎么看它呢？一个摆类似与一个自由落体相似。

对抛射体的分析使惯性概念再次出现了。一枚从大炮中发射出的炮弹将有两种独立的运动：水平的匀速运动和自由降落的加
速运动。还是不考虑介质的阻碍，炮弹在重力迫使下降落时依然 221
保持着水平运动。伽利略从几何证明开始，从数学上证明这两种运动如何结合在一起形成了一个曲线轨迹——抛物线。他也能够计算出使炮弹射程最远的大炮的仰角（这个角度正如尼科洛·塔尔塔利亚在 1537 年指出的那样是 45 度）。四因、冲力、亚里士多德的"虚空填补机"等等，都已经过时了。我们必须说，伽利略为了把握自然"摆脱了"偶然的属性。我们很愿意补充一句，这些属性

① 伽利略：《关于两门新科学的对话和证明》，亨利·克鲁（Henry Crew）和阿方索·德·萨尔维奥（Alfonso de Salvio）译（New York：Dover，1954），第 90—91 页。

是亚里士多德大桥的原料。

这样就改变了自然的语言。这种语言的语法又是什么呢？的确，隐藏在完美的数学证明背后的，是芝诺可怕的阴影。看看伽利略的平均速率图解（图 15－2）。这幅图被划分成一些平行线，它们代表了在时间进程中所获得的速度增量。因此，每一条平行线都代表着一个原子增量或一个不可分的增量。然而，我们不能对这个图形进一步划分——把它划分成无限份吗？那么，一个无限级数是否可能有一个总和而且它是由这样的不可分的原子构成的？我们是否又再次面对令人困惑的瞬时速度问题了？

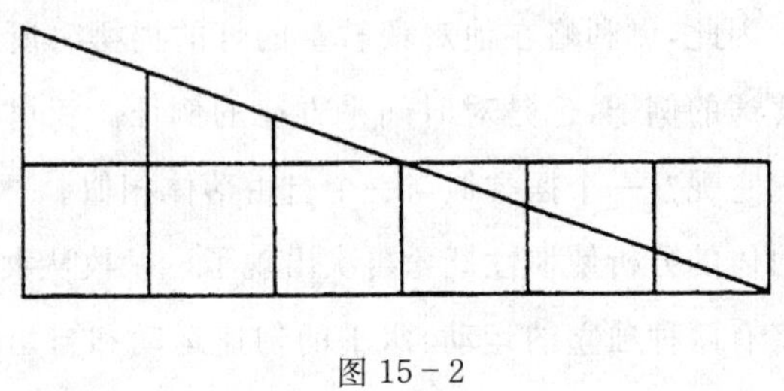

图 15－2

伽利略不得不承认无限和不可分之物悖论本质上是“我们有限的心智”无法理解的。不过他强调说，诸如等于、大于或小于这些概念，在把无限的事物或无限性与有限的事物相比较时是不起作用的。考虑一下所有正整数这个无限类。现在想象一个全都是由完全平方构成的无限类——4，9，16，……。达到第一个 100 时，我们有 10 个这样的平方数。如果我们继续下去，我们遇到平方数的频率减少了。不过，作为一个无限的类，这样的平方数可以与整数一一对应……直至无限。这真是个奇怪的情况。伽利略说，从连续统一体(比如由不可分之物或原子汇合成的一个整体例如某种流体)来考虑无限会更加容易。伽利略的学生卡瓦列里在几何证明中使用了不可分的量。开普勒已经把球体看作是由无数个无限小的锥体组成的,它们的锥顶在球心,锥底构成了球的表面。他是在研究确定酒筒的体积问题!许多其他数学家也以不同的方式深思了这个问题。

我们对此有什么解释?直到最后,这种语言本身依然远远达不到清晰。古希腊人的几何式思维依然在物理学思考中占据着统治地位,并且使它带有所有古代固有的悖论。但是关于那种语言 222
真实描述着物理世界的信念已经产生了影响——这是一种把它的逻辑矛盾遮蔽了的信念。而且这种信念在伽利略这个标志性人物身上占据着中心位置。

延伸阅读建议

Burtt, Edwin Arthur. *The Metaphysical Foundations of Modern Physical Science*(《近代物理学的形而上学基础》). Atlantic Highlands, N.J. Humanities Press, 1951.

Drake, Stillman. *Galileo at Work: His Scientific Biography*(《伽利略的科学生涯》). Chicago: University of Chicago Press, 1978.

Koyré, Alexandre. *Metaphysics and Measurement: Essays in Scientific Revolution*(《形而上学与测量:科学革命论文集》). London: Chapman Hall, 1968.

——. *Galileo Studies*(《伽利略研究》), trans. John Mepham. Atlantic Highlands, N.J. Humanities Press, 1978.

McMullin, Ernan, ed. *Galileo: Man of Science*(《科学家伽利略》). New York: Basic Books, 1967.

Redondi, Pietro. *Galileo Heretic*(《异端者伽利略》), trans. Raymond Rosenthal. Princeton: Princeton University Press, 1987.

223 # 第十六章 “如此令人惊赞的一致”

1661年6月，林肯郡乡下的一名新生踏上了前往剑桥大学三一学院的路。父亲在孩子出生前的1642年的前三个月就去世了(实际上是1643年，但新教的英国不接受教皇格利高里历，不过最后还是在1752年的改革后接受，当时在农民中引发了暴乱，原因并不是正教的历法，而是他们要求回复到过去的时日)。

孩子的母亲再婚，嫁给了一位年长的牧师，于是便把孩子交给了祖母抚养。他在孤独和富有梦想的环境中长大成人，在这个过程中让他感到慰藉就是摆弄一些小机器，制造日晷还有就是梦想造出永动机和画出节气图。他乐于让自己完全沉溺于这些孤寂的活动中；有时竟忘记了吃饭。仆人们认为这孩子怪怪的，甚至傻傻的。反过来，孩子对仆人们也没什么好感。所以对这样一位怪异的小伙子在那个6月去上大学，肯定是再自然不过的事情了。除此之外，他也没有别的什么选择。他就是牛顿。

就是这个牛顿，命中注定要成为西方科学的巨人，说他是所有科学家中的泰坦也不为过，就是这样的一位“巨人”，在出道之前也
224 不过是大锅里的小孩子，根本无法将大锅装满。在他三岁时，根本就无法生活自理，他的母亲再嫁给老牧师。母亲一直陪伴到老牧师去世，那时牛顿十岁。母亲回到他身边时，又带回再婚后的三个孩子。母子团聚仅仅维系了两年，牛顿就被送去上文法学校。

早年的这些经历对牛顿后来性格的发展起到了什么样的影响？这些挣扎不管怎么是否对他后来的科学有些塑形的作用呢？像曼纽尔这样的传记作家倾向于认为有着这样童年的人具有本能的不安全感：不安全、神经质和偏执的怀疑，其结果就是去寻求一个无形的父亲，后来就这位父亲便与上帝画上了等号。于是便导致狂热的工作和全身心献身于科学。曼纽尔说，我们看到他没有能力形成真正的人的关系，这样他几乎就让人不可思议地（也许是不人道地）依附于科学。但却是一种特殊种类的科学。这类产生焦虑的不安全驱使牛顿企图将表面上将不可能的任务融合起来，从天到地、从广袤的无穷到微小的原子壳，其目的就是要寻求上帝所设计的理性的、严格决定的机器，只有通过透镜才能窥视到上帝的创生宇宙的秘密。简而言之，曼纽尔说，这种冰冷的、严厉的、封闭的科学体系与他的人格能够产生“共鸣”。

也许是这样吧。当我们想怀着崇敬的心情站在“超越的”天才，这位泰坦面前时，默默无语面对这些同样是神秘的东西，就是它们产生了如此这般的智力，或许我们不会像曼纽尔那样想到牛顿成就的那些细节而把他看成是一位不太正直的人。绝不是这样。相反，我们要对尼采那样有意识地承认没有这些早年的这些可怕的折磨，几乎可能一事无成。

牛顿的生活大都与英国历史上最混乱和重要的事件相吻合。牛顿六岁时，斯图亚特王朝的英王查理一世被清教徒掌控的议会送上了断头台。及至年长，牛顿自己在1688年也现身于议会，他看到了最后的斯图亚特王朝的英王詹姆斯二世遭到流放——从技术上说是他放弃了王位——而英国王位出现了空缺，接下来奥兰治家族接管了英王的位置。这些事件均被称为革命，虽然这个词的是有问题的(在十七世纪革命依然是轮转的意思,re-volvere),这些革命的起伏之于英国社会,就像牛顿的科学之于西方世界。最终,英国成为一个由议会限制的君主制国家,而非绝对的君权神授(最少在理论上如此)的国家,她要与其治下的议员们分享政治权力。宗教改革的大幕最终由于这一系列的事件拉开了。

英国的宗教改革走的是一条迂回的道路。在英国国内的知识界的宗教改革之父是牛津大学的神学家威克里夫。威克里夫卒于1384年,后于1415年被安理会从坟墓中掘出,并以异端邪说的罪名把他的尸骨焚烧了。但他的思想却在罗拉德派流传,罗拉德派
225 的要求包括要有英文圣经,以及波希米亚的胡司,因此影响到路德。

路德时期的英国国王是都铎王朝的亨利八世,他是英王中最有智慧和学问的国王之一……而且也不是一位不坏的神学家。事实上,亨利八世写过一篇神学小册子反对路德(七大圣礼的辩护),后来受到一位对此心存感激的主教的奖励,并授予《信仰的辩护人》(*Defensor Fidei*)的称号。

可就在这个时候亨利八世却因废除他的第一任妻子,阿拉贡的凯瑟琳,与罗马天主教闹翻了。这个问题挺复杂,涉及王位继承的问题(婚后20年他们只生育了一位病怏怏的女儿玛丽),乱伦(凯瑟琳原本是亚瑟,亨利八世死去的哥哥的妻子)、皇室体面(教皇克雷芒七世实际上是神圣罗马帝国查理五世的囚犯,凯瑟琳的侄子,也不想以这种不体面的身份去谒见哈布斯堡皇室),还有一个至关重要的女人就是博林(Anne Boleyn)。亨利八世最终于1543年与罗马教皇决裂,创建了圣公会,这便是英国自己的教会,由英国君主出任最高首领。

英国不再是天主教国家了，但她也不是新教国家。亨利八世的老三，伊丽莎白一世王后最终采取了中间路线与罗马天主教达成妥协。在神学上，尤其是像诸如化体圣体论，英国教会采用新教教义，事实上是加尔文教义。在教会学和礼仪，尤其是通过主教教会统治方面，英国依然是天主教。

加尔文教徒非常不满英国的中间路线，他们极力想让英国教会与罗马天主教彻底决裂，最明显的圣公会在苏格兰的所作所为。这些清教徒（也称新教徒，因为他们想让教会严格遵循圣经的要求行事）与1642年到1646年与查理一世打了了一场内战，在这场内战中他们利用了议会赋予他们的宪法权力作为工具。后来，查理一世受到议会的审判并于1649年被处决，而一个由清教徒组成的联邦在克伦威尔（Oliver Cromwell）的领导下浮出水面，克伦威尔在1653年被封为护国公。这个联邦即为“圣人之治”的意思，直到1660年才结束。

所谓的清教徒圣人实际上就是培根和加尔文。培根的功利、精明与科学哲学上的归纳主义和加尔文的“天职”教义的混合，就像曼妙的薄雾。的确，圣人崇敬并尊崇上帝，他们主张通过勤劳，并致力于自己的职业，无论是干什么的都要这样，这意味着万能的主通过他的智慧已经选择了信仰他的人。懒惰是最大的敌人，尤其是“可耻的有学问的懒惰”，它让人们的头脑产生困惑和混乱，让灵魂沮丧，陷入偶像崇拜并玷污宗教（正如加尔文在其《基督教要义》所警告的），例如，天主教就是这样。这也是亚里士多德经院教育的结果：玷污（加尔文痛恨混合）纯粹和简单的以及谦卑的信仰。
心智的工作，无论多么努力，都与闲散和懒惰相似，除非它应用于 226
艰苦的体力活。人工操作、议会斗争、活力四射的是大炮、火药和炮弹,它们把亚里士多德的经院城堡的墙壁炸塌了。

培根是“有用的”科学哲学家。但是工匠才是英雄。工匠、工程师、机械师直接与自然打交道,他们掌控着实验等,并将理论与实践相结合;人们可以说他们将理论融入实践,所以科学来自事物而非语词。亚里士多德的宇宙就是演绎逻辑堆砌起来的语言废话——只有语词——那么在加尔文的神学中,它就类似于一种思想、一种懒惰。工匠的宇宙就是实验性质的,可以操控的,因此与机器类似。为了机械地施以命令,首先应该是从机械的角度来理解自然。

培根加上加尔文……从语词到行动,从有机论到机械论……这就是牛顿青年时期的清教徒的英国。

可是牛顿于1661年进入的剑桥大学却依然按1571年伊丽莎白的章程治理着智力内容和行为准则。虽然这些章程的应用和强制实施已经得到改变,但是剑桥和牛津大学的必修课程,还是十三和十四世纪的经院主义那一套。某位有进取心的教授可能试图加入一些新的自然哲学的内容,或某位好导师可能会转向新的学问,可是这些行动却少得可怜,甚至就连正式的课程都遭到忽略。有些导师本人就对课程不屑一顾,而弥散在大学上空的中世纪的拟古风气就像一床发霉的毯子令人窒息。不屑一顾导致了漠然视之,漠视又导致无动于衷和放任自流,总之学生们需要自己照料自己。

剑桥大学经历了内战的动荡,建立起清教徒联邦,几乎没改变什么。而牛津大学则对议会的军队以武力相向,剑桥大学被联邦军队攻占但破坏却不大。但许多保皇党学者不让上课了;其他的也丢掉了为清教徒供职的职位,因为他们拒绝在议会于1644年颁布的盟约效忠书上签字。1660年，也就是牛顿进入剑桥大学的前一年，被处决的国王之子，查理二世重新登上英国皇位。王政复辟时期为剑桥大学带来了进一步的清洗，但却没有任何实际的报复。尽管有动荡，可是智力刚性基本未被改变；如果有什么的话，那就是政治动荡加深了剑桥大学的冷漠。

这种良性的忽视正和年轻的牛顿之意，他可以继续随自己的偏好进行研究。不久后，他就发现了新的机械哲学；在没有任何正式的指导下，他学习了笛卡儿的几何学；简而言之，在私自的智力世界中，他没有什么需要清除的智力垃圾。

虽然大学对新的自然哲学几乎没有任何激励，但清教却对自
然哲学看得很重，并迫切希望教育改革能够持续下去，从而培育出 227
一种实验性的和机械的科学，既可为上帝增光，又可惠及社会。强调的是公共服务的生活、为自己和社团改善献身的努力工作的激情；要对“上帝的第二启示”的自然感兴趣，它不同于圣经，它的秩序和等级是神创行动的视觉展现；培根强调实验并对自然进行掌控；教育就是“让人的这种生活适应人的心灵。”此类价值并非清教才有的，它们在欧陆的隐逸派也能见到，隐逸派也致力于人文规划、实验和炼金术，所有这些都在英国找到了踪迹。有的改革人士将新的机械哲学用于他们的炼金术研究，把古老神秘的化学哲学理性化了。

当牛顿在中世纪的剑桥大学的氛围中琢磨机械哲学时，在他研究之外的科学本身的组织生活也在改变。查理二世这位新国王对在伦敦自发集会的英国自然哲学家冠以“皇家”的称谓。可以追溯到十七世纪四十年代的这个小组，原本就是一种非正式的讨论圈子。1662年，它有了个皇家学会的名称。十七世纪初，类似的

学院在罗马也曾繁荣一时，伽利略曾是其中一员，那个学会叫山猫学会。在法国，法王路易十四的财政部长柯尔贝尔于1666年建立了法国科学院。虽然许多新的科学家都受过大学训练，可学会提供的却是正式的中世纪大学无法得到的东西。

“学问人”的新学会的主席在格雷山姆学院遇到了威尔金斯，玻意耳是其成员之一；但最重要的是掌握德语，因为皇家学会的秘书就是奥登伯格，他是个德国人。在这个职位上，奥登伯格处理学会的往来信件，包括来自外国的信件，这些都要由他翻译。正是奥登伯格设想出重大的计划，把所有的科学通信收集起来并出版一份致力于科学通信的刊物。在奥登伯格的指导下，科学研究通过1665年3月出版首期《哲学会刊》向公众展现了它的角斗场。此前二个月，在巴黎，科学院则出版了《学者杂志》。现代世界科学家之间通信的最重要的形式，科学杂志问世了。

皇家学会的任务正如其第一章所说的那样，致力于提高自然的和有用的知识，包括制造、力学以及其他实验性发明。从农业到导航改进，学会履行了培根促进对社会有用的实验以及对社会道德和智慧改进的梦想。胡克成了实验的管理者。胡克是多面手，思想丰富并具有发明天才，皇家学会实现了培根的愿景。学会成了交换场所，一个论坛。如果无法对项目提供实际的财政支持，它就会对其进行鼓励，而且不附加任何神学条件，这个学会的混乱性
228 质有时也对思想自由有利，而且也是创新理念的共鸣板。学会也在公众面前普及新的科学；它成为科学从阴影中走出来的通道，把“毕达哥拉斯的秘密”泄露给有一般意识和受过教育的外行人。

早期的皇家学会仍然是相当杂乱的，各种社会阶层和职业的人都有。许多是医生、传教士；还有许多则是富有的业余人士。对

自然哲学的积极兴趣让他们走到一起;他们保持了一种研究性和理性的基督教精神,并对做实验有普遍的嗜好。机械的宇宙——上帝可见的手艺活——是更确实的和基础坚固的,在这上面建立起的宗教要比在退却的沙丘上的抽象教条要更靠得住。这些基督的大手笔是确实的,正如波意耳在他的一部书名所题献的那样,这些建立在实验基础上的自然哲学的真理,只能用来确认圣经的真理,即平实又简单,没有那些晦涩的神学幻想以及派系争辩,正是那些东西最终导致宗教战争的痛苦。

波意耳似乎最应享有殊名。在他牛津的家中聚集了一批联邦时期的大师级人物。他虽然拒绝出任新学会的主席一职(目的是希望在平静的环境中进行研究),但是直到1691年去世之前,在他身边还是形成了一个核心圈子。

我们在那里是否嗅到也许是坏心眼的气味呢?也许是恐惧?是否有人怀疑深夜中邪恶的耳语,机械的宇宙将最终被证明是自给的,并不需要一个无处不在、无所不能的加尔文教的上帝呢?支配每个细小的存在物的上帝,最终会被证明是多余的、在宇宙机械论周边徘徊的阴影,它的存在并不是必须的。这个阴影随着一口最轻微的批评性的空气,不定哪天就会吹开,成为不存在。

亚里士多德的有机宇宙实际上就是通过**逻辑必然性**登上上帝的宝座;它自然要求有一个神作为一个主因。亚里士多德的科学——肯定还有对其科学的经院改造——需要上帝、要求有上帝,要由上帝来完成一切。文艺复兴时期自然主义的新柏拉图世界也要这样;就其形形色色的实在而言,它的神秘的、心灵上的现象数量,要比空间无穷的机械宇宙还要广袤。心灵现象是**真实的**,尽管无人能对其作出测量。具有讽刺意味的是,机械论者的物理的宇宙，要比中世纪的人或魔法师在封闭的世界走得还远，宇宙之内的多样性从未受到如此的限制，最终就简简单单地归结为运动而已。

229 那么精神在哪里？或许这些大师也感觉到了危险。就是在英国他们看到了以霍布斯为代表的人，他们认为所有离散的实体要有物质基础，包括上帝和灵魂。人们可以质问霍布斯，关于精神的言论的决断是否完全是荒诞不稽的呢？“精神实体”可能在什么地方？

通过严格的机械科学的透镜所看到的自然，基本上是没有生命的；有机的底层被变成惰性的、被动的物体。这个叮当作响的、机械的怪兽把高贵的自然的生命力吸干后，会不会又把自然的上帝杀死呢？

十七世纪六十年代，正当牛顿开始思索他的新科学时，情况大致就是这样。考虑一下智力的悖论吧。牛顿成了机械哲学、新天文学、培根实验、英国清教徒、甚至是炼金术的继承人。机械哲学就引发了诸多问题。笛卡儿给出了一副关于运动的图景，然而它最终还是要设想存在于自然运动的后面。伽利略、笛卡儿抱怨说，他们只弄出来没有基础的东西；只是描述了运动但却没有解释它。然而，把机械论运动还原为充盈中的天体的影响，实际上就会怀疑伽利略的匀速加速度是怎么可能的。对圆周运动做同样解释就好比是相反的涡流压力之间的静态平衡。那么，在无穷的宇宙中如何设想这样的图景呢？开普勒的行星运动定律的解释也好不到哪里去。简单说，如何让数学抽象与笛卡儿的视觉机械论相吻合呢？笛卡儿忽略了这个问题。

不过，有一个问题笛卡儿是无法回避的：冲击。他的整套系统建立在物体的冲击上。冲击或撞击是困难的主题；伽利略和它纠缠了许久但没有成功。笛卡儿的运动科学，要求他处理这个问题。由于上帝从一开始就与运动一同融入到宇宙，而所有随后的运动应该是通过接触来实现的，接下来就是“运动的量”的冲击必须保留。那么，“运动的量”是什么？它是否就是物体的体积乘以其速度呢？如果是这样，那么二个不相等的物体，在体积或速度上也不相等，就没有必要在冲击的个体量上守恒。冲击后仅仅是运动的**集**就会相等。因此，是否有**某些东西**被从某物传到另一物了呢？

笛卡儿大概也许有些不情愿去考虑我们现在所谓的力。例如，如果某小的物体在静止的情况下撞击到某大的物体，大的物体则尽力保持其现状，而小的物体则被相同的力所弹回，仅仅是改变方向而已。大的物体抵消了冲击。抵消？尽力？被动的、惰性的物体如何能抵消任何东西？在以不同速度运动的两个相等的物体的情况中，速度快的物体将其多余的速度传给速度慢的物体。传给？那么就是说在旋转的天体涡旋中还有从其中心退却的物质。所有这些如何与笛卡儿的第一原则相吻合？在处于惰性状态下，物体如何进行抵消、如何尽力等等。这些语词蕴含着内在的活动，可笛卡儿却刚好从一开始就把它们排除掉了。

承认作用于物体的任何形式的力，就是打开了玄奥原理之门， 230
即便从数学角度看也是如此。托里切利就是个好榜样。他说，倘若我试图整日都在推到一座墙。我很可能失败。但是如果整日的力可以被瞬间收集起来，那么墙就会坍塌“就像杰里科”那样。如果冲击随时间散开，力也就消失了。如果冲击力瞬间的（又是瞬间**那个**词），力就会变大。因而，落体的动量加大，就像把水倒入水罐那样：比如，如果落体从高处不受阻力的影响下落话，十磅的落体就会聚集静体百磅的力。那么这种力又是什么？为什么，它是流淌到物体中的力的难以捉摸的精灵。我们可以对其进行测量,因为动量就是某给定时间物体体积乘以速度。但是,难以捉摸的精灵?神秘主义!

如果这些都不存在,那么笛卡儿的运动守恒就面临另一个问题。在一个充盈的宇宙中,一个运动涡旋的宇宙中,所有的运动均应被视为与其他运动物体的相关。那么,如果所有运动实际上都是相对的,任何冲击的"运动的量"应该根据参照系变化。惠更斯这位荷兰人,在笛卡儿的充盈中认识到,某物体移动或静止都要涉及另一物体;在这种情况下,运动中的较小物体从较大物体弹回而起速度又不变,我们就要变换坐标系,考虑较小的物体是静止的,并让较大的物体处于运动状态,并尽可能多地将运动施以较小的物体,冲击之后二个物体便脱离开来。再换一个新的参照系,将较大物体的运动施以小物体,就可以看到小物体的对大物体的冲击所产生的运动状态。显然,笛卡儿的物体冲击的运动守恒是错误的,在不同的参照系内产生不同的结果。

在没有分层的亚里士多德的宇宙的情况下,处于静止状态下天体(中心地球)与运动的天体(恒星、行星,所有施加给地球的剧烈运动)之间的精确和不可能出错的区别,相对运动这个棘手的问题便浮出水面。我们已经在伽利略那里见到了。没有任何实验(至少我们认为没有)能够在一个惯性坐标系内检测到惯性运动(就像伽利略的船)。广袤的宇宙旋涡就像一个没有岸边的,没有岛屿的大海。关乎事体的不是在大海中有多少船,有多少才华横溢的科学家在船上。每条船可以是静止的;也可以是做惯性运动的;只有加速度度能被检测到……然而不考虑惯性运动(或缺少这种运动——静止)这根测量杆就不能进行准确测量……但是确定惯性运动必须相对于其他测量杆……而它们却可能或可能不处于静止状态……而且……？

按照托里切利的路数，惠更斯得出结论，在某给定的参照系中，任何天体的分隔系统，无论你想要多少，都可被视为在它们共有的重力中心集中在一起的单一的天体，而这个重力中心，在冲击 231
之前和之后，都不会发生变化。从重力中心的角度出发，每个天体均随着冲击运动的方向瞬时改变，然而将其分开的冲击却未能改变二个原始运动，如此一来就不存在任何动力学作用或惯性力。惠更斯发现了另一种量，在完全坚硬的天体的冲击下依然是恒定的：每个天体的体积乘以其速度的平方——mv^2。二个量在冲击之前的和总是与冲击之后的和相等，这个量在每个参照系中都是恒定的。对惠更斯来说，这个量仅仅是个数，其作用就是取代笛卡儿运动量的错误；它并非一种对力的测量，因为惠更斯的基本原理依然是笛卡儿式的。可是，莱布尼茨倒是乐意将这个简单的公式标以"活力"。

正如我们开始要看到的，问题仅仅是机械哲学中的运动体遇到了困难，它没有力这个起作用的原理。另一方面，这些原理被视为神秘的。在考虑到圆周运动时，惠更斯的确用了这个可怕的词；事实上，他可以创造一个叫"离心力"的新词。惠更斯在此还是想逃出这个词的神秘内涵，并根据静力学进行构想。惠更斯知道一个旋转的物体，拿绑在绳索上旋转的重物来说吧，有脱离选择中心的趋势。他说这种力源于物体的惯性趋势，它本应沿曲线路径直着出去。可是，惠更斯却把这种力视为重量，某种在静力学中的重量的平衡，那么离心力和重量就成为同一钱币的两面。他认为重量实际上是由缺少离心力所导致的。一个重物落下来时，同等量的说不清的物体(在笛卡儿的充盈中)就从地球上脱离了。这样就把离心力和旋转运动的重量关联起来。惠更斯证明如果某物体沿既定的圆以某速度移动,而该速度等于该圆的半径所得到的,那么其离心力等于其重量。他甚至能写出一个数学公式:离心力等于该物体体积乘以其半径的速度平方——mv^2/r.而且他还在其中发现了可供进一步发掘的宝藏。

设想一个钟摆,只有其摆做圆形旋转。从某垂直的角度(45度)来看,离心力恰好等于摆的重量。这个"圆锥摆"也就类似于一个简单的钟摆,因此就类似于惯性运动:所描述的圆的半径等于圆锥的垂直高度,而摆动的周期随垂直长度的平方根变化。惠更斯推导出这个周期的公式,$T=2\pi\sqrt{L/g}$。当然,这里未知的 g 就是由重力导致的加速度。由于可以测量其他的变量,惠更斯发现 g 在荷兰的纬度大于等于 32ft/sec^2。简言之,惠更斯用他的圆锥摆
232 在靠近地球表面的重力附近发现了非常精确的常数。他还利用他的知识来设计出精确度极高的钟表(1674 年),以及一块游丝怀表(这让他与胡克卷入发明优先权的争论)。

可是惠更斯一直都是笛卡儿的信徒。离心力不过就是旋转运动,物体下落(让我们不再用力这个词)是由于缺乏离心运动所致,因为重量不过就是这种运动的一种补充现象。然而,我们还没有说到下落中的匀速加速度。而加速度在整个速度中都是存在的,随时都是变化的。那么问题是变化的**比率**。如何解释它?同样的问题也存在于开普勒定律中;在运动物的机械哲学之内,我们对这些问题并没有更深的理解。几乎就像现代艺术的立体派那样;图画中的形式和色彩呈现出的景致好像没有焦点,正等待着观赏者赋予无法看到的幻想物意义。

在剑桥大学想象力与新科学及其问题在搏斗。但是还有其他有趣的哲学需要考虑。其中之一就是炼金术(不再提它了!)。事实上牛顿在做他自己的炼金实验,尽管是从波意耳的机械和微粒说的角度进行的。可是牛顿还是阅读了隐逸派大多数深奥的文献,认为在神秘的语言下面隐藏着深奥的真理。可所有这些都是秘密的:牛顿建了自己的炼金炉,自学了瓦匠的手艺;他花了差不多30年的劳动来做实验和撰写手稿——在重要的制备期间,他一次可以在实验室里呆上六个星期。然而,这些大量的劳作的成果却在俗人那里视而不见。

这些未发表的手稿就像老树根的庞大系统,埋藏在泥土之中,因而也就是看不见的,可它们却是固定和滋养牛顿发表的那些科学之树的本源。的确,某些更深的根(《论自然的明显定律和在植被中的过程》)表明,在击败无生命的机械论的战场上,他从未投降过。实际上,他似乎很讨厌它。他写到,自然的行动既非机械的也非植物的,显然,**植物的**这个词的意义表明自然是富有生命的、不断成长的过程。那么“庸俗的化学”(具有讽刺意味的是我们现代的化学科学)是机械的,所以它是平庸的,是一种技艺,比如配药的、开染房的、用刀放血的剃头匠等。但“植物”却要更高尚,更玄妙和秘密,致力于探测“植物精灵”,这是弥散在所有物质中的玄妙的东西。倘若能将其与物质分离出来,这种植物精灵就会让生命逝去,让地球没有生机。

在炉前穿着围裙的牛顿不是培根。要想命令自然就应服从它——这是真的——但对机械论者而言,所关注的仅仅是齿轮、弹簧和杠杆等;因此这种活动缺乏伦理的或宗教的意义。在希腊意人看来是一种技艺(τέχνη)。所以,它们是公开的、合作的、是合资

企业：科学则是公司的、社会的或研究所和大学的。但牛顿就像旧
233 时的隐逸派信徒，设想他为之奋斗来掌握的神圣艺术，实际上是关涉生命和成长本质的——是上帝的真正动因以及在这个世界上上帝活动的迹象。用人的艺术把握住这一精灵事实上就是在分享知识，甚至是上帝的力量。

后来在牛顿的杰作《自然哲学的数学原理》（*Principia*）的附录中，牛顿警告说"永恒的、无限的和决定完满的"上帝不会是没有"疆界"的造物主，因此它对自然的统治并非像某些人想象的那样是世界的灵魂；相反，它的统治在自然"之上"，是仆人的主人。牛顿继续说，它的无处不在不仅是"事实上的"，而且还是"实质性的"，尽管牛顿本人也对他自己的言辞唐突感到意外（上帝具有"实质的"肉身），但他很快补充道，我们无法根据我们思想的感官或反映行为**知道**这种物质。我们做能**知道**只是肉身的图形、色彩、气味等，但却无法知道神秘的物质。这就是人们看到的牛顿，为俗人而写作的牛顿。但作为炼金术士的牛顿也许不这么认为。

其他因素也对牛顿的工作产生了影响，这些影响就是剑桥大学本身的湿润的气候，它有点像热带丛林的气候。

巴罗是首位卢卡斯数学讲座教授（这表明大学课程正在发生改变），他对炼金术也感兴趣。巴罗认为，笛卡儿对把所有一切均还原为运动中的死物过于热心了。与笛卡儿不同，他实际上始于若干**先验的**概念，隐逸派的哲学家才是实验家。他们才是真正的培根的信徒，首先与自然接触而不是自以为是。他们在自然界中发现了活力的精神，这是一种非物质灵魂，在笛卡儿的广延那里是绝对找不到的。用运动为什无法对其作出解释呢？

巴罗还是位牧师，一位"彻底的传道者"，他也相信上帝单单通

过理性就能知道。事实上,我们所知的的确为偶然的,创造的东西(物质的东西),是上帝至高无上的智慧的反映。上帝就是阳光,没有它我们就什么也看不见。

接下来就是穆尔,他曾与笛卡儿有过通信往来,牛顿曾读过他的若干早期的笔记。穆尔在笛卡儿哲学中发现有许多东西值得仰慕,但是经过冷静的反思后,穆尔决定他无法接受物质在空间延伸的说法。穆尔认为,精神应该与物质分开来说才是真的,但是精神**作用于**物质——它必须**作用于**物质。空间是无限的,就像古时的原子论者所认为的,乍一看是虚空。但空间实际上确是充满精神,事实上**就是**精神。如果只有上帝被正确地称为无限的,而空间是无限的,那么精神与物质应该是并存的。上帝在空间中无所不在,随着上帝移动的“世界的灵魂”、赋予它生命、将其撒播开来。倾听了穆尔的道理,我们应该乐意说,上帝是一种非物质的**力**。

牛顿是位教徒。他的科学工作只是他一生研究中的一小部
分,其他的还包括圣经编年史、神学、经文注释和炼金术。上帝在 234
“令人惊赞的一致”的世界中所扮演的积极的和富有创造力的角色,在他头脑中是至高无上的。穆尔的确触到了笛卡儿机械论的痛处:把积极的精神从世界中取消就会导致(正如霍布斯所做的那样)无神论。简言之,力的概念向牛顿发出呼喊,这样他就从另一面进入了科学革命。

那么从表面上看,大众都认为牛顿是位数学哲学家和机械论的追随者。他的物理力学的研究进路类似于伽利略的。数学与物理情形几乎没什么关联,但他还是从理想化的数学入手,牛顿推演出来各种结论、比较了观察与实验的数据,并在必要情况下更正或改变了他的理想化的体系。经过这样的过程后,世界的物理系统

便出现了，其基础便是必要的数学和观察结论。科恩把这种过程叫做“牛顿体”，一开始就是自由想象，在抽象领域中不预设任何物理实在假设（“我不做假设”是牛顿的名言）。① 随着他在机械论哲学中的思考，牛顿便被引导着接受了吸引力是物理世界的事实，这样便为机械论提供了缺失的生命力。

然而，有一点牛顿与亚里士多德的追随者不同，后者把力视为隐藏的、“神秘的”量，因此力是不可知的，可牛顿在培根归纳法和数学证明的基础上，接受了力的实际存在。依此牛顿利用了旧时魔法师对那些量的操作，而且**利用它们**还无需过多担心终极原因的问题。这些来自神秘传统的力围着他转，就像从他炼金炉中冒出的浓烟那样。牛顿与文艺复兴的自然主义有同样的感情，这种学说常常被贴上“本始智慧”(prisca sapientia)的标签。过去最有优秀品行的古人表明了自然的真理，例如毕达哥拉斯就知道宇宙重力的定律，但它们却把自己的智慧隐藏起来，从而保护自己免受俗人的侵害。利用他的理性以及耐心和清教的勤奋，牛顿揭开了古人的神话和寓言，这样他发现了他所相信的包裹在晦涩神话中
235 的智慧金子。牛顿不仅把自己视为加尔文教的选民的一员，而且还是古代密教“选民”的特殊的“兄弟会”的一员。牛顿尽管采用了严格的数学和实验的标准，把这些用于炼金术，他认为只是管窥了宇宙一斑，并从中瞥到了终极和神圣的真理。他所打开的大门必须是机械的——自然的机械发明，这些栅门阻挡住了不属于它的选民的路。真正的知识是神圣的，得到它是一种道德行为，一种寻

① I. Bernard Cohen. *The Newtonian Revolution* (Cambridge, Eng.: Cambridge University Press, 1980), p. 109.

求救赎的过程。凯恩斯对此深有体会,他称牛顿是“最后一位魔法师”。以十七世纪的见识而言,魔法是那时的文化(科学也是如此),这并非夸大其辞。

另外,我们一定要认识到自然的魔法和神秘性质对牛顿来说**绝对重要**,这是他力学的伟大综合的成效。炼金术绝不是令人尴尬的、陈旧的、发霉的旧亲戚,拒绝搬出熠熠发光的新式的机械大厦。牛顿肯定在炼金炉旁,在神秘的文献内、在他的宗教中、聆听了那些旧亲戚的选民呼唤的声音。他是否也听到了隐逸派智者的耳语呢?还有他们关于元气与活力的话语呢?他是否让可怜的笛卡儿的上帝给吓住了?笛卡儿的上帝是否能与早就把亚里士多德的无所事事的神画上等号呢?这些影响也会收敛起来形成大统一的概念——万有引力,遍布宇宙的吸引力。

那么他又是如何做到这一点的呢?在他所处的那个年代,可以追溯到十七世纪六十年代吧,牛顿在 1665－1666 年间回忆了他生命中所经历的最具创造力的时期。可怕的瘟疫又一次侵袭了英国,学生们放假离开了剑桥大学。牛顿本人也回到乡间,在没人打搅的宁谧环境中,他仔细考虑了数学和物理科学。他记得就是这时期,他发现了流数法(微积分),色彩理论(白光的多样性),并开始思考延伸到月球的重力等问题。也还是那个时期,他从开普勒的三定律中推导出平方反比律——使行星保持在它们的轨道上的力必定与它们的旋转中心(太阳)的距离的平方成反比。最终他推导出重力的确就是把月球保持在其轨道上力。他用数学方法在地球表面把这种力与重力进行了比较,发现二者的吻合度“相当接近”。然而,(除了光的理论之外)所有这些直到 1687 年才公开发表。

也许这套系统需要长时期的完善，但是牛顿似乎在读过去涉及吸引思想的书，在很久之后他才接受这些思想。让我们看得更近些。1666 年以前，牛顿开始从数学上研究笛卡儿有关运动和冲击的定律。对他来说，对惠更斯也一样，他也开始考虑圆周运动。
236 拿杠杆做个类比——反作用力的静态平衡——似乎主导着他的思考。牛顿设想一个旋转的球击打着正方形的四个边。接下来，他把正方形增加到无穷面的多边形并推导出惠更斯的离心力。由于直线惯性的缘故，球的趋势遵循的是离开弧形路线的切线。据此，牛顿设想击打无穷数目的类似物体的球，它就要向曲线偏离。（出于数学抽象的考虑）现在考虑行星是沿圆形轨道运行的。牛顿就很容易把它的公式代入开普勒定律（D^3/T^2），因为开普勒的平均距离 D 实际上就是牛顿的圆的半径 R。牛顿就能证明后退趋势与半径的平方的正比减少——这就是著名的平方反比律，$1/R^2$，这个定律将要成为万有引力的里程碑。

在 1666 年，它还不是万有引力。不管怎样，他还是可以将月球保持在其轨道所要求的力与地球上的加速度力进行比较。在牛顿的头脑中，这实际上是地球的重力加速度和月球**退却**的离心趋势之间的比较。如果月球是距地球中心的半径为 60 个地球那么远，通过平方反比律这个**趋势**应该是地球表面重力加速度的$1/60^2$或 1/3600。由于牛顿采用了不大精确的地球半径的值，他发现的是 1/4000。“相当接近”是个很好的关联，的确它暗示能把重力延伸到月球的轨道。牛顿没有公布他的成果是否因为他想把这个关联弄得精确？当然，他还设想在地球上的重力的作用**仿佛**所有地球上的物质都向几何中心收敛——这是他依然未能证明的假设。所以这就是他犹豫的原因吗？

也许不是这样。牛顿是以月球的退却趋势来进行思考的，月球的离心力使得它远离地球。他依然在考虑一种平衡的涡流。数学确实表明在伽利略的自然加速度和这种退却趋势之间有某种关联，因此也与开普勒的第三定律有关系。但是落体暗示着**吸重力**。离心力却完全相反。进一步说，吸引力裹挟着所有那些神秘的同情暗示，而退却趋势却可以从机械方面得到解释(正如惠更斯所做的那样)，即便有它固有的困难。一言以蔽之，我们陷入困惑因为碰到了二个在概念上全然不同的东西——吸引力和退却趋势——表明“相当接近”的同样的值。牛顿把整个工作放在一旁没有什么可奇怪的……

现在故事中出现了胡可，他机敏过人。1672 年，牛顿那时已是剑桥大学的卢卡斯讲座教授了，同时也入选皇家学会。他之所以能够成为会员是因为他的反射式望远镜。也就是同年他给奥登伯格寄去了关于色彩的理论。一周之内胡可写了一篇对该理论的批判文章，而牛顿则被其中的批判刺痛了，回信表示了他的气恼。然后又抽身退回到与世隔绝的状态，只与科学世界并仅仅通过奥登伯格和少数几位朋友保持接触。奥登伯格于 1677 年去世，而牛顿的仇人胡可，成为皇家学会的秘书。

胡可于 1679 年致信牛顿，请他恢复与学会的通信。正如我们 237
能想象的那样，牛顿的答复对此没有什么热情，可他还是寄上了一份关于从高塔上落到地球中心的物体的描述文字。牛顿的示意图是螺旋状的。胡可这下可抓住牛顿的错误了，他回信说物体应被描述为椭圆状的。回到十七世纪六十年代，胡可用锥型摆证明了类似的东西，摆的旋转为圆周状。在采用了“偏转”的恰当结合后，让胡可证明出摆会以椭圆形方式运用，就像开普勒的行星那样。

那么这种偏转的力是什么呢？在这封信中，胡可说该轨道起源于物体遵循其切线和**吸引力的**惯性速度。

在另一封信中，胡可总结说这个吸引力随距离的平方成正比递减。是吸引力，而不是退却趋势，让轨道遵循这个规律。

这就是启示。正如人们所说的那样，胡可把问题弄颠倒了，让正面朝上。不是离心趋势和笛卡儿涡旋所表现那种平衡状态，轨道产生于单一的力和惯性。事实上，行星的运动属于动力学的问题。打个比方吧，月球不断下落。就像苹果从树上掉下来那样（大概这又是历史学家杜撰出的一个神话），地球产生的重力不断把月球拉近。这种吸引力**作用于**月球，时刻对其运动比率产生影响。可是，月球的惯性趋势则不断以直线的形式抵消重力所产生的加速度。这样，我们便开始见到明显的**直线**惯性。重力与惯性相结合便产生了均匀的轨道速度，该速度根据吸重力距离的中心点平方产生变化，在这里行星的点就是太阳。根据这些原理，开普勒的椭圆形轨道（有些修正）以及区域定律是有效的。惯性和重力。简单得令人难以置信。

而这多么像牛顿自己的一生中，在国王和议会间的斗争曲折政治保持平衡啊。多么像英国国教通过媒介达成的妥协，这种平衡极其脆弱，需要不时进行调停，一边是新教，一边是天主教的遗老遗少。没有正确的惯性速度（平衡），月球便可能撞上地球；或者地球以螺旋方式进入太阳而湮灭。还有就是保持宪法的平衡。一个绝对的君王，例如像路易十四（他确实把自己称为太阳王），就会把这种政治机制的精致平衡打破，并使其王朝没落，正如我们在1789年在法国所见证的那样。

牛顿是位数学家而胡可则不是，所以他根据吸重力的新见解深入计算了开普勒定律。胡可最后的信没有得到回答。最后，在1684年8月，哈雷到剑桥大学拜访了牛顿。哈雷突然冒出一句，“当一个天体受另一天体吸引，如果作用力是其距离间的平方反比关系，它轨道会是什么样的?”牛顿答道：“是椭圆形的!”他是怎么知道的？为什么，因为他已经做过计算！不幸的是，他无法找到证 238
明的文章，于是哈雷离开后，牛顿开始工作。最终的成果就是1687年出版的《自然哲学的数学原理》(通常简称为《原理》)。这是西方科学的最伟大的著作。

中心概念现在是吸重力，在第一篇中牛顿第一次为这种力创了一个新词，**向心**力，与离心力相对照。就是这中力在“寻找中心”。这种力作用于行星不是别的，就是重力。重力延伸到宇宙的各个角落;所以它是普遍的。它解释了地球上的落体并通过开普勒定律揭示了行星的运动。此时牛顿终于相信作为吸引力的重力果真存在。这是否出于他强有力的数学证明呢?

在那些平静的岁月中，牛顿一直积极地从事他的炼金研究。他得出结论认为，在物质粒子之间存在活动的有效力。他还需要确定什么呢？力就像是运动中的物质那样真实的东西。可以称它是神秘的(当然，对牛顿的批评就是这样)。至少，牛顿在《原理》中没有提出假设把终极自然框死。宇宙又鲜活起来了(从比喻去理解)，由单一的力来统治——“令人惊赞的一致”。

《原理》开始就讲运动的若干基本定律。第一条就是惯性：任何物体在不受任何外力的作用下，总保持匀速直线运动状态或静止状态，直到有外力迫使它改变这种状态为止。第二定律说：物体随时间变化之动量变化率和所受外力之和成正比。此处力还规定正方向，现在我们称其为矢量。第三定律是：两个物体之间的作用力和反作用力，总是同时在同一条直线上，大小相等，方向相反，也就是说，地球吸引你，你也吸引地球，或者说，马拉车，车拉马等。

我们所感兴趣的是第二定律，由于牛顿把力定义为**运动的**变化而不是产生或导致加速度，一种运动**率**的改变。重力是所有物体固有的力，牛顿继续写道，它与物质的量成正比与它们之间距离的平方成反比。我们现在对第二定律的解释是说，力的速度**比率在**变化中得到**测量**，或 $F = M$（质量）乘以 a（加速度）。在我们的记法中重力是 $F = GM^1 M^2 / d^2$（G 是万有引力常数）。牛顿在他对开普勒定律的几何证明中蕴含了这些关系，它们在现代的物理教科书上都习以为常了。为了把握其中的意义，我们必须深入一小步，看牛顿在《原理》中实际写了什么。首先，什么是“M”？为什么，当然是**质量**。是质量吗？

让我们看些与历史无关的，只说力是产生加速度的。如果我们有两个物体并发现其中一个需要较大力才能改变其状态，从本质上说，我们在它们之间就找到了可测的量。一个物体以较大的力**抵消**了另一个物体的力。现在惯性定律告诉我们，一个物体处
239 于静止状态或做匀速运动时需要外来的力才能改变其状态。那么，为任何物体提供阻力便透露了关于该物体自身的某事物。这个某事物被称为**惯性质量**。物体对力的惯性或阻力为我们提供了一种精确的操作程序，这样便可测出“物质量”——惯性质量。

接下来我们考虑一种特别的力，两个物体之间的重力或吸引力。我们可以说其中之一是地球。奇怪的是地球也被某落体所吸引，比如一根羽毛，尽管地球的惯性质量要比羽毛大多了，粗略地说，羽毛的吸引力不存在。相反，是地球吸引力把羽毛和所有物体向下拉，包括月球。因此，靠近地球表面的物体的质量被称为引力

质量，它也是可测的，在此例中用重力引起的加速度。大致说来，这种引力质量就是重量，重力引起的加速度乘以物体的质量。因此，较大质量的物体，比如一块铁在秤上就比一根羽毛重得多。但是，这里有个陷阱。

倘若在地球表面让两个重量不同的物体在真空中落下来，较重的物体似乎要比较轻的下落速度快。伽利略错了吗？没有，因为我们忘记了重力也是一种力，而物体的阻力与任何力的惯性物质成正比。由于引力质量（重量）的缘故，铁被吸引的要比羽毛的更大，但由于惯性质量的关系，它对吸引力的阻力也就同样大。由此看来，没有介质阻力像空气，在地球引力场中两个就可以同一速率下落。惯性物质摆平了引力物质，两个不同概念给出了同样的测量结果！这是多么神奇啊！这里有两个截然不同的概念，然而我们却发现两个可测的质量定义实际上等同的，它们不得已**必须相等**（在牛顿的心目中，这就是上帝的支配和先见之明），这样才能使整个事情运转开来。是个巧合吗？或许是通向更深刻的东西线索？

对牛顿来说，“更深刻的东西”最肯定的就是上帝。这个等同证实了神的计划，上帝最“智慧和杰出”发明。没有它的先见之明，它的主动支配，我们所谓的“上帝”不过就是“命运”而已——这是盲目的形而上学必然。行星沿着相同方向、平面、以其特有的速度运行，就像各种物质的等同一样，在力学和几何学中表明了智力和奇妙的技巧。

另一方面，在另一种文化中，有着怪异另一种世界，它的视界是我们不熟悉的，同样的事实意味着非常不同的东西……我们将要见到。

当质量被设想为作用于可测的物体的力时，静力学仅仅成为
动力学的一个特例，这个情况中作用于某给定物体的力是处于平
240 衡状态的。这是解决行星运动的关键。牛顿不再是静力学杠杆类
比的囚犯了，可笛卡儿和惠更斯却还是依旧。取而代之的是整个
行星系统现在可以动态地进行处理了，反过来又允许牛顿易如反
掌地导出开普勒定律。

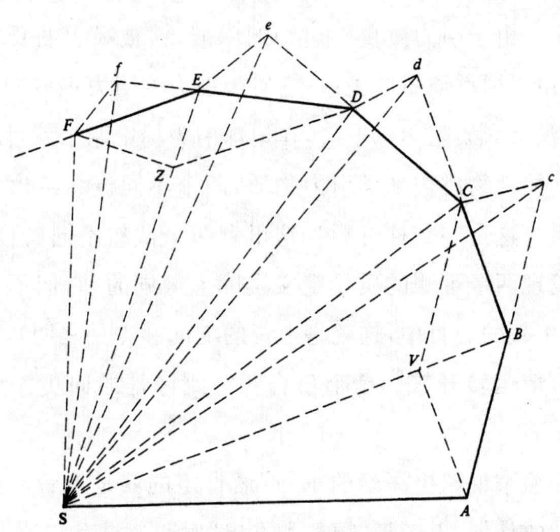

图 16－1　在 A、B、C、D、E、F 诸点的向心力脉冲。引自伊萨克·牛顿《原理》(*Principia*, trans. Andrew Motte, revised by Florian Cajori (Berkeley: University of California Press, 1960), Book I, Section II)

牛顿用几何方法证明了开普勒定律。行星首先被设想为惯性地沿直线运动。在规则的间隔处，它便接受一个朝向太阳的短暂的脉冲。这就产生新的运动，这不过是一种惯性运动与脉冲的结

合而已，在此情形中，行星是太阳重力的吸引力。接下来就可以在每个脉冲和对太阳逐点绘制出三角形。因为脉冲具有规则的间隔，所以所有的三角形都是相等的，我们就可以在相等的时间内得到相等的区域牛顿接下来告诉我们增加脉冲就要增加三角形。最终天体（行星）的轨迹就变成一条曲线。不断将行星拉住向心力就像无数的瞬间脉冲，于是任何受到描述的区域的曲线极限都被均等的时间抹平——开普勒定律。

当我们设想月球时刻都在重力加速度的作用下落下，开普勒第三定律就出现了。当月球沿惯性路径运动时，重力便对月球速 241
度的比率产生不间断的变化。牛顿又从几何上证明了二者的结合——代表轨道的动态性——得出反平方定律和开普勒第三定律。就是在这里，牛顿暗含了 $F = Ma$：力产生速度比率的变化。最后，牛顿证明了这种力产生椭圆形，而那个匀质球体的确相互吸引，就好像整个物质集中在它们中间那样。所有这些都令人称奇。《原理》几乎就是难以置信的数学力量的展现。

还有更多的内容呢：潮汐现在被证明是由太阳和月球的吸引力导致的；潮涨潮落是由于赤道凸起导致地球的轴的震荡所引发的，就像摇头那样；就连彗星也表现出由万有引力定律所支配的巨大轨道——这是对笛卡儿涡旋的另一个怀疑的原因。牛顿还总结行星的那些小的不规则扰动很可能是由它们之间的相互引力吸引的关系，虽然精确计算这些扰动、三体的互相吸引力让他的足智多谋显得有些无力。严格地说，由于“三体问题”，开普勒定律也只能被认为是近似值，而且因为某些不等式似乎是连续的，而非周期性的，牛顿相信上帝偶尔也会对天体机器干预一下，捣捣乱。最后这两个问题成了牛顿的机械论宇宙无法根除的困难。

月球运动精确制表对航海具有至关重要的作用，因为它们为在海上确定经度提供了一种工具。然而，两个天体（地球和太阳）强烈作用于月球，把它拉向不同的角度。因此，它的运动要比其他行星都飘忽不定，行星的所有实用目的可以被认为仅仅是由太阳所吸引的。虽然我们可以写下为这三个相互吸引的天体写出微分方程——地球和太阳同时作用于月球——可还是无法直接解决问题，因为该问题不断增添连续的近似值。牛顿曾说过，他的月球理论是唯一让他头疼的问题，这其中的原因不难理解：近似值不是他想要的绝对值。在1747年，牛顿去世大约20年，克莱罗甚至走得更远，他向法国科学院宣布牛顿的万有引力是错误的，他之所以这么说就是根据他对月球问题的让人瞠目的观点（两年后人们发现了一个简单的数学错误，克莱罗改正了自己的断言）。

对牛顿需要上帝干预的预言，莱布尼茨颇不以为然。这太令人匪夷所思了。莱布尼茨感到奇怪，上帝全知全能，怎么会造出这么一台要不时上弦的机器呢？这台机器要想正常工作就要“精英们”维系，那么这是否违背了机械的宇宙呢？没有精确的数学量以及相信上帝在这个世界的活动，牛顿无法摆脱对他的引力定律的神秘主义的指责。

另一方面，如果宇宙机器从一开始就一下子被上帝的妙手创
242 造出来，如果它不断要根据那些原始定律运行，那么除了第一推动之外，还需要上帝干什么？这个加尔文信徒的上帝的自足的，走得准确的钟表在哪里？

现在牛顿就像其他大师一样，或许也会对同样的坏心情所困扰。如果上帝是完美的造物主，在机械和几何领域内无人能与之匹敌，那么他的这个创造物宇宙的杰作也应该是完美无缺的。可

是如果是这样的话,那么上帝作为人的统治者他在时间和空间中那恒久、遍及各个方面的主动统治还需要些什么?这里出现了紧张!

至此,我们一直都在谈论牛顿的数学,可是看一眼《原理》(至少表面上看看),就会发现在他那个时代主导科学的标准几何学。这是20年前他发明的强大的数学工具。的确,就像有许多人看到的,甚至认为这一数学工具是莱布尼茨与他独立发明的。最终它成为物理学的语言。这就是微积分。

为了掌握微积分的意义我们还要把牛顿的原始方法放在一边。牛顿所感兴趣的那些要求瞬时发生时所要考虑的——例如,一个天体的瞬间速度。这与平均速度截然不同,但某天体在给定的时间内究竟走了多远,或者 S(距离)/T(时间)。在牛顿的问题中,仅知道了平均速度还不够,因为一个天体落向地球时是加速度的,加速度是随时改变的。当我们离开了地球时,加速度的比率本身也是以平方反比律在不断变化。开普勒定律要求考虑瞬时速度。那么现在就可以面对这些数学怪兽了。

啊哈,芝诺出现了。瞬时速度是什么东西?在瞬时时间的时间经过是多少?为什么,没时间。多少距离?为什么,没有距离。所以,在数学上,瞬时为速度是0/0,零距离除以零时间。可这没有意义。在数学上,如何将速度“固定”同时还要避免芝诺悖论呢?

从伽利略那里知道,在自由落体过程中,距离随时间变化,或 $S=1/2at^2$,从惠更斯那里知道,在接近地球表面时 $a=32$,所以就可以写作 $S=16t^2$。显然,S 是随 t 在变化,而距离的变化则要根据时间的变化。莱布尼茨将两个变量之间的这种关系称为函数,所谓函数就是其中之一要独立于另一变量的变化。后来在十八世纪数学家欧拉发展了函数的概念。现在可以说 S 是根据 $16/t$ 来变化的，而我们想知道的是变化的比率，瞬间的速度 S/t。但我们看到了的却是 0/0。这该怎么办？

现在让我们搞些令人鼓舞的无聊举措吧（数学家擅长此道！）。为保持一切均流动起来，设 $S=16t^2$，经过某给定的时间值之后，就将看到对时间赋值做出一小点未被精确确定的增量，用 Δt 这个符号表示这一增量。所有这些意味着过一秒钟后，时间就会增
243 加一小点 Δt。显然，S 也作为时间的函数增加 ΔS。我们可以写出下列方程式：

$$S+\Delta S=16(t+\Delta t)^2$$

将二项式定理（牛顿总结的）进行展开并与之相乘，变得出

$$S+\Delta S=16t^2+32\Delta t(t)+16\Delta t^2$$

由于 $S=16t^2$，可从两边减去：

$$\Delta S=32\Delta t(t)+16\Delta t^2$$

因为希望求出速度，将 Δt 相除，得到

$$\Delta S/\Delta S=32t+16\Delta t$$

可是 Δt 这依然是时间的小增量中的平均速度，所有这些工作完

成后，问题还是 Δt 等于零，我们又以 0/0 结束。

这里荒唐的事情就出现了：让我们说 Δt 越来越小，于是就接近瞬时时间，零时间消失了，“无穷的接近。”但是它**不能变成**零。但是，出于实践的考虑“可以将其忽略不计。”于是就成为无限接近了，$\Delta S/\Delta t$ 就这样得出，直到它无限接近于 $32t$。因此，$32t$ 就被视为瞬间速度的的值！接近地球后的一秒钟速度为 32 英尺，两秒钟后就是 64 英尺，3 秒钟就是 96 英尺。在微积分中，$32t$ 被称作导数，它测量的是根据 t 变化中 S 的比率。这种方法被称为微分学。牛顿把他的方法称为流数发，用的符号是 y 来表示变化的比率，而莱布尼茨则用 dS/dt 来表示，这就是我们今天还在用的表示方法。这两种方法之间有些区别，后来由于在优先发明权的恶斗中，让牛顿和莱布尼茨在微积分上决裂了。

微分学可以非常复杂。例如，根据时间的距离变化的比率的计算、根据时间的速度的比率的变化的加速度的计算。为计算瞬
时加速度，就要用二阶导数 dV/dt，其中 V 今天用 $d^2/S/dt^2$ 来表 244
示。积分学的用途在于发现曲线下的面积(像希腊穷竭法)以及曲线固体的体积(像开普勒的酒桶)。大致说来，它是微分学之逆，因为曲线实际表示函数的极限。从(笛卡儿)曲线方程，可以求出其函数，在这个例子中就可以通过希腊穷竭法逼近面积(就像阿基米德那样)，通过一种简单的方法将三角之和准确求出该面积。但所有这些都基于假设。

正如牛顿所表达的那样，那些接近于零以及被删去而消失的量是什么呢？在《原理》的第一版中，牛顿说这些作为极限的最终比率是没有界限的，它们只能以某种“给定的差”逐渐逼近……“无限减小。”他还认为这些最终的比率是“逐渐消去的量。”显然，在

《原理》中的几何证明中他用到了微积分。莱布尼茨则认为通过他对微积分的大量工作表明，这些无穷小量可以任意小，因此越小错误也就越小。简言之，就没有错误。从逻辑正确的角度说应是哪种说法呢？

似乎这就像真正的毕加哥拉斯那样，我们便涉及数学神秘主义。贝克莱主教肯定看出了这种方法的不足，于是在1734年对其提出批评。根据贝克莱的观点，所有这些都是基于无视矛盾律的基础上的。他问这些量究竟是什么，既不有限又非无限小（因为它们消失）可又不是什么都没有（如果它们果真消失它们又是什么）？贝克莱看出了神秘主义之后说它们是“逝去之量的鬼。”科学家有什么权利用微积分来抗议宗教神秘主义呢？伏尔泰对微积分不加掩饰地调侃道，微积分是测量无法想象的东西的方法。不管怎样，微积分有效，科学家对形而上学不关心，他们还是应用它而且在应用的过程中对其进行改进。

理性的希腊人大概不以为然地摇头。犬儒学派可能会说牛顿用鬼来证明神秘的东西（重力）并将其称之为科学。经院学派可能笑着说并将其称为“根据想象”出来的东西。不论怎么说，如果以这种方式来看，物理的自然的确与这些神秘现象吻合。为什么呢？也许这才是最大的秘密所在。

超乎寻常的，牛顿不仅是位抽象的（神秘的？）数学家和物理学家；他也是位很好的培根信徒。他的实验方面的最好展示体现在对光的工作中，《光学》是一部与《原理》完全不同的著作。故事还是要从笛卡儿讲起。

1673年笛卡儿宣称，光是通过一种发光的介质瞬时传递的压力。可是对于他的机械哲学而言，当笛卡儿解释他用网球从表面

弹回或穿透表面来解释光的反射和折射的机械类比。笛卡儿说，
有运动倾向的压力对所有由运动定律解释的东西都有效，当然，他
说是冲击定律。于是反射定律就容易地导出：网球（光）撞击到完 245
全坚硬的表面并以原来的速度弹回，从几何学的角度讲，仰角等于
反射角。然而，折射更困难一些。

光从一个媒介传到另一媒介就像插入水中那样。两种不同的介质的运动表明，改变方向不仅是像插入水中那样，而且要改变速度。笛卡儿又以网球为例，笛卡儿宣称，光在密度较大的介质上**获得了**速度，就像网球接受了额外的推力，穿透布面那样。利用这个假设而非仰角和折射的复杂的几何过程，笛卡儿的确证明了仰角的正弦与折射的正弦成正比，正弦 $i/\text{sine}\ r = n$。进一步利用有问题的物理关系，就可获得有效的数学定律。

也许，笛卡儿是从荷兰人斯内尔那里把正弦定律提高了，也许是数学导致他引向物理困难。费尔马从两种不同的假设推出同样的正弦定律：光在密度较高的介质中传导得较慢，光从一点到另一点的通过折射介质的时间之和，应该是最小可能的，由于后者是一种模糊的类似于古老自然经济的思想，费尔马从微积分中推导出所谓极大/极小的数学概念的证明，然而他所发现的所有这些均与笛卡儿的正弦定律相同。

那么颜色又该是什么呢？颜色也可以进行机械的解释。因为 246
他的发光以太是由小球构成的，而光实际则是对这些小球运动的
压力，颜色来自不同运动方向。小球围着其轴旋转，转的快的是红
色、慢的是蓝色。那么颜色介质的修正或说得更准确些，通过不同
介质对原始白光的修正。另外，还有看不见的，先验机制，以及还
有牛顿对它们的挑战，这回是实验。

牛顿在窗板上开一个小孔，以便适量的太阳光射入室内，就在入口处安置上棱镜，光通过棱镜折射达到对面的墙上。牛顿看到墙上有彩色的光带，光带之长五倍于原来的白光点，他意识到这些彩色就是组成白色太阳光的原始光色。为了证明这一点，牛顿进一步做实验。在光带投射的屏上也打一个小孔，让光带中彩色的一部分穿过第二个小孔，经过放在屏后的第二个棱镜折射投到第二个屏上，又让第一棱镜绕它的轴缓慢转动，只见穿出第二个小孔落在第二屏上的像随着第一棱镜转动而上下移动。于是看到，为第一棱镜折射最大的蓝光，经过第二棱镜也是折射得最大；反之，红光被前后两个棱镜折射得最小。于是牛顿作出结论："经过第一棱镜折射后所得长方形的彩色光带不是别的，正是由不同的彩色光所组成的白色光经折射而形成的。"也就是说：白光本身是由折射程度不同的各种彩色光所组成的非均匀的混合体。这就是牛顿的光色理论。它是通过实验建立起来的，牛顿自称这个实验为"关键性实验"。

但从物理学来解释他的光环却产生一个问题。光环表明一种周期性的性质，更像是波而非粒子。那么这里所说的牛顿环是指扫描贴在玻璃板表面的底片时常会在扫描后的图像上看到的一圈圈明暗相间的光环。用一个半凸透镜置于玻璃表面，然后用白色光源照射，便可观察到一系列明暗相间的光环。牛顿环作是牛顿在经典光学中首先解释的著名的光学现象，是由光源的干涉造成的，主要是由于两个光滑的物体表面（玻璃与底片），无法完全紧贴，它们之间的距离虽然十分很接近，但仍有极小的间隙（空气层）存在。当光线穿透时，在不同的层交界处发生折射及反射，这样会产生出多个反射波，同时会发生相位移。光的干涉现象导致投射出一圈圈明暗相间的纹路，明亮处是建设性干涉造成的结果，阴暗处则是破坏性干涉造成的。

胡克曾批评牛顿有关光的理论，认为光是某种通过以太的脉冲，就像掠过水面的波纹一样。惠更斯发展出一种更为复杂的波的理论，其基础是由迅速运动传递的以太粒子的小波强加给光的思想。他的加强的光小波在反射中解释了清晰图像的问题，这是因为波在碰到某些障碍物后还能继续传播，就像掠过水面一样。究竟是粒还是波？由于牛顿的巨大影响，下个世纪的物理学家大都接受光是粒子。

牛顿于 1727 年去世，他被封爵，担任皇家造币厂厂长，成为皇家学会主席。他在英国成为雄狮般的人物；整个世纪他的影响传遍欧洲大陆，甚至在法国最终超越了笛卡儿。然而，他的科学也得到了改变，到了十八世纪末物理学的世界观的许多原理也许让他惊呆了。在像化学这样的领域中，从牛顿那里推导出来的直接益处至多就是麻烦制造。他兑现了自己的名言“我从不做假设”，尤其是他在《光学》附录的那些“问题”，在后来的英文版的第三十一版中达到了 31 个。

由于白光由光谱组成，色彩则被光彩吞没，所以牛顿的光彩也 247
被其他因素吞没。其中之一就是他的神学。这些手稿从众多的手稿中得以保留。1738 年，法国哲学家伏尔泰在《牛顿哲学大纲》推测，牛顿关于圣经编年史不过是种娱乐活动而已。但之于牛顿却是他整个科学生涯而言，整个神学对其有重要意义。

自然是上帝的启示；它绝对是具有最高理性的。因此牛顿认为达到神的理性的途径肯定是要通过宗教。而且牛顿还补充道，沿着这一思路，最早的宗教的确是最理性的、纯粹和质朴的。例如,诺亚和他的子孙们围着供有火的神庙膜拜,表明天体的日心体系。纯粹的宗教和科学必须经过摩西,犹太人,埃及人,希腊人(毕达哥拉斯)之手。

纯粹的宗教是质朴的:热爱上帝的责任就像热爱你邻居的责任一样。牛顿将其称为"所有民族的道德律令。"它是宇宙重力的宗教副本。这一古老的神秘主义的写本就沉积在神秘的教义之中。对牛顿而言,重新发现世界的真正系统以及上帝的真正宗教具有同等意义。它们之间的关系是相辅相成的。

非理性主义是宗教的敌人,就像非理性的科学是科学的敌人那样。就此而言,牛顿将其思想掩盖起来:牛顿得出结论基督教的三位一体的教义是"异教徒"的信条,是宗教的堕落。正如十四世纪的神学家阿里乌斯曾教导的那样——耶稣不是上帝;相信"三位一体"就是人类的狂热和迷信。宗教改革不过是指出了正确方向。真正的宗教改革是牛顿自己对宇宙定律的再发现。最终将宗教从堕落中解放出来。人类应该准备好迎来新的千禧年。

248 **这就是牛顿的科学革命!** 在问题 31 中,他试着尽量公开宣示那些异教徒对上帝盲目崇拜的错误。然而,如果牛顿进一步将所有的非理性主义从宗教以及自然哲学中驱逐出去,那么人们就会问他:重力是什么?牛顿肯定知道力是存在的,它们是实在的而且这一点在其《原理》的结论中指了出来。然而,它的原因却是未知的。可是未知的原因就不会满足机械论哲学家。所以在以后版本的《光学》中,牛顿加入了新的问题(1704 年版的只有 16 个),他试图用以太来解释重力。运动物体的机械的假设依然是必不可少的,那些接受重力的人甚至牛顿本人都这样认为。可是,牛顿是位宗教思想家,他却不能帮我们看到上帝之手的"令人惊赞的一致"

的本质，在上帝无边的绝对空间中移动物体的秘密。

绝对空间？在《原理》中牛顿认为空间是绝对和不动的，是所有惯性运动的参照系。[①] 难道这不是显而易见的吗？对于时间也是一样——在整个宇宙中绝对的数学时间同时发生，外部没有任何参照系。在写给朋友克拉克的信中，牛顿就是这样说的，而莱布尼茨却不满意，认为绝对空间是观察不到的，而没有参照系的绝对时间是不可想象的。但这些概念在牛顿的数学动力学中却并非不可想象；事实上，它们是自然而然的。就像力一样，他的证明导致他接受尽可能质朴的结论。与他同时代的机械论哲学家不同，因为他们寻求的是自然的本质，所以就迫使他们想象所有无法见到的机制。牛顿清楚他的数学原理只是表明关于自然的真理。以这种方式他就能接近人类目力所及之外的自然的最终实在。然而，他也愿意接受由他的数学证明所揭示出的物理必然性。自然对精确的定量描述都是接受的，即使它的终极实在——钟表的内部工作机制，就像爱因斯坦解释的那样——永远不可能由科学达到。

在牛顿老年时，说他自己更像是在海边玩耍的儿童，科学的海洋是无边的，他只是很幸运的有时捡到一些贝壳，石子而已，而真理的大海，他还没有发现。大海呼唤着，因为在它后面是人类的科学家。

---

① 牛顿承认在实际过程中，不可能在静止和匀速（惯性）运动作出区分。可是原则上说，它们必须处理成绝对的。何以如此？加速度的天体的阻力必须根据绝对空间解释。这种惯性力还可以在旋转系统中见到。牛顿说，把盛满水的桶旋转起来。一开始，桶中的水面是平的。然后便越来越凹陷进去，直到最后水的旋转与桶的旋转达到一致。什么导致了这种凹陷？肯定不是相对于桶的水的旋转，因为当水和桶相对于旋转凹陷为零时，凹陷最大。这肯定是绝对空间所致。地平面也是由于其旋转所致，肯定不是相对的，而是绝对的。绝对旋转要求绝对空间。

249 延伸阅读建议

Boyer, Carl. B. *The History of Calculus and Its Conceptual Development* (《微积分及其概念发展史》)New York: Dover, 1959

Christianson, Gale. E. *In the Presence of the Creator: Isaac Newton and His Times*(《在造物主面前:牛顿和他那个时代》)New York: Free Press, 1980.

Cohen, I. Bernard. *The Newtonian Revolution*.(《牛顿的革命》)Cambridge, Eng.: Cambridge University Press, 1980

Dobbs, Betty Jo Teeter. *The Foundations of Netowon's Alchemy or "The Hunting of the Green Lion."*(《牛顿炼金术的基础或扑猎绿狮子》)Cambridge, Eng.: Cambridge University Press, 1975.

Fauvel, John, Flood, Raymond, Shortland, Michael, and Wilson, Robert, eds. *Let Newton Be!* (《让牛顿来吧!》)New York: Oxford University Press, 1988.

Herival, John. *The Background to Newton's "Principia": A Study of Newton's Dynamical Researches in the Years* 1664 - 1684.(《牛顿"原理"的背景:牛顿 1664 - 1684 年的动力学研究》)Oxford: Clarendon Press, 1965.

Kline, Morris. *Mathematics: The Loss of Certainty*.(《数学:确定性的丧失》) New York: Oxford University Press, 1980.

Manuel, Franke E. *A Portrait of Isaac Newton*.(《牛顿肖像》)Mass.: Harvard University Press, 1980.

Sabra, A. I. *Theories of Light: From Descartes to Newton*.(《光的理论:从笛卡儿到牛顿》)London: Oldbourne, 1967.

Westfall, Richard S. *Force in Newton's Physics: The Science of Dynamics in the Seventeenth Century*.(《牛顿物理学的力量:十七世纪的动力学科学》) New York: Elsevier, 1971.

——. *The Construction of Modern Science*.(《现代科学的构造》), Cambridge: Cambridge University Press, 1977.

——. Never at Rest: A Biography of Isaac Newton,(《永不停息:牛顿传》) Cambridge, Eng.: Cambridge University Press, 1980.

——. *Science and Religion in Seventeenth Century England*.(《英国十七世纪的科学与宗教》)Ann Arbor: University of Michigan Press, 1973.

第十七章　怀疑派化学家 250

当敞开的坩埚中的金属被缓慢地加热时，化学家会常常俯身观看。金属开始失去它的光泽；渐渐地它会变成暗灰色的粉末，这一过程被称作煅烧，而这种被烧成碎末的金属亦即暗灰色的粉末，被称作金属灰。显然，已经出现了某种质变。这只不过是无数其他化学家见证过的例子中的一个。例如，当两种不同的溶液混合在一起时，它们的颜色就会发生变化，甚至会形成某种沉淀物。炼金术士知道所有类似的反应；甚至目不识丁的农夫也能意识到，铁制工具的生锈是金属本质中的一种根本性的质变。帕拉切尔苏斯曾写道，用“烟灰”（木炭）可以使“死金属”（金属灰）恢复成原来的金属。化学反应似乎显然是质变。某些物质似乎对其他物质具有亲和力——即“玄妙的”吸引和排斥的能力，当我们观察各种反应时，这一切似乎大声呼喊要我们注意。的确，在无生命的物质中存在着一些看不见的力。

机械论哲学家轻蔑地说，不能再把看不见的力用来作为完善的科学解释了。那么，什么能呢？皮埃尔·伽桑迪从托里拆利实验中看到了真空存在的证明，因而也看到了伊壁鸠鲁的原子在虚空中存在的证据。而伽桑迪确信，可以把物质的性质可以归纳为原子的大小、重量和形状，从事实践工作的化学家也许非常疑惑，原子怎么能说明实验室中所观察到的复杂的定性反应？化学家是

251 一种双头怪:一个头是机械论哲学,另一个头是坩埚的实践经验。这两个头彼此怒目而视。

罗伯特·玻意耳是怀疑论者[他于1661年出版的名著就以《怀疑派化学家》(*The Sceptical Chemist*)为题]。他既批评了亚里士多德的元素(elements),也批评了帕拉切尔苏斯的原质(principles),他用实验证明,它们都不能从**所有**物体中分离出来。玻意耳能做实验,他为发展化学分析中所运用的许多定性鉴定试验做出了贡献。他对化学反应的极端复杂性有直接的了解。他所记录的实验有厚厚的许多卷。但是把化学分析一一列举会让人感到索然无味。塞缪尔·约翰逊说,每个人都赞美玻意耳,但谁也不去阅读他的著作。

然而,阅读玻意耳著作的人还是有的,只不过是把他当做一个机械论哲学家来阅读。玻意耳认为,显见的物质都是由不可见的粒子构成的,这些粒子形成了稳定的二级微粒,导致了化合物中不同的性质。在反应中物质是守恒的。而他的实验室研究似乎暗示了一种几乎无限的转化范围。由此看来,玻意耳没有理由假设,大自然甚至改变了最小的物质粒子也不能产生数量**无限的**可能的产物。因而,作为信奉机械论和微粒说的哲学家,玻意耳承认了转化的可能性,而作为怀疑派的化学家,他认识到了任何元素理论内在的困难。同时他期望,有一天一种真正科学的化学能够确定运动的粒子的可信赖的程序。不过,他没有等待理论,而是投入到他的实验之中了。

正如我们业已看到的那样,空气是由有弹性的粒子构成的,这可以说明使体积与气压相关的所谓玻意耳定律。然而,空气显然也会发生化学反应——没有空气就不可能有火,而动物在排净空气的箱子中也会死去。玻意耳还煅烧过金属，并且发现到了金属灰。他称量了金属灰，并且发现它们比原来的金属更重。在一个封闭的容器中煅烧金属，仍然产生了比原来重的金属灰（遗憾的是，他在称容器内的物质的重量前打开了封蜡）。因此，玻意耳确信，空气的明显的化学属性，实际上应归因于在有弹性的和柔韧的空气中飘浮的水蒸气的粒子。他的封闭容器中的金属灰比原来的金属重是因为，空气中火的粒子穿透玻璃与金属灰结合在一起了。火有重量，光也是如此。空气是一种万溶剂。但是在法国，化学家让・雷伊在1630年写道，所观察到的金属灰重量的增加，是由于它与空气的混合。两种截然不同的理论说明了同一种化学现象。

像玻意耳一样，牛顿也寻求使炼金术与机械论化学相结合。牛顿在《光学》（*Opticks*）著名的问题31中写道，原质中最简单的粒子是实心的、有质量的和具有不可入性的，它们具有不同的大小和形状，是上帝在起初创造的。这就是机械论哲学家牛顿，而且显然，这些最简单的粒子——也可称它们为原子实际上是不可分的。252
不过，我们现在从牛顿的炼金术转向另一种假说：有可能，物质不仅粒子具有惯性质量（也称惯性，它似乎赋予了物质一种能动的本原），而且它们还会在外部作用、力或亲和力的影响下运动和黏合。这又是一种来源于牛顿的生长化学的理论：大自然是生长和活动的场所，它就是术士们的有机世界。在问题5中，牛顿对物质与光是否相互作用感到疑惑；而在问题30中他甚至推测，显见的物质与光实际上会相互转化。光与物质的转换无疑是炼金术处在巅峰时期的看法。又是从似乎取之不尽的炼金术维持生命之水的井中，我们提取了满满另一桶富有活力的水。最后，就像代数中正量转换为负量那样，这里需要对有些量亦即粒子之间引力和斥力的相互转换进行测量。

化学家问:“我怎么在实验室中测量这些力?”

机械论哲学家则问:“能动的原质是什么?”

这样,牛顿不得不退回到以太。以太是一种有弹性的介质,它会通过不同的密度传播力。它与斯多亚派的元气有几分相似——但又不一样;以太本身是由粒子构成的,这些粒子会最大限度地后退(弹回)。因此,哪里有显见的被动的物质(但又不是完全被动的,因为有惯性存在),哪里就有可以输送动力的以太。那么,是否存在**两种**特殊的物质?牛顿说,在别处还有一种“**宇宙物质**”。我们如何说明以太与粒子之间的排斥(某种力)?

许多牛顿主义者依然认为,可以把化学问题还原为力的物理学——亦即对亲和力的研究。克罗地亚的耶稣会士 R.O.博斯科维奇放弃了以太,而只在没有变化、没有维度的点之间画了一些力曲线。他指出,这些点获得了一种彼此关联的力,同一个粒子既可以对一个粒子产生排斥,同时又可以对另一个粒子产生吸引,或者,根本不产生作用。莱顿的赫尔曼·布尔哈夫竭尽全力使物质的可分性与牛顿原子论相调和。布尔哈夫说,如果物质的任何部分的“引力”总可以抵制所有分离力,那么,就可以说有原子。火是没有重量的流体,由微小的球形粒子构成,它们可以渗透到多孔的自然物中。当然,所有这一切都是某种“微型的”物理学。这也是某种“不可见的”物理学。与显见的物体的运动不同,在牛顿理论与化学家实际观察到的情况之间存在着巨大的差异。

第一个真正有效的化学理论来自于炼金术。施派尔(Speyer)的 J.J.贝歇尔偶然想到,《创世记》在谈到创世时使用的只有涉及有机物的术语,地球因此金属,必然是副产品。贝歇尔认为化合物的原质是三种土：一种是玻璃状土（类似于帕拉切尔苏斯的盐），一种是汞状土或流质土，还有一种是 terra pinguis。这 terra pinguis 是一种"油状土"，尤其存在于在有机物中。它是潮湿和油质的，并 253
且会使肉体有气味、味道以及……可燃性等性质。不过，正是贝歇尔的信徒格奥尔格·恩斯特·施塔尔，把这种油状土说转变成了一种大统一理论。他把油状土称之为**燃素**。

燃素成为了化学中的多才多艺者——它无所不能。当木头燃烧并转变成灰烬时，当金属变为金属灰时，当金属生锈时，也正就是燃素精被释放出来之时。燃素不仅是燃烧的中介，而且还会导致颜色和固态。它从燃烧物中的逃逸，激发了粒子的运动并产生了热量。在大量有机物中都可以发现燃素；因此，木头比金属更易于燃烧。

施塔尔也许对燃烧和金属的复原特别有兴趣。如果使冶炼过的金属的灰再次充满燃素，金属就会还原。这样，一个非常难以理解的可逆的化学过程被一个单一的原理说明了。空气起着一种媒介的作用，它可以把燃素从燃烧中带走。空气不会因燃素而变得过重，因为植物能够十分有效地吸收它（例如，吸收到木头中）。通过植物，燃素传给了动物。简而言之，燃素的活动成为了一种生物圈中的化学循环。几乎总是作为一种事后认识，我们现在知道为什么燃烧在真空中是不可能的：因为那里没有可以把燃素带走的空气。即使燃素无法作出说明似乎也没什么。

只是……有些化学家注意到金属灰（失去其燃素的金属）比原来的金属**更**重。如果金属确实失去了某些物质，怎么可能是这样呢？当然，那些接受燃素理论的化学家总是怀疑这类发现。其他一些承认这个有点棘手的事实的人解释说，燃素具有负重量；当与金属结合在一起时它会使它们变轻。重力当然不是这样！于是他们回答说，燃素的**比重**小于空气的比重。燃素被证明具有不寻常的可变通性，对于许多定性反应，它可以比机械论哲学作出更令人满意的说明。

另一方面，在十六世纪、十七世纪和十八世纪席卷欧洲的经济与社会变革也正在导致日益丰富的冶金文化。一度心存恐惧、做事隐蔽的铁匠们，从他们的铁匠铺走了出来，组成了为商业资本主义者挺进大军的先遣队。木头、水和风曾经是老的中世纪经济的主要能源；但是现在，最值得注意的是在英格兰，煤已经成为了主要的工业能源。金属贸易、机械化战争的新设备和造船业发展的激励了矿业的开发，以适应商业经济。就像生机勃勃的亚里士多德（或秘术）的宇宙让位给了毫无生气的机械论一样，中世纪文化的有机基础也向煤和金属的无机界投降了。为了铁、铜、水银再加上金和银——欧洲各处都在大地上开凿矿井，金属被提取、被冶
254 炼，并且被铸成工具和大炮，而且还导致了弹道学。而新的熔炉本身需要更多的金属、更多的管道和工具。向前滚动的巨大的金属车轮驶入了十九世纪的工业革命。

老铁匠是机械工程师的曾祖父，就像炼金术士是化学家的祖先一样。但是，他们的主要差异可能完全在于实践方面的日常操作，而不在于更胜一筹的理论或任何所谓的（误称的）发现。新的冶金文化只从操作角度来看物质。无论牛顿怎么看，物质是无意识的和被动的，也许还是难对付的，但最终可以改变的。想象一会儿铁匠铺中铁锤令人厌恶的响声：那些铁锤把炽热的金属打造成人们想要的形状。再想象一下大炮的铸造以及齿轮、轮子和各种工具的铸造。在所有这一切活动中，除了使被动和混乱的东西变

得有形和开始运动的人类的意志和才智外，还有什么是有活力的？叙述这种新的创造史诗的《创世记》在哪里？机械论哲学就是新的工业神殿中的新的礼拜仪式。

在十八世纪期间，人们又开辟了化学的另一个领域，从而也对化学家的独创性提出了挑战，这就是对空气（气体）的研究，或者被称作气体化学。1727 年英国圣公会教士斯蒂芬·黑尔斯向皇家学会描述了一种新的把“空气”从有机物和无机物中释放出来的方法。他所使用的仪器被称作集气槽。其主要想法就是，通过一个长颈瓶使气体冒出，而为了确保气体的纯净，要在该瓶中装一些水。运用这种装置，黑尔斯发现，他的气体的性质改变了；不过，它们仍遵循玻意耳定律，因此他自然就认为，它们必然都是普通气体的一种基本形式，只不过因它们的杂质而有所不同。

然而，爱丁堡的一个化学教授约瑟夫·布莱克发现，气体参与了反应而且在化学性质上是不同的。1756 年布莱克指出，某些物质，如碳酸镁和石灰石在还原时失去了一种类似的气体，而且产生了一些新的物质。因为这种气体似乎是被固定在固体中的，所以布莱克称它为“固定空气”*。它具有与普通气体不同的性质：它是由呼吸时呼出的“空气”构成的，在使普通空气通过木炭时也能获得这种气体。因此，布莱克推论说，它必定既会固定于固体中，也会在大气中散开。

布莱克也研究了热，并且对可感觉的热（温度）与热量进行了区分。具有相同重量的不同物质需要不同的热量才能使它们达到某个相同的温度。每一种物质似乎都有自己的比热。当冰在水中

* 即二氧化碳，参见下文。——译者

融化时，水温的减少与所融化的冰的重量成正比，而冰自身的温度却保持不变。布莱克想，必定存在着一部分**潜性的**热，它们是看不见的，但显然以某个既定的比例从水传给了冰。无论热的物理性质如何，布莱克发现了一种使它量化的方法，并证明它是守恒的。

255 关于流体的蒸发还有一些古怪的特性。布莱克的老师威廉·卡伦发现，不仅水而且许多液体在蒸发时都会冷却，似乎有什么在暗示着，蒸发并非像人们通常所认为的那样是液体转变为气体，而是液体与火粒子结合从而创造水汽。这种思想的进一步证据来自于这一发现：液体在真空中可以蒸发，而且人们还注意到液体在真空中会在一个较低的温度沸腾。而弹性和延展性（一种元素可以扩展并完全充满它装于其中的容器的特性）等物理性质，仍被认为是作为一种元素的气的基本属性，而正是这种气使有弹性的物质蒸发了。只是到了现在，实验似乎才显示，弹性是火导致的，而气本身也许是一种与火结合在一起的液体。

在法国，后来曾任财政大臣的阿内·罗伯特·雅克·杜尔哥，在他为法国伟大的《百科全书》（*Encyclopédie*）撰写的一个词条中表述了这些思想。他断言，延展性不仅是空气的一种属性，而且是所有处在（用他的话来说）“蒸汽”状态的物质的属性。热克服了物质的引力并且把它分成诸多部分；导致延展的是火而非玻意耳所说的弹力。因此，杜尔哥把这种汽化（液体在热的作用下转变成气态）与升华进行了区分，升华出现在例如这样的事例中：冰不经过最初的融化就转变为气体。升华发生在表面而且需要空气；汽化是由火粒子使自身接触物质而导致的。因此，黑尔斯的固定在物质中的气体是失去了火的气。汽化显示，物质可以以多种的物理状态存在，并且可以通过温度的变化而在不同状态之间转换。因而,“气态”性质是一种物理状态,它并不仅限于某种特别的元素,这意味着“气”并非是一种元素,而是一种物理状态。

气体化学被证明是可以经受测量考验的。也许,它的方法和技术可以被用于分解和测量令人困惑的燃素。在伦敦,亨利·卡文迪什注意到,当他把锌、铁或锡放入酸液中时,都会有某种气体释放出来。每一种气体燃烧时都闪烁着蓝色的火焰,而且每一种气体都有相同的比重。不同的金属释放出了一种具有一些相同特性的气体,这意味上什么呢?卡文迪什在寻找燃素,现在,他似乎找到了。可是,它有重量。

在其阅读过程中,卡文迪什发现了一些报告称,当他的可燃气体(他称之为燃气)与普通空气混在一起燃烧时会产生一种奇怪的露珠。利用新发明的莱顿瓶,他使点火花通过他的燃素(可燃气体)和普通空气。接下来,他试验了另一种新发现的被称作脱燃素气(dephlogisticated air)的气体。在每一个实例中,他都发现了露珠。他耗费了10年的时间仔细对他的气体进行称重量和测量,记录它们的混合比例。1783年,他终于得出了一个结论:一度曾被认为是一种元素的普通的水,实际上是两种气体的化合物,其中一种是燃素,另一种是脱燃素气。更进一步说,两单位体积的燃素
与一单位体积的脱燃素气结合总会形成同样重量的水。这样把使 256
水从元素中去除了。从泰勒斯到范·海耳蒙特它长期享受着受人尊敬的元素的生活。现在这一享受不再有了。

这种脱燃素气是什么?另一位教士(这一次是一位不信奉国教者,他拒绝英国圣公会的教义)和语言教师作出了回答,他名叫约瑟夫·普里斯特利。对于他来说,化学只不过是一种令人着迷的业余爱好。他用许多气体进行了实验,这些实验都是为了满足

他的爱好的一时的兴致。他成功地把氮气与金属和硝酸分离开了，而且他注意到，这种氮气使一单位体积的普通空气减少了五分之一。普里斯特利认定，这种气体在普通空气中所占的比例显然会使它的“精华”对呼吸会产生某种影响。因此，这个问题就自然而然地出现在他面前了：使普通的空气获得其精华的是什么？什么使它适于呼吸？

普里斯特利已经发现，把金属灰尤其是红色的脱氧汞的粉末加热，会散放出另一种气体，他推断，这是在还原过程中从大气中吸收来的。化学家卡尔·威廉·舍勒把这种气体命名为“火气”，因为把一根蜡烛放在该气体中，它燃烧时会非常明亮。普里斯特利在临水的地方准备了两个容器，一个容器中装的是普通的空气，另一个装的是“火气”。在每一个容器中，他都放了一只老鼠。他所看到的情景是非常惊人的。在普通空气中的那只老鼠没过多久就断气了，而在此之后，另一只在火气中的老鼠还活了很长一段时间。普里斯特利决定自己吸入火气，他发现，他的呼吸变得更加流畅和舒适(不过他警告说，吸入太多会使我们“活得过快”)。他用金属所做的实验似乎显示，火气是大气中的一个组成部分。它除了是赋予大气亦即普通空气以精华的部分外，还能是什么呢？

燃素理论告诉人们，普通的空气在燃烧时会耗费燃素。普里斯特利认为，他已经发现了这一机理了。这种火气实际上肯定是脱燃素气，该气体原来已经失去燃素了，但却具有不同寻常的吸收它的能力。因此，当普通的空气充满了燃素时，它就不适于呼吸，而脱燃素气会使普通的空气适于呼吸和燃烧，因为它能带走燃素。实验室的事实与燃素理论完美地吻合。但果真如此吗？没有人(也许除了卡文迪什以外)肯定地对燃素作出过确认。而这也未必会让我们感到烦恼:有谁确认过引力的原因?这里更应该考虑的问题是对所有这些“气体”以及它们在化学反应中的作用的混淆。谁能说清楚所有这一切?在法国,有一个人正在等待时机的到来,他可以做到这一点而且也的确做了,他就是安托万·洛朗·拉瓦锡。

拉瓦锡,一个富有的律师之子,他被送到马萨林学院(Collège Mazarin)就读,他在这里研习法律、数学、物理学、植物学,当然,还有化学。在这里,这个重要人物最终打下了物理学的基础,并且获得全面的定量化学的知识。唯物论者拉瓦锡相信守恒——亦即,在所有化学反应中即没有什么东西被毁灭,也没有什么东西被创造。化学家拉瓦锡认识到,定量地确定实际上守恒的**东西**——
元素,是一项艰难的任务。假设的原子都是非常细微的,但肯定不 257
能允许它们使我们偏离我们的实验化学经验而误入歧途。因此,如果我们发现在我们的实验中某种物质不再是可分的了,从所有实践的意义上讲,这肯定是一种元素。例如,热显然是守恒的;它会参与反应,而且可以被量化(布莱克)。因此,现在我们要把热当做一种元素物质来对待——拉瓦锡把它命名为**热素**(caloric)。它可以把一种液体转变为一种气体。因此,气体是一种基本元素与热素的结合,在这种情况下就是指布莱克的潜热(latent heat)。火是自由热。给水附加上潜热就会产生蒸汽。

在化学中没有转化只有变异。但这种变异是质变,可能会形成新的物质,它们有与原来物质不同的属性。通过仔细的称量,拉瓦锡证明,在加热的水蒸馏器中发现的灰色物质并非像海耳蒙特所认为的那样,来自于水向土的转化,而是来自于蒸馏器本身的玻璃。物质发生了化学反应,但仍然是守恒的。

这为疑惑提供了线索。英国的多位化学家发现,气体既不是纯净的空气的转化,也不是独立的水汽;它们实际上是一些独特的物质,它们会发生化学反应从而使空气有了显见的性质。大气是多种气体的化学混合物,它在例如燃烧和呼吸等化学反应中起着一定的作用。

1772 年 11 月,拉瓦锡把一份蜡封的笔记交托给法国科学院(French Academy of Science)。在其中他写道,当磷和硫黄燃烧时,它们会**增加**重量,增加的这一重量来自与这些物质结合在一起的大量的空气。随后,拉瓦锡向前跳跃了一步。有没有可能所有金属灰增加的重量都是由于这同一原因?金属灰本身实际上并未增加重量这个事实现在已经被最后证明了。拉瓦锡蜡封的笔记旨在确立他在理论而不是在事实方面的领先地位。

拉瓦锡知道,使铅的金属灰(铅丹)去氧既还原了金属也导致了泡腾。试验表明,当用炭使铅丹去氧时,所产生的气体不是别的,正是布莱克所谓的固定空气。如果某种金属灰稳定地存在于大气的某个部分中,并且金属灰的去氧过程会散发出某种气体,显然,这两个过程是相关的。但它是否是大气中某种供燃烧之需的成分?也许它就是固定空气?

1774 年 10 月,普里斯特利访问了巴黎,并且与拉瓦锡一起就餐。史学家们对这次访问的确切意义争论不休。普里斯特利是否把他新发现的脱燃素气的属性告诉了拉瓦锡——是否告诉他蜡烛在它之中燃烧多么明亮,它多么有助于呼吸?**呼吸**。固定空气无助于呼吸。如果呼吸是燃烧的一种形式又会是什么情况……?

无论怎样,拉瓦锡继续了他的研究。他用碳加热汞金属灰产
258 生了固定空气,但不用碳加这种热金属灰就产生了一种不同的气

体。它有助于呼吸和燃烧！很明显，碳误导了他：金属灰所释放出的气体被碳吸收了，而这转而又产生了固定空气。更早些时候，像玻意耳一样，拉瓦锡在封闭的容器中加热过金属；只不过与玻意耳不同的是，拉瓦锡发现，在容器被打开、空气涌入之前，金属灰的重量没有增加。在一个封闭的钟状杯中，他把汞在一定量的空气中加热。结果表明，随着金属灰的形成，空气损失了大约原有体积的六分之一，剩下的气体是不能维持生命的"azote"——氮。到了1778年，一切最终都变得一目了然；空气中有助于燃烧的那部分就是普里斯特利的脱燃素气，或者舍勒的火气。

普里斯特利并没有认识到他自己的宝贵财富。拉瓦锡并没有改变事实，而只是改变了考虑它们的方式。**空气不是一种元素**。它是不同气体的化合物，其中有一种是燃烧所需要的，并且固定在金属灰（用我们的术语说就是"氧化物"）中。拉瓦锡为这种供呼吸之用的空气重新命了名。它并不是失去其燃素的空气，而是一种完全独特的气体——**氧**。实际上，因为拉瓦锡认为，气体是由于增加他所谓不可精确度量的热素而导致的，所以氧气是基本成分，既有氧，也含有热素。

氧气是大气中有助于燃烧、金属的氧化以及呼吸的部分。因此，现在可以把呼吸看作缓慢的燃烧，氧与碳在肺中的结合（拉瓦锡认为）就会导致二氧化碳（即前面所说的固定空气）和热。在数学家皮埃尔·西蒙·拉普拉斯的帮助下，拉瓦锡完成了对他的助手的实验，并且观察到，随着研究的进行，氧的摄取量增加了。因此，呼吸也是一种机械论化学过程。

水是一种氧和易燃气体（或者，按照拉瓦锡的重新命名**氢**）的化合物。当金属与酸发生反应时，氧被吸收而氢被释放（拉瓦锡认为所有酸中都含有氧,这在后来被汉弗莱·戴维证明是错误的)。正如伽利略为物理学所做的那样,通过改变用语,拉瓦锡促成了一个新的化学世界的诞生。

在1783年的一场论战中,拉瓦锡慎重地揭露了燃素理论中的矛盾。燃素根本不符合量化的精确性标准。值得注意的是,牛顿以来的物理学家所采用的质量和重量的概念,与被某些化学家认作燃素属性的"负重量"是冲突的。燃素似乎可以追溯到亚里士多德的火元素,它具有轻量的原质。一种原质、一种物质有时具有负重量,有时具有正重量,甚至没有重量,燃素这个概念太模糊而且自相矛盾,它的性质和属性会像变色龙一样,根据它的实验环境而改变。它是一个术语、一个词,被具体化为存在,而且是错误的存在,它是向不精确的炼金术语言的大倒退。

与启蒙运动相一致,拉瓦锡把语言不仅看做符号的集合,而且看做清晰和精确的推理的一种重要组成部分。数学是完美的典
259 型:阿贝·孔狄亚克说,代数是精确性的典范,因为它的符号没有任何歧义,而且它的结论是严格从其前提中得出的——它是所有科学语言中最完善的。拉瓦锡也认为化学的逻辑基本上依赖于它的语言,这种语言不允许像燃素那样的术语的矛盾和含混。

燃素并没有立刻完全退出历史舞台也没有遭到反对。普里斯特利直至生命结束也没有被说服,其他人在拉瓦锡以后很久仍在使用这个词。可是,拉瓦锡不仅提出了一种新的理论,而且在他的理论中一以贯之,并且改变了化学的语言。1789年他的《化学概要》(*Traité élémentaire de chimie*)引入了一些新的术语——氧、氢、热素,等等,新一代的化学家说着这种语言成长起来了。最终,燃素不再作为一种化学事实出现了。

在法国，1789 年还发生了另一场革命，那不是一场科学概念的革命，而是一场政治和社会革命。正如我们在下一章将会看到的那样，它也许是从观念开始的，而许多观念都与科学有关；然而没过多久，它就陷入到流血、狂怒和战争之中。拉瓦锡忠诚地为法国新的政权服务，他在黑色火药方面的化学研究为共和国以及后来拿破仑帝国的法国军队提供了相对于其敌人的优势，显示出化学在更广泛的世界中的新的实用意义。事实上，刚刚开始的工业革命，通过要求改进在诸如纺织和冶金等方面的加工方法，为化学提供了外部的促进因素。但是，在旧政府统治时期，拉瓦锡是一个包税人，其活动是革命者非常鄙视的，而他又因批评革命者让·保罗·马拉对火的研究而与马拉结了怨。这样，拉瓦锡在这场社会大潮中被捕了，并于 1794 年被处以死刑。

那种语言继续存在，但不会毫无改变地延续。对有些人而言，热素就像某个死者的幽灵——燃素的灵魂。本杰明·汤普森从血统上说是美国人，后来巴伐利亚选帝侯使他成为了拉姆福德伯爵，1798 年他在慕尼黑的一家铸造厂工作。拉姆福德注意到，用来为火炮钻孔的机械常常会使导致水沸腾，因为机械功会产生热。也许这二者都是可转换的。一些机械论哲学家想象热就是运动物体的粒子，因此，热不一定是一种要遵守守恒定律的不可精确度量的流体，亦即热素。然而这种推论是不成熟的，因为在十八世纪，正如我们在下一章将要看到的那样，不可精确度量的流体在科学上是受人尊敬的。

一个更为紧迫的问题是物质的元素问题。元素是什么？它们是否可以量化？它们如何结合形成化合物？现在已经到了在十九世纪初叶，一位基本上是自学成才的名叫约翰·道尔顿的贵格会教徒正在研究大气中的诸气体。他在沉思:“在大气中这些气体怎样结合在一起?”道尔顿在英格兰漫游,采集大气样本并且进行气象观测。他感叹道:“无论我走到哪里,大气的成分都是同样的!”在法国,化学家约瑟夫·路易·盖-吕萨克登上了一个气球收集
260 样本,并且发现,空中大气的成分与地面上几乎是一样的。

如果大气是由不同气体构成的,所有气体都有不同的密度,为什么较重的气体没有沉到底部,较轻的气体没有升到上部,形成不同的气层?

道尔顿推测,或许,空气是多种气体纯机械式的混合。道尔顿还注意到,在恒温下,当给水蒸气增加**同样**量的蒸汽气压时,干空气的气压也增加了。这似乎显示,这个混合物的总气压实际上是空气诸成分的不同或各部分的气压的总和。好了,如果大气的成分是不变的,如果各种气体具有不同的密度,如果它们在恒温下的气压独立于它们彼此的气压,而且把各自的气压加在一起就是大气压的总值,那么,**假设每一种气体的粒子**在数量和重量方面都有差异难道不是合乎逻辑的吗?似乎很显然的是,相同元素的粒子彼此只能产生排斥(道尔顿已经读过牛顿的著作),因而能使大气保持某种稳定的比例。

约瑟夫·路易·普鲁斯特在西班牙教化学,他认为当元素结合形成化合物时,元素是按照一定的比例结合的。道尔顿的朋友威廉·亨利(William Henry)已经证明,气体在液体中的溶解度是与它们的压力成正比的。所有这一切都向道尔顿暗示,牛顿的原子在重量上会随着元素的不同而有差异。最小的粒子在重量上是彼此不同的?道尔顿认为,这是一个全新的问题。如果某一种气体的每一个粒子都像该气体的所有其他粒子一样,如果化合物

的成分是不变的，那么，为什么每一种元素的**原子**一定要有同样的重量？

当然，没有人可以看到原子，但我们都知道，数学能够看到许多不可见的事物。道尔顿说，以氢为例。氢是最轻的元素。因此，可以把一个氢原子的重量约定为 1。从氢与氧结合的总重量来看，它们的比例是1∶7。这样说来，假设一个氢原子与一个氧原子结合是不合理的，而氧的**相对**重量应该是 7 了？这是原子的相对重量。最终，化学家还要对某些量进行测量。从德谟克利特到牛顿的原子论者的梦想已经实现了：人们可以做化学测量从而对原子作出推断了。

现在，化学反应向道尔顿展现出了一种非凡的数学的简洁性。他构造了他的原子的小模型，它们就像木球一样，而且，他使用了不同符号来代表它们：氢的符号是⊙，氧的符号是○，银的符号是Ⓢ，氮的符号是⦶，碳的符号是●，等等。因此，他可以对反应中所发生的情况作出形象化的描述。举一个简单例子：一个碳原子与一个氧原子结合形成一种气体。碳与氧的比例为3∶4。碳也可以与氧按照3∶8的比例结合形成另一种气体（二氧化碳）。这两种**性质**不同的气体依然可以从数学上联系起来——8 是 4 的整数倍。其他化合物似乎也遵循这一规则，而道尔顿的模型表明它是 261
十分简单的。在由同样的元素构成的两种化合物中，显然存在着一种简单的重量比——这就是倍比定律。物质的本质问题最终被数学解决了。毕达哥拉斯学派也许会拍手喝彩。

然而，任何喝彩都是欠成熟的。原子被证明是令人烦恼的；毕竟，它们还只是从整体的化合物中推断出来的。真正的元素是什么？道尔顿简单的整数比是否正确？而道尔顿在使用“原子”这个词的时候是相当随意的——氢原子、水原子、气原子，等等。这是十九世纪的第一个10年，化学家们无疑已经给自己布置了任务。然而，化学的两个源头最终变成了一个，因为关于原子重量和比例的可行的物理假说，似乎说明了坩埚中的质变。而令所有炼金术士沮丧的是——物质的最小粒子，无论最终证实它们是什么，都不可能转化。元素的原子确实是不可分的。

或许……它们在未来的数百年中是不可变的。但一直到二十世纪争论依然没有停止。没有人最终证明原子确实存在。但如果他们证明，那么原子肯定是不可分的。如果发元素的话，它们理应是稳定的和无变化的。果真如此吗？

延伸阅读建议

Boas, Marie. *Robert Boyle and Seventeenth-Century Chemistry*（《罗伯特·玻意耳与十七世纪的化学》）. Cambridge, Eng.: Cambridge University Press, 1958.

Guerlac, Henry. *Lavoisier——the Crucial Year: the Background and Origin of His First Experiments on Combustion*（《拉瓦锡——至关重要的年代：他最初的燃烧实验的背景和起源》）. Ithaca, N. Y.: Cornell University Press, 1961.

Ihde, Aaron J. *The Development of Modern Chemistry*（《现代化学的发展》）. New York: Harper & Row, 1964.

Partington, J. R. *A History of Chemistry*（《化学史》）, vols. 2－3. London: Macmillan, 1961－1962.

Thackray, Arnold. *Atoms and Powers: An Essay on Newtonian Matter-Theory and the Development of Chemistry*（《原子与动力：论牛顿的物质理论与化学的发展》）. Cambridge, Mass.: Harvard University Press, 1970.

——. *John Dalton: Critical Assessments of His Life and Science*（《约翰·道尔顿：对他的生平和科学的批评性评价》）. Cambridge, Mass.: Harvard University Press, 1972.

第十八章　乐观主义抑或园圃耕作？ 262

最终，真正的世界体系被发现了……一切都真相大白了。宙斯的灯塔就在《原理》(*Principia*)中。然而在十八世纪，实际上有能力(具有数学基础)去阅读《原理》的人寥寥无几。牛顿关于其成就的神秘的个人观点，完全渗透了古代被拣选者的神学和炼金术的色彩，对于一点，能够意识到的人即使有，也更是凤毛麟角。他已经恢复了纯洁的未被玷污的学说；他的革命(revolution)更意味着古老的回归(return)思想——回转(*re*-volution)。

十八世纪对它的看法有所不同。牛顿所做的贡献是独一无二的。他使(他所认为的)宇宙失去了神秘感，而且是他，在以前一切都隐藏于其中的最愚昧无知的黑暗之处，**第一次**证明了无与伦比的真实的(牛顿本人可能并不相信的)自然法则。十八世纪创造了现代的“革命”一词以及“牛顿革命”这个术语。但是，随后的十八世纪革命，无论是科学内部的革命还是外部的政治革命，无疑都不是牛顿所预见或期望的革命。

然而，恩斯特·马赫后来(在十九世纪)却要说，牛顿的原理完全证明了处理任何力学问题的必要假说。这块土地已经被开垦并且围起了篱笆，所出现的问题是形式上的问题，不涉及对原理的质
疑。随后各代的人们都这个园圃中耕作，而它的犁沟既深又明显。263
那里新成长起来的物理学规律就像是肥沃的土壤上的一片秧苗。

实际上，牛顿以后的物理学的发展是非常复杂的。也许，牛顿科学是这块园圃的中心；不过，还存在着其他的传统——笛卡儿、莱布尼兹、惠更斯，更不用说还有人类努力理解世界的其他领域的其他科学园圃。这个园圃以外的世界也第一次开始关注它的收获——科学已开始走进社会意识之中。对于牛顿人们仍然从不同角度来看：《原理》中属于数学和力学领域的牛顿，或者，《光学》中属于沉思、实验甚至宗教领域的牛顿。

不管怎么说，这是一个多么令人兴奋的收获呀。新的力学的领域已经开辟——流体力学，弹性介质物理学，动力系统分析，所有这一切都需要新的技术。微积分学扩展到偏微分和变分；概率论获得了发展并且被应用到诸如社会统计等方面。微积分的逻辑基础把人们引到了一个沉思的迷宫。电成了物理学的一个新的研究对象，而且像热素一样，它最初也是被理解未一种不可精确度量的流体。简言之，物理学是一个假设、方法和原理的万花筒——甚至形而上学的万花筒。所有这些意味着什么……这是目前的一个现实问题。

考虑一下力和惯性所引起的概念问题。正像牛顿所指出的那样，物质本质上是被动的，而引力，恰如牛顿在给他的朋友理查德·本特利的信中明确主张的那样，是物质固有的要素。不过，惯性却告诉人们，物质阻碍状态的变化，这暗示，至少惯性是物质固有的一种被动力。数学家和 philosophe（哲学家）让·达朗贝尔心甘情愿接受抽象的引力数学，但是，在观察不到导致运动变化的影响的情况下，达朗贝尔就会不依靠力而从数学上对之进行描述。笛卡儿主义在法国人达朗贝尔那里依然表现强劲。

对于莱布尼兹的 vis viva（活力）那时已出现了争论，而且争论一直持续到了十八世纪。争论的根源实际上可以在形而上学中找到。上帝是否创造了一个自足的世界——所有可能的世界中最好的世界，抑或，他是否不得不对这个机器进行修补？如果物质是实体的和惰性的，那么，按照莱布尼兹的观点，引力就是上帝进行的一种修补，这是一件“不可思议的事”。一个完美的上帝会创造一个不完美的世界吗？惯性难道不是一种矛盾吗？莱布尼兹认为，力**是**物质的本质，可是我们在力学中所看到和测量的力实际上是一种显然从早期的形而上学的力派生出来的。可感觉的力有两种：一种是死力，即物体运动的倾向，另一种是活力，它是从死力极微小的和连续的推动例如一个物体瞬时的降落（或上升）中产生的。而储存在宇宙中的力是 vis viva 或活力，可以用 mv^2 来度量（我们的动能是$\frac{1}{2}mv^2$）。活力的储存有助于运行良好的自足的世 264
界。因为活力是由死力极微小的增量构成的，所以，所有变化必定是连续的。自然中不存在**跳跃**。因此，所有物体必定是有弹性的，因为极为坚硬的物体的碰撞会引起瞬间的反弹和活力的丧失。

争论持续到十八世纪。瑞士数学家约翰·伯努利在其对弹性物体碰撞的讨论中，接受了活力储存的观点。像莱布尼兹一样，伯努利把死力看作运动的倾向，而把活力看作在时间中通过一定距离的连续运动。与莱布尼兹的活力不同的是，伯努利之活力不是某种形而上学的力的明显的派生之物；它是物质中固有的，储存在宇宙之中，而且是完全现实的。牛顿在他默默的研究中根据力来理解了上帝的活动。活力的储存能有效减少神的现实的主动作用这一观点，当然不属于牛顿的形而上学。

有些纯技术问题是与牛顿运动定律相关的。只是在牛顿时代以后，第二定律才变成了 $F=ma$（或者用微分表示 $F=m\ d^2x/$

dt^2)。进一步讲,牛顿力学讨论了点质量,但它只是被两个坐标 x 和 y 确定的点。而最现实的物体是刚性的;它们具有一定的在多维空间中形成的固态形状。因此,对一个普遍的坐标体系必须根据一个刚性物体在空间中的运动来描述。莱昂哈德·欧拉是十八世纪最伟大的数学家之一,仅在 1750 年左右,他推导出了这些一般方程。

莱昂哈德·欧拉进行了各方面的研究——力学、天文学、流体力学、纯数学,等等。所谓的牛顿的理性力学——完全抽象地用代数方程讨论物体的运动,实际上与其说是牛顿的创造,莫如说是欧拉的创造。欧拉——恰如谚语所说的那样,可以像鸟飞一般轻松地进行计算。欧拉出生在瑞士的巴塞尔(Basel)他的大部分研究都是在俄国的圣彼得堡科学院(St. Petersburg Academy)和普鲁士的柏林科学院(Berlin Academy)进行的。他在 60 岁时完全失明了(他年轻时有一只眼就已经丧失了视力),不过,他依然笔耕不辍,撰写出了杰出数学的论文。

牛顿的流数法是以速度和变化速率问题为基础的,同时也注重直观的经验。莱布尼兹的微分方法在欧洲大陆更受欢迎,而它们是以诸如几何学中的无穷小为基础的。渐渐地,微积分学与它纯粹的物理学和几何学根源分离开了。欧拉是这一发展的先锋。微积分用严格的形式术语表达的是变量之间的关系。欧拉认识到,这种关系亦即函数,是决定性的概念,它本身也是严格形式化的。我们不一定从速度或几何学的角度来看它,而只把它当做一种代数表达式。简而言之,我们把代数及其运算规则与所有物理学直观**分开**,而只涉及纯粹的抽象符号。因此,在欧拉手中,微积分学变成了分析,变成了一种与直观的经验相分离的抽象语言。

既然如此，为什么还要担心芝诺或那个爱管闲事的形而上学 265
家贝克莱呢？我们完全可以接受形式运算，而不必关心瞬间的飞矢或者“幽灵”在物理学上是否可能——欧拉甚至允许 dy/dx 实际上是 0/0，但 0/0 有许多值，因为导数决定着所涉及的函数值。这一点即使用形式语言来表述也很难令人满意，而欧拉的形式化探讨，则是向着最终在十九世纪确立的纯抽象的极限概念迈出的一步。

新的力学问题也导致了新的分析形式的必要性。对于振动弦、声音的运动、流体的流动——简括言之，对于连续介质的运动，可能需要用微积分学来处理。在这类问题中，我们都有一些包含多个变量的函数。例如，气体的体积既依赖于气压也依赖于温度；或者，对连续的波动需要考虑时间、位移和位置，所有这些均为连续变化。达朗贝尔和欧拉建立了最早的一些处理这些多变量问题的方程，它们被称作偏微分方程。偏微分方程是这样一些方程，在其中函数是由两个或更多个变量决定的。它们的物理应用范围的确是非常广泛的。

欧拉的另一个贡献是把变分法加以推广。假设我们想找到地球表面某两个点的最短距离（被称作测地线）。因为地球并非是完美的球形，所以，最短距离要依赖于这两个点所在的位置而定。当然，直觉（以及平面几何学）使人想到，最短的距离是直线。然而，在 1696 年约翰·伯努利发现，在重力加速度情况下，下降的最快时间或最短时间不是一条直线，而是一条曲线，它被称作最速降线。这是因为，曲线使更高的加速度具有了可能性，因而这时也就比在直线时运动的速度更快。所以，降落中的最短时间或地球表面的最短距离问题，实际上是寻找某个变量的极小值问题，这个变量的值取决于其他的函数,如加速度或地球变化的表面。这里所涉及的是变分法,欧拉事实上常常用它为另一个物理学原理即最小作用原理提供数学表达式。

有一种古老的信念,即自然像奥卡姆剃刀一样不做多余的事。关于折射光的最少时间的费马原理是这种自然经济原则的同类。1774 年皮埃尔·L. M. 德·莫佩尔蒂断言,**所有作用**——质量、速度和距离的力学结果,总是最小的。对于莫佩尔蒂来说,这是对上帝存在的最奇妙的科学证明,是一种令人崇敬的形而上学原理。而在欧拉手上,它变成一种被变分学证明的数学原理。也许最终,它就是令人崇敬的和形而上学的原理,但是现在,最小作用原理仍是严密的。

力学的直观的和几何学的基础,最终被约瑟夫-路易·德·拉格朗日于 1788 年抛弃了。在其《分析力学》(*Analytical Me-*
266 *chanics*)的前言中,他夸耀说,这部书中没有图形:“无论是几何学推理还是力学推理都不需要。”现在我们只需要这样的代数运算,它符合形式化发展——只需要完全用数学符号方式来表述的变量之间的形式关系。最小作用原理进一步被推广到处理更多的力学情况——但是,是以抽象的方式处理这些情况。

在天文学中皮埃尔·西蒙·拉普拉斯揭示了分析的力量。从 1799 年至 1825 年,他的《天体力学》(*Celestial Mechanics*)以 5 卷本出版,这是一部鸿篇巨制,致力于完善数学对引力天文学的论述。拉普拉斯指出,行星看似永久的无规律现象,实际上是周期性的波动。例如,所观察到的木星平均速度的提高和土星平均速度的降低并非是持续不断的,实际上它们是由于这些行星的彼此影响所致。他还叙述了月球相对于地球轨道微小的不规则运动。其实，太阳系中的所有偏心率都有一定的限度，这些限度就像定期银行存款，永远不可能被透支。因此，这就暗示，整个行星体系是**稳定的**，而且上帝没有必要进行干预。无论如何，这种匀称中存在着微小的瑕疵：由于其他行星引力的影响，水星的近日点（它的轨道距太阳最近的点）是变动的，不过，这只是实际的观测结果与理论之间微不足道的差异。[①] 没有什么可大惊小怪的，然而……。

牛顿已经以力的作用为基础构造了整个世界，然而他从一个理论转向另一个理论，为这些力寻找某种说明，而对作用于行星与物质诸部分之间的力是否是由于起中介作用的以太，或者是由于超距作用甚至上帝直接的无处不在的力量，他总的来说采取了一种非常模棱两可的态度。在罗杰·科茨编辑的《原理》的第二版中，牛顿坚决拒绝了笛卡儿的旋涡，从而似乎意味着引力是一种超距作用。在十八世纪的第一个10年期间，他开始对静电现象发生兴趣，他想知道，物体本身是否含有某种“电精灵”。在他添加到《光学》的“问题”中，他再次对以太介质进行了思考，这是一种极为稀薄的介质，也许可以说明电和磁、光的振动现象、辐射热（热经由 267
某个真空的转播）、引力，甚至在“问题”24中，还可以说明“意志力在大脑中所激起的……这种介质的振动完成的”动物的运动。

---

① 确切地说，这种异常是乌尔班·让·约瑟夫·勒威耶在十九世纪发现的。1781年威廉·赫歇耳发现了土星轨道以外的天王星。最初，他认为它是一颗彗星。最大的小行星谷神星于1801年在火星轨道与木星轨道之间被发现（在上一年哲学家G.W.F.黑格尔曾经“证明”在太阳系中只能有7颗行星）。勒威耶以所观测到的天王星轨道中的不规则现象为基础进行了计算[他的计算独立于约翰·库奇·亚当斯(John Couch Adams)的计算]，这导致勒威耶预见，还存在着另外一颗行星。这颗行星是海王星，它于1846年被发现，而且是第一颗在理论计算基础上发现的行星。1859年，勒威耶提交了他对水星异常的计算结果。他很自然地指出，在水星和太阳之间可能还有一颗行星。不过，这颗行星从未被观测到。

因此，牛顿的那些“问题”对1740年左右出现的无法精确估量或微妙的流体概念的发展有着巨大的影响。微妙的流体与一般的物质有所不同——流体是从较热物体向较冷物体的热的流动，或者是总体说来似乎并没导致任何变化的电效应的传播。牛顿也从原子间的力的作用的角度思考了这些现象，但与引力不同的是，对这些力无法测量。另一方面，十八世纪的实验会使人们很容易想到，这些现象是具有物理属性的微妙的流体，流体的密度与效应的强度是成比例的。因而，可以把牛顿的以太理论重新解释为是支持无法精确估量的流体的概念，而他的引力可以摆脱超距作用的烦恼了。

牛顿的以太的一个问题是，它的密度必须低到令人难以置信的程度，这样才能允许行星在它之中自由穿行（在《光学》中他说，以太的弹力与其密度的比必须比空气的弹力与其密度的比高大约490万亿倍）。这意味着，以太粒子**之间**的力仍需要超距作用。无论如何，从这种意义上讲，可以把活性设想为以太物质（而非牛顿试图避开的显见的物质）所固有的；然而，即使基于这种尺度，它也是不可测量的。

从另一个角度讲，不可精确度量的流体的概念的确为量化提供了某种指导。例如，人们已经用温度计测量了热流体的密度或者后来所说的某个物体中的热素。因为这些流体没有重量——它们不是物质，所以可以假设，它们具有物理属性，就此而论，它们也是实验中所测量的“某物”。就这样，无法精确估量或微妙的流体就成了隐逸派信徒古老的“同情”和“厌恶”失踪了很久的祖先——也许就像引力对牛顿而言那样，不过，与炼金术士们的异想天开不同的是，它们被证明是经得起量化检验的。此外，也许最重要的是，可以呼唤伟大的牛顿这位权威，并把其在《光学》中思考重新限定在流体方面。电就是这一过程的一个很好的例子。

古代希腊人已经认识到，摩擦的琥珀会产生引力（亦即 elektron，起电，这个词在希腊语中指琥珀）。威廉・吉伯曾经指出，许多物质都会出现这种现象。令人苦恼的超距作用问题再次出现了。玻意耳曾经认为，电吸引作用是由于从物体中释放出来的某种“气流”导致的。然而，电还显示了其他功效：引力可以被传送给其他物体，有些带电的物体相互排斥。电被认为既有引力也有斥力。1732 年斯蒂芬・格雷在《哲学学报》（*Philosophical Transaction*）上发表了他一篇的实验报告，该报告证明某些物质如金属能够**导**电，而其他物质例如玻璃和丝绸不能导电；相反，它们能把电保存下来。两个充过电的橡木块，一个是实心的、另一个是空心 268
的，所产生的效应完全相同。因此，与热在物体中的传导不一样，电似乎是一种表面现象。

在法国，夏尔・弗朗索瓦・迪费断定，电实际上事关两种无法精确估量和没有重量的流体。通过摩擦可以把它们分开，从而，按照它们的本质就会产生斥力或引力。迪费把他的两种流体称作玻璃电和树脂电。欧拉信奉惠更斯光的波动理论，他认为电就是对以太平衡的干扰。除了引力外，如何说明电的其他性质？

在十八世纪四十年代莱顿大学的实验中，实验者发现，一台通过摩擦块的摩擦而产生电的仪器能够使一只装满了水并且塞着塞子的玻璃烧杯充电。用手托着这个广口瓶的底部，并且设法与顶部相连，实验者受到了电击。显然，有某种**力**从广口瓶的一端传到了另一端。有些物理学家，例如达朗贝尔非常愿意接受对机械力的量化，但他们又采取像笛卡儿主义的态度对超距作用的存在表示怀疑。提出某种形象的模型例如以太来说明力，总是很诱人的。对于电这个相对的新生事物，微妙的流体的观念是有意义的。在这方面，恰恰是牛顿在《光学》中提供了思辨的和实验的科学家的先例。

为什么要有两种电流？本杰明·富兰克林认为，只有一种电流，而且所有物体都拥有它。当一个物体具有它的正常的电流量时，它就处于平衡或零电状态。带电的物体要么是电流过剩亦即处于**正电**状态，要么是电流不足亦即处于**负电**状态。所有电作用全都是电流的传导所致。富兰克林说，以莱顿瓶为例；把电充入瓶顶就会打乱平衡，因为在瓶顶充上正电时，瓶底便充上了负电，从而放出了**同样**比例的电流。这个瓶子的平衡不能从内部恢复，只能通过与外部的联系来获得。因此就会产生电击。

就没有与此相似的事物了吗？电流的减少是否总伴随着同样量的增加？富兰克林回答说，是的，电流像活力一样，既不能被创造也不能被消灭。所有电的活动都遵循普遍的守恒定律。这样，我们在物理学中又有了另一条守恒定律。富兰克林用他的风筝证明，闪电是一种放电现象。因此，电流是自然的组成部分，而且它的守恒必定具有普遍性。唯一的不足是，我们又多了另一种不可精确度量的流体。

到了十八世纪末叶，人类向这种静电现象的量化迈出了第一步。富兰克林向普里斯特利叙述说，他无法在一个带电的金属球**之中**测量检测起电现象。牛顿曾经从数学上证明，空心球不会对其中的物体产生引力作用。那么，这里就有了一丝线索：或许电力
269 的活动类似于引力。卡文迪什为了自己的消遣，实际上已经推导出了电的平方反比律，只不过尚未发表他的发现。大约在 1784

年，法国的军事工程师夏尔·奥古斯丁·德·库仑发明了扭秤，并且决定性地证明，平方反比律对静电是适用的。库仑还发现，两个电荷之间的力是与这两个电荷的积成正比的。

几乎也是到了十八世纪末，人们开始研究移动的电荷——电流。大约1780年左右，卢吉·伽伐尼发现，当悬挂着被剖开的青蛙腿的铜钩在风的作用下撞击铁栏杆时，青蛙腿收缩了。这是不是动物电？伽伐尼认为是，他甚至暗示，用青蛙腿熬制的汤也许可以恢复健康。人们已经知道，把两种不同的金属分别放在舌头的两侧，并把它们的另一端彼此相连，就会产生辛辣的味道。亚历山德罗·伏特注意到了这种联系：把潮湿的东西放在不同的金属之间产生了电流。他的由锌、铜以及在这二者之间的潮湿物质构成的电池组，导致了一种“不间断的电流运动”。显然，这种电流与化学有某种关联，甚至与物质的构成有联系。

力、能量、活性——当人们观察物理世界时，它们似乎无论在哪里都会出现。的确，普里斯特利本人断定，物质“本质上是活性的”，因此，人体组织不需要任何非物质的灵魂去赋予它能量。心灵本身也是物质的；物质与力是同一的。物质的本质既不是广延性也不是不可入性，而是力，物质就是能量的一种表现。回想一下，普里斯特利曾是一位不信奉国教者，1794年，他离开英格兰去了美国。1791年一伙暴徒捣毁了他在伯明翰的私人图书馆。显然，在英格兰有些人认为他的观念是危险的，是对教会和君主政体的一种威胁。像霍布斯一样，他被指控是一个唯物主义者；他否认非物质的灵魂的存在。不过毫无疑问，这些思想和持有它们的人不再仅仅是无害的、古怪的和偏执的——不是用嘲弄的微笑和心照不宣的视若无睹就可以容忍的。在十八世纪最后的三分之一世纪，物理学思想中的革命与其他重大的社会和经济变革是步调一致的；在政治思想中，最终在政治事务中，革命的火焰被点燃了。

在北美，英国殖民者放弃了他们的祖国，其中有些更为保守的人断言，他们作为英国人的权利是以光荣革命*时代以来的《权利法案》（*Bill of Rights*）为基础的。他们觉得，这些权利被汉诺威王朝及其首相沃波尔（Walpole）剥夺了，尤其在帝国大战［the Great War for Empire，亦即 1756 年—1763 年的七年战争（Seven Years' War）］之后。英国的胜利赢得了印度和加拿大，但也需要殖民地的税收——英格兰认为，殖民地要为它们自己的防卫付费。

无论如何，在诸如托马斯·潘恩（Thomas Paine）和托马斯·杰斐逊心中，美国独立战争也是一场革命。它是新时代的黎明，牛
270 顿的太阳终于升起来了，并用"自明的真理"启迪着人们的心灵。杰斐逊在《独立宣言》（*Declaration of Independence*）中断言，这些真理像牛顿自明的力学定律一样：它们就是不可剥夺的生命、自由和追求幸福的权利。对于人类理性而言，受自然规律制约的天地万物是可以改善的——对人类社会来说也是如此。自然是一部巨大的运转有序的机器，它是由不连续的部分——运动中的物质构成的，它是可分的并且是在数学上可以预见的，它遵循永恒的同一律（a 永远等于 a）。宇宙看起来完全符合人类的逻辑（亚里士多德的双值逻辑，按照这种逻辑，a 永远等于或者是 a）。

因此，真理不再是与神有关的和传统的。真理是科学的它意味着牛顿-培根-笛卡儿的科学方法，这种方法已经带领人们走

* 指 1689 年英国资产阶级和新贵族所发动的一次政变，该政变迫使英王詹姆士于当年 2 月 6 日宣布"自行退位"，立威廉和玛丽为国王和女王。由于这是一场没有民众参与的不流血的宫廷政变，故被史学家称作"光荣革命"。——译者

出了历史的黑夜，进入了光明的世界。一个以与（像牛顿那样阐述的）自然规律相对立的宗教传统为基础的社会和政府，必然会被摧毁，并且会被由自明的真理、社会政治力学的规律（这些规律类似于解释《原理》的那些规律）构成的社会和政府取代。

思想中的革命转变成了革命的行动。

而且，它还不仅仅变成了革命的行动。在十八世纪，**革命**（revolution）这个词本身最终失去了所有古代天文学中的循环亦即天球的回转（re-volving）的痕迹。革命变成了一种信仰，也许最终要取代传统的基督教信仰，不过，它肯定（也许是无意识地）会接受它的前辈们的某些最重要的希望：历史有了终极意义，线性的时间正走向一条地平线，它在科学的阳光下闪耀，而在它之上建起了一种新的、完美的**世俗和现世的秩序**。

因此，整个与神有关并且分等的永恒旋转的天空，已不再是 revolution 这个词明显的比喻和象征。现在，这个新的信仰是用**火**来象征的。火、太阳（现在是宇宙的中心）以及在它的阳光下大地春日正午时分暖融融的景象——光和火焰将烧毁旧的世界，并且标示通往新世界的道路……所有这些一起形成了新的关于革命的"太阳神话"。[①] 牛顿是英雄，不过，神话的原型是普罗米修斯（Prometheus），他从神那里偷来了火送给人类——同样，牛顿支配着数学——实验的霹雳并且把自然的奥秘告诉了人类。摩西（Moses）是传统的法律的制定者，而新信仰中的摩西则是毕达哥拉斯，他的数学和谐为乌托邦创造了基础。具有讽刺意味的是，像

① 参见詹姆斯·H. 比林顿（James H. Billington）：《人类心中的火：革命信仰的起源》（*Fire in the Minds of Man*：*Origins of the Revolutionary Faith*，New York：Basic Books，1980）。

一些神秘的理论被用来作为牛顿的力学之砖的灰泥一样，也有许多神秘的材料被用来建造在十八世纪构想的革命神话。新美国的
271 国玺（意味深长的是，它被视为比新资本主义秩序的要素亦即它的金钱更为神圣）是神秘的毕达哥拉斯金字塔，在它的顶部是全能之眼，在它的下面有一行字：Novus Ordo Seclorum——新的世俗世界。

进步不再意味着灵魂的拯救；人类理解的最终目标是不是超验真理。新的革命信仰是以物质的和世的俗价值观为基础的。这样的观念并不是任何新的商业行业的专有的领域，这些行业不仅在经济实力、社会意识而且在数量——资产阶级的规模方面都在增长。这些新的观念也渗入到老的贵族之中，渗透到旧制度的特权阶层之中。

除了美国殖民者令人生疑的"革命"以外，在法国，革命之火于1789年的春天被点燃了，它最为灿烂（也最具有破坏性）。在英格兰，议会对君主政体予以了限制，而一种似乎更合理的体制正与新科学一同发展。在法国可不是这样。在这里，到处可以看到精英主义和中世纪的分层体制、教会的无知和迷信、无能的君主专制政体的衰落和财政灾难。在这里，教育体制也陷入了经院哲学的泥潭之中。作为一切之基础的世界观——经院哲学的亚里士多德式的海市蜃楼，已经被科学理性推翻了。在认识世界方面的进步已经战胜了过去的谬误和愚昧无知。为什么社会不是这样？为什么道德不是这样？有了合乎理性的和经验的知识，我们就可以向世俗的幸福国家迈进，最终实现人类的道德改良。

1789年5月在法国开始的革命，是与法国史本身密切相关的巨大的因果系谱树结出的果实，它的根系深深地扎在历史沉淀之

中，可以追溯到路易十四时代。尽管如此，**革命信仰**在法国产生了强烈的反响，并且把它推进到比其美国先驱更为激烈和凶暴的大火之中，而这场大火最初的火花是由十八世纪哲学家的鹅毛笔点燃的。

法国把十八世纪称作 le siècle des lumieres，亦即“觉醒世纪”。**启蒙**（enlightenment）这个词是德国哲学家伊曼纽尔·康德于 1785 年首先使用的，这个名词由此留传至今。启蒙运动中最重要的词**理性**，几乎成了自然规律的同义词。从此之后，如果能够使社会规律与自然规律相吻合，政府的、经济的以及社会的活动，也就可以转化成改进所有人的利益和道德观念的和谐的手段。世界需要一种关于社会的科学，即杜尔哥、孔多塞侯爵以及他们的朋友所说的**社会科学**。

如果自然法则是从制约自然的必然关系中获得的，那么，国家的法律就必须从制约人性的法则中来获得。例如，孟德斯鸠的《论法的精神》（*Spirit of Laws*，1748）是启蒙运动时期最重要的著作之一，它把人的性情看做是随着气候而变化的（气候影响身体“纤 272
维”张力，性情是身体“纤维”的一种功能），因此，应当要求依赖气候的法律随着社会物理环境的不同而改变。制约着法律研究的那些原理并不来源于某种专断的或权威所说的“应当”，而是来源于事物的客观本性。启蒙运动的哲学家以这种方式迈出了走向科学的文化史的第一步。

培根在谈到科学的重要价值时，说它是一种改善人类物质福利的工具，皇家学会（the Royal Society）显然已经习惯于这种想象。然而，在欧洲大陆而不是在英格兰，诸家科学院都获得了君主政府物质资助。在这里，君主专制政府认识到了科学的用途，或者至少，认识到了它所获得的威望和潜在的力量。在这里，新的学会和科学院使科学家有了其位置和地位，而大学，与牛顿的剑桥大学并无不同，基本上忽视了科学的教育和研究。皇家学会和巴黎科学院(Paris Academy)都成为了其他机构的榜样：1743 年，腓特烈大帝按照巴黎的方法重新组建了柏林科学院；在远方的俄国，彼得大帝也在圣彼得堡创建了一个科学院，并且招募了一些像欧拉这样的科学家。一些较小的科学机构在英格兰和欧洲大陆各地涌现，一些致力于专门行业的学会，如外科学、药剂学、农学和工艺学等等的学会，也纷纷创立。许多科学机构都促进了技术和科学的实际应用——因而也促进了(启蒙运动三位一体的第三个关键词)进步。

无论如何，至少从直接的方面讲，纯科学对于物质文明的用途是未知的。十八世纪初发明的纽科门蒸汽机，几乎没有什么可以归功于力学或化学。詹姆斯·瓦特给蒸汽机增加的单独的冷凝器提高了它的效率，这与布莱克的潜热理论也没有什么关系；瓦特不是一位化学家，而是一个机械制造师。在十八世纪期间，农业生产方法的改革几乎也没有得益于科学本身。

对自然规律的认识(或者对自然规律的信仰?)和新的科学方法的应用(谁能肯定地说十八世纪新的科学方法实际是什么?)是否会改变社会性质和道德性质，其实是令人疑惑的。但无论如何，在十八世纪被称作启蒙运动的思想运动中，这个纲领被放在了中心位置。启蒙运动的哲学家，或者说法国的哲学家们，做了一件值得注意的事：普及科学。的确，这是一种宣传形式，不过，通过他们，科学融入了西方意识的主流，而且从此之后一直是这样。

站在哲学家大军最前面的是弗朗索瓦·马里耶·阿鲁埃

(François Marie Arouet),他以伏尔泰这个名字更为著名。伏尔泰原来是一位剧作家和诗人,他知道不被宽容是什么滋味,他曾因他的讽刺作品遭到鞭打并且被关进了巴士底监狱(the Bastille)。273
1726年他去了英格兰,并且在那里住了3年,以研究英国的科学家。

伏尔泰是教条、神秘事物和迷信的敌人,简而言之,是一切他认为导致盲信和不宽容的事物的敌人。他写道,天启教命令我们相信"许多要么是明显令人生厌的、要么是在数学上不可能的事物"——然而根据理性而不是根据信仰,显而易见,有这样一个至高无上的智慧的必然存在,他创造了这个有规律的世界。那些已经从无知和迷信的时代获益的人"要掠夺我们的遗产"。伏尔泰所说的"我们的遗产"就是理性和进步;人类具有在尘世园圃耕作的天生的能力,并且可以从自然规律使之丰产的社会和政府的收获中受益。那些总想使我们处于无知状态的,当然是那些教士和他们的蒙昧教育。因此,ecrasez infame——消灭败类吧。

伏尔泰原来受过耶稣会士的教育。现在,在牛顿之后,耶稣会士们变成了僵化和蓄意阻挠的象征。很有可能,新的具有竞争力的信仰正通过伏尔泰给它的父辈送去一件礼物;伏尔泰和其他哲学家正在地上建造一座天城,就像史学家卡尔·贝克尔在其经典著作《十八世纪哲学家的天城》(*The Heavenly City of the Eighteenth Century Philosopherseavenly City of the Eighteenth Century Philosophers*,1932)中非常精彩地论证的那样。

在这里,在这个世俗的园圃中,也有诺斯替教的踪迹。认识就是拯救:人这种能够揭示自然奥秘的理性造物,通过这种知识变形为像神一样的技工,他被赋予了为改进人类的生活而主宰物质存在的权利。那么,这里所需要的不是启示、教义或信仰,而是知识、理性和追求(无论把我们引向何方的)科学的思想自由——亦即需要宽容。此外,拯救是不可避免的。对真理的认识是必须有的。因而伏尔泰告诫神父(the Monsieur L'Abbe):"战栗吧,恐怕理性的日子就要到来了。"

伏尔泰的《英国书简》(*Letters on the English*)*出版于1734年,它令人信服地描绘了过去的错误的观念,以及培根、牛顿和约翰·洛克是怎样把它们肃清的。科学不仅告诉了我们关于自然的某些事物,而且告诉了我们关于人性本身的某些事物。在普及牛顿体系方面,在这里所提及的著作以及他以后的著作中,伏尔泰带来了另一个英国人,他在心理学和认识论方面的影响是最重要的。这个人就是约翰·洛克。

洛克写于1690年的《人类理智论》(*Essay Concerning Human Understanding*),成为了启蒙运动的福音书之一。在《人类理智论》的第2卷,洛克阐述了全书最重要的观点:人的心灵是一块白板,它会通过经验感觉获得简单观念——洛克把"经验"这个词大写以适用于笛卡儿的信徒。复杂的观念是理性对感觉的梳理。因此,我们的知识局限在自然界。我们没有关于本质、上帝或任何事
274 物的天赋观念。理性必定总要回到经验主义的座位上。形而上学的理性主义,亦即关于不可能被体验的事物的推理,完全是另一种错觉。自然法则是通过这种经验理性展现在我们面前的。因此,我们只能通过上帝的法则获得关于他的知识;他是大自然的创始者,是它的初始因——制造世界时钟的神。

---

* 又名《哲学通信》(*Lerttres philosophiques*)。——译者

伏尔泰和其他许多哲学家接受这位制造世界时钟的神，但是他们抛弃了其他方面，例如把中世纪搞得如此混乱的启示。上帝变成了关于自然的知识的脚注。其他人最终甚至把这一点也抹去了。

苏格兰哲学家大卫·休谟问道，因果性观念本身是从什么感觉中产生的呢？因果性是不是简单重复的结果，是不是有两个总是接连出现的事件，一个跟随着另一个，我们就给它们贴上结果和原因的标签？如果是这样，对我们无法体验的初始因就根本不能设想。休谟在他所著的《人类理智研究》(*An Inquiry of Concerning Human Understanding*，1748)中写道，人的心灵是完全自由的，可以把不一致的现象结合在一起构造出诸多怪物，因为心灵有能力把经验赋予我们的那些简单的感觉加以组合、置换和扩大。感觉是有说服力的和生动的；从它们那里获得的观念尤其是抽象观念是晦涩的和模糊的，我们对它们的理解是贫乏的。我们对事件 *A* 有感觉，在时序上随后对事件 *B* 又有感觉。如果这个 *A* - *B* 链常常出现，以至在 *B* 前总会有 *A*，而且从未有误，那么我们就可以用我们命名为**因与果**的抽象观念来称呼这条感觉链。

然而，是谁在起初见证了初始因呢？我们中的谁拥有关于创世经验的记忆呢？创世是一种**单一的**事件，而不是连续事件的重复，比如说在对上帝的体验 *A* 后面出现了对创世的体验 *B*。我们可以预见太阳在清晨升起，不过，说它明天将不会升起也是完全可以理解的。造成我们的预见与否定命题的逻辑之间不一致的是**习惯**，因为对这二者的任何**证实**都是后验的，即在事件之后进行的。所有的预言(对太阳在清晨升起的预见)都来自于过去的感觉和感觉链(太阳先在东方泛红光然后升起)的重复。但这里的问题依然存在:谁感觉过创世？这种单一的创世活动能被体验多少次？

根据因与果来论证——对原子式观念纯粹精神上的联想,对于上帝来说(上帝这个观念只不过是我们自己的心灵活动的毫无限制的反应和扩大),完全是不正确的,是一种错误的论证。

在其《自然宗教对话录》(*Dialogues Concerning Natural Religion*,1777)中,休谟进一步论证说,思想、设计、理智——对上帝的设计论证明,对于人和动物(自然的一部分)来说是有作用的,但对**其他部分**,例如热和冷、收缩和排斥等等则导致了不同的情况。无论如何,我们可以合理地质疑,有关这个(人和动物的)部分的结论是否可以推广到人是其中一部分的(宇宙的)整体？由此看来,理
275 性**无法探询**上帝的存在问题。没有一种存在物的存在是用先验的推理可以证明的。

按照科学的倡导者的观点,它的巨大进步极大地扩展了知识量,但在另一方面,它严重地限制了而且实际上毁坏了一个完整的思想领域。按照休谟的观点,形而上学只适合于激情。这显然不是牛顿所预想的革命。它也未必会拓展西方的世界观……天气,按照休谟自己的思想方法,科学也不比天启教先验地存在着任何更宽容的因素(毕竟,中世纪的神学家是非常挑剔的和善于自我调整的)。从某种意义上说,现代科学曾经傲慢并且非常自大地断言一些传统上受尊敬的并且有助益的知识领域全都是不合理的(科学所讨厌的),并且把它们废弃了。一种非常狭隘的观点,即归纳主义和机械论的观点,被等同于科学,它决定要排除其他对立的把握自然和与自然和谐相处的非西方传统。最终,这种唯一的观点被等同于一些令人陶醉但也非常不安全的词:**现实**和**真理**。

在法国,霍尔巴赫男爵坦率地说,因为我们对超自然的初始因

一无所知，所以可以认为它们是无关紧要的。坚持这类徒劳无益的探索，人类会因为他们对大自然的无知而不知不觉地遭遇苦恼。把所有形而上学体系和天启教一起扔进火中吧；美德和幸福会从关于自然规律的科学知识中获得。绝大部分人不愿像这位善良的男爵那样做，毫不奇怪，他作为上帝自己的敌人而变得众人皆知了。

法国哲学家们感到了一种明确的使命感——要向大众传授新的知识。由此而产生的一个成果是在 1751 年和 1772 年之间出版的法国伟大的《百科全书》，这是一部大规模的著作，正文 17 卷，图解 11 卷，附录 4 卷。许多法国科学家撰写了词条，有一段时间，达朗贝尔是其编者。但这项计划最重要的编者是德尼·狄德罗。狄德罗认为，智慧是客观实在与人类理智之间的纽带。而这种联系的方法是实验——对自然的经验检验。狄德罗说，用不了 100 年纯数学家将会消失；只有一小部分会保留下来。对于他来说，甚至纯数学也太抽象了、形而上学色彩太浓了。

狄德罗为第 5 卷撰写的词条《百科全书》（*Encyclopedia*），对启蒙运动的纲领作了最出色的阐述。他写道，这部《百科全书》的目的就是要把分布在世界各地的所有科学知识收集在一起。代表统一的自然的统一的科学将会被传给后代，从而“我们更有教养的子孙可能会变得更有道德同时也更幸福”。因此，这种研究是关于社会、人类心灵和经济的自然规律的探讨——简括地说，是一种社会科学的哲学，它采用了已证实的科学方法去改善人类的境况。

另一个苏格兰人亚当·斯密把牛顿的思考应用于经济学。276
1776 年，他出版了（稍微夸张点说）可以称之为经济学的《原理》的

《国民财富的性质和原因的研究》*（*An Inquiry into the Nature and Causes of the Wealth of Nations*）。斯密问，通过市场，以某种方式组合在一起的私人财富会在更大的社会和经济范围内促进公益，那么，有没有制约这种市场的规律？毫无疑问，我有晚餐吃并不是因为肉商的善行！不，我必须注意他的自爱而不是他所谓的道义的（最终是形而上学的）责任。如果是这样，那么，什么能防止作为一个整体的社会受个人利益和自爱制约？

的确，要完成这项任务需要巨大的力量。这种力量是否是国家的神圣权力，亦即霍布斯所说的"利维坦"（Leviathan），它宛如拟人化的宙斯站在巨大的混沌之上？斯密断言，不是这样。相反，有一种牛顿式的力，它虽然不可见但像任何神授的政府一样强有力，可以把质点似的私利结合在一起，消除它们各自突然转向的惯性。这种可不见的经济力量就是**竞争**。个人利益的竞争会像引力那样，保持经济界从而保持社会的和谐。同意自己受其个人利益制约的肉商或面包师将会发现，他们的竞争对手已经在他们前面悄悄走过去了。他们将脱离经济轨道，向犹如真空的寒冷的贫困世界飘去。在经济学中，个人利益是惯性，竞争法则是万有引力。斯密把牛顿引入了市场。

因此，如果用炼金术的语言说，有着自私动机的贱金属被转化成了社会利益的黄金。"国民财富"来源于对这种"自然法则"自由和独立地发挥作用的容许。国家就像一个制造时钟的神，必须离开这种完善的机制，离开市场，不要干预它的理想平衡——实行**不干涉主义**（laissez faire），不要管它。资本主义的圣经是以牛顿的

* 又译《原富》和《国富论》等。——译者

启示为基础的。亚当·斯密是它的先知。

从英格兰和法国，这场运动向外扩展——扩展到日耳曼诸国，远至东普鲁士。在柯尼斯堡（Konigsberg），哲学家伊曼纽尔·康德（如他所说）被大卫·休谟从教条主义的睡梦中唤醒了。新觉醒的康德想知道，**任何认识**怎样才**是可能的**，甚至最简单的感觉——以至数学怎样才是否可能的？感觉本身不就是知觉吗？它难道不是一堆混乱、一片混沌、一场由无限可分的雨滴构成的连绵之雨吗？

康德不会从外部的事物入手。他从思想本身亦即思维主体这个平台——从意识开始了他的哲学研究。哥白尼曾在观测者的知觉范畴内研究天球的运动，康德以哥白尼为榜样，他试图揭示建立在自我意识之中的内在的认识机制。依靠自身的思维，或者什么都没有获得的意识，是空洞的、无条理的和无法进行认识活动的。另一方面，如果感觉没有某种有意义的精神活动梳理去它们，它们将是模糊的——用康德的话说："没有概念的直觉是盲目的。"

康德在他 1781 年出版的《纯粹理性批判》（*Critique of Pure* 277
Reason）中说，心灵不是一块白板。相反，人类心灵被赋予了一些先验的范畴——诸如时间、空间、欧几里得几何学等范畴，亦即牛顿范畴。有关世界的经验是人类心灵与感觉的相互作用，感觉会对梳理经验的精神范畴起作用。但是，理性不可能超越它自己构造的世界，理性既不能反驳也不能证明上帝和超验的世界。未被能动的人类心灵加工的物自体永远是在人的思想范围以外——思想就是以某种方式思考某种事物。

康德逐一废除了对上帝存在的所谓的理性证明。而且康德比休谟更进了一步，对先验的理性思维的权限予以了限定——它绝不可能超出思想自己构造的现象世界或窥视这个世界的背后；这就仿佛有一栋以感觉和范畴为双重支柱建造的密封的房子，这些支柱不知什么原因非常匹配，似乎是按照完全相同的尺寸制作的，可是它们的木匠和建筑师永远在人们的视野之外。没有人能为范畴提供基础（证明），而又不陷入循环论证之中。尽管想理解微小光环背后之阴影的理性倾向总是存在着，但是对于上帝——而且的确，对于任何超越可能的知觉的事物，甚至无法合理地去讨论。不过，上帝也不能用理性来反驳……怀疑论者也就到此为止了。

无论如何，对形而上学来说这一切都结束了——至少目前是这样。康德认为，他为宗教做了一件事：至少，在将近1800年之后，基督教最终被牢固地建立在不可动摇的（而且无需大惊小怪，建立在新教的）信仰和道德（康德试图在另一部《批判》中证明，合乎道德地行事是绝对律令）的基础之上。但是，损害已经造成。信仰——亦即 *fide* 或信赖，并不是证明，并不能要求一致赞同，并不会必然证实它的对象（我可以出于最无理的动机相信任何事物）。德国诗人海因里希·海涅对康德的破坏究竟是什么作出了恰当的总结：形而上学原有的上帝已经不复存在——渺小的康德已经把他杀死了。

康德本人对牛顿物理学的看法是，承认引力和斥力是物质的本质。不过这些力依然是可感觉的、与我们的心灵范畴联系在一起的。物质的第一属性即广延性和不可入性，可以还原为力、还原为活动。不仅在哲学界而且物理学界本身，康德有着巨大的影响，在哲学中他被认为是现代批判哲学之父，而在物理学中他为力场奠定了认识论基础。

在康德书房的一面墙上，挂着一幅让-雅克·卢梭的肖像——这是他简朴的书斋中唯一装饰，卢梭是日内瓦市民，他与伏尔泰在同一年亦即1778年去世。这位让-雅克·卢梭非十八世纪的任何其他法国哲学家可以媲美,他是法国大革命之父,尤其是1792年雅各宾派的法兰西共和国(French Republic)之父(这个共和国是新世界的象征,激进的雅各宾派实际上是从1792年9月开 278
始其纪年的,这一年被称作共和国元年)。以卢梭的名字命名的理性历法建立起来了,但具有讽刺意味的是,卢梭不相信理性——他认为理性具有欺骗的可能性(从而对康德产生了深刻的影响),而且把严密的逻辑与对心灵、情感……“良心的呼唤”[《爱弥尔》(*Emile*,1762)]的强调对立起来。

不过,卢梭也渴望在自然而不是旧世界错误的自然等级的基础之上建立一种新的社会秩序。因此,根据对人实际是什么和法律可能是什么的理解,他开始撰写他最重要的著作《社会契约论》(*The Social Contract*,1762)。他发现:“人生来是自由的,但却无处不在枷锁的束缚之中。”每一个人生来都是自由和平等的,但却都变成了奴隶,在卢梭看来,这是由非自然的力量造成的,怯懦和对平静的渴望会使这种状况无限期地延续下去(在地牢里可以找到最好的例证!)。放弃天赋自由就是放弃做人的资格,因此也就是放弃人类的权利——并且放弃其义务。

尽管在《爱弥尔》中卢梭不相信哲学家的理性,但《社会契约论》中的他却不想回到旧的亚里士多德的世界。关于有罪的人类是两个对立城市的公民的基督教剧,已经被“自然人”亦即大自然的公民淘汰了,他们穿着新式的标志着公民身份的衣服,这些衣服是用自由、平等和博爱的经纱与纬纱编织而成的。这种“政治躯体”(使用了一种象征自然的与有机体相关的比喻)的主权来自于集体构成了社会有机体的公民之中。卢梭把这种主权称作**公意**。

所有公民都交出他们的自然自由(他们原始的自然状态)以换取公民自由——全体发生异化,结果就是出现了一个新的统一体:**公意**。

这样,一旦在理论中出现了一种炼金术式的转化,就会出现一种例如在亚当·斯密的“看不见的手”中发生的那类不可思议的融合,它把个人的自由变形为社会的自由,令人不快地把无政府状态变形为文明……而个人被从野蛮的自然状态中拯救出来,被改造成公民,变得更有道德和更幸福。这样,卢梭对启蒙运动余下的进程持有一种基本的乐观态度:在物质存在和道德操守两方面的进步是可能的,并且的确可以通过人类的努力而获得。卢梭的信徒马克西米利安·罗伯斯比尔是雅各宾党人、第一共和国的“十二统治者”之一、恐怖统治(1793 年—1794 年)的制造者之一,他把自由、道德与自然组合成牛顿式的拯救三位一体,颂扬对**理性**的新崇拜。的确,在法国大革命中有许多是属于异教的和古典的东西——例如,它在象征和艺术方面对不同的罗马人和罗马共和国的参照,但是,它的**信仰**,它的原则(自由、平等和博爱等“自明的”的真理)的绝对简洁性,重建和再生的乌托邦式的梦想,长期以来被禁锢在邪恶迷信黑暗且发出恶臭的地牢中的人类美德最终的解放,所有这些以及更多的东西只能是在后亚里士多德的世界才可能有的。这样的乐观态度、信仰和意识形态,只有在牛顿的新阳光下才可能有。牛顿本人会多么吃惊呀。

279 因此,十九世纪法国史学家朱尔·米什莱的一席话仍然有重要的意义:“你们的集体意志是**理性**本身……你们是诸神……孟德斯鸠是作家,是**权利**的解释者;伏尔泰为它悲叹和大声疾呼;卢梭为天奠定了基础。”

孔多塞侯爵断言，人类生活能够获得“无限期的改进”。孔多塞是在遭到了法国革命会议（the Revolutionary Convention）的雅各宾党人的死亡判决后而隐匿时写下这些词语的。这就是乐观主义！

这样，法国哲学家们坚持认为，科学已经消灭了许多错误的观念。然而，难道它不是用其他错误取代了它们吗？或许不是科学本身，而是科学的普及者们亦即那些宣传者创造了新的神话。无论是哪种情况，我们现在走进现代科学的一段新的历史中了。我们是带着充满激情的乐观主义，亦即关于人类理性能够理解世界的现实从而改进尘世园圃的信念，走进这里的。这种信念可能是所有信念中最革命的信念。

延伸阅读建议

Cohen, I. Bernard. *Franklin and Newton*（《富兰克林与牛顿》）. American Philosophical Society, 1956.

Gillespie, Charles C. *Science and Polity in France at the End of the Old Regime*（《旧制度终结时的法国科学与政治》）. Princeton: Princeton University Press, 1980.

Hankins, Thomas L. *Jean d' Alembert: Science and the Enlightenment*（《让·达朗贝尔：科学与启蒙运动》）. Oxford: Clarendon Press, 1970.

——. *Science and the Enlightenment*（《科学与启蒙运动》）. Cambridge, Eng.: Cambridge University Press, 1985.

Harman, P. M. *Metaphysics and Natural Philosophy: The Problem of Substance in Classical Physics*（《形而上学与自然哲学：古典物理学的物质问题》）. New York: Barnes and Noble Books, Harper & Row, 1982.

Rousseau, G. S., and Porter, Roy, eds. *The Ferment of Knowledge: Studies in the Historiography of Eighteenth Century Science*（《知识的酝酿：十八世纪科学编史研究》）. Cambridge, Eng.: Cambridge University Press, 1980.

Wilson Arthur M. *Diderot*(《狄德罗》). New York:Oxford University Press, 1972.

第 四 部 分

生命本身

第十九章　黑暗的时间深渊 280

据说阿西西的圣方济各在临终时，所有的动物包括鸟类都感到悲哀和忧伤。他爱它们，向它们布道，称呼它们为兄弟姐妹。每个生灵都显示着造物主的技法，都以它们各自的方式展示着神圣之主的安排。

当然，这种信念更多的是情感，而不是逻辑计算，更多地具有与神交流的色彩，而不是有意识的思维。这种神秘的奋斗是要消解那个“自我”，把它那贪婪而又自我为中心的眼光搁置在一边。一旦帷幕被拉开，哪怕只拉开一点，那种与神的交流就能在纯粹的形式后面进行窥视，并把全部自然都感知为神的一种体现。对于这种与神交流的体验来说，最重要的象征就是视野，但这不是指更广泛的感知，而是怎样看待自然，怎样观察自然。

许多世纪后，牛顿说出了类似的想法。他在物理世界中所发现的那种奇妙的一致性，在丰富的生命世界里也有类似情况。但却安排得极其错综复杂，生物界与稳定的、由定律支配的物理世界形成了鲜明的对比。安排被自发性淹没了，目的则被隐藏在变化和复杂性中。物理学家尽量不借助神的活动来建立万有引力定律，这样做也许是为了修补那台机器。拉普拉斯在数学抽象的热潮中确定，他不需要“那个假说”。但人们怎么用数学来解释翅膀为什么如此完美地适合于飞行呢？眼睛为什么如此完美地适合于

观察？鳃为什么如此完美地适合于在水中呼吸？圣方济各和牛顿
281 都知道，是上帝之手直接参与了这一切。他设计了所有的生命体和它们的各个部分，按照预先规定的功能完美地塑造了它们。

然而，……难道这不奇怪吗？上帝在物理世界的角色被降低为一个钟表匠，甚至根本不起作用。而生物界则似乎要求上帝干预到每一只微小的昆虫。而且还不止于此。时间的流动是具有方向性的，但这在万有引力定律中没有意义；在时间的等式上，过去和将来没有质的差别。但在生物界中情况并非如此：生命体生长、发育、成熟和死亡；地球自身的面孔也随时间发生着变化，洪水和地震虽然把地球上自然和人类的遗迹都涂抹掉了，但它们的印记仍然埋藏在土壤中。地球具有历史性，它是历史的储藏室。

在这个意义上观察时间，时间就具有了方向性，它以线性的方式从过去流动到现在乃至未来。当时间的线性流动被描绘在宗教的画布上的时候，这种局限在自然界中的流动就体现了基督教救赎历史的戏剧：上帝在历史上积极的表现构成了每一个事件，从希伯来国家及其先知的审判（像基督教神学所做出的解释那样），到那些终极事件：耶稣道成肉身、被钉在十字架上处死以及复活，还有早期的教会的受难，并准备了对末世论的信仰，而末世论将撰写尾声，结束线性历史这本书。历史事件是不可逆的，而且除了它本身以外再也没有任何参照物，超越了时间和历史，它就没有任何意义。体验到这种不可逆的人很可能感到绝望，就像传道书的作者哀叹的那样，万物皆空，捕风捉影，一切都将逝去。希伯来人对线性历史只是容忍，他们怀有的希望是，历史本身也将终结。①

① Mircea Eliade, *Cosmos and History*: *The Myth of the Eternal Return*（《宇宙与历史：永恒回归的神话》），trans. Willard R. Trask（New York: Harper & Row, 1959），p. 111，作者把这种绝望称为“对历史的恐怖”。

有了这样的认识，即认识到时间的行进具有不可逆性，自然主义者就很希望看到证据来证明地球物质性历史发展的特定方向。而且人们看到了他们希望看到的情况。黄金时代曾经一度存在过，在那个时代，人们更幸福，更善良，精力更充沛，寿命更长，在那个时代，地球是更为富庶的田园，气候温和，山脉高耸。因此，有了黄金时代的概念，我们现在就能看到地球的表面正在发生腐蚀乃至衰落（我能够始终“想到”更高的山脉）以及生活的总体退化（过去，尤其是在理想化回忆当中的过去，**总是**更善更美的）。各种生物物种尽管被限定，也仍然会显现出各种腐朽和衰落的迹象。

但是现在，传道书的布道者们却告诉我们，尽管时间行进的情况显而易见，一代人来了，一代人去了，太阳出来又落下，然后匆匆赶往它升起的地方，仿佛是召唤自然主义者一定要跨越时间的黑暗深渊，布道者唱道，江河的水流入海洋，但从来没有把海洋填满，
然后水又回到它们流出的地方……因此，“曾经的就是未来的”。282
时间并没有流动，而是像车轮一样在转动。世界貌似不同的事物实际上就是简单的重复，因为时间是一个圆周，不断地重复自己，就像一个巨大的天轮在旋转。

河流又回来了……它们是怎么回来的呢？大海肯定不会被填满，为什么不会呢？地球的表面好像是被变化专横地统治着，但却是稳定的，这是怎么回事呢？地球上显现的是多样化，但“在太阳下面，却没有新东西”。

丰富多彩的生命世界也是如此。从变化的情况中，自然主义者仍然看到了稳定性：猫生猫，狗生狗，但后代肯定不会与父母完全相同。因此，来自地球各个地方的具有多样性的物种似乎是有

联系的。变化和稳定性以多种多样的形式共存。哦，这一切都是相对物理学的简单性而言的。

亚里士多德已经知晓，用逻辑的方法对生命的多样性进行分类是多么困难。他使用 Genos（属或科），还有 edios（形式或物种），来建构一种向下的逻辑分类系统。但亚里士多德这位自然界的伟大观察者认识到，这种人工的先验划分太过简单化，就像是只用黑白两色来描绘一个生气勃勃的景象。然而，与原子论者相反，他假定宇宙是符合逻辑的、恒定的。因此他的人工物种（artificial species）及其形成的自然阶梯，至少提供了一个秩序的表象，尽管他也警告其中存在着根本性的错误，而且对生命体的其他众多的特征进行过思考。他仍然相信世界具有逻辑一致性，排除了新物种的表象。他不容忍把无常的变化纳入生物的稳定性中。

中世纪的基督徒们采纳了自然阶梯的概念，或者说是生命巨链的概念。叙利亚的狄奥尼修斯认为，宇宙是一个辉煌的等级秩序系统，从撒旦本身，通过具有魔力的存在层面到地面，然后向上，通过天使的层面到达上帝。这是一个神圣的秩序，一个等级排序，也是一个上帝创造力的活生生的标记。时间、各种变化以及历史，所有这一切都来自这个从无到有的创造力的大爆发。人类的躯体被包括在四种元素中，他们从而也就拥有了一个不朽的灵魂，人类占据着这个辉煌的等级链条、也就是这个自然等级的中间环节。

基督教的宇宙论虽然受到这种理念的支持，但中世纪的生物目录与神话混合在一起，往往是从对人类有什么用途的角度来理解植物和动物的。

按照亚里士多德逻辑的规则，终极因，也就是指引每个个体生灵生长的那个安排，在固定而恒久的物种中是自然界固有的逻辑秩序。创世记以及在其中发生的伟大的创造性活动赋予这个理念以神的认可。难题在于，自发的产生似乎是一个自然界的事实，它表明的是新物种的产生。就像圣奥古斯丁那样，人们可以在柏拉图的意义上理解创造；上帝最初创造的是本质，而新的物种仅仅是在物质上使这些本质活化了，它们仍然是按照神的安排出现的。283
终极因的本质，也就是某些本质性安排的理念，即使是在物理学革命的先驱者中间也是摇摆不定的。事实上，物理世界的规律性极好地支持了这个理念。

因此，生物分类并不仅仅是一种辨认手段，而且它还是揭示神的安排的一种方法。把所有的事实都收集起来，这个安排就出现了，归纳会把我们引向本质，培根就是这么说的。唉，这是多么困难啊。物种似乎不时地相互混合着。是什么因素构成了某一物种的本质呢？那种"偶然的"个体变异说明了什么？

那位尊敬的牧师约翰·雷在剑桥大学讲授古典学。1662 年，他没有按照英王查理二世的命令，宣誓与公祷书（*The Book of Common Prayer*）保持一致，而是退居到他个人的爱好——自然史中。他撰写了关于欧洲植物的若干本专著。经过选举，他进入了皇家学会。在他最受欢迎的书中，有一本书名起得恰如其分，这就是 1691 年出版的《上帝在创造中显示的智慧》（*The Wisdom of God Manifested in the Works of the Creation*）。这个书名轻易地包括了**智慧**和**力量**，因为覆盖整个地球的、种类不计其数的生命体就是上帝威力无边的结果和证明。雷的目标与牛顿一样，是要防范机械怀疑论者，这些人可能寻找、发现并且满足于第二因，并把第二因作为对这种多样性的唯一解释。雷的论证似乎有些尖锐，他说，我们不能排除终极因；对于任何公平（非怀疑论的？）的观察者来说，有一点肯定是明确的：事物注定都是为了某个目的。一种非凡的近乎奇迹的发明，比如眼睛，仅仅凭借偶然、盲目坐等机会是创造不出来的。

如果我们暂停一下，冷静地反思，认真地想一想动物的各个器官，它们的皮毛、羽毛、鳞甲、鳃、肌肉、贝壳的外壳等等，都有难以置信的专门化用途，我们看到，各个器官完美地结合在一起，形成了一个和谐的统一体，这种统一体是由各种器官构成的，它们的复杂程度难以置信，而且服务于两个共同的目标：生存和繁衍。设计的概念（终极因）明显对我们有强迫作用。它是好的科学；这就是培根式的归纳。专门化是不容否认的事实，其内容包括各个器官的和谐关系以及生存和繁衍，它当然要求有终极因，这是必然的。否认这个结论就是非理性，是不正当的，就像否认欧几里得几何学的证明。上帝预见到了他的生灵们的需要，从而创造了具有专门化用途的器官，以满足这些需要。

因此，雷的自然界是上帝存在的一个伟大的经验性证明。既然这方面的事实不计其数，那么，给物种做一个目录以及对它们进行分类就尤为重要了，给这个"辉煌的分级系统"佩带一个由理论构成的项链。

大多数自然主义者往往抓住某个单独的特征来反思动物或植物物种的本质。然而，问一问雷，我们真的能决定什么是偶然的，什么是本质的吗？还有，为什么不能设想有众多的结构体现这个
284 本质呢？为什么不能设想一个物种体现了一个种类呢？在同一个种类中，个体的结构具有清晰的相似性。因此，一个物种就是一个

群体，它们繁衍的后代都具有相似的结构，但并不完全相同。雷说，共同的祖先是物种的最确定的判断标准。

雷确认，上帝创造的杰作保持至今，而今天的条件正是当初进行创造时所处的条件。那么，在恒久物种的内部，个体变异有多大呢？雷接受这样一个观念：自然界不产生飞跃。既然如此，在有如此众多特征的情况下，一个物种终结于何处，另一个物种又开始于何处呢？雷同时也被迫承认，化石就是灭绝物种的遗骸。自然界不做无用之功，而化石就是自然界的运动轨迹，就像很多人相信的那样，化石肯定是取之不尽的。因此，雷写道，如果没有新物种产生，就没有物种丢失，自然界没有“污点和谬误”的位置。最终他只能质疑物种的不变性是否具有“明确的恒常性”，而不是一贯的正确性。

就在同一个世纪里，莱布尼兹又把哲学思考加入了可怜的自然主义者所面临的已经很庞大的难题。上帝是至善和无限的存在，在所有的可能世界中，他创造的世界是最好的，最符合他的仁慈。在这样一个世界里，为什么某一个本质而不是另一个本质应该存在？莱布尼兹必然要思考：所有能够存在的本质必然存在，不是为了有利于其他事物，只是为了它的自我实现。这个思想在这里被称为完满原则。仿佛完满原则还不够，莱布尼兹还有另一个原则，按照他的无穷小量微积分的思路，他认为物种是相互融合的，因此，不可能表明这个事物起始于何处，那个事物终止于何处。这就是连续性原理。想象一下那个可怜的生命巨链，完满无情地充斥着它，连续性又把它的各个环节全都打碎并融合在一起了。这条巨链绝对是完整的、连续的和固定的，没有间隙，没有跳跃，没有“环节遗漏”。物种似乎相互融合了，然后化为虚无，就像“消失之量的鬼魂”(the ghosts of departed quantities)①那个链条威胁着要变成一部辉煌的、但却读不懂的书。

过了一个世纪,在胚胎学家们之间的辩论又为物种和生命巨链设置了难题。1759 年,卡斯帕·沃尔夫决定支持胚胎后成说,这个理论认为,胚胎明显地是从同质物质中发育出来的。威廉·哈维也相信胚胎后成说。沃尔夫就像他的伟大前辈一样,被迫借助某种生命力,这种生命力把物种的形象强加在混沌的物质中。那么,是否每个物种都拥有自己的生命力呢?这些力会是什么呢?或者说,设定有一个连续域和一种单独的活力(vital force),我们怎么才能区分产生大象的力和产生老鼠的力呢?一种力是怎样把二者都产生出来的?如果物种被认定有共同的遗传,而且胚胎是从某种活力发育的,那么,我们怎样使这些理念相互适应呢?

胚胎学家中还有一个学派持有先成说的观点。他们认为,在自然界没有真正的产生,只有膨胀,某种存在于卵子或精子中的东西膨胀了,他们在自己之间就是这么论证的。这种安排是,卵子或
285 精子在胚胎自身的物质中,等待着受精时被激活。先成论者们曾使用**进化**这个词来表示这个发育的预先确定的过程。具有讽刺意味的是,先成胚胎的进化给物种的不变性作了强有力的论证。

① 这个说法来自十八世纪贝克莱主教对微积分最强有力的批评。1734 年,他发表了《分析学者,或致一个不信教的数学家。其中审查现代分析的对象、原则与推理是否比之宗教的神秘与信条,构思更为清楚,或推理更为明显》。贝克莱正确地批判了牛顿的许多论点,他说牛顿首先给出 x 一个增量,然后又让它是零,这违背了“背反律”,而且所得的“流数”实际上是 0/0。对于 dy 与 dx 之比,贝克莱说它们“既不是有限量也不是无穷小量,但又不是无”,这些变化率只不过是“消失的量的鬼魂”。作者在此引用这个说法意在批评,上帝创造的世界既要符合生命巨链,又要符合完满原则,就类似于牛顿-莱布尼兹既设 x 有一个增量 Δx,又设 Δx 为零,让人难以理解。——译者

然而,这种不变性是什么?某些先成论者认为,整个人类种族的存在始于伊芙的卵巢中。整个物种在创造时是被固定的,被封装在这里或那里,进化指的是被封装在子宫里的每个微小的胚胎被打开或伸展开。不论先成论者是否相信这种彻底的封装说(很多人不相信),他们对后成论者的批判实际上具有机械论的性质;用某种活力来解释发育就是神秘主义。然而,如果用祖先来定义物种,被先成的进化所显示的就是他们绝对的不变性。

尽管在十九世纪之前,"生物学"作为一门科学和一门专业还不为人们知晓,但在十八世纪,生命巨链成为讨论很多的生物学概念。对有机世界的研究在哲学家、医生和广大的业余爱好者中的意见是有分歧的。因此瑞典人卡尔·林奈放弃了神学研究,从事医学,以便深化自己对植物学的兴趣。林奈坚信,生物界是按照某种模式建构起来的,而人类的理性是可以发现这种模式的,就像已经被揭示的物理学的普遍定律那样。博物学家的首要任务是分类,林奈在植物分类方面拥有真正的天赋。常言道,上帝创造了世界,而给它命名的是林奈。

人们当时已经发现,植物拥有性器官,早在1735年,林奈就把性别差异作为给植物分类的出发点。与雷不同的是,他回到了一个具有逻辑性的和高度人工的系统。但是,他很快就认识到,分类只是这项任务的一半。在他那个时代,博物学家给动植物的命名是混乱的,是描述性词汇和个人倾向性的混乱。因此,林奈引入了他的双名制,使用两个名称,属和种,来识别生命体。这是他的主要成就,尽管他个人并不这样认为。这项任务让林奈在自己的拉丁文知识中搜肠刮肚地寻找词汇,而他的学生们则在世界各地大肆掠夺自然界,因此他总能得到新的标本来命名。

物种是他系统的构件，这个问题驱使他作出努力。属是人为按照其亲密程度划分的一般性群组，而物种则是支柱，取决于遗传。

1751年，林奈认为，种类繁多的植物是上帝如数创造的，任何物种都不能变成其他物种，也没有任何物种能自发地产生。尽管完满原则和连续性原则模糊了物种之间的界限，但林奈坚持这些界限是不可动摇的，这就突出了物种之间的界限，使整个问题又再次提了出来。具有讽刺意味的是，随着林奈本人年事增高，他开始
286 感到好奇的是诱发变异的可能性。植物的杂交似乎时常显示出的不仅是变异或突变。他认为，即使是物种的起源似乎也是环境在起作用。但怎么起作用？自然界有什么机制？随着学生带给林奈的杂交例证越来越多，他产生了好奇：也许并不是所有的物种是一开始就有的；事实上他是在怀疑，那些杂交品种或许是“时间的作品”。

杂交实验是约瑟夫·克尔罗伊特在德国的巴登进行的。克尔罗伊特极其幸运地发现，他的植物杂交并没有产生新的物种，而是产生了无数奇怪的形式，有些甚至返回到了其亲本物种。因此，他的结论是，杂交并没有产生新物种，也不能产生无穷小用以填补生命巨链上的缺口。那么，为什么后代植物返回到初始状态呢？为什么有些返回有些则不呢？克尔罗伊特认为，重要的线索在他手中。然而，遗传的难题困扰着那些最伟大的心智，甚至包括达尔文。

遗传的问题或许是一种困扰，但在十八世纪也不乏猜测。法国的莫佩尔蒂对遗传给出了一种牛顿式的解释；来自双亲的粒子相互之间有亲和力，这就使它们结成对。在每一对中，不是母亲的

粒子就是父亲的粒子占优势，从而也就显示出不同的特征。有些粒子通过若干代不可见的遗传能够突然重现。杂交的不育现象来自这样一个事实：这些粒子没有亲和力，因此不能在稳定的配对中繁衍。莫佩尔蒂接着提出，粒子的过量或不足可以是新物种产生的原因。

在十八世纪，静态物种的链条还引起了一个哲学问题。这个哲学话题是进步和改进。而在所有的可能世界中，这个链条不是最好的。改革者着眼于运动，但生命巨链却意味着绝对稳定。**哲学**为进步而寻求科学的支持；这个过分拥挤的链条当时已经提升到了科学受到尊崇的地位，但它没有给出任何东西。怎样才能使这个链条承认进步呢？

对这个谜团有一个哲学的答案，这就是让这个链条具有动态的性质。也许这个链条真的是一种展开的安排，即一种宇宙的梯子，生命体沿着梯子向上攀登，向更复杂更完善的形态攀登。因此，在十八世纪，这个链条被重新解释了；它成为具有各种可能性的完满状态，但不是所有的可能性都马上实现，而是依时间而定。亚瑟·洛夫乔伊把这个重新做的解释标示为“链条的时间化”。[①]人们只有用历史的眼光考虑这个安排，并把这个安排确立在创造之上，就像一颗种子在伟大的宇宙之树的历史中发芽，只有这样，进步才可以维持这个链条。然而，在这个哲学格言之下，还有一个 287
可能看不到的有趣的生物学的必然结果：难道那个流动的链条不意味着一个流动的物种吗？

---

① Arther O. Lovejoy, *The Great Chain of Being*（《生命巨链》Cambridge, Mass.: Harvard University Press, 1936）

十八世纪发现了社会和自然界历史。但这个历史领域被人占据比哲学早得多。

基督教作为哲学在人类历史上脱颖而出，关于自然史，它要说的内容很多。最重要的是，它为整个的地球史设置了时间框架。圣经历史年表可以上溯至创造的初期。十七世纪五十年代，大主教詹姆斯·厄谢尔做的工作正是精心地计算这些年代，一直计算到创造的初期。他得意地宣告，上帝创造世界发生在公元前4004年10月23日，在这之前都是黑夜。这个日期被加入到英文圣经的各个权威版本。全部历史，包括人类的和自然的，都被压缩到6000年之中。如果物种是变化的，那么，它们的变化必须快如闪电。如果地球本身历经变化的磨难，这个变化既不可能是缓慢的，也不可能是渐进的，不在这样一个狭窄的时间框架内。在这个微小的、经过压缩的时间容器内，地质变化必然暴烈得令人难以置信。地质的剧变必然是大劫难。

十八世纪是在时间的紧箍咒中令人焦灼地度过的。

从1749年到1785年，法国人布丰伯爵出版了一部36卷本的《自然史》，令人惊异，该书生动地描述了自然界多样性的奇特景观。读者也像布丰伯爵本人那样，以敬畏的心情喘息道："真是个大千世界！"就像书中描写的那样，自然界成了一个百花齐放的过程，生命体在这个过程中以无可察觉的变化逐渐地混合在一起。在布丰看来，林奈企图严格地限定这种变化从而把变化固定是极其荒谬的。他在其中的一卷中写道，种和属是幻想。然而，布丰似乎没有能力整合自己的思想，（谁能在一部长达36卷的著作中完全保持一致呢？）他认为，物种可以用不育测试来定义。

布丰确认，生物拥有一部历史。据他观察，在整个时间的尺度上，似乎存在着一个变异过程，在变异中，生命体确实离开了自己的祖先。然而，在若干种**模式**的下面，掩盖着一种原始的设计。而这些模式并非是不育的，并非是一些逻辑范畴，而是一些系统的动态过程，它们受到气候和其他因素的塑造。它们是一些历史的模式，可以说是稳定性与变化的结合。生物的自然史要求有一部地球的自然史，是自然史，而不是超自然的创造史。

1755 年康德提出，太阳系是从太阳分离出来的浓缩物质演化而来的。1796 年拉普拉斯独立地发展出这个理论，称为星云假说，其内容更详细。太阳的范围扩大了，超过了行星的轨道，万有引力使得这种火焰的范围成型为环状，逐渐地固体化、冷却之后成为行星。因此地球一开始是一个原始的火球，需要有充分的时间 288
冷却。布丰认为，也许初始的燃烧状态是产生于一颗彗星跃入太阳，他计算了一个地球大小的物体从足够冷却到支持生命所需要的时间。这段时间肯定要比厄谢尔的时间框架漫长。事实上，这段时间必须在 7 万 4 千年以上，而布丰认为，100 万年对这个时间段来说并不是一个过分漫长的估计。

布丰说，我们千万不要以天为时间单位来考虑地球的历史或上帝对世界的创造，而要用**地质时代**(epoch)。地质时代才适合于生物发展，才适合于渐进的变化，也才适合于困扰布丰的另一个可能性，这就是有些生命显然是灭绝了。布丰感到奇怪的是，他所谓的某些物种是从其他物种退化而来的以及早期生命形式的消失。现在，地球表面持续的冷却似乎显示出生命本身逐渐的灭绝。难道某些物种消失了，除了化石以外，没有留下任何痕迹，因此生命的巨链出现了断裂吗？正如布丰所称，这种可能性虽然十分“异常”，但却显得十分突出。

在圣经记载的地球简史中，塑造地球表面首要的地质事件显然就是诺亚洪水。1691 年，托马斯·伯内特这样写道：地球表面地形的不规则是因为这次洪水，它是从初始的完美地形退化了。伯内特赢得的对一个科学家的赞誉并不亚于牛顿，他从线性历史的角度来论证：地球表面显示出明显的腐朽和堕落的痕迹。因此，他为那次洪水寻求一种自然的解释，计算了覆盖地球表面所需要的水量，包括那些大洋（最终为降雨的来源），他确定，该水量远远大于降雨量，即使是 40 天的降水量。归根到底，发生洪水是因为地下水冲出地壳所致。

地球本来是完美的，没有表面没有不规则的倾斜或变化；伊甸园是一个天堂，就坐落在这个转动球体的正中央，四季如春。在季节发生不良的变化之前，这个完美地球上的居民很长寿。但在那次可怕的洪水之后，地球变成了废墟。现在它是“肮脏渺小的星球”。

因此，许多博物学家有了这样的想法：也许化石是那次普世洪水的遗迹。然而，在山区发现的海洋生物的化石，肯定说明在地质时代的某个时段发生过规模与圣经中的洪水同样大的洪水，尽管伯内特竭力找出自然界的因果关系，但那次大洪水是一个直接的超自然的干预，而不是现代博物学家应该期待的一个完美的钟表匠所为。

那么，化石是怎么形成的呢？1669 年，在意大利托斯卡纳居住着一位领衔主教（Titular Bishop），尼古拉斯·斯蒂诺，研究过已经成为化石的鲨鱼牙齿，他问过自己这个问题，一种固体怎么在另一种固体中形成呢？从本质上看，斯蒂诺所说的：“固体在固体中”形成，是一个时间和历史的过程，沉淀层相继形成，一层接着一层，不是一朝一夕形成的。在山区的海洋生物化石的固化是在它们被掩埋之前：生物的骨骼和其他坚硬的部分在周围沉积物中留下了印记，经过硬化，然后被密封起来。其中柔软的部分则先是被 289
掩埋，然后就腐烂了，而它们的模子则充满了已经成为化石的物质。现在，所有这些情况当然都难以压缩进那次大洪水，尽管斯蒂诺肯定必须接受圣经记载的历史。

在斯蒂诺之后的将近一个世纪，在弗赖堡有一位采矿学(mineralogy)教授亚伯拉罕·维尔纳，他在授课时认为，岩石形成时的分层现象产生于曾经一度覆盖整个地球的普世海洋。最初的初始层为花岗岩之类的东西，岩石地层的各个层次就从这种原始液质(primeval soup)中沉淀了出来。维尔纳对他的学生的教导是，我们现在看到的地球表面是以积累的方式形成的，其中包括五个阶段。他的这个理论被称为水成论假说。这个假说把普世洪水变成了一个自然事件。这就像生命巨链一样，大洪水也被世俗化了。

但是，不管是诺亚的洪水还是维尔纳的液质，都不能正确地解释火山沉积物，岩石显然是从一种熔化状态形成的。水成论者认为，火山活动发生在晚近的历史中，并且是局部的。然而，有些火山岩石被发现的地点并不在现代火山附近；并且还发现另有一些淤积物呈分层状，是从近期的沉积物中喷涌出来的，这是先期的液相沉淀(aqueous precipitation)。水成论者假定发生的是一个单独事件，即一个巨大的普世灾难，以此来说明地球历史。但是，有些原因似乎仍然在发生作用，是它们塑造了**现在**的地球表面。

爱丁堡的詹姆斯·赫顿站在海岸上，就像牛顿那样，感觉着各种巨大的自然力之间的相互作用。赫顿看到，随着河流携带泥沙进入海洋，土地缓慢而稳定地受到无休止的侵蚀。同时他也感到，土地的肥沃不知是什么原因恢复了，从而适合于农业。赫顿深入思考的正是亚里士多德的思想：地质力是目的，也就是它们的“目的因”或终极因，使得地球适合于人类居住，适合于农业（肥沃的土壤），而以后又适合于煤炭工业。[①] 自然界这部机器是怎样重建自身的呢？

赫顿在自己撰写的一本书《地球论》（*Theory of the Earth*，1795）中，给出了答案。现在的地质条件并不是很久以前一个单独灾难性洪水的结果，情况应该是，这部机器在持续不断的运作，它是一个巧妙的、处于动态的天平，在无边或者说是无限的时间尺度上，平衡着侵蚀与火山爆发的剧变。水分解土地，产生沉淀；火山把沉淀物举起，形成大片大片新的土地，这些都是非常古老的事件，都具有延续性，都是从当代事件中推断出来的，这就是赫顿的均变论。这仿佛是把无时间性的万有引力定律用于地质学。地球
290 的地质史是没有方向性的，但却沿着圆环转动，就像行星一样。赫顿写道，世界这部机器遵从的规律是，不断地侵蚀和修复，其目的是完美地支持人的生命，既没有开始，也没有结束。

赫顿的理论几乎就不是归纳的结果，因此也就不是射入圣经记载的诺亚洪水（伯内特）之乌云的科学亮光，而是向亚里士多德的终极因和循环时间的回归。这个理论出现在十八世纪末就是落

---

① 赫顿理论的基础是古代的终极因（目的因）学说的论证，这个观点是斯蒂芬·杰伊·古尔德（Stephen Jay Could）在他撰写的一篇文章中提出的，该文章的题目是《赫顿的目的》（*Hutton's Purpose*）。文章载于《母鸡的牙齿和马的脚趾》（*Hen's teeth and Horse's Toes*，New York：Norton，1983）一书中的第79－93页。也见古尔德对赫顿的进一步讨论，该讨论把赫顿说成是地质学中神话般的英雄，见《时间之箭，时间之环》（*Time's Arrow，Time's Cycle*），第63－65页。

伍和过时，是一个先验推理。世界就是为了人类的使用而定做的；它的各个齿轮和轮子不停地旋转，不借助于外力，完全靠自己的力量，就像永动机一样。赫顿表明了它是怎样工作的。但如果要让历史成为各种不同事件的发展，则它就肯定要被那些可怕的齿轮咀嚼成碎片。我们就要被投掷回黑暗的深渊，就要回到那位撰写传道书的不知名的布道者所说的深深的绝望中；或者，我们现在正在经历着佛教徒的渴望，渴望着逃脱因果报应的轮回，逃脱反复再生的苦难，逃脱那既没有意义也没有尽头的轮回，也就是万物永恒不灭的循环，也就是我们必须在生活中反复经历这种苦难……

时间确实是一个黑暗的无底深渊。自然史是正在扩展的时间，很像哥白尼让宇宙范围膨胀的情况。随着时间扩展，人的想象也扩展了。博物学家们凝视着岩石、化石以及物种本身，他们就能够想象出那种缓慢得几乎看不出的时光行进，时光在他们眼前发生作用，既有规律又处于动态之中。1791 年，工程师威廉·史密斯猜测，真正能够揭示地层实际时间顺序的就是化石本身。但是，这些化石显示的是生命巨链上缺失的环节，是那幅正在展开的蓝图上的裂缝。这个缺口绝对是巨大的。从灭绝物种到现存物种的跨越，甚至在时间的链条上也不再那么容易地完成。它们被时间的深渊分隔开了。

在十八世纪即将结束时，博物学家们发现自己所拥有的化石与当代物种没有明显的关系。布丰曾经写道，巨型猛犸象的骨骼比一般大象的骨骼大 6 倍。在欧洲发现的大象骨骼曾一度被认为属于汉尼拔（前 247－前 183，迦太基统帅）军队的大象之遗骸。但这些肯定不是。后来猛犸象的骨骼又在西伯利亚和北美洲被发现。1796 年，托马斯·杰斐逊在弗吉尼亚发现了一头巨大的树懒的骨骼。在巴黎周围的地层中发现,有些陆地动物的遗骸包含在海洋动物的化石层之间,其中有些体型巨大,是一些未知物种。许多人仍然坚持相信,灭绝不曾发生过。当然,灭绝与仁慈圆满的上帝格格不入。

终于,在法国的乔治·居维叶放弃了猜测:那些证据,也就是那些化石本身必然作出决定。因此,从1795年起,他在巴黎一直在根据那些骨骼重建生物的过去。

但怎样从一块或少数几块骨头就重建完整的动物呢?居维叶
291 通过学习现代解剖学提出了答案。这个答案被称为相关性:某一骨骼隐含着它相邻骨骼的信息,把它们合在一起,就给出了整体。例如,钝的臼齿意味着食草动物,这种情况反过来又意味着有蹄动物,而不是利爪。有一次,他的朋友把自己穿着打扮成长着蹄子的魔鬼,喊着,居维叶,我要吃了你,居维叶回答说:"用蹄子?你可不行!"只有利爪才意味着有尖牙。简言之,尽管对于他的研究工作,我们在这里说得简单,但他确实使用这种技术重建了生物界的过去。他是比较解剖学和古生物学之父。

居维叶的一部四卷本的著作于1812年出版,该书展示这样一个结论:灭绝发生过,而且生命的历史非常古老。生命似乎以循环的形式延续,某些物种毁灭之后又出现另一些物种。显示物种突然消失的是化石和相应的地层的暴烈性剧变,这就向居维叶表明,物种突然消失的原因是暴烈性的,也就是大灾难。新的生命形式的突然出现表明了新的创造,尽管居维叶实际上把这种情况理解为群落迁移至被毁坏的地区。当然,地球表面确实显示出了突发性的错位,甚至赫顿也曾相信,这些塑造地球的力量在早期更为强大。因此,居维叶相信了化石证据,他使水成论的革命适合于赫顿的巨大时间尺度。曾经发生过许多洪水，许多地震，许多灭绝，许多巨大的灾难。

“但生命巨链呢……？”我们几乎能够听到那些反对意见。居维叶可能这样回答：“看一看化石纪录本身，告诉我你看到了什么。没有神学，没有猜测。”我们注视，我们的心智是白板。我们看到的是，没有渐进的混合，没有平滑的过渡，没有清晰的线性攀升；我们看到自然界制造了巨大的跳跃。

居维叶撕毁了生命巨链。

他对现有的生命体做了解剖学方面的精心研究，研究显示出在各个生命体之间，结构上有巨大的间断。因此居维叶发明了四个群组：脊椎动物、软体动物、节肢动物和无脊椎动物。它们迥然不同，每一组都在解剖上有鲜明的共同点。生物界的特点不是链条状，而是灌木状。这个安排不管是否具有神性，实际上是一本巨大的书，它有许多页，各种安排都被地质时代和解剖特点所分隔。居维叶迅速地阅读了这本书，他认为，自己发现标有页码的各个书页对应着各个层次，似乎说明了普遍的进步，从爬行动物到哺乳动物，再到人类。复杂性似乎在上升，灌木开花了。

最终，物种保持固定。居维叶这位严谨的经验论者想象不出另外的情况。他发现的这种划分，不管是在现存的物种之间还是灭绝的物种之间，简直太鲜明了。但那个被赋予时间属性的生命巨链离去了，随之离去的还有那些对物种的各种没有价值的猜测，包括改善或者变形等各种说法。这样的猜测**没有价值**。居维叶把博物学家们带回到了坚实的事实中，带回到真正具有客观性的生命的复杂性中。但现在这种复杂性被安置在一个时间连续域中，它惊人的漫长。居维叶静静地思索着这些证据，他可能做了一些

292 令人惊奇的事情。他发现了什么东西可以填补这些恼人的空缺、可以敷平那些锋利的刃角呢？什么东西真正把生物自然界的过去和现在整合在一起呢？

延伸阅读建议

EISELEY，LOREN，*Darvin' Century：Evolution and the Men Who Discovered It*（《达尔文的世纪：进化和发现进化的人们》），Garden City，N. Y.：Doubleday，1958.

GILLISPIE，CHARLES C. *Genesis and Geology：A Study in the Relations of Scientific thought，Natural Theology and Social Opinion in Great Britain* 1790－1850（《创世纪与地质学：科学思想的关系研究，1790－1850 年大不列颠的自然神学和社会舆论》），Cambridge，Mass.：Harvard University Press，1951.

CLASS，BENTLEY，TEMKIN，OWSEI，and STRAUS，WILLIAM L. JR.，eds，*Forerunners of Darwin* 1745－1859（《达尔文的先驱者们 1745－1859》）. Baltimore：Johns Hopkins University Press，1959.

GREENE，JOHN C. *The Death of Adam：Evolution and Its Impact on Western Thought*（《亚当之死：进化论及其对西方思想的影响》）. Ames：Iowa State University Press，1959.

NORDENSKIÖLD，ERIK. *The History of Biology*（《生物学史》），trans. Leonard Bucknall Eyre，New York：Knopf，1928.

第二十章　杂乱无章的定律

今天，他从油画和照片里向外凝视着我们，他有圣人的那种白色长胡须，浓密的眉毛，深思的目光略带忧愁。也许这种情景使我们想起了古代的希腊人：泰勒斯或者苏格拉底看上去不也是这种形象吗？我们用他的思想努力奋斗，同时也知道，这些思想彻底改变了我们的世界。他的著作敞开着放在我们面前，从中涌现出了全新的科学；在某种意义上，它们就是现代生物学的起源。**起源**在他的最著名的著作中是最核心的词，这部著作就是查尔斯·达尔文撰写的《从自然选择即在生存斗争中保存适者的观点论述物种起源》(*On the Origin of Species by Means of Natural Selection*，*or the Preservation of Favoured Races in the Struggle for Life*)，该书于1859年出版。他撰写的内容很多，所有的内容之间都有相互联系。但**起源**是中心，就像太阳一样，其他的内容好似行星一样围绕着太阳转。

我们中的大多数人都知道，毫无疑问，达尔文在生物世界建立了进化的事实。但很少有人知晓的是，达尔文的进化机制在西方思想中，孕育了最伟大的革命之一，因为他放弃了古老的、受到尊崇的目的论，取而代之的是连续变异以及这种变异的纯粹物质性选择，它们唯一的基础就是现在仍然发挥影响的自然原因，所有这些原因起到的作用就是把预先设计和终极因的思想降低至这样的地位:它们属于生物学知识在进化中发育不完全的器官。达尔文不仅发动了生物学革命,也发动了哲学革命。

让我们感到惊奇的是,一个人是怎样成就这番伟业的呢?也许他得到了帮助,得到了可以站立在上面的肩膀。因此,我们要寻
294 访各位先驱。达尔文本人是一个谦虚的人,尽管如此,他仍然在自己的自传中告诫我们,寻访先驱往往毫无结果,在他之前,有许多人对进化和物种的转变作过推测。在这个意义上可以说进化思想曾经“流传”过。但是,它的机理和更广的哲学含义则没有得到相应的流传。达尔文在这些方面具有真正的开创性。而在他之前,很少有人像他那样,把耐心的观察和严谨的思想完美地结合起来。还有一个情况也不可小看:他具有生动的想象力。进化的事实本来就存在,达尔文教给我们的是,怎样对这些事实进行思考。托马斯·赫胥黎是达尔文的朋友和强有力的支持者,他在阅读了《起源》之后发出惊叹:“从前没有想到过那个问题是极端愚蠢的表现!”但在达尔文之前真的没有人想到过。

那么,曾经“流传”过的内容是什么呢?

首先是有了胚胎学。到十九世纪早期,胚胎学家开始支持后成说。卡尔·恩斯特·冯·贝尔看到的是所有生命在进步的发育中的那种确定的相似之处,即从受精卵发育成组织层再发育成器官和肢体。但每个物种都按照自己独特的原型发育,冯·贝尔和居维叶一样,拒绝了任何血统(descent)巨链。他还拒绝了任何形式的进化。另一方面,后成说似乎显示了一种根基上的统一性,因为在胚胎发育(个体发育)早期的各个阶段,人们感到在所有的生命体中,有一个分化的共同途径。而在十九世纪三十年代,有人提出了新的细胞理论(见第二十一章),该理论认为,在所有的生物之

间，包括动物和植物，有一个更为基本的关系。这种思想本身并不一定指向转变，但它们确实有可能消除生物之间的明显界限。

在生物学之外，进步的思想往往也提示某种进化式的变化。但启蒙的进步就像那部机器，即一种被预先设定命运的机制，它是从一些恒定的法则建构起来的，叮当作响地上了有明确标志的大路。机器和大路最终都还原为一种被动和机械的物质，还原为运动中的分子。特别是进步还意味着改善，意味着方向，因此也就意味着目的论。尽管进步排斥柏拉图的本质论思维，但它的改善论仍然意味着预设是存在的，它是一种潜在的、以另一种形式出现的本质论。

德国有一个自然哲学学派，它们反对那种冷漠的机械式的物质论启蒙哲学。他们认为，自然与生命体更为亲近，生命体是活的，成长着的，是一种动态的有机联合体，它的发育是以物质的形式体现了神。尽管这些思想家有神秘的色彩，具有诗人气质，但他们中有许多人，就像诗人歌德，寻觅着隐藏在生命世界混沌中的初始原型。生命本身虽然遵从一个正在兴起的系列，但却预示着一个基本统一体。弗里德里希·谢林认为，自然的本质是普遍发展，其中产物和过程是一个整体。洛伦茨·奥肯则认为，物种形成了一种发展的系列，一个理想的安排或原型的系列，在时间的尺度上进化，这种进化是按照预设的原型所设置的限制进行的。同样，约翰·赫尔德也说，物种构成了一种进化的历史性顺序，较低级的毁 295
灭为较高级的提供了物质。

简言之，自然哲学家们把自然视为一个统一体，其中，形式是世界灵魂(Weltseele)的直接体现。在黑格尔的哲学中，发展被供奉在一个巨大的合理性系统中，它把现象世界的历史描述为精神

(Geist)的一种辩证表达。

黑格尔于1770年出生,1831年逝世,其间经历了法国大革命和自公元800年来一直统治中欧的古神圣罗马帝国的崩溃,它的崩溃是在拿破仑各路大军的重压下发生的。事实上,1806年黑格尔在耶拿亲眼目睹了拿破仑战胜普鲁士,当时正值他刚刚完成了巨著《精神现象学》。尽管拿破仑最终被俄国、日耳曼各邦、英格兰和其他各国组成的联军打败,又被放逐到南大西洋荒凉的圣海伦纳(St. Helena)岛,但早在公元800年,法兰克的查理曼大帝已经从根本上改变了欧洲的面貌。同时,他也改变了欧洲精神。拿破仑唤醒欧洲的方式不仅有把光明的法兰西世纪带给中欧黑暗的丛林,甚至带给了阴沉的俄国,而且还在由多民族组成的各个帝国中的各族人民中间,点燃了民族主义的烈火。拿破仑已经改变了欧洲的心脏,而且没有回头路可走。

人们在启蒙运动中觉醒了,先是美国和法国革命,然后是拿破仑,一个时代明显已经穿越地平线,永远地远航了……不只是一个时代,而是永世,也许追溯到古代的终结。黑格尔力图解释这个世界破碎的过程。

有人可能说,黑格尔有意识地从本国开始分析,那个有主体意识的思维主体,并不存在于被称为"纯粹思维"或"精神"甚或"纯意识"的不透风的空虚环境中,思想或意识必须始终有内容,思想是关于**某些事物**的思想。思想,正如康德所表明的那样,也是在进行创造,因为它要令经验进入意义范畴。意识或纯思维,就像画家一样:画家的天赋完全是不可实现的,因此是不存在的,除非画家去真正地作画。在作画的实施过程中,画家使得自己的天赋客观化;也就是说,在作画的活动中,主观(神性)的艺术天赋变成了具体的、可以感觉的、因此也就是可以限定的客体。主观的、可能的、因此也就是无形的天赋，通过绘画以具体的形式体现出来。主观的事物变成客观的事物了。精神变成物质了。在绘画的活动中，画家意识到自己是画家了。

因此，这是极具合理性的思维。意识进入事物的世界并且构成了经验，而且通过这种做法成为自我意识，意识到自身是一个思维主体。就像那个为了成为真正的画家而必须实际地去作画那样（仿佛只要说出："我是一个画家"，就会使你成为画家了），思想着 296
的主体也只能在其自身思想的对象范围内，才变得能在意识上把它自己当做一个"自我"。

那么，所有的经验都是由自我意识构造的，并且充满着自我意识，就像思想着的主体逐渐在自己思想的对象中发现自己一样，也就是像画家发现潜在的天赋在物质性的绘画中被客观化了。但思想并没有在这里就此止步。的确，在一般的西方思想中，黑格尔的重要性在于用过程替代静止，用流动性的变动过程代替静止的存在，我们甚至可以说用赫拉克利特替代了柏拉图。

主体知晓自身时，是把自身作为特定的客体形式知晓的，而且知晓发生在**现在**。然而，这个"现在"是把握不住的，它就像雾气一样从主体心智的手指间流失。对这个"现在"进行反思，对它进行思考就超越了这个"现在"，因此，思想的对象并非为是其所**是**，而为是其**已是**。是其已是的那种事物已经不在这里了，把自己作为某种客体反思自己的那个主体，是把自己当做是其已是、而非是其所是的自己发现的，主体在**过去意义**上对自己才是真实的。在静止或永恒意义上的现在就不是真实的。而且所有的"现在"都走开了，不在我们把握的范围之内，就像那只领先阿喀琉斯的乌龟。经验构成思想,因此可以说,自我意识、定义以及客观性,这些都是过程,都处于运动中。自相矛盾的是,意识的每个行为都在取消自身,因为它曾经的所是现在是它的所不是,尽管他在尽量展示自己。

再来考虑艺术家。身为艺术家的全部可能性不能在单一的绘画中构成。艺术家的天赋的客观化是在具体的画布和油彩之中进行的,是由毛笔和调色刀(pallet knife)付诸实施的,再加上肌肉和神经,并且是在一个给定的时间段;然后艺术家叹息道:"哦,那就是我。"但在此之后,也许艺术家看着一些不足之处,看着那些毛边,或许还看到了画得更好的可能性,又叹息道:"这不是我……我能做得更多,更好。更多,更多,全部,总之,这是艺术家天赋客观化的一个必要过程。

精神(黑格尔用的词是 geist,它也可以指心智)必然是以一些具体的形式感知自身,才知道自己是精神。如果绝对精神并不持续地以有限的具体形式表达自身,它就不能到达充分的自我实现,也就是说在艺术家创作绘画的时候,绝对精神要保留每一个过去的形式、从而每个阶段都有所进步,随着作品的增多,艺术家有能力也得到改进,绝对精神也就将过去的阶段逐个否定,这样也就是在攀登自我意识的高山。过去既被保留又被否定,一幅单独的绘画并不体现艺术家的整个天赋,而只是部分地体现。绝对精神是艺术家之神,他的作品是无限的,是不能被限定在任何有限的世界和有限的历史时期的。人们可以说,上帝的创造性行动是连续的,是一个过程。

在整个现象产生的范围内,人的心智(geist)是绝对精神意识到自身的地方,在这个地方,凭借着跨越但却保留历史的各个时期的这一过程，绝对精神意识到自身为精神，从技术上说，这个过程被称为否定（对处在某个有限时代之精神的静态定义）之否定（跨越）。人和神是一个统一体。历史是持续的展开，展开的是绝对精神（上帝）创造性的自我实现。上帝通过人的历史，意识到自己是 297
上帝。上帝之所以称为上帝是通过我们。

各门客观科学都有各自不同的知识领域，它们因而也就是精神的自我知识的各种具体体现；而哲学则是纯粹思维的科学，是知晓自己是精神的**精神**之塔尖。因此如果我们说**上帝**是通过自然历史、尤其是通过人类历史得以**进化**的，并不很夸张。

黑格尔归根到底是一位宗教思想家。他的体系是一种普遍形而上学，也是对思维的高度理性化的分析，但它自己却终结于一种历史的神秘形式，它是对道成肉身的上帝的**进步性**表达，而且在无理性物质和精神文化构成的世界中进化。关键词就是**进步**。历史、政治、科学、哲学（当然有黑格尔本人），也就是一般所说的人类文化，是进步的。这不是简单的物质的以及世俗的进步，或者说，也不是任何一种世俗的培根式的乌托邦。无可避免，它是**神性的进步**，是理性的精明”，在这种情况下，即使是拿破仑那样的世俗行动者也处于没有察觉的状态，他们没有察觉到在他们身上有强大的力量在起作用，也没有意识到他们的世俗成就的形而上学意义。全部历史都是被精神化的。来到自我意识中的精神是被合理化的。在这个现象世界里，上帝被人体化了。

现在，这种情况很难说是自然原因造成的进化。尽管如此，通过被黑格尔眼睛注视的自然突然变成了一条巨大的赫拉克利特之河；河水奔涌流过，每一滴独立的水珠都奔涌向前，所有的水珠都被混合在一个整体中，不可分离，水珠与其相邻水珠融合在一起，就像魔力一样，其巨大的声响回响在我们耳旁，这就是宏伟强大的时间洪流。它持续不断地展开，把过去和现在混合在一起，在我们面前奔流而过，却又在我们的凝视下发挥着影响，对于达尔文主义的那种混合氛围来说，它是（曾经是）绝对必要的因素。达尔文不得不停止使用柏拉图静止的形式思考物种问题，他并没有停留在柏拉图那里，从时间的开端对自然历史圈圈点点，而是把物种视为巨大的流动着的河流，时而伸展出支流，时而合并，时而又分离，时而干涸，总之，是处在**变动**的过程中。

在十九世纪，变动的说法确实流传过，它是由神秘的日耳曼形而上学释放到欧洲上层的。黑格尔是十九世纪的神秘主义者（Hermeticist，又译赫密斯主义者），这种神秘主义的力量变成了生物科学中的万有引力：进化。具有反讽、而且是加倍反讽意味的是，进化是在一个基本属于宗教哲学的环境内发现的，一旦被自然化，它最终就要变成对宗教的报应。

1794 年，一本书在英格兰问世了，书名叫《动物生物学》（*Zoonomia*），或叫《生命法则》（*the Laws of Organic Life*），作者是伊拉斯谟·达尔文，他是查尔斯·达尔文的祖父。这是一部有伟大设想的著作，因此查尔斯会说，事实太少了。简言之，伊拉斯谟认为，生命体必须适应生命或死亡的物质条件。生命体对它们所处的环境的刺激作出反应，对感觉、饥饿、性、安全的需要作出反应。它们
298 能够获得“新的部分”并且得到改善，使自己适应随时变化的条件，甚至把它们获得的改善遗传给后代，“没有终结的世界”。成功就意味着生存；自然界就是为生存做残酷的斗争。伊拉斯谟同时也认为，所有的生命都来自一个单独的生命体，而地球的远古时代可以延伸至几百万年前。

现在看来，这也**曾是**一种进化论，只可惜它完全缺乏生物学事实的基础和一个清晰的机制（有意识的斗争？）。在法兰西，让·巴普蒂斯特·拉马克完全用生物学数据和自然主义的机制提出了一种进化论。即使在达尔文之后，也有人认为拉马克的理论对自然选择是一种严谨的替代。

拉马克开始他的科学生涯时是一个植物学家。但1793年，他却被任命为自然史博物馆的动物学主持。他对无脊椎动物的分类感到困惑，于是就反对物种不变性，这就与居维叶的理论发生了冲突。拉马克看到了物种的转变；严格地说，化石显示的并不是完全灭绝的动物；而是现存后代的祖先。那么，这种转变是怎么发生的呢？

动物具有历史性，是时间的产物，拉马克也大胆地把人类包括在这个法则之中。环境也有历史性。环境的变化要求，如果动物要兴旺和生存，就必须适应环境的变化。但生命体并**没有**意识到这些来自环境的要求，而是对自己体内的感觉或驱动作出反应。环境在变化，一种需要产生了；一种器官就发展起来以满足这个需要。持续地使用这个新的器官会使它得到加强、增大，而这个后来获取的变化就会传给后代。因此在一个长久的时间段内，新的特征就得到了发展，最终，整个物种都转变了。另一方面，不用的器官就消失了。

环境是一种压力锅，它把生命体置于危险中，也就给它们施加了压力。这种外部的压力使内部关键的可塑部分处于动态，这种情况就激励组织构成最初的器官；这些器官通过使用得到增强，生命体也就存活了，它们这些新获得的改善被传给后代。（获得的特征传给后代这一思想没有新内容，其中最伟大的就是亚当和夏娃的原罪说。)那么,拉马克的进化机制就处于一种严格的物质状态,它与启蒙运动的世界观是和谐一致的,这种世界观认为,自然界是一部机器。但在这个背景之下,仍然存在着一种神的能动因素,神就像雕塑家那样,使用物质环境这种工具来塑造生命体,其根据如果不是可见的安排,也是某种预先的设想。目的论仍然保持着活跃状态,因为拉马克相信,复杂性的增加是普遍的。这种机械式的进化论,与具有目的性的方向结合,始终是达尔文自然选择的一种受欢迎的替代。

拉马克在他的那个时代基本上是被忽略的。他的思想很容易被误解。他的“需要”可以被解释为“欲望”,甚至可以被解释为有意识的意志,仿佛心智有一种对物质的作用,一个器官可以真的在意志的作用下进入存在状态。这肯定是荒谬的。对德国人来说,
299 他就是另一个灵魂机械师;对英格兰人来说,他就是让大革命和反基督教的拿破仑讨厌的人,就是一个无神论的物质主义者。

在十九世纪早期,英格兰回归到了牛顿的自然神学。英格兰自然主义者有一种恐惧,恐惧把他们的科学与法兰西唯物主义等同起来,他们大多数是牧师,他们的辩解是,生命体非凡的复杂性和对环境的出色适应性是上帝存在的**证明**。因此,教会官吏威廉·培利写了一本书,书名就叫《自然神学》(*Natural Theology*),他在书中写道,如此复杂的一个世界应该说服思想者相信智慧的存在。古代伊壁鸠鲁的机会论(Epicurean doctrine of chance)认为,世界产生于原子偶然的碰撞,在自然神学家的论证内容中,更多的是反对这种观点的,他们的论证是,机会与自然无关,而知识才是设计的明确证据。他们所设想的进化带有物质论的气息。进化论者反对设计的论证是什么?即使是物质论者的进步说也隐含

着设计论。

就在这种混乱的气氛中，生于 1809 年的达尔文，向研究自然界迈出了第一步。但他的开始并不顺利。他父亲叫罗伯特·达尔文，是一位成功的医生，祖父就是著名的伊拉斯谟。查尔斯于 1825 年被送入爱丁堡大学学习医学，以继承家族的医学传统。但学医并没有引起他的兴趣。那些课程很快就使他感到厌烦了，他喜欢按照自己的步骤阅读、观察、收集物品，他漫步在乡间，自己搜集信息，而不是像一块干燥的海绵那样被动地吸收信息。病人做手术时的痛苦更使他感到恶心。医学不仅没能引起他的兴趣，而且还使他感到自己也有了疾患。自然界引起了他的兴趣，但在那个时代，自然史还不是一门专业，只是在晚近的时候，拉马克才引入了**生物学**这个词。他父亲感到烦恼的是，年轻的查尔斯没有多大指望。

尽管如此，他仍然在爱丁堡追求他的爱好，经常收集标本，并在动物学家罗伯特·格兰特的指导下解剖动物。他从格兰特那里首次学到了法国人拉马克的各种奇异理论，而且他惊奇地发现，格兰特认真地思考着物种的变形。他阅读了他祖父的著作，但感受不深；他听了地质学课程，但很快就觉得厌倦了，这可能是由于授课教授詹姆森是水成论者。最后的决定是，他应该去剑桥学习神学。

他仍然觉得注册的课程枯燥乏味。但他与植物学家 J. S. 亨斯洛和地质学家亚当·塞奇威克产生了友谊，他从这两个人那里接受了他们各自学科的基础理论。同时，他也接受了自然神学，并且发现培利的逻辑与欧几里得逻辑一样有说服力。从天文学家约翰·赫歇耳的著述中，他学到了科学追求的尊严，而洪堡又让他着迷于旅行以及自然界的伟大景观。他盼望着对科学作出哪怕是微小的贡献。这个机会来了,也许比他所期望的来得还快了一些。
300 1831年,亨斯洛教授把他推荐给比格尔号的船长菲茨罗伊(Fitz-roy),说达尔文就是船长需要的、陪同他去南美洲作考察探险的绅士和博物学家。在经过犹豫和来自父亲的反对之后,达尔文终于登上了比格尔号船开始航海。

在达尔文离开之前,亨斯洛提醒他注意,新近有一本地质学著作出版了,是查尔斯·赖尔的《地质学原理》(*The Principles of Geology*)。亨斯洛认为达尔文应该阅读这本书,尽管不一定相信该书的内容。达尔文则认为,赖尔会成为不同凡响的人物,他自己的观察是保险的。

渐渐地又过了若干年,博物学家们已经忘记(或者就是忽略)了赫顿的均变论。通过居维叶的望远镜,他们就可以、而且他们也确实直接观察到了过去的地质情况。他们察觉到了突发性变化,因此不能再否认了,就像当年伽利略发现木星的四颗卫星那样不容否认。仿佛是地质学中也发现了新星一样,人们发现,恐龙的世界突然终结了,代之而起的是哺乳动物,或者就是某个海洋物种突然从某些化石层中消失了,这里是在地质学意义上使用"突然"这个词的。关于居维叶的时间段顺序问题,这就是一个经验的证明,一个接着一个,就像一串水珠那样。

同时,这里出现的局面与伽利略曾经面对过的局面相似,当时,伽利略面临的是他的反对者和他们的斜塔实验。简单的客观观察告诉我们,下落的球体总是以直角击中地面。地层就是沉默的实际目击者,它目击了被巨大断裂分隔的剧变。这里没有均变论:恐龙并没有逐渐地转变为哺乳动物,就像那个球体并没有以超出那座塔底部的角度击中地面。

只有想象才能填平那些可怕的地质鸿沟，就像这样一个理想化的数学思维：没有摩擦的平面构成的幻想世界，它能让球体飞起来，超过90度。这种花言巧语的托词式宣传是绝对必要的，伽利略对此非常了解，而查尔斯·赖尔则更是在他的《地质学原理》中有所实践了。

赖尔有一句名言是这样说的，他要把地质科学从摩西的符咒中释放出来。但这种释放已经实现了。赖尔把居维叶的追随者们描绘成向超自然论倒退，基本上（而且是以误导的方式）都给他们贴上了灾变论者的标签，说他们解释地质领域中的现象就像早期人们用"魔鬼、巫婆和幽灵"来解释各种道德现象那样。

但这种谴责肯定是错误的。居维叶正如我们已经看到的那样，是一个理性时代的孩子，他就像拉马克那样，嘲笑各种幻想式的理论和神秘思想。居维叶没有提出生物进化；各个时期之间不曾有物质性的连接。不过，赖尔把灾变论者解读（或有意识地误读）为支持一种进步的进化，也就是实现神的安排，从鱼类上升为哺乳类，其中每一个都代表了一个明确划分的地质时代。这个理论只能用奇迹式的"特殊创造"来支持和解释，因为每一个地质时代都是被世界范围内的大灾变中止的，另一个地质时代又从无到 301
有地使一切重新开始了，它比前一个时代更好，按照人类的标准也就是更先进。

这当然是一种杜撰。赖尔这位地质学骑士现在提高了士气，骑马离去，要斩断超自然这条妖龙。在赖尔论敌的文本中，这条妖龙事实上是赖尔想看、并已经看到的岩层的奇怪阴影。

赖尔坚持自然法则的一致性，但情况正如美国哲学家C.S.皮尔斯曾经指出的那样，从现在到过去都适用这种说法本身就是一个很大的假定。在科学中没有超常的动因地位。他的意思很简单：在地质学的纪录中，所有的变化，包括生物的和非生物的，都受到**现在正起着作用的**法则的支配。地质现象在毁灭和创造的力量之间是缓慢而稳定的平衡，而且正在我们的眼前发生着作用。这些情况综合在一起，在没有尽头的时间中，似乎就施加了巨大的影响。赖尔强调的是，自然法则的一致性贯穿于各个时代，这因此就致使他排斥进步论。既不存在进步，也不存在改进，因此也就没有进化。

然而，赖尔的一致性比这个法则更进了一步，这个法则毕竟是亚里士多德的逻辑设定，是必要的，但没有经过证明。地质变化的步伐是缓慢的、逐渐的，具有惯性而没有加速和减速。因而任何灾变都是局部的；过去发生作用的各种力量与我们今天观察到的是一样的。没有诸如诺亚洪水那样的大洪水，没有使所有生命都灭绝的全球冰河期，而这些内容哈佛大学科学家路易斯·阿加西斯都讲授过；把这个论证纳入二十世纪就是：没有一些现代理论家们认为的那种杀死恐龙的彗星，总而言之，**没有进步**。

在《地质学原理》的第二卷和第三卷中，有些内容涉及达尔文在南美洲的情况。在这两卷中，赖尔表述的拉马克的理论，有些内容是对有机生命的讨论，而且力图说明灭绝现象。他准备接纳的观点是，“在地球表面的变迁兴衰中，物种不可能是恒久的。”就像大多数自然论者那样，赖尔也准备承认物种在一定范围内的可变性；但当条件的变化达到在这个范围之外的一个点时，物种就灭亡了，当然，人类除外。尽管如此，拉马克所说的物种转变是被排除在外的，因为它隐含着进步，而进步隐含着不可思议的原因。简言之，赖尔不接受进化，因为它具有神创论的色彩。对于尚未发现用自然的原因来解释新出现的物种的情况，他没有正面应答。他的疑问是，是否可以不存在若干创造中心，也许有某种创造原则在起作用。但转变是被禁止的。

赖尔教给达尔文怎样从缓慢和连续变化的角度来思考，怎样看待目前的地质构造，从而映射出它们的历史。同时，随着比格尔号船往返于南美海岸，并深入太平洋，达尔文本人敏锐的观察似乎反驳了赖尔的部分理论。他发现了明确的证据证明生物的某种传承关系。在某些地区，物种已经灭绝了，这种情况已经被化石纪录
证明，然而，他也发现有些存活着的物种与灭绝的物种有显著的相 302
似之处。他还记录了另一种奇怪的事实；在靠近非洲的一些群岛，比如佛得角群岛，那里的动物种群与大陆的动物种群之间有一种普遍的相似，在靠近南非的群岛上也有同样的情况。但是，所有这些群岛的环境如果不是相同也是相似；几乎相同的环境却产生了不同的形态，然而群岛上的形态还是相似于靠近该群岛的陆地上的形态。

达尔文还纪录到了安第斯山脉东西两侧的物种群落的差别，尽管气候和土壤，即测试的物质场所是相同的。

达尔文在表达对某个事实感到惊奇时，用得最多的说法之一是："我感到惊讶……我感到惊讶。"那里的植被仅仅被一条山脉分隔来，几乎是在相同的条件下生存，就有如此显著的差别，以至于人们都可以察觉到，这确实是惊人的，这不仅对拉马克的理论（直接而又相同的环境影响应该产生**相同的效果**）是如此，而且对居维叶和赖尔的思想也是如此。一个物质性的屏障，而不是地质时代，就明显地引发了物种的分支和变种，而这些变种在这堵巨大的墙

壁两侧，发生着变化，各自走自己的路。

加拉帕哥斯群岛(Galapagos Islands)是由火山形成的太平洋上的岛屿，它给达尔文展现的情况更加神秘，该群岛在地质上很年轻，但这个群体仿佛把他带到了(用他的化话说)“遥远”的过去。群岛中各个岛屿的条件几乎都相同，但却显示出各自独有的动物适应性。当地人告诉达尔文，他们可以通过外形来辨别一只乌龟来自群岛中的哪个岛屿。甚至在这些岛屿上的雀类都各不相同。每个岛屿都是一个生态系统，它们大体相似，但似乎给出的生态环境却不一样，而占据这些小生境的动物具有的适应性就有成千上万，所有这些情况显然都发生在晚近的地质时代。

这些群岛是一个巨大的实验室，赖尔教他从徐缓的蔓延式变化的角度来思考问题。不同的物种占据了相似的小生境，这些小生境位于相似的环境中，而这些环境又被天然屏障分隔开了。从造物的具体情况来说，这就意味着造物主制造出一些不同的物种去占据相同的角色。这似乎就有点奇怪了。达尔文不可能看到从简单到复杂的进步；他发现的物种与化石中留存的情况是相似的；好像一个小型的鸟类群体是为着不同的目的改进的，这让他感到奇怪。

他于1836年回到英格兰。他的标本，他的令人愉快的航海日记，他的关于珊瑚暗礁形成的理论，所有这些都为他在博物学家中赢得了声誉，因此他入选了若干个科学学会。但是，物种的问题仍然没有离开他。1837年7月，当他翻开他的第一本物种的笔记时，他就开始思考，思考了20年。他决心去寻找那个法则，那个掌控物种起源和转变的法则。

第一步，也许是最困难的一步，就是一个黑格尔式的飞跃：放

弃柏拉图式的那种本质主义的、静止的思维方式。但黑格尔在抽 303
象思维的虚幻领域内，已经开始了他的发现之航。达尔文的航行进入的是过程与变化的新世界，这个航行已经在物质的陆地和海洋上完成了，是在比格尔号船上。黑格尔对意识的分析结束于在物质世界内部的上帝的进化，而达尔文对生命体的分析使他接触到了对物种的一个新的定义。物种是个体构成的群体，是动态的、其间有互动的生命个体，这个互动指的是繁衍以及在群体内部有相同的竞争需求和为生存而进行的斗争。物种形成的是动态的**种群**，而不是固定的种类。她们是怎么互动的呢？她们是怎么适应生活条件的呢？

也许达尔文已经对这个答案做过一些暗示，当 1838 年，他偶然读到一本书《人口论》，作者是尊敬的托马斯·马尔萨斯，该书早在 1798 年就出版了。马尔萨斯发出了沮丧的经济警告，因此，卡莱尔把经济学称为令人沮丧的科学。马尔萨斯说，自然界与人口不同，它的耕地可以增加，只是速度缓慢，并且有一个上限。而人口始终具有过度生产的倾向，从而超出了基本稳定不动的维持生存的资源。因此，对于没有限制的人口膨胀，必须要有各种阻止的机制，其中包括疾病、战争，最普遍的是贫困。这种情况意味着，高死亡率会存在于人口中较弱的个体中间。它是一个令人沮丧和可怕的幽灵，但却保持着重要的作用。

所有的博物学家都承认，任何一个物种内部的个体都发生着变化，有许多变异几乎是察觉不到的。现在马尔萨斯又做了补充。就像马尔萨斯所表述的那样：在生命的极度微妙的平衡中，也就是在个体生命相互之间的关系以及他们和环境之间的关系中，如果那些最小的变异具有优势，难道它们就不会把生存竞争中的这种优势给予个体吗？不论这些个体拥有什么优势，他们难道不是往往比在竞争中失败的个体繁衍更多的后代吗？那些没有好处的变异或者大型突变难道不会给生命体带来厄运吗？现在赖尔也插话了。在这种环境中的缓慢变化往往有利于不断进行的微小变异，不是直接地、但却是简单地通过逐渐生产更多的带有这种变异的后代而使这种变异世代相传。

达尔文在家畜的繁殖中看到了类似的现象，他的《物种起源》中的第一章有“人工选择”的内容。从产生变异的家养动物（他认为，这种变异比野生动物要大得多）中，人们挑选出一些继续繁殖，而且只允许这种家畜繁殖。经过几代以后，一个符合人们要求的种群出现了，这是人们有**意识地挑选**和繁育出来的种群。实际上，人们挑选的是变异，是从自然所产生的数目庞大的各种可能的变异中作出挑选。在家养动物的繁育中，显然有许多被挑选出来的性状很难有利于野外动物的生存，比如哈巴狗。因此似乎有许多变异产生于偶然，而且是被繁育者们的心血来潮一厢情愿地保留
304 了下来。进步的复杂性或者被感知的需要无关于物种变异貌似自发的产生。达尔文在《物种起源》中指出，自然界给出的是继承性的变异，而人类则是有意识的挑选者，他们只是对这些变异加以利用，目的是有特定方向的，就是对人类有用。因此，“有用的”繁育是存在的，不过只是对人类有用，对生命体本身则不然，在这里，我们又想到了哈巴狗的例子。现在让我们把有意识的挑选者从这个等式上扣除，让我们把动物回归自然。

这个等式现在就变成这样了：在自然界中，是什么因素保留了变异？

答案是由马尔萨斯给出的，只是达尔文看到的是在“令人沮丧

的"争斗中起作用的是一个创造性的原则。在一个给定的群体之内,个体繁衍的后代所带有的变异是微小的,但却千差万别。在变化缓慢的环境中,有些变异会有利于生存,后代继承了这种改善后会繁衍出类似的后代,而这种被继承的优势还会有进一步的改善。因此一种**脱离原始性状的渐进改善**就会发生。长此以往,后代就再也不会繁育出原来那种未经改善的形态了。因此,通过改善的遗传,一个新的物种就诞生了,它们与祖先既相似,又有区别。而原始形态或有少量的存活,或灭绝。

我们在任意时刻、任意瞬间在自然界中实际看到的是一个持续的过程,这个过程向后延伸至地质时代朦胧的过去,向前则朝向未知,也许朝向的是进一步的变更改造,也许是相对稳定,也许是灭绝。稳定的自然形态是被我们的观察冻结的。达尔文本人的理解是,有一种与生俱来的诱惑使人们把幼稚的印象当做万物的基础。他在《物种起源》的第十章中写道,他发现,很难不去想象**当代物种**之间有一系列中间形态(说是"缺失的环节")。但是,下面这种说法是错误的:**现存的**相似物种也许**来自**共同的祖先,就像树林里的一棵大树上的几个枝杈一样。如果我幸运,它们的祖先可以在化石纪录中发现,而这两个分支导致了我们的两个现代物种,二者将确实地被囊括在两组或更多的中间形态中。关于这个思想,达尔文举了鸽子的例子。不过,我们可以举出一个更现代而且更具争议的例子:人类的进化。

人并非来自猿(长臂猿、猩猩、大猩猩和黑猩猩);现代猿也仍然在进化。在最初可以认定为灵长类的动物(腊玛古猿,1200 万－1500 万年之前)出现之前,就已经分出了支系,甚至在更早的时候，它们就已经从各种猴子的共同祖先分离出来了。在现代人和现代猿之间，没有“缺失的环节”。相似性只说明有共同的祖先。也许可以存在着成千上万个中间形态，有成千上万个支系灭绝了，漫长时间的相对稳定被突发性的和“冲击性的”变化打断了，这种令人难以置信的复杂局面只能在贫乏的化石纪录中简单地反映出来。

达尔文对这种情况表达了敬畏之情。他写道，在所有现存物
305 种和灭绝物种之间的过渡性环节的数量“肯定是巨大得不可思议。”那么，既然有不可思议的时间，不可思议的数量，我们现在就可以把握这样一种情况是怎么回事：居维叶所说的巨大缺口实际上是**人类制造的**，其原因是，我们人类是站在我们自己相应的位置上，而这个位置处在众多个分支中的一个分支上，这就像哥白尼的理论所表明的那样，逆行现象是一种光学幻象。达尔文教给人们的是，怎样观察，怎样用人类具有的无限的想象力来填补这些令人敬畏的缺口，怎样想象以及把这个想象置于自然界。达尔文就像伽利略那样，也必须说服人们相信，他们自己的经验观察似乎要否定他们实际上看到的东西。

达尔文把这个运作称为自然选择。

自然选择的原理就是表述自然界的一种状态：生命体的变化是朝着各个方向进行的；有些变化提供了生存优越性，这样的变化就会在不同的繁殖中保留下来，而且还会得到进一步的改善；新的物种是一种副产品。注意，这有别于预先设计说：变异是**偶然**发生的，具体情况怎样，达尔文也不知道；有些变异的**发生**是有利的，有些则不然；改善只是意味着依靠这种偶然出现的优越性而生存和

繁衍更多的后代[①]。**没有高级和低级之分**。鱼类的鳃确保的是它们的适应性和生存，哺乳动物的肺也是一样，类似地还有鲨鱼的牙齿和人类的脑。自然选择理论是一种对变化、生存、繁衍和灭绝的盲目和机械的描述。

这里，达尔文把西方思想本身投入那个旋涡。自然界变成了一个巨大的实验室，大多数实验失败了，但也有几个成功的。决定生存的因素有许多，竞争、气候、迁移、可得到的生态小生境，还有多种多样的环境。没有人能够事先告诉哪个偶发性变异能够强化生存，而各种变异本身可以产生于对各种困难任务的适应性。例如，鱼鳔似乎是为了具有浮力而完美地设计出来的。哺乳动物的肺似乎是为了在空气中呼吸而完美地设计出来的。而这两种器官服务于两种完全不同的功能，但它们很可能是从一个共同的祖先那里发展而来的。很久以前，一种属于鱼类的物种生活在黏稠得像沼泽一样的水中。这个物种被迫在水面吞咽空气作为对鱼鳃的补充。在这种情况下，就可能发生这样的微小变异：在这种鱼类的口腔中有一种袋状器官，一个腔体，它有丰富的血管。空气充满这个腔体。这个鱼类物种有了这样的改进以后，就可以爬入泥浆继 306
续生活。经过无数的年代，一个呼吸空气的陆地动物便发展起来

① 偶然和随机这两个词在用于自然选择时，容易发生混淆。自然选择理论包括两个步骤：(1)变异的随机产生和(2)选择的自然化的因果机制，这种机制保存了变异。适应肯定不是随机的。当然，达尔文相信，产生变异必然存在某些原因，尽管他确实经常提到偶然。但是，自然选择排斥具有目的论性质的决定论，在这方面，随机起到了重要作用。这个理论实际上是随机和选择之间的一种相互作用。恩斯特·迈尔写道："它既没有严格的决定论性质，也没有可预见性，只是具有或然性，有很强的随机因素。"见恩斯特·迈尔：《生物学思想的发展：多样性、进化与遗传》(Ernst Mayr, *The Growth of Biological Thought: Diversity, Evolution, and Inheritance*, Cambridge, Mass.: Harvard University Press, 1982, pp. 519－30, 683－84)。

了。然而,位于另一个传承系统的这种鱼类却回到了深水中。经过漫长的时间,这种腔体－肺变成了鱼鳔。因此,这种鱼类就能在水中漂浮时保持平衡,节约能量,把鱼尾和鱼鳍解放出来用于推进,从而具有更快的速度和更灵活的机动性。把这种情况与更为原始(不变化)的鲨鱼相比,鲨鱼没有鱼鳔,所有它必须不断地游泳,否则就会下沉。

满足一种功能的器官也同时担负着其他不同的作用,这是由于改善和环境之间出现了完全出于偶然的相互吻合。

想一想生物界中在幸运出现之前的众多失败。进化的设计说和目的说的出现是在生存事实发生之后。自然史中有许多失败,但其间也出现过幸运。失败也在各种动物的结构中留下了证据,证据就是退化的器官,它们曾经一度服务于某种功能,现在没有用了,但却是无害的,而且仍然被遗传。

那个大旋涡呢?不论是设计还是设计者,我们再也不能为它们做论证了。生物学再也不支持目的论这个终极因的教条了。达尔文现在能够解释他在旅行中看到的那些事物了。差别是由于随机变异和这些变异在特殊的生态小生境中得到保存,而相似性则是由于有共同的祖先。

但是,有意识的设计则是被严格禁止的。机械论的第二原因曾经被证明完全适合解释进化。目的、方向、进步和设计、"理性的精明",还有攀登上了自我意识阶梯的绝对精神……其中的任何一个,或者是全部,如果是作为自然界内部的客观力量发挥作用的,就会排斥自然选择。尽管是出于必然,但仍然很遗憾的是,这些力量因此也就是命中注定地要跟随文艺复兴时期的自然论者的神秘力量离开自然科学的舞台。就像某些退化的器官那样,它们曾经一度服务于自己的目的，但它们现在成了绊脚石，它们对达尔文理论的生存确实构成了威胁。但自然科学再次缩小了自己的领域，并且使第二原因的显微镜之下的景象更为清晰。

还有一些东西更普遍。脚、翅膀和鱼鳍，它们都服务于不同的功能，但都是相似的器官；就是说，它们在结构上是对应的。对于神创论者来说，这种情况只是巧合。从改进和共同祖先的角度看，这些器官现在虽然服务于不同的功能，但却能追寻至共同的祖先。化石的纪录尽管不完整，但却表明了一个大概的路径，这些路径联系着共同的祖先。达尔文在他的《物种起源》中使用了赖尔的比喻，把地质纪录比做一部欠完整的世界史，这部世界史是用某种古代语言撰写的，该语言却一直在变化。在这部历史中，我们拥有的比如说是最后一卷，在这里或那里保留了一页，如果保留的是一章，则是我们的幸运，其中有那个时代的几个国家的故事，故事中的每一个词都是用其独特的方言写成，而且从一页到另一残缺不全的页，在缓慢地变化。任何人如果认为这一残卷能说明进化中 307
的每一步，他们肯定是把一个地质奇迹当做基础，来进行支持或反对进化的论证。这个奇迹是，我们掌控了一切。

还有一个自然选择的证据向他揭示了自己：保留下来的适应远非是完美的。人的眼睛即使再卓越超群，也不具有显微镜的威力。改进的空间总是存在的，因此变异、改进和进化的空间也就存在。

达尔文发现在均变论和进化论之间的联系，赖尔的目光曾经落在这种联系上，但却没有意识到。达尔文曾经表明，进化论是怎样由于自然原因发生的，而无关于进步论。就像哥白尼一样，达尔文能够把那些仅仅是由于偶然吻合在一起的事物联系起来。就像牛顿那样，达尔文描绘了一种动态的力，而且没有诉诸奇迹。他在两个层面上是一种革命：一是用互动和变化着的种群取代了本质论意义上的物种；二是用偶然的发展取代了有目的的设计。但他也看到了自己理论中的危险。

是什么样的万能而又仁慈的造物主在塑造宇宙时使用的是那个骰子的生物作用。达尔文没有能够发现证据来证明有目的的设计。的确，如果他发现了，就把他自己的理论毁灭了：如果一个单独的物种是因为他者而存在，那么，自然选择的理论就注定要灭亡。事实上自然选择的理论反对生物发展的背后存在着智慧，但达尔文没有公开地说出这一点。盲目的偶然机会、无目的的机制和巨大的生物浪费，这些肯定都不是一直追溯至牛顿的自然神学所想象的宇宙。那么，约翰·赫歇耳在阅读了《物种起源》之后，轻蔑地给自然选择理论贴上了"杂乱无章法则"的标签也就不奇怪了。

达尔文在他的《自传》中指出，在他看来，那种为智慧的设计者的论证有多么强势，"至少我是这么记忆的。"然而，他承认，由于他撰写了《物种起源》，这种论证变弱了，最终消失了。神学使达尔文消化不良，他得出结论：它的那些问题是没有答案的谜，他不能把丝毫的光亮投射到这些谜当中。他对宗教没有任何敌意；他感觉对宗教的攻击没有什么用处(尤其是以他的名义)。他只是把神的案例从自然界的审判庭中排除。

达尔文用了 20 年默默地构筑他自己的案例，计划着撰写一部多卷本的关于物种的巨著。1844 年，正当他马上就要完成他的理论概要时，一本未署作者姓名的书突然问世了，书名是《神创论自然史的退却》(*Vestiges of the Natural History of Creation*)。达尔文怀着也许惊愕也许是愉悦的心情，目睹了嘲笑和敬神的火焰对该书进行的突然袭击。这本书的作者是罗伯特·钱伯斯，他是一位自学成才的科普作家，他在书中阐明的一种进化的学说，由于该学说主张发展是从低级向高级进行的，因此它是一种进步论。遗憾的是，他把科学与民间传说和寓言式的比拟混淆了。更糟糕的是，他犯的不可原谅的罪过，他把人类包括在他的进化论中了，甚至到了这样的程度：他猜测，人的智能是组织的结果。达尔文的老师亚当·塞奇威克对该书充满了厌恶的情绪，把书扔了。托马 308
斯·赫胥黎在出版物中激烈地攻击这本书。尽管如此，《神创论自然史的退却》这本书仍然卖得很好，并且起到了把进化论推向公众辩论之前台的作用。英格兰此时等待的是这个主题的更为严格的表述。

达尔文开始了这个领域的长期研究。这项研究确实帮助他磨砺了自己的理论；他仔细分析了每个小的变化在进化的每个阶段怎样起作用才得以保留。到1854年，他已经完成了那部透彻而详尽的著作。就在这时，那封著名的信件从马来亚来了。

信件来自阿尔弗雷德·罗素·华莱士，他也是一位博物学家，信件里包含了明确的自然选择论，几乎就像达尔文本人撰写的一样。这封信件迫使达尔文摊牌，他必须公布自己的研究成果，否则就会失去自己的领先地位。因此，他把自己的一篇短文和华莱士文章一起，提交给了林奈学会。然后，他继续工作。在1859年的11月，《物种起源》出版了，在一天之内就销售一空。达尔文的理论即将成为达尔文主义了。

虽然达尔文说，在《物种起源》接近结尾处，他的理论更多地阐明了人的起源，但该书并没有真正涉及人的进化。尽管如此，在

“人是否从猿演化而来”这个当时流行的问题上，该书还是引起了争议。这样的争议总是发生在真正战斗的外围。许多科学家和神学家能够与进化轻松相处。但对于自然选择的理论呢？

自然选择理论排斥设计说从而完全排斥了神创论，不仅如此，它所主张的变异随机性以及保留这种变异的机制甚至把高贵的人脑降低为生命运气的一个结果。这是对人的自尊心惨重的一击，也是对为人类而创造的宇宙，对人类物种独特性的惨重一击。“不分高级低级”，人脑的产生只是一种适应，只是一种进化事件，它并不比某种昆虫的专门化的器官更高明。自然选择理论剥夺了人在宇宙中的尊贵地位，而且做得比哥白尼更甚。

华莱士甚至也再度考虑过这个问题。华莱士与许多种族论相反，他认定人的精神有统一性，并且由此得出结论。原始社会的人们肯定拥有像欧洲人一样的智慧天赋，他们拥有在生存方面没有发挥作用的潜在智力。为什么一个“野蛮人”应该具有像牛顿一样的智力，但却只需要把这种智力中的一小部分用于生存？华莱士显然从来没有仅用自己的智力在野外尝试过生存。他的结论是，自然选择不可能起到重要的作用。因此，设计说和特殊的神创论通过人的精神又溜回到了自然界。

达尔文对这个复辟的神创论给出的答案就是《人的起源》，该书出版于 1871 年。这本书重新确认了人与动物界的那种紧密的物质性的血缘关系。它同时也发现了智力上的相似性，智力只是在程度上有差别，而不是在种类上。较高等的动物确实显示出具
309 有初级的推理能力，交往能力，甚至具有情感。达尔文在本能和智力的微小变化上做文章，表明了自然选择怎样能够容易地解释人的精神。但达尔文总能意识到生命的高度复杂性，他已经准备好

接纳在进化中起作用的其他因素。性别选择肯定是一个因素：最强壮的雄性和雌性共同繁育出数量更多的后代；性别选择能够解释动物的装饰行为，这种行为在生存方面没有明显的价值，就像达尔文在给华莱士的一封信中写的那样，一种性别选择已经成为"最强有力的手段来改变人种"。达尔文甚至准备好考虑拉马克的概率，如使用和停用，但他没有打开通往自觉意志的大门，而且有一点仍然是清楚的：自然选择最终是进化的首要机制。

达尔文逝世于1882年。在此之后，虽然进化论被普遍接受，但用朱利安·赫胥黎的话说，达尔文主义却"黯然失色了。"为什么呢？这个理论似乎是纯粹的猜想，没有任何证明。在究其原因时，有些人就回到了拉马克的进步论。有些人追寻内在固有的倾向，即非适应的直线进化的倾向。直向进化论就是关于物种的进化，它是受内部因素的强烈影响而非外部自然选择的影响的理论。在达尔文本人所处的时代，物理学家开尔文男爵通过计算地球和太阳热量的丢失，"反驳"过均变论，从而严格限制了进化的时间尺度（见第二十二章）。尽管开尔文男爵并没有完全反对进化，但他就像其他许多人那样，隐含着一种对自然选择的强烈的厌恶情绪。达尔文在很大程度上忽略了这些物理学家的反对意见，对于物理学家来说，这些反对意见是有待思考的，即使是开尔文也必须承认，宇宙中可以存在其他能源——这些能源肯定存在过。但达尔文这位生物学家不能忽略的问题是变异本身。变异是怎样发生的？又是怎样维持的？变异是怎样遗传的？这就是主要难题。

小型的变异，不管如何有利，是怎么避免由于反复混入父母结合而成的材料而被淹没在种群中的？这是一个简单但却具有破坏性的问题，而且它的基础是一个非常大的假设。达尔文的批判者认为,在后代身上,父母的性状混合或融合在一起,就像把颜色混合在一起一样。因此,这种混合往往会淹没在一个具体的、为物种大多数成员所不拥有的变异中。

达尔文不得不承认,变异和遗传的法则仍然是一个谜。虽然如此,他还是用不同的思路来解决这个难题;隔绝、变异成员数目巨大、使用和废弃,也许还有某些性状的不融合。达尔文看见这个难题肯定比他的批评者要早得多。同时,他也对变异的机制做了猜测,炮制了一个理论,并给它贴上了泛生论的标签。达尔文说,生命体的各个部分都有微小细胞和原芽,它们是遗传物质,进入血流后最终储存在细胞(生殖细胞)中。变异产生于原芽的非规则性,或者产生于其他因素对变异的诱发,然后又遗传给后代。但是,达尔文的那位以其遗传统计分析闻名的表弟弗朗西斯·高尔
310 顿,曾经把一个品种的兔子的血液输给另一个品种的兔子,没有发现对其后代有什么影响。因此这又引起了达尔文的好奇心。

达尔文和他的批评者都不知道,这个谜已经被揭开了。摩拉维亚的修道士格罗格·孟德尔在1866年发表了一篇文章,使用数学的方法,描述了他用菜园里种植的普通豌豆做的实验。孟德尔小心翼翼地把豌豆按照不同的性状分开,这些性状包括颜色、大小和纤维的质地,研究后代的这些性状呈现的情况。孟德尔的独特贡献是把数学中的概率应用于遗产特征的区分。比如,我们有两枚硬币,将它们一起进行投掷,在投掷次数充分多的情况下,正面-正面、正面-反面和反面-反面的相应概率为1:2:1。大体上说,孟德尔想象的形质遗传就是具体性状的出现。他以被考虑的性状数量为基础,计算了跨越豌豆代际的性状出现的概率。他克服的巨大障碍是混合的概念,这个障碍之所以存在是因为有大量

和遗传特征被包含在其中。孟德尔将这些遗传特征区分开，计算它们的概率，再进行实验，他发现，遗传真的是遗传特征的一个复杂的混合体，其中有些特征主导后代的面貌，而另一些特征则被掩盖，处于隐性状态中。但是，数学属于数学家，不是属于生物学家，而孟德尔的工作一直滞留在生物学的阴曹地府，埋藏在布隆的自然史学会的学报中，那是奥地利帝国的一份晦涩的期刊。

然而，故事并没有中止于达尔文。反对意见仍然存在，而且有人提出了其他理论来替代自然选择。如果有的话也是很少的科学家认真考虑过神创论中神的干预。的确，许多人仍然希望进化是有方向的，有目的的，也许还有未被发现的安排能驱除随机性这个恶魔。但把原因说成是奇迹就表示对原因无知，用它们来解释自然界这个有五种感觉的世界已经不够了。

科学和宗教都是神话的后代。它们二者世世代代同走一条路，穿过树林，和谐地唱着树木之歌。逐渐地，不和谐的音符悄然进入了歌曲。现在，科学观望着，注视着，道路出现了分叉。歌声也变化了。科学发现，这首歌不能再歌颂设计说、歌颂神学、歌颂以自我为中心的目的论了，这首歌韵律是科学在很久以前和宗教坐在一起，并且踏着伟大的神话母亲的节奏学来的，宗教又给这首歌补充了一些新词，但歌中仍然唱的是古代悦耳的赞美诗。

因此，就像牛顿一样，达尔文也站在海岸边，哀愁地聆听着渐渐消退的歌声。剩下的就是寂静。能够听到的全都是他自己的声音，那声音在描述沙滩上美丽的贝壳和石子。但他再也唱不出旧时的目的论之歌了。现在，物质世界里的人类感到了孤独，他们必须发现另一些通往造物主的道路。但没有人能像达尔文那样更擅长此道。

311 ## 延伸阅读建议

BARTHÉLEMY-MADAULE, MADELEINE. *Lamarck the Mythical Precursor: A Study of the Relations Between Science and Ideology*,(《神话先驱拉马克:科学与意识形态关系研究》), Trans. M. H. Shank, Cambridge, Mass.:MITPress,1982

DE BEER, SIR GAVIN. *Charles Darwin: Evolution by Natural Selection*(《查尔斯·达尔文:进化源于自然选择》). New York: Thomas Nelson and Sons,1963

BRENT, PETER. *Charles Darwin: A Man of Enlarged Curiosity*(《查尔斯·达尔文:一个增强了好奇心的人》)New York:Norton,1981.

GHISELIN, MICHAEL T. *The Triumph of the Darwinian Method*(《达尔文方法的成功》). Berkeley: University California Press,1969.

GILLESPIE, NEAL C. *Charles Darwin and the Problem of Creation*.(《查尔斯·达尔文与神创论的难题》) Chicago: University of Chicago Press, 1979.

HULL, DAVID L. *Darwin and His Critics: The Reception of Darwin's Theory of Evolution by the Scientific Community*(《达尔文和他的批评者们:科学界对达尔文进化论的接受》). Cambridge, Mass.: Harvard University Press,1973.

IRVINE, WILLIAM. *Apes, Angels, and Victorians: Darwin, Huxley, andEvolution*(《猿猴、天使和维多利亚女王时代的著名人物:达尔文、赫胥黎和进化》). Cleveland: World Publishing,1955.

MAYR, ERNST. *The Growth of Biological Thought: Diversity, Evolution, and Inheritance*(《生物学思想的发展:多样性、进化和遗传》). Cambridge, Mass.: Harvard University Press,1982.

第二十一章　十九世纪的进步：生命和物质 312

他的名字叫亨利·德·圣西门伯爵，1760年出生，1825年在贫困中去世，他是路易十四宫廷中那位伟大的回忆录作家圣西门公爵的侄子。每天早晨，他的男仆会把他唤醒："起床吧，伯爵先生，记住，你有一些大事要做！"

十九世纪的欧洲也被进步的声音唤醒了。

这个世纪的象征很可能就是铁路，蒸汽机车的轰隆声在铁路上响起，随着烟雾和机器的轰鸣，火车就像一条钢铁巨龙。它是最常见的机器形象，是新型工业化社会强有力的心脏，它从英格兰逐渐传播到欧洲大陆，又传播到美国，乃至更远。就各种政治革命而言，牛顿也是这个机器时代的英雄，尽管他的影响在这方面并非是直接的。所谓的工业革命还应该更多地归功于一些工匠，比如英格兰的乔治·斯蒂芬森，他掌握的科学理论不多，但对机械却有一种天生的敏感；或者归功于那些伟大的金融家们，他们是新兴资产阶级的企业家。然而，是牛顿发明的那部伟大的发动机，给自然界增添了动力。上帝是超级机械师，现在，人的理性把握了这位超级工匠的具有神性的工具，从而继续对地球进行再创造。因此，1892年，托马斯·卡莱尔在撰写关于"各个时代的特征"时，首次使用了**工业主义**这个名称。他用"机器的"来称呼这个时代："……这是个机器的时代,在这个词的任何外延和内涵的意义上都是如此……”
313 卡莱尔接着写道:“只要不能从机械的视角来理解和查清的情况,就完全不能理解和查清了。”

在十九世纪的后期,约翰·斯图尔特·穆勒也重复了这个信念,他在自己的著作《逻辑体系》中,抱怨“道德科学的落后状态”,道德科学就是所谓的人的科学和行为的科学,这些科学的进步仅仅取决于使用从物理学的各个学科扩展而来的方法。

然而,正是我们的亨利·德·圣西门伯爵,曾被雅各宾党人囚禁,后来沦落到如此凄凉困苦的境地,以至于在1823年,他自杀未遂,也正是他,在此时的几年前为一门新型的“社会科学”勾勒出一种哲学。

圣西门认为,社会就是一个生命有机体,它包括各种器官,这些器官以拉马克的形式,按照其功能发生进化:这些器官就是社会的阶级。尽管圣西门关于阶级的定义在经济学的意义上与马克思不同,但他认为,他描绘的社会有机体的图景反映出了一种新型而且是正面的科学观点,它是一种新型的化学溶液,把人工组织的状态从其社会化合物的具体现实中分离了出来。事实上,旧式的教会机构和状态建立在一种过时的科学之上,而且“没有任何一种建立在信仰上的制度,其寿命会比那个信仰更长”。但一门统治社会的法律知识会使得这些法律得到有计划的应用,从而给社会机体带来健康。

圣西门相信,他看到了这样一个普遍的法则在他那个时代的危机中发生了作用。他发现了历史发展的法则。不是亚历山大大帝,而是阿基米得,不是拿破仑,而是牛顿,真正推动历史发展的正面力量是工具和技术,是物质生产和科学变革的力量。在圣西门的社会领域中,野兽之王不是狮子,而是海狸。科学家、工程师和新兴实业家将称为未来的领导人。

圣西门甚至预见到有一种基于万有引力定律的新宗教;他想象出一种生产者和消费者的新型组织,该组织由属于“专家阶级”的科学界专家统治;他还想象过由新型的政府来统一欧洲,最终统一世界。这个政府的最高统治机构叫做牛顿委员会。

圣西门的朋友和学生,奥古斯特·孔德扩展和推进了这个新型的社会科学,在这个过程中,社会学作为一门科学诞生了。孔德的哲学被贴上了实证论的标签,这源于他的“发现”,他发现了人类进步的法则。孔德认为,归根到底,这些法则以牛顿和笛卡儿的方式,简化(reduce)了人们对自然界运作进行的历史性解释。这种解释自然界的最原始的阶段就是孔德所说的“神学阶段”,在这个阶段中,自然界的事件是由诸神引起的,自然界的力量被拟人化了。如“宙斯下雨”,或者是宙斯使雷雨发生的。下一个是形而上学阶段,在这个阶段中,拟人化的程度降低了:一种隐藏的力量,即精神力量,激励和推动了人们观察到的事物。最后就是实证阶段,在这个阶段中,物质性原因的实际链条被发现了,并且被嵌入数学法则中。

各门科学的发展不是同步进行的:例如,在达尔文之前,生物 314
学还处于形而上学状态。因此,科学是一个等级系统,某一门科学建立在另一门之上,这样就形成了一个从上至下的阶梯,就是说,物理学在化学之下,化学在生物学之下,生物学在社会学之下,……但是,所有的科学最终都具有力学的性质,每门科学都需要本学科的牛顿来发现本学科独特的万有引力定律,并且把它带入现代的实证性的实验室,达尔文肯定是生物学中的牛顿。

在那个机器的时代,孔德的实证论如果没有成为十九世纪的一种信仰的话,也以这样或那样的形式成为一种新型的科学哲学。进步是一个确定的事实。在这个新兴的科学领域中,决定论这个词本身不再意味着没有自由意志的人类宿命论,这样的宿命论见于斯多亚学派占星术的仁慈或基督教原罪(没有能力不犯罪)。决定论现在指的是原因和结果的必然链条,也就是处于运动中的物质的当时的链条。知晓了在任意给定的瞬时该链条上的任意一环,就能够预知在随之而来的瞬时中的下一环节的。一种物理系统的配置,与执掌该系统发展的数学法则结合在一起,就能够产生出该系统未来状态的信息,从而对未来做出了预言。因此,一个给定社会结构的实证知识,再加上从历史观察中演绎出的因果法则,会使人们知晓在未来必然出现的社会结构。

像圣西门这样的思想家还有,英格兰人罗伯特·欧文,法兰西人夏尔·傅立叶,他们被统称为乌托邦社会主义者,他们向新社会迈出了第一步,而这种新社会的基础就是真正的、实证的社会科学。然而,他们并没有揭开那种真正的实证力,这种力执掌着他们的那种牛顿质量(社会阶级的行星质量),因此,他们的主观希望和梦想把他们带走了,带入想象的未来。这就是马克思和恩格斯的见解。必须使社会主义具有真正的科学性和预见性,这就是他们的任务。

马克思实际上使黑格尔具有了科学性……这并不是一件容易办到的事情,马克思没有完全获得成功。他脱去了这位德国哲学家的那件拖拉的形而上学长袍,给他穿上了利索的经济学的新套装,这个经济学就是亚当·斯密、马尔萨斯和大卫·李嘉图的政治经济学。但在某些地方还不太合身,纽扣扣不上,缝合处开裂,衣料也出现了皱褶。给庞大而又浪漫的形而上学穿新衣并不太容易，结果，马克思是以类似先知的身份出现的，他在工业化时代创立世俗化的新宗教。他受到新的全能的上帝——科学的启发，提出了一种新的启示。

马克思 1818 年出生于莱因兰（Rhineland）地区，在柏林接受了哲学教育，在生命的后期流亡英国，1883 年在那里逝世。恩格斯是一个资本家的儿子，他曾试图将“辩证法”用于自然界。在恩格斯的帮助下，马克思曾经证明新兴的工业革命和机器时代的阴
暗面。他在早期的著述——1844 年的手稿中，曾经抗议早期资本 315
主义的灭绝人性的影响，与这种抗议不无类似的还有那些浪漫主义诗篇在抗议“黑暗邪恶的工厂”时发出的愤怒呐喊。

工人是新兴的无产阶级，他们的身体被贬低为机器的延长物，也就是说，他们事实上仅仅是工业生产这部庞大机器中的连杆或齿轮。专门化的劳动摧毁了人的创造性，自从人类文明的开端以来，它就是历史悲剧中的悲剧性经济合唱。就像黑格尔的绝对精神那样，人把自己创造性的劳动注入物质世界，通过这种积极的劳动，使世界得到人化，在这种行动中，人到达自我意识。劳动是人真正的创造性工作形式，这种活动被嵌入生产的对象之中，它被对象化了。因此，就使黑格尔体系中的神性艺术家下凡了，变成了具有经济性的凡人：就像马克思在 1844 年写的那样：“我们的出发点是**实际的**经济事实……”不是什么神秘缥缈的绝对精神。

现代的无产者，与过去的劳动者不同，从对象化的自我中尝到了一种被完全异化的苦头。马克思在异化的概念中，发现了社会的、经济和政治的万有引力定律，在一般情况下，就是这个牛顿式的力驱动着人的历史。工人被贬低为一个数码，一个齿轮，在资本

主义下，他们自己的物种属性（也就是他们之所以成为具有创造性的人的那个因素）就在生产活动中被剥夺了。这种非人化的产物被抽象成“资本”，它归根到底就是资本家的权力，他们拥有各种生产资料。因此，劳动对象所有权的丧失使人束缚于劳动对象，因为工人越多地把自己消耗在生产中，对象的世界就越强大，把他们锁在工厂的那条必然性的经济链条也就越强大。在黑格尔的意义上，无产者（和资本家）实际上完全变成了数学抽象，空洞又渺茫，而且缺乏人性，就像任何一种数学虚构一样，从而最终属于资本主义世界的价值。这种抽象被称为金钱。

“我就是我能用金钱购买的东西。我的能力就是我的购买力。我愚蠢，但金钱能使我买到聪明人，因此，我就不愚蠢了。我不道德，对他人的苦难麻木不仁，我冷漠，邪恶，但金钱就是善，因此金钱的拥有者也是善。从抽象的角度看，我拥有的金钱越多，我就越不是我自己了。”

虽然马克思的批判仅仅是针对资本主义，但这个批判也适合于表明把牛顿的思维方式普遍化的危险，把局限在物理学中的革命推广至包罗万象的世界和价值体系，这就是我们所说的“科学主义”。科学革命事实上已经把生物世界理想化了，即把生物世界简单化了，使它变窄，挤入了一个纸张上的数学化宇宙，其内容就是质量和力。但这种理想化的过程仅仅是尝试性的、暂时的和简便的，而且有太多的人类因素；它是天才的，但却是一种在海滩上玩
316 小石子的天才，牛顿自己太知道其全部意义了。其中的复杂性，如同真理的海洋丰富得难以置信、难以穿透，超出了人的眼界。用一般的抽象穷尽海洋是没有任何希望的。经济和社会的世界、心理的世界以及人类价值和精神的世界，肯定就像资本主义制度中的

无产者,被耗尽了。

伟大的革命性跪拜在科学的君王面前。到了1876年,在《资本论》的第一卷中,1844年的存在和人性分析就变成了一个抽象的笛卡儿式的社会阶级的范畴,其中各个群体发生着冲突,并且在一个抽象的历史阶段和空间中,发生分裂和重组,而这种分裂和重组受到阶级关系的限定。像牛顿和达尔文的关系一样,静力学仅仅成为动力学的一个特例。对于马克思来说,静力学在实践中是不存在的。每一个时代,包括所有时代的政治和文化,都简化为社会领域中的基本的万有引力定律:阶级斗争,斗争的一方是拥有生产资料的阶级,另一方则是由于他们的劳动而必定被束缚于那种制度的阶级。

这种斗争是辩证的:统治阶级创造出自己的对立因素(由于劳动分工);在任何制度中,这种矛盾都是固有的,并且被嵌入到这种阶级对立中,这种矛盾会继续发展;矛盾最终就不可抗拒了。其结果是这种制度的崩溃,就是革命,革命是否定之否定,在革命的过程中,被压迫阶级获取了生产资料。每次革命都开创了一个新的历史时代,在新时代中,旧时代的残余被保留,而旧时代本身被超越了。这个唯物辩证法是黑格尔形而上学的反射;随着精神攀登形而上学的高山达到更高的精神境界,无限的精神从一种有限的形式发展到另一个有限的形式,同时又包容并保留每种形式,这种具体的事物一般情况下**是**、但在当下**不是**无限的精神。从地主和农民构成的封建制度中产生了对立因素,他们是后来的资本主义中的资产阶级,他们出身于被压迫的农民阶级,是革命的阶级。他们超越了封建的农业社会,创造了商业和工业社会。然而,他们保留了封建主义的土地财富,而且是在一个新的、更大的抽象——资本的框架中。

在这个新的制度中，一个新的对立因素产生了，这就是无产阶级。

具有反讽意味的是，也许马克思对历史法则的科学分析和发现是绕了一个大圈子，又回到了神话。历史现实最终被置于马克思的历史唯物主义的望远镜的焦点上，这样，历史现实实际上就从循环往复的历史时代分解出一个稳定上升的矢量。对于马克思来说，历史是进步的。人不是存在（being），而是变动（becoming）。从最初的劳动分工和最初的生产资料所有权开始，人就从他们先前的状态被异化了，他们先前是“具有物种属性的生命体”，那时，他们具有的创造能力使他们在具体的生产中实现自我，因此，这种先前的状态就是他们自我。如果说在习俗、责任和义务的层面上，领主和农奴仍然拥有某种人的关系，那么资本家和工人所拥有的关系就纯粹属于抽象的经济关系了（这根本不是一种关系）。两个阶级从他们原先的状态被异化了，他们原先是具有物种属性的生
317 命体，在创造性的活动中和人的社会中实现了自我，他们再也不像从前那样了。因此历史到达了终极抽象，这是无限异化的一种独特性；工人只有在吃喝和生儿育女时才感到自己是自由的，才感到自己是人，但却不能自由地从事创造性工作。因此，“动物变成了人，而人又变成了动物。”我为吃喝和生儿育女而活，这是我的动物功能，躲避工作就像躲避瘟疫（我有人的创造性）。

被绝对异化的无产者标志着一个突现的断裂，实际上就是一种决裂，与过去的痛苦决裂。如果按照历史动力学中的辩证法，那个最终被异化的阶级掌握了生产资料，他就将永远抛弃所有异化的终极原因——生产资料的私有制。在人类历史上产品对生产者

的这种非理性的统治必将结束。人类不再与自身相异化,人将成为真正的人,并且开始实现他们从未使用过的,从未梦想过的潜能。真正的人类历史将从这里开始;所有其他的状况都属于史前史。再也没有那种使人致残的劳动分工,再也不会把人贬低成机器,早晨起床后,你会问:"我今天在何处工作?"

这些就是共产主义乌托邦即将来临的神话。它的崛起是以科学分析为基础的,受到回归现实的黑格尔形而上学的框定,又被牛顿的决定论隔绝起来,而且被技术进步加热了。马克思与十九世纪的其他人有一个共同的坚定信念:科学最终能够把握现实:科学消除了迷信,拉开了形而上学的腐朽门板,从而发现并叩开了自然界那扇隐藏的大门。培根描绘的图景即将实现。科学文明也许在遥远的将来甚至能把人的生物性从动物的禁锢中解放出来——"人就像神一样"。这里有一个神话就是科学主义,它要对抗任何一个古代的体系。这里有一个科学诺斯替教,它布道的内容是通过知识得到救赎。

但是,这个神话并不是有趣的叙事,就像那个古老的词 μύθοσ(神话)最初所意指的内容。它骑上的铁马叫做必然性。不仅是社会科学家,而且达尔文本人也被称颂为这种信仰的一个目睹者和先知者。这种信仰的内容被宣称为:演化是进步性的,斗争或者战争以及征服和灭绝是科学事实,尽管是可悲的,但对进步来说却是必要的。在人群和国家之间的生存竞争与物种之间的竞争是相同的。进步需要这种竞争。

晚近的一些事件似乎支持这个论断。到 1871 年,德意志只是一个地理概念。在 1815 年,老的、已经灭亡的神圣罗马帝国被德意志联邦取代,受奥地利的管辖。普鲁士的奥托·冯·俾斯麦以三场战役统一了德意志各邦，不包括奥地利，最后一场战役是与法兰西打的，那是在1870—1871年。在霍亨索伦王室（德国普鲁士王室）的统治下，实现了自从拿破仑时代以来日耳曼人的梦想，尽管对于许多自由主义者来说，这个梦想并不包括军国主义武夫式的普鲁士各个国王。但1848年至1849年的自由主义者们却没能
318 把多种多样的日耳曼元素打造成一块坚硬的合金；他们的打造行动就是在法兰克福做的一些无精打采的发言和辩论。而另一方面，俾斯麦熔炉是工业化军事强国的一个灼热的冲击波。在战争之前，俾斯麦告诉普鲁士预算委员会，当时最大的问题不能用谈话和大多数人的决议来解决，这些做法是1848年自由主义者所犯的错误，应该用“血和铁”来解决。

欧洲人用铁和蒸汽，渗透到了那个伟大而古老的中华帝国，缓慢地摧毁了满清王朝的统治，这个过程始于1840年的鸦片战争，结束于二十世纪。在十九世纪最后的25年中，欧洲人疯狂地掠夺非洲殖民地，奥托曼-土耳其帝国缓慢地瓦解了，当时，这个帝国还没有完全进入铁和蒸汽的时代；到了1905年，强大的俄罗斯帝国被技术上高出一筹的亚洲强国日本打败，自从1868年以来，日本急迫地进入了西方的科学时代。

这些斗争似乎清楚地表明了把达尔文主义运用于人群时它也是真理，赫伯特·斯宾塞是达尔文的同时代人，他是一个暧昧的进化论者，是他创造了“适者生存”这个说法，他写过一部著作叫《社会统计学》，他在其中写道：“有一条自然界严苛的律令是淘汰不适应者，这条律令也适合于社会的生命体，因此如果没有战争，这个世界仍然仅仅被那些虚弱型的人们居住。”然而，几乎就是在同时，斯宾塞把欧洲文明描绘成已经到达了这样一个进步的水平：战争

不再有利可图。尽管如此,根据自然选择这条法则,欧洲人认为,他们有了科学技术,就有了一种自然权利来充当人类中其他成员(“半是魔鬼,半是儿童”)的主人,这是一个科学事实,无论比喻得像还是不像。

这是一个对自然选择悲剧性的误读,尽管不失为一个精明的误读。“不分高低……”适应和生存是相对环境而言的。由于自然选择过程中各个因素的相互作用是极端复杂的,由于生物物种的本性是不停变化而且近乎无序的,因此,没有任何一个观察者拥有特权,衡量进步也没有普遍和完美的尺度,更没有尺度能超越时间把所有时代的问题都解决,所以,没有任何标准用来度量乃至确认是否存在一个确定上升的矢量。就像物理学一样,进化中具有方向的运动纯粹是相对的,没有任何一个固定的参考点,也没有任何绝对的坐标系。牛顿设想出了一个这样的参考点或坐标系:绝对空间——上帝。社会达尔文主义者们也设想了一个:西方的进步。进步是某种唯物论和世俗化的神学。

那个时代还有一个伟大预设肯定是最显著的:由机械论决定的宇宙。它被认为是物质的和确定的实在的基础,因此就成了对其他所有科学的预设,它似乎是毋庸置疑地建立起来了。对科学的积极追求自然是随着这些设定而来,也来自国民生存的紧急需求,这些追求提供给社会一些益处。所有这些都对科学本身产生 319
了巨大的影响。尽管科学家们有所保留,但他们自己能够满怀信心地展望未来。他们在社会立足点具有优势。他们的专业知识被认为对国家和公民的利益至关重要。

法国在革命的恐怖统治之后,建立了教育和政府机构的中央集权制度,为科学家提供了职业生涯。其中一些人在旧政权时期就开始了自己的职业生涯，培养专业人员的专业学校那时就已经兴起了。在拿破仑的帝国时期，科学家是作为一个阶级出现的，又成为了官僚精英的组成部分，甚至给他们政府中的职位。由于科学相关于法国的社会、政治和技术的需求，因此哲学家努力将它们结合在一起；新型的学校在某些情况下获得科学研究的便利条件；而且涌现出了一些有影响力的阶级，他们支持科学运动；所有这些情况都意味着在1815年的重建之后，科学在法国已经被永久地制度化了。科学已经被认定是固有的价值追求；大约在1800年至1830年期间，法国的科学领先于全欧洲。

然而，随着科学的进步，政府也垄断了高等教育，法国的制度高度集中，使得制度僵化，这往往阻碍组织上的灵活性，而对科学发展的阻碍则来自对技术和工业革新的那种合作，而这种革新在当时越来越成为科学研究的特征。

在英格兰，皇家学会尽管更多地是由业余哲学家和博物学家组成，但它在其他主要城市中却繁衍出了若干学会，如1783年在爱丁堡，1831年在曼彻斯特，还有单一学科的学会，如1788年的林奈学会，1807年的地质学会等，这些学会有助于提升科学耕耘者们的社会地位。大约在1830年，有人疾呼并展开辩论，辩论内容是英格兰科学的所谓衰落，因此需要公众对科学的认同和支持。1831年，一个新的不列颠科学促进会成立了，最初是要对科学研究给予更"系统的指导"，从而使国民注意科学。对于科学家来说，这后一个目标似乎是最重要的功能，因为它提供了一个公共论坛服务于科学辩论和讨论，并使得不同的学科可以相互接触。1860年6月，在牛津举行了不列颠科学促进会的年会，就在这次会议上，托马斯·赫胥黎和威尔伯福斯主教进行了他们那场著名的辩论,内容是达尔文的“假说”。

然而,有人要求政府支持基础的科学研究,这种研究不属于那种实用学科,它拥有自身固有的价值。这个要求使得各种不同的提案在英格兰被提出来了,时间是在1850年至1868年之间,目的是为了改革英国的教育,尤其是在牛津和剑桥。从十九世纪后期到二十世纪的头十年,这项运动的支持者们会集各种力量,与其他
有影响力的群体一道,要求政府和私人对科学研究给予资助,把科 320
学当做全体国民的资源来培育。但是,直到第一次世界大战之后工商界和政府的大量资助才到位,也就是在那时,科学研究,包括基础研究和实用研究才成为国家的优先考虑的对象,尽管如此,集体意识和专业意识在此之前已经在英格兰的科学家中间成长起来了。

德国的情况尤其突出:科学在十九世纪就达到了专业地位,科学研究是大学生涯的必要条件。1871年之前,德国是一个杂烩,组成这个杂烩的是小的州、王国、自由城邦,就像在普鲁士一样,这些小的实体的独裁者也培育科学,知识分子对政治领导也就没有要求。因此,学术和知识本身就成为目的,它们只关系到内心或者生活的“精神”(geistig)价值,不像其他西方国家那样,关系到功利和政治的改革。此外,拿破仑的入侵引起了对法国思想的某些反感,尤其在教育方面,因为人们感觉到,德国的实力蕴藏在它的文化领域中,包括民族文学、尤其是哲学。新型的大学最初是围绕着哲学的院系组建的,1809年成立的柏林大学起到了典范的作用,它们沉浸在唯心主义和自然哲学中,对经验科学往往有所抑制。

大学教师形成了一个精英阶层,他们投身于保留和培育文化的事业。他们的存在没有其他理由,在德国社会中,他们成为拥有

巨大特权的自主的贵族。尽管国家为各个大学承担财政责任，教授的级别也按照政府文职官员划定，但学术事务仍然掌握在这些精英手中，这是一种行会式的合作。这样的结构就导致了寡头倾向，但寡头倾向也会受到牵制，牵制的因素是，大学之间在招聘高质量人才中的竞争，对聘任的要求就是**特许授课资格**(Habilitation)，也就是基于原创性研究对知识所做的原创性贡献。

纵观整个十九世纪，物理学的重要性有所增长，尽管老一代的教授们对此持反对态度，但在大学之间的竞争机制使得实用科学家的创新成为可能。因此，非正式的科学家群体建立起来了，其基础是一个交流网络，进行这种交流的是在各个大学工作的个人或小团体。在这种情况下，科学研究有定期的市场，因为创造性的工作对于进入学术市场是至关重要的。科学家可以用这种讨价还价的能力来获得实验室，以培养未来的研究人员。在十八世纪，德国各大学的实验室得到全世界的承认，其中有些实验室成为一些具体的科学领域的实际研究中心。

情况表明，科学研究在德国各个大学里并没有任何实用的目的；它的目标，就像那个旧的哲学体系，只是为了创造有效的新知识。但在十九世纪的后半叶，随着德意志帝国的建立和工业的兴
321 起，政府和产业研究机构也建立起来了。1887 年在柏林建立了物理学和技术研究所，威廉皇家科学促进会(Kaiser Wilhelm Society)是 1911 年建立的，同时建立的还有一批物理学和化学的工业技术实验室。德国科学研究的专业化过程是先于美国进行的，然后又转变成研究生院的理念和这样一个信念：为医学等专业培养人才应该建立在研究和科学理论的基础之上。

显然，没有任何学科、任何现象、没有任何生活领域未受到科

学主义的入侵。科学主义信仰的是所谓的科学方法。历史学、人类学、心理学、医学、语言文献学,所有的领域都要用科学方法作研究。《圣经》也首次接受了科学研究;《圣经》中的那些神圣的典籍现在也被当做历史文献来研究;《圣经》本来是具有整体性的,现在却按照历史时代、王国以及众多的作者被分解成的片断——一个简单故事的建构,如诺亚洪水,也可以来自三、四个不同的乃至于相互矛盾的版本,这反映出撰写这些文字的人们的兴趣差异。

1835 年,大卫·施特劳斯把一种敏锐的历史批判论运用于福音书。施特劳斯要把神话的脂肪从科学的历史事实的骨骼上剥离下来。这样做是为了发现历史上真正的耶稣。施特劳斯很少有发现。福音书不是历史,它们也不会成为历史。福音书的作者们没有亲眼目睹它们所描述的事件。他们在时空被远远地排除出了公元一世纪的巴勒斯坦,具体说就是从犹太人思想和经验的语境中排除出去了。在罗马帝国,撰写福音书是为了使人们、使异教徒改变信仰。他们把异教徒的神话、犹太人的历史和希腊哲学混合在一起了。到十九世纪末,甚至神学家都确定,要寻找历史上真正的耶稣是没有用的,而且福音书对耶稣的记述几乎全部都是布道,这些都是早期教会就耶稣所讲授的内容。

自然原因是法则。在数量上,就纯粹体积而言,自从牛顿以来,科学无疑给自己庞大的躯体又添加了巨大的重量。但在质量上,科学继续使自己的视野更集中,因此,它对“实在”作了限定。托马斯·赫胥黎在 1894 年指出过这种情况,当时他这样写道:宗教和科学之间的对抗大都是由某些人捏造的,这些人拒绝承认二者都有局限性;他还写道:超越了已经表明的事实和明确的知性理解(即确定的数学化的实在)之间的界限,科学就没有探险功能了。

因此,在未知的土地上,徘徊的就仅仅是"想象、希望和无知了"。[《科学和希伯来传统》(*Science and the Hebrew Tradition*)]。

赫胥黎所说的"想象、希望和无知"在很大程度上指的是一些表面现象,比如化石链的断裂,或托勒密的行星环(looping plan-
322 ets)。它们被认为是人的幼稚理解的产物,是非科学经验的产物,是原始"思维的产物"。虽然科学拒绝对超越物质世界(即被度量的世界,它很难取悦于牛顿,而且在某种意义上是武断和先验的)的事物发表声明,然而,它却能**用自己的话语**解释先前具有的先验性的事物。这种语法,这种词汇,总而言之就是这种语言,已经被伽利略在《试金者》(*The Assayer*,又译《分析者》)声明为**仅有的语言**,它被提高到了**事实**的地位,当然,在伽利略与亚里士多德争论的语境中,这个声明具有一定的宣传的性质。但它毕竟不是事实;而是一种信念,一种信仰。那个简单的存在,实用性,或者是任意给定的语言的广泛使用,这些都不涉及其他语言的存在或非存在。我们要问的唯一问题就是,如果它们从根本上说是可以相互翻译的话,它们翻译的容易程度如何?

因此,这里就有一种双倍的收窄并略带自我欺骗。科学主义在公开声称专业性和大声宣布局限性时,表现出的态度是谦卑;但它却声称要垄断实在的语法,这时就表现出它的进攻性和专横了。生命本身的难题能够表明这种倾向,这个难题就是:是什么使得处于无生命状态的物质获得生命。查尔斯·达尔文时时刻刻都意识到自己的局限性,他认识到,进化论并没有解释生命最初的产生。因此,他在《物种起源》这部著作的结尾谈到了最初造物主给一种或多种生命形式"注入活力"的能力。也许这个陈述仅仅是力图安抚宗教情感。然而,谜团毕竟是存在的。肉身、血液和肌腱都是来自无机物，来自碳、水等等。生命体就像变魔术一样地产生了自主运动，产生了热、繁衍和反应能力，简言之，就是产生了生命现象。也许确实存在某种力，某种生命的规律，转变成了物质。我们再回到十七世纪，那时弗朗西斯·格利森做过这样的结论：在肌肉纤维中存在着一种固有的生命活动，这是生命组织一种固有的属性，他为这种属性贴上的标签是："应激性"(irritability)。许多人相信，不管怎么称呼它，当某种无生命的物质变成生命体时，必然存在某种具体的原理。

笛卡儿认为，这种世界肯定始终是存在的：生命体是机器，被神经流(nervous fluids)"激活"。即使我们接受这种说法，我们也会问：笛卡儿说的是什么机器呢？让我们与哲学家丰特奈尔分享一个小玩笑。1683 年，丰特奈尔说过，如果我有两只机器狗，一公一母，那我敢肯定，过一定的时间之后，我就会有一只机器小狗。但两个钟表决不会生产出一只小钟表，即使我永远等下去也不会。这种用机器做天真的比喻似乎是不恰当的。那么，难道我们必须放弃所有的机器模型吗？

也许，我们以牛顿为指导，我们可以承认这种机器模式，同时我们也可以从某种特定的力来理解生命过程，这种力类似万有引力。就像万有引力那样，它的起因也是未知的，但它的影响却有研究的空间。因此，在十八世纪，阿尔布雷西特·冯·哈勒提出，我们仅仅需要接受应激力是一种"自然"力，它的属性既不属于灵魂，
也不属于物质本身，它只是一种机械力，是上帝给予物质的。 323

鉴于这种生命力的终极起源是上帝，冯·哈勒，就像牛顿那样，给了唯物主义无神论一个打击。

极端的唯物论埋伏在所有机械论体系的背后。在人这种机器

中,笛卡儿式的灵魂毕竟是一种完全没有必要的添加物。这个结论是朱利安·奥弗雷·拉美特利在十九世纪中叶得出的。灵魂或者意识就是脑的全部活动,也是与生俱来地具有运动性质的物质的高等组织产生的结果,情况难道不是这样吗?这种情况在所有的生命活动中都是真实的,这是拉美特利在《人是机器》(*Man a Machine*)一书中的观点。多加一些齿轮、也就是多加那种具有灵活性的、润滑良好的小机件给这个钟表,一个小的钟表就可能出现!生理学作为对生命功能的研究,如果采纳这种观点,就可以采纳物理学和化学的方法。

这里还有一个问题把研究这种生命功能的人分成派别。生理过程能否还原为物理化学过程?相同的研究技术能否适用?就以呼吸为例,拉瓦锡认为,按照他的理解,呼吸就是一个燃烧的化学过程。肺部的氧与碳相结合,就释放出卡路里(热),然后分配给全身各个部分。这显然就提出了一个问题:肺部是否会燃烧起来?至少肺部应该比身体的其他部分温度更高。但实验揭示,这种情况没有发生。实验还表明,动物的热量不仅取决于呼吸,而且还取决于一系列复杂的活动:血液循环、肌肉伸缩、神经系统和消化。物理学和化学并不具备处理这种相互作用的条件。因此,**生命原理**这个词只能当做描述性的话语来使用,而不是某种特殊的力,这个话语把生理学与物理学和化学这些学科区别开了。

再者,没有任何实验,没有任何逻辑必然性表明有这样结论:生命过程**出自于**复杂的化学相互作用,或者是物理化学定律的最终结果。就像大卫·休谟的论证那样,我们观察生命现象(就像从**我们**自己的视角来定义"生命")总是联想到某些化学反应。因此,我们设想在化学和生命之间有一种联系。当一定的化学和生物功能停止的时候，我们就看到，随着这种停止，生命也就不在了。因此，我们设想了进一步的因果关系：生命是由生物环境中的物理化学运作产生的。但在这些事物本身之中没有必然的联系。这种联系，也就是事件的这种顺序，存在于**人的**重复经验中。化学过程，或者说全部的化学物理活动，可以被想象为生命的产物或结果，比如，我们说发热是疾病的症状，或者逆行现象是观察者处于相对运动状态的结果。化学可以伴随一种非物质的事物，被称为生命，或者精神，或者"类似神秘"的现象。关于这种情况，没有任何因素不具有逻辑性（而事实上，这个思想的证据见于出自身体经验的那类事物）。如果说它不合乎逻辑，它荒谬，那就是从某个特定视角观察的结果。在这种情况下终极的**形而上学**设想是，能够度量的才 324
是真实的。尤斯图斯·李比希认为，正是在呼吸和营养、也就是摄入氧和食物之间的一种相互的化学反应，才生产出了动物的热量和真正的生命活动。李比希相信，脂肪和碳水化合物的氧化产生了热量，而蛋白质则是肌肉活动的来源，在该世纪的后期，这个说法被证伪。李比希还相信，发酵似乎是一种化学过程，它产生出一种化学力，与此类似，物质的组织和机体内部的化学活动也产生了一种生命力。因此这种生命法则就从基本的机械活动中**出现**了。生机论需要的不是充当原因，而是充当结果。然而，不论是原因还是结果，它仍然是生命的活力。如果按照巫婆酿造术，把碳、氢、氮和氧以某种比例混合在一起，是不会产生出生命的。在玛丽·雪莱的经典恐怖小说《弗兰肯斯坦》（*Frankenstein*，又译《科学怪人》）中，需要有一缕远远超越了可见光光谱范围的特殊的"生命之光"，来激活无生命的机体。

还有一个例子是，李比希有一个朋友和同事，名叫弗里德里希·维勒,他是一位有机化学家。1828年,维勒合成了尿素,这是一种在肾脏中产生的有机化合物。维勒在他的实验室里没有通过肾脏就合成了尿素,实际上用的是元素“发酵法”。这就是生机论的终结吗?根本不是。

大多数化学家已经相信,这种人工生产是可能的。就生命自我调控的过程而言,这种既能在动物体内、又能在实验室里生产出的化合物能告诉生理学家什么呢?维勒实际上感兴趣的是异构体,即:由相同原子构成、但在性质上相异的化合物。维勒和李比希二人都继续研究保持不变的原子群,即有机化学中的基团(radicals),母体化合物是作为通过各种结合所构成的单位存在。后来,在1860年,马瑟林·贝特洛表明,所有有机化合物合成的全过程可以对有机化学的深入研究制造出来(类型理论)。到那时,一些化学家才开始质疑生机论。

不管化学家的想法如何,生机论对于生理学家,对于物理学家,对于博物学家如果不是一个原因,就是一个结果,这是所有有机物质的合成所不能解释的。而且不仅仅是动物这部机器的功能证明了其复杂性是无限的,而且这部机器的齿轮和轮子本身也明显地不同于钟表的那种简单的弹簧和轮子。简言之,生理学也必须对付神秘的有机形式,也就是那个叫做细胞的陌生实体。

那么,这个早在十七世纪就在显微镜下被看到的微小结构是什么呢?它是一个简单的、用有机组织的外衣包裹着的空间所构成的腔体吗?它是植物独有的吗?洛伦茨·奥肯轻蔑地拒绝了使用显微镜,他在1805年声称,植物和动物一样,都是由这种“纤细的小虫”构成,按照自然哲学家的传统,它是那种初始的元素,或者是生命的普遍安排。奥肯的推测是,他说的这种细小的虫子表现出这样一种含混信念:生命在根本上具有统一性。

M.J.施莱登在德国研究植物,他转而相信,每个细胞事实上 325
都是一个独立的结构,同时,也是生命体的一个组成部分。特奥多尔·施万从事动物软骨的研究,他看到了细胞核被细胞膜包裹的情况。施莱登曾经向他描述过,植物中也有非常相同的结构。因此,在1839年,施万确认,细胞是动植物组织的最基本结构。每个细胞都有属于自己的生命,但肯定受到相邻细胞的影响,因此,整个生命体的生命实际上是一个细胞生命过程的组合。其意义是清楚的:细胞不仅是初级形式,而且是生命功能的最终所在。

施莱登在讲课时说,在母细胞内部,微小的细胞核成了一个新细胞的细胞膜。施万则认为,细胞自由地形成于一种生命的液体——细胞形成质(cytoblastema),这种情况类似于无机物的结晶过程。这位细胞理论的奠基人一开始强调的是细胞壁的重要性,因为细胞核是模糊不清的,只有在细胞分裂前后才能清楚的分辨,它就像一个临时的客人,一旦细胞膜形成,它就消失了。施万认为的自由形成类似于自发生成。

逐渐地,图像变得更清晰了。1852年,罗伯特·雷马克得出了结论,在正常生长的情况下,新的细胞产生于母细胞的分裂。只有病态的细胞才能自如地从细胞质(cell material)中繁殖,这种细胞质现在被称为原生质(protoplasm)。最后,鲁道夫·菲尔绍,这位为定点病灶(localized disease)学说而战的德国内科医生强调说,所有的细胞都是从已经存在的细胞中产生的。病态细胞只是一种改变了的正常条件,新细胞只能从旧细胞中产生。

菲尔绍用政治来比喻,他把生命体贴上"社会有机体"的标签,就像一个国家。其中包括的全部过程在细胞中也都存在。菲尔绍还补充说，生命本身既是原因也是结果，生命是一种非凡的力量，它产生出组织，同时，又是细胞积累性活动的结果。因此，生机论在细胞中而不是在有机化学中找到了新的家。

研究继续进行，细胞分裂的复杂过程也就逐渐被解密了。到十九世纪七十年代，科学家们看到了细胞分裂的第一步是从细胞核开始的(有丝分裂过程)。科学家们使用的新的染色技术，发现了一个线状的或者说是卷须状物体形成于细胞核内的赤道平面上。他们看到，在受精过程中卵细胞被仅仅单独的一个精子穿透，两个细胞的细胞核合并，形成了一个新的细胞核，这个新的细胞核是后代的第一个细胞，也就是受精卵。1883 年，这个微小线状物的重要性变得明显了，父母的每一方把各自的单独一个线状物贡献给那一对细胞核，这对细胞核就形成受精卵的细胞核，1888 年，这个线状物被称为染色体。现在清楚了，这些染色体是繁殖的动因，也就是生命永续的动因，还有一个情况也清楚了，细胞是所有生命活动的关键。但什么是细胞的关键呢？我们能否有所超越，进入原生质、从而把握他的化学构成呢？如果我们能深入到这个层面，当我们漂浮在基本上由无生命的物质构成的海洋时，我们可否不丧失对生命的把握?

326 这样的问题其基础并不是新的发现；在科学研究澄清细胞活动的数十年之前，这些问题确实就已经提出了。这些问题是方法的问题，本体论的问题，甚至是形而上学的问题。生命力是否为一个真实的主体可以接受实验的调查？埃米尔·杜布瓦-雷蒙认为，不是。他说，的确，我们可以研究各种各样的力，化学的、电的等等，这些力我们无疑都在自然界中经验到了。但用康德的话说，我们绝对不可能知晓它们的本质。它们的本质永远在科学的范围之外。要知晓生命的本质，要知晓生命的原理，就像要知晓万有引力的本质一样。生理学要成为一门科学，就必须把自己限定在已知的物理学定律，限定在化学和物理学的范围之内。再者，它不是机械科学已经证明或表明那种关于生机论的情况；要重新划定界限，要打下界桩，并树立起坚实的（而且是令人信服的）围墙。生理学和有机化学需要从宗教、形而上学以及化学的混杂局面中解放出来，简言之，必须把语言本身与这些实体剥离开（人们也可以说是把这些实体从语言中摘除干净）。

在巴黎，内科医生克洛德·贝尔纳在默默地做着各种实验，他注意到，发生在体内的化学变化：胃液具有消化作用，胰腺液具有蛋白质分离作用，肝脏中也有复杂的化学运作等等。这些过程的运作是根据一些已知的物理定律，但它们并没有表现出与体外相似运作的准确相关性。因此，生命躯体的运作似乎是一种独特的动态平衡，其中每一个化学事件和每一个器官都与其他事件和器官有互动。贝尔纳事实上已经发现他自己与生机论者在一般情况下是一致的：生命体显示的各种过程在无机世界中是闻所未闻的。幼稚的简化定会使人们抓不住生命的奇迹。另一方面，贝尔纳看到，被称为生命的这种特殊事物**可以**被生物化学的定律解释，可以用实验的方法来研究。

解决的方法早就被拉美特利窥测到了，只是他将此与十八世纪的机器相比有误导作用。贝尔纳认为，应该与**环境**相比，**内部环境**的运作是根据已知化学定律进行的，但所处的条件与外部生态有很大不同。器官、组织和细胞履行的运作是以流体和循环的血液为媒介的，而且建立了一种错综复杂的平衡，这就是内部环境，其中的每一个过程既影响其他过程，也受到其他过程的影响。例如,动物心脏的运作是由一系列相互关联的活动维持的,这些活动相关于呼吸、神经刺激、营养和血液流动。身体的某些部分的温度下降,神经受到刺激,经过血液流动,平衡就被重建。氧是由血液运输给机体的;产生于有机分解的营养,也由血液传输。生命体漂浮在外部世界的影响中,就像一艘帆船漂浮在海面上,它从风中获取动力,而且还必须不断地使自己的船帆保持良好的状态。

327 这就是贝尔纳的伟大洞见,这个动态的内部环境的运作是由已知的自然原因进行的,这个概念与达尔文的进化相关。贝尔纳的内部环境就像达尔文的复杂物种生态和生命条件那样,采用的是化学的自然法则,并且使用这些法则来创造各种补偿性机制,在这些机制的综合作用下,才给出了生命。乍看起来,复杂的生命之船似乎确实违反了无机化学的法则。但是,企图用生命力来解释这种现象,就像在自然界中寻找有目的的设计那样,是没有结果的。这种情况也是过去的一部分,那时科学具有一种不同的身份。到了十九世纪六十年代中期,贝尔纳教给生理学一首新歌。

贝尔纳说过:"长久以来,自然界一直是一个化学家。"但自然界化学的翔实情况却保留给了二十世纪的视野,在此之前,它一直在等待生物化学的发展。十九世纪与其中的许多内容有纠葛。例如,什么是发酵?在十九世纪三十年代,瑞典化学家J.J.伯齐利厄斯引入了化学催化剂的概念,这是一种化学制剂,尽管它不在化学反应中被消耗,但化学反应的发生或加速发生必须有它在场。许多生物的反应被认为依靠"发酵素",因此发酵素是一种催化剂,它是化学变化的中介。消化过程的产生是依靠了胃液,其中含有发酵的胃蛋白酶,后来被认做是生化酶:体内葡萄糖的分解也是依靠发酵才发生的。这些催化剂的本质是什么?伯齐利厄斯和李比希认为它们是无机物。

路易·巴斯德的论断与此相反,他认为,生物催化剂是一种微生物。巴斯德的想法是,按照生物学的观点,无机发酵过程隐含着自发的生成。微生物的存在是生化过程发生的原因,这是卫生学的富有成果的概念,为巴斯德赢得了他应该得到的声誉。它有助于消除自发的生成,但却在生理学和化学之间树立起另一个障碍,这个障碍事实上是一个幻想。巴斯德曾经做过具有活性的酵母细胞的实验,在这种细胞中,存在着生化酶,这是一种化学催化剂,是它引起了发酵过程。生物催化剂的活动,就像贝尔纳预见的那样,是化学反应,关键的区别在于化学反应在其中发生的条件,即细胞内部的环境。

因此,生命存在于一个组织层面上,而且生理学也已经建立了自己的家,就在十九世纪日益专门化的科学的各个分支学科中。现在,我们必须下降到另一个层面上,这个层面就是化学本身,即物质层面。化学研究,具体到有机化学,在十九世纪是以令人目眩的速度加速发展的。它使许多产业诞生,尤其是在德国。化学冲破了理论的城堡奔向世界,成为最重要的实用科学之一。尽管化学有了它在十九世纪产业化和实用化的全部光荣,化学城堡的中心部分仍然没有完工。某些人甚至怀疑,它的基础结构是否牢固。

毕竟,其基础仅仅是推断出的。化学家从实验室的实验,仍然
只能推断出约翰·道尔顿的原子是存在的,物质是否**真的**由原子 328
组成,这个问题仍然没有得到解答。但是,作为一个正在发生作用的假说,原子的概念似乎确实被证明是有效的,还有一个意外收获是,它完好地适应了物理学对处于运动中的物质的设定。虽然化学家(按照那个想象)可以把道尔顿的微观世界视为纯粹的心智建

构,但是,如果相对原子量的概念被坚实地建立起来,它就肯定会对该理论有推动作用。然而,化学家工作的出发点只能是化合物,因此只能把原子推断为基本单位,只能推断结合到化合物中的原子个数。例如,根据相对原子量,氧原子和氢原子是按照1:7的比率结合于水的。氧的原子量是7,水的分子式是否为HO?道尔顿认为是。

伯齐利厄斯曾经投身于一项庞大的任务:寻求全部已知元素的相对原子量。(我们今天熟悉的化学符号也是他引入的,这就简化了化学分子式的演算,道尔顿认为,这就像学习希伯来文。)伯齐利厄斯坚持不懈地分析了两千多种化合物,使用了各种定性的方法。但这些方法给道尔顿的简单倍比定律造成了麻烦。①

卡文迪什注意到氢和氧在**体积上**以2:1的比率上发生反应之后形成水。1809年,约瑟夫·路易·盖-吕萨克研究了各种气体,他得出结论,在气体的化学反应中,得出的产物之体积与参与反应的气体之体积成简单的整数比。这就有明显的简约性,但却与道尔顿的相对原子量发生了冲突。例如,根据盖-吕萨克的结论,1个体积单位的氮与1个体积单位的氧结合,产生**两个**体积单位的氧化一氮气体。但按照道尔顿的相对原子量概念,产出应该是一个体积单位的产物,包括它所含的各种元素,氧化一氮气体的量也应该是一个体积单位。伯齐利厄斯曾经使用这个定律进行分

① 1819年,两个法国人——杜隆和珀蒂发现,对于某些金属和硫磺来说,某一具体热量(为了提高相等质量的上述各种物质以相等的温度所必需的热量)乘原子量,就得出一个常数C。他们得出结论,所有元素的原子都具有完全相同的热容量。对于某些元素来说,只有在它们减半公认的原子量之后,该定律才适用。但十九世纪的实验者们也发现了该定律的一系列的例外。

析，对于接受其中的这样一些明显的提示有些犹豫：如果气体的体积相等，其中所含的原子或复合原子数目也相等。法国的 J. B. A. 杜马认为，在相同的条件下，各种气体中的粒子数目也是相同的，这就是物理原子(physical atoms)，但他不确定的是，参与化学反应的最小粒子是否就真的是化学原子(chemical atoms)。因为，反应只能在有了化学原子的集合时才有可能。

人们始终在问这样一个问题：在化合物中，是什么把原子保持在一起。在伦敦，汉弗莱·戴维和他的助手迈克尔·法拉第让电流从一个电极通过各种溶液，这个过程叫做电解。结果，分离出各种元素。伯齐利厄斯发现，当有盐被电解后，盐基集中在负极(后来法拉第称其为阴极)，酸集中在正极(阳极)。我们在下一章将会 329
有更多的关于法拉第的内容。但是，伯齐利厄斯确认，电在化学亲和力中所起的作用是非常重要的，电是将原子保持在一起的力量。

伯齐利厄斯猜测，每个原子都带一个正电荷与一个负电荷，其中的一个强于另一个，只有氧才完全为负。因此，是异性相吸把原子凝聚在化合物中，就像磁铁，在化合物中，原子有时呈中性，有时则带正电或负电。尽管有些混乱，电荷的强度与其数量发生混淆，但化学亲和力的一个所谓二元论似乎排除了一个重要的可能性：两个带电荷相似的原子是不能结合的。例如，单个氢原子是不能作为 H_2 单独存在的，作为 O_2 的氧也是如此。

有机化学提出了一个直接挑战。有机化学家发现，某些特殊的化合物被称为基团，其行为就像单一的物质，或者说是作为一个单位参与结合的。奥古斯特·洛朗在法国建立了一种新的理论，其中被称为原子核的基本基团变成了“衍生”基团的建筑材料。这个理论要求，在某些反应中，伯齐利厄斯的呈负电的元素替换呈正电的元素，但不改变化合物的性质。洛朗受到伯齐利厄斯的猛烈攻击，但他的理论最终还是被有机化学家们接受了。后来，杜马把它称为类型的理论。重要的是，类型理论要求有**相同元素结合的原子群**。

虽然有十九世纪中期这段混淆的时期，但化学家们还是更深入的挖掘有机化合物的结构。他们很快就发现，元素具有不变的结合能力。不论它们与之结合的原子的特性如何，这种结合能力始终是亲和单元的相同数字。然后，梦想来临了。弗雷德里希·奥古斯特·凯库勒在公车上出现了“幻觉”，他在幻觉中看到一些大型的碳原子形成了一个链条，还有一些小型的氢原子和氧原子摇摆于链条的末端，当两个碳原子被束缚在一起时，有两个单元就被使用了，六个对其他原子保持开放状态。碳化合物就是从这种构架中建立的，这种情况在有机化学中非常重要。后来，在1865年，凯库勒在根特（比利时西部一城市，在布鲁塞尔西北偏西处——译者）自己书房的炉火前打盹儿时，眼前出现了这些碳组成的链条，它们就像蛇一样扭动着，一直到其中的一条抓住自己的尾巴。从这场梦中，他得出了苯化合物的结构。无怪乎凯库勒认为，梦境可以把我们引向真理。

正当所有这些研究者们求索原子量和结合体积的难题时，答案出来了，就在那里，就在梦中。在法国的一份物理学杂志的一篇文章中叙述了这个梦，但没有引起注意。但在1811年发表的另一篇文章中却被当做无价之宝，这次是一个意大利人发表的，他的名字叫阿马德奥·阿伏伽德罗。但即使在1811年，它也基本上还是一个梦，很少有实验基础。因此就被忽视了。这个梦涉及无机气体，而那些有机化学家，他们自己的“梦”给了这个梦实质性内容，因此也就忽略了那个梦。

1860 年 9 月,第一届国际化学家大会在德国的卡尔斯鲁厄召 330
开。在那些著名的与会者中,有一位来自意大利热那亚大学的化学教授,他叫斯塔尼斯劳·坎尼扎罗,在这次会议上,他开始为阿伏伽德罗的梦想进行化学的十字军东征。

让我们来设想,阿伏伽德罗曾经说过,在等压等温的情况下,等体积的气体所拥有的粒子也是**等数量**的。从盖-吕萨克那里,我们知道了结合体积的比率,它在水是2:1。现在让我们来看两种气体密度的比率,氢和氧在等体积的情况下,分别是 0.07321 和 1.10359。设粒子数量相等(那个梦想),这个比率肯定就是其质量或重量之比,大约为15:1。因此,以体积之比为2:1形成的水之体积必然是**两个**氢原子和**一个**氧原子的结合!从原子的角度看这个问题,我们必须还要设定各种气体并不是单个原子的组合,而是以化学的方式结合起来的相同的元素构成的,而且只能在化学反应中分开。这就是说,各个气体都是由**分子**构成的,而分子是由一对相同的原子构成。因为水的分子式为 H_2O,氢原子真正的原子量应为氢气体分子重量的一半,这就是说,氧的相对原子量不是 7,而是大约 15。道尔顿没有考虑分子,他认为,水的相对原子量是 8,或者对于氧和氢来说是 7+1,因此他不可能同意盖-吕萨克的体积之比为1:2。但是,如果在一个单元素构成的气体中,其分子重量是两倍于原子重量,则问题就解决了。

化学家洛塔尔·迈耶尔报告说:“我恍然大悟”。终于,分子和原子的区别可以用来满怀信心地计算相对原子量了。终于,有机化学家的分子开始在无机化学中也有意义了。下一个逻辑步骤是看看是否在元素本身之间可以发现某种关系。迈耶尔要参与这个任务。

用纯粹化学的手段分离元素要求有大量的处于化合物状态中的这些元素。但有些元素是稀缺的,仅仅以微量的状态存在。人们早就知道,某些金属盐类在燃烧时释放出的火焰有不同的颜色。在阳光光谱中,可以见到暗线,而暗线和明线也可以见于元素光谱范围的不同位置。每一种元素事实上都有自己的明线暗线光谱,这些光谱不受化合物中其他元素的影响。1859 年,罗伯特·本生和古斯塔夫·基尔霍夫制造了一种新仪器,被称为光谱仪,用来展示这些明暗线。新的稀有元素通过这些光谱现身了。甚至太阳的光谱也揭示了一个前所未闻的元素——氦。就连天上的化学现象现在也开放了,以供人类审视。到 1869 年,元素的数目上升至 63 个。

在英格兰,约翰·纽兰兹按照原子量对元素进行列表,而原子量是按照阿伏伽德罗的假说计算的。他发现,把列表中的任意一个元素当做第一开始数起,数到的第八个元素,这第八个与第一个就具有相似的性质。纽兰兹说,这是某种周期性的重复,就像音乐中的八度音节那样。这就是他所说的元素八音律。这一发现是在
331 1866 年宣布的。但有些化学家嘲笑道:“干吗不按照元素开头的字母排列呢?”

在科学中,预言并不具有特别的说服力。季米特里·伊凡诺维奇·门捷列夫从俄国发出了他的声音,他预言,存在着新的奇特的元素,而且还预言了它们的相对原子量、甚至它们的化学性质。这是疯了吗?并不尽然。门捷列夫的工作是独立进行的,与纽兰兹无关,但他也指出了元素的周期本性。他发现,元素形成了族群,按照线性序列排布。其中,元素的性质似乎是它们原子量的功

能。每个族群也显示出自己族群的特征，第一组的全部原子以2:1的比率与氧结合，第二组是1:1，如此等等。当门捷列夫遇到元素周期表中的空间没有已知的元素来填充、却仍保持其周期性的时候，他就让它保持空位的状态。门捷列夫只要知道了那个特定元素群的特征，并且注意到了那个在元素周期表中的缺失元素的位置，他就敢于继续作出大胆的预测。门捷列夫的元素周期表是1869年问世的。迈耶在一年之后，也独立地研制出一张类似的表格。

科学预言**变成现实**是无与伦比的！1874年，一个新的元素——镓通过光谱仪被发现了。镓的性质完全符合门捷列夫的预测，其精确性令人称奇。门捷列夫曾把这个元素命名为准铝，因为在他的元素周期表中，该元素的位置位于已知元素铝的下方。事情就这样继续下去，就像玩宾果游戏那样，新发现的元素不断填充着空位置。元素周期表一定要完善，周期律最终使元素的混乱状态归为秩序。新的元素家族不断补充进来，气体元素氩在1895年被分离出来了，这种惰性气体不与其他元素结合。这个新的元素家族的其他成员也很快就显现出来了，氪、氖、氙，最后是氡，就像是变魔术，氦也落入了这个"显赫的气体"家族。门捷列夫自己也相信，根据元素周期律对神奇的以太进行化学分析现在可以做到了，他是一个预言家。

从社会有机体到物质的基本微粒，自然界似乎完全符合机械论和决定论。物质是由原子构成的，感觉材料是离散的，不连续的；任何一种现象，尽管都处于自然界，但它也可以被抽象得独立于**自然环境**，用数学的方法处理。把这些原理运用于技术，比如处理无机自然界的工程和处理有机生命体的医药，就创造了非凡的成果，这似乎就确认的科学研究的正确性，也确认了对实在描述的正确性。自然界的形而上学身份不再是母亲、教师、神的指引，不再是有生命、人性化的生灵，自然界的形而上学身份转变成冷冰冰的、无生命的和可令其屈服的"材料"。

除此以外，其他所有的自然观现在都被贴上原始的标签，或者贴上更糟的标签——愚昧迷信，这些都属于人类的幼年，要受到的待遇是蔑视。还有一些世界观来自西方以外的文化，它们被贬为考古博物馆中的展品，令人着迷，具有异国情调，但却很难与牛顿
332 物理学、生物学和医学同处于一个层面上。所有的文化因此也就接受着西方科学这个准绳的裁判，并且用它的话语表述，用它的透镜观察。其他所有的生活方式都要与西方人珍视的技术成功对照，技术是理论的实现和证明，这很像礼拜仪式曾一度是神学真理的客观庆典和证明。

牛顿本人或许也曾受到以他的名义创造的那个世界的冒犯。牛顿不同于他的许多狂热的追随者，他知道，这艘被称为科学的华丽船只仅仅是一艘小舢板，停靠在岸边。这条小船必须测试水的深度。但出海的时刻还是来临了。因为经典物理学就是要在未知的神秘之海中发现真正的危险，对它的航海技术有最高的信任。

早在1815年英格兰物理学家威廉·蒲劳脱就提出，许多元素的原子量就是被当做标准单位的氢原子量的整数倍。蒲劳脱就像神秘的炼金术士，他的观点是，如果原子量的建立是依据氢原子的算术重量，那么，物理学意义上的原子本身就是由氢原子构成的。蒲劳脱得出结论，氢原子必定是远古时代的原始物质，也就是牛顿的"宇宙"(catholic)物质。道尔顿的原子具有的是一种共同的**亚原子**结构。

没有化学家相信他。那是炼金术。我们肯定是到此为止了。但为了确认,让我们来问物理学家吧。

延伸阅读建议

COLEMAN, WILLIAM. *Biology in the Nineteenth Century: Problems of Form, Function and Transformation*(《十九世纪的生物学:形式、功能和转变问题》). Cambridge, Eng.: Cambridge University Press, 1977.

GOODFIELD, G. J. *The Growth of Scientific Physiology*(《科学生理学的发展》). London: Hutchinson, 1960.

HALL, THOAMS S. *Ideas of Life and Matter: Studies in the History of General Physiology 600 B.C. to 1900 A.D.*(《生命和物质的概念:普通生理学史研究:公元前 600 年至公元 1900 年》), 2 vols. Chicago: University of Chicago Press. 1969.

HEER, FRIEDRICH. *Europe, Mother of Revolutions*(《欧洲:革命之母》), trans. Charles Kessler and Jennetta Adock. New York: Praeger, 1964.

HUGHES, ARTHUR. *A History of Cytology*(《细胞学史》). London: Abelard-Schuman, 1959.

OLMSTED, J. M. D., and OLMSTED, E. HARRIS. *Claude Bernard and the Experimental Method in Medicine*(《克洛德·贝纳尔和医学中的实验方法》), New York: Henry Schuman, 1952.

PARTINCTON, J. R. *A History of Chemistry*(《化学史》), vol. 4. London: Macmillan, 1964.

ROE, SHIRLEY A. *Matter, Life and Generation: Eighteenth Century Embryology and the Haller-Wolff Debate*(《物质、生命和产生:十八世纪的胚胎学与哈勒－沃尔夫之争》). Cambridge, Eng.: Cambridge University Press, 1981.

WILLIAMS, RAYMOND. *Culture and Society* 1780－1950(《文化与社会 1780－1950》). New York: Harper & Row, 1958.

333 第二十二章　十九世纪的进步：经典物理学

十九世纪，有些物理学家或许说过："我们必须把万物都简化为机械模型。""物质的粒子在运动中，受控于力，严格地受到数学的限定，而且也用数学表达——这必然是我们的目标。"

有几个乐观主义者已经准备好要宣布胜利了："我们几乎完整地理解物理现象。我们的任务接近完成。"

更多的人皱眉道："谁能说我们如此多的机械模型不是物理实在的假说性的表征呢？也许这些轮子和弹簧的精密图像只是视觉上的帮助，不应该被认做是真正存在的事物。有一个巨大的断裂存在于理论和实在之间，我们可能永远也无法跨越。"

还有人感叹道："也许这样的模型最终是不可能绘制出来的。也许我们应该仅仅与数学表达式在一起。"

有人说："模型必须来自我们的以太和我们的力场。也许原子就是以太中的旋涡。"

终于，在十九世纪就要结束的时候，有人断言："原子不存在！一切都是能的表现形式。"

这就是十九世纪的物理学，这种物理学被许多历史学家称为"经典的结合"，或者称十九世纪是机械论的世纪，甚至是二十世纪风暴来临之前的平静。也许描述十九世纪的物理学可以用前两个

说法,第三个肯定是不适用的。不是平静:在那个世纪的新发现提
出了问题,并且促进了反思。很少有人相信那个机械论图像是完 334
整的。事实上,十九世纪开始了一个漫长而又痛苦的任务,这个任务就是反思牛顿的传统,就是重建这个传统,变革这个传统。物理学渐渐地离开了牛顿的遗产,并且预见到,在二十世纪,这种分离将转变成一场革命。

尽管物理学家们不喜欢超距作用这个概念,但在十九世纪的前数十年里,他们还是学会了与它相处。拉普拉斯的《天体力学》这样一个概念:由力支配的分子运动具有普遍适用性。包括热、光、电和磁的各种现象都可以还原为数学力学模型,它们的基础是力和质量,还有无法精确计算的流动性,就像万有引力一样。超距作用是在这种对称中的一个毛刺。

以热为例。本杰明·汤普森,也就是拉姆福德伯爵,他根本没有量化自己的实验,还犯下了这样一个错误:推断了大约两小时至永远热的生成,热具有流动性,是卡路里,它包围在物质的粒子周围。当气体受到压缩时,卡路里就被挤压出来了。粒子的吸引力和排斥力以及卡路里的量决定了气体的性质。热就像物质一样,既不能产生,也不能消灭(拉姆福德就到此为止),它只能被转化和传播。在一般情况下,不可精确计量的流动性的特征是微小的排斥粒子,服从精密的数学处理。

光呢?牛顿仅仅提出,光束可以是粒子,因为阴影的边界显得非常清晰,而且,我们都知道,光波会“绕过角落”,就是说,它们在物体背面传播。当然,光粒子是物质的又一种形式。此外,阳光携带热,电流使导线发出光和热,也许所有这些都是由同一种物质构成的。牛顿的“假说”变成了权威。1800年,天文学家威廉·赫歇

耳在自己的望远镜上使用各色的滤光镜片，以降低阳光光谱的耀眼程度，他发现，光谱从紫色移动到红色，光携带的热量是递增的，到了红外，热量还继续增加。赫歇耳的结论是，光谱包含“卡路里射线”，这符合斯涅耳定律。因此，这种“辐射”热就像光一样，能够被降解为由力支配的各种物质的分子。

但是，在十七世纪，人们就已经知道，在阴影的边缘，存在着明暗交替的条纹图案。牛顿环也显示了类似的图案。这种现象叫做光的衍射，它似乎提示，光线可以发生弯曲，从而也就提示了光的波动现象。惠更斯也是这么认为的。在十九世纪初叶，英格兰物理学家(后来也是埃及古物学者)托马斯·杨决定用实验来解决这个问题。他的实验表明，光的干涉现象毫无疑问是存在的，这只能用波动来解释。1819 年，奥古斯丁·让·菲涅耳向巴黎学院(Paris Academy)提交了一篇论文，内容是光的波动理论，从而再次用实验作出了确认。有些物理学家仍然不太相信，因为这有悖
335 于拉普拉斯的机械论。尽管如此，到了世纪中叶，波动力学还是战胜了光的粒子论。

想象一下，在一个平静的水面上，水波纹的传播。这是一种波峰和波谷的周期性现象，这也是一种通过介质产生运动的状态。在数学上，我们可以把波的高度称为振幅，波峰之间的长度称为波长，用希腊字母 λ 表示，在单位时间内，通过某个固定点的波峰数目称为频率，用 f 表示。波速等于频率乘波长。假设我们把两个振幅相等的波叠加在一起。如果它们是同步波动，这样，波峰对波峰，波谷对波谷，则它们的振幅就加倍了。如果它们不同步(译者更正：如果它们频率相等，但波峰或波谷错开 0.5λ 或者说错开二分之一波长)，这两个波就相互抵消了。见图 22-1。

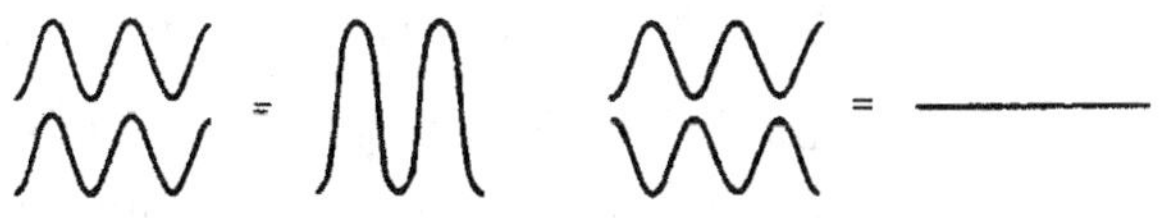

图 22－1

杨的实验就利用了波动的这些事实。他在一个板上做了两个狭缝，让一束光通过这两个狭缝投射到墙壁上。当光波同步地投射到墙壁上时，它们相互结合，就产生了更大的振幅，因此，就产生了一个明亮的条纹。当它们投射到墙壁上不同步(out of phase)时，它们就相互抵消了，产生了一个暗条纹(想象一下，光的叠加反而更暗了)。明暗相间的条纹被称为干涉现象。杨和菲涅耳相信，这只能解释为波动。

现在的问题是，如果波动就是一种通过介质的运动状态，那么，光的波动是通过什么介质呢？这就需要我们为光“想象”出一种介质。先让我们把这个想象的介质称为**传播光的以太**。因此，我们想到的问题就是：以太有什么性质？

杨和菲涅耳起初认为，光波是纵向的波，也就是说，它的扰动方向与传播方向一致，就像声波一样。因此，以太必然是一种不可精确度量的微小粒子的流动，就像气体或液体。在牛顿的时代，人们就已经知道，一种特定类型的晶体(冰洲石)可以把单独一束光分为两束，称为双折射。这两束光是有区别的，而且它们也有别于普通光束，因为当它们进入另一个冰洲石的时候，它们不会重新结合成与原来相同的的单一光束。旋转这第二块晶体，甚至会消除这两束光中的一束。这种现象被称为**偏振**。牛顿在解释这种现象时说，光具有若干个面。为了用波动说解释偏振现象，菲涅耳在

1821 年得出这样的结论:光波与声波不同,光波是横向传播的;其扰动是在一个垂直于光的传播方向的平面上进行的,而且这种波动发生在垂直于光线的各个方向上,其中一些被偏振片阻止。遗憾的是,那种古老的流动性介质或者说是以太,其刚性不足,因此,不能满足横向波动的传播。以太必须是一种既有极大的刚性,又
336 有弹性的固体才能以极大的速度传送光波。事实上,它必须是“无限靠近的”粒子的连续体,通过接触来承载波动。超距作用不适合光学的以太。然而,物理学家使用微积分的方法发现,他们能够用数学方法适应刚性的以太。

天文学能否适应以太呢?以太必然充满宇宙,因为哪里有光的存在,哪里就有以太的存在。现在,如果以太是一个有弹性的固体,那么,行星怎么通过它来运动,而又没有摩擦力、从而没有速度损失呢?人们提出了很多模型。例如,十九世纪四十年代,乔治·斯托克斯提出,以太对于光来说是固体,而对于物质来说则是流体,这种流体就像果冻一样。这种怪异的解释也许引起了科学家对波动理论的怀疑。但到该世纪的中叶,利昂·傅科的实验显示,光在水中传播的速度比在空气中慢,这就与粒子论产生矛盾,因为存在着吸引。天文学也有其他一些反例。

早在 1676 年,奥拉夫·勒默尔就观察了木星的一个卫星或者说月亮发生月食的情况,从中计算出了光速。其根据是,地球在自己的轨道上接近木星时,月食就来得早些,地球远离木星时,月食就来的晚些。勒默尔的推理是,光跨越地球的轨道时,是要花费时间的。他知道地球轨道的直径(那个时代是估算),他就能计算出光速。虽然光速极快(今天计算出的光速是每秒 186 000 英里,勒默尔计算的结果略小于这个数字),但我们已经看到,波动说和以

太说可以解释光速。然而,它们还必须解释另一项观察。在十八世纪二十年代,詹姆斯·布拉得雷寻找过那种古老的恒星视差,一开始他相信他找到了。但是,他发现了在恒星中有微小的错位,而这种错位并不在预料的方向上,也不与地球运动方向成直角。布拉得雷确认的情况是,由于地球的运动,来自恒星的光有微小的错位,而恒星似乎在地球运动的方向上有微小的错位。这种错位的计算取决于地球轨道速度与光速之比。这一现象是一种光学效应,被称为像差,布拉得雷从而也就能够计算出光速了。布拉得雷坚持光的粒子论,并且毫无困难地解释了像差,就像地球跑入了由光构成的冰雹中。

像差能否用波动说来解释能?是的,但有一个条件:地球与以太之间有相对运动,如果以太与地球同时受到承载而一起运动,光也会一起运动,那就不会有像差存在。因此以太必须是固定不动的,而且让物质自由地通过。一个绝对固定不动的以太应该让我们想起另外的情况。它不是与牛顿的绝对空间很相像吗?这种以太难道不是一个权威的参照框架吗?我们难道不可以用光学实验来确定地球与以太的相对运动吗?按照这个推理线索,弗朗索瓦·阿拉戈早在1818年就做过一种尝试,它被称为“一阶”实验,也就是从一个透镜的折射率来确定地球的速度(v),这就取决于光速(c)。如果说地球的运动是朝向一个恒星的,那么光速 c 就应 337
该更大,大出的部分就是光在透镜中传播的速度(也和玻璃材料有关),当我们在六个月之后远离恒星时,光速 c 就应该减去光在透镜中传播的速度。阿拉戈发现这种没有差别!

现在,(鉴于光是一个重要的**物理**现象)这里就有一个大难题,这个难题崩溃了,崩溃在遥远的十九世纪那明亮天空衬托下的地平线上。杨已经用实验展示出光的波动本性;布拉得雷凭借观察表明了像差的事实。波动是一种运动状态,它发生在一些物质性的介质中;地球也是在这个介质中运动的,这种介质被称为以太,如果我们再仔细考虑一下,就会知道,这种情况最终提供了一个良机,让牛顿通过实验和观察所设想的绝对空间坚定地树立起来了,而且是以客观的方式。绝对空间将不止是一种抽象的数学名词,也不止是设想的、但却是未经证明的假说等等……

各种已知事实都要求用实验来探测地球通过以太的运动,但却失败了。我们必须记住,十九世纪人们对"实在"所做的全部美好设想都建立在一个更大的信念和信仰的框架之中。理性本身受到了威胁。

菲涅耳找到了一个有独创性的解决方法。他同意,以太确实通过物质自由流动,因此,在玻璃内部就会滞留更多的以太,滞留量取决于玻璃的折射率。菲涅耳运用了这样一个思想:被滞留的以太是通过静止的以太运动的,由此他计算出一个公式来描述在运动中的玻璃的中的光速,这似乎就回答了阿拉戈的那个否定性的实验。后来,到了 1851 年,H.斐索用测量在运动中的水中的光速来确认了那个公式。唯一的困扰就是,菲涅耳的理论要求的是,光的颜色不同,在以太中的滞留量也不同,因为折射率还取决于光波的频率。

波动说及其难题在机械论的框架中是一个不小的反例。尽管许多指向这个反例的经验事实在牛顿时代还无人知晓,而牛顿本人也坚持不懈地反对波动说;波动说就像艳俗的颜色一样,与他自己理论基础那水晶般的纯洁发生了冲突。波动说不适合牛顿的那种半宗教的、本能的和审美的"绝妙的一致性"。因此他拒绝波动说。就像阿尔贝特·爱因斯坦写道的:牛顿这样做是“正当的。”

十九世纪的上半个世纪,精致的机械论服装显示的就是人为的拼凑(被滞留的以太)。当然这种判断本身也是武断的,因为在那个铁和蒸汽的世纪里,我们不再关心自然界这件长袍的美与和谐(哥白尼、开普勒和牛顿等),只关心自然界这个锅炉的动力和容量。在他人的眼中,这样的丑陋拼凑也许只是缕缕蒸汽,就像金钱的浮云从眼前飘过。

同时,另一个反叛在英格兰酝酿,这次是针对电和磁的不可计量的流动性。迈克尔·法拉第自从1812年以来,一直在汉弗莱·戴维的实验室工作,是戴维的助手。他研究的是电流对溶液的影响。法拉第是铁匠的儿子,曾经一度给书籍装订商当学徒,他是一位心灵手巧的实验家。法拉第基本上是自学成才的,数学基础薄 338
弱,但他却拥有鲜活的物理学的知觉知识,他的思维是形象的,而不是抽象的公式。他喜欢称呼自己为自然哲学家,而他也名副其实。

法拉第这位自然哲学家做的是电解实验,他相信,电流远非不可计量的,电作为一种力,具有物质的固有属性。在德国,其他的自然哲学家观察世界的角度是统一的力,这与法国人对物质首要属性的观点形成对照。康德在讲课时说,因为我们仅仅是通过力才知道物质,因此,不是物质,而是力才是科学现象的基础。英格兰诗人塞缪尔·泰勒·柯尔律治对科学感兴趣,他在德国吸收了这种哲学。柯尔律治返回英格兰后访问了戴维,他是从事诗歌写作的科学家。法拉第就在那里。

在哥本哈根大学,汉斯·克里斯蒂安·奥斯忒也在思考着力,思考了电和磁这两种相互分离的流为例。奥斯忒受到康德的启发,他想到,也许电和磁是一种力的两种表现。人们当时知道,闪电能把铁磁化。1819 年冬天,奥斯忒尝试表明它们的统一性。一开始他失败了。他把一根被磁化的针置于与电流正交的位置,但什么也没有发现。没有吸引现象。然后,也许经过这次挫折,他又把磁针与导线平行放置。当电流通过时,磁针旋转至与电流正交的位置。牛顿发现的吸引力是作用在一条线上,而电磁效应则不同,电磁效应是圆环状。

法国的 A.M.安培认为,也许磁事实上就是电,那两个极就是两股电流,是沿着一个微小的圆环围绕着磁铁的轴心流动。因此,他把两个封闭的环形电流相互靠近地放置。如果电流是同方向的,则出现吸引力,如果是反方向的,则出现排斥力。这种电流对电流的力可以被形式化为平方反比定律。这就是超距作用,这种两股电流之间的相互作用也许是通过以太发生的,安培就是这么认为的。

法拉第不相信这种情况。他的电化学实验似乎与电流矛盾,他通过实验发现了电磁感应现象。

他发现,他可以用磁铁使电流在导线中流动,就像安培表明的那样,电流引起磁效应,但只是在磁铁相对导线运动时,或者是当导线相对磁场运动时。此外,一股电流可以引起另一股电流在导线中流动,但只有当第一股电流开始或停止的时候,也就是电流发生变化的时候。我们又一次涉及运动。几乎是出于巧合,法拉第发现了电动机和发电机背后的原理。怎样解释它们呢?

法拉第进行自己的工作是凭借形象思维,而不是数学抽象。
339 他的想象是,一些看不见的**力的线**向空间扩散开。磁力线从磁极中萌发出来,电力线则来自电荷。起初,他认为这些线是某种介质中的粒子被极化后排列而形成的，就像碎铁屑撒在磁铁附近所构成的图形那样。但他已经拒绝了那组不可度量的东西——流体，这就提出了这样的问题：为什么引入其他东西？在粒子之间必然存在真空——超距作用。他开始怀疑这种情况。而他的曲线状的磁力线似乎回到了那个磁铁，就像一张网。人们可以把这些磁力线想象为无穷多，以至于在微积分中它们融合在一起，形成了一个平滑的**力的场**。如果力是人类经验的首要现象，那……

到了十九世纪四十年代，法拉第准备把他的磁力线想象为在空间形成一个真正的物理场，它处于一种张力的状态。当运动的导线穿过磁力线时，或者运动的磁场穿过导线时，穿越导线的磁力线的数目就发生变化，这就是感应现象。大体上说，所有的电磁效应都可以被解释为场之间的互动，它们的受力状态是被运动引发的。那么，为什么这种力和物的二元论得以继续存在呢？物质是否为各种力的集合，而空间就像渔网那样处处充满了力的线呢？力的传播很可能是通过沿着这些线的振动，如波动。对于法拉第来说，空虚渐渐地消失了，代之而起的是原子论。只有力的场保留下来了。

格拉斯哥的威廉·汤姆森教授（他 1892 年成为开尔文男爵）思考过法拉第的力线。开尔文是一个兴趣出奇广泛的人，而且他也是一位数学家。他与法拉第互致了信函，并且把数学运用到法拉第的力线中。他发现，在他的方程和约瑟夫·傅里叶的方程之间，存在着有趣的类似。傅里叶 1822 年用数学的方法研究了热在固体中的传导。开尔文的态度是谨慎的，数学上的类似仅仅提示物理关系。但还有其他情况。法拉第已经观察到了一个轻微的旋转，旋转发生在偏振光的振动平面上，光是通过磁场中的一块玻璃后发生偏振的。在开尔文的心目中，这就是提示在热、光和电磁现象之间有某种广泛的统一性。开尔文与法拉第不同的是，他的目光又落到了以太上。1858 年，他提出了一个动态以太的复杂理论，该理论类似于流体运动力学，其基础是流体中的旋涡原子或旋涡的概念。蜘蛛网再次成为以太。

开尔文鼓励另一位苏格兰人研究法拉第的工作。这就是詹姆斯·克拉克·麦克斯韦，他 1832 年出生于爱丁堡一个富裕的家庭。就像开尔文那样，麦克斯韦是一个兴趣广泛的人。尽管他拥有足够的财富，不必以从事科学来谋生，但他追求的是一种学术生涯。1871 年，他担任了剑桥的实验物理学会的第一任主席，筹划著名的卡文迪什实验室的发展。他即使不能与牛顿相比，或许也是十九世纪最伟大的物理学家。但他的物理学属于联系，属于关系。他是爱丁堡大学的学生，曾聆听过威廉·汉密尔顿爵士（不要
340 与那位爱尔兰数学家相混淆）讲授的康德的知识相对论课程，汉密尔顿是一位形而上学教授。汉密尔顿说，我们所能知道的仅仅是事物之间的关系，绝不是事物本身，绝不是事物的本质。简言之，麦克斯韦就像法拉第一样探索物理学，只不过麦克斯韦还是一位优秀的数学家。

开尔文曾尝试把法拉第的力线简化为一种以太的动态情况。1850 年，麦克斯韦开始走上相似的路径，他精心绘制了这些线条的几何模型，并且想象着它们就像管子，里面充满了一种不可压缩的流体，以此来解释力的强度。值得注意的是，麦克斯韦对此持谨慎态度，他认为，开尔文的流体甚至连“假说”都不是，只是一种对流体动态情况的数学类比。不久，他又有了其他类比，这些类比虽然奇特，但还是富有成果的。

1861年，他想象出一种蜂巢或细胞状的电磁介质。现在，这个场（它**是**一个场！）是一种流动的以太，充满了个体细胞或旋涡，它们的几何排布呈现出的是法拉第的线。细胞旋转着，就像玩具风车，它们的角速度对应于场的强度。在这些细胞的层次之间，麦克斯韦绘制了若干"惰轮"，就像滚球轴承那样。这些惰轮的作用是，让细胞在相同的方向保持转动，就像一些常见的机器那样。这是科学吗？不论它是什么，这个模型包含着惊奇。

细胞的转动产生了离心力，使得细胞被压紧，并产生出一种放射压力——张力。这些压力构成了磁。惰轮被等同于电，在导体中自由运动，而在绝缘体中则被固定。细胞有弹性，因此在场中因受到各种力而变形。惰轮中的稳定电流不应该扭曲它们，但一个突发性的变化，如电流的启动和停止，就会使细胞的弹性扭曲传递一个脉冲。因此传导是一种流动，而感应则是一种受力情况，是通过细胞的一种拉力传递。全部情况似乎离奇得令人失望，但麦克斯韦知道是怎么回事。他承认，这种模型是"笨拙的"，但也有非常有趣之处。细胞的弹性扭曲是由转变中的惰轮引起的，这种扭曲的意义是电流的有弹性的力不再局限于管子流动的流体之中。这就仿佛是一种瞬间的脉冲可以自由地散播到周围的细胞场之中。

这种"笨拙的"的模式仅仅是第一步，之后，麦克斯韦开始建立方程来描述这种有弹性的场，并且兼容所有已知的电磁定律。渐渐地，细胞和惰轮退出了，取而代之的是纯粹的数学表达式。但有一个东西没有退去，那就是弹性力的瞬时脉冲。麦克斯韦发现，在他为电和磁建立的方程之间，有一个美丽的对称，而且仅仅是在他保留了电荷瞬时流动的情况下。这必须被算作是电流了，唯一从任意导体"被移动的"电流。这就是为什么麦克斯韦把它称为"位移电流”，不是在导线中的电流，而是“电流的启动”。由于有了这种位移，他的电与磁方程的方程就被证明几乎是等同的。

341 情况不止于此。麦克斯韦看到，他为场建立的方程预测到应该存在电磁波！更进一步地说，这些电磁波是横波，就像光波那样。因此，它们必然是以某种速度传播的。现在，德国物理学家努力寻找有多少个静电力的单位（在两个静止的电荷之间的电力的单位）存在于电的一个电磁单位（两股电流之间的磁力）。它们计算的这个在两个单位之间的比率为 3.1×10^{10} cm/sec.。傅科的光速是 2.98×10^{10} cm/sec.。二者接近一致。与麦克斯韦的电磁波的速度也接近一致。而法拉第也曾表明过，光受磁场的影响。因此，麦克斯韦做了科学史上最伟大的联系：光是电磁波，由横波构成，其传播介质与电磁波是相同的。光学和电磁学现在统一了，都是辐射。波长和频率决定了波的特征。从这样“笨拙的”开端迸发出了无线电收音机、电视，还有一大批现代技术奇迹。

麦克斯韦 1873 年发表了他的著作《电磁专论》（*Treatise on Electricity and Magnetism*），其中他给出了一系列的方程，后来被其他人简化为四个基本方程。他的方程描述了电磁场的性质和电磁波的传播。那种机械的形象思维消退在背景里了，取而代之的是经过综合的功能，还把库仑定律和安培定律融入法拉第的力场中。他的方程定量地描述了静电场和磁场，圆形电场是由一个变化的磁场建立的，而圆形磁场则是围绕一个稳定的或变化的电场建立的。因此，变化的电场产生磁场，又因为这个磁场也随时间变化，它又反过来产生一个电场，以此类推就推演出电磁波的存在。

对于包括开尔文男爵的许多物理学家来说，麦克斯韦在《电磁专论》中，放弃了物理学理解中幽灵般的抽象。麦克斯韦本人承认,在他的方程中,有许多机械模型都是可行的。而它们也确实展示出一种独特的和谐,它们确实给出了效应之间的关系。麦克斯韦相信,肯定存在一种以太来承载波动,并且保持着场中的能量。赫兹认为,麦克斯韦的理论并不仅仅是他的方程,赫兹也在数学表达和机械模型之间做了区别,他相信以太必然存在。遗憾的是,麦克斯韦的生命没有延续到他的理论受到辩护的时刻。1888 年,赫兹成功地制造出了波动,并且发现,波的行为与麦克斯韦的预言是一致的:波动发生干涉,而且可以被反射。也是赫兹,他简化了麦克斯韦的方程,完全避免了涉及机械的或“具体”的模型。但是,赫兹也承认以太的必要性。这里,对以太的假定再次使我们重新回到了那个难题,即诉诸物体(如地球)通过以太进行机械运动的那种解释。显然,更精确的实验是必要的,而物理学家一向很精明,炮制出了这些实验。

我们将在下面看看他们发现了什么。十九世纪的物理学家们 342
还有另一个伟大的综合要实现,还有另一个不可计量的问题要征服,这就是能量的概念,卡路里的概念,热的概念。傅立叶研究了固体对热的传导,认为,它的效应和它的本质不能归结为机械力。热在宇宙中显然起到了重要作用,而且推动了蒸汽机的机械运作。困难其实不是卡路里——傅立叶拒绝说热的本质是什么——困难是这个理论,热是守恒的,因此不能被转变成其他东西。

蒸汽机做功,工程师把功定义为力乘以距离。功也被称为功能负荷或功率。那么,在蒸汽机的运作中,热怎样做功呢?

1824 年,法兰西的军官卡诺·萨迪出版了一本 118 页的小书,书名是《思考火的动力》(*Reflection on the Motive Power of Fire*)。这次,卡诺接受了卡路里理论及其守恒论。他看到,在詹姆斯·瓦特的蒸汽机中,实质性的条件是温差:把热提供给锅炉,锅炉在汽缸里产生蒸汽的膨胀,当蒸汽通过冷凝器时,等量的热就被吸收了。卡诺认为,这个过程与水车类似,温度的下降或者热从一个热的物体向冷的物体的流动产生出机械功,就像下降的水推动轮子一样,热和水一样不会被机械功消耗掉。

考虑卡诺的循环,产生功的是热的下降,这是一个单向过程。但是,我们可以想象,在一个理想的状态下,可以有一个逆向过程,也就是从冷向热的变动过程。但这样消耗的功比蒸汽机本身产生的功要多,因为这是一个反抗的过程,也就是说,逆热的自然流动方向而动的过程。因此,处于相同温度的两个蒸汽机必须拥有一个效率上限,因为更大的功效会驱动较小的功效反向运转,让热条件保持不变,才能产生出纯粹剩余的功。结果就是永动机。然而,卡诺的思想是荒谬的。热的方向性流动及其守恒是他循环的基础。但是,在他 1832 年死于霍乱之前,他已经开始产生疑问:也许热没有守恒。

詹姆斯·普雷斯科特·焦耳是一位英格兰啤酒酿造商的儿子,他在十九世纪四十年代对这个问题进行了思考。让我们来看另一种发动机,这种机器产生一种电流。功产生电流,而电流产生热。就像拉姆福德伯爵那样,焦耳设想,机械功确实产生热,他使用自己的机器,就能够把机械量值转化为热。焦耳说,从一定量的功中,始终会得到完全等量的热。二者是相互转换的。焦耳还用气体做了一个著名的实验。压缩气体需要做功,其结果是气体的
343 温度有明显的上升。而这种能够感觉到的热真的是潜在的热被挤压出来了吗?气体的膨胀需要有热被注入,因此显然有热丢失了。焦耳发现的基本情况是,当气体膨胀并且不做功时,比如说对活塞

有反作用时,没有热丢失。但气体膨胀对抗某种内部的力时,就需要更多的热,因此就做功,因此就把热转化为功。热具有机械量值,从而可以引申出,绝对的温度尺度可以建立在热的机械量值之上。热没有被保存,而是转变为功了。

这看起来是否非常混乱?对威廉·汤普森、即我们未来的开尔文男爵确实如此。他接受了卡诺循环,因为它已经在1834年被埃米尔·克拉佩龙复兴和数学化了,他也打造出了**热力学**这个词。他明白了卡诺的转化是怎样与焦耳的转变相互矛盾的。他注意到另外的情况。当热从物体热的部分传导至冷的部分时,就达到了平衡,这种情况傅立叶不是已经表明了吗?确实如此……但这种温度的下降应该产生出什么属于功的东西呢?被保存的东西是什么?

德国的生理学家们已经开始怀疑,生命体产生的热是与他们所消耗的功成比例的(罗伯特·迈尔)。赫尔曼·冯·亥姆霍兹的论证是,所谓的生命力肯定是自然力的一种改进形式,说白了就是,一种独立的生命力可以使动物成为永动机。各种力,包括动物的心脏、机械功等等,都是可以转变的,因而也就是守恒的,遵从一种宇宙守恒定律(他的书出版于1847年,书名叫《论力的守恒》)。让我们以力学为例。在两个非弹性的物体碰撞时,某些我们的那种老的"生命力"就被消耗了,就像焦耳说的热。哦,亥姆霍兹还说,这只是转变成了"张应力",就像给钟表上弦一样。但这里有一个重要的思想,某些生命力产生热。因此,热是力的另一种形式。而力的总守恒量必须是生命力和张应力之和。就像康德那样,亥姆霍兹也相信自然界的本质是力,而不是物质。

力这个词的使用对许多事物来说是不精确的,是令人困扰的。

需要有一个新的词，这个词应该体现各种力之间的相互转换性以及它们守恒的较高水平。因此，到了十九世纪中叶，一个新的词被“创造”出来了，这就是**能量**。宇宙间的能量是一个常数，既不能被产生，也不能被消灭，这就是热动力学第一定律。张应力因而就是潜能（做功的潜能），而运动的能量就是动能，它用功来度量，功就是力乘以距离（把牛顿的力 $F = ma$ 和伽利略的距离公式是 $S = \frac{1}{2}at^2$ 相乘，用 $v = at$ 替换，因此，功能公式就是 $W = \frac{1}{2}mv^2$。）

那么，卡诺循环有什么重要意义呢？它是错误的吗？德国的鲁道夫·克劳修斯回答说：不，热流定理是完善的，焦耳定理也是如此：热在功中被消耗。必须放弃的是热守恒。能这个更高级的抽象则是守恒的。克劳修斯把卡诺和焦耳加在一起就显示出，这
344 两个过程可以同时发生，有些热被转化为功，而有些则降至一个更低的状态。卡诺循环实际上表示的是第二定理，即热流的不可逆性。克劳修斯也否定了永动机的可能性。

开尔文男爵也渐渐地理解了这个答案。卡诺循环正如克劳修斯修改的那样，真正体现的是，在自然过程中，同时也是在傅立叶的现象中，热流的不可逆性。一些热必然消散在环境中，永远地丢失了，而不是被消灭了。通过摩擦或辐射，热被丢失了，不能使用了，而且不可恢复。现在，热是一种能的形式，宇宙中的总能量是一个常数，所有的物理过程都需要能，能必然经过筹划才能用，但有些能总是通过热的消散而丢失，因为热在宇宙中寻求一种持续的平衡。因此，可以得到的能量被永远丢失。开尔文宣布，这种倾向是普遍的，只有神的干预才能恢复消散的能量。因此，全部历史也就具有的方向。我们已经看到，开尔文计算出，太阳之热的丢失带给达尔文的进化是沮丧。

1865年,克劳修斯为不可逆的过程建立了转变的数学等值系统,并且为这个普遍的倾向打造了一个词:熵。宇宙总能量的倾向是达到平衡,这种情况被指定为熵的正值。因此,我们就有了那个著名的第二定律:宇宙的熵趋向于最大化。在未来的某个时刻,可利用于做功的能量在宇宙中将达到一种平衡状态,所有的自然过程都将停止,就像亥姆霍兹说的,从那个时刻起,宇宙将永远处于一种静止的状态。世界目前所呈现的情况是,它没有终结,即没有“热死亡”。

我们现在还知道,我们不能拥有实体性的热,因为热可以被转变为其他形式的能,只有炼丹术士才相信实体性或质料性的转化。牛顿等人早就在推测,热实际上是一种人体对运动中的分子的感觉。分子在气体中碰撞,从容器的各个面反弹,这就给出了温度和压力;分子在固体或者液体中振动就产生了辐射热。在十九世纪五、六十年代,克劳修斯和麦克斯韦给出了这种过程的数学描述。较热物体中的分子运动较快,从而也就拥有更大的动能,当它们的动能丢失给运动较慢的分子时,我们就称此情况为能的散播,这时的能表现为热。

让我们来考虑气体中的分子。气体的总动能实际上就是其分子动能的总和。因为动能是运动中的能量,气体中的分子则被描绘成刚性物体的碰撞和在气体中的旋转,处于随机状态。在理论上,我们能够运用牛顿的动力学跟踪一个单独分子的复杂轨迹。但在实际上是不可能的。因此,我们必须从该气体的综合性质来推断。麦克斯韦就是这样建立起他的气体动能理论的。

处于随机运动的个体分子,在任意瞬时必定处于获得或丢失动能的状态。由此可见,在任意瞬时,某些分子具有更多的动能,

其他一些分子具有较少的动能，想象某种气体，它所具有的动能是
345 一个常量，在任意给定的瞬时，它的个体分子都具有不等的能量，而且它们都朝向下一个瞬时变化。动能总量怎样才能从这种混沌中计算出来呢？麦克斯韦说，简单，我们采取平均的方法。简言之，采用各个时段的平均值，我们就可以**设定**气体的动能总量在处于不同自由度的个体分子中是均分的，这些自由度包括转化、旋转和振动等。因此，我们处理的这种问题属于美国物理学家乔赛亚·威拉德·吉布斯所称的“统计力学”。麦克斯韦的工作得到了两个人的继承和发展，他们是吉布斯和维也纳的路德维希·玻耳兹曼，对于实际的计算来说，统计力学变得非常抽象。

统计学(statistics)这个词是从德文 statastik 来的，首次使用是在 1749 年。作为一门学科，统计学最初处理的是一些用数字表达的重要事实，这些事实对政府很重要，它们包括贸易、农业、地理、人口等等。因此，这种技术是纯实际的，而且似乎有点雕虫小技的意味，但在十九世纪，它的意义却大得多；这种经过改进和扩展的计算方法，就变成了统计微积分学，有了新的重要意义。统计学最终被证明是乐观的十九世纪对二十世纪科学最重要的贡献。有一件事情尽管在思想史上并非不常见，但仍然具有反讽意味，这就是，用于二十世纪物理学的统计学，其意义和重要性发动了一个直接的攻击，攻击的对象是那个过去的世纪中决定论(或乐观主义)的堡垒，而这个堡垒是在那时发展至完善的程度。

决定论对偶然性，理性反对非理性，在混沌的表面现象中寻求秩序……统计学得以进入科学殿堂走的就是这几扇门。在大量的现象中，如犯罪、革命，乃至于个人随机的生理特征，所有这些似乎给简洁的牛顿世界注入了偶然性这个不受欢迎的因素。然而，在

个体层面上具有明显随机性的因素，在集体层面上则显示出理性，这就是说，统计学可以被用于预测集体行为（例如，甚至犯罪也具有了合法性，这似乎是一种反讽，在任意给定的人群中，会有如此之多的凶杀案），而且预测得相当准确，包括猜测、直觉和主观性，也许，有一天，还有各种不合理性。

在十九世纪结束之际，皮埃尔·拉普拉斯用概率替换了偶然性。概率提出预测，但偶然性则不然。偶然性显示的似乎是，在事物本性中，存在着固有的随机性。但这样的思想不再被接受，因此，就像经常发生的情况那样，语言的变化就是实在本身的变化。偶然性只是对各种条件的无知，对众多的、几乎是无数因素的无知，这些因素影响着某个系统先前的状态，对同一系统结果性状态的**准确**预测就因此而受挫。至少是在理论上，每一个系统的未来情况已经被严格的确定了；在实践上，由于**总体知识的缺乏**，某些事情的发生似乎没有明显的原因。但这种现象是一种光学的幻想，其基础是我们自己有限的知性。“概率演算”现在替代了纯粹 346
的偶然性，来驯服这种讨厌的混沌状态。

因此统计学曾经与十九世纪的决定论世界观保持一致的。它的先驱之一，比利时人阿道夫·凯特尔，把统计学理解为社会科学普遍的新方法。大数目的合法性显示在社会领域中固有的合法性，尽管社会领域最初看起来，不像物理世界那样拥有硬性的定律或法则。凯特尔的统计学似乎表示，规律性无处不在：“道德统计学”表明，甚至对于最可憎的犯罪，都有“恐怖规律性”。

凯特尔曾经收集大数目的测试数据，并且经过统计学方法的处理，他因此也就能够建构一个**平均人**，他做得比玛丽·雪莱还好，这种平均人仍然类似于怪物。在那个世纪的后期，弗朗西斯·

高尔顿把统计学用于“遗传性天赋”的问题，排除了人的性格取决于环境的原则，从而启动了所谓的天然/教养的辩论，这些词正是高尔顿自己打造的。高尔顿也对立于“非理性”的宗教信仰，而使用统计学可以“显示”“祈祷的功效”，即是否祈祷带来了客观优势(它没有)。

自然神学中的秩序世界似乎就是统计学的家园；的确(除达尔文外)，统计学给出了进一步的证据支持理性的维多利亚的上帝，这个上帝通过可见的秩序与合法性揭示了自己。即使是大数目，也就是所谓的随机事件的采集，也已经被神的意志产生的万能精神注入的秩序。因此，虽然统计学把奇迹与神秘从这种非常恰当的居所之门提取了出来，但它仍然威胁要把人的自由意志束缚起来。然后是什么情况呢？如果抽象的“人”，即凯特尔的“平均人”，或者弗朗西斯·高尔顿的天才人物，或者马克思的“阶级的人”，受到某种决定论的社会万有引力的主宰，或者受到某种固定不变的生物遗传的主宰；如果现在用数学表示的定律被证明，对于那些可以被标示为工具性缺失(我们对个体事件的无知)的因素来说，具有合理的近似；那么(这里有一个恰当的推论)，个体的自由意志则必然是一种光学幻象。

因此，如果说十九世纪建立的不是规则，不是游戏，不是游戏场，也应该说是奠定了基础，这个基础是为另一种辩论奠定的，这个辩论狂热依旧。

然而，随机性是一种不可靠的概念。把任意的事件或者事件组说成是“随机”或“无因果性”，甚至说成是“非理性”，就是把**秩序**给了那个正在被研究的现象(如同巴门尼德用“虚无”这个概念所表示的内容那样)。此外，亚里士多德早就知道，所有的演绎都始于归纳。但归纳在时间或空间上对于一个有限的心智来说绝对不可能是完全的。像拉普拉斯那样在理论上设定一个无限的心智，这种做法类似于欧几里得的平行线假设：我们终究被降低到信仰的层面（平行线无限延长，永远不相交，或者说所有的事件都严格地被先在的条件所决定），这实际上是非理性的（从信念到相信，毕竟是一个飞跃）。简言之，我们发现自己所处的情况类似于禅宗的 347
学生对一个公案（koan）的冥想，在面临不可填补的悖论断裂时，思想最终要停止。

尽管如此，如果统计学滞留在物理学之外，所有这些哲学思考也许仍然是空洞无物的。但麦克斯韦是一个信仰宗教的人，深感自然科学的能力和局限，尤其是在神学领域内。麦克斯韦的宗教信念对于物理科学来说，如果不是颠覆性的也是深刻的推论。尽管统计学对于凯特尔这样的人来说意味着合理性，但对于麦克斯韦来说，统计学，尤其是概率理论，表示在科学的心脏部位物理学中存在着固有的偶然性。同一个数学方法可以被解释为表示两种完全相反的意义。统计学可以用来攻击决定论的。偶然性、通量、随机性——自由意志（人或神）不是社会法则的副带现象，不是人的无知，而是实际状态。

因此，麦克斯韦把统计学应用于分子运动论，这并不简单地是科学自身发展对物理学具体难题的回应。它更是信仰引发的、也许是直觉引发的一个步骤，但它首先是一般的和单个的历史语境，物理学被镶嵌在其中，就像矿物被镶嵌在地球里一样。

此外，统计学在物理学中的实际应用设下了若干难题。例如，如果把均分定理用于气体中具体的热量，似乎并没有很好地解决问题。麦克斯韦在 1875 年承认，分光仪显示，分子内部非常复杂，这就要求增加更多的自由度。当物理学家尝试考虑这些额外的变量时，对于实验确定的各种气体中具体热量来说，由均分定律给出的各种平均值变得特别高，而均分定理对气体中的具体热量是应该有所预测的。同时，人们也知道，杜隆—珀蒂定律常常遇到一些奇怪的例外，在较低的温度下这些自由度甚至有所下降。简言之，人们不得不设定，存在着各种对自由度的限制，并且有一些自由度丢失了。玻耳兹曼认为，在固体中，这些自由度的丢失是因为在相邻的格点上，原子"粘连在一起了，而且是在低温下"。那么，他们怎么能在气体中粘连在一起呢？玻耳兹曼在1895年说，也许我们必须考虑以太了。以太和气体之间不能达到热平衡，因此，这个理论不适用于以太和气体结合的系统。

更糟的是熵。想象一下，有一个房子被分隔成两间，其中的一间中有热的气体，另一间则是冷气体。因为动力学理论只涉及平均值，我们必须承认，在热气体中有一些分子比另一些运动得慢。而在冷气体中有些分子比另一些运动得快。现在，麦克斯韦说，想象一个具有非常锐利感官的精灵站在两种气体之间的屏障处，打开和关闭毫无摩擦的门。这个精灵被他称为魔鬼，他只允许冷气中快速运动分子进入热气体，热气体中的慢速运动分子进入冷气体。熵肯定不喜欢这个魔鬼，因为就像中世纪的睡美人一样，熵受
348 到麦克斯韦的梦淫妖的侵犯。动能在这个魔鬼的帮助下实际上经过了从低能级向高能级的跃迁，因此使熵发生倒转。麦克斯韦想象出这个"精灵"是为了证明一点：熵也和统计有关，这取决于那个魔鬼的不存在。第二定律不是绝对的。偶然因素再次进入了物理世界，在十九世纪物理学曾一度晴朗的上空，又飘来一朵云。

甚至有一些更大的悖论也"附体"于熵。在时间的尺度上，熵

的情况是,所有机械系统都从高组织、即高能低熵状态,过渡到高熵的无序状态。因此,在机械系统的过去和未来状态之间,有一个基本的区别。在牛顿力学中,我们可以用负值代入时间项,这意味着,任意一个给定的分子系统同样也可以倒退。在时间尺度上,微观系统的先前不可能存在受到偏爱的状态,只有空间上的变化才起到协调作用。在微观的层面上,这种情况意味着,熵的下降也有同等的可能性,这严格地被第二定律所禁止。对熵的精确解释与运动的分子力学不一致,原因是这种**可逆性**。

玻耳兹曼 1877 年说,非常正确,只是我们还没有彻底弄清处理这个谜团的数学**概率**。如果我们把一种气体的微观状态当做一种集合,它会集了无限多的可感知的分子状态,我们就可以说,熵的基础就是概率。大体说,熵就像掷骰子。把两个骰子一起掷出,两个骰子六个点的那一面都朝上的概率是 1/36(1/6×1/6),非常低。而在另一些结合中,概率就上升,但在任意一次给定的投掷中,**经过安排的**一对骰子,仍然保持低概率。把骰子的面数提高至近乎无限,就类似于分子的状态了。熵就是一种高概率,一个给定的微观状态就将被无序化。(因为熵是微观状态的加法,而概率则是乘法。玻耳兹曼公式按照马克斯·普朗克的写法就是 S = K log W,其中,S 是熵,W 是对应于所观察到的总体状态的微观状态数目。)那么,熵就不是绝对的,甚至存在一种微小的概率,它可以被违反(只要投掷骰子的次数足够多)。

玻耳兹曼甚至猜想,也许在我们的世界中,时间感取决于熵的方向,因此,同样可以理解的是,在宇宙的其他某个部分,熵、因此也有时间,可以倒退。

一些科学家拥有的东西已经足够了,物理学变成了充满"幽灵”的领域！首先是统计学，现在是概率，运动学到哪里去呢？毫无疑问，这个难题的大部分是由实实在在的物质的原子以及它们构成的分子引起的。它们是运动学（物质处在运动中）的基础，但这些原子和分子仍然仅仅是假说，是幽灵。恩斯特·马赫和弗里德里希·威廉·奥斯特瓦尔德发出呐喊：离开幽灵。离开原子，让我们在没有它们的情况下接受各种能量定律的精确性。是能，而
349 不是原子（或物质？）是存在的本质。马赫事实上所持的态度是极具批判性的；诸如像绝对空间这样的幽灵已经在物理学领域里神出鬼没了若干个世纪了。

在物理学的帝国里，反叛是革命的先导。也许这种革命已经开始。可以肯定的是，物理学与它的各个领域，能，还有概率既不是牛顿的，也不是静止的，它正在为一个新的帝国奠定基础，这个工作仍然有待完成。虽然物理学失去一位巨匠麦克斯韦，他是在1879年离开这个世界的。但物理学在同一年，又得到了另一位巨匠：1879年3月14日，在德国的乌尔姆城，阿尔贝特·爱因斯坦诞生了。

延伸阅读建议

ARIS, RUTHERFORD, DAVIS, H. TED, AND STUEWER, ROGER H., eds, *Springs of Scientific Creativity: Essays on Founders of Modern Science*（《科学创造性的喷涌：现代科学奠基人杂记》）. Minneapolis: University of Minnesota Press, 1983.

BELLONE, ENRICO. *A world on Paper: Studies in the Second Scientific Revolution*（《一个纸上的世界：第二次科学革命研究》）, trans. Mirella and Riccardo Giacconi, Cambridge, Mass.: MIT Press, 1980.

BRODA, ENGELBERT. *Ludwig Boltzmann: Man—Physicist—Philosopher*（《路德维希·玻耳兹曼：人，物理学家，哲学家》）, Trans. Broda and Larry

Gray. Woodbridge, Conn.: Ox Bow Press 1983.

BRUSH, STEPHEN G. *The Kind of Motion We Call Heat: A History of the Kinetic Theory of Cases in the Nineteenth Century*(《我们称之为热的那种运动:十九世纪气体运动学理论史》), 2 vols. New York and Amsterdam: North Holland, 1976.

——. *The Temperature of History: Phases of Science and Culture in the Nineteenth Century*(《历史的温度:十九世纪科学和文化的各个阶段》). New York: Burt Franklin, 1978.

CANTOR, G. N., and HODGE, M. J. S. *Conceptions of Ether: Studies in the History of Ether Theories*(《以太的概念:以太论的历史研究》). Cambridge, Eng.: Cambridge University Press, 1981.

GOLDMAN, M. *The Demon in the Aether: The Story of James Clerk Maxwell, the Father of Modern Science*(《以太中的魔鬼:现代科学之父詹姆斯·克拉克·麦克斯韦的故事》). Edinburgh: Adam Hilger, 1983.

HARMAN, P. M. *Energy, Force, and Matter: The Conceptual Development of Nineteen-Century Physics*(《能量、力和物质:十九世纪物理学概念的发展》), Cambridge, Eng.: Cambridge University Press, 1982.

HESSE, MARY B. *Forces and Fields: The Concept of Action at a Distance in the History of Physics*(《力与场:物理学史中的超距作用》). London: Thomas Nelson and Sons, 1961.

MERZ, JOHN THEODORE. *A History of European Scientific Thought in the Nineteenth Century*(《十九世纪欧洲科学思想史》), 4 vols. (1904 - 12). Gloucester, Mass.: Peter Smith, 1976.

PORTER, THEODORE M. *The Rise of Statistical Thinking* 1820—1900(《统计学思想的兴起:1820—1900》). Princeton: Princeton University Press, 1986.

WHITTAKER, EDMUND T. *A History of the Theories of Aether and Electricity*(《以太和电的理论的历史》), 2 vols. New York: Philosophical Library, 1951 - 53.

WILLIAMS, L. PEARCE, *Michael Faraday: A Biography*(《迈克尔·法拉第传记》). New York: Basic Books, 1965.

第五部分

第二次革命及以后

第二十三章　奇妙的新世界：相对论

1879年，爱因斯坦出生，是年，贝塞尔大学一位年轻的哲学教 350
授尼采，正式退休，告别了学术生涯；后来他评论道，“我甚至摔门而去”（《查拉图斯拉如是说》）。在接下来的十年中，直到1889年他犯了精神分裂症，他都不得不与自己的疾病做无休止的战斗，还有就是他所感受到的欧洲文明病——虚无主义的到来，它是一种不允许完成的任务和道德文化套在其成员上的结果。他将其痛苦的但却犀利的目光投向所及的任何地方，所见的都是洋洋自得的幻象，一种忘本、压抑和仇恨的幻象；总之，是由虚无覆盖的泡沫文化，这就是虚无主义。尼采认为，他已发现十九世纪阳光下的世界，是自欺欺人的地下深渊，由众多无意识和虚幻的，但却假扮成已被证明的命题组成。

是不是所有事实——亦即那些获得了“真相”称号的东西，仅仅从某特定人的角度看才是真的，它们不可能不是这样。有道德的事实吗？道德价值这些东西是事实吗？抑或情况实际上并非是只有对各种事件的道德解释？从达尔文给出的线索来看，也许道德、价值本身也是这种状况，果真得到了柏拉图形式的装扮，就像古老的生物物种那样。或许价值也进化了，或许生根发芽，枝繁叶茂，让每种神圣的价值居然交织在历史的遭际和条件之中，让它们依靠土壤、气候、地理和地质等因素，正是它们滋润着植 351

物的生长。既然知道是这样，而且知道诸如此类的条件是不断变化的，尼采提出的问题直到现在仍然没人问："那么这些价值的价值究竟是什么?"为什么是真理(一种价值)? 为什么不是错误?

从柏拉图到基督教到现代科学，人们总是接受"真理"为神圣的和毋庸置疑的人间事务最高法庭。"上帝为真……"基督教将"上帝＝真理"这个公式顶礼膜拜。自从科学革命以来，尤其是达尔文和施特劳斯以后，基督教本身也陷入一种两难境地：寻求真理达到了一个让基督教本身不被人们相信的点。尼采问："人们可以思考上帝吗?"对上帝就保持沉默吧。想那些能够想的。

既然如此，公式的右边正确吗? 只要上帝像可想象的事物那样存在，真理就不是个问题——人们设想笛卡儿他那清晰的几何思想是真的，因为上帝(全能的善——另种假定)没有想要欺骗他。可现在上帝死了，突然真理就成了个问题。我们应该向生命中的真理的每个价值提出疑问。

倘若我们对"寻求真理"依然是忠诚的话，尼采决定就应该质询"真理意志"。但是从哪里入手呢，哪里才是阿基米德点? 只有在这个点上才能站得住并做出判断(服务于生命的真理意志)。我们是党同伐异的一群人。我们不可能超越生命而得到一种判断(我们会死!)我们是生命之轮上的各个点，永远在转动着、要根据条件进行改变；我们时不时就要回到对**真理的忠诚**上去。克尔恺郭尔同样简洁有力地说："真理是主观性[《非科学的遗作》(*Concluding Scientific Postscript*)]。"

因此，尼采得出结论："对科学的忠诚隐含着的依然是一种形

而上学的忠诚。”[1]那些以终极的意味肯定科学世界（十九世纪的实证性的世界是终极的、不变的实在），就是在肯定**其他世界**，这是生命之河与历史中是二律背反。他们信奉上天。

只是到了十九世纪的最后十年，尼采的愤怒警告才让人们洗耳恭听，但却没有完全引起重视。但那时候，他的意识已经开始模糊。1900 年他去世后，他的名气才开始逐渐大了起来，可先前大部分的倾听者实际上对他著作的意义装聋作哑。就这样，尼采才被贴上了鼓吹战争、残忍、超人、种族主义、纳粹主义哲学家的标
签；即便是在今天，尼采的意义在整个西方思想背景下大都被忽 352
略。几乎没人在那个快乐的、知足的时代像他那样，预示到了虚幻维持不久，可怕的战争正在逼近，它将是全球性的大规模冲突，为了迅速填补上帝死了所造成的虚空（“真理”神圣的基础消失了），狂人们以哲学信条的名义开始战斗。人们宁愿用意志填充虚空而不愿将意志束之高阁。能够而且应该创造出满足生命的幻象和神话，不要将我们当做一钱不值的最终是令人无法忍受的负担（原始真理的知识），不要让我们与可怕罪孽的无能力为伍，以免被真正可见的生命游戏所耻笑（赫拉克利特也许会说：没有任何游戏彼此相同）。

在世纪末叶，尼采是一个极端思想家的例子，他开始怀疑由“事实”和“真理”堆砌而成的不可一世的宏伟大厦。他并非孤身一人。1900 年弗洛伊德出版了《梦的解析》（他等待世纪的转折），这本书揭示了个人意识本身的幻象。弗洛伊德揭开了自我所采用的

---

[1] 弗里德里希·尼采：《论道德的谱系》（*On the Genealogy of Morals*, trans. Walter Kaufmann(New York: Vintage Books, 1966), p. 152）。

大部分在华丽外衣下假扮的贪欲、愿望等无意识的谋略和伎俩，在有意识的情况下都是不能为人接受的。华丽外衣是由幻象织出来的压抑。有意识的生命不过大都是不可见的，但却是在我们凝视下面进行的心理活动的一小部分（人们仅仅可以推断——绝对不能像从无意识中透露出的完全确定的原子那样，直接观察到或对其有所作为）。跟尼采一样，弗洛伊德也开始进行某种心理学的挖掘，就像考古学家对思维进行挖掘那样，他挖掘了人们固有的价值和信念，发现它是“我们的德行傲然生长出来的一片经过踩踏过的土地”（见本书第二十六章对弗洛伊德的完整讨论）。

工程师索列尔（Georges Sorel）则完全从另一不同的角度警告，不要把科学命题看得过于认真，因为那些东西实际上明显是科学家自身面具下的怀疑和踟蹰的精致表现而已。符号的清晰常常（如果不是永远）是欺骗性的——过程则经常是幻象。

甚至马克思主义的革命家对基本理论也形成不同派别，有的人像伯恩斯坦（Edward Bernstein）怀疑是否有进行暴力革命的需要；而其他人，像列宁，则号召将革命的火把“点燃”，并经由精英集团和职业革命家所领导。根据列宁的思想，这种精英党应该以其自身替代不积极大众，并以其名义进行活动。（《怎么办？》1902）。认为工人阶级没有领导就能完成改变世界，是具有幻象色彩的。革命“理论”只有通过赋予一个具体的政党，并抓住大众之后，才能成为一种真正的力量。

然而，较之于国际范围，几乎没什么地方有更大的幻象了。1910 年，安吉尔出版了一部题为《大幻象》的书，“证明”了现代战争不可能发生。由于所有的民族国家在经济和财政上相互依赖；由于现代的机械武备的技术恐怖；而最重要的是，由于现代教育和

文化的文明增长——生活的合理化——现代战争明显是胜利者和 353
征服者的自杀行为。因此，战争是个巨大的幻象。政治家懂得；也应该让军人掌握这一事实……它是“真理”。

可是，就在这明朗六月的欢快预测之下，开始形成秘密同盟，开始制定军事计划。法国、俄国和英国达成了友好协议，专门针对德国、奥匈帝国和奥斯曼帝国，这几个中心权力的反对势力。这两个阵营都整装待发而且互不信任，每个阵营由更多的同盟绑在一起，目标在于东南欧的巴尔干半岛半疯狂的、好斗的民族，它们相互间的争吵就像一群野狗那样，随时准备对“欧洲病夫”奥斯曼帝国下口。

同盟制度、不断升级的军备竞赛（尤其是英德两国海军）、殖民地争夺、军事计划（像德国的施里芬计划，其设计能“自动”发动针对法俄两个战线的战争），都是一台巨大机器上的齿轮和杠杆，它们的设计是理性的但驱动却是非理性的。的确，当星星之火果真点燃了这台无形引擎的锅炉——这个火花就是1914年6月在波斯尼亚的萨拉热窝刺杀了奥地利斐迪南大公——似乎超越了所有人（各政治家）的理性而毫不犹豫地投入战争。接下来的第一次世界大战（1914—1918）为乐观主义上了清醒的一课。

这种情况也在二十世纪的物理学中上演了。大约在同一时刻，经典物理学这个趾高气扬的科学舰队的旗舰，发生了严重的泄漏。在甲板上一切看起来都是正常的，平静的；然而，在吃水线以下泄漏严重地撕裂了曾被认为是坚不可摧的钢铁。事实上，不确定的海水喷入西方思想最深层的货舱。

导致泄漏的主要原因，将船撕开的压力，就是麦克斯韦场论的**物理实在**，与原子物质由**同时**存在的超距作用而移动旧的牛顿**实**

在,之间而产生的奇怪的本体论二分。场是一个连续统(像斯多葛物理学那样),而力作用于时间。旧的超距作用的困境问题似乎得到了回答,然而,引力这个最大的超距作用却依然未被驯服。麦克斯韦曾给法拉第写信说,该把引力涵盖到场中并为宇宙编织一张网。此外,场是连续统,而物质如果是原子的,就是离散的。那么连续的场如何对离散的物质作出反应呢?所有问题中最为紧迫的是:电磁运动如何与牛顿的机械运动一致?那些对机械论信念抱有信心的人,忽略了他们那些事实所固有的理论依附的本质,就像有些报有乌托邦信念的人,忘记了在阳光明媚的欧洲理性主义下面,还存在一座休眠的死火山的非理性主义一样。对这两组人而言,接踵而来的似乎是一场革命和发人深省的信念动摇。

354

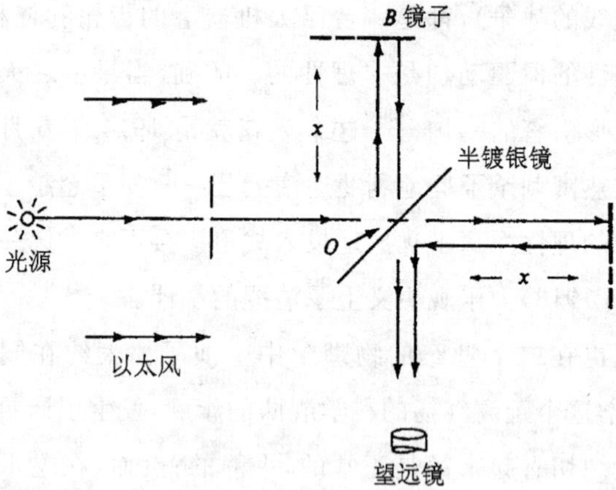

图 23-1 迈克尔孙-莫利实验

迈克尔孙为了这个有关运动的烫山芋问题寻求答案而设计了一个巧妙的实验。倘若地球运动要穿过呆滞的电磁以太的话,迈克尔孙则推论由于地球的运动，以太风就应该是明显存在的。然而，正如我们已经见到的那样，任何一阶实验都没有检测到以太风。迈克尔孙设计了一种称为“干涉仪”的工具，其目的是为了克服测量时出现的巨大光速的困难。设想在地球参照系下光源是静止的，以太是移动的。单向给镜子发送一束光，反射的光就会回来。与此同时，垂直于第一束光等距地发送一束光。这两束光返回时就会产生干涉图。与以太流相逆的光束要比与以太流相切的光束的传播时间要稍长一些。在允许横向以太漂流的情况下，利用毕达哥拉斯定理，迈克尔孙计算出垂直于以太风的光传播时间，应小于 $\sqrt{1-(v^2/c^2)}$ 的平行传播的光。二者之差是二阶的，应该导致干涉图位移从而得出上述因子。

图 23－1 便是迈克尔孙－莫利实验的示意图。当不存在任何以太风的情况下，从 O 到 A 和从 O 到 B 的光线传播时间由 $t=x/c$（其中 c 为光速）测得，其往返时间是 $t=2x/c$，无论是相逆还是相切于以太风，结果都是同步的。

将以太风与速度 v 考虑进来后，从 O 到 A 的时间为 $x/(c+v)$ 而从 A 到 O 是 $x/(c-v)$，而总时间就是两者相加之和，于是

$$t=\frac{2xc}{c^2-v^2}$$

之于在以太风中垂直的光线应采用矢量和毕达哥拉斯定理： 355

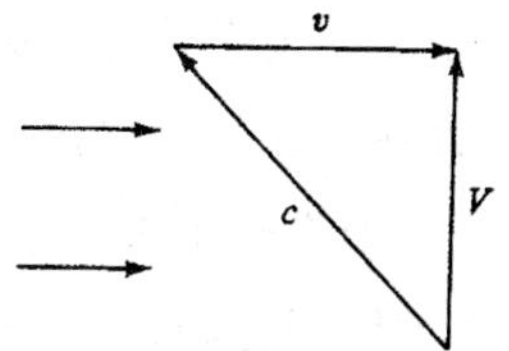

$$c^2 = v^2 + V^2$$

解

$$V=\sqrt{c^2-v^2}$$

因之,在以太风中往返于 O 和 B 之间光线传播的时间为

$$t'=\frac{2x}{\sqrt{c^2-v^2}}$$

两束光线的干涉依靠时间差,表达为垂直时间(t')= 平行时间(t) $\sqrt{1-(c^2-v^2)}$ 或垂直时间短于平行时间,由因子 $\sqrt{1-(v^2/c^2)}$ 表达,这两束光为异相的。

迈克尔孙于1881年在柏林做了实验,第二次则在莫雷的帮助下于1887年在美国举行。这两次实验没有发现有任何差别。更糟糕的是,菲涅耳成功的公式无法用于$(v/c)^2$的二阶效应。由以太拖拽的地球无法为这一异常行为负责。

将这个概念二元论加入——场对物质/力——是一件了不起的事实,是一种普适现象,光不可能被任何机械模型框住。事实上,物理学家已经在把场处理为独立的**东西**(因为趋势过去就是——而且就是——将实在与所测得的等同起来),因此场可以被隐含地说成是,尽管也许是下意识的,摈弃的旧力学。然而,如果场是一种物理实在而不仅仅是一连串复杂的偏微分方程的数学语言的符号的话,那么“实在的”场应拥有**惯性**,就像其他所有物质一样……而惯性要求绝对空间……绝对空间要求牛顿力学……

这里有大量的危机存在。在惯性参照系中,人们都在伽利略
356 的理想的船上做匀速运动,如果这个参照系是静止的或在做匀速运动,那么在这个参照系中做任何物理实验都无法确定到底是静止还是在运动。正如牛顿所言,这就是牛顿相对性原理。然而,牛

顿还把绝对空间当成惯性力的座椅，以及在没有任何其他物体做参照的情况下引入了流逝的绝对时间。在理论上，从绝对空间的思想出发，静止和匀速运动都**不是**相对的；但在实践上，它们却是相对的。在惯性系统中成立的物理定律应该在静止系统中成立，而且不需要改变其基本特点，就有从一种力学方程变换为另一种力学方程的规则。这些变换都是伽利略式的，它们不过就是允许我们将两个相对移动的系统或参照系联系起来而已。这些变换假定绝对时间以及绝对空间的背景，尽管可以把方程从一个相对运动的惯性系统变换成另外一个，我们却无法根据绝对空间来测量两个系统中的任意一个的相对运动，因为没有任何可见的绝对参照点——一个浮标。

让我们看一下相互做相对匀速运动的两个参照系的运动，我们简单地把它们的坐标写成 x,y,z 以及 x',y',z'。伽利略变换可以假设 x,y,z 静止，而 x' y' z'运动，不带“'”的观察者以速度 v 运动。带“'”的观察者则将不带“'”的坐标转换成关系式 $x'=x-vt,y'=y,z'=z$，而时间等于，$t'=t'$，因为时间以同样的速率在每个系统中流逝。现在如果我们将不带“'”的参照系（x,y,z）在绝对空间中视为静止的，而将带“'”的参照系（x',y',z'）当做做匀速运动的，比如说，在地球上的一个实验室，伽利略变换表明两者应正好相同，因为速度 v 不能得到测量，在我们的实验室中，速度 v 是地球针对绝对空间的相对运动。因此，在对地球所做的一切力学实验——一个相对于绝对空间的移动参照系——地球的运动，v，并未包含在我们的变换公式中，因为没有任何检测它的方法。

然而，在电磁实验中则有一种方法来进行检测。地球在呆滞的以太中运动，这样在绝对空间中就会有浮标了。可是，当在运动的地球上的实验室内，将这些公式从其他相对于以太进行变换时发现，地球的速度**并未包括在**麦克斯韦方程中。易言之，在我们地球上的实验**之内**，应该能够检测到匀速运动并且根据牛顿定律将麦克斯韦方程进行变换。迈克尔孙-莫雷实验却表明，我们对这两种转换都无能为力，此时就连菲涅耳也帮不上忙了。力学的基本定律在用于电磁理论时遇到了麻烦，这对许多如果不是全部的物理学家几乎就是对科学本身进行宣战。

在爱尔兰，菲茨杰拉德找到了一个解决办法，在1892年荷兰物理学家洛仑兹独立地产生了同样的思想。菲茨杰拉德建议应该与在以太中运动的物体方向做一个**对照**。洛仑兹则积极地致力于
357 对照的数学工作，并证明肯定是这样一种情况，为了有效地转换忽略一个细微的因子 $\sqrt{1-(v^2/c^2)}$ 。1899年洛仑兹发现还应有另外一个假设。对于匀速运动的参照系，必须有一个微小的因子将时间变得稍许慢一点，而且必须成功地获得变换。洛仑兹将这个时间称为“当地时间”，与牛顿的绝对时间相对应。自此，1904年电磁力学的数学问题得到了解决。

在通过以太时，物质的物体是否果真得到了对照？这便是洛仑兹的物理解释。换句话说，法国物理学家庞加莱已经开始在怀疑了。要为假设打一个糟糕的补丁才能拯救那艘严重破损的散装货船。我们真是对绝对时间“没有直接的直觉”，庞加莱想，没有附加的假设就不会有观察者能够区分出绝对静止和匀速运动。他谈到了“相对论原理”并推测总有一天以太会被作为无用的概念而被抛弃。1905年，他推荐了洛仑兹变换并得出结论认为，也许**所有**的力学定律都有改写。

在他的《科学与假设》(1905)一书中，庞加莱考察了所谓的几何真理的真正性质。几何公理既非先验综合判断，也非实验事实；相反，它们是些**约定**，这些约定也许是受到了经验和逻辑的引导，但肯定不是形而上学的或柏拉图式的真理。倘若问欧氏几何(甚至可能还有牛顿力学)是真的这样的问题，无异于是在问刮风下雨天风是否在生气那样。在某既定的设想自然现象拥有人格的文化中，作为促进经验和感觉的交流的一种方式，这个问题可能有意义……它有助于用这种方式表达感情和经验，即便该文化并不接受天气的神灵。

这种便宜也适用于绝对空间和时间。这些概念无须形而上学的"真"，仅仅是一种手段，一种语言，在它的帮助下我们就可以表现物体之间的关系，并相对我们自己进行移动。我们将这种运动投射到空间并将在其所发生的时间再现它们，这样从一点到一点就构成一个系列。现在，庞加莱急忙补充，这些约定并非完全是任意的，因为它们**似乎**基于经验和实验。然而，我们当然也可以回答，经验和实验这两个证实(和证否)原则本质上说，是我们玩的科学游戏中的骰子。例如，证实原则可以轻而易举地说成是巫术。

科学游戏也是历史的。根据古人和中世纪基督教神学家——也许现代科学的子嗣继承了他们的传统——自然定律是稳定的和亘古不变的。定律就像铁模子，形成并限制了柔韧的自然。然而， 358
在二十世纪初，庞加莱却诉诸一种更微妙和谦卑的自然定律的概念。一个"定律"再现的是今天的现象与投射到明天的现象之间的"不变的关系"。简单地说，定律就是跨越时间的一种权宜的联系。定律也有谱系。从历史上讲，它继承了许多纯粹是"非科学的"来自祖先们的期待。

因此，在世纪交替之际，像庞加莱这样的大科学家开始怀疑起经典力学的绝对有效性。开尔文男爵把迈克尔孙－莫雷实验称为光动力学上空的一朵“乌云”。不过这种怀疑并没有立即遭到反驳；实验本身在经典力学的语境下能够得到解释，就连迈克尔孙本人也保留了以太。所需的补丁还是引起了有思想的物理学家不安；不管怎么说，诸如绝对空间、时间以及以太等经典概念已经深深地打包在十九世纪的事实之中。

在这里有一个哥白尼曾面对的类似的情形：自然似乎是不和谐音符的组成的嘈杂之音，而不是毕达哥拉斯的简洁性和美学的交响乐。如果哥白尼还活着，他很可能会发现他的宇宙宗教情感受到了侮辱。科学常常是由根深蒂固的动力来激发的——就像爱因斯坦的科学那样。

弗洛伊德曾把自己称为“没有上帝的犹太人，”至少在形而上学的意义上他是这样的。即便是在维也纳强烈反犹的文化氛围中，弗洛伊德对自己的犹太人性质也深深眷恋。明显的是，也还是在维也纳年轻的希特勒被艺术和建筑界拒之门外，第一次捡起来超乎想象的种族理论。实际上，弗洛伊德是在说心理分析只有被一位没有上帝的犹太人所发现才行，也许强调的是宾词“犹太人”而不是形容词“没有上帝的”。

对爱因斯坦也是一样。他生来就是犹太人，可是他父亲却拒斥一切权威——托拉(法律)的限制——并看出犹太教是一种古代的迷信。爱因斯坦告诉我们，他自己早年阅读的普及科学的书籍，就让他深信圣经中的许多故事不可能是真的。长此以往，他说道，他便对向每个人头脑中灌输这种胡说八道的“教育机器”持有一种怀疑的态度。就是这样的怀疑态度以及反叛性格遭到暴君式的德国教育的封杀,永远地遗弃他。

失去宗教天堂的爱因斯坦发现了新的宗教:永恒的自然之谜的惊赞感,它引起我们的沉思,也许至少部分地接近我们的理解,后者之于他宛如最大的惊赞。在这个惊赞中,爱因斯坦找到了“真正的”宗教,一种“纯粹个人的”(人与神)自由——“宇宙的宗教
感。”他坚信科学最重要的功能是唤起这种感觉,并将个人体从个 359
人自我的监狱中释放出来。这种宇宙的宗教感让他能够把自己的思想与所有的障碍抗衡。这是一种感觉,一种直觉,一种冒险和不受定律或范畴约束的自由创造,无论权威——人的或神的——是多么强调这些约束。据称创造之于他是一种态度——他会让我们相信——创造的自由与简洁性,赋予他一种优雅和正确理论的直觉——他是一位让“物理学在他口中融化”了的人……这种宇宙的宗教感就是真正科学的源泉……

果真如此吗?谈及直觉、想象力、“自由创造”,或仅仅是创造性天才,通常把我们从发生“奇迹”的历史语境中拉出来。让我们走到长长甲板的尽头,潜入历史渊源的最深处——犹太文化的河床。

古希伯来的上帝是由许多近东诸神的抽象概念;并非泛神论而是**一神教**(就像印度教那样),通过一神来崇拜诸神。这种一神教反映在希伯来圣经的多重性上,它融合了美索不达米亚乌尔到埃及、乌加里特迦南、波斯甚至希腊的各种传统。具有复合性质的亚威(耶和华)就是这个神的名称,它的作用就是统一不同的和常常是矛盾的事物,最终将这些事物结合在一个无形的抽象概念之下,它是不受空间或时间或任何人为范畴限制的自由浮动的神。因此,这样一个神超出了个人名称的范畴;神圣的名字,耶和华,变

得过于神圣(和强大)而不好发音——人们要通过他的律条才能知道上帝,而上帝却是不能由任何人类的标准来衡量和定义的。后来,在犹太神秘主义中,诸如所谓的卡巴拉就是这种作品,在犹太哲学中,诸如巴鲁克(本笃)斯宾诺莎,我们找到了非人格泛神论的议论,一切存在、神圣的和粗俗的一元论,尽管是在神学语言的外衣之下。主与客、神与物都是多种符号和无形的统一与秩序的名称(范畴酒袋)。

肖勒姆写道,卡巴拉对待上帝的这种态度最好将其理解为“神秘的不可知论”,绝对本质(神性)超越了任何人类的思辨。[①] 因此,要想获取神圣的宗教知识只有通过上帝与造物之间**关系**的**冥想**。那么,思想的聚焦点不是在这一点或那一点上,而是应该聚焦
360 在最终让它们融于一之间的结合上。这种关系是动态的和流动的,更像是某种宇宙的舞蹈,可以分别看到舞者的大腿、臂膀和躯干——舞者是身体和运动的结合——但在思想里却是凝固的,而且应该是重新协调为一个整体,从而看出舞蹈来。造物之舞就是上帝与可见世界之间这样的宇宙关系。这种舞蹈是不断变化舞步和节拍的,是冰河般的缓慢或爆炸般的急促,显然,这种舞姿近看什么都不像——在这里没有僵化的柏拉图的形式。舞蹈与舞者的统一是由大量运动来表现的。沉思最终会在这一伟大舞蹈中构成连接。

语言未能把握住这种神秘景致。语言的符号、它的语汇、这些语汇中所刻画的隐喻,只能提示和指出应该经历到什么。人们可

---

① 杰舍姆·肖勒姆(Gershom Scholem):《奥秘教义》,*Kabbalah*(New York: Dorset,1987),p.88.

以永远地谈论舞蹈，但在没有亲自体验一下之前，却仍不能知道跳这种舞的感觉是什么样的。而且只有当舞者吸收了舞蹈的“感觉”之后，就会与舞蹈相结合，这样似乎就像舞蹈通过舞者在自己跳似的，而有意识到自我溶解——“融化”——于舞蹈，我们拥有了真正的艺术和美。这会不会是爱因斯坦所描述的“宇宙宗教情感”呢？会不会是将耶和华与可见的造物之间**关系**的犹太神秘哲学家是否看起来就像是“没有上帝的犹太人”呢？吊诡地说，从这种宇宙宗教情感的角度看，真正的上帝寻求者应该是没有上帝的。

爱因斯坦积累了许多诸如此类的解释的证据：十二岁时，他爱上了“神圣的几何学”（欧几里得）的美与确定性，即便其公理没有证明也要接受（他说这倒没引起他的不安——那么，人们也许会问，圣经呢？回答：它让人觉得不对）。十七岁时，他进入苏黎世理工大学，可是他却没有去学数学（因为每个领域都会把人的一生消耗掉），而是转而去学物理学，因为他学会了“嗅出”基础的东西。与他的犹太神秘哲学家族相似，他学会（或发展了那种情感）避开那些“搅乱大脑”的东西，并且“转移到基础领域。”以后他会说这个光谱或那个元素，这个结果或那个小实验，并不能真正引起他的兴趣，因为他想知道在现象后面和之内上帝的思想。

他从苏黎世理工大学毕业了，可却未能谋得一个学术职位。1902 年，他被伯尔尼的瑞士专利局雇佣，成了一位技术专家。严格地说，他是职业物理学的局外人，不像早些年那些业余科学家，不像 1666 年孤立的牛顿。他大都是靠自学，在这个过程中，他发现了另外一位（自学的）局外人，马赫。

马赫无须做光学实验就能让人信服地承认经典力学的缺陷。他感到奇怪，惯性如何从牛顿坚信的绝对空间出现呢？据牛顿的第三定律,在绝对空间中对某物体肯定会有一种反作用力。对马赫而言,这是荒谬的:绝对空间如何会受到任何东西的影响呢?离心力在绝对空间中出现了(牛顿的桶)——但与此相反,马赫断定相对于像星体这样的质量,它们也会出现离心力。那么谁说星体本身实际并不是在旋转,从而引起相同的现象?

马赫认为力学的历史发展背了一大堆形而上学包袱。我们肯
361 定能说的是,在宇宙中每个星体与其他星体具有明确的关系。因此,绝对空间和运动在物理学上是没有意义的。作为学生,爱因斯坦阅读了马赫的《力学史评》(1883),而这使他的信念产生了动摇。

事实上,爱因斯坦似乎是在马赫的著作中寻找一种物理的类似物,以便呼应古老的卡巴拉,因为卡巴拉强调关系。惯性不是质量的内在性质,比如"静力真理",而是宇宙中所有物体之间的关系的符号。打个比方说吧,惯性是个轭,它能将所有的物质聚拢在一起。作为关系,它应该是相对性的,也就是说,根据所能观察和测量到的任意参照系,它是动态的和变化的。**惯性不是物,而是从我们的角度可以谈论的整个宇宙中诸物的情况**:测量不应与被测量的抽象实在混淆。测量是关系。

于是,就在1905年,爱因斯坦在德国的《物理年鉴》上发表了五篇文章。其中第四篇的题目是"论动体的电动力学。"后来,这篇文章就是著名的限制或狭义相对论。文章的核心是有关概念、有关我们如何思考空间、时间和运动。论证清晰、简洁但却意义深远。我们也许可以这样调侃一下赫胥黎:"怎么这么蠢就没想到这一点呢!"

爱因斯坦是从麦克斯韦的感应论中怪癖的单词"非对称性"开始的。感应只是磁铁和线圈相对运动,然而麦克斯韦却把它分开

来处理，要判断哪个是静止的。即便断定了哪个是静止的，它们依然是相对运动。这就是马赫。爱因斯坦接着说，那就看看以太相对于地球运动的不成功的解释吧。所有这些似乎都在告诉我们，力学作为一个整体根本就没有所谓静止的事。因此，在这篇文章的头两段，爱因斯坦一下击中要害：牛顿的相对性对**所有**静止的或做匀速运动的物体普遍有效。因为物理学没有方法测量绝对静止，我们就应该把它当做不存在。爱因斯坦的第二条假定时候同样显而易见：在所有的参照系中，真空中的光速是不变的。这个清晰的假设导致了触目惊心的结果。

但是迈克尔孙－莫利实验在哪里？爱因斯坦是否知道它？这对他有影响吗？答案是肯定的。[①] 更困难问题涉及它的意义。总起来说，爱因斯坦知道十九世纪所有关于检测地球相对于以太运动的实验都是失败的（如他文中所述）。他还知道这类实验如果不
抛弃经典力学的经典概念就**得不到解释**。这就与传统产生了摩 362
擦。电磁的力学介质（以太）、绝对空间和时间——所有这些人为的困难只有被那些任意的（和丑陋的）假设才能克服。这不免让人把爱因斯坦的动机与哥白尼的相比：不是单一的事务而是整个状况似乎毫无希望地纠缠在一起，因此需要基本的彻底的变革。他也许会这样问自己："如果我是上帝，我会怎样把宇宙创造得更美丽和简洁？"牛顿已经是明日黄花了；现在爱因斯坦看到了更精彩的统一，在美学上更加令人满意的和谐本质。

① 见亚伯拉罕·派斯（Abraham Pais）：《爱因斯坦传》商务印书馆 2004 年 4 月第 1 版…'*Subtle Is the Lord*：*The Science and the Life of Albert Einstein*，NewYork：Oxford University Press，1982），p. 116.（大部分物理课本——像我当学生时用的那本——暗示这项实验的失败直接导致了狭义相对论。）

我们看一下爱因斯坦这两个"革命"(也许是完成)性假设的结果。让我们取两个相互做匀速运动的参照系(如游船、火车、飞船或其他什么东西)。来自星体的光速之于二者,无论它们是静止的、正在远离或靠近星体的都相同。然而,旧的变换告诉我们 c 必须根据参照系(如地球)的速度或大或小。现在,根据爱因斯坦的原理似乎没必要再用这些变换了。那么相对于两个观察者,他们互相如何变换时间和空间的测量呢?爱因斯坦说,这个简单,洛仑兹收缩和"当地时间"可以应用到所有的物理学上(他自己推导出了数学公式)。从物理学的角度看,这意味着如果一个参照系(A)正以接近光速相对于(B)做匀速运动,就会出现钟慢尺缩的现象。参照系 A 的物理学家 A 将不会觉察到 A 有什么不寻常,但扫视参照系 B 就会发现 B 的钟慢尺缩的现象。参照系 B 的物理学家 B 将不会觉察到 B 有什么不寻常。二者相互进行测量时都应该用洛仑兹变换。"你的尺子短了点儿,你的钟慢了点儿,"A 说。"不,你的才是呢,"B 答道。谁正确呢?爱因斯坦说,都正确。

这就是令人称奇之处。所有的测量结果均相对于惯性参照系,但是这个相对论不是由于某种物理压缩;正相反,它正是空间和时间的本质。空间由测量确定,由于不存在任何绝对的测量能作为通用的准绳,那么绝对空间也就没必要了。任何参照系都没有什么特权;爱因斯坦写道,以太就是多余的。一个系统无论是朝着或背着光源的移动有多快,来自光源的光波的速度都是相同的,c,对任何固有质量的物体而言,光速就是"速度的极限"。

另外,对于被压缩的、缩短的、在物理上受到速度有点儿改变的刚性物体也没问题。这是物与物之间交互关系的情况。空间与
363 时间的物理性质变成了流动的、动态的连续统。爱因斯坦告诉我

们在他十六岁时，就好奇如果赶上一束光会是个什么样（如果 $V = C$）。在静止的状态下，他会观察到振荡的麦克斯韦电磁场或牛顿的绝对空间吗？磁场和电场在静止的状态下晃来晃去，这种事情根本就无法想象。因此，在被接受的"真理"的基础上构建电磁定律是绝望的，不可知的有神论者爱因斯坦便寻求一种普遍形式原理来消解这些"真理"。他在寻找藏在破损的、老旧的符号和名称背后的上帝。新的原理在其简洁性上是美丽的：赶不上光。

我们还应放弃绝对同时性。同一参照系中的两个事件对该系统的观测者是同时发生的；但与该系统相对的那个系统的运动中的观测者，却看到两个不同的事件。比如有两只飞船 A 和 B，在 A 上的物理学家在他或她的座舱正中间点亮一盏灯，把灯光来回来去摇晃。在两个方向上光波的传播速度都是相同的，飞船的速度（就像先前迈克尔孙－莫雷实验的移动实验室那样）以及同时来回摇晃灯光无论怎样变化，在飞船 B 上的物理学家也同样如此这般去做，他就能发现同时性。然而，在 B 上的物理学家瞥一眼在 A 上的，并发现 A 正相对于他或她的飞船做匀速运动；因而，对物理学家 B 来说，A 舱的后壁正朝前运动，而前壁则朝后运动。那么在光波抵达前壁**之前**，物理学家 B 就先看到了光波抵达后壁，因此，光波前后打在飞船 A 这两个事件，从飞船 B 上看就不是同时发生的。另一方面，物理学家 A 将看到飞船 B 向后运动，而且在光波抵达前壁之前就看到了后壁，对物理学家 A 而言，两个事件也不是同时发生的。根据爱因斯坦的理论，令我们震惊的是相互做匀速运动的飞船在这些参照系中对观测者而言都是同时的，但当他们相互看各自的飞船时却又不是相同的，可这两位观察者的观察都是正确的！同时性也是相对的。

按照牛顿的绝对时间的理论，简单看一下它们是否在同一绝对时间发生，就可以确定哪个事件是同时的而哪个不是。但如果当地时间普遍适用所有的做匀速运动的参照系的话，那么每位物理学家在他或她的参照系中，以同样的因子 $\sqrt{1-(v^2/c^2)}$ 都将看到其他人的钟表要慢一些。如果在相互静止的状态下，v 就是零，这样就不会存在任何钟慢的现象（因子具有值统一的作用）。如果 v 等于 c——以光速运动——因子就会是零，对每位物理学家而言其他人的钟表都已经停了。然而，每块表中他或她的参照系中都应以正常的速率运行，而且如果所有参照系都得到同等对待的话（绝对时间和空间不存在优先的参照系或浮标），那么在它们的参照系的测量结果和同时性都是正确的。这就意味着不存在让所
364 有其他钟表普遍同步的主钟，时间 t 不等于 t'，因为观测者相互都在做匀速运动。自此，在宇宙中没有绝对的“现在”，没有普遍流逝的时间，因为所有的参照系各自都能找到光速，它们的运动或静止状态也是相对的。

1908 年，闵可夫斯基这位爱因斯坦在苏黎世的前数学教授，证明了我们如何去思考重新形成的概念。闵可夫斯基说，分开的时间和空间是注定的，存在分开的时间和空间。在欧式三维空间中，每个 x,y,z 都有一个 t。但是将所有这些“世界点”(x,y,z,t)聚在一起，就不存在任何孤立了（它们都把光速作为常数）；除此之外，它们构成了“世界”。因而，这个“世界”应该是**四维的**，一个叫做**时空**的世界。时空可以用数学方法处理，但我们却无法看到它。它是可视力学模型的终结。

从某种意义上说，时空随运动变化，因为图上的坐标点随一条线的位置而变化。只有光速是不变的。每个点被称为时空中的事

件,一个事物的历史就是这些事件的集合,它形成了时空中的**世界线**。世界线本身并不移动;它们的时空坐标是变化的。过去和未来在我们面前没有运动地展开,而时间则与空间编织成一张网。

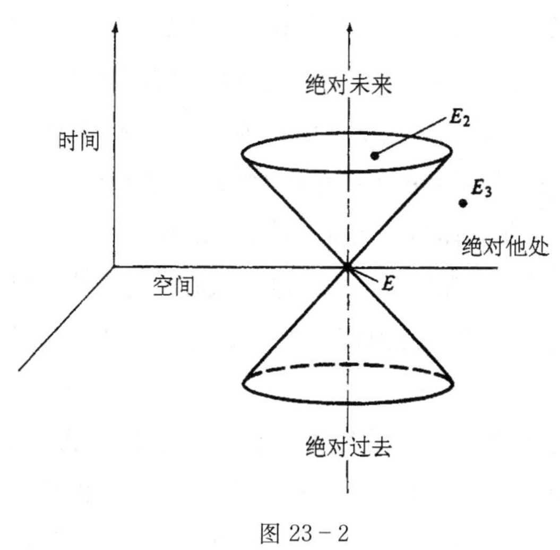

图 23-2

来看一下图 23-2。把空间放到二维,就会有三维的时空图。点 E 为一事件。光线从该事件传播,形成一个光锥,因为光锥会比光速快一点。因此,任何事件,诸如 E_2,可以从 E 抵达,而所有 365
的观测者均会同意,它要比事件 E 发生晚一些。然而,事件 E_3 处在光锥之内却无任何东西能够抵达,因为要抵达那里需要比光速还要快。因此,在光锥 E 中,事件 E_3 不能影响任何事物或被任何事物所影响,对某些观察者而言,E 要比 E_3 晚一点,而对其他观察者而言,就要早一点。与此同理,光锥 E 的过去中的任何事物可以影响 E 处所发生的事件。可以见到光锥将事件根据因果关系分开。

这就是爱因斯坦的两个清晰的假设的奇异推导——可是还有其他的呢。

现在看一下麦克斯韦方式如何与他的相对论符合的情况吧，爱因斯坦将公式写成，电子质量的相对性增加，就是它相对于观察者增加速度。典型的是，他又指出这种速度的增加对一切“有重量的物质点”均成立。如果速度达到 c，那么相对性的质量就变得无穷大。因为惯性物质是由力测量的，那么质量在 c 那一点就会是无穷大，要想使某物体达到光速，就需要无穷大的力（因为对力的阻力、惯性也就变得无穷大）。这样的事物（无穷大的力）是不可能的，因为 c 是所有物体的速度极限。更进一步说，对质量的测量也是相对的。

随着速度的增加力携带的能量就传给物体，某物体相对于某观察者运动的质量也就增加了。爱因斯坦 1905 年的那篇论文，只有区区三页纸，提出某物体的惯性依靠其能量内容。然后，他计算出如果某物体释放出的辐射（比如光形式的能量），那么其质量就由 E/c^2 减少——这是很小的量，因为 c 太大了。所有形式的能量都是可以相互转化的，因此爱因斯坦得出结论，这条定律是普适的：质量实际上是物体能量内容的测量。**质量和能量相等！**这里我们又见到了深刻的简化与和谐。质量等于 E/c^2，1907 年他把这个公式写成 $E=mc^2$。

我们又一次涉及了关系，换种说法，就是有关物体和它们的相互耦合，而我们自己就是观察者。并非能量是质量或质量是能量，这些名称和测量是表达式、符号，从更一般的统一性来说，这是一种整体论，不参照**整个宇宙**，静态地和分别地处理能量、质量和惯性是不可能的。空间与时间、能量与质量的融合，实际上是丰富了我们的语言。原子论者和能量论者之间的陈旧的辩论，是关于适当符号的争吵，就像争论用希腊语写的诗歌和用德语或英语写的哪个更悦耳那样。当然，最好是学希腊语，诗歌产生的美与力的情感甚至最终超越了书写它们的语言。

这个公式表明任何静止质量的能量内容，甚至微小的质量应该是巨大的。思想化为成就，艺术的天才化成具体的形式、科学的理论变成技术的应用。$E = mc^2$ 这个公式的应用，尽管困难而且要求对原子有比较深刻的理解，为人类历史带来了或善或恶的后果。

1905 年以后的几年，爱因斯坦暴得大名而进入正式的物理学 366
界，他最终得到承认而且还有了学术位置。承认是一回事，但接受则是另一回事。狭义相对论对基本的物理学概念的浩劫是明显的。根本就没救了：它是一项主要的重新设计。庞加莱早就预示到了这个结果，可他却从未接受该理论。洛仑兹是爱因斯坦所尊敬的，依然默不作声并抱住以太和动态收缩的概念不放。迈克尔孙表示了后悔，都是他工作造就了这样一个“魔鬼。”

这个魔鬼还不完全。相对论仅涉及匀速运动。该理论是受到限制的，在它外面还留有一个重要运动形式——加速度。是不是所有的运动——匀速的和加速的——在时空中都是相对的呢？由于相对论本该是一普适的理论，一种对自然的整体性论述，那么它却只能在一个真空的宇宙中应用，这是一个封闭系统的单一测试体。由于重力就会对两个物体产生相互作用，这样就会产生加速度。那么，倘若马赫的惯性原理实际上是普适的，而所有的惯性物质（和能量）相对于其他物质（和能量），那么狭义相对论只能是一种理想，就像伽利略的无摩擦的平面那样。狭义相对论只有在一体的宇宙中是可能的——如果任何人到那里去测量，也被认为是无法想象的，因为那里只有一个观察者在场。进一步说——这肯定是真的冒犯了爱因斯坦关于和谐与美的感情——牛顿的重力拓展到整个宇宙而且其作用是**瞬间的**。但是由狭义相对论罗织在一起的统一性却受到了光的羁绊，它不是瞬间的而且还有一个上限。

尽管所有这些线索都在路的前方，可却好像都在雾中似的。不过前方还是有点亮光。爱因斯坦肯定经历过一番深刻和陡然的亲切感，他发现给他举灯照路的人正是牛顿。就是牛顿举着灯把爱因斯坦从雾气蒸腾的低地领到了广义相对论的平原。

让我们回顾一下爱因斯坦1907年左右在他的研究中或在他的伯尔尼的办公室的状况吧。他正在思考着问题，无法确定从哪里入手才是。从他烟斗里冒出的蓝色的烟云；烟云似乎要凝聚起来，注意，牛顿的幽灵出现了。

"你多像莱布尼兹和其他人啊，"那个幽灵对他轻轻地耳语。"他们也同样批评我那些绝对。可加速度并不是绝对的呀？你不觉得在你的加速度参照系之内也是这样的吗？"

活人叹了口气。可幽灵却不停地说道："你还选择了让惯性质量也相对化。好吧——但是有引力在，就在这时把你拽下来，给你重量。那是什么？重力质量是说什么的？我们总是发现这两样东西是一样的，你那个年代的精致实验已确凿无疑地认为它们是相等的。"

爱因斯坦突然眨了下眼："我感觉到了加速度。我感觉到了重力。我从房顶上掉下来会是什么样？"

“你会做均匀的加速度，就像伽利略证明的那样。” 367

“那好吧，我们接着像伽利略那样，把阻力和所有其他环境都忽略不计。如果某件东西和我一起掉下来，比方说，一个球，那么这个球相对于我是否为静止的呢？正像我感觉的那样，我会觉察到我的重量吗？不，引力作用就会被加速度除掉！再比方说，这个房子在遥远的太空，此间的地球所产生的引力会以相同的速率对其均匀地加速。在太空中这所房子里所做到的一切力学实验，就会与在地球上所做的实验产生完全一致的结果。但如果我无法向外张望，我怎么说得出地板是否冲上来碰到悬浮的球，或者球正在引力场中下落呢？在房子内部，我不可能说加速度是绝对的。我怎么说得出我不真正在引力场呢？牛顿，**这两个相等！**”

“一个得意的思想，”幽灵回答道。

“是的，”爱因斯坦答道，“**我生平中最得意的思想**”（实际上他就是这么说的）。“现在我们知道了惯性物质与引力物质是等同的；加速度产生前者而引力产生后者，引力和加速度相等。没有一点巧合；它实际就是通往美丽的自然之妙道。既然惯性物质与引力物质是相等的，那么它们也就是相对的，有充足的理由期盼着两个等同物在时间上也出现相对性的效应。还有另一件事——如果我在太空的房子里从这一头向那一头发送一束光，那么光束是否会弯曲，就像我水平地抛出某个物件那样？那么，根据等效原理光锥引力场中应该弯曲。”

这时幽灵轻轻地笑了起来：“你是否读过我的《光学》？在第一问中我说过同样的事情；光是由粒子组成的，在靠近一个重物时会发生弯曲，在宇宙中所有的粒子都相互吸引。但现在你却说光之所以弯曲是因为你的等效原理，这个东西把我的重力消解成……

什么了？我并不认为你知道——而你听起来却像个经院学者，满脑子都是些虚无缥缈的东西。记住，我的那些疑问仅仅是些思辨，并非严格的实验科学！”

爱因斯坦皱了下眉头：“那好吧，我想还是可以验证一下的。引力场的相对性效应对时间应当是将其速率减慢。就拿原子在正常的振荡中发光来说：在像太阳那样的强引力场中，太阳的谱线应向红端移动，因为太阳降低了它的频率，就像地球上的原子一样。原子是钟，它的速率就是它发射出的光的频率。在强引力场中，原子钟应该走得较慢，而我们可以通过其光谱的引力红移来测量它。至于光的弯曲，我相信那可要比思辨走得更远，而且可能检验……但我还是要想想……”

幽灵吼了起来：“你这样做的时候，先想这一点：你所珍惜的光速在引力场中就不再是恒量了！如果重力把时间稍微‘弄弯’一
368 点，就应该也把空间‘弄弯’，因为你已经把时间和空间融合在一起来。**设想**一下后果吧。你的坐标系就会是弯曲的，而且在各个场都是扭曲的，你的标尺也会随之扭曲、弯曲和拉伸……你将丧失所有的物理测量的点！”

等效原理是爱因斯坦生平最得意的思想，也是他闯入问题迷宫的第一步，后来他说就是这一点让狭义相对论看起来像“孩子的游戏”。实际上，直到1912年在布拉格的时候，他才认识到空间应该是因重力的作用变“弯曲”的。像在地球这样大的引力场中，光线会向中心汇聚：在他的加速度的房子里两个球似乎就会平行地落下来，然而在大的引力场中（地球的）它们两个就会汇聚。等效性只有在局部是成立的。光的弯曲，物体的扭曲（当在引力场中下落是固体被扭曲、被压扁、被拉长）以及慢下来的钟表，并不是事物

本身，所有这些都表示相对性效应，作用于时空参考系所表现出来的。变换场意味着变换坐标系，所有的都是相对的，没有任何坐标系不是这样——甚至就连光速也不再固定不变。时空似乎被粉碎成无穷多的分离的物理系统，每个系统都有其自身的物理定律的形式。这就出现了一个严重的数学困难，因为物理定律必须表达成一种形式，**在时空中对所有坐标系都相同的形式**。爱因斯坦把它称为协变性。但问题是如何用数学形式表达物理定律，而又不受坐标系改变的影响呢？

爱因斯坦不得不再次放弃了自己所预想的理念。惯性质量和引力质量相等，重力和加速度融合，迫使他弄出来一个几乎不可思议的思想（甚至包括爱因斯坦）：最终**每个物理系统都是场**，的确，整个宇宙都是一个场，场并不受空间的限制。因此，惯性加速度相对于空间完全丧失意义，现在是任意延伸的引力场摆在了面前，其中按相对性原理耦合了一切，从本质上说，物体之间没有“间隙”。相对性耦合纯粹是动态关系——广义协变性原理——超出任何普适的静态甚至是线性的坐标系。

爱因斯坦后来自己写道，用数学语言表达这个思想的巨大困难：任何坐标系（例如，笛卡儿图）应该拥有测度意义（见图23-3a）。也许我们可以说，在这张图中看到了希伯来的上帝耶和华的类似情况。与古代近东的其他自然神不同，例如不同于巴比伦的马尔都或奥林匹亚的宙斯——耶和华并不居住在有空间的房子里，并不在某个特别的圣殿里。即便耶路撒冷陷落了，公元前538年巴比伦人攻陷了它，我们的希伯来人遭到放逐，他们对着巴比伦河哭泣并对天发誓永远不会忘记她（耶路撒冷），我们与耶和华特殊关系的盟约依然有效。

369

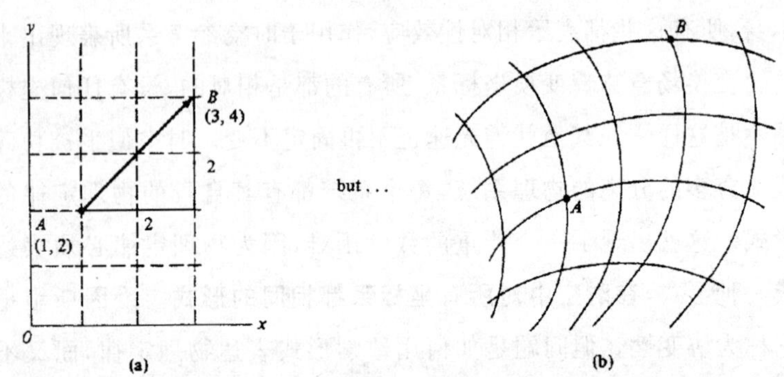

图 23－3 在(a)中向量 AB 是(2,2)并表示实际的长度。在(b)中就不是这个情况了。

尽管他的庙堂被毁,他还是与我们同在而且在历史中依然起作用。从耶路撒冷到巴比伦,从波斯到希腊再到罗马帝国,即使到了公元 70 年罗马拆毁了第二圣殿之后,盟约就是"协变"。它超越了时间和空间。距离、时间,历史的潮涨潮落,都没有对它产生影响。就像坐标场,帝国弯曲变形并没落,时间改变了事物,然而关系依然还在。

问题是在僵化的笛卡儿坐标系之内如何才能表达似乎不能表达的东西。欧式几何的柏拉图的象征?首先似乎就是毫无希望的,就像对着巴比伦河哭泣的希伯来奴隶。不管怎样,在宇宙宗教情感的驱使下,爱因斯坦还是坚信,他对"上帝"理性和美的忠诚始终未改。

1912 年,爱因斯坦从布拉格回到苏黎世并向朋友格罗斯曼求助。这回可是命中注定的遭际,在格罗斯曼的协助下,他找到了解决问题所需的数学工具。这就是张量微积分,它的历史把我们带回到欧式几何的正根。

多少世纪以来，数学家试图对欧式几何的平行公理进行改造，因为该公理涉及无穷。经过无数次失败之后，伟大的德国数学家高斯看到该公理事实上是独立的，欧式几何的一致性必须包括无穷断言。高斯还发现把平行公理改变后，比如说变成一个与平行公理相矛盾的公理，就有可能构造出自洽的非欧几何。高斯在十九世纪初刚刚完成这项工作。他将他的工作称为“星形几何学”， 370
因为它几乎是不能在物理空间实现的几何学（可他还是做过实验来确认），然而他却将其放到抽屉里。

头两项非欧几何的工作是十九世纪二十年代由俄国的罗巴切夫斯基和奥地利的鲍耶发表的，二十年后，黎曼构造了一套没有平行线的几何系统。我们可以设想黎曼几何学是球面几何学。例如，黎曼几何学的三角形内角和大于 180 度，而且随着三角面积的增长而增大。面积越小，内角和就越接近 180 度。两点之间的最短距离总是（而且显然是）曲线，上面根本就找不到一条二维平面上的直线。所有的测量和所有的几何学都是表面说固有的。黎曼在多维空间看到了弯曲的表面，几何的曲率本身则从一点到另一点改变。

来看一下二维平面的笛卡儿坐标系。在欧式空间中它是均匀的方格。我们有两个点，标记为 x 和 y。用一条线把它们连接起来。可以想象这条线是有方向和量值的箭头。这就是向量。坐标两个点之间的差就是向量的**分向量**。无论我们想以什么方式旋转整个系统，坐标都跟着变化，分向量也要改变，但是向量却不变。向量实际上独立于坐标。这就是度量意义之所在；坐标和向量的分向量立即就有意义了，因为无论怎样选择特定数组插入长度的测量中，它们都成立，而且不依靠坐标系。

然而，如果将矢量系统扭曲，例如使其变成曲线，那么方格就不再是均匀的了，点之于距离的坐标便不再有意义，我们失去了独立的向量（图 23－3）。这种情况正是引力加速度场——因而也是引力惯性质量——不受任何空间或静状态限制的原因所在。大致说来，因为物体和空间在场的概念中融合起来了，其中没有“间隙”（不可分的连续统），大致的变量、非线性的块状物就可以看出来了，那么耦合场及其坐标系也应是变量。

1827 年，高斯开发出一种在二维平面上表达二点距离间的方法。本质上说，他将微分方法应用到几何学，把笛卡儿图推广到曲线。简言之，该方法要求更多的分向量在曲面上找到距离。在二维平面上的任何坐标系中，需要三个独立的分向量。黎曼将该方
371 法拓展到多维空间的流形，其他数学家又完善了计算，从而使它们能够将坐标差在任何坐标系中转换成实际的距离。这就是**度规张量**。

总之，度规张量把我们从对坐标系的依赖上解放出来，但要实现它就需要比一个向量更多的分向量，集中表示它们的符号为 g_{uv}。三维空间的向量有三个分向量；而度规张量则有六个。因之，时空中的引力场有十个独立的分向量，在度规向量中表达时，要求十个引力位来描述该场中作用于某物体的力（牛顿物理学只要求一个）。那么，爱因斯坦不得不找到十个张量场方程与他的广义协变性相吻合。这个是个艰巨的任务，1914 年当他去柏林时，还没有关于重力的相对性理论。可他并没有失去他所寻求的美丽和谐的信念，即便是面临艰巨的任务以及他周围的世界正处于战争之中也是如此。

1915 年，最后的收获终于到手了。爱因斯坦找到了一种度规

张量的运算,高斯曾在1827年在二维平面做过描述,黎曼和克里斯托费尔将其推广到多维空间:从度规张量出发,可以构造出表示任一点表面曲率的曲率张量。这意味着由十个张量场方程表示的曲率,实际上揭示了时空本身所固有的结构。从这一令人惊叹的数学结果,爱因斯坦得到了触目惊心的物理学结论:重力根本就不是一种单另的力,而是时空的固有结构!时空就像一个非刚性的橡皮网,由于存在恒星和行星以及与之相伴的引力场,它就变形了。行星由于某种力,某种瞬间的超距作用,并不按太阳的轨道运行;相反,在弯曲的时空中,它们绕太阳这个巨大的天体沿最短路径(称为测地线)运行。按照爱因斯坦的理论,**重力和几何相同**。麦克斯韦本该感到高兴,因为他的网已经成为空间本身了。牛顿的问题——什么是重力?——最终得到了回答。物体间的引力吸引作用,结果来自因质量所处的时空曲率的相互啮合。

当然,狭义相对论并没有探讨重力,在狭义相对论中时空是平坦的;另一方面,重力出现在广义相对论中,因此时空成为弯曲的。在广义相对论中,结论应该是没有任何“笔直”的世界线,只有代表二点之间距离最短的弯曲的世界线,这些就是测地线。测地线给出了天体的世界线,从物理学上看,这意味着行星(或其他天体)因为受到某些力的作用,并不沿它们自己的路线运行;相反,时空几何学使得这些天体出现弯曲,在时空中它们沿叫做测地线的最短
路径运动。因此,在某些神秘的吸引力的作用下,光并不弯曲(牛 372
顿的第一询问),但光在弯曲的时空中,也沿最短路径运动。事实上,牛顿意义下作为力的重力,就像以太一样,在爱因斯坦的广义相对论中也是多余的。

终于见到了壮丽的概念统一。我们的结论是非欧几何是世界

的几何！然而，在1915年，牛顿可能还会申辩，你的理论毕竟还是个抽象的东西啊，是个“纸上的世界”。我们怎么知道它果真能应用于现象呢？

这些方程不得不表示出行星的运动。这一点它们做到了，与牛顿的完全一致。然而，它们还给了我们意外的收获。来回忆一下早就为人所知的水星近日点运动（距离太阳最近的水星轨道的点），毕竟牛顿的修正是每世纪仅四十三弧秒的数据并不靠谱。爱因斯坦的方程却得出了精确的量以及恰当的方向。它是由相对性效应所致，时空弯曲在接近太阳时大。没必要做任意的假定。这是广义相对论的直接胜利。如果爱因斯坦有任何怀疑（还是有怀疑的），它们也都被排除了。但世界的其他地方几乎没有注意到这项成就，因为在1915年正处于第一次世界大战之中。

战争扰乱了欧洲的科学界，爱因斯坦恐惧地关注着战争，因为民族主义的仇恨抓走了许多同行科学家。他自己的观点更接近于那些十八世纪世界主义的哲学。具有讽刺意味的是，战争——如期所致——证明对他的理论是有利的。

回到1911年，爱因斯坦已经想出来一种测试引力场中光弯曲的方法。时空曲率应该在接近太阳处，使来自遥远星体的光束产生偏转。在地球上，尤其是在日食过程中，根据星体的貌似位置与其实际位置的差，应该检测到光的偏转。1911年，在没有场方程的情况下，爱因斯坦计算出偏转是0.83弧秒。战争阻碍了德国天文学家测试他的预言（1914年俄国（德国的敌对国）有过一次日食）。

这倒也是件好事！有了新的场方程后，爱因斯坦发现偏转值应为1.7弧秒。战争甫一结束，英国天文学家和物理学家爱丁顿，便率领一支考察队来到西非海岸的普林西比岛,对 1919 年的一次预期要发生的日食进行拍照。他的测量证实了场方程给出的新数值。1919 年 11 月,测量结果向全世界公布,爱因斯坦迅速成为明星,《伦敦时报》宣布了这场科学中的革命和对牛顿思想的颠覆。

爱因斯坦本人呢?洛仑兹于 11 月给他发来电报,向他通报考察队的测量结果。他肯定对这些结果心中有数,而且感到欢欣鼓舞。过了几年后,他的一个学生罗森塔尔－施奈德记得曾问过爱 373
因斯坦,如果他的理论没有得到证实会是个什么情况。她传出的消息说,爱因斯坦的回答是坦诚的:"那么我就一定会对亲爱的上帝感到难过——理论是正确的。"

以较高的数学抽象为代价,爱因斯坦揭示了新颖深刻的统一性和简洁性。关系是不变量,对所有坐标系都是一样,根据观察者的便利条件,测量、空间和时间本身在这些关系中此起彼伏。话虽这么说,便利条件却不是绝对的。在人类经验的有限范围内,自然还是要假定欧式几何代表世界的结构,在我们生活的这个微小的时空区内大致如此。粗糙的经验和渗透理论的事实所衍生出的概念,通过历史传统和权威成为绝对的暴君,使我们的思想封闭起来。爱因斯坦写道,科学不仅仅是事实和定律的集合;而是人类思想的自由创造,把我们的感官印象与世界"联系"起来。在这个意义上,托勒密和哥白尼都是"正确的"——争论的焦点在于便利条件。哥白尼建立了一个更为和谐的联系,一座更经济,更自然而然的从"事实"通向自然的桥梁,我们还可以从美学的角度来看这个问题。

爱因斯坦像哥白尼一样,接近于古代的毕达哥拉斯学派。他在为广义相对论奋斗的那些年中,深深体会到数学的力量。在数学思想的指引下，人类可以揭示隐藏在直接经验背后世界的崇高结构。在这个观点上，他与马赫渐行渐远。他开始相信，纯粹的思想超越了仅仅是经济的感情联系。在这些感情下面，存在着通向人类思想——开普勒相信的与上帝一致的和谐思想——的数学计划构造的世界。

这就是广义相对论的美轮美奂；玻恩说："这是人类关于自然的盛宴。"场几何、度规张量、等于能量动量张量，因为所有的场都携带能量。因此，运动定律已经包含着引力场定律之内，能量定律也是如此。现在 $E=MC^2$——度规张量与能量张量的关系——因之，物质是连续统，一种场能量的密度。

所有的都有了，这是动态的连续统物质理论，在许多方面与古老的斯多葛的媒介或卡巴拉甚或东方的佛教类似。一个本质上统一的和所有存在的整体论的巨大的圣象。古希腊人第一个见到了分离的物质——这样的或那样的，"我与你"——并依此推断最初的感知，就是微小的原子论。**他们通过实际行动为其辩护**。但这是幻象，实在上的伪装。物质仅为连续统的密度；我们所假定的那些分离的事物，实际上是宇宙中动态的、流动的有机体的凝聚物。
374 物质就像此起彼伏的海面上的波浪。某种场方程在纯粹的引力场中给出的时空非线性度规物质般的峰值。的确，很早以前，黎曼和英国数学家克利福德就提出物质本身可能就是空间的曲率。现在爱因斯坦证明了如何是这样的。

倘若就是如此……好像自然似乎要求这样……那么广义相对论就**不是**完全广义的。如果物质是场的密度，是所有存在的非线性连续统，那么就**必须包括**电磁场，因此还有原子论。这意味着原子论最终要以某种方式为连续统物理学让路，并将两个场合并在一起。爱因斯坦不得不去寻求统一场理论。爱因斯坦的工作还未结束，现在他的"宇宙宗教情感"以及对"上帝"的忠诚得到了严肃的考验。

他的余生花在了统一场论的研究中。对某些人来说，相对论也许是迎接奇妙的新世界的一场革命。然而，爱因斯坦却发现牛顿精彩的统一性——确切地说，一个决定的、以严格因果律运行的宇宙，正如牛顿本人所相信的那样，是一种更深层次的和谐。但是，爱因斯坦帮助创建的原子世界中觊觎者，则是一妖。此妖会向他的宇宙宗教情感发起挑战，而他也永远不会不去思考它。妖的藏身处就在量子的奇妙世界中。

延伸阅读建议

Ben-David, Joseph. *The Scientist's Role in Society: A Comparative Study*.（《社会中科学家的角色：比较研究》）Chicago: University of Chicago Press, 1984.

Bonola, Roberto. *Non-Euclidean Geometry: A Critical and Historical Study of Its Development*.（《非欧几何：对其发展的批评和历史研究》）New York: Dover, 1955.

Born, Max. *Einstein's Theory of Relativity*,（《爱因斯坦的相对论》）rev. ed. New York: Dover, 1962.

Cannon, Susan Faye. *Science in Culture: The Early Victorian Period*.（《文化中的科学：维多利亚早期》）New York: Dawson and Science History Publications, 1978.

Capek, Milic. *The Philosophical Impact of Contemporary Physics*.（《当地物理学对哲学的影响》）Princeton: D. Van Nostrand, 1961.

Einstein, Albert, and Infeld, Leopold. *The Evolution of Physics: From Early Concepts to Relativity and Quanta*.（《物理学的演化：从相对论的早期概念到量子》）New York: Simon & Schuster, 1938.

Graves, John C. *The Conceptual Foundations of Contemporary Relativity Theory*.(《当代相对论的概念基础》)Cambridge, Mass.: MIT Press, 1971.

Hoffmann, Banesh. *Albert Einstein: Creator and Rebel*. New York: New American Library, 1972.

——. *Relativity and Its Roots*.(爱因斯坦:创造和背叛者)New York: Scientific American Books, 1983.

Holton, Gerald. *Thematic Origins of Scientific Thought: Kepler to Einstein*.(《科学思想主题的起源:从开普勒到爱因斯坦》)Cambridge, Mass.: Harvard University Press, 1973.

375 Pais, Abraham. '*Subtle Is the Lord*…': *The Science and the Life of Albert Einstein*.(《"上帝是隐晦的"……爱因斯坦的科学与生活》)New York: Oxford University Press, 1962.

Swenson, Loyd S., Jr. *Genesis of Relativity: Einstein in Context*.(《相对论的诞生:爱因斯坦的情景》)New York: Burt Franklin, 1979.

Woolf, Harry, ed. *Some Strangeness in the Proportions: A Centennial Symposium to Celebrate the Achievements of Albert Einstein*.(《比例中的一些怪异:爱因斯坦成就百年文集》)Reading, Mass.: Addison-Wesley, 1980.

第二十四章　h 的故事 376

这是第一次世界大战中某个时间。地点可能是在1916年的索姆或伊普累斯或“凡尔登的地狱”……或任何无数次通过西线永备工事“突破”对方防线的企图中。一小时接一小时，甚至是整天，都炮火连天；锯齿状的高爆炮弹的弹片四处乱飞，对身体造成了恐怖的伤害，一阵炮火过来就是一片肢体碎片的横飞。幸存者被深埋在泥土下面，一个老兵无可奈何地称其为“不间断的地震。”

接下来就是冲锋。步兵锐不可当地冲在数百米的草地上，那里布满弹坑还有混合着血肉模糊的泥浆和尸体……他们直接冲向带铁刺的铁丝网和机关枪……第一波冲锋就像夏天大镰刀割麦子那样倒了下去。接下来就是第二波、第三波、第四波——面对残暴的现代机械化的自动火器，人的肉体是无能为力的。

除了可怕的高效火器、机关枪和重炮，还有毒气、飞机和奇柏林飞艇，对军民目标实施轰炸之外，征兵以及“全面战争”的概念，囊括了资源生产、后勤补给、部队调遣和其他在民用领域的细节均得到了合理化和机械化的安排。战争成了一个产业。它的产品就是死亡。

最后，军事战略差不多消失了。消耗战成为目标——用越来
越先进有效的机械武器产生更多的尸体。各种火器得到改进，变 377
得更加复杂：坦克、毒气（1917年出现了芥子气），更大的炮弹，更

快的战斗机——对战壕里的普通士兵来说，好像人的力量和意志越来越少了。死亡火器似乎是**预定的**，人慢慢拱上前线时，发出了羊羔被屠宰之前颤抖可怜的咩咩叫声。美国内战和普法战争已经是警告了，但是西方文明却对凡尔登那样的蠢事没有任何准备，它的卓越之处就是完全的恐怖。

第一次世界大战标志着丧失了某种清白。它为我们上了一堂令人羞辱的课，堪与人类英雄由于骄傲自大为诸神惩罚古希腊悲剧相比，他们的盛气凌人竟把自己当做诸神来看。可是，有了所有这些苦难不说，大战不过是个序曲，几乎要比接下来的好得多。正如尼采说预言的，二十世纪果真是大战的时代，科学手段要超过意识形态，或至少是意识形态伪装的纯粹力量的较量。伟大的培根机器质变(突变)为吞噬自己孩子的克罗诺斯。

具有讽刺意味的是，在这个历史瞬间，机器本身——支持机械世界观的机器本身的意识形态——开始了质变。然而，这种变化是无声的，没有战争的血腥和恐怖。它们大多在几个人头脑中，在办公室和会议上，在安静的图书馆或研究里；他们把敌人从根深蒂固的思想深处挖了出来。

相对论无论怎样奇妙，依然是决定的、因果性的而且客观上真实的，即便它的实在是高度抽象的。一旦为人所掌握，它的逻辑就保存在理性时代。战争机器像机关枪、毒气和重型火器就是文明机械化表面上不容置疑的实在，它们展示了恐怖的画面。不过，这种强硬的、可估量的机械世界的基础成果，却开始从物理学家们的手中流落。一场绝望的争斗就在这种思想的氛围中展开来，尽管是以抽象的数学和复杂的、间接的实验的争斗为对象的。不共戴天的宿敌，那些古老的关于实在的假定，似乎就是理性主义的大军，如果这支军队不是神志正常的话。

机器时代一旦进入战争就变得疯狂起来。同时，物理学家们也在寻找其齿轮和螺栓，它们是自然的真正组织，物理学家们再也不像先前那样被认为是“头脑清楚”的了。相反，对立面成为标准的实践：问到一个新理论时，玻尔会反问：“难道这还不够疯狂吗？”

直到二十世纪二十年代，物理学坚守可以回溯到亚里士多德的信条。该信条可以概括为这样的断言：“机缘无辜”。然而，亚里士多德说的机缘不可能是科学的一部分，科学家们学会了用数学的概率和统计的方法驯服了这只野兽，但他们也把这只野兽当成了科学的一部分。拉普拉斯的声明与为野兽提供住所并不矛盾：
以每个物体的瞬间位置和速度的物理定律和完全知识，全能的大 378
脑可以推导出过去和未来的每件事物的形状，因为宇宙是严格决定的，每个效应都指向其前因。例如，我们采用统计学和概率论处理分子运动论，因为不能**从实践上**作出必要的观察，简言之，因为我们无知。理论上，没给机缘留下什么，每件事都是决定的，甚至在相对论中也是如此。**量子论**对这个信条发起了挑战，并开始了长期的辩论，直至今天还未结束。

一开始就险象环生。回到 1859 年（在科学史上肯定是重要的一年）基尔霍夫设想出一个完全的辐射体，以全部效能吸收并散发辐射的“黑体”（意味着它在把热能转化为电磁辐射发挥了全部效能，那么它就不是真正的“黑的”，它可以是红的、白热的或无论是什么吧）。然后他提出一个问题：把黑体升到任意给定温度后，其光谱会是什么样？它会如果发光？考虑到麦克斯韦波落到黑体上的情形；就将持续不断地将能量传给它，于是该体发光的正常温度，则从红向白移动，然后再继续升高到蓝。颜色的分布形成了辐射曲线，把问题计算出来很简单，用古典概念就可以，它与实验结果相符。

该问题与气体比热的相似；假定被黑体吸收的能量在其原子中均分，而原子在所有可能的频率振荡。因此，有的原子要比其他原子发散的能量更为有效，它们的频率就会高一些，波长就会短一些。然而，根据这些和其他假定的公式却没能得出预期的结果。瑞利勋爵曾计算过一个，结果暗示无论吸收的辐射的频率有多高，必须放弃无穷大的辐射，最终落到紫外甚至更远的范围，就像能量的灾难性爆炸。该结果被称为“紫外灾难”，可是公式在低频区与实验结果吻合。维恩计算了另外一个公式，它在高频区成功但在低频区失败。实验表明大部分能量都在中频区辐射出去了(辐射的能量与频率成正比，频率是波长的倒数；因而能量辐射越高，波长就越短)。该体温度越高，光谱峰值就向较短的波长方向移动，但总是有个极限，测量结果在短波高频端都不会消失。

普朗克在柏林想过这个问题，并受到玻尔兹曼气体能量分布的概率处理的启发。玻尔兹曼曾计算过，固定总能量把分子分离，然后将其分布在抽象的数学空间(称为相空间单元)，这是最有可能的方法。普朗克当时正在搞他所谓的能不断吸收和发射能量的
379 原子振荡器——离散振荡器和吸收任何量的连续能量流。但是，如果借鉴玻尔兹曼成果会是什么样呢？普朗克假定他的振荡器的总能量由离散的“能量元素”构成？1900年秋天，他干了一件疯狂的事，可以说是一件奋不顾身的事。他为他的能量元素赋予了物理意义，这就要求假定他的振荡器**以能量束的形式**吸收和发射能量。

这就是个数学把戏而已，可它却成功了。较高频率的振荡器只吸收较强的能量束，像在量子系统那样；因此，没有足够大的能

量包它们就不会被激活而且不会有辐射。较低频率的振荡器，由较弱的光束激活，在较长波段处产生较低频率的辐射。为得到正确的公式，普朗克必须把能量束固定下来，用频率（ν）乘以一个常数，他称其为作用量子 h（能量包）。普朗克发现 h 的值非常小——6.55×10^{-27} 尔格/每秒（今天为 6.63）。普朗克把它叫做普适常数。因为它具有作用维度（能量 x 时间），他称其为作用量子，量子这个词来自拉丁语中性名词 quantus，意思是“多大”。也许这是个绝望的、荒谬的和愚蠢的公式，可却与实验结果“非常接近”。

h 的微小尺寸产生了巨大的后果。从常识本身来看，它彻底违反了所有经典力学。由于一些莫名其妙的原因，h 说当连续的辐射与物质相互作用时，它就是脉冲的形式，就是跃迁的形式而非其他形式。由于作用量子太小我们根本看不到它，而跃迁形式又是如此含混不清。从理论上说，它还就在那里。这似乎有点蠢，而普朗克本人也用不同的方式企图规避它。大概过去了五年的时间，对多数物理学家而言 h 似乎就是某种哗众取宠的玩笑。

1881 年，亥姆霍兹曾提出电可能是原子形态的，也有人在更早些时把电的计量单位叫“elecrine”，以此来描述化学亲和力或化学键。在卡文迪什实验室工作汤姆森（J.J.Thomson）正在做实验研究阴极射线——一种见于真空管中阴电极发出的电流。1897 年，汤普逊宣布这些电微粒是物质的微小粒子，比氢原子还要小，携带负电荷。他的结论是，原子不是不可切的，而是由更原初的东西构成的：它们就是**电子**，一种镶嵌在普遍物质上的东西，就像布丁上的草莓那样。汤普逊宣称蒲劳脱预见到了这个伟大的真理。威尔逊和密立根做的实验确立电子为事实。

赫兹于1887年曾注意到另一件稀奇的小事。在生成麦克斯韦的电磁波的过程中,他发现打在实验装置上紫外光引起一丝轻盈的电火花。如果这些火花就是电子的话,那么紫外光从某种意义上就让它们从金属表面上脱落下来。这就是光电效应。

稀奇的事在于无论多少光照射到金属上,如果光没有达到某
380 种频率的话,就什么也不会发生。如何解释这一点呢?爱因斯坦看出来,答案可能在普朗克的量子里,他还用统计力学做了类比。普朗克用他的量子将频率与能量关联起来,得出 $E=h\nu$——能量"束"的频率越大,能量也就越大。然而,在物质外面能量辐射依然是波的形式。1905年,爱因斯坦推出物质外面的辐射可能也像气体那样以束的形成出现。他把它们命名为"光量子"。后来又改名为**光子**。根据普朗克规则,增加光量子意味着增加其能量,在光电子效应中,意味着要用更强的飞射物来撞击。这样它们就会出来。增加光的量仅意味着发射更多的光量子,但如果它们的频率低,就不会有把电子赶出来的能量。如果做到这一点,那么更多的光量子就会让更多的电子脱落下来,而频率越高,飞溅下来的电子就越快。这对 h 是第二次胜利,现在人们已经不再把它看作一个哗众取宠的笑话了。

然而,爱因斯坦的解决方案令人无法容忍!它明确地表明光是微粒状的,正如牛顿曾认为的那样。那么杨和菲涅耳以及其他所有人的波实验该怎么办?就在同一年,爱因斯坦本人在他的相对论中用到了麦克斯韦的波方程。更糟糕的是,量子论开始向物理学的其他领域入侵。1906年,爱因斯坦用它来解释比热理论中的异常现象。量子论太成功了,就连爱因斯坦也被迫承认,随着它的每一成功量子看上去就"更蠢"。

光的这种二元性几近疯狂，如果我们在看一下杨的波粒二相性实验，这种愚蠢甚至会变得更为诡异。如果光在一个障碍物上通过二条打开的狭缝时，在障碍物后面的屏幕上便呈现出干涉的式样，因此说明是波的现象。如果把一条狭缝封住，式样就表现为边缘毛糙的光带，就像光通过小孔受到扭曲那样——依然是个波的现象。到现在还是那样……还是那样理性。

让我们把一束光子慢慢减少为一次**一粒**光子（就像电子打在电视屏上那样），最终就会在狭缝后面的底片（电视屏）一次仅记录一个光闪点。步骤就是一张底片，一个记录的光闪电。不久便得到一叠这样的负片，每张底片都有一单一的光闪点标志。若将底片排成一排，把它们叠起来（提醒一下，每张底片上的单个光子都是“随机”发射的），就会得到**波一样的干扰式样**。我们甚至可以在不同的实验室指标这些底片……甚或整个宇宙！那么某些光子（即便来自宇宙）如何知道其他光子在做什么呢？

干涉现象是两个狭缝的性质，或结果。如果将狭缝关闭，该式样就消失了，就连单个光子也是如此。将狭缝关闭之后继续发射光子。并不停得像在先前那样把负片放到后面。**就不会出现干涉** 381
现象了。就必须承认作为粒子的光只能通过一条狭缝，且不管一个是打开的另一个是关闭的。实验者的决定看起来是做出了区别，因为在两个狭缝都打开或只有一个打开时得到了不同的结果。不可思议的是，光子通过一个狭缝似乎“知道”另一个狭缝是开或关，于是便“决定”给出干扰式样（如果两个都打开），或把粒子乱扫一通（如果只有一个是打开的）。

更糟糕的还在后面。量子在物质的心脏原子中也安了家。

1895 年，德国科学家伦琴在做阴极实验时发现了一种新的辐射形式，让他吃惊的是这种射线竟能穿透固态的物质。伦琴就将其命名为X射线。新的X射线引起了法国的贝克勒尔(H. A. Becquerel)的兴趣。于是他就用某种铀盐对其做实验，贝克勒尔假定具有贯穿力的光是暴露在可见光下才发出来的。可出于偶然他撞到了非常奇特的效应：该射线就是不暴露在可见光下也会发射出来，这就意味着**没有**外部能量的情况下自动得发射出来！如何是这种情况呢？在巴黎，居里夫妇发现了两种新元素，钋(纪念居里夫人是波兰人)和镭，也能自动发出辐射。镭的能量输出简直大得难以置信，该元素总是要比其周围要热一点儿。毫无疑问；某种元素在不可见的状况下发射巨大能量。居里将其称为放射性。

这时恰逢在加拿大麦吉尔大学工作的卢瑟福(Ernest Rutherford)和索迪(Frderick Soddy)发现，这些放射性元素实际上自身在**发出辐射**而将其转化成另外的元素，经过一系列的转化最终变成铅这种稳定的形式。辐射包括β、α、γ三种射线。他们发现β
382 射线就是电子，索迪证明α射线实际为携带一对正电荷的氦离子(γ射线则是贯穿了更强的X射线)。这就涉及现代的炼金术了。但对汤姆森的原子图意味着什么？

α粒子的速度很快很重，就像微观世界的大炮弹。卢瑟福得到了α粒子：他要用α粒子对原子内部轰击。1909年，虽然实验证明α粒子大都能贯穿薄金属箔，还是有几个偏离了方向，有的甚至被反弹回来。那里原子没有任何李子布丁。显然，α粒子只是偶然地撞击到原子内大质量的正电荷粒子。1911年，卢瑟福宣布原子就像一个微型的太阳系：带正电的原子核由电子围绕其轨道转，电子的负电荷与原子核的正电荷达到相互平衡的状态。二年之后，化学家们见到原子核的电荷可用来做元素周期表，从而将各个元素个就其位。索迪认为尽管某些元素可能在原子量上有变化——他将其称为**同位素**——原子核电荷数、**原子数**，肯定是元素的分类。

这是一副相当漂亮的古典原子图。可还有个问题。它如何稳定呢？电子会不会发射能量并栽到原子核内去呢？进一步说，我们知道所有的原子在某特定频率的可见光下都会激发，通过分光镜它们均呈线条状，即每个原子都拥有各自的身份证。回到十九世纪八十年代，巴尔(J.J. Balmer)发现，有四条氢原子光谱的可见光形成排列整齐的数学系列，像梯级那样。我们本应期待卢瑟福的原子在所有频率上发出的可见光，能像电子按原子核旋转那样，可是却没有得到这样的结果。于是出现了类似于黑体问题那样的情形，怎么办……

丹麦的玻尔来与卢瑟福共同研究了，这时卢瑟福正在英国。1913 年，玻尔用量子改造了卢瑟福的原子。他宣称电子是以**离散**的形式轨道绕原子核运转的，这是特定的轨道而非其他。能量通过 h 与频率相关联；因此谱线与原子中发射的特定能量的光子(光量子)相对应。随着电子在稳定的轨道之间"跃迁"，便可以看到光子的发射，这样说来，轨道本身可以作为静止的能量水平得到量子化。因此，当电子从较高的能量水平(离原子核远)"跃迁"较低的能量水平(离原子核近)时，某高频率的光子便发射出去，由原子吸收的正常频率的光子便把电子推向较高的可允许的轨道：他发现的公式表明，电子的角动量等于 $h/2\pi$ 乘以 n($n = 1,2,3,\cdots$)。n 是量子数，根据这个值就得出特定的量子化轨道。玻尔根据允许轨道的发射值的计算与氢光谱所"观察到的"相当吻合。

玻尔的原子果真为经典的和量子的思想注入活力，不像构成托勒密混合体那样的不同物体的混合。角动量是原子绕其轨道旋转的速度，这是一幅行星绕地球运动的图景。然后，突然“行星”消失了，接着有另一轨道出现，不是出现在任何轨道，而是“被允许的”轨道，向空间发射脉冲，它们不是连续的而是离散的放射性能量。只允许某种能量水平或“壳层”，而其他区域则是禁止带。出于论证的原因，如果电子跃迁从一个状态到另一个状态不是瞬间的，那么它必须及时穿越禁止带。如何知道它在哪里停住呢？更紧迫的问题就是刻画观察到的谱线密度。为了计算（并极化）它们，玻尔被迫采用了经典方法。然后，他论证说其间存在某种必要
383 的关联，在经典物理学和新量子物理学之间有联系；例如，在高能量水平下，传输很小，实际上可以说是平滑的。玻尔称其为**对应原理**。

是什么在某特定时间**导致**原子“激发”发射光子，并使其电子瞬间“跃迁”到较低的能量壳层呢？怎样设想辐射（向电磁辐射那样）由这种“跃迁”所“创造”？当吸收到原子中后，这种辐射是如何湮灭（或蜕变）的？所有这些事件的发射是无因果性的，即没有前提的警告或变动的吗？正如我所要见到的那样，所有的是否都基于概率？如果这些问题的确都是符合修辞学的，那么力学的决定论，便在物质的核心蒸发了。

吊诡的是，（在量子力学中常要用的一个词）玻尔一方面排除了原子的因果解释，这样就把过时的亚里士多德从科学中驱逐出去了，但在另一方面他却复活了亚里士多德的另一个思想，这个思想早就被伽利略扔到历史的垃圾堆了。被玻尔复活的亚里士多德思想是这样的：电子在**寻找**到允许的壳层后，也许便在物质中嵌入了有生命力的精灵，大致如此吧。像亚里士多德的潜存一样，新的

原子时代物质似乎迎来了新**趋势**。电子找到了它在自然中的位置。

可还有问题要考虑。谱线在磁场中分裂成三条(称为塞曼效应),在静电场中也发现分裂现象(称为斯塔克效应)。经过细致的分析后表明,即使在未经扰动的谱线中实际上也由一束束的更细的谱线组成的。于是便加入了二个量子数来刻画这些性质:在可见的情况时,一个数描述轨道的形状;另一个则给出轨道的方向。在 1925 年末 1926 年初的样子,又加入了第四个数来描述谱线的分裂。它被称为"自旋",然而任何关于电子的可见的和经典的图景均是误导的。电子固有的自旋有两个值 + ½ 和 - ½,于是角动量或自旋向量可被设想为指向"上"或"下"。所以,把它比做微小的行星的图景是困难的,因为电子必须自转**二次**才能返回它开始的地方。对氢原子光谱这些增加的数值似乎有效。然而对塞曼效应的更精致的分裂(和塞曼效应类似)却把这一切都毁掉了,电子数目更多的正常原子,该理论失效了。

还有另一个问题困扰着玻尔和年轻的泡利,那时他才二十岁(他于 1900 年生于维也纳),并发表了一篇关于广义相对论的重要文章。玻尔的理论是在各个能量水平上都充满了壳层,每个壳层由于下一个壳层"填满"而变得"充盈"等等,这样便建立起元素周期表。泡利开始怀疑,为什么在一个未被激发原子的底层壳层中 384
并非发现所有的电子,为什么头一层**才有二个**呢,接下来的八个呢等等?1925 年他认识到如果玻尔的壳层对应于一组量子数,这便解释了这个现象,他把全部壳层精确地对应到属于该壳层的量子数目的**不同集合**的数目上。这意味着没有二个电子可以具有**四个**量子数,它们因拥有相同的量子数而"不相容"。泡利的新规则被称为**泡利不相容原理**。但就是四个数目吗?在该数被称为“自旋”之前,泡利所感兴趣的是第四个量子数。

不相容原理应用于所有自旋为半整数的粒子,它们在费米的工作后被称为费米子,1925 年费米与狄拉克共同澄清了其规则。然而,这条规则不适用于自旋为整数和零自旋的粒子,如光子,在波色和爱因斯坦的合作下,这类粒子被称为波色子。不相容原理在解释原子结构和化学周期表中发挥了巨大作用;不过,所有电子为什么都服从它?不存在任何经典理由。

实验、假设,更多的实验,更多的假设;脚步紧密而且随着量子力学揭示出越来越多的谜团后,曾是固体太阳系原子的图景变得模糊起来。也许是到柏拉图上场的时候了,让我们从这幅图景转过身去吧,从洞穴的阴影中转过身吧,转向我们头脑中的纯洁的光——数学之光。

在这个当口,海森堡决定这样做了。在普朗克的“奋不顾身”之后,像泡利一样,海森堡属于科学研究是新一代人。这代人也是在第一次世界大战期间(1914—1918)成长起来的,他们中有许多科学家是从战壕中爬出来的,还有许多从来就没有再回来。总之,可以看到新一代的科学家像海森堡、泡利、狄拉克以及其他人,不那么在乎经典物理学以及他们老一代视为命根子科学基础的那些原理,而且他们也见证了某些十九世纪所假设的,理性的欧洲文明结果,道德和乌托邦过程幻象的破灭。战争导致科学丧失了某些的全球的国际主义性质。科学家本人并没有不受民族仇恨的影响。例如,后来获得诺贝尔奖的德国化学家哈伯研制出高爆炸药和毒气;在英国卢瑟福为盟军反潜艇委员会工作,在法国居里夫人则驾驶红十字的救护车。

爱因斯坦那时刚刚抵达柏林，就怀疑普鲁士的军国主义和不加思考的服从已经得到确认。1914 年 10 月，九十三位德国最伟大的知识分子，其中包括普朗克、海克尔、伦琴共同在一份《致文明世界宣言书》上签字。该宣言书为德国违背了比利时中立进行辩护（受施利芬计划命令，从某种意义讲，表明当国家存亡似乎与这 385
种机器般的计划遭遇时，人类的自由意志是多么无能为力）。另一方面，爱因斯坦在一份号召和平和欧洲团结的《欧洲人宣言》签了名。该宣言仅在柏林大学散发……得到四个签名。

在更一般的层面上，战争在十九世纪和二十世纪之间造就了鸿沟；造就了一个缺少奥地利、德国和俄国的新欧洲。在海森堡的德国，魏玛共和国是一个伟大的实验，它与君主制和专制的德国的过去不和；正如史学家盖依曾说过的："想把一种思想变成现实"。世界似乎不是那么确定，欧洲文明本身也是前途未卜；意想不到的和不可思议的正在变成明显的了。

在哲学上，出现了一种新的实证主义，或叫逻辑经验主义（马赫在其中起了作用），这是一种鄙视形而上学和思辨的哲学，坚称陈述在逻辑上要正确，在实验上要可证。在二十世纪二十年代，奥地利哲学家维特根斯坦的名言可能就是它的箴言："凡是能够说的事情，都能够说清楚，而凡是不能说的事情，就应该保持沉默"。也许，时间对所有古典的图景都保持了沉默，而都分配给机械性的假设，简单地接受了数理逻辑和实验的经验主义。

抽象的倾向也在绘画方面表现出来。例如，毕加索在一块画布上，可以将同一幅画的图像从一、二、三或更多视角结合起来，好像在 n 维空间中表现一个粒子形式。在心理学中，荣格与弗洛伊德于 1912—13 年左右分道扬镳，在战争期间他继续发展出一种动态的无意识的场概念(详见第二十六章)。荣格的集体无意识是一种类型记忆,有荣格所谓的原型的抽象实体构成。这些原型不同于超自然的能量,能够产生几近于无穷的意识形式,从文化到文化,从历史时间到时间。总之,在梦、艺术、哲学、宗教中都可以发现原型,即使在科学中也是如此(泡利对荣格的工作非常感兴趣并与荣格一同在科学里做原型的研究)。原型的特殊形式,它的具体表现方式,间接地指向那些不能完全把握的事物。抽象的原型也是 n 维的东西,不是任何单独的表现就能将其刻画出来的。

海森堡本人就像他那一代人一样,对那些虚无缥缈的幻象深表怀疑;他谨慎地接受抽象事物的视觉表象,**仿佛**这些表象是真的事物。还是个大学生的时候,他就被柏拉图的《蒂迈欧篇》震惊了,其中原子被说成是“虚无缥缈”的几何形式。像马赫与奥斯特瓦尔德一样,海森堡和他同事都知道,从未有人**直接见到过**原子;所有的实验和“证明”(像爱因斯坦在通过布朗运动分析证明分子存在
386 那样),只是间接的。他们知道必须有意义地解释具体的事实。现象学之父胡塞尔称所有的事实都不是“事实”,因为没有意识赋予它们意义;甚至基本察觉到的事实均为直接外向的复杂的意识操作——意识是意向性的。胡塞尔的这些方法是把所有所谓的客观实在都用“引号”括起来,以便研究复杂的和在意识中的意义事实的意向性构成。这种方法叫做现象学还原。按照胡塞尔的理论,它的目的就是通过回到现象并掌握事物如何有意义而让哲学成为科学。

所有这些形形色色的和相互对立的运动似乎都指向单一的方向,指向尼采和克尔恺郭尔的直觉把握:不包括分析有意识的主体的观察,就不可能描述或客观考虑任何事物或系统。事实上,观察

者和观察对象形成统一体。在宇宙中不存在优先的客观性的参照系。有的只是意识。数学有意识，最抽象的意识。

在哥本哈根与玻尔度过一年之后，海森堡前往哥廷根大学，那可是集数学和物理于一身的著名学府，年轻的理论物理学家聚集在那里讨论学术，玻恩（泡利）都到过那里。1925 年夏，海森堡放弃了所有关于原子的图景。转而决定接受了实验所给出的数并希望看看是否从中得到什么启示。他把原子数做了像方桌似的数组与行列的排列。方桌由能量梯的横档组成，所有关于跃迁、频率、密度等等都包括在内。每个方桌均代表粒子的一面，一个是位置，q，一个是动量，p。现在问题是在数学上确定一个电子的位置和动量的值。

设想波以单频率代表自身；就称为正弦波。再设想波的不同频率。一百多年前，傅立叶曾证明后者可被分析为不同频率的正弦波的组成部分，就像写成一个列表那样。这种方法玻尔用来定义他的轨道。简言之，根据傅立叶分析，海森堡的 p 和 q 不是列表；他们是方桌，称为矩阵，而傅立叶分析的法则对这些矩阵无效。当海森堡把矩阵拿给玻恩看时，玻恩回忆起他的学生几天前做的一个关于支配矩阵的报告。海森堡本人发现了它们，于是他、玻恩和约尔旦开始进行仔细的研究。

研究结果令人震惊。尽管傅立叶分析违背所有代数的标准法则，例如 $p \times q = q \times p$，但其中的交换律却不是这样：在矩阵运算
中 qp 不等于 pq！事实上，玻恩和约尔旦发表了一篇文章，证明它 387
们与普朗克常数之差成正比：$qp - pq = h2/\pi\sqrt{-1}$.数学有效，给出了正确的实验值。但在物理学上 pq 不等于 qp 是什么意思？

我们不仅向所有的图景缴械投降，而且似乎也丧失了所有的常识。h 的故事变成了荒诞不经的梦幻。德布罗意找到了另一种叙述的方法。他的思想来自相对论：粒子拥有物质，而物质是能量，能量与频率有关，频率像波；光可以是粒子也可以是波，那么质量的粒子也可以表现出波的性质！根据德布罗意的思想，电子的行为本该像波那样，1925 年在纽约的贝尔实验室，实验者发现电子的行为的确像波，非常小的波长的波，像 X 射线，就是这样。（根据这一发现造出了电子显微镜，它能提供比可见光波长更为详细的电子流）。物质像波。德布罗意提出了在空间中自由粒子移动的理论。在苏黎世的维也纳物理学家薛定谔又将像波似的电子应用到原子上去。

薛定谔的波方程对物理学家而言是尽人皆知的，有了它大家几乎都松了口气，因为它让人们从量子的怪异性的折磨中解脱出来。波函数最美的一面是由希腊字母 ψ 所展现的，大致说来，波函数 E（系统的能量）是受到限制的值，由它们给出方程的“可接受的解，”也就是说，有限的解。E 的这些值被称为**本征**值，把它们汇总起来就形成光谱。在氢原子的例子中，这条光谱便与玻尔的能量水平等同，因而也就自动地量子化了。

在视觉方面，薛定谔的物质波不能像德布罗意的那样自由传播；相反它们必须是驻波。人们可以想象驻波就像在固定的绳索上传播的波，这条绳索并不延伸到空间去。由于绳索的两端是固定的，比如就像小提琴的弦那样，它的振动形成一种固定模式，它们之所以可能就是因为绳索的两端是固定的。例如，频率可以是一个或两个，但永远不会是半个驻波给出了与某种频率相对应的离散模式，因此薛定谔的波不限于定义模

式，尽管在物理意义上没有界限，因为它们在抽象空间也振动。

把驻波应用于原子，在指定的频率上产生振动，就将能量存储起来，因此就与确定的能量状态相符。模式的改变只能在可能的模式的有限序列中产生；这样玻尔的能量水平及限制性过渡就不再是任意的了，因为只有特定量的能量才能将一个模式转换为另一个。不相容原理意味着没有任何两个相同的模式是同一的，那个壳层之所以有那么样的电子数的原因，在于一个水平的模式可能数；第一壳层为二个，第二壳层为八个，等等。（玻恩、鲍林还有 388
其他人都用过量子力学来解释化学键。根据波函数，它涉及轨道，通过特定的模式叠加成更加稳定的模式，分子便形成了。）因此，薛定谔波方程既适用于事实也适用于海森堡的矩阵，薛定谔准备放弃粒子电子；电子是物质波。物质波是真实的，物理世界就是由它们形成的。电子是带负电荷的雾。

“真实的”物质波在多维数学空间中存在着。实验也清楚地表明，电子的行为像粒子，而其他证据（康普顿效应）似乎也证明光（光子）的粒子性质。波动力学早为物理学家说熟悉，因此也更适合于复杂的矩阵；1925 年冬，狄拉克在英国独立工作，把矩阵数学做了进一步的提炼，使其成为一种优雅的理论，经典力学自然过渡到量子力学。因此，两种不同的理论恰到好处的表现事实！但它们能统一起来吗？

玻恩于 1926 年 6 月提出，薛定谔的波在数学空间根本就不是物理意义下的波。相反，如果我们根据统计学来解释公式，并保留粒子电子，那么薛定谔函数（特别是方波的振幅）实际上呈现的是，在某特定位置寻找电子的统计概率。薛定谔的波是什么？**它们是概率波**。就在同一年，薛定谔、狄拉克、海森堡和其他人完成了波函数和矩阵的数学统一。在这样一通猛攻之后，涌现出原子奇妙的新图景。

再来考虑波。在数学上可以证明，许多连续的不同微量波长的大量的波，可以结成单一的波。但是只在小区域中它们以相的形式存在。在这个区域中，光的振幅大，而在其他区域则不是这样。连续光波范围越大，区域就越小（或光包），而确定粒子位置的概率也就越大。这便是问题的实质：波是传播的而粒子拥有动量；动量与波长相关；波长的精确值给出动量的精确值。于是波不是陡然由波长决定的（与上面的不同），我们有很好的机会确定其速度和动量（mv）。另一方面，这种波差不多都有固定的振幅（几乎等于波包），而粒子的可以位于任何地方！简言之，差不多相等的振幅意味着找到电子的概率大致相等；精确振幅意味着复合光是由几乎无穷波长构成的，因此电子的动量
389 也差不多是无穷大的值。**只有概率能够确定**。事实上，在原子世界中只有概率是被确定的。概率**是**物质结构固有的。它不是我们忽略的，它是本质。我们终于找到了妖的巢穴。

觉得混乱了吧？是的，不仅如此而且还让人恼怒。可更糟糕的还没到来呢。数学迫使我们相信这样的结论：知道了电子精确位置就不能确定其动量，反之亦然。海森堡看到了他的 p 与 q 之间的这种奇异矩阵的意义。由于矩阵在数学上与薛定谔的概率波等价，$pq - qi = h/2\pi i$ 表现的是精确和瞬时固定电子的位置和动量**不确定性**。这意味着在原子世界中存在一种固有的不确定性，就连拉普拉斯那无所不能的大脑也不可能克服。这就是海森堡著名的**测不准原理或不确定原理**。它说的是我们不能同时精确地知道特殊的事件（p 和 q）我们只知道某概率，概率从瞬间到瞬间，而

我们就可以选择这些来测量。预测是概率统计；系统的未来是概率的集合。不确定之所以存在是因为普朗克的 h，因为 h 为零，因此也就不存在概率。对所有这些，该理论都有效。它解决了玻尔的原子问题，此前这个问题是不能解决的。它除了氢原子之外对其他原子都是成功的。道尔顿的利索的小球变成了奇异的，完全抽象的数学实体，由称为**量子力学**的同等奇异事物所规范。

不确定原理对物理学蕴含着相当震惊的结论。从某种程度说，观察行为改变了被观察到事物。在决定测量 p 的过程中，就自动影响到确立 q 的概率，反之亦然。因此观察者（人或仪器）必须包括在任何完全描述对象之内。这不仅让严格的因果性和决定性的牛顿世界在微观世界和概率水平坍塌，而且也把让观测者和观察对象分离开来的藩篱瓦解。这不是仪器的笨拙（尽管可以这么认为）；可在数学里它却是固有的。

也可以把不确定原理和波粒子与电子的二元性联系起来。某给定瞬间固定电子的处所之后，位置就更呈现出粒子的性质；动量呈现出波的性质，波不具有精确的位置但却有确定的动量。于是，我们关于波、动量的知识越多，我们关于粒子的知识就越少，反之亦然。但实验发现电子的粒子性质，就得到粒子的答案；但发现电子波的性质，就是波的答案。严格地说，概率就像"幽灵"的聚集，这是十九世纪物理学家所抱怨的。做实验找原子时，一排概率波就消失了，除非一个波包描述该电子。这被称为"波函数坍塌，"在某种意义上，这意味着观察系统迫使它成为"实在"。我们在一个能量态中寻找电子；我们在看并发现它已经"跃迁"到另一状态；当 390
我们不去看或做实验时它会在任何地方，就是任何地方，从一个观察到下一个我们甚至不能说它就是**同一个**电子！

也许，玻尔在所有物理学家中对解释量子理论的意义是最有准备的。还是做学生时，人们就向他介绍了另外一个但丁、克尔恺郭尔。反对一切包围的系统（像黑格尔那样），克尔恺郭尔认为想要解释什么东西也应在一定程度上参与其中或对该事物产生影响。克尔恺郭尔教导说客观性与主观性之间的划分是与生俱来就有的，事实上，它是人类的决定。

回忆一下克尔恺郭尔的《非科学的遗作》，它率直地告诉我们"真理就是主观性"。像尼采一样，克尔恺郭尔认识到十九世纪的客观性的理想本质上涉及不决定性。我们可以说基本的客观性是给定的，例如在数学公式或逻辑的形式证明——不能保证**其中**存在其所描述的命题，甚或日常事务的时间世界的任何应用。只有本质证据会做到这一点；只有本质自己的见证是我们的保证。可是，任何此类本质证据本身是短暂的，在当下固定的，因此也就是受到限制和有限的，至少在时间上如此。在这个地方，在这个年代，在这个历史的瞬间，**现在是我们的**。但逻辑定律却是根据定义成为永恒（无论发生什么，A = A）。任何证据都是范畴性的、以人的语言为媒介，因此也就是可以改变的。相反，真理应该是不变的和不可改变的。因之，把所有这些分离的命题聚一起，就得到一个可笑的结论："客观性是不确定性。"

那么真理又当何如？"真理恰好是冒险，它以巨大的激情选择了客观的不确定性。"

克尔恺郭尔此处涉及的是基督教的悖论，在他那个时代，基督教创造出新的历史意识的不宽恕的约束。宗教，任何宗教，都涉及永恒的主题；用神学家蒂利希的警句来说，宗教是关乎"终极的关切"。从历史上看，基督教就其历史事实的本质，是客观的不确定性(例如,发现福音作家在编造传教问答中强调福音的要旨,而不是记录目击在案的事件)。的确,这怎么成为永恒和无限的基础呢?如何根据短暂的、有限的和最终不确定的历史叙述来做证明呢?我应该坚信客观的不确定性,克尔恺郭尔回答道,这恰好是悖论和信仰的冒险。然而我依然深深呆在"七千英寻之下……"

克尔恺郭尔在这里是向西方文明提问,是否勇于面对事实上不惜一切代价避免它在历史上的尝试(至今仍在进行的尝试):为了接受真理的悖论和为了勇敢的生活,甚至快乐的生活,去面对不安全的恐怖深渊。真理是主观性。客观性是参与和决策。它们最终都是一样的。

那么它的意义何在?玻尔感到奇怪,光可能是波或粒子?光 391
子或电子可以在没有矛盾的状态下得以描述,因为这两个概念在原子过程的实验中都是必需的——**它们是互补的**。从宏观水平得到的人类粗略经验发展出来波与粒子是矛盾的概念,在微观水平它们是同一事物的互补方面。客观性和局域因果性是经典宏观世界的概念而且在那里有效:但在量子世界,概率和不确定性则是必需的概念,并在这个所要求的二个水平上描述"实在"。在物质概率的范围内可以随便选择概念的实在本质。

玻尔的**互补性原理**不过就是有关世界的思想方法,一种世界观或"中庸之道",借此可以引导我们穿过神秘的量子世界的弯弯曲曲的迷宫。可以简单一点:当两个概念(振幅、思想、语词等等)把一个限制施加于另一个时,它们就是互补的。它是一种类似于某些东方哲学的三值逻辑。命题"非－A"对命题"A"施加限制,仅意味或者存在 A 或者它不存在。乍一看来,这似乎就是原因的本质。但现在出现了一位"第三者"(从亚里士多德那里偷来的词),它是命题"A 存在,但在同一时间却不存在",或"非 - 非 - A"。在三值逻辑中,那么我们可以说原子存在也不存在——这要根据观测者来确定它们的存在(不存在)。存在与不存在是互补的。

这么说来,借用经典概念的包裹和根据对它们提出问题,我们便进入了量子世界。得到的答案不是源于"客观实在",而是我们的问题和对概念的渲染——从本质上说,思想并非应用于原子世界。而且,我们必须用观察量子世界的方法对其产生干扰。如果不去观察,原子世界便分解为概率的幽灵领域;这样直到我们看它们之前,它们就不"存在",因此,这样的问题是无意义的,我们不去有意地看它时会发生什么。所有这一切的这些哲学含义是巨大的,因为我们不应忘记玻尔谈到的是有关"物体",我们所有人以及世界本身就是由这些"物体"构成的。玻尔说,"不被量子理论所震惊的任何人就不能理解它。"物理学家费曼说没有任何人理解量子力学(1940 年费曼采纳了大家熟悉的粒子相互作用的相对论时空图,表明在时间中描述基本粒子正向后移动是非常可能的。)

玻尔的**互补性原理**成为所谓的量子理论的哥本哈根解释。然而,应该承认这条原理是形而上学的,是一种先验的命题而不像欧式几何那样的公理。这种公理的命运可能给我们好好上一课,这是一堂有关这些先验命题令人羞辱的一课。在什么形而上学的地
392 板托上,根本就不存在对自然的解释。这也许是现代物理学最重要的(和令人吃惊的)一课。**科学需要形而上学命题**,但却不是教条的、压制性的形而上学正统,相反要的是一种微笑的、嘲笑的形而上学,就像尼采所谓的"快活的科学"——它可以嘲笑,同时也能得到升华。互补性本身不应成为一种僵化的和排他性的教条。

然而，还有其他人的解释。迷失在数学迷宫惊讶的局外人，也许会怀疑物理学家是否在拿这些解释开玩笑。在历史上，现在与十四世纪的情形十分相似，怪诞的和奇异的量子力学解释与经院学家"根据想象力"进行思辨差不了多少。史学家芭芭拉·塔奇曼(Barbara Tuchman)就曾说过，十四世纪是一面"遥远的镜子"：她看到了百年战争、黑死病和巴比伦教堂囚禁所折射的年代，她看到了核战争下的二十世纪的形象。塔奇曼根据模糊的可能在想；我们所看到的科学形象好比在十四世纪遥远的镜子中的样子，这也许是非常尖锐的和令人关注的。

于是就有人提出其他关于量子理论的解释……

二十世纪五十年代，美国的休·埃弗莱特(Hugh Everret)首次提出了多宇宙解释，随着五花八门的可以选择的世界无限地分裂，就实现了概率。这些不断分裂的实在，相互不知道各自的状况，构成了某种"超空间"。因此，能量和动量的所有可能性存在于所有的可能世界当中。事实上，这是数学的最自然的解释。不需要任何多余的假设、公理、违反逻辑；仅仅是把数学当成面值。宇宙就成为不断分裂的，不断生长的无限分叉的灌木丛。可怜的观察者就是这不断扩大的整体的一部分，也以无数(和扩大?)的平行自我的形式存在着。有些物理学家把这个理论嘲笑为"复仇的神经病"，并把无限世界的思想批评为"形而上学的包袱"(讽刺的是，当严格从数学上采纳多世界解释，与要求**额外形而上学假设**的其他解释并没有什么不同。)

然而，多宇宙解释可被轻易地视为一种超空间(包括我们自己生物学上的经验空间以及时间)，其中每个宇宙都是一个成员，其本质上的分离是让人产生错觉的。对观察者而言也是一样，相互隔绝的大脑或**自我**。意识、物质、时间和空间在常识中所经历的不同事物最终归一。多世界理论并不是形而上学包袱，它是一款美丽的有许多许多镜面的无价宝石，我们可以见到许多许多折射出来的自己的形象。最终，所有的面都属于同一块宝石，最终我们和
393 我们见到的每个单一的形象都是相同的……所有的形象都在摇曳，消失，再现和变化……薛定谔在他的书《我的世界观》(1961)中表达了类似的思想，书中他讨论了古印度教吠檀多哲学的一元论，并承认该一元论所表达的“深刻的正确性”：这就是**自我**，这表面上统一的知识，情感的选择，**你的自己**，都是幻象。从数值上看，在所有的情感的人，也许在所有的存在中，就是**一**。

不论如何，哥本哈根解释似乎还是最为广泛接受的关于自然的量子理论。最终，把抽象符号翻译成具体的图像的固有的困难得到解决。玻尔解释清楚了，物理符号和概念就是人类**谈论**自然的方式；它们把自然关于世界的轻声耳语翻译成人类的语言。但它们却不是自然本身。问物理学更多的问题，就超出它的范围了。

这时爱因斯坦与他的同代人分道扬镳了。他能(而且果然)欣赏量子力学的巨大的成功但他却不相信，这就是最后的世界。被人们经常引用的那句有关量子力学最著名的话就是：“上帝不掷骰子！”他依然相信有可能找到因果性和决定论的实在模型，就是不受人类的微观实验和观察的概率影响的东西。在量子力学之下，它希望寻求一种“客观的实在”，其在蕴含更深刻的理论建构——也许甚至是“隐变量”也在那个水平重新引入到因果决定论。他设想了所有种类的悖论，并不是要拒绝量子力学而只是想表明它并不完全。然而，玻尔和其他人则认为，悖论是自洽的量子理论的自然产物。量子驱使爱因斯坦去尝试阐释统一场理论。自从德国纳

粹把他驱逐到美国直到他于 1955 年在普林斯顿去世时，他的探究还是没有完成。

量子力学是在电子和光子的领域内建立起来的。而那时，卢瑟福则继续轰击神秘的原子核。最终在 1919 年，在向氮气中发射出强烈的 α 粒子束后，他在历史上成为首位完成了**人工**蜕变的人（无论炼金术士是否完成，反正他完成了）。氮原子核吸收了 α 粒子后，就变得不稳定，并释放出带正电荷的氢原子核，剩下一个氧的同位素（带八个电荷的 O_{17}）。卢瑟福早已怀疑所有的原子核含有带正电的氢原子核，在 1920 年他把这种带正电的亚原子粒子称为**质子**。可以用质子对大部分原子物质进行描述，质子有一个单位的正电荷。物质就是电子和质子构造出来的……

直到 1932 年，同位素（变化的物质或元素原子量拥有相同电荷）的情况如何了？原子核中是否有更多的质子，其多出来的电荷被“核电子”消去了吗？例如，氦有两个电荷而其原子量却是四。394
卢瑟福怀疑氦原子核仅含有二个质子，而没有电子。因之，一定还有其他粒子，它们没有电荷，却拥有与质子差不多相同物质。1932 年，卢瑟福的学生查德威克用 α 粒子射线轰击铍得到失去的粒子。它被称为**中子**，一种与质子重量差不多的没有电荷的粒子。

接下来的问题就是解释自然的发射性。原子核显然是**自发地**发射粒子，就拿单个的镭原子来说，没人可以预测单个的原子核什么时候会产生衰变。于是，物理学家又求助于统计学。在某给定的时期，对任何给定数量的物质，物理学家发现其原子核的一半刚好分裂，产生放射性。这种现象被称为放射物质的半衰期。对铀而言，其半衰期为 45 亿年，差不多是地球的年龄。之于个体的原子核则是随机的；其半衰期为大数的统计预测。但是原子核**如何**

衰变?

显然在原子核内有能量水平——二个相互排斥的正电荷质子在微小的原子核内由巨大的"强力"绑在一起,这种强力足以克服质子的斥力,而放射性的性质似乎表明,跃迁在原子核内部也在进行。可实验却表明,核粒子不需要能量就可以从原子核逃逸。它们是如何做到这一点的?1920 年末,物理学家伽莫夫在新创的量子力学中找到了答案。让我们根据波来看一下核粒子。设想原子核本身处在一种深井中,而物质波在井中也在一定的能量水平上的振荡。现在波的振荡可穿透井壁,与声波穿透墙壁类似。但波却是概率波,因之其穿透力也是根据概率来测算的。壁外的概率波的振幅越大,在原子核外发现核粒子的可能性便越大。这就是量子隧道现象,它解释了自然放射性的统计性质。然而,电子也逃逸出来,大致说来,电子对于原子核而言不是太大;它们也把核能量梯的思想搅乱了。

1928 年,狄拉克转回来研究电子。他正在寻找一种数学方程,希望数学方程会把波性质与相对论协调起来。狄拉克用相对性量子力学计算了能量水平,他发现二组解,一组是正的,而另一组则为负的,这似乎表明存在负能量水平或状态。但如果有负能量状态的话,那么就会看到电子落入其中而消失。可这种现象并未发生,因为狄拉克选择了不摈弃负状态,所以他不得不做出解释。

狄拉克推想这些电子是费米子,所以违背不相容原理。然而,负能量状态实际上充满了携带负能量的电子。如果听起来有点稀
395 奇的话,狄拉克的下一个假设几乎就是不能令人信服的(但量子力学除外):既然有充足的能量,这些"负"电子应跃迁到更高的水平,

高到足以成为正常的电子——向不可见的负电子海洋中泵入足够的能量。现在真正的电子携带负电荷；新提升的电子本应在负能量海洋中留下一个“洞”；因为这个“洞”是真正的负能量海洋中带负电子荷载缺失的表现，该“洞”的行为本应向**携带正电子荷载**那样。它不可能是质子，因为它应该是像电子那样相同的物质。

乍一看，所有这些似乎都是数学把戏，这些所谓的反电子，直到 1932 年，加利福尼亚的安德森在研究宇宙射线时发现了反电子，从太空以巨大能量轰击地球的能量粒子就是宇宙射线。在宇宙射线中，安德森发现了像电子那样相同的物质的粒子，但却携带正电荷，**反电子**或后来被命名的**正电子**。这是首次发现**反物质**的现象，所谓反物质是正常粒子的一种镜像。原则上，任何基本粒子可以由其伴随的反粒子中的能量生成，当物质与反物质碰撞时，在能量爆发中便出现相互湮灭的现象。基本粒子不再是永恒不变的，因为它们可以“生成”(从那以后高能加速器已经生成超过二百种基本粒子了)，它们可能不稳定，衰变为射线或其他粒子。

狄拉克的理论向我们展现出有关基本粒子的新图景。基本粒子本身可以变形；能量转换成物质，反之亦然，正如爱因斯坦所证明的那样；粒子相互作用，产生新粒子和能量；然而电荷和能量却依然保持平衡。所以某些粒子可能衰变为其他的粒子，这就是对电子射线问题的答案。一个自由的中子从原子核隧道通过而衰变成一个电子，一个质子和一个……，为了平衡能量表，泡利还提出了另外一种粒子，1933 年被称为中微子。中子衰变为质子(+1)的同时，释放出一个电子(-1)和一个中微子。粒子因而便进入基本粒子描述的列表，现在只观察到电子、质子(迄今为止)、中微子和光子是稳定的。此外，还发现了一种新的力，它也负责原子核的蜕变,“弱力”掌控着自然的放射性。

二十世纪四十年代,从狄拉克的量子场理论中冒出另一种奇异的现象:物理学家被迫提出一种叫做“虚粒子”的东西。想想正常的基本粒子周围由一种隐形的“不真实”的鬼粒子云的情况吧,突然间,这些“不真实”的粒子中的一个瞬间划过而不见了。这就产生了“**无**”,从无中来,从真空中来。为了把这些“鬼魅”推向实
396 在,从哪里来的能量呢?答案就在海森堡的测不准原理当中,它也可应用于能量和时间:对短时间段而言,当我们没再观看时,存在足够大的不确定性来完成这一过程。因此,根据能量和时间的不确定性,就有了瞬间的虚粒子。例如,可以认为电子伴有虚光子的鬼魅云:在足够短的时间里,存在不确定的能量,它们可能违反这种瞬间的能量转换,其中一个鬼魅光子便推出一个“真实”的光子。几乎在它生成的一瞬间,就被吸收以平衡能量表。存在的内外,就被噼里啪啦的虚粒子所构成的混沌之云所包围。事实上,基本粒子可以突然爆发成一片虚粒子,在能量不确定的瞬间进行相互作用和重新组合,然后它们便集体消失。至少从理论上讲,虚粒子可以突然从空洞的空间中跳出来。可是它们为什么这样呢?

倘若我们设想有虚光子包围的一个电子,该电子在原子中从较高到较低的能量水平坠落,便可见到虚光子释放出的多余的能量。因此,便建立起基于虚粒子交换的力,虚光子的生成和湮灭在电子周围形成一个场。该场就是电磁力,它将原子“**粘在**”一起,在量子意义下,它可被设想为光交换。量子化的场被称为**量子电动力学**(QED),它根据量子粒子——光子(见图 24-1)描述电磁相互作用。大致说来,可以设想由光子交换产生二个电子的互斥作用,将光子发射出去并将其吸收。虚量子的生成和湮灭在“轨道”

电子(取其本意)上的能量有些轻微的差异。总而言之,在粒子之间的所有力,既是互相吸引的也是互相排斥的,它们都可以想象为虚粒子交换。狄拉克将相对论与量子的统一产生了全新的物理学,相对论性量子场论。

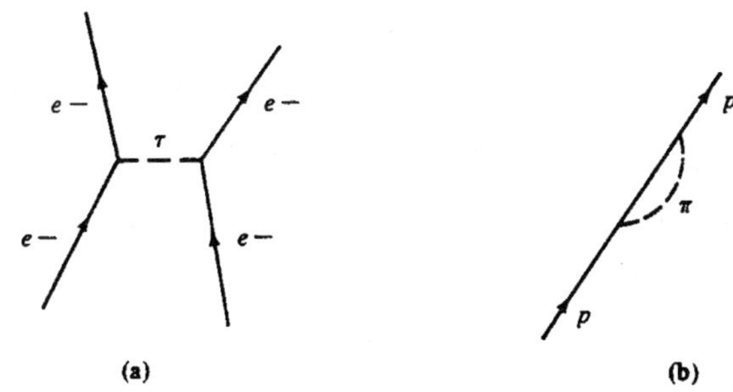

图 24－1　(a)通过光子交换的电子相互作用的费曼图。(b)质子产生和吸收一个介子。

量子电动力学有一个问题,在建立相应的电子及其虚粒子云
相加的方程时,方程解给出“无穷的”答案:物质、电荷和能量等。 397
物理学家可以用所谓的“重整化”这个数学把戏来忽略这些无穷量,这样就可将其取消。然而,像狄拉克,不赞成这种表面上任意的做法。所以似乎每个问题都没有可以达成一致的解。

这个数学问题基本也可以根据物理学术语来解释。通常,电子是被处理成一个无维度的点,而不是一类像乒乓球或行星那样的球体。尽管无维度的点在纸上的抽象数学世界可以说可被接受,那么有电子的物理问题就是这样:物理的电子携带负电荷;如果这时的电子破碎成碎片,那么就应该设想这些碎片(每个都带有负电荷),就相互排斥。现在回到无维度的点。一个电子作为无维

度的点意味着电子碎片恢复并融合到一起形成“紧密的无限”。它们的距离为零。因为它们携带负电荷,我们本应期待带相同电荷的碎片会以无穷大的力互斥……那么就要求有**无穷大的能量**来将它们熔接在一起来形成点电子。由于 $E = mc^2$ 那电子便拥有**无穷大的质量**……但这却是不可能的,因为电子的质量已经被测量为 9×10^{-28} 克!

当无穷出现在物理理论(或在某些数学命题,如欧几里得平行线假定)时,物理学便终止了而形而上学则开始了。电子的无穷问题在多宇宙解释中可以找到一种解释(或拯救):电子(和我们所有的人)同时存在于无穷多的平行的宇宙之中。电子的质量在单个宇宙中是有限的,但是把质量相加后,在无穷的宇宙,在超空间中便是无限的。毕竟,重整化方法是一种形而上学的把戏:包裹在电子外面的虚粒子海洋拥有无限的能量,无限的能量(和质量)可被电子减掉、取消,这样便可得到一个有限解。然而,如果回到薛定谔以吠檀多为基础结论的话,只需扔掉这个把戏,因为我们的所作所为是在幻象和隔离状态下的。

从历史的角度看,为了描述后退,或者在牛顿力学中让引力物质和惯性物质保持完美平衡,这里可以见到类似于采用本轮的情形。这是一个通向更深处的线索吗?

具有讽刺意味的是,新物理学莫名其妙地改变了旧的真空思想。真空现在变成了笛卡儿式的充实,但却不是无生命物质的旋涡;与此相反,它是由量子随机性掌控的创生和毁灭的喧嚣大洋。它是虚粒子的真空和非真空,是存在和非存在,所有的都混在一起了,仿佛物理学差不多最终在巴门尼德那里找到了答案。

398 无论怎么说,真空还是无法想象,就像古希腊人认为的那样。

如果粒子的虚拟海洋果真是重整化成功的理由，那么真空就可能是包含无限能量的“无”。如果“无”真空充满无穷的能量，也会塞满无穷的物质。因此，真空就是所有无穷的座位，或用这一点来解释黑格尔的绝对。如果我们有神学倾向，这个绝对之物就是无，它包含无穷的能量、无穷的组织和无穷的时空（无所不在），而且……如果有无穷的能量，根据热力学定律，就有无穷的组织……如果知识、思想、智慧等等都是组织，那么就是全知……**全知就是上帝！**

现在来谈点具体吧。

回到 1935 年，日本物理学家汤川秀提出，与互斥质子绑在一起的原子核内强力的粒子交换方式。然而，他的推理是以电子交换的分子形成为基础的。他将其粒子称为介子，1946 年在宇宙射线中发现了 π 介子。因此，又发现了一种与量子粒子相关的力；在强力中，就是质子和中子之间虚介子的交换。基本粒子世界越来越拥挤了，可是接下来的情况并不乐观。

1932 年，劳伦斯（E. O. Lowrence）设计出第一台称为回旋加速器的机器，其目的是为了进一步探究物质。用磁场让粒子转向，在一个圆形隧道将其加速，让它们释放出巨大的能量，并让粒子猛烈撞击原子核。在二十世纪五六十年代，更多的强大加速器射出新粒子，但它们的寿命都是瞬间的。自此新的高能粒子物理学粉墨登场了。来自质子束，这些新形式的粒子统称为强子——代表所有参与强相互作用的基本粒子——似乎还远未见到尽头。曾经是刀枪不入的原子，被肢解为超越炼金术士梦寐以求的蜕变粒子的领域。

原子本身的蜕变释放出的力量超越任何炼金术士所要的金子的价值。这个故事已经讲过多次了：在第二次世界大战中，纳粹想要获得核能量的威胁(想象的或是真正的),可法西斯却把那些有本事的人都赶到美国去了,其中包括爱因斯坦、费米、齐拉特和其他人。从1943年开始,奥本海默在新墨西哥的洛斯阿拉莫斯,为理论物理和应用物理举行了一场最伟大的"婚礼"。

用中子轰击铀原子核就能使其分开,随物质的蜕变便释放出巨大的能量。在与玻尔讨论后,费米曾提到这有可能产生链式反
399 应,在这个过程中又发射出额外的中子,导致其他铀原子核蜕变。这个过程被称为**裂变**,可以形象得将其比喻为把中子的"水滴"不断泵入原子核直至它爆炸。技术上的困难巨大无比,因为链式反应必须由慢中子启动,而聚变材料又是稀少的铀同位素,U-235。可是所有这些各种各样的困难均被克服了,一种原初的力量落入人类的手中。

轻一些的原子如氢在更大能量爆炸中,在足够的高温状态下结合起来。这就叫**聚合**,这回答了开尔文男爵恒星能量来源的问题。在地球上用铀裂变所产生的温度也得到了它。这两个过程都实现了爱因斯坦的 $E=mc^2$;分别导致了原子弹和氢弹的出现。

金曾被视为通往权利之路的物质。可却是一条间接的道路,而且那种权力也是短暂的。现代的炼金术士已经寻访到了力量的原初本质。现代人类是否还要寻求古代炼金术士的精神智慧,依然要等等看。然而,有一件事情是确定的。1945年8月6日,随着灼热的原子太阳彻底破坏广岛,科学丧失了它的清名。

延伸阅读建议

Gamow, George. *Thirty Years that Shook Physics: The Story of the Quantum Theory*.(《震惊物理学的三十年:量子论的故事》)New York: Dover, 1985.

Guillemin, Victor. *The Story of Quantum Mechanics*. New York: Scribner's, 1968.

Heisenberg, Werner. *The Physical Principles of Quantum Theory*.(《量子论的物理学原理》) Trans. Carl Eckart and Frank C. Hoyt. New York: Dover, 1949.

——. *Physics and Philosophy*.(《物理学与哲学》) New York: Harper & Row, 1958.

Hoffman, Banesh. *The Strange Story of Quantum*,(《量子的奇异故事》) 2d ed. New York: Dover, 1959.

Jammer, Max. *The Conceptual Development of Quantum Mechanics*.(《量子力学的概念发展》) New York: McGraw-Hill, 1966.

Mehra, Jagdish, and Rechenberg, Helmut, *The Historical Development of Quantum Theory*,(《量子论的历史发展》) 4 vols. New York: Springer, 1982.

Moore, Ruth. *Niels Bohr: The Man, His Science, and the World They Changed*.(《玻尔:其人,其科学和改变的世界》) Cambridge, Mass.: MIT Press, 1985.

Pagels, Heinz R. *The Cosmic Code: Quantum Physics as the Language of Nature*.(《宇宙的密码:作为自然语言的量子物理学》) New York: Siman & Schuster, 1982.

第二十五章
过去和将来之事:宇宙学

400 科学丧失了清名。十九世纪的科技文化在长期演变中最终在二十世纪进入成熟期,尤其是在第二次世界大战期间(1939－45)。然而,其成果还是困难重重。

至少从表面看,仿佛像圣西门和傅立叶乌托邦那样的社会主义的疯狂梦想实际上已经实现。理性机器模型已经侵入到所有生活领域,在“技术官僚”社会的保护下,总体来说,从其残忍的物质底层到更稀少的思想和艺术存在,变成了碎片化的、专业性的大工厂,它们大都是由技术专家建构和操作的。技术官僚——意味着技术专家与社会之间的共生关系——在国家队每个细胞中都建制化了。专家的政府……技术革命成为建制性的。革命是好的……所有技术创新是革命性的……因而对社会有利……某种国际的自然选择,而不是社会达尔文主义,但是与之相反的是“国家达尔文主义”的神话选择了这种技术国家。其中的原因并不难把握。

如果第二次世界大战在政治上和外交上是第一次世界大战的第二轮的话,德国肯定对凡尔赛条约感到屈辱,从而导致怨恨和公
401 然的仇恨,那么希特勒便利用了这种仇恨,徒劳的赔款,1929 年的大萧条,接下来便在军事上见到了科学和技术的动员。坦克、飞机、更好地军需品以及其他诸如此类的改善,可被视为从第一次到

第二次世界大战的技术连续统。然而,真正的突破却是在纯理论上,有方向的研究和开发:英国的雷达、德国的弹道导弹,当然,和美国(或在美国的支援下的联军)的原子弹。在二十世纪后半叶,还可以在这个清单上不断添加其他成果:量子力学技术导致计算机革命以及许多分支成果,如激光制导的"智能炸弹,"苏美之间的太空竞赛,很可能在 1957 年苏联发射了的史普尼克人造卫星后就开始了。

现在没有任何国家能够在研发上提供**大量经费**。的确,人们要求政府来资助并引导大量的研究。即便在和平时期(也许尤其是在战后),在二十世纪后半叶科学的建制化已是史无前例的,几乎发生在生活的各个角落。也许只有深远的和无孔不入的中世纪教会,在物质上、政治上和智力上,能够提供一些大致与这种技术渗透的历史平行的研究。

变化的速度似乎要比以往任何一个年代都要大。表面上,我们绑在了技术和科学创新(革命现在是受欢迎的)的高速火箭汽车上;现在我们生于斯长于斯的农村的概念似乎模糊了,朦胧了,在这种速度下难以位于中心了。我们瞥上一眼抽象的跳跃的印象,几乎瞬间便化入形式和色彩之中,然后就砰的一声,极速得向前跃入一场又一场革命的视界之中。在前方我们看到了什么?圣西门的乌托邦?艾略特的荒原?或者更糟?我们还要看看是否能控制得住把我们带入不确定未来的火箭汽车。

大地是母亲是个古老的隐喻。大地是我们的母亲,是丰饶的,孕育生命的源泉。即便没有这个隐喻,大地依然被视为生机盎然的、充满活力的和整体的组织;例如,在亚里士多德的宇宙中,各种物体中都能找到灵气。然而,现在我们面对的自然基本上死气沉沉，本身没有价值，最终是服从地、仅仅是被动地（和无生命地）在惯性的意义上抵抗着。自然仅仅对我们有价值。存在主义哲学家海德格尔对技术的世界观总结道："大地现在就像矿区那样把自己隐藏起来，土壤就像矿藏。"

当实际上变成这些**东西**之后，对自然我们的思想形成了，我们已经对物理环境开始了积极的建模，大地在未来是以我们自身所
402 设计的噩梦——在印度教的迦梨女神的形象中，我们的母亲是那种嗜血和毁灭的既可怕又吃人的吗？或正像正统科学"神学"所谓的那样，应用科学最终是否就是我们的救世主呢？

我们暂时还可以保持乐观，并说所有技术官僚的危险都是高度夸张的，与最终展现"万物之理"的技术天堂相吻合。那么还有什么？我们怎样知道，在**我们的**有限的墙内（顺便提一句，**天堂**这个词来自古波斯语，意思是有墙的花园），不是在"座架"（海德格尔语）上呢？我们如何得知耗尽人类经验全部的可能性才能从座架上下来？或在为自然加上座架的过程中，是否将人类从存在中抽象出来了？

在二十世纪对后一个问题已经给出了部分回答。技术思维的利剑数次刺向了人类自己。人类由某些抽象的范畴当做座架，并以此对待自己。国家"之于我们"就像对待无生命的自然那样视为矿藏。采取种族主义的意识形态和伪生物学（事实上，在科学的掩护下出现一种强剂量的玄秘理论），纳粹把恐怖抽象为种族灭绝，一种机器似的操作，称为对犹太问题的"最终解决"。注意这个表达方式……"解决"是在数学、化学或物理学的用语，指的是解决某些问题……在考试中回答某些"提问"。大屠杀是官僚化的、理性化的最终还原为国家管理——"像害虫控制"——那样的技术必要

性。阿伦特关于艾希曼(Adolf Eichmann)的书的副标题“平庸的邪恶”，确实很到位，而且对事件的总结很精彩。纳粹不是唯一的。在斯大林的苏联也同样是“邪恶”，也是在科学社会主义名义下实现的。而且还有其他的……

这股潮流还在继续。技术上衍生的婉转说法大量存在，远远超越了奥威尔指桑骂槐的《1984》的恶魔乌托邦。随着自然越来越陷入抽象的范畴之内，在理论和实践上，人也就跌入还原为这种理性范畴的危险之中——**它根本就没有固有的价值**。

因此，最终的价值、意义、目的——所谓的宇宙问题，在**科学本身内部**浮出水面。人的生物存在**是**什么？什么**是**意识？思维？灵魂(或由此的死亡)？即便我们得到某些圣西门的结论，这些普遍问题依然未必回答。如果科学是卓越的，那就意味着它与世界相互融洽，那么就仅仅是遭到误解，无法对这些科学的限制之外的这类问题表达意见(某些科学家还是有可能去做)。事实上，即便是存在技术官僚，科学已经对这些问题有所表达！最终科学转向了，转向到**宇宙学**。

首先，让我们简单回顾一下现代宇宙学的理论。然后，在接下来的那一章中，我们将把望远镜变成显微镜，目的是探求生命和思维的秘密。最后是尾声，试图对所有这些做个总结。

在柏拉图那个年代，有神和巨人；现在可以说有笔和纸，以及 403
理论家和实验家。可是，无论是过去还是现在，仍然在问同一个问题：宇宙是如何开始的？它是什么样的？它将如何终结的？或它是否永恒？

帕斯卡此前得出无限宇宙的结论。牛顿和其他人喜欢它：在欧几里得空间中布满或多或少均匀排列的无穷多的星体。这种宇宙与造物主的安排相符。然而,无穷是个有悖论的概念。普适的牛顿重力如何与普适的无穷质量相结合呢?无穷多的星体应该发射无穷多的辐射。在十九世纪发现了气体定律,科学家很容易设想星体像气体的粒子,流失到宇宙熵的无限中去。

在物理学家努力用无穷空间的动力学解决难题之际,天文学家则研究其结构。1750 年,赖特模糊地猜测了银河系的结构,但在世纪之交,是伟大的赫歇耳,经过艰苦卓绝的观察,提出了银河系像盘子似的星岛的精确图景,而地球则位于其中心。

在这个岛状的星系那边我们的家园观察,可以见到黯淡和束状的光斑,像伽利略的望远镜之下的银河系那样,把发光流体解释为星体。康德也曾提出过把这些光斑称为星云,就是像银河那样的星系。赫歇耳同意这一观点,尽管他没能解决某些星云事实,让他假定它们就是某种未知的"发光的流体"。不久便有人提出反对观点,整个十九世纪的论辩就是围绕着这些"岛状的宇宙"展开的。其中一个最大问题就是测距。星云可能刚好就在我们的星系之内。

1912 年,出现了重大的突破。哈佛大学的勒维特和沙普利发现,有某些称为造父变星的星体,它们的变化规律光变周期可被用来计算距离。简言之,造父变星在宇宙研究中有里程碑的意义。1923 年,在洛杉矶的威尔逊山上,哈勃把一台直径一百英寸大的望远镜对准仙女座,这是最近的星云。他能解决仙女座的星体问题,其中他发现了若干造父变星。哈勃计算出仙女座距地球的距离大约为一百万光年(光传播一年的距离为一光年)。由于银河估计有十万光年宽,哈勃确信仙女座和其他星云是宇宙中的岛。沙普利把太阳置于靠近银河的边缘的地方,今天对仙女座的重新计算值要超出哈勃的二倍。尽管如此，经过若干辩论后普遍承认星云是宇宙或星系的岛。今天有上百万的星系存在，有上亿颗星体的银河可以说就是其中相当典型的一个。帕斯卡的说法确实引起人们的战栗。

1917 年，爱因斯坦却宣称宇宙是有限的。自始至终他都想把 404
他的广义相对论应用于作为整体的宇宙，而在 1917 年他向相对论性的宇宙学迈出了第一步。可是，无限空间却让相对论性宇宙学与惯性的马赫原理发生冲突。相对于宇宙中的其他物质的惯性，怎么能不是无限的呢？因此，爱因斯坦提出宇宙是有限的，这样其空间坐标就是封闭的但却是无界的。

去掉无限性却产生奇异的情形；宇宙就会变得不稳定，就像星系仓促逃掉似的，与 1917 年的大多数宇宙学家一样，爱因斯坦认为宇宙必须是静态的。但是要想获得静态的，封闭的宇宙，他被迫在其公式中插入一个小的量值，这便是他用希腊字母 λ 表示的宇宙常数。[①]

尽管是这样，还是有其他的解决方法，这样便出现了宇宙模型。在荷兰，德西特发现了一种静态宇宙解，但这个方法暗示宇宙当中空无一物！更糟糕的是，德西特的宇宙中加入物质之后便开始膨胀起来。在二十世纪二十年代初，俄国数学家弗里德曼找到一个全程解，宇宙可以是静态的、膨胀的、收缩的和膨胀/收缩的。

---

① 物理学家惠勒强调了这个宇宙常数背后可能的哲学动机。爱因斯坦是十七世纪哲学家斯宾诺莎的研究者和崇拜者，斯宾诺莎认为宇宙的完美永恒性而否认圣经的创世说。见 John Achiband Wheeler，"Beyond the Black Hole，"in *Some Strangeness in the Proportion：A Centennial Symposium to Celebrate the Achievement of Albert Einstein*（Reading，Mass.：Addison-Wisley 1980），p.354.

1927年比利时的勒梅特建构了一个囊括了静态、膨胀和收缩这三种类型的模型。这三种状态一个接着一个。这样,根据宇宙常数的值,就有了各种可能的模型。

回到1914年,斯里弗曾报告了在伊利诺埃文斯顿召开的美国天文学会大会上的一项不寻常的发现。斯里弗检测到十好几个星系的光的波长的分光镜多普勒效应,并发现它们向红端漂移。这意味着什么?星系是否果真在逃逸呢?在听众席中坐着哈勃。后来他听说了斯里弗的奇怪的结果,并于1929年,根据这条线索,哈勃发现他所测量过距离的每个星系都出现了红移现象。进一步他又在其距离和速度比率之间,计算出了比例——并发现距离越大,后退的速度就越快!这个比率,对所有星系都成立,被称为哈勃常数。如果宇宙中各个地方都是相同的,那么哈勃常数对每个星系都成立。简而言之,观察结果似乎表明是一个膨胀的宇宙。

405 单是红移并不能**证明**宇宙是膨胀的,然而,爱因斯坦最终还是放弃了宇宙常数,他从一开始就对这个概念感到厌恶。用相对论的语言来说,我们应该设想扩张是空间自身的膨胀,就像吹气球那样。星系可以被视为在气球表面均匀分布的小点,由于气球橡皮表面本身在膨胀,这些小点便逃逸了似的。

如果宇宙是膨胀的,那么一定是从什么东西中膨胀出来的。简单说,膨胀的宇宙时间上有始,这理应符合逻辑。但奇怪的是现代的宇宙学家却认为,这种宇宙有始点则蕴含着在遥远的时间点上,所有的物质都会压缩在一起。弗里德曼的模型也蕴含着对未来的几个可能的场景。在太空中的物质的复合数值超过某个值时,在空间的某个时间点膨胀就会停下来,然后宇宙就开始收缩——宇宙学家称其为“闭合的未来”。如果物质低于关键性的密度时,宇宙就会继续无限膨胀下去,这就是“开放的未来”。但是,要把整个宇宙的质量密度计算出来,可不是件容易的事。会存在未知的物质,而且没有任何迹象表明什么会比光传播的速度还快,所以只能知道从宇宙开始时抵达我们的那些光的参数中的事件。其他的任何事件都超出了我们的**视界**。

1932年,事情又进一步给弄复杂了,荷兰天文学家奥尔特做了一个有极大吸引力的计算,似乎表明存在**暗物质**,就是不发光的物质。奥尔特正在研究银河盘面边缘外的星体。就好像它们是在逃罪犯,这些星体却被银河的联合引力的警察力量拉回到了盘面。奥尔特计算了这些有问题的星体位置和速度,因此也就算出把它们拉回来所需的引力……因之,银河系的物质总量。把这一计算出的银河物质来与银河系之内所观察到的星体进行比较并非难事。

人们一定会希望有分歧。但奥尔特发现观察到的物质和产生这种引力效应所需的物质,能升到**百分之五十!** 如果不是更多的话,银河系差不多有一半物质是隐性的,是“失去的物质”或“暗物质。”现在,宇宙中估计大约有90%到99%的物质为暗物质;星系似乎被暗物质的“壳层”包裹着。尽管有各种各样的推测,从中微子到木星大小的行星,中子星,阴影物质,反物质,黑洞等等,可没人知道它们究竟是什么。

让人感到讽刺的是,作为研究最大物体的宇宙学似乎碰上了研究最小物质这个障碍,与量子力学的状况有点类似:也许我们的观察力已经达到物理极限,也许甚至是我们观看事物的能力——不仅是我们实际看到的或可能看到的,而且还是我们可以设想到的。不用经得起观察和实验检验,即使采用图示的想象力的形象 406

化，正如柏拉图所认为的那样，什么是仅仅用数学这条高贵之路便能抵达的。也许不知道它，宇宙学通过这条道路已经抵达柏拉图所认为的境界了，那是超越之乡。超越并不意味着神秘的思想，但它那不断的抽象却可以把物理学和宇宙学彻底毁掉，因为它切断了与日常经验的生活世界的联系。宇宙学事实——“未经加工的经验”——变得越来越间接；实验变得超乎寻常的复杂，观察根本就是非人类的事情。一台由复杂的、巨大的和反射透镜的机械装置，横亘在自然和观测者和参与者之间，透镜产生出超现实的形状。仪器的终点和自然的起点在哪里甚至都不清楚。根本就不存在明显的界限。

可是，我们倒发现把此类抽象应用于数学这块肥皂上，最终会把曾经将天地分开的视界给擦干净了——从这个世界进行超越。也许它是一种强有力的黏合剂把天地粘在一起，就像在相对论的空间和时间那样。

创生的思想甚至更有趣而且充满争论。由于星系以与距离成正比的速度离我们远去，原则上，我们本应向后计算出并得出一个数字，从而估算一下整个宇宙的大致的年龄。哈勃的初始值小了，才从一亿到二亿年开始。地质学也咆哮起来：地球的年龄怎么会比宇宙的年龄还老呢？其他宇宙学家对创世的前景也不看好（神学家除外），他们关注起宇宙的年龄问题来，并提出可以容纳红移的静态的模型变体。1948 年，这个模型由剑桥的三位科学家邦迪、戈尔德和霍伊尔提出。他们提出，物质不断以既定的速率通过宇宙随机产生，尽管物质无穷小，但还是填满了星系远去所留下的鸿沟。因此，在某大的区域中的任一给定的时间上，星系的数目依然是恒定的——没有开始，也没有结束。这就是宇宙学的均变。

改进的计算结果把哈勃测算的年龄拉长了（今天是 150 亿年，尽管这不过是一个最好的猜测）。无论如何，道路二十世纪六十年代，各种静态模型变体，诸如物质不断创生论，依然可行。然而，就像它们中世纪的前辈那样，有的宇宙学家发现他们的想象力等于超越新亚里士多德主义的任务。

如果膨胀的星系一旦压成一团，我们可以好好拿热力学做个大致的类比。当我们向后计算时，宇宙的整个温度就会越来越大，直到达到一种激变的爆炸。伽莫夫首先提出最初的创生可能是一场猛烈的爆炸，叫“大爆炸”。1948 年，阿尔弗和赫尔曼（Robert Herman），计算了宇宙冷却下来时的辐射值。他们的推理大致是
这样的。大爆炸后不久，例如 50 万年左右吧，温度实在太高，就连 407
原子都不能存在，相反，电子和原子核却不断在宇宙中以给定的量与光子碰撞。（三分钟之前，原子核不存在，而我们都是宇宙中的基本粒子。）根据统计力学，对物质和辐射都存在热平衡，普朗克关于黑体辐射的公式告诉我们，按照波长的能量分布依赖于那个温度。于是，随着宇宙的膨胀，温度便冷却下来，我们就能按普朗克的宇宙辐射将其追踪到现在。简言之，阿尔弗和赫尔曼预测到了辐射的背景，宇宙依然浸泡在平衡的与物质进行反应时辐射之中——就好比在一块火热的铁块的残炽中似的。他们的预测非常小：大约 5K 左右微波辐射。几乎没有宇宙学家相信他们。

然而，在 1964 年，在新泽西的贝尔实验室发生了一件让人始料不及的事件。威尔逊和彭齐亚斯用新式的无线电天线建造了一个卫星通信系统，目的是调查银河系之外的无线电来源。他们发现了一些不寻常的背景“噪声”，也就是说，所有方向都有微波辐射（尽管在一开始他们还以为是鸽子在天线喇叭内筑巢了呢）。就在

同时,皮布尔斯正在重新计算来自大爆炸的假定的背景辐射。数值大概在绝对温度3K左右,与威尔逊和彭齐亚斯发现的很相近。结果的含义是清楚的。人类首次听到了创生的隆隆声。

因此,大爆炸或该理论的一些变体,成为大多数宇宙学家对早期宇宙的工作模型。可是,问题还是没有消除。为什么是物质而非反物质(迄今我们说能说到的)呢?星系是如何形成的?大爆炸是否会以"大坍塌"为终结呢?是否还有另一种所谓"大反弹"的膨胀呢?创生的物理学存在固有的困难。然而,还是有许多物理学家相信,在那些早期创生的瞬间,可以找到线索,也许答案就在爱因斯坦所设想的大统一理论中。

拉普拉斯推测如果一个星体的质量足够大,那么光也无法从其巨大的重力中逃逸。二十世纪三十年代,根据广义相对论,此推测成为天体物理的理论。设想一个天体的能量耗尽的情形,那会发生一些事情,通常要看这个星体的大小而定:它可能在一场激变的爆炸中死亡,成为新星;也许膨胀并死亡,最终成为黑矮星;或它可以爆炸,将其原子碾碎形成中子,一种具有巨大密度的中子星。(二十世纪六十年代发现的脉冲星,就被视为中子星。)通常认为,所有较重的元素,不仅是氢与氦,还包括星体尸体的残片。无论如何,还有一种可能性——完全坍塌。

随着星体能量的耗尽,其内部的热压力不能再支持该星体自身的巨大重量,那么该星体便开始收缩。简单的牛顿计算表明,这
408 种越来越大的收缩导致更大的表面重力,但质量依然不变,这样星体表面就会减小。根据广义相对论,时空本身应该扭曲。坍缩的星体的重力最终变得如此之大,以至于爆炸原理无法与之抗衡,原子就四分五裂,导致星体成为质量巨大的中子星。如果星体足够

大，收缩就会继续，最终逃逸速度在其表面上达到光速。因此，光本身就不能逃逸，表面事件的光锥朝星体本身倾斜，于是在某个成为**事件视野**半径上，没人知道其中发生了什么事情——关于视界内部事件的任何信息都不能逃逸，因为没有什么比光速还快。对外部的观察者而言（幸运的是没被拉拽进去），该星体绝对得黑，没有任何光从中逃逸，这就是空间中的**黑洞**。然而在黑洞内部坍塌依然继续，直到……

时间为零而密度无穷！那么空间的曲率应该也是无穷的——拥有无穷锐利的数学点被称为**奇点**。这种理论肯定有错误的地方，因为当物理值成为无穷时，物理学本身就终结了，其定律也就无法应用了。然而，1965年，彭罗塞证明，在数学上广义相对论无法避开奇点（它们一直困扰着爱因斯坦），而坍塌的无论是星体或是其他，时空本身应被奇点扯开。后来，在二十世纪七十年代，霍金提出一种预测黑洞会辐射基本粒子的理论——物质会从中出来。在剑桥大学，霍金把量子力学应用到黑洞的事件视野，并用不确定原理证明了黑洞可以发射粒子，因为其巨大的引力场可提供量子相互作用所必需的能量。这种黑洞负责被称为霍金辐射，而霍金还证明黑洞可能会随时间逐渐毁坏，甚至爆炸释放出高能量的λ射线。最后霍金和彭罗塞证明广义相对论必然在宇宙开始时产生奇点，奇点就是所有的能量、空间维度甚至时间都包含在内的那个瞬间创生点。物理的宇宙可能从物理学角度以无法想象的方式爆炸出所有的存在，奇点不仅是开始的那个点，而且也是结束的那个点。

可是，霍金本人在二十世纪八十年代却改主意了。重复道：当无穷进入公式后，物理学就终结了。这可是亚里士多德早就知道的而且是欧几里得试图避免的。然而，奇点（无限密度）和永恒宇宙（无限时间），在物理宇宙中引入了无法想象的东西。而且似乎还没有任何变通……或者说果真没有吗？

写了不少技术性论文后，霍金出版了一本《时间简史》的普及读物，该书特别介绍了一种变通的方法，这就是："宇宙的边界条件就是没有边界"。这个颇为混乱的阐述的关键是时间和量子力学。简单说吧，如果时间是相对论性的一个维度，像空间那样（四维连续统的类时线），在时间是空间的早期宇宙中，就存在一个点（在这
409 一情况中，人们不能说"时间"）。在早期宇宙中，量子的不确定性可能已经坍缩为维度，迫使或压迫时间维度变成空间线，并将它们融合在一起。没有一个分离维度的时间就不会有"开始"（也没有现在、过去或未来）。只有当维度分离开来，时间才开始向我们所经历的那样开始流动起来。我们可以说早期宇宙以及时间依然是空间的一个点，因此就是没有开始但却是有限的宇宙。

最重要的单词就是**想象力**。可以想象时间流逝以及所有我们的经历，都支持这个观点，因为我们本身就生活在并想象三加一维度的宇宙之中，也就是在时空之中。然而，如果这个想象的时间维度被成阶层的安排而且是按空间维度排列的话，那么我们就会说，宇宙总是存在的，但却不是无限的永恒。无论如何，我们所观察到的膨胀的宇宙和所经历的时间，可以说是存在的，但却没有奇点。而我们可以在"大坍塌"中终结，但还是没有奇点或无限复活的未来，因为当宇宙再次把时间收缩时，时间便空间化了。

说简单点吧，宇宙就是随机的量子涨落——正是爱因斯坦哲学中所想象的那种虚幻的持久和永恒的嬉戏和舞蹈。如果情况果真如此，"创生"的概念，就像想许多其他思想包袱一样，也必须重

新定义。创生不发生在“时间上”，因为没有开始，也没有结尾，相反，创生是对“时间的”创生，因此经验和变化成为可能。创生是一个不间断的过程。

在早期宇宙头一波剧烈的瞬间，宇宙学与量子相遇。早期宇宙头几分钟的巨大火球可部分被加速器复制出来，但还有一个实验所无法超越的时期，在地球上没有任何加速器能够复制创生的能量。通常认为大爆炸后的最初三分钟，不能形成任何原子核，那是基本粒子相互作用的时代之一。把宇宙的钟表向后拨，便可提高所涉及的能量，使其可能发展成预测将四种力最终结合起来的量子场理论。

可将量子电动力学作为起点。电磁场的周围是鬼魅的虚粒子量子化的电子，它们的变化产生力。电磁范围是无限的，因此粒子交换必须是零物质的光子。唯一的无限范围的其他力就是重力。不过，我们可以想象它也具有量子交换粒子的特征，也是零物质。我们将其称为**引力子**。没有观察到引力子，当然量子重力与爱因斯坦的几何相对论有很大的不同。那么还要考虑到二种其他原子核力。

量子电动力学的成功，导致二十世纪五六十年代对强力的攻击，并发现强相互作用粒子（强子）场。可惜，这个问题被各式各样的强子复杂化了，从加速器中出来许多强子。大部分都不稳定而
且迅速衰变，而且把它们分类也是个问题。除此之外，由衰变产物 410
诸如自旋数和电荷的相互作用和分类也完成了。发现电荷、强子携带叫做“奇异子”的东西。最终，加州理工学院的盖尔曼于 1961 年找到了一种针对强子的模型，将其家族通过数学对称（八维法）作出分类。这种对称是什么意思？盖尔曼的假设是强子实际上是

有更为基本的粒子构成的，他将其称为**夸克**（改编自詹姆斯·乔伊斯的小说《芬尼根守灵夜》中的诗句："向麦克老大三呼夸克"。其思想是所有强子可以由不同的"味"（区别它们的标签）的夸克和反夸克构成。没有任何夸克可以从强子中分离出来，没有任何夸克可以在实验室中创生出来。它们束缚在强子上，有点像汤姆森的布丁中的葡萄干。

二十世纪七十年代，强力在理论上还原为以粒子交换为基础的夸克束缚的量子场论。**胶子**这个术语被用来指涉所有的交换粒子，夸克束缚的新量子场论被称为**量子色动力学**，因为夸克和反夸克似乎有三组电荷，称为"色"，交换的胶子便束缚在这些带色的电荷上。人们认为弱反应是以称为**矢量玻色子**的胶子为媒介的。这样，每种力现在就可以根据交换的量子看到了。把这些场统一起来才是任务所在，并因此开发出一种新的数学工具，称为**规范场论**。

现代的规范场论来自数学的对称概念。比方说，无论如何让二个不同的原子旋转，对单个的原子本身都不会产生可以测量的效应。每个都是完全对称的。可是当把它们结合起来形成一个分子后，它们的对称性便被打破了，因为每个分子中的电子在移动，这样便形成一种不对称的形式。当加热这个分子时，将它还原为组成它的原子，正是这些原子曾使其表现出对称性。也可想象一块橡皮上的两个点的类似情形，无论怎样旋转那块橡皮，对它上面的两个点的测量规范不会产生任何影响。将橡皮拉长便改变了规范。规范对称是抽象的转换理论，涉及规范场，它让我们恢复测量的恒定性。大致说吧，它允许我们"看见"或恢复原来的对称性，即便对称性在瞬时被破坏也可以。

采用原子－分子的类比之后，基本思想是在低能量时，四种相
互作用便被“冻住”，而它们潜在的对称性也就隐藏起来。1967
年，针对弱电磁相互作用，温伯格和萨拉姆各自独立地建立了一种
规范场论。这两种相互作用可被视为在交换同一家族的胶子，而
这些胶子的对称性似乎在低能量时曾一度自发地破坏过。二十世 411
纪七十年代，有人预言在对称的情况下，所有这四种胶子都没有质
量，然而，一旦对称性遭到破坏，它们便呈现出质量（矢量玻色
子——W^+、W^-、Z），而第四种为光子，它的质量依然为零。1983
年，在罗马一台强大的加速器产生了所预测的 W 粒子或矢量玻色
子。因此，现在两种相互作用得到了电弱的统一。

同样的基本概念大体上也用到了强电和弱电理论统一，这就是大统一理论。在此交换的粒子被称为 X 粒子，可是，揭示这种统一所需的能量太大了，根本无法在实验室里完成。不过，该理论的确提供了一种检测手段；它预测了光子最终会变得不稳定而且可以衰变。实验已经准备好了而物理学家正在等待。

人们可以把创生最终看做是一系列的连续性对称破缺，或把能量凝固下来的过程。在大爆炸之后的精彩瞬间之后，迎来了 10^{-43}/秒的普朗克时间，所有的力包括重力，就可能以一族基本粒子和一种力的统一形式存在了。简洁与和谐的美丽的目标，古希腊人早就孜孜以求的探索，可能首次出现在由规范场论所描述的瞬间创生之中。将霍金的成阶层的时间维度理论加到规范场论中，这种简洁与和谐的确可以说无时间的。

就像宇宙学有众多星系模型一样，对物质本身的探究也分成许多不同的路径。完整的工作、众多的人员、巨额的投资，军方的或其他的花在了新式的和昂贵的实验设备上（新墨西哥于二十世

纪九十年代上马了一台超大加速器，耗资五亿美元，其直径为五十三英里），很容易与更深层面抽象配合。至于专业化，现在更是分得越发精细了，亚学科的亚学科；如果不专门说明自己的领域，几乎无法再谈物理学了。不久以前，佩斯叹道，我们可以抱怨两种文化的分裂，科学与人文。“可我们现在也面临同样的情况。”①

在二十世纪八十年代一种称为超弦的关于物质的理论，在一群纯形式数学模型中冒了出来。在超弦模型中，基本粒子被看做是闭合的“弦”（对这种理论的任何日常语言描述都是含混不清的）。然而，这些弦几乎不是那么简单和平凡，正如该词所提示的那样。这些所谓的弦理论的一个早期版本说，存在二十六个维度。如果这种理论几乎不能形象化（十维就很难了，更不用说二十六维啦——隐喻最终失败），它既不能被检验，抑或与某种方式与我们
412 平常经验的生活世界相联系。进一步说，继续保持这种专业化，就会有六到上千个关于超弦的理论。尽管存在一些难对付的问题，但还是有物理学家认为超弦理论上二十一世纪的物理学。

在听到这些预言之后，人们禁不住要想起“遥远的镜子”的概念，以及十四世纪的经院学者。在他们的想象力中，孕育出来的是恐怖和冷酷无情的战争、瘟疫和宗教混乱，这些都是可能的和潜在的，可迪昂却称颂它们为现代科学的先驱的种子。可是要让种子发芽还需要拿走些东西。它从教室外面拿走了疯狂，对文化来个釜底抽薪。它拿去了巫术和隐逸派、错误、谴责、改宗……和不可预测的东西。

---

① Abraham Pais, *Inward Bound: Of Matter and Forces in the Physical World* (New York: Oxford University Press, 1986), p. 6. 亦见发展的统计和历史。

一方面,我们有量子论的不确定性,粒子的本质、概率和线性数学、它的鬼魅存在。另一方面我们有爱因斯坦的具有连续统性质的广义相对论,它将能量和物质统一起来,它的壮美与和谐,它的非线性场以及实在论。这两个观点尚需更进一步的统一,甚至可能随着两者融为一体后消失而产生了第三者。

现代的加速器就像古时炼金术士的炉子。炼金术士的目标是找到哲人石,把二融为一。这也是现代物理学的目标:统一场的哲人石。所不同的是炼金术士的最终工作是精神的目标,把人类改变的目标,是神秘的一……

好好想想吧,最后也还是爱因斯坦的目标。

延伸阅读建议

Jake,Stanley L. *The Milk Way:An Elusive Road for Science*.(《银河:难以捉摸的科学之路》)Devon,Eng.:David and Charles,1973.

Muitz,Milton K. *Space,Time and Creation:Philosophical Aspects of Scientific Cosmology*,(《空间、时间和创世:科学宇宙学的哲学方面》)2d ed. New York:Dover,1981.

North,J.D. *The Measure of the Universe:A History of Modern Cosmology*.(《宇宙的测量:现代宇宙学史》)Oxford:Clarendon Press,1965.

Smith,Robert W. *The Expanding Universe:Astronomy's "Great Debate"* 1900-1931.(《扩大的宇宙:宇宙学的"大辩论"1900-1931》)Cambridge,Eng.:Cambridge University Press,1982.

Trefil,James S. *The Moment of Creation:Big Bang Physics from before the First Millisecond the Present Universe*.(《创世之初:从头一个百万分之一秒以前到现在宇宙的大爆炸物理学》)New York:Scribner's,1983.

Weinberg,Steven. *Gravitation and Cosmology:Principle and Applications of the General Theory of Relativity*.(《引力与宇宙学:广义相对论的原理和应用》)New York:Wiley,1972.

——. *The First Three Minutes: A Modern View of the Origin of the Universe*. (《最初三分钟:宇宙起源的现代观点》)New York: Bantam, 1977.

第二十六章　生命的秘密 413

物理学经历并完成了第一次革命；我们不再以机械的眼光去看相对论的宏观世界了，而且在量子疾驰的微观世界也不再用因果决定论了。有的物理学家、哲学家和通俗读物作家甚至准备宣称客观性和还原主义的终结。

人们至少已经提出量子力学的八种不同的解释，也许除了哥本哈根解释（或妥协）似乎是最令人信服的。此外，不要忘记在物理学中还发生了二次革命，一次是以连续统的世界观为基础，而另一次则建立在粒子上，这是两种完全不同的世界观。无论从这个“巧合的对立”中发生什么，为了使其完善，新的物理学理论就必须把观察者包含在对自然的描述之中。陈旧的“客观的”科学实证论的二元论不再可能了。这就像是把牛顿的力的概念添加到旧的机械论上；任何新的物理理论，无论它是什么样的为人所接受的对那个理论的解释，必须将意识作为一种不可或缺的元素。物理学最终还是关于心理学的学问。

也许我们总是知道这是真的。仅仅需要记住牛顿第三定律：
从来就不存在被另一现象所影响的任何现象，可以反过来对该现 414
象施加影响。[①] 不需要量子势告诉我们这一点。如果意识受到了

---

① Eugene P. Wigner, *Symmetries and Reflections*(Bloomington: Indiana University Press, 1967), p. 181. 在一篇文章中作者把这一点叫做所谓的身－心问题。

影响，意识反过来就对其施加影响。洛克的**白板**即便是在牛顿定律下也从来是不可能的。实在就是与人分享的。"我不知道实在是什么，"物理学家派尔斯如是说，只有我们对自然的思考才创造出一种描述（不是事物本身，就好像照相底片所产生的那样），没有意识就不可能有任何描述。①

"心"可能没有被纳入西方心理学的自我意识传统的范畴。个体化的对象一旦贴上自我，"我"的标签，就会走上道尔顿原子的坚硬的小圆球的道路。对他心的分离而出现了对象性的我心，各自在空间和时间上受到大脑电磁化学性质的限制，一般可与那些曾为系列意识利用的抽象，一同变成容易描述的心－物事件。意识从终极意义上讲是无法还原的，为方便起见，它们分成各个自我（心）。分离有意识的自我可能就像牛顿空间和时间的第一次逼近。

生物学、医学、生理学、生理心理学——生命科学领域——未能跟上物理学的脚步踏上迷人的新大陆和东方的整体论。

这里没有出现破坏性的革命，而是一种综合，其中出现了许多献身于支持机械论的生物学家。旧有的十九世纪有关活力论和机械论的辩论，到了二十世纪让位于还原论或整体论的问题。生命最终是否可以还原为化学和物理范畴？即便这些方法是成功的，还是未能完全理解生命在其性质部分和从中涌现出来的定量区分之间的相互作用。然而，还有一个问题没有变化：进化的机制是什么？

---

① 这是一篇对派尔斯的访谈，收录在 P.C.W.Davies and J.R.Brwon，eds.，*The Ghost in the Atom：A Discussion of the Mysteries of Quantum Physics*（Cambridge，Eng.：Cambridge University Press，1986）.pp.74－75.

在世纪交替之际，德国达尔文主义者海克尔出版了《宇宙之谜》一书——海克尔认为这个“谜”已被破解。海克尔写道，所有的性质受制于“永恒的铁律”，自然选择是基础、物理和化学是发动机、对物种的形态学或形式的研究在方法论上是搭脚手架的材料。那么，达尔文主义的意义就在于寻找共同的祖先并建立进化系统 415
树——系统发生史。所用的方法就是观察、还原和比较，它们的原因就是最终的原因。例如，海克尔重申了自己的定律说，从胚胎到成人阶段的个体发育（本体）的进化史不过如此。胚胎之所以这样发育是其终极原因进化史所造就的。

可是在十九世纪下半叶，胚胎学家和生理学家则走进实验室，对胚胎发育看个**究竟**。受海克尔思想影响的鲁，发现这种表述过于模糊，而且他发现了在细胞水平上的化学过程。他称其方法为“发生学方法”；目的是为取代实验中的观察和还原。另一位德国生理学家勒布，看到了生物学的目标就是对所有分子相互作用的生命现象进行还原。他宣称物理和化学方法就是研究生命科学的方法。因此，一种反对达尔文主义的论证就是其方法论和解释模型。

另一种论证涉及遗传和变异。许多生物学家由于没有坚实的遗传理论基础，便转向各种形式的所谓新拉马克主义：直接的环境影响、遗传的获得性特征、用进废退等。其他论证涉及变异是否为不连续的——自然做了巨大的跃迁——或者是连续的和无限小的，如达尔文所认为的那样。高尔顿的对遗传种群模式的统计学方法，假定了连续性和混合遗传。但在1894年，贝特森宣称自然选择如果是真实的话，只能对大型的和非连续性的变异有效。具有讽刺意味的是，孟德尔的重新发现让这个问题从一开始就把人搞乱了,因为早期的遗传学家更倾向于思考基因型而不是种群。

赞成新拉马克主义的人也有充足的哲学理由拒斥自然选择,因为自然选择暗示着进步论。通常,目的论是不容易投降的。在1907年,法国哲学家伯格森提出一个概念叫**生命冲动**,一种精神力量注入物质,使其向上和向更高的复杂和有意识的阶段发展。在第二次世界大战期间,法国耶稣会士德日进弄出一套宇宙比例宗教进化论。事情越来越复杂化,意识也是如此(所有的物质都有点意识!),发展朝着德日进预定的宇宙方向在走,他也有个标签Ω,这就是基督。

有趣的例子发生在二十世纪三十年代的苏联,生物学受到了哲学(或意识形态)的影响。那时苏联一直是将孟德尔和达尔文主义进行综合的焦点之一,尤其是在种群遗传学派中,抛弃后天获得
416 性特征与马克思的环境条件第一相矛盾。于是即便新的遗传理论从拉马克中剔除之后,在李森科和斯大林的支持下,新拉马克主义成为俄国生物学的官方教条。

回到十九世纪最后十年,我们发现许多所谓达尔文主义过时的理由。生物学家们不是怀疑进化论,而是达尔文的机制。因而在该世纪的最后十年,魏斯曼由于丧失视力而迫使他转向理论研究,他提出了一个后来被证明的预言。它的预言关涉到细胞。魏斯曼排除了软式遗传:遗传是生殖细胞核之内的稳定的物质粒子的传播,而且是**生物化学**的,粒子是特殊的分子组合,在种物质内具有明显的物质排列结构。身体就像一辆卡车,由携带不死的遗传物质的种物质决定开向未来。魏斯曼认为变异——选择便以此为行动基础——就是配子内不死的双亲粒子的重组或重构。那么,这些物质粒子是什么?

观察表明，尽管体细胞在细胞核内的染色体复制后分裂——保持了其数目——性细胞则把数目分成两半，目的是在受精时重新融合。因而，1895 年威尔逊写道“染色质”应该是遗传的化学复合物。可所有这些都仅仅是思辨。不过，魏斯曼所谓的新达尔文主义，坚持硬式遗传，其目的就是与拉马克主义和选择划出明显的界线，新达尔文主义也参与了连续和非连续变异的论辩问题。后来，出现了进一步的混乱——孟德尔的“再发现”。

实际上，再发现就是对孟德尔意义更深层次的新认识。1900 年 3 月，三位生物学家独立对植物遗传进行研究，他们认识到了正常的分离和独立的各种各样双亲性质以及孟德尔采用的统计学重要性。现在，孟德尔的独立的“特征”暗示非连续性和硬式遗传；如果它们是物质粒子，它们也暗示具有某类性能。其中一位生物学家德弗里斯就提出，进化由大的变异和瞬时的跃迁所推进。但达尔文主义却认为连续的变异、混合以及软式遗传。高尔顿的生物统计学家信徒，开始着手种群的统计分析而不是个体。德弗里斯进一步承认选择主要是个负面因素，突变可以用它做实验，可是选择不能说明新物种的生成。许多人第一次认为孟德尔主义实际上杀死了自然选择！

1902 年，贝特森发明了一个新词叫对偶值（等位基因）来表示
单位特征对，它们对双亲的子代起作用。后来约翰森在他所谓的 417
遗传粒子与观察到的成人形式之间做出区分。遗传不是由特征本身构成，而是由基因构成，基因实际上是这些可以观察的特征的潜在物。即基因型是潜在的；而显型实际是观察到的有机体。效能因此得到革新：生殖细胞实际不携带特征，而是遗传密码，基因，有的基因在显型中得不到表达，但还是可以遗传下去。1906 年，贝

特森发现某些群(连锁群)一同跟着遗传。但物质机制的实际是什么?如何检验我们的理论?

染色体是成对的;我们知道它们在生殖细胞中的独特行为,1905年证明性本身与染色体有关(X和Y)。尽管基因的数目肯定比染色体的数目多,连锁群的确表明基因是染色体的“一对”。贝特森不会接受这种物质主义。在美国摩尔根开始在哥伦比亚大学的实验室里培育所谓的果蝇(Drosophilia melanogaster)。果蝇揭开了秘密。

摩尔根发现了一种奇特的突变,一只白眼雄蝇(通常眼是红的)不是新物种。通过数代的不断培育和跟踪观察其特征表明,变种的白眼蝇与性有关。与性相关的和通过特殊染色体的性遗传,暗示基因在染色体上是“有位置的”。下面的逻辑问题是:由于其在染色体上的位置,某些基因一同进行遗传可能吗?1915年摩尔根和他的学生们出版了一本书,《孟德尔遗传的机制》,表明情况的确如此。事实上,他们能够画出染色体的图谱来表明基因的相对位置;他们发现了染色体破损、重组(对与对之间的交换)的复杂过程,以及在遗传期间的重新安排。通过摩尔根的工作,孟德尔主义成为了一种机械论。

到了二十世纪二十年代,孟德尔主义最终变成达尔文主义。显型实际是遗传效应的内在平衡,有的是隐性的,因之变异不会遭到淹没。突变不过是变异的一种形式;重组、倒位等都是,它们共同为可变遗传物质提供了财富。所有这些变异的资源表明,可以留存的连续改变是多么微不足道。正如魏斯曼所预言的,基因型是不朽的,携带的是遗传变化性的账号,在某些条件下就可能表达出来。缺乏后天特征的硬式遗传,在没有大突变的情况下,可以与连续变异协调起来。总之,摩尔根的实验室工作证明了达尔文可以做到的实验,在二十世纪四十年代由多布赞斯基(在变化温度条件下研究适应)所做的独特的实验表明,进化可以在实验室内发生。

进化的图景还是不完整,因为博物学家从一开始就反对孟德
尔的遗传学,他们死死抱住遗传学家所缺少的重要概念——基因 418
频率的种群思想和统计分析。在俄国,切特韦里科夫和他的学生开始审视作为基因统计集合的生物种群(基因库),从强调个体转向基因的流体和动态流方面。在英国,费希尔出版了《自然选择的遗传理论》(1930),其中还有表明自然选择的数学模型,使人可以看到遗传可变性、某基因或基因群的遗传确定的概率是如何发挥作用的。霍尔丹对该模型做了扩展,加入了新条件;在美国,赖特把进化描述为平衡或基因库频率的方向改变。

也许最重要的工作要算多布赞斯基的《遗传学与物种起源》(1937)。在这本书里,他终于把种群方法与严格培育和遗传学家的实验方法完全结合起来,把博物学家和实验室整合起来。到此为止,基因库的概念不再是装豆子的小布袋的类比了;它成了动态的和复杂的巨型生物体,一个相互作用和自然多样性选择的基因复合体。基因可变性重组成为重要的突变;是复合体而不是原子单位才是选择的材料。

在其他学科领域中也以这种方法发现了这样的综合。在古生物学中,辛普森证明化石记录与遗传突变和变异一致。迈尔论证物种的生物学实在是由遗传因子的宿主定义的,把它们加在一起就使得物种"繁殖出独立种群的聚合体"。这就回答另一个古老的问题。

二十世纪的进化论综合不是第二次革命;它是第一次综合的完善。博物学家和孟德尔学派都贡献出不可或缺的概念。生物学的偶然被数学概率驯服了。在自然的生命蓝图上,人们终于可以读懂了、看见了有达尔文装订在一起的书页。

如果二十世纪在生物学中发生了革命,我们应该在另一个层面上寻找它。回到 1868 年,在活力论的辩论之中,赫胥黎谈到过原生质是生命的物理基础,那时这个基础还不能转为复杂的复合体和化学分子的功能。对那些害怕生命的本质会永远超越其化学基础的人而言,赫胥黎回答道,这就好比是问在 H_2O 中的“水性”那样。魏斯曼也怀疑过种质的分子构成。大家都看到了目标,但在十九世纪缺乏解决这些问题所必需的技术和更深刻的化学知识。

1897 年,毕希纳发现了叫做酿酶的物质,那是酵母细胞中的一种酶。毕希纳虽然是负责酒精发酵的“发酵人”,这种酶的确可
419 能负责所有的生化反应,如细胞呼吸和代谢。在世纪交替之际,这一发现基本上是思辨的因此也就是有问题的,可是到了 1907 年,勒布写了毕希纳的发现,将生机原理从发酵中驱逐出去,证明毕希纳的考虑没有任何问题。当然,勒布是以还原论哲学的口吻来谈这个问题的。这种**哲学**是否还被人所接受,这种哲学的基本方法就是将生命过程还原为反应、结构和化学分子的性质。

1838 年,**蛋白质**这个名称出现了,用以指涉蛋白似的物质。化学家发现蛋白质可以分解为氨基酸,费希尔坚信蛋白质是由明确的结构的氨基酸组成的——费希尔曾师从凯库勒。二十世纪二十年代的技术已经得到发展,可以让化学家制备蛋白质晶体,它们是具有明确格子结构的分子。早些时候,有人提出 X 射线的短波

长可穿透晶体，这样便可从衍射图的模式中对原子方格进行研究。这项技术是布喇格父子在剑桥大学开发出来的。然而，其他技术(色谱)帮助了化学家在二十世纪四十年代确定了蛋白质分子上的氨基酸排列顺序。在二十世纪三十年代中期，鲍林根据蛋白质分子的思想发展出一种一般的蛋白质化学键理论，该理论认为蛋白质分子本身可以像弹簧那样有弹性，而这种弹性就是由弱氢原子键维系的。氨基酸链因此也就有了所谓“α螺旋结构”的构型。α螺旋结构的实验室模型建起来了——这是另一项有成果的技术，有点让人回忆起十九世纪的物理学——后来X射线结晶学证实了鲍林的理论。汇总一下，蛋白质结构、氨基酸序列(二十个)、确立酶为蛋白质、发现辅酶(大多是维生素)以及还原方法等，当这些过程被重组到细胞生物力学时，就让我们看到一幅巨大无比的复杂图画。它们表明物质和能量，如何一步步在复杂的酶反应的控制下，在有生命体中转换。总之，正如贝纳尔所预见的那样，正常的化学反应产生出生命力。

不过，蛋白质的生化结构还是没有解释分子是如何携带遗传信息的，以及这种信息是如何在分子水平上进行复制的。在二十世纪初期，似乎让人感觉蛋白质与氨基酸一道可能是候选对象，而有的生物学家开始怀疑遗传的染色体理论。另一方面，摩尔根团队已经证明染色体的遗传角色，尽管他们还没有研究其化学性质，进化表明基因应该从有机体内调节化学物质的生产。自十九世纪以来，人们就知道在染色体内发现了核酸。对核酸进一步的研究表明，它们的化学成分是五个氮碱，即嘌呤(腺嘌呤和鸟嘌呤)和嘧 420
啶(胸腺嘧啶、胞嘧啶和尿嘧啶)。可是直到二十世纪四十年代人们大都没有重视它们，诸如它们的化学机理和蛋白质意义、染色体的分子结构及其核酸等，都被忽略了。数目多的氨基酸的蛋白质似乎是遗传密码的逻辑携带者，但实验遗传学似乎指向了染色体，而且事实上证明它们才是载体。可它们是如何做到的呢？

1930年后，遗传的细胞核理论又回来了，它建立在由二大分子家族形成的核酸上：即脱氧核糖核酸，之所以这样命名是因为它与磷酸和糖（脱氧核糖）相结合，以及核糖核酸，分别简称DNA和RNA。但是遗传学要求它们的分子的某些过程；它们必须几乎精确复制自身，从而保证基因型的稳定性，而且它们还必须传递指令，借此构造蛋白质和其他化学物质。也许，这些活动超越了有机化学的正常定律，甚至是物理学本身的定律。

有的物理学家觉得情况可能就是这样。1945年，薛定谔写了有生命的物质可能包括未知的物理和化学定律（他的书《什么是生命？》）。玻尔推测有生命的物质的特征与无机世界的有很大不同，生物学可能在机械论和活力论之间需要互补，就像量子力学那样。薛定谔的书尤其影响很大。许多第二次世界大战那一代的物理学家，感到激动不已，认为物理学就要成为过去了（也许是对现在已经没有了的原子妖不再抱幻想吧），他们转而要进入生物学了。正如大师们所暗示的那样，遗传学的物理过程能在物理学中掀起一场新的革命吗？啊哈，情况并非如此，至少到现在为止。

许多物理学家读过薛定谔的书，而年轻的克里克就是其中之一。战后克里克前往卡文迪什实验室，为的是与在那里用结晶学技术工作的生物学家和生化学家们一同工作。1951年，沃森也加入了，这个年轻的美国生物学家的兴趣在于基因的分子性质，那个时候，通常认为DNA构成遗传物质，而竞争则在于发现其结构和功能。正如克里克和沃森认为的那样，发现结构并将其与功能联系起来，就会找到传递遗传信息的钥匙，那么生命之谜也就破解了，克里克称其为“生命的秘密”。

鲍林的模型建构、X 射线分析、还有人格的体面圈套，二十世纪的生物学产生了最重要的生物学发现之一。1953 年 4 月克里克和沃森发现了结构并开始认识到其遗传学涵义。他们建立 DNA 模型是“双螺旋”，二条螺旋形的阶梯状磷酸与糖基骨架相互缠绕在一起，碱基位于双螺旋内侧，磷酸与糖基在外侧，四个碱基对通过弱氢键把二条链连接起来(因此双螺旋可以拉开)。最重 421
要的是碱基对的特殊序列——腺嘌呤对与胸腺嘧啶以及鸟嘌呤对与胞嘧啶。因此，二条骨架是互补的，沃森和克里克在接下来的文章中写道，长的 DNA 分子含有许多可能的碱基序列；因此碱基序列非常可能携带遗传密码。它是一种四个数字系统。

一条骨干上的碱基的顺序精确地决定了与之互补的那一个的顺序。就拿氢键的断裂来说吧。各个链从缠绕中展开，每个都形成一个“模板”，以便构建新的链。最终会有两条相同的 DNA 双螺旋，这就是遗传密码如何在细胞核内的染色体上复制的。二十世纪六十年代，也证明了遗传密码是如何转录到蛋白质内的氨基酸上去的，将一小段 DNA 序列的副本转录到单股 RNA 上去后，由于携带了遗传信息，RNA 就成为转译 DNA 四个字母密码模板，然后将其译成二十个字母的氨基酸密码。分子过程是相当复杂的，因为转移或 tRNA(克里克称其为“衔接分子”)，需要信使 RNA 为氨基酸携带模板。然而，这个过程是机械的，可以由已知的化学定律来操作。事实上，旧的基因已经成为核苷酸的序列，自我复制、建造有机体，在这里或那里发生误植都会导致突变。进化最终抵达了分子水平。

但是却没有发现新定律，没有新的物理学。事实上，DNA密码的性质在哪里都一样，这就意味着在地球上确实有一个共同的祖先，正如达尔文怀疑的那样。进一步说，遗传信息流是单向的，DNA到DNA，以及DNA到RNA再到蛋白质。没有从蛋白质回流的信息，因此也就不存在任何获得的特征。分子生物学，这是现在的名称，变成了二十世纪的大型**机械**综合工厂。而物理学则对还原论提出质疑，许多生物学家也确信如此。

然而，就像物理学一样，生物学也大胆地把新的力量源泉交到人类手中。二十世纪七十年代，生物学家学会了如何把DNA拼接起来，并将它从一个物种植入另一物种。供体的DNA片段被拼接到病毒上，产生出**重组**DNA，然后允许它感染病毒复制其中的受体细菌。像原子物理学一样，基因工程已经把人类之手置于巨大的可能之中，就像现代的炼金术士一样，里面有潜在的危险。

还有各种问题需要回答。一个特别的问题就出没于我们的思想：在这些黯淡原始的时代，自我调节的生命是如何开始的？DNA密码本身是如何进化的？也许，还有所有问题中最深奥的一个：DNA如何形成人的大脑，大脑也能学会自己的秘密吗？克里克写道，下一个要攻破的堡垒就是人的大脑（意识，根据克里克和许多还原论者的说法，是一种神经系统的功能）。

422 生命的秘密真是无秘密可言。生命——和意识——根据这个观点，终将还原成化学，比如说，冷和热的经验是分子活动的功能。现代医学认为，医治病人医生没必要超越基本的机械化学。不确定性的量子物理学，整体论和完全的“生疏”——（对理性主义者而言）令人失望的违反标准逻辑——只允许限制在微观世界。任何量子影响在接近寻常经验的物质水平时，都要受到否定。分子生物学为医学带来了革命；技术创新以及在医学领域取得的成就，是令人敬畏的和不可否认的，又一次超越了十九世纪的乌托邦梦想。神经心理学对类似的成功也是引以为荣。至少，大家都能看得到，医生会采用物理学的成果，但同时也有把握地不在乎物理学中的革命。

技术能力或对物质的成功掌控从未得到实在的预设解释证明，我们何以能从事这些事情？技术的成功几乎没有涉及使其得以成功的那些策略的正确性和适当性。它们反映出最后的得分，但是它们却并未明示如何赢得实际的游戏。哥伦布根据托勒密的理论取得航海的成功，航海家今天也可以这样做。汽车、飞机甚至飞船在牛顿物理学的指导下都能圆满完成任务（在其寻常的力学运行中——任何固态的或计算机技术均以量子为基础的）。然而，对生命科学最为重要的是，人们经过“前科学”式的医学治疗依然可以康复。①

也还存在理论上的困难，其中有些还直插顽强的有关“实在”问题的核心。倘若微观的量子世界是如此抽象、不确定并是潜在的鬼魅领域（我们就不得不讨论一些问题，甚至更广阔的悖论，如本书尾声所涉及的 EPR 悖论），它们在物质上那么奇异（它们不是物质），那么化学和生物学在这个水平上建立的基础如何才是真实的？**在本体论上**，化学和生物学如何才能在比那些物质来源更机械一些、更决定论一些和更具体一些呢？本体论实在意味着“存在

---

① 有个关于这个“科学的医学”的事实（和危险）的一个笑话，见 Paul K. Feyerabend, *Science in a Free Society*（London: Verso, 1978），pp. 136－38. 亦见费耶阿本德对现代医学的讨论，载 *Three Dialogues on Knowledge*（Cambridge, Mass.: Basil Blackwell, 1991）.

真实”,不是还原成任何其他的水平或学科。简单把潜在的实体加在一起,并不能得出更真实的和或组合……这个性质不是一百、一千、也不是一百万潜物能改变的。如果这类量子实体(先前称为原子),甚至根本就不能独立于意识(对其观察和把握)而存在,那么如何将这些“无”聚在一起使其在客观上超越意识?在化学和生物
423 学是可以做到的。如果物理学最终是关于心理学的,那么心理学以及与此类似的生命科学,应该在某种程度上面对其发现,就像薛定谔所预见的那样。

说深一点,物理学在其最基本的建筑材料,在其功能之内,应该绝对包括意识,不会让人觉得奇妙和怪异吗?然而,在化学和生物学中,物质接下来的层面的意识却消失了……仅仅作为化学系综“再现”。为什么有这个缺漏?回到休谟,能否说还原论者,像克里克那样错误地倒果为因了?早就有人宣称,后退是由本轮引起的,或者说是本轮的功能**引起**的,直到哥白尼证明这一现象是地球移动的**结果**。因而,化学**引起**(产生)意识。但是,化学是物理学的后果……究竟哪个是最终的“心智物质”呢?……不存在心智,不存在物质!也许一种新综合即将发生,不是化学和神经学或生理学,而是心理学和物理学。

可是,作为一门学科心理学依然沿着笛卡儿和牛顿的路子在走。可笛卡儿将两者分为心与物,跟随牛顿的经验论者认为心是一种心智机械论,受到与物理世界相同的定律支配,思想和情感的相吸和相斥。在十八世纪,有些人强调物质的结构和复杂性,是心智活动的关键所在,人类的思维本身是由情感激发的物理活动的产物。

在十九世纪,德国开发出实验心理学。其基础是在机械论生

理学中所阐述的思想，亥姆霍兹、杜布瓦－雷蒙的理论，以及试图将所有现象还原为心理化学物质和能量定律的其他人，所以这些都被数学－物理方法进行过研究。主题基本在于神经系统、反应、和在有机体内的能量转换。它的哲学地位要比其学派或特定的学科更强。

十九世纪把心理物理学作为一门学科的奠基人是费希纳。1860 年，费希纳根据刺激和感觉量值之间的功能关系的数学研究，使心理学成为一门“精确科学”。最重要的是，他证明了心理学实验是可能的。在十九世纪后半叶，冯特为心理物理学建立了第一个实验室，并创办了一份实验心理学的刊物。心理学作为一门独立科学的时刻便到来了，但是并非没有问题。在哈佛大学，詹姆斯（William James）引进了新的德国心理学，然而詹姆斯觉得它并不完善。经验的原子化作为实验室的实践被忽略了。詹姆斯认为，意识是源源不断的连续流动。这种意识是意向性的、选择性 424
的、因此也就不是机械的。也许在决定论的机器内，自由意志的幽灵，超越了实验。与机械论心理学一道，从达尔文进化论生物学到 DNA，深刻地影响了心理学。为了将人与动物之间的鸿沟缩小，促进了新的动物行为研究，就像当年达尔文所作的那样。在俄国，巴普洛夫应用勒布的机械论方法来研究动物行为和学习。他对狗的著名实验证明，通过反复刺激就能建立起“条件反射”，这是一种大脑皮层中的新的联系或反射弧（他认为）。这就没有身心二元论了，因为在理论中，复杂的行为甚至学习可以还原为神经元联系。所有其他的都是推测。

二十世纪的第二个十年，美国的沃森论证道，心理学要想成为科学，就应该完全与哲学和星云概念（如意识）联系起来。心智就像一个密闭的盒子，唯一能观察的数据就是它的行为，而我们所能研究的就是数据的进出。这种“行为主义”的一条路，在斯金纳那里形成了严格的决定论。根据斯金纳的说法，人类是具有各种可能行为的复杂体，这些可能行为发生的频率取决于强化。事实上，正负二面的强化不仅是行为的决定产物，而且还是价值、情感、和整个文化谱线上的产物。意识，甚至是密闭的盒子，是非科学的幽灵。有了价值形成的科学知识，斯金纳论证道，我们可能建立一个乌托邦(《桃源二村》)。

由于弗洛伊德的工作，他有关意识的理论、心理紊乱和后来文明的心理分析史等，使得心理学有点儿向不同的方向发展。而无意识(弗洛伊德之前许多人都提出过)就是受到压抑的愿望和欲望的所在地，它们大都是婴幼儿的和源自性的，满足它们就会导致个人的惩戒和伤害。因此，意识就把自主活动的大门关闭，并把它们封闭起来，受到压抑的愿望就在梦中找到出口，但却是伪装的出口，梦的表现形式是一种保护盾，它的作用就是对不适当的潜伏欲望的实在进行掩护。弗洛伊德把他提出的关于意识的动态理论，写成《梦的解析》(1900)，该书成为心理分析的基础，弗洛伊德将其视为独立的科学。

无意识绝非来自某些杂草丛生而又平和的意识后院中静悄悄的储备。它是一个深深的火山口，喷涌出剧烈的激情和翻腾欲望。它的喷发应当受到压制和否定。这就是文化的职能：修建某种高大和具有保护作用的墙，从而免受无意识火山突发的灾难。图腾、法律、礼仪、道德、良知、宗教等，都起到了加固压制无意识之墙的
425 作用。可是墙本身则是由遗忘、自我否定、和自我欺骗之石建造的；弗洛伊德说，**每个人心中**都有深藏不露的伪善，它促进了遗忘

和否定。所谓的健康人就是在社会和谐的旗帜下，与自己不断打仗的动物。从真正意义上讲，根本就无法将疾病与健康绝对分开。取而代之的是相对平和与稳定时期，可是这要以牺牲不断的警觉和压抑的愿望为代价。也许又不是巧合了，出现了明显的范畴区分（疾病或健康的"这"或"那"），它们破坏了更深层面的心理学。

无意识只能间接讨论，因为呈现它们自身的所有表现，都是象征性的和掩盖起来的形式。弗洛伊德本人就常常为此大为吃惊，因为在这种象征性中，它发现了意识的创造力的丰富性。像尼采在其《悲剧的诞生》中一样，这里弗洛伊德也认为他发现了艺术的起源和目的。来自无意识的蛮横、猥亵和社会性破坏的冲动的升华，是所有伟大艺术的基本灵感，可笑的是，然后这些反而却被贴上了壮丽的、高贵的或悦目的标签。因而，这些升华的形式在某种更高的审美天空中，进一步远离生养它们的原初泥潭。艺术、宗教、还有道德都是符号，它们从虚伪的方面表现出伪善的原始冲动之梦。

最持久的、寻欢作乐的愿望从源头讲是婴幼儿时期的，如果对社会中不具破坏性，就是不可思议的。婴幼儿时期的愿望最难揭示，因为象征性的隐匿和压抑在此尤为警觉。这是个广袤的无意识的地狱，戒备森严得像监狱一样，但却是婴幼儿时期愿望的堡垒。实际上，根本就不可能直接（或客观地）讲这些受到压抑的愿望和情结。因此，心理分析应该根据对象的性质——通过对**无意识的**定义——进行相应的检查和治疗。

原始的愿望几乎不能破坏。它们以最不顾一切的，社会上乌七八糟的方式来寻求瞬时的满足。然而，随着进入成熟期，意识便施与一种"第二过程"（原始的愿望为第一过程），它注射了一剂强

"现实",其形式为思考、计算和把享乐推后,以便后来享用时,机体付出更小的代价或承担更小的危险。因而,即便是最复杂的享乐,从某些可以使个人"成功"的职业,到简单的娱乐,甚至"正式的"社交事件,总之全部方式,都被升华为婴幼儿时期的寻求欢乐。

在《梦的解析》以后的版本中,弗洛伊德明确表明,心理现实无法还原为存在的事实。**心理现实**是"是存在的一种特殊形式,不应
426 与**物质现实**混为一谈。"[①]在这个意义上,弗洛伊德不是还原论者,在过去的十九世纪的意义上,没有"意识的生物学家"。弗洛伊德的发现倒是像相对论物理学:在现象下面或后面,存在着能量结构的连续统,它是动态的过程而不是静态的事物。从精神上说,人类是一种能量-物质的动态结构:像四维时空那样,这种在不断变化的精神场、这种无意识,不能直接描述或形象化。弗洛伊德本人认为,心理分析把心理学这门独立科学建立在牢固的新的基础之上。

总之,弗洛伊德后来的研究将其成果推广到文明的心理学中。压抑应该是文明的起源,他的断言有悖论,以其社会、禁忌和道德等最客观形式的压抑,是文明的结果。这怎么可能呢?婴幼儿时期的性欲的本能和恐惧,俄狄浦斯情结,阉割情结等等,纯粹是心理学的,环境是个人经验的结果吗?

达尔文在其《人类的起源》推测到,早期的原始人过的是部落生活,最强壮的男子拥有"原始部落"的所有女子。年轻的男性,父

---

① Sigmund Freud, *The Interpretation of Dreams*, trans. James Strachey (New York: Basic Books, 1965), pp. 658-59,这里所引用的是加入的最后形式,即1921年的第六版。心理分析的生物学基础的情景,尤其是拉马克的进化论和这种心理-性进化作为后天特征的概括,在《弗洛伊德,意识的生物学家》(New York: Basic Books, 1979)由作者进行了论证。

亲的儿子因而被拒绝接近女性，还被驱逐出去形成自己的部落。弗洛伊德在《图腾与禁忌》中，设想兄弟团伙联合起来犯罪，这就是俄狄浦斯情结，把他们的父亲杀掉（和吃掉）。然而，在罪恶之下，他们却把父亲供为神灵，并建立二大禁忌来反对乱伦和近亲杀害。因此，所有宗教（父亲的神话）、道德、艺术（图腾）和法律均衍化自儿子犯罪。

新的兄弟组织会遭到同样的命运，如果他们没有反对乱伦的话，这样便产生了压抑。于是，伴随着压抑就出现了宗教。在“火热的罪恶感”，兄弟组织创立了图腾，而该图腾的新宗教实际是与其父的公约——图腾是神圣的（尤其是犹太文化的背景，这里可能很难设想他们有宗教为公约的思想）。这个新的圣父，现在照料、保护并放纵他的儿子们了，正如所有孩子所期望的那样。当然，当他们犯罪时也要受到惩戒。宗教有禁忌、礼仪、节日等，这些都一次次地强化原始事件的戏剧，直到所有的婴幼儿时期的愿望的原始意义被遗忘为止，而象征性的压抑便被固定下来。不仅是其罪恶感遭到压抑，而且儿子战胜父亲的胜利也被庆祝，这就有了图腾的敬献，牺牲动物和礼仪性的用餐（再次请注意犹太－基督教的平行）。近亲杀害的犯罪起源于兄弟团伙……然而，这就是文明。还要注意这种情结的“概括”在人类机体的生物遗传结构中并没被发现。在某些心理进化的后天的特征中也未发现，但是它却存留在**精神文化**之中。

这里又出现了压抑和文明的悖论。弗洛伊德写道，性欲不会让男人团结起来。因此，文明产生于罪恶，可是却在其生命的营养
中蓬勃发展。为了继续下去、生长并成熟，文明必须诉诸一种罪恶 427
来抵抗婴幼儿时期愿望。儿子应该具有父亲的品行；他们应该成

为父亲。成熟实际就是不断重复犯罪和杀父。

弗洛伊德提出，由于生活的物质和文化条件发生变化，这个过程不断以各种伪装和变形出现。确实，拿任何年代的任何单个的形式来做例子，对静态的柏拉图理念而言，都会误解过程和间接的象征的意义。可是，弗洛伊德认为他对文化的心理分析，解开了由古代斯芬克斯提出的另一个谜团：宗教起源的问题。在底部上帝不过就是高贵的父亲而已，他提供爱、保护和惩戒；创世、支持和关爱；原始的恐惧、爱和希望。在《幻象之未来》和封笔之作《摩西与一神论》中，弗洛伊德继续以其西方犹太和基督教的清晰，对宗教这种婴幼儿时期的文化人造物展开分析。弗洛伊德现在认为，宗教思想确实为幻象，可以将其追溯到最难对付的人类愿望。在这种情况中，愿望（或一系列愿望）应该要一个比一个“高”，这显然意味着冰冷无生命的宇宙；应该有某个仁慈高大的上帝（伟大的父亲！），他护佑着我们不要成为无思维的自然力量的玩物；我们**不是**渺小的和无能的。弗洛伊德提出警告，这是人类最古老而又顽固的愿望，因而也是最强大的。可怕的**焦虑**被注入这些愿望之中，这就是说尽管困难重重，还是渴望满足。宗教幻象的秘密是婴幼儿时期的愿望情结，这就是人们血战到底也要保卫它而不惜采用最不人道和非理性的手段的原因所在。

但旧的神话正在走向崩溃：天文学和物理学动摇了柔软和适于筑巢的地球——天空成了相对论描述的那样的了——生物学、化学和考古学揭开了伊甸园的面纱，它成了原始的元素场的花园，里面的成分是由死亡星体炉中熔炼并喷涌到太空的重元素，由重力形成了涡旋状然后被煮成了有机分子。历史的“科学”分析破解并撕开了圣书的装订，它们的书页被“高声批判”的暴风吹散了。

什么才能取代这些神话呢？没有神话我们怎能活下来呢？我们是否向尼采那样，害怕跌入黑暗的虚无之井呢？将来是否就不是根本意志……？

弗洛伊德为希望找到了一些理由。不管喜欢还是不喜欢，我们都不可能回到天真无邪的神话般安全的孩童时代。弗洛伊德写道，最终要从敌对的世界走出去，用“对现实的教育”加以巩固。尽管我们四周全是幻象，也不存在任何“去除幻象”的人物，但科学不是幻象，我们必须学会满足于它所赐予我们的“对现实的教育。”弗洛伊德就像爱因斯坦，对现代科学采取了实在主义的态度。像爱 428
因斯坦的科学一样，也是新(或爱因斯坦的情况中旧的)取代了没有作用的、婴幼儿时期的幻象神话。是该西方人文学科成长的时候了。

弗洛伊德还是乐观的(如果有个真正的乐观主义的弗洛伊德的话)。然而，《超越快乐原则》(1920)和他后来的著作《文明及其不满》(1929)，弗洛伊德要回到返璞归真的生活境界。这可是个要命的愿望，毁灭一切然后回到蛮荒。文明的核心就是爱和死的愿望间的斗争，这不同于秩序之神与混沌巨人的斗争。

随着技术进步，舒适的生活以及由科学文明提供的保护，弗洛伊德注意到这种享乐并不能使我们快乐。而且肯定也无法避免战争。(当然，弗洛伊德在第二次世界大战前就去世了，可是他还是遭到纳粹反犹的迫害，1938 年在奥地利被纳入第三帝国时被迫流亡到英国。)除了性压抑之外，文明中肯定还有比这更多的东西。为了文明的继续，肯定要对这种死亡的愿望及其怪异的后裔进行压制，因为它生来就有的侵略倾向。文明不断受到肢解的威胁，而且有时的确屈服于集体疯狂的激烈爆发的暴力。

在结尾，弗洛伊德丢下一个让人感到怀疑的“命运的问题”，人类文化发展能否成功控制这种毁灭性的死亡愿望。既然能够以这样的程度掌握灭绝的自然力量，该问题最终便成为作为一个物种（如果不是地球全部生命的话）的人类命运的问题了。爱能够战胜死吗？谁能预示这一点？弗洛伊德1931年，当他目睹了纳粹在德国的兴起后，在他的《文明及其不满》中提出了这种悲观的疑问。

多年来，弗洛伊德已经渗透到西方文明心理分析的普通和超个人的心理学中。或许，这就是他一直梦寐以求的目标，他后来承认医学才是他最初真爱的指示牌，而最初的真爱则是哲学和文化研究。那么，科学把他带回到初始的真爱也就不是巧合了。可是，他的学生和可能的接班人（1906—1913年间），后来成了他的竞争者，荣格却将无意识心理学在这个领域中做出进一步推广。

在他的和他的病人的梦中；隐藏着深奥和奇异的以及围绕世界神话和宗教的古代密码；在艺术甚至在科学中也是如此。荣格发现，他所认为的类似的模式不可能是个人的。这种模式肯定不是个人生物本性的受压抑的愿望。向精神能量的潜力那样，这些模式荣格称其为**原型**。这个人无意识下面（或超越）就是**集体无意识**，他不受人类经验的空间和时间的局限，之于原型而言，集体无意识不过是精神超个人载体。存在于超越经验时空（荣格心理学的一个关键思想），集体无意识是某种动态场，原型就是场的不能
429 直接经验到的潜能或奇点，更像亚原子的粒子。它们爆发为有意识的生命，从特定的时空文化汲取形式和内容，就像屏幕上光子的闪烁一样。荣格认为，健康的精神要求这些原型包括在有意识的生命中，因为集体无意识为人类生存提供了意义和价值。

还可以把集体无意识想象为物理学领域的虚粒子的精神孪生

子。它是所有精神生活的起源，融入到个体和集体的力量（就像虚粒子创造电磁力一样），所以也就整合到许多人和一个人之中。它恰巧也是对立面的处所。原型就像个人的虚粒子，应该“提升”为意识。这就是神话和宗教的任务。健康的人类文明绝对需要活生生的神话，一种积极的精神能量场，其中就包括了经历的原型。只有这种原型，确定生命的意义的视界，才能从根本上将非理性的原型（二值逻辑意义下的非理性）整合起来。西方的宗教（基本指基督教）试图将这些原型理性化——将其置于铸铁的范畴之中，就像物理学家原来企图将光定为粒子或波那样。但是这种程序最终都以失败告终。神话与我们渐行渐远，遭到反驳和否定、生命之血也就枯竭了，神话也就死去了。因此，人们又作茧自缚，被碎片化，进入瓮中，对西方人而言，他们业已把现实弄得很狭窄和局限，将鲜活的集体无意识封闭起来。而现在科学的西方是“寻找灵魂的现代人。”

荣格回答弗洛伊德，如果我们可以思考我们**没有神话**本身就会是一种幻象。

倘若集体无意识的存在超越了时空，而正常的科学因果性要求系列事件，即便是相对论也是这样，那么无意识的原型如何才能与我们的物理经验的既定参照系联系起来？荣格认为因果性作为理性的范畴应该得到扩大，以便能包含有**联系意义**的事件。他将这种非因果性的连接称为原理**同步**。跨越时间和空间的事件这样就可以联系起来，连接不是来自物理场，而是来自精神场。同步使心理学成为一种不确定的原理，从表面上看似乎是二元的：观察者选择 p 或 q 为测量的量，因此它们有价值负荷；主体见到的是分离事件间的有意义的联系，因之，它们有主体的价值负荷。此外，

430 还应该考虑把系统作为一个整体加以考虑，目的是为整个经验做出描述。应该把无意识和有意识的思维作为精神生活的整体。又把重点放在整体论上了。个体的“我”便消融在一种新的超个人的自我，更像物质转换为广义相对论的密度那样。

真想不到，心理学最终会是关于物理学的，这将把我们的故事带入尾声。

延伸阅读建议

Allen, Garland E. *Life Science in the Twentieth Century*.(《二十世纪的生命科学》)Cambridge Eng.: Cambridge University Press, 1978.

Boring, Edwin G. *A History of Experimental Psychology*.(《实验生理学史》)2d ed. Englewood Cliffs, N.J.: Printice-Hall, 1950.

Bowler, Peter J. *The Eclipse of Darwinism: Anti-Darwinian Evolutionary Theories in the Decade Around* 1900.(《达尔文主义的没落：1900年左右反达尔文主义的进化论》)Baltimore: John Hopkins University Press, 1983.

Dunn, L.C. *A Short History of Genetics: The Development of the Main Lines of Thought* 1864 - 1939.(《遗传学简史：思想的主线发展 1864 - 1939》)New York: McGraw-Hill, 1965.

Fruton, Joseph S. *Molecules and Life: Historical Essays on the Interplay of Chemistry and Biology*.(《分子与生命：化学和生物学相互影响的历史文集》)New York: Wiley, 1972.

Gay, Peter. *Freud: A Life for Our Time*.(《弗洛伊德：我们时代的生活》)New York: Norton, 1988.

Craham, Loren R. *Between Science and Value*.(《在科学与价值之间》)New York: Columbia University Press, 1981.

Lowry, Richard. *The Evolution of Psychological Theory: A Critical History of Concepts and Presupposition*.(《生理学理论的演化：概念和预设的批判史》)New York: Aldine, 1982.

Mayr, Ernst, and Provine, William. *The Evolutionary Synthesis: Perspective on the Unifications of Biology*.(《进化的合成:从生物学统一的角度》) Cambridge,Mass.:Harvard University Press,1980.

Shelburne,Walter A. *Mythos and Logos in the Thought of Carl Jung*.(《荣格思想中的神话和逻辑》)Albany,N.Y.:Suny Press,1988.

Watson,James D. *The Double Helix:A Personal Account of the Discovery of the Structure of DNA*.(《双螺旋:DNA结构发现的个人叙事》)New York:Atheneum,1968.

尾声 “人性的，太人性的”

431 “你不看月亮时它是否还在那里呢?”爱因斯坦断言，“肯定在。”

存在一个独立于观察者意识之外的客观实在。物理学不是关于心理学的，它是关于“上帝”的思想的。爱因斯坦的这个信念与牛顿和笛卡儿的相同，与经典物理学相同。因而，他反对把不确定性以及依赖观察者的量子论。没有任何经验事实、没有任何实验、没有任何逻辑必要性迫使他采取这样一个立场，根据直觉他虽然认为量子论在许多方面都是成功的，可它却是不完备的。它不是自然的最后意见。

爱因斯坦在这个问题上的顽固态度使他晚年期间受到科学的放逐。他知道他的这个立场让他付出了什么样的代价，他甚至还开玩笑；也许他对自己的古怪孑遗行为还感到挺快活。然而，他致死也拒绝接受他所认为的非理性主义(上帝不掷骰子)。他的宇宙宗教情感让他相信，科学是真正的科学，必须是纯粹的，要高高位于个人的或人类的，所有太人性的主观性之上。

具有讽刺意味的是，爱因斯坦自己的这种固执可以算作一个**反对**孤立的、纯粹的科学强论证，他想要的是一种发自内心的动力，希望能够理解自然的崇高和强烈的愿望。这种东西常常是柏拉图的理想，像《共和国》中的神话，一场梦，一个幻象。

量子论是二十世纪二十年代在德国产生的，尤其是在魏玛时 432
期的德国，魏玛共和国是战败后文职政治家治理的，在德国进行首次确立真正的民主政府实验的同时，还要被迫处理对和平抱有仇恨心态的情况。从某种程度上讲，他们不得不与霍亨索伦王室过去的军人国王、军人平民以及无条件服从决裂。共和国想履行二十世纪二十年代的凡尔赛条约的义务，并接纳更理性的、欧洲的世界观和民主。直到 1929 年以及大萧条时期，魏玛共和国在向这些目标迈进时，大部分还是成功的，尽管道路曲折。

希特勒把这些政治家称为“十一月罪犯”，也就是那些在 1918 年在德国军队背后刺了一刀的人。但在二十世纪二十年代，纳粹不过是一小撮狂热的民族主义分子的政党。其中许多政党可以追溯到十九世纪的世系，与地下秘学的伪科学的种族主义联姻，反对十九世纪的物质性科学。[1] 地下秘学崇尚活力论、生命、种族、人的自由意志，并自发地反对他们所看到的冰冷的和死气沉沉的机械论。所谓地下当然是个相对的语词，其意义仅仅涉及他们所反对的。然而这些秘学就像科学机构的镜像。例如，在奥地利，于 1904 年就见到了一部题为《神圣动物学》的书，作者是利本菲尔斯。该书涉及“雅利安秘学”，所教导的是“雅利安英雄”是上帝和地球上精神的最完美的化身，利本菲尔斯解读圣经把雅利安英雄翻译成**天使**。低于人的或类人的政治是民主和唯物主义哲学。早些时候，在十九世纪初勃拉瓦茨基夫人教导了一种类似的教义（尽

---

[1] 见 James Webb, *The Occult Underground*（La Salle：Open Court，1974）. 这种隐匿组织常常利用科学语言或冒充为科学运动的竞争对手，简言之，他们不敢攻击伟大上帝的科学。然而，作者在导言中强调“从理性的角度战斗”。作者的秘学史题为《秘学的建立》（*The Occult Establishmen*，La Salle：Open Court，1976）。

管更具影响力和复杂),称为神智。它也对机械论假设提出了挑战。在第一次世界大战之前,在奥地利首都维也纳,希特勒从这些读物中也接受了种族主义思想。民主、唯物主义、理性主义、“当局”差不多都是与索罗亚斯德教教徒种族斗争的武器和战略。以及犹太人反对雅利安人的阴谋。犹太人肯定要破坏雅利安人的文化,污染雅利安人的血统,贬低雅利安人的道德和价值。

战后那些年整个主要就是这些氛围,就是在这些年间,量子论
433 (和相对论)开花结果了。类似的神秘组织在英国、法国、俄国、美国(例如,神智就是国际性的)也有。但是,战败的德国这种气氛却格外浓厚,生长的土壤也很肥沃。这样便完全有利于果蔬从地下生产出来,并形成气候。

在唯物论的堡垒物理学中,量子论恰好引入了非理性主义。爱因斯坦总是对德国人抱有一种矛盾的情感。还是个年轻人的时候,他曾一度放弃了德国国籍。取得了瑞士国籍,他不会放弃瑞士国籍的,尽管他于1914年4月返回柏林。他讨厌德意志帝国的政治以及德国精神。他是位犹太人(后来纳粹将相对论称为犹太物理学)。在二十世纪二十年代,带着对魏玛共和国民主实验的希望,爱因斯坦环顾四周并发现相同的非理性主义,以民族主义的形式在威胁着脆弱的共和国,而且也以量子的不确定性和概率的形式侵入理性的物理学。因此他才反对量子论……在纳粹造成的灾难之后,对他的人民所犯下的不可言状的罪行,他肯定觉得反对非理性主义是正确的,无论是在什么地方,尽管以学术放逐为代价。

他觉得是合理的,而且**曾是合理的**,尽管纳粹种族主义和最终解决(达尔文主义、技术、组织等等),还有来自非理性主义的养分。所有这些将我们带到了讽刺的中心。

即便是最深奥的、驽钝的、物理学的技术问题，科学也不能与其文化土壤分离或抽象出来。科学不是没有价值取向的（也不是完全价值负荷的）；它结合了个人的心理学、继承了文化预设、受到政治和意识形态冲突的影响、通过当前科学语言的筛子的筛选，不管怎么说吧。（当然，从隐喻的方面说，这仿佛就是说，实际上存在着一种叫做科学的统一。）科学家，或至少是科学传播，会想到他们的活动大多是内在决定的、与世隔绝的、逻辑上进步的、最终由其自身动力所驱动的，对外部世界的只要求提供电力来驱动发动机。但情况却没有那么简单。在历史上也从未有过这样的事情。总之，我们不能说究竟是哪一面（里面或外面）决定了或对科学产生了更大的影响。不存在“两个方面”、不存在“两种文化”、没有二或三，只有在思想中或教科书渴望的梦想中抽象出的东西。

也许，在这里有一种双重的讽刺。在爱因斯坦毅然决然地企图证明量子论是不完备的过程中，他与波多尔斯基和罗森于 1935 年发表了一篇文章（称为 EPR 悖论），其中证明它是如何可能欺骗 434
不确定性的。EPR 论文涉及的是一个“思想实验”，设计的目的是欺骗测量问题并证明单个粒子的两个确定量，就像位置和动量那样，**可以同时得到测量**。测量可以是任何量子性质：自旋和极化等。如果量子论接受了这个，就会陷入悖论，那将会出现什么情况。爱因斯坦希望在“不干扰系统”（不依靠观察者）的情况下，用确定性来进行预测，被讨论的物理量的值以及物理实在就会与观察者**分离**开来。

思想实验是天才的，因为它表明一种间接观察粒子的方法，就像潜望镜那样在角落或墙边偷偷建立了一个人为的窥视镜像。EPR 悖论原始版本可以简化，设想亚原子粒子衰变为二个光子，它们正以光速(因为它们是光子!)朝相反的方向逃逸。在同一个源点它们的传播速度相同,如果我们能够知道其中一个的位置,就能自动知道另一个的位置。如果我们知道其中的一个动量,根据动量守恒定律,那么我们也会知道另一个。对其他量子的量这一点都相同:自动测量一个光子的量,意味着测量其他的量,**即使它们在宇宙中以光年的距离分开**。

要知道我们这里所关切的是量子测量。如果测量行为的量子概率(即这些量取了特殊的值)有些“坍塌”,那么确定任何一个光子的量变引起另一个也取同样的值,即便其他光子**在宇宙中以光年的速度传播**。

例如,当我们考虑极化,而我们在宇宙的任意端安装平行极化器,一人捕捉光子1;另一人捕捉光子2。如果角动量为零粒子衰变为二个光子,可以随便称其为1或2,根据守恒定律每个光子极化应该是相同的,简单地说,我们可以把这种极化称为**向上或向下**。如果把极化器关联起来并完全**向上**,光子就可以通过,如果**向下**,它们就会被阻挡;但有些情况会出现在中间的情况,那边根据极化规则有时光子会通过有时则不能(一个百分比)。问题是光子是一个量子粒子,这意味着在其被测量到之前,我们无法知道特定的极化。但是,直到光子1通过(或被阻挡,可以出现这种情况)之后,它是否通过极化器则无法知道。此外,其状态是概率性的。只有经过测量,看到它是否通过极化器,才能讲清其**向上和向下**的值。

那么光子2的情况又如何?根据量子规则迫使我们得出这样的结论,即便在宇宙中以光速传播,只有当把光子1的测量做完后,光子2的极化状态才能得以确定。让我们讲复杂一点,把极化器摆好这样光子1就有一半的机会通过或被阻挡；如果1被阻挡，那么2也会被阻挡。**但是光子2如何知道光子1发生了什么情况**？相对论说没有任何信号的传播速度能超过光速，而1与2之 435
间的信号在理论上会是瞬间的。但是，在光子1被测量之前，光子2就没有**向上或向下**的值；直到光子1被观察到通过了还是没有通过之前，就不知道光子2有没有通过或有没有被阻挡……**如何知道这一点**？在不超过光速的情况下就没有任何影响！

我们可以把这个原理加以推广。例如，可以有两个相互关联的粒子，粒子A有性质+（正），粒子B的性质为-（负）。它们以接近光速飞离而去。我们让A通过一个可以打开或关掉的场，如果我们将该场打开，该场便将其+电荷变为-电荷，或者将该场关掉，让它保持+电荷的状态。现在将该场**打开**并让A通过，它的电荷就是-。粒子B自动相关，而其电荷被测定为+。如果场是**关掉**的，那么B便自动为-电荷，即使穿越宇宙和即使实验者做出决定时，粒子在飞行中，在随机的最后一刻，情况也是这样。从某种意义说，打开或关掉场已经“神秘地”传给了B。这就是老的“超距作用”，更不好的是，由于我们可以延迟决策，那么就可以说，现在（或未来）从因果性上影响到了过去。

因此，爱因斯坦认为这个悖论证明量子论是不完备的。玻尔是这个悖论的主要对手，他的哥本哈根解释认为，事实上，在被测量之前这两个都不是真正的粒子，所以预先像这样谈论量和事物没什么意义。它们在测量时关联在一起的，因为每一个都是量子系统中不可分割的部分，反过来在更大的背景下（观察者和仪器）也是相互关联的。由于没有超过光速的信号，也就没有超距作用，也就没有客观的量子实在。

1965年,贝尔为双粒子问题搞出了一个数学定理,建立起任何二个量子粒子瞬间之间测量的关联。假定约定的逻辑规则和定域实在(二个分别的物体相互不发生瞬间的物理影响),贝尔建立了这类测量结果之间的可能关联的限制条件。与这些不等式一道,贝尔定理被称为贝尔不等式,对EPR悖论的真正实验检验提供了基础。1982年,阿斯佩克特和其他人发表了这个实验的结果。阿斯佩克特实验采用了理论光子极化器实验的基本结构。

正如量子论所预言的,阿斯佩克特实验结果违反了贝尔不等式。关联超过了极限。定域实在在量子水平上似乎不能成立。在这个意义上,不存在分开的事物。

爱因斯坦希望证明量子不确定性是一种不完备理论的产物。但是贝尔定理和阿斯佩克特实验的结果,如果有什么意义的话,就是让多数物理学家恰恰相信其反面。EPR悖论需要我们对实在有不同的思考方式。

同样的事情对科学也是一样。科学史要求我们以不同的方式反思科学,也许是对西方理性主义的反思。就像光子一样,科学镶嵌在更大的存在背景中。它的价值、真理或谎言、实在,甚至是最
436 深层的内容,都不能脱离这个背景来讨论。脱离了历史参照就不能进行衡量。这一点听起来几乎令人乏味,除非我们要考虑到现代生活中科学"权威"的意见,专家们的新"祭司",他们会让我们相信,现代科学是有关自然的客观的、没有偏见的、差不多从根本上对现实是真的观点。这种信仰的结果却很难看得到。

科学专家对政治决策、对价值、对宗教、对几乎所有重要(或平凡)的社会问题的影响呈指数性的增加。科学的声音有更大的权重,而权威的声音要比中世纪的教皇训令大得多。政治、社会或经

济决策的技术事宜的政策，成为科学建议的同义词，因为外行人的确没有判断的基础，他们不可能成为权威人士。科学启示之所以具有光环的简单理由，就是可怜的外行人既不能说出也不能读懂新祭司的语言，就像中世纪，学习拉丁语的目的是为了读懂《圣经》，且不说解释圣经的神学论述的长篇大论。正像在中世纪那样，当牧师掌握了读懂宇宙的语言工具，那么现代的新牧师们就是绝对的教育之王。

所有事物应该是科学的，为的就是尊重（或要求）真理，从这个意义上，真理来自基于理性、方法、客观性的学科。所有事物应该是科学的，为的就是让教育合唱团的成员不断为新的上帝歌功颂德。就连艺术也臣服于分析。

可是，由此带来的益处仅仅是那些经过预设的标准测量过的益处，它们都是经过现代科学、理性方法证明存在的。简言之，这些标准所负荷的是有利于方法的，而方法和由此而来的世界观，正是这些标准的大本营，正如我们所看到的那样。不这样又会发生什么情况呢？技术专长、客观和价值无涉的忠告这些花言巧语，掩盖了具有意识形态意义的现代科学理性主义本身的性质，总之，如尼采所说，太人性了。

力量是诱人的，而且人们不可能不受到吸引，就轻松地躲过海妖曼妙的歌声。即使怀有最好的意愿，由于科学家无可匹敌的权威性（当然还因为他们掌握了最高的物理力量的资源），现在就可以把手伸向社会的未来。在这种情况下，客观的、价值无涉的科学的理想，就成为一种危险的妄想。不仅是妄想，而且还是历史的狂想。

十九世纪后期随着职业化的兴起，科学家便将其学说融入更

437 广泛研究的问题。随着职业化过程和越来越高专业化，非专业人士开始考虑起科学工作的价值讨论了①。最终知识本身就是一种价值的信念，给出了科学的基本的道德效用，而涉及伦理原则、价值等问题，被认为是要严格与追求科学知识本身划清界限。可是，这种理想的泾渭分明的区分无论是过去还是现在都无法做到，就好比把科学与技术区分开来越来越困难一样。科学的效用、它本身的价值，已经越来越紧密联系起来；用通俗的话来说，科学与技术已经变成一种循环，也许就像科学和真理那样。

不管怎么说，从科学的视角出发，许多看似非理性的价值，已经出现在日常生活的社会经验中，并掩盖了社会的以及在心理学上有用功能。而且还有其他传统，其他复杂的和深奥的理解宇宙的方式，它们常常与西方的理性主义发生冲突，丧失这些传统并使其归于理性科学门下，将导致人类精神世界的贫困。

智力和精神的价值，甚至这些传统的成功，既没有直接被否定，或被西方理性主义以其自己的规则的绝对尺度解释掉。但是尺度上历史的、文化的、主观的、在空间和时间上是有限度的。西方科学本身不能永远获得这样的成就，如果它果真是曾经的话，也必定处于其本身的限制规则之内。在此，我们只需考虑一下赫尔墨思主义或牛顿的炼金术或哥伦布或爱因斯坦。

爱因斯坦梦想着量子随机性之下，还有另外一层确定的隐变量，它会将经典的理性带回到原子物理学。他的理据只能被称为主观的；他有一种情感认为他不想放弃，即便物理学业已决定反对

① 见 Loren R. Graham, *Between Science and Values*(New York: Columbia University Press, 1981).

他了。大多数物理学家对此表示叹息并对他的冥顽不灵施以援手。不过，他们也同样认为，爱因斯坦有权利保持顽固和愚蠢。他有权利，但却依然是错误的。

不管怎样，其他人却被这种遭到拒绝（愚蠢？）的隐变量的思想而感到鼓舞。玻姆就是这样一位物理学家，玻姆接受了爱因斯坦的“情感”中的基本概念，并将其发展到玻姆所谓的“隐卷序”。隐卷序包含一种场，量子力学本身就嵌入其中。简单地说，这种场是所有实在的，包括意识到基础。它**是所有的实在**。它是整体（全）的场，统一了观察者和被观察对象。它解决了 EPR 悖论，因为明显的定域实在（粒子、观察者、实验仪器、甚至时间和空间）相互渗透，而所有的单个模式的所有部分，就像用不同颜色的线织成的大地毯那样。那么只有当我们在实在中把事物碎片化才会出现悖 438
论，而不是我们明显经验的人造物。实际上，物理学一直（至今）都在谈论的是“显展序”，它从玻姆所谓的“隐卷序”**的全运动**展开。

我们需要设想一种非常不同的实在，更接近于许多东方的“非科学”或神秘模型的实在。根据玻姆的观点，这就是全息。全息是由一束激光贯穿半镀银的镜子而形成的。部分激光束直接击中照相底片，而其余部分则让某物在底片上曝光，也就是说，在底片上留下了记录，被曝光的物体从底片上弹回，并击中底片。现在，分开的激光束在底片上以一种被记录的干涉模式重新结合起来。干涉模式对裸眼是隐性的，相对于整个影像也是如此。当底片被曝光后，记录的影像则呈现出三维图像。照片给出了深度的幻象。然而，更重要的是，当任何底片的有限区域被曝光时，**似乎都含有整幅图像**，虽然这里的定义不是那么很详细。令人称奇的是，整体被包含或被反映在部分之中。

那么，人们就不能说在底片和影像复制品的原物间存在一一对应的点。在底片的每个部分都是一副完整的图像，所有部分加在一起便构成该物体的三维图像。这就是实在的本质。

在全息模式中，隐卷序在时空中的每个区域中都是包裹起来的。我们说经验的都是从隐卷序中展开的显展序，更像从照相底片的三维图像观察到的那样。但是，与静态照片不同，此处所有一切都在运动中。有绵延不断的展开和包裹，这就是玻姆所谓的全运动。物理实在，包括时空和意识，就是这种全运动的恒常而又巨大的翻腾。因此，玻姆警告说，推进隐卷序运动的是不间断和无法分割的全运动，它无法**还原为笛卡儿坐标**。用物理学的话来说，就是**无法定义的和不可测量的**，用可以言说的思想是无法知道的；也许只有通过忘我和“无意识”的冥想，通过神秘的经验才能把握。任何关于全运动理性的理论所能做到的，仅仅是在有限的范围内抽象出某些测量而已，而且它们也仅仅是相对于那个范围。我们对整体（全）的知识是间接的、暗示性的、诗意的，而这也应包括玻姆自己的理论。

玻姆写道：“相对于感官的那些事物是衍生的形式，而真正的意义只有当我们考虑到充实才能理解，在充实中它们才能生成和维系，而进入到充实之后它们应最终得以消亡。”①

439 最终所有的二元性都将瓦解。所有都要包裹在全运动中。每个部分包含整体（全）的一个影像，而整体则是部分的一件无缝的衣服。在生物学中，谢德瑞克也有一种类似的场的思想，他将其称

① David Bohm, *Wholeness and the Implicate Order* (New York: Routledge, 1980), p. 192. 玻姆从数学上证明如何处理不确定性、EPR悖论、相对论等等。

为变力场，这存储记忆性质的场。从分子到晶体、细胞、组织、动物的后天技能，以及所有人类智慧和记忆的方法都形成在这个场中。实际上，这些变力发生场为组织的物质提供了动态的、进化的基础。物质就是根据这类场以惯常的方式组织起来；事实上，它是一种有节奏的活动过程、在变力场中能量受到约束并被模式化。我们先前称为“自然定律”的东西——静态的定律说掌控这种流动性——根本就不是永恒不变的或静态的。**自然定律果真就是习惯**。自然定律通过重复进化，它为变力场和来自过去到现在的通信进行编码，谢德瑞克把这个过程叫做“变力共振”。

变力共振的经典例子是那些似乎能证明的实验，如一群数量庞大的动物群体（或人、抑或某些在很难制成的新合成的化合物）一旦学会了一项工作，那么该工作就比较容易学习，无论是全球性的或经过一段时间的，它们并没有物理接触或机械继承。后天的记忆卷入变力发生场中（一个进化）并通过变力共振传下去。简言之，我们有了一种关于如何继承后天特征的理论。但这种新拉马克主义却不是机械的。

谢德瑞克学说的真正意义是，基于变力共振的**自然定律本身进化**的争议思想。自然定律应当被称为**自然习惯**。因此，不仅拉马克是，而且休谟也是正确的，的确要比休谟本人所能想象的更正确。

实际上，自然定律的整个概念是从西方伦理传统中萌发起来的，也许古代城邦及其衡平法或古罗马的“人民法”中就存在了。现在，进化的概念事实上几乎在所有物理领域都找到了位置，因为这种概念已经在现代宇宙学和生物学中起到了重要作用，它与静态的永恒的定律的旧曲调格格不入。不存在任何先验的理由表明为什么这些定律（如引力常数、电子电荷、宇宙年龄等等）应承载它们现在的**特殊价值**……除了……

在千百万星系中的一颗绕普通恒星轨道旋转的这颗小得不能再小的行星上，进化出来的一个物种，要解开宇宙秘密之谜，难道说不是件令人称奇的事情吗？更令人称奇的是，这个物种也许能理解宇宙本身，至少是部分的理解。爱因斯坦发现后者是自然最
440 难以理解的事情。也许并非如此。我们宇宙的雅致的而又平衡的物理定律，恰恰为我们提供了条件，或许是唯一的条件，从而使我们必然成为一种智能物种，让我们有能力考查宇宙的秘密。物理学家把它称为"人择原理"。物理学家惠勒甚至走得更远，他采纳观测者参与的量子性质的线索：宇宙产生了这种能观察它的物种，而这种观察的行为，就像波函数坍塌那样，对宇宙的过去和现在产生了有形的实在。我们不仅是宇宙研究其自身的手段；我们是有意识的眼睛，通过决策的透镜，宇宙便呈现出是其所是的样子。

人择原理说，所有量的观测值，不是同等可能的，它们偏爱那些应该存在使碳基生命得以进化的地域，以及宇宙应该足够年老以便做到这点等等条件所限定的数值。实际上，这就是弱人择原理。而强人择原理则认为，宇宙**必须**具备允许生命在其某个历史阶段得以在其中发展的那些性质。因此，从强人择原理到这么短短一跳，就到达自然神学的精神或德日进的宣言，宇宙的确存在**智能设计**的证据……而该宣言依然是好的物理学。

或者我们有权认同玻姆和谢德瑞克，自然定律已经进化，我们不过是跟着进化而已，不是笛卡儿坐标上的点而是一个整体（全）。宇宙并不是对人类有敌意的一团死气沉沉的物质；或从本质上讲，人的生命在寂静的世界中也不是怪物（"听不到他音乐的世界……"正如分子生物学莫诺（Jacques Monod）所说的那样）。

恰恰相反，“自然界**所有**的东西都生机勃勃”。因此，也许我们会见到一个复活了的亚里士多德，或者古老的生命哲学家，自然哲学家，甚至是浪漫主义。其他人可以看到与东方思想或神秘主义的联系。科学是一种不能下定义的隐秩序全运动的隐喻；或自然定律果真是编好码的，通过变力共振传递的变力场。

将在此看到什么？我们见到的是思辨、形而上学、狂想、完全的童话故事。我们见到的是被埋葬了的思想的复活，就像离奇的、飘忽不定的影子在尘埃或头一抹亮光中，得到重新加工和嬗变那样。我们见到的是错误、顽固、偏袒、偏见、情感，它们都被作为跳入水塘的跳板，然后得出激动人心和迷人的学说。我们见证了惊人的世界观，它的光彩掸去被遗弃的古物上的尘土。我们为这些复兴而感到惊喜，终于从尘封的墓穴中爬了出来。

历史不是垃圾堆或尘土箱，而是火山。

在高度复杂和不稳定的系统中，我们可以标以混沌、某种涨落的东西，可以得到放大，然后对自身形成反馈，再从系统中散发出
去，并迫使整个事物朝某特定方向进化。在混沌的涨落之内，秩序 441
会自发形成，自然定律似乎是计划好的，或表现出它们果真是从不稳定系统的随机涨落生发出来的产物。换句话说，混沌包括了秩序的可能性。在此情形中，一个小小的决定、一个不起眼的微小的位移，最终会形成一个全新的整体结构。但是要想让这种情况发生，混沌不可或缺。[①] 不稳定性、冲突、甚至愚蠢都是涨落之源，因

① 见 Ilya Prigogine and Isabelle Stengers, *Order Out of Chaos*: *Man's New Dialogue With Nature*(New York: Bantam Books, 1984). 有趣的是，当来自不稳定性方向受到青睐时，空间便不再是各向同性的，而“我们则从欧几里得空间移动到亚里士多德空间!”(p. 171)对伽利略也如此……

此也就是可能性之源。

这便是爱因斯坦遭受学术界放逐的深层意义所在。我们绝对需要错误和死不改悔的牛脾气。在十九世纪，尼采喊道："就连你们的原子，机械论者和物理学家先生们，那么多的错误、那么多的基本心理学，依然在你们的原子中！"在二十世纪的量子世界中，我们知道了客观性永远不可能，因为隐形之墙隔绝了观察者和观察对象。每个观察都是一个对话。所谓的科学方法，科学的世界观，至多是个幻觉，娱乐性质的童话故事，最糟糕的就是它是危险的、非人性的意识形态。

这就是我们与科学史的对话。人类心理学和文化与科学沉思和揭示"事实"的理想分割，亦是一种幻觉，说得好听点，一个梦魇。

发现"事实"的伟大"英雄们"，常常用培根的归纳法抹上颜色，但他们也是人，而他们的创造来自全人类的母体，来自极其复杂的审美、价值、宗教和激情的相互影响，所有这些都与物理世界相互作用，一方面塑造它，一方面被它塑造。科学在创造的熔炉里是一块流淌的金属合金，没有成形的构件，有的能看见而有的则看不见。但是，一旦合金冷却下来，并被锤打成细腻精确的工具后，课本中的科学成就，这些人类要素便融入其中，从视线中消失了。尽管如此，它们还是藏在那里。没有它们就造不出工具。历史将其隔断，映入我们眼帘的是这些谜一般的元素，给我们传递了出人意料的讯息，也许，是智慧的深邃的悄声暗示：科学是文化的人造物，属于人文学科的一个分支，在西方就是这样。既不多，也不少。

作为西方文化的一部分，那么科学也就是一种游戏形式。有的时候，它是严肃的，然而它还是游戏。赫伊津哈已经告诉我们，游戏植根于人类固有的对节奏、和谐、变化、变异、竞赛和性高潮的需求。游戏在完全丰富笑声中展现了人类的特性。游戏也是礼仪的和富饶的。它是竞赛和重复，有规则限制但规则却又是可以改变的。一旦人们接受了这些规则，就不该有怀疑论。玩家可以欺诈，这是真的，但就是欺诈依然要接受规则的制定的“真理”。因此，拒绝接受规则是败兴的，比欺诈还糟糕，因为它拒斥一切事物。

另一方面，就是游戏的美。**它是幻象**。当我们在玩游戏时，便 442
被送到一个神圣的空间，运动场。我们经历了时间的否定，根据我们自己在游戏中复制和重复的规则，要永远回到第一场游戏的那一刻。这种周而复始的永恒性也是一种美。它在时间上非常强烈。人类“不朽的需求”是活在美中。“除游戏之外，不存在任何能够满足这种需求的东西。”[①]当然，艺术是游戏……所有的创造也不例外。

然而，任何游戏都有变味的时候。这时，游戏便陈旧了，枯燥了。也许，它们的规则过于复杂，富有争议，超出了进一步管理和规范的范围。最终，它便自动出局，没人再玩这种游戏了。游戏变得过于严肃，就不再是游戏了。单调沉闷和不苟言笑代替了美、愉悦和笑声。规范的规则要比实际的游戏还重要，要比玩家还重要。游戏的价值仅仅落在最终的结果上。那么，规则便**绝对是真理、是实在**。

无论如何，游戏本身也还是**幻想**，因此它的形状可以改变。这也是游戏之美：玩家可以接受游戏大部分基本规则的改变，并创造出新的游戏来。但却要常常要败兴者来**指明方向**。事实上，就是

① Johan Huizinga, *Homo Ludens*: *A Study of the Play-Element in Culture* (Boston: Beacon Press, 1950), p. 63.

有些败兴者指明了方向，尤其是在科学的游戏中。

某局外人因不接受规则而遭到放逐，那么败兴者便特意地把游戏本身的幻象本质坚持下去。西方理性主义嗤之以鼻的其他传统也遭受同样的命运。它们成了急需的陪衬。尽管玩家本人在一开始会感到震惊，因为他们游戏受到了嘲笑，现在他们看到了自己的规则并非神圣不可侵犯。这些规则变得流畅和可以变通……游戏再一次鲜活起来。

所有这些对于称为西方科学的游戏都是真的。它是壮美的，内容极其复杂的和丰富的；然而在现代社会中，却宣称它在城里是唯一的游戏。这一情形反映在十四世纪“遥远的镜子”中。科学的权威，就像教会，是无可匹敌的，它会让我们相信它可不仅仅是游戏。它的规则便是生命本身的规则，它形成了所有存在的形式，它的预言是好的，是未来的真正目标。原子能、基因工程、技术官僚，还有工业对自然的破坏，所有这些终将化为虚无缥缈的抽象，而那个叫做科学的东西肯定有**超过生命**的力量。但现在那面遥远的镜子破碎了，如果我们既要质量又要数量的话，就连十四世纪教会甚至也会**嫉妒**现代科学的。

这种力量会变成十四世纪瘟疫现代版本，只不过更加糟糕而
443 已。这便是费耶阿本德工作的主题：通过鼓吹科学的理性和客观性，并试图扫除一切人的因素，新的祭司便不知不觉地打开了不人道行为的大门。费耶阿本德说道，在这种情形中，最好的教育就是免受教育。[①]

这就是需要败兴者的原因所在。他们是怀疑者。对我们能够

---

① Pail K. Feyerabend, *Farewell to Reason*(London: Verso, 1987), p. 299, 316.

理解宇宙的信念——一个将科学的可能性放在第一位的信念——的那些太人性的元素起到平衡的作用，而且也应该由怪杰提出质疑，让游戏从成功，从“事实”向后退，败兴者怀疑一切并以其桀骜不驯、拒人于千里之外甚至是愚蠢的方式行事。然后，怀疑便转换成一种新的游戏，一种童心未泯的游戏……只要怀疑者不怕被遭受放逐的沮丧所压垮。这便是爱因斯坦给我们上的一课。在他的天才和成功里我们真找不到这些，尽管肯定值得为他的成功而欢呼雀跃。我们真正需要学习他的古怪的反对立场、他的固执己见，他的放逐孤寂。爱因斯坦的真正一课是他的失败。

就像十四世纪一样，“根据想象力”现如今也流行着光怪陆离的和狂野的思想。这是一个混沌的、不稳定的和复杂的时代，充满了有潜力的美丽的涨落。它是一个依然由败兴者挑战的游戏。倾听他们的心声。他们就像马蝇叮咬，让科学之马的奔跑速度慢下来。又有谁能说清，从这些存疑者中会出现什么样的新鲜和愉悦的游戏呢？

然而，从这个叫做历史的游戏中，我们可以来以新的愿景审视科学。这个愿景的最好的描述就是藏传佛教大师的智力：当你已经看到了所有概念的幻象本质后，就知道它们大都是些隐喻，那么你就会真的热爱它们，因为你的爱没有任何附属条件。

至此，本书就要结束了，与所有的预期相反，西方的确听到了克利须那神那曼妙的歌声。听啊，那是科学之歌。

索　引

（按汉语拼音排序，数码为原书页码，本书边码）

① 原文误为 Koesther。——译者

图书在版编目(CIP)数据

西方科学史.第2版/(美)阿里奥托著;鲁旭东等译.—北京:商务印书馆,2011(2019.8重印)

ISBN 978-7-100-07605-0

Ⅰ.①西… Ⅱ.①阿…②鲁… Ⅲ.①自然科学史—西方国家 Ⅳ.①N095

中国版本图书馆CIP数据核字(2010)第262200号

西 方 科 学 史

(第2版)

〔美〕安东尼·M.阿里奥托 著

鲁旭东 张敦敏 刘钢 赵培杰 译

商 务 印 书 馆 出 版

(北京王府井大街36号 邮政编码100710)

商 务 印 书 馆 发 行

北京艺辉伊航图文有限公司印刷

ISBN 978-7-100-07605-0

2011年6月第1版 开本850×1168 1/32

2019年8月北京第2次印刷 印张22⅜

定价:68.00元